爆炸荷载下的混凝土结构性能与设计

陈肇元

中国建筑工业出版社

图书在版编目（CIP）数据

爆炸荷载下的混凝土结构性能与设计/陈肇元著.
北京：中国建筑工业出版社，2015.7
ISBN 978-7-112-18356-2

Ⅰ.①爆… Ⅱ.①陈… Ⅲ.①混凝土结构-抗爆性-结构
性能②混凝土结构-抗爆性-结构设计 Ⅳ.①TU37

中国版本图书馆 CIP 数据核字（2015）第 183932 号

　　本书阐述作者在 20 世纪 60 年代至 80 年代末从事抗爆结构试验研究中所取得的主要成果，包括设计研制能使结构材料和构件发生毫秒级快速变形的试验机，结构材料和构件在快速变形下的拉、压、弯、剪性能，抗爆结构中大量使用的无梁板、反梁、叠合板等构件的性能，核爆冲击波作用下的高层建筑倾覆问题，抗爆结构的口部防护门等构件的性能，并在附录里简要摘录了美国抗爆结构设计方法。书中也详细对比了爆炸荷载与普通荷载下的结构性能以及结构构件在普通荷载下的大量试验研究成果。本书可供从事国防、人防的设计与科研、施工人员应用和参考；也可供从事普通建筑结构设计的工程人员以及高校师生参考。

　　　　责任编辑：蒋协炳
　　　　责任设计：李志立
　　　　责任校对：姜小莲　赵　颖

爆炸荷载下的混凝土结构性能与设计
陈肇元

*

中国建筑工业出版社出版、发行（北京西郊百万庄）
各地新华书店、建筑书店经销
北京科地亚盟排版公司制版
北京中科印刷有限公司印刷

*

开本：787×1092 毫米　1/16　印张：27　字数：654 千字
2015 年 6 月第一版　　2015 年 6 月第一次印刷
定价：**92.00** 元
ISBN 978-7-112-18356-2
（27453）

序　言

　　20 世纪 60 年代，针对当时的国际国内形势，中央发出了"备战备荒"的号召，于是在国内的科技界掀起了一股围绕战备的热潮。清华大学的校领导也组织了各系之间的几个科研协作项目，其中土木系参与的一个，为保密称项目代号为"0304"，并抽调了一批以青年教师为主的科研力量，结合土木工程的专业特色，开始他们从未接触过的防护工事（或叫防护工程）研究。

　　防护工程需要防护的对象是敌方的常规武器和核武器。当时的研究重点是核武器的防护。核武器的杀伤范围可达数十公里，要是直接命中，则几公里内除深埋工事外，所有一切将玉石俱焚，所以土木工事需要重点考虑的，主要是核武器效应中由爆炸产生的空气冲击波。

　　防护工程研究离不开试验手段，所以课题组首先要解决的是试验室内能够产生爆炸压力的加载设备和量测仪器。那时想到的有两种：一种是能直接产生爆炸冲击波压力的模拟器，另一种是能模拟防护结构在爆炸压力荷载下发生毫秒级快速变形的快速变形加载试验机；前者主要由沈聚敏和陈聃主持，后者主要由陈肇元主持。只是前两位到了 20 世纪 80 年代末就转到抗震科研并且不幸早逝，而我在 90 年代初也转到混凝土结构的安全性和耐久性以及高强高性能混凝土等领域的研究，但与防护工程的科研与设计部门联系并接受他们的有关咨询仍维持至今。

　　当今的国际形势已有重大变化，发生核大战已不大可能，不过核战的威胁仍客观存在，如何对核爆炸冲击波的防护仍有需要，而常规战争则至今仍从未中断过并将继续蔓延。

　　防护工程的设计方法必须建立在常规静载下的设计方法基础上，对防护工程的试验研究结果也需要同时与常规荷载下的结构试验结果进行对比。所以本书也记载了作者以往大多未曾发表过的结构构件在常规静载下的大量试验研究成果，对过去和现行的常规静载下的结构设计方法在新中国成立后 60 年来的历次变迁进行介绍和评议，这些对于已建工程的修复加固也不无参考价值。因而整理成本书，有望工程界同行们不吝赐教指正。

　　作者对防护工程研究的长期过程中，感到有两个问题尚待深入探讨：1）关于防护结构的构件抗剪设计方法，大家知道，静载下的抗剪强度过去在我国是以材料的抗压强度作为参数的，但从 2002 年颁布混凝土结构设计规范起，已改为以材料的抗拉强度作为参数。可是快速变形下试验结果表明，抗爆构件抗剪强度中的混凝土贡献，更适宜是与混凝土抗压强度的平方根有关，所以本书并没有采用与混凝土的抗拉强度相联系，此外防护结构构件多为塑性阶段工作，因此多了一个普通结构设计中不需考虑的特殊问题，即构件抗弯的屈服后剪坏；2）高层建筑地下室在核爆冲击波作用下的倾覆问题，这关系到高层建筑地下室能否在战时作为具有防护功能的地下掩蔽所；本书用一章的篇幅，通过理论与模拟试验研究，认为这种将上部结构与地下室牢固连接的地下室，决不能作为人员掩蔽所，尽管它在平时和地震发生时具有良好的使用功能，这个问题非常值得政府有关主管部门考虑。除上述两个问题外，还需要着重明确的是：我国静载设计规范中的安全度取值较低，与我国新中国成立前和国外相比，大概要低 30%～40%。既然防护工程的设计方法建立在静载设计方法的基础上，这样静载下的低安全度设计标准，同样也会连累到了防护工程设计。

本书共分六章。第一章内容主要是介绍快速变形试验机的研制，为制备 5t、30t 和 200t 快速变形加载试验机，我们前后用了近十年时间，当时连机器中需要橡胶密封圈的制造，都需要自己设计生产浇筑橡胶密封圈的钢模。快速变形加载试验机用气压和液压做动力，能够在同一台机器上兼做静载和毫秒级的快速变形。有些在普通的油压试验机上做不出的现象，如钢材试件无上、下波动的平滑屈服台阶，就能够在我们的试验机中反映出来。

书中的第二章是关于各种结构材料在快速变形下的性能。第三章是混凝土拉、压、弯、剪各种基本构件在快速变形下的性能以及梁在爆炸压力作用下的动力性能。

第四章是结构构件的进一步试验，包括构件的抗剪、无梁板、地下结构底板中的反梁（倒置的 T 形梁）、叠合梁以及在抗爆结构按塑性设计中的变轴力偏压构件。

第五章是关于高层建筑在核爆冲击波作用下的倾覆问题。

第六章为抗爆结构的口部构件性能与设计。

在正文后面加了一个附录，简介美国的防护结构设计方法。

国内有多个研究单位的人员曾参与本书介绍的研究内容，除军方人员外，有罗家谦、潘雪雯、曹炽康等。清华土木系教师中更有阚永魁、邢秋顺老师和张大成工程师，这些已在有关的章节中注明。作者还深切感谢工程兵和海、空军的有关设计与研究部门提出的研究项目和经济资助。没有上述单位和人员的帮助，本书是写不成的。

清华大学教授　陈肇元

作者简介 陈肇元，清华大学教授，中国工程院院士，1931 年出生，1952 年在清华大学土木工程系本科毕业后留校从事教学科研工作至今。主要专业范围有：混凝土结构的安全性与耐久性，防护工程，高强与高性能混凝土，地下结构设计与施工等。

主要符号

A_k 抗剪切箍筋

A_v 抗冲切箍筋

f_c 混凝土抗压强度，试验时指试验实测值；设计时指考虑安全系数等各种因素后确定的设计值，为避免混淆，此时在正文中 同时注明指设计值，下同

f_1（或 f_t）   混凝土轴拉强度，试验时指试验实测值

f_{wl} 混凝土弯拉强度，试验时指试验实测值

f_{pl} 混凝土劈拉强度，试验时指试验实测值

f_{cc} 混凝土约束强度，试验时指试验实测值

f_y 钢材屈服强度，试验时指试验实测值；设计时指考虑安全系数等各种因素后确定的设计值

k 比值

M 弯矩

N 轴力

P 压力（集中荷载）

p 单位面积上压力

R 构件的抗力，或介绍我国早期设计规范中的混凝土标准立方体强度时指混凝土的强度

V 容积

y 位移，或挠度

σ 应力

ε 应变

量　纲

MPa   单位面积上力，相当于每 mm^2 1N（牛顿）

kg/cm^2 我国早期规范中使用，指单位面积（cm^2）上的 1kg 公斤力。$1kg/cm^2$ 近似相当于 $0.1MPa$

t   重量，吨

目　录

第一章　气压式和气压—液压式快速加载试验机的研制

第一节　气压式快速加载机

在 20 世纪 60 至 80 年代，清华大学土木系曾集中全系的大部分科研力量，投入长达 30 年的持续研究，其中的一个子项目是研究结构材料和结构构件在爆炸气体压力荷载作用下的动力性能。国内没有生产厂家能够供应现成的这些试验装置，所以必需自行研制这类设备。国外文献中介绍有不同构造类型的气压式快速加载试验机，但有关机器的设计计算原则、构造细节和加工的工艺要求都则缺乏具体叙述。我们先从简单的小吨位样机 C-1、C-2 气压式加载试验机做起，逐步研制了不同吨位的 C-5、C-4、C-3 气压—液压式快速变形加载试验机以及用于多点快速变形加载的千斤顶，最终形成了比较完整的加载系列。

这些试验设备既能进行快速加载，又能进行静速加载，特别适合做结构材料和结构构件的静力与动力性能的对比。C-1 和 C-2 是气压式加载机，对于弹性材料施加的是线性荷载直至试件破坏，与试件的刚度无关。C-3 至 C-5 是气压—液压式加载机，施加的是线性变形直至试件破坏或到某一峰值荷载，所以机器施加的荷载与其试验对象的刚度有关，在相同变形下，刚度大的试件承受的荷载就大。快速变形加载机的动力源是高压气体，一般采用瓶装氮气，之所以称为快速加载而不是高速加载，区别在于在加载过程中是否可以忽略试件加速度或惯性的影响。高速加载设备如著名的霍普金森杆，用于研究碰撞、撞击下的应力波传递时的材料性能，这时在试件全长内，每一瞬时的各部分受力是不一样的。而在快速加载试验中，试件全长（包括连接在试件端部的测力杆）在每一瞬时的受力大小都是同样的。气压—液压式加载机的操作比较简单安全，性能稳定，适用范围广，是一种值得配备的可以进行材料和结构构件试验的设备。此外这一设备可以兼做静速与快速试验，且用同一的量测设备和装置，在确定静速、快速试验结果的比值时，能消除机器及设备本身带来的误差。本节先叙述气压式加载试验机，在第二节介绍气压—液压式加载试验机。

一、C-1 气压式加载机

气压式快速加载机完全依靠高压气体作动力，图 1-1-1 表示 C-1 气压式快速加载机的工作原理。机器的主要部件包括气缸，活塞，与活塞相连的活塞杆以及快速开启阀和测力杆。活塞杆伸出缸体的底板，在与缸体底板接触处有一凸缘，所以在静止状态下能够保持固定大小的下缸容积。伸出缸体外的活塞杆底端与半球形的球座连接，后者与测力杆的上端相连，测力杆的下端则与试件的上端连接。试验时分别在上缸与下缸内注入高压气体（氮气），压

1

力分别为 p_1 和 p_2，且 $p_1 \geqslant p_2$，此时活塞处于静止状态；加载时利用电磁铁撞开在机器顶部快速开启阀的锁紧杆，阀盖在上缸气体的压力推动下迅速绕另一端打开，高压气流通过缸体顶部孔口内的节流塞外泄，节流塞的外泄孔径可以根据需要调整，提供不同的流速。

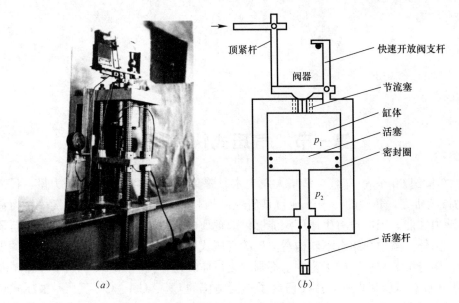

图 1-1-1　C-1 气压式加载机

　　机器给出的荷载—时程（p—t）曲线，主要与上缸高压气体的流量有关，也与外泄速度和外泄孔口形状有一定关系。只要缸外的气压（即为 1 个大气压）p_0 与缸内压力 p 的比值小于临界值 0.53，从孔口外泄的流速就始终等于当地声速，这时某一瞬间 $\mathrm{d}t$ 的外逸流量 $\mathrm{d}Q$ 等于：

$$\mathrm{d}Q = 2.15f \sqrt{\frac{p}{RT}} \mathrm{d}t$$

式中

　　f——泄流孔面积；p——上缸内的变化压力；R——气体常数，对空气等于 29.3；T——绝对温度（取 $273° + 15°$）；又据气体状态方程，当气体容积不变时，有：

$$-\mathrm{d}pV = \mathrm{d}QRT$$

联解以上两式，并代入 R、T 值，可导得：

$$\log \frac{p}{p_1} = 86 \frac{f}{V} t \tag{1-1-1}$$

式中　V 为上缸容积，由于试件的变形甚小，V 在加载过程中基本不变。式中的长度单位为 m，时间为 sec。

　　式（1-1-1）是对数曲线（图 1-1-2），当上缸压力 p 从初始值 p_1 降到约（$0.3 \sim 0.4$）p_1 的这一段曲线接近线性段，所以机器加载从零到约（$0.6 \sim 0.7$）p_1 的区间能给出理想的线性增加的荷载。由于阀盖完全开启需有一过程，在这一短时间内，上缸气压的降低速度较慢，有如图 1-1-3 的初始段所示；但只要 p_1 较大于 p_2，此时的活塞所受的合力仍是向下而处于静止状态，活塞杆下端的试件也不会受力。当上缸气压开始外泄到能使试件受力时，试件受到的拉力已呈线性增长（图 1-1-3）。C-1 机的设计最大工作能力为 2t，加载速度能从静速到 250t/秒之间任意控制，静速是用手阀操作气体外泄的，从静速到快速均用同一加载设备和同样的量测仪器，使得快速加载下的钢材性能变化更具可比性。

在 C-1 使用和研制的基础上，设计加工了 C-1A 快速加载机（图 1-1-4），最大工作能力 3.5t，最快加载速度 450t/秒。C-1A 在结构上与 C-1 不同的是在下缸底部增加一个圆筒，中间放置与活塞杆相连的用于缓冲用的气垫活塞；当试件拉断，活塞杆上升，一起带动气垫活塞在其上部形成一个气垫层，避免直接产生撞击。

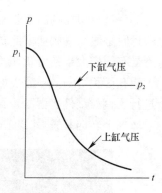

图 1-1-2　上缸压力衰减曲线

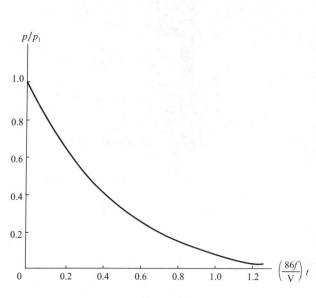

图 1-1-3　上缸压力衰减的线性段

图 1-1-4　气压式 C-1A 加载机

二、C-2 气压式加载机

C-2 气压式加载机改进了 C-1 气压式加载机使用中发现的一些不足之处，主要是快速开启阀的阀盖打开速度较慢，活塞的行程较窄，加载的最快速度尚嫌慢。图 1-1-5a、b 是 C-2 机的工作原理简图和机器全貌，主要部件包括：1）主缸体，内径 190mm；2）主活塞及其相连的活塞杆，后者伸出缸体外部与球座、测力杆及试件相连；3）主缸底部的缓冲气垫活塞与气垫缸体；4）位于主缸体的上缸内部的快速泄压滑阀；5）与滑阀相连接的置于主缸顶部的副缸体，用于启动滑阀。试验时，在副缸的副活塞上部缸体内注入高压气体，推动滑阀活塞向下压在主缸内壁向里凸出的环形缘壁上，将布置在上缸周边的 6 个 $\varphi16$ 泄流孔与外界隔绝。节流孔内可置入不同孔径的节流塞，获得不同的泄流速度。

　　一旦滑阀在副活塞带动下启动，滑阀底部压在上缸凸缘上的密封就失去了作用，这个密封原是嵌在滑阀活塞底部的橡胶圆环完成的，滑阀活塞的上下有孔洞相连，所以在其上下受有同样大小的变化压力 p。C-2 加载机的最大工作气压 $p_1＝5MPa$，即 50 大气压，最大泄孔面积 $24cm^2$，最快加载速度 $1100t/s$，输出最大线性荷载 $2.6t$。利用 C-1 和 C-2 机，进行了钢材试件、混凝土试件的抗拉试验和钢筋与混凝土的粘着力试验。

　　加上转向装置后，上述这些机器也能作抗压试验。

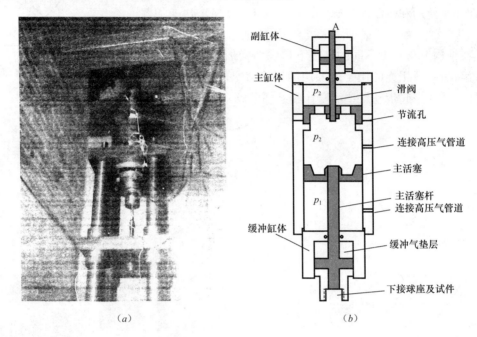

（a）　　　　　　　　　　　　　　　　　　（b）

图 1-1-5　C-2 气压式加载机

第二节　气压—液压式快速变形加载机

　　结构构件在爆炸、地震等动载作用下的材料变形速度是近似线性增长的，只在弹性工作阶段其内力与变形才同步变化，所以上面介绍的气压式加载机当试件进入塑性或屈服阶段后，所输出的荷载有时就不理想，出现波动甚至跳动等现象。为消除这一缺陷，在研制快速加载机的同时，也着手研发气压-液压式加载机，后者仍使用高压氮气作为动力源，同时用不可压缩的液体控制试验对象的变形速度，依次研发了 C-5、C-4 和 C-3 气压-液压式快速加载试验机。

一、C-5 气压—液压式加载机

　　C-5 机的构造最为简单，在这类气压—液压设备中最早投入使用。图 1-2-1 是机器的外貌和工作原理简图，主要用于试件的拉伸试验，主缸内径 112mm，最大加载能力 5ton。主缸顶部置有快速开启阀的阀缸，试验前在阀缸内的活塞上部注入高压氮，推动与活塞相连的活塞杆向下封住主缸高压油通过节流孔的出口，用锁紧杆顶住阀缸活塞杆的顶端使其不能运动。然后在主缸的上下缸体内分别注入高压油 p_2 和高压氮 p_1，且 $p_2 \geqslant p_1$，此时主缸活塞处于静止状态。试验时用电磁铁打开锁紧杆，上缸内油液通过节流孔外泄，主缸活塞受下缸气压 p_1 驱动上升，带动主缸活塞上升使试件受力。与 C-1、C-2 机相似，静速试验时用手阀泄油控制，不用速启阀。

有关机器加载曲线、主缸活塞运动速度和试件应变的理论计算分析，将集中在下节 C-4 气压—液压式快速加载机的叙述中介绍。

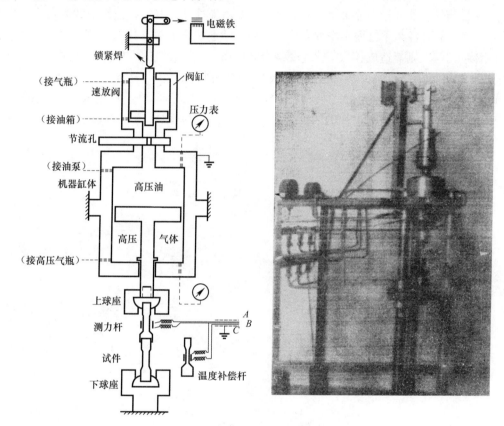

图 1-2-1　C-5 快速加载机工作原理简图及照片

二、C-4 气压-液压式快速加载机

这台 150t 的大吨位气压—液压式快速加载机从开始自行设计到自行加工安装完毕共花了 3 年时间。接着相继进行了不同强度混凝土、岩石、木材、钢丝网水泥、纤维加强材料以及钢筋混凝土柱和钢管混凝土柱的试验，同时也为现场试验的测压探头做了一些动力标定。实践证明，工作性能稳定，符合设计要求。

图 1-2-2a 为 C-4 机的外貌，包括：主缸体，机架，储能器和速卸阀，此外有配套使用的管路动力系统和量测系统。

（1）主缸体和机架（图 1-2-2b）

主缸休主要由内径为 300mm 的油缸及置于其中的加载活塞组成。加载活塞的上端活塞杆伸出缸盖，活塞杆直径为 $\varphi100mm$。活塞将机器主缸分隔为上缸和下缸两个部分，当活塞受缸内油压作用运动时，活塞杆的顶部就成为施加荷载的作用点，在初始状态下，活塞座落在紧贴下缸内壁的厚度 12mm 的钢圆环上。

有两种方案可使活塞上升造成加载：

a）速进加载方案。这时上缸内是空的，下缸则充满油介质。试验时从储能器瞬时向下缸推入高压油，推动活塞上升。

b）速卸加载方案。这时上缸和下缸内部均充满高压油，试验时，快速泄放上缸油，由于下缸油压与储能器连接而能维持不变，这样活塞就被推动上升。在速卸加载方案中，也可以用高压气体直接注入下缸而不用油介质。如果在活塞快速加载升压的同时，泄放储能器中高压气体动力源，则能造成类似于快速受载至峰值而后缓慢衰减的爆炸荷载曲线。

机架主要包括机器底板，机器上板（即横梁，双边长为 630mm × 630mm，厚120mm），机器主缸即座落在底板的正中，上板与底板用四根丝柱连接，丝柱外径为$\varphi100mm$，穿过机器底板和上板的四角，丝杆的边距（中心距）为 397mm。

图 1-2-2a　C4 气压—液压快速加载试验机外观

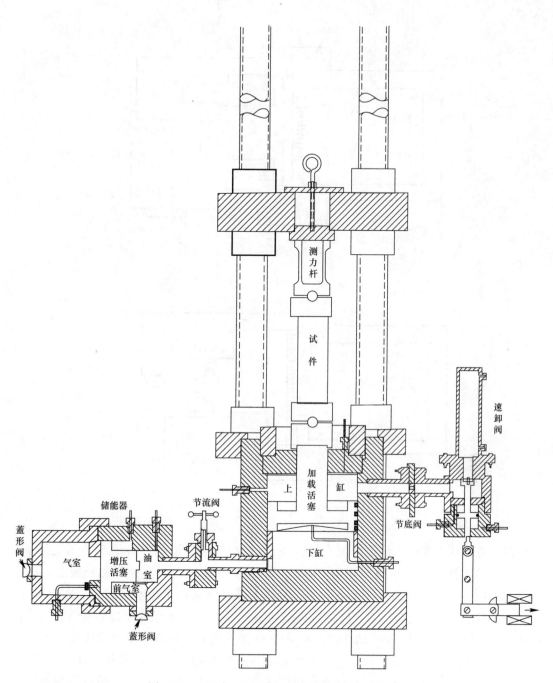

图 1-2-2b　C4 气压—液压快速加载试验机工作原理

（2）储能器

储能器的作用在速进加载方案中为瞬时向下缸推入高压油，而在速卸加载方案中，则为产生和维持下缸的油压。储能器构造见图 1-2-3。

在储能器中有一个增压活塞，在气室一端的直径 d_1 为 $\varphi180$mm，在油室一端直径 d_2 为 $\varphi100$mm，二者面积 F_1，F_2 之比约 3.2。

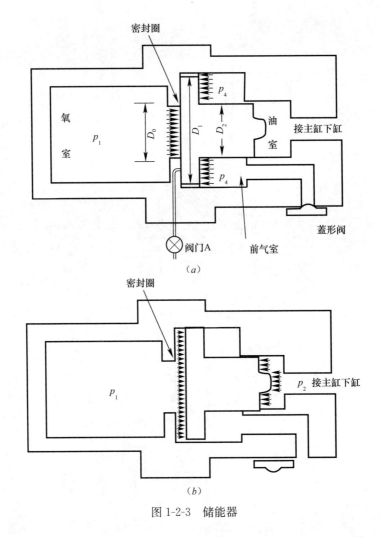

图 1-2-3 储能器

在速进加载方案中，试验前先在储能器的前气室内（图 1-2-3）注入高压气体 p_4，推动储能器活塞（p_4 的作用面积为 F_4 等于 F_1 和 F_2 之差），向左顶紧在档板上，然后在储能器的气缸内注入高压气体 p_1，由于档板与活塞接触面上置有密封圈，因此 p_1 的作用面积仅为 F_0，其直径 D_0。p_4 的选择应使 $p_4 F_4 > p_1 F_0$，所以储能器活塞仍能顶紧在档板上，这时储能器油室内的油压为零，与之连接的机器主缸内的下缸油压也为零，机器处于加载前的初始状态。在档板与增压活塞底部相接触的一侧，有孔径仅 1mm 的孔口通过一个手工操作的阀门与外界大气相连（图 1-2-3 中的阀门 A）。即使档板与增压活门之间的密封稍有漏气，也不会扩大气压对增压活塞的作用面积，保证活塞处于静止状态。

试验时，用电磁铁打开储能器的前气室盖形速启阀，气室内的高压气体迅速外泄并急剧降压，从而破坏了 $p_4 F_4 > p_1 F_0$ 的初始状态，这样储能器活塞受 p_1 驱动离开档板，而一当活塞稍离档板，密封的作用瞬间遭到破坏，气体 p_1 的作用面积骤然从 F_0 增加至 F_1。活塞在这一瞬时突加力的作用下向前运动，压迫另一端油室内的液体进入机器下缸，推动

8

机器主缸活塞向上造成加载。

在储能器油缸与机器下缸之间的通路上设有节流阀，调节节流孔的面积，就能控制向机器下缸进油的流量，从而改变主缸活塞上升的速度。由于 p_4 的压力本来远小于 p_1，而且盖形阀的泄气孔径很大（$\varphi30mm$），p_4 消失极为迅速，因此储能器油室压力当增压活塞启动后能立即增至气压值的 3.2 倍。机器活塞受下缸高压油的作用面积约为 $707cm^2$，因此储能器中的 1 个气压就能产生约 $3.2\times707=2.26t$ 的荷载。

在速卸加载方案中，储能器的前气室空置不起作用，增压活塞在开始时就稍离档板，与此同时，档板上通往外部大气的管道手工阀门应该关闭。这样油室内的油压就始终由气室内的高压气体维持不变。

在储能器气室的底部另有一个快速泄气阀使机器的荷载下降，调节阀孔直径即能控制气体外泄流量，即造成不同的泄压时间，试验时，待前气室的盖形阀打开，荷载上升后，如果立即打开这一气室阀门，就能使荷载下降，这样的加载方式就是一种快速升到峰值后缓慢衰减的爆炸曲线。

（3）速卸阀之一

速卸阀的作用是快速泄放上缸的高压油，其外貌见图 1-2-2，作用原理如图 1-2-4。阀体内部有油室与机器的主缸相通，气室内有活塞。开始时，向阀体的下气室（就位气室）注入气体推动活塞向上，使活塞杆（阀杆）顶部的堵头堵住油室的出油口，然后将主缸体内的油介质加至规定的高压，由于堵头顶面密封圈形成的圆面积大于阀杆的直径，因此当阀缸有油压时，就给整个阀杆以向上的力，形成自封作用。这时将阀体下端外部的顶紧杆拉上，顶住阀杆的底端，就起到了锁紧作用，不使阀杆有任何运动的可能。

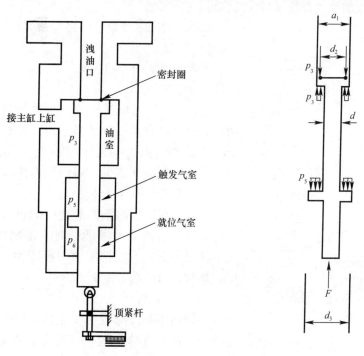

图 1-2-4　速卸阀之一

试验时，在阀体的上气室内注入高压气体，使活塞受向下作用的力，并使这一作用力大于油压所加与阀杆的自封力，这样，整个活塞连同阀杆有向下运动的趋势，但却为顶紧杆销紧，速卸阀这时处于触发状态。一旦电磁铁启动顶紧杆后，阀杆就向下运动，堵头端部的密封随即破坏，于是阀杆瞬时受油压引起的突加力而加速向下，高压油迅速自出油口外泄至油箱内，同时由于阀杆向油室内退出而让出空间，也促进了主缸排油的速度。如上缸油压不大，即机器以小吨位工作时，可采用构造较为简单的节流阀如图 1-2-5。这时，来自上缸的高压油由阀杆的堵头顶住，作用于堵头面上的压力全部由销紧杆来承受。在速卸阀和主缸的通道上设有调节阀，用来调节上缸泄油的流量，控制机器加载活塞的上升速度，给试件以不同的加载速度。

（4）节流阀之二

在向下缸进油或从上缸泄油的通道上设置了二种不同构造的节流阀，但它们的作用是一样的。

节流阀的最大孔径均为 $\varphi30\text{mm}$，与主缸出油口的孔径一致。接下缸的一个节流阀是靠阀杆来控制进油量面积的，阀杆粗 $\varphi30\text{mm}$，杆顶端是半球体，当阀杆拧入到最低位置，这时就堵住整个孔道，这种阀门的缺点是调节小面积的节流面积时甚为困难，不易做到准确。

与上缸出油口连接的一个节流阀是靠中心有孔洞的抽板来控制出油量的（图 1-2-5），节流塞拧在一块横插管路孔道的抽板上，改变节流孔时需要将抽板从管路上拔出，调换不同中心孔的节流塞，其缺点是每改变一次孔径就有可能向机器油缸内带入气泡，操作手续麻烦，但是能按要求准确控制节流孔的面积。

（5）管路控制及动力量测与电气控制系统

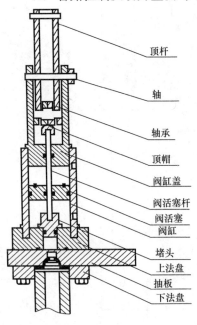

图 1-2-5　节流阀之二

机器的管路（气路和油路）系统如图 1-2-6 所示。

a）排气

机器的油缸内不许有残存气体，必要时应作检查并排出这些气体。

上缸的气体可以从缸盖上的排气管排出，储能器油室的顶部也有排气管。为了排出下缸气体，加载活塞的底部是斜面，并从缸外将排气管自缸壁扦入缸内，管口直接顶住活塞底部，向油缸内注入高压油并打开排气管，就可将残存气体带出。

另外，在加载活塞的周边中间设有一道与外界相通的环口，目的是改善活塞对上下缸体的密封作用，或不让上、下缸有任何串通的可能性。但使用实践表明，这种装置的必要性不大。

b）安全装置

在油路中并没有设置安全阀，因为油的压力由储能器内的高压气体产生，一般的安全阀起不到卸压的作用。

顶杆

轴

轴承

顶帽

阀缸盖

阀活塞杆
阀活塞
阀缸

堵头
上法盘
抽板
下法盘

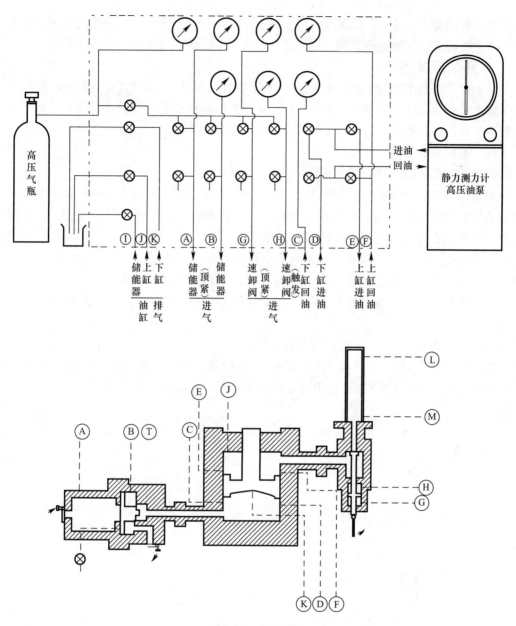

图 1-2-6　管路系统

在储能器档板与增压活塞底部相接触的面上，设有一个有管路与外界相通的小孔口，这样作速进加载方案时，当气室内已注入 p_1 而机器尚未工作时，不致因 p_1 可能渗入档板接触面上的密封圈，增加 p_1 的作用面积，造成自行触发而破坏试验过程。这个小孔口一般是始终打开的，因为它泄气能力很低，只对渗漏气体起作用。只在作速卸加载方案中，用阀门关闭这一孔道，使气室密封。

c）静载试验。这时用高压油泵作动力直接向下缸打入高压油，用手阀控制而不用储能器。也可以用储能器即用高压气体作动力而采用手阀卸放上缸油。

d）动力源。上面已提到，机器主要以瓶装高压氮气作动力。机器的油路与一个静力油压试验机的测力计连接，后者起到高压油泵作用，同时静载试验时也能比控制面板台上的油压表更准确的反映液压数值，这样才有可能用手阀准确控制机器的加载速度。

e）量测祭控制系统

机器的荷载是用贴有电阻应变片的测力杆来量测的，根据加载吨位的大小，配备一整套不同大小的测力杆。应变片的讯号一般可用动态应变仪和示波器记录。示波器的记录与机器一整套速卸阀电磁铁的启动是用几个时间继电器相继完成的。

（6）密封方法

机器固定部件的密封采用一般的铜、铝垫圈或橡胶垫圈。

对于活塞等运动部件，采用耐油 O 形橡胶圈密封，根据我们在多种试验机中对这种密封方法的使用经验表明，O 形圈的密封方法是有效的，由于密封圈的直径往往有制作误差，因此密封槽的深度 b（图 1-2-7）一般可采用比胶圈直径小 0.2-0.3mm，而其宽度 a 则比胶圈直径大 0.3-0.5mm，对密封槽的加工要求，不必像象国外某些资料所要求的那么严格。活塞直径与缸体直径有配合的要求，二者的直径差一般可为 0.05mm，光洁度为 ▽▽ 6—▽▽ 7 已够。为了在安装活塞时不致切割胶圈，缸体或活塞杆端部应留出倒角。

在储能器档板面上与活塞接触的密封圈断面呈矩形（图 1-2-8），为防止气流冲吸作用，这个胶圈应深深嵌入档板的槽内（嵌入 12mm）并用胶与槽体金属粘住，胶圈露出档板面约 0.3mm，胶圈内缘部分的表面要低于外缘部分约 1mm，这是为了使气体产生自封作用。

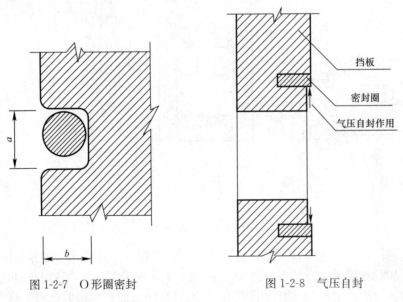

图 1-2-7　O 形圈密封　　　　　图 1-2-8　气压自封

在速卸阀阀杆端部的堵头密封圈构造也与上述的相似（图 1-2-9）。

（7）缓冲装置和试件对中装置

当试件破坏后，机器加载活塞、储能器活塞等运动部件仍以很快速度运动，需要安设缓冲装置。

储能器活塞的油室一方有一个圆形凸块（图 1-2-10），当活塞向右运动时，最后凸块就进入储能器的出油孔，堵住油路，关闭在油室内的剩下油介质，完成缓冲功能，凸块的直径约比出油口孔径小 0.1mm，端部设有倒角。

当用速卸方案时机器加载活塞上升到一定高度后也会挡住上缸侧面的出油口，起了缓冲作用。当然也可以在上缸的出油管道中设置一个缓冲器，这种缓冲器也可以同速卸阀合起来。速卸阀活塞的缓冲用厚橡皮垫，因为它的冲击力比较有限。

试验时，为使荷载的作用线明确，在试件的上端或在二端设置球座或刀铰，球座上放置贴有电阻应变片的测力杆，球座用弹簧悬挂拉紧在机器的上板上。

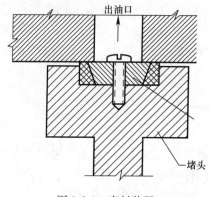

图 1-2-9　密封装置

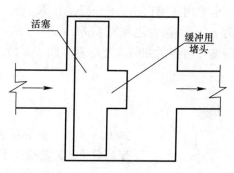

图 1-2-10　缓冲堵头

（8）机器主缸活塞的速度

机器活塞的速度是由高压油进入机器主缸的流量所决定。（当用速卸加载方案时则为高压油泄出机器主缸的流量，以下仅讨论速进加载方案，速卸加载时的计算公式也是相似的）。

设节流阀在储能器油缸一端的压力为 p_1，在下缸一端的压力为 p_2，其差值为 Δp，通过节流孔的流速 v 可用下式表示：

$$v = \sqrt{2g(p_1 - p_2) \times 10.33}c \approx 14\sqrt{\Delta p c} \quad \text{m/sec}$$

式中 c 为阻力引起的系数。

由于油的压缩量很小，运动部件的惯性和加载速度也不大，因此 p_2 的数值可用下式表示：

$$p_2 = p/F$$

式中 p 为加于试件的荷载，F 为机器加载活塞的作用面积，为直径 $\Phi300\text{mm}$ 的圆面积，等于 706.5cm^2。

当开始加载时，$p_2 = 0$，$\Delta p = p_1$

当试件破坏时，$p_2 = P/F$，$\Delta p = p_1 - p_\text{p}/F$

因此在加载过程中，v 的速度当荷载增高时就会降低，但只要 $p_1 F$ 的数值甚大于试件的破坏荷载 p_p，则 v 的数值在加载过程中的变化是很小的，例如若 $p_1 F$ 值即机器能够产生的最大荷载大于试件破坏荷载的 1 倍，则 v 的速度最后约降低 30%，但实际并不会降低这样多，这是因为初始速度已由于加速运动部件而显著降低。这样，活塞的位移速度可用下式表示：

$$\dot{S} = v\frac{f}{F} = 14\sqrt{\Delta p c}\,\frac{f}{F} = 14\sqrt{p_1}c\,\frac{f}{F} \tag{1-2-1}$$

式中 f 为节流孔面积。

c 的数值可根据实测活塞位移速度根据上式导出。这一数值显然与 p_1 和 f 以及管路长度有关，但一般在 0.4～0.6 左右。

（9）试件的应变速度

要从理论上精确估算试件的应变速度甚为困难，这是因为整个机器与试件构成了一个复杂的体系。如果忽略初始加载的惯性加速和加载到最大值后整个体系所引起的自由振动（这时试件已破坏），仅考虑加载活塞在工作阶段的情况，整个问题就可简化为线性运动考虑。设机器的刚度为 K_1，试件的刚度为 K_2，K_1 包括整个机架、活塞杆、测力杆、球座特别是上板和各个连接部件的变形，可以根据实测得出，K_2 可计算得出，例如受压试件当长度为 l，面积为 A，弹性模量为 E 时，则 $K_2 = EA/l$，但试件挤压面上的变形往往很大，也需用实测得出。已知 K_1 和 K_2 后，当荷载为 p 时，试件的变形为 p/K_2，机器的变形为 p/K_1，两者之和为 $p(1/K_1 + 1/K_2)$，而 $p = \sigma A = E\varepsilon K_2 l$，其中 σ 和 ε 为试件的应力和应变，可得活塞的应变速度（图 1-2-11）$\dot{\varepsilon}$ 为：

$$\dot{\varepsilon} = \frac{\dot{S}}{l} \frac{1}{1 + \dfrac{K_2}{K_1}} \tag{1-2-2}$$

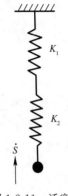

图 1-2-11 活塞的
应变速度 $\dot{\varepsilon}$

式中的 $\dot{S}$ 为主缸活塞的位移速度。机器的刚度 K_1 在加载过程中大体不变，只是开始阶段由于克服机器部件间隙显得略低，但试件的刚度 K_2 却由于试件弹性模量在加载过程中的降低而改变，因此欲获得线性良好的应变曲线，就要求机器的刚度不要过小于试件初始刚度。如果 $K_1 \gg K_2$ 则从上式可见不管 K_2 怎样变化，应变速度基本上是常值。如果初始刚度 K_2 等于 K_1，即机器刚度较低，则当试件破坏时（此时 $K_2 = 0$）的试件应变速度就提高一倍，但由于主缸活塞的位移速度在加载过程中降低，因此应变速度的改变还会小一些。

机器实测的刚度（采用 100t 测力杆），平均约为 $K_1 = 0.9 \times 10^7$ N/cm，当荷载较低时，例如当 $p = 20$ton 时 K_1 值就较低，约为 $K_1 = 0.2 \times 10^7$ N/cm，C-4 机的刚度过低是较大缺陷，主要是由于上板过薄（120mm）所致。

综上所述，对于这种类型的机器来说，施于试件的大体上是等应变速度的加载，机器的刚度愈大，线性程度愈好。增加机器加载速度上限的途径是：1）加大节流阀的最大孔径，2）增加机器的刚度，首先是增加机器上板的刚度，3）增加气压值也能提高速度，但效果不很显著。

试件在不同应变速度下的强度变化，只有当应变速度发生数量级的改变时才有明显变化；如果应变速度仅有一两倍的改变，对强度的影响是可以忽略计的。如此说来，机器的刚度虽然偏低，但给出的结果应仍是可信的。

（10）储能器气压的选定

储能器气压 p_1 的数值应该使机器能够产生的荷载 p 足够大于试件破坏荷载 p_p（单位 t）。一般情况下可取大 1 倍。但有时为使应变速度的变化小一些，可选择比 1 倍较小数值来补偿位移速度的改变（参见式 1.2.2），使应变接近线性变化。

当用速进方案加载时，储能器前气室内压力 p_4 的数值在上面已提到，应使 $p_4 F_4 >$

14

p_1F_0。本机器的 $F_4/F_0 \approx 2.6$，所以应使 $p_4 > p_1/2.6$ 一般情况下可取 $p_4 = 0.5p_1$。即使在加载速度很快时，由于 p_4 不能很快泄尽，也不致影响机器的加载速度，前气室的体积 V 约为 1620cm^3，泄气孔面积 f 等于 7.07cm^2，所以有 $V/f = 2.3\text{m}$。根据气体孔口泄流公式，得出增压活塞启动后时间 t_1 内的气压值 p'，为：

$$\log p'/p_4 = 86f/Vt_1$$

其中 $p_4 = p_1/2.6$。这时，机器下缸的油压即储能器油室的压力 p_2 可用下式算出：

$$p_1F_1 = pF_4 + p_2F_2$$

由于 $F_1/F_2 = 3.2$，又 $F_4/F_2 = 2.2$，所以

$$p_2 = 3.2p_1 - 2.2p'。$$

今举例说明，当 p_4 泄放完毕时，$p' = 0$，此时 $p_2 = 3.2p_1$，设为 p_0，则开始启动时，$p' = p_1/2.6$，$p_2 = 3.2p_1 - (2.2/2.6)p_1 = 0.73p_{10}$，二者相差尚不到 30%。据（1.2.1）式，其平方根的比值仅相差 14%，所以可认为对加载速度不起大的影响。

试验时试件应变速度的少量变化是完全允许的，因为我们所探讨快速加载时的应变速度量级，比起静速试验（或一般称为静力试验）要快 $10^3 \sim 10^4$ 倍。

（11）速卸阀气压的选定

当速卸阀关闭，上缸油压为 p_3 时，阀杆受到一向上作用的力为：

$$p_3\left(\frac{\pi}{4}d_2^2 - \frac{\pi}{4}d^2\right) = 7.9p_3$$

上气室内的气压一般在阀杆推到关闭位置后就泄放，为了打开速卸阀，需要在上前室（触发室）内注入压力为 p_5 的气压，p_5 应满足 $p_3\left(\frac{\pi}{4}d_2^2 - \frac{\pi}{4}d^2\right)$ 小于 $p_5\left(\frac{\pi}{4}d_3^2 - \frac{\pi}{4}d^2\right)$，或 $35.2p_5$ 小于 $7.9p_3$，二者差值产生的力由顶紧杆承受，但不能过大，否则会使顶紧杆过量变形，影响堵头下移而破坏密封。

（12）实测加载曲线和机器可改进之处

试验说明，机器的加载曲线光滑，在相同气压和试件装置下所给出的荷载曲线完全重复。

作一般混凝土试件破坏试验时，加载过程最快能达 4ms 左右，加载速度从静速到快速能任意调节。

施加爆炸曲线荷载时，所选的气压值应使机器荷载达到规定的峰值，荷载的衰减靠泄放气压来完成，调节储能器气室的盖形速卸阀的出气孔口面积，就能做到不同的衰减时间。对于一般抗压试件的升压时间最快约为十几毫秒（速进方案）和 5 毫秒（速卸方案），大于这一数值的升压时间可以任意调节，衰减时间任意。

C-4 机的工作性能良好，操作方便，重复工作性能良好。存在可改进的一些问题除了在前面已经述及的外，尚有：机器下缸的进油口径嫌小；机器加载活塞伸出缸盖的活塞杆端部应作出丝扣以便与试件的底板连接，这样也便于做拉伸试验；加载活塞杆过细（$\varphi 100\text{mm}$），影响机器加载能力进一步发挥；储能器活塞的密封圈只有一道，容易串气，宜设置不少于二道；储能器的体积也嫌小，限制加载活塞的冲程。

（13）C-4 气压液压快速加载机主要参数

最大吨位　　　　　　　　　　　　　　150t

最大油压　　　　　　　　　　　　　　250atm

储能器气室最大气压	75atm
储能器前气室最大气压	40atm
活塞最大冲程：用储能器速进加载时：	5mm
用下缸进气的速卸加载时：	45mm
机器净室	1800mm
上缸活塞油压面积	628cm^2
下缸活塞油压面积	707cm^2
储能器增压活塞油压作用面积	76.5cm^2
储能器气室气压面积：有密封圈作用时	72cm^2
密封作用破坏后	268cm^2
储能器前气室气压作用面积	190cm^2

以 C-4 机为样本，我们协助了工程兵研究所建立了 400 吨的快速加载机。

三、C-3 气压-液压快速加载试验机

C-3 快速加载试验机可进行弯、压、拉的试验，但主要用来进行梁的弯曲试验。可施加的最大荷载为 30 吨，能进行静速、快速和爆炸压力曲线形式的加载。爆炸压力曲线加载的升压时间最短约为 30ms 到峰值，衰减过程任意，可从毫秒级到几秒之间变化，用来检验试件在动载下弹性阶段工作时的抗裂性能与刚度。图 1-2-12 为机器及加载装置照片，其工作原理与 C-4 和 C-5 机类似，此处不再重复。图 1-2-13 为用多个快速加载千斤顶做混凝土大梁的试验。

图 1-2-12　C-3 机及加载装置照片

图 1-2-13　多点快速千斤顶

编后注：清华土建系的张达成工程师全程参加本项快速加载设备的研制工作，曾参加本项研制工作中某种子项目的尚有工程兵研究所的研究人员曹炽康、李庆标等。

第二章 结构材料的快速变形性能

第一节 爆炸压力下结构材料的快速变形过程

结构材料在动载下的性能与其变形过程有关。对于爆炸冲击波或压力波作用下的结构构件，通常承受的是一次作用的荷载。这时，构件的变形随时间单调增长至最大峰值，接着出现衰减振动。对于结构设计来说，只需考虑结构在最大变形峰值下的考验，以后的过程除了可能出现的反弹以外，就不是主要的了。结构构件从开始受力到变形达最大值的时间 t_m 主要取决于：1）构件的自振频率 T，2）动载的特征，如作用时间 t_0、升压时间 t_1 及其与构件自振周期的比值 t_0/T 或 t_1/T，3）塑性变形的利用程度，即动载下处于塑性阶段的最大动位移 y_m（或最大应变）及其与弹性极限位移 y_0 的比值 y_m/y_0。

在抗爆结构设计中，一般将结构构件简化为具有理想弹性或理想弹塑性抗力函数的单自由度体系。这时在突加三角形荷载作用下的弹性体系动力系数 k_d 和达到最大位移 y_m 的时间 t_0 与体系自振周期 T 的比值 t_m/T 关系如图 2-1-1a 所示；图 2-1-1b 则为有升压时间 t_1 的平台荷载作用下，动力系数与 t_1/T 和 t_m/T 的关系。

对弹塑性体系，在突加平台荷载和瞬息脉冲 S 作用下，其荷载系数 k_h 与延性比 β 的关系分别如图 2-1-2a 和 2-1-2b 所示。

结构构件的位移是由各部分材料的变形累计起来的，对于单一材料做成的构件，在最大受力断面上的材料，从开始受力到屈服或到最大变形的时间大体上就是上述的 t_s 或 t_b，如近似认为位移随时间变化的关系在 t_s 或之前呈线性，有应变速度 $\dot\varepsilon = \varepsilon_y/t_s$ 或 $\dot\varepsilon = \varepsilon_b/t_b$，其中的 ε_s 和 ε_b 分别为材料的屈服应变和极限应变。对于两种不同材料组成的构件如钢筋混凝土，问题变得复杂得多。以配筋适常的简支梁为例，最大受力断面上的钢筋材料在屈服前的应变速度近似等于 $\varepsilon_y/t_s = \sigma_y/Et_s$，而同一断面上压区边缘混凝土的应变当钢筋开始屈服时的应变还远未达到破损剥落时的极限应变 ε_b（一般可达 4000μ 上下）。如近似假定混凝土破损前的应变速度为 ε_u/t_u，其中 t_u 是混凝土开始破损的时间，当按弹塑性设计时有 $t_u = t_m$。显然混凝土破损前的应变速度要远低于钢筋屈服前的应变速度。至于钢筋混凝土梁中的拉区混凝土被拉裂的时间要比钢筋开始屈服的时间更短，而斜裂缝上的箍筋屈服时间更难估计。这里还应当指出，梁的最大受力断面上的钢筋应变速度在钢筋屈服以后将成倍增长，因为构件屈服后的变形将集中在塑性铰断面上，很难准确计算。

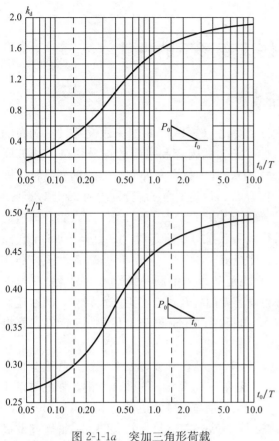

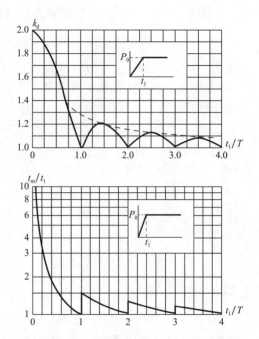

图 2-1-1a　突加三角形荷载

图 2-1-1b　有升压时间平台荷载

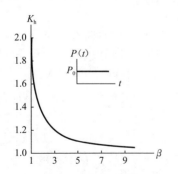

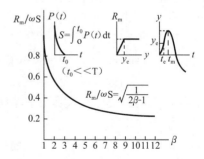

图 2-1-2a　突加平台荷载的荷载系数

图 2-1-1b　瞬息脉冲下的荷载系数

　　抗爆结构中的材料受力状态还可能出现以下情况，即材料快速变形到某一峰值应力，但在这一峰值应力下却滞留较长时间而不迅速下降，并由于滞留时间较长而发生破坏。这种场合可能出现在土中压缩波的 t_0 较长且比值 t_1/T 也较大时，或者按弹塑性设计的下部构件受到的动荷载是上部构件的动反力时。

　　所以我们不仅要了解材料的快速变形性能，而且在应用这些结果时，还要考虑到材料有滞后破坏的可能，有时更需凭判断解决问题。

第二节　钢材在快速变形下的性能

一、钢筋的牌号、钢种、化学成分及其性能的演变

新中国成立以来，国内生产的钢筋品种历经变化。在 1955 年国家建设部最早颁布的《规结 6-55 钢筋混凝土结构设计暂行规范》中，条文的内容和采用的符号均按照前苏联 1949 年颁布的混凝土结构设计规范《НиТу3—49》，其中只有两种低碳钢的钢筋品种，即 0 号钢和 3 号钢（Ꝿ0 和 Ꝿ5，Ꝿ 为注音符号，读音 ang），其平均强度分别约为 250 和 285kg/mm^2（即 250 和 285MPa）。前苏联在 1955 年颁布了新规范《НиТу123-55》以后，国内的混凝土结构设计多按这本新规范采用的多系数极限状态方法进行设计。直至 1966 年我国建设部颁布了正式的《钢筋混凝土结构规范设计规范》BJG21—66，但是后者大多按照前苏联《НиТу123-55》规范的规定，BJG21—66 规范列入的钢筋品种只有 3 号钢、5 号钢（即 A3 和 A5）以及低合金钢 25MnSi，此外也没有专门提及预应力钢筋。同年，国家建设部又紧接发布公告，要求推广使用低合金钢 16Mn 和 25MnSi 钢筋来代替 A5 钢筋，并提出 44Mn$_2$Si 钢筋用于先张预应力混凝土构件。

经过了 8 年，《钢筋混凝土结构设计规范》TJ 10—74 由建设部发布施行，开始将普通钢筋分成 5 类：Ⅰ级钢筋（A3，为低碳钢），Ⅱ级钢筋（16Mn，为低合金钢，强度与以往的 A5 相当），Ⅲ级钢筋（25MnSi，符号），Ⅳ级钢筋（44Mn$_2$Si、45Si$_2$Ti、40Si$_2$V、45MnSiV，符号），Ⅴ级钢筋（热处理 44Mn$_2$Si 与 45MnSiV，符号），TJ10—74 规范也提出了 A5 钢筋用于普通混凝土构件和经冷拉后用于预应力构件的设计强度，此外也提出了Ⅰ至Ⅳ级钢筋经冷拉后使用的强度。

其实，早在 20 世纪 70 年代初，我国已试制成功一百多种普通低合金钢钢种，使用范围已遍及国民经济各部门，其中轧为建筑钢筋用的有锰硅系、锰硅钒系、硅铌系、锰硅铌系、硅钒系、硅钛系等。投产的高强钢筋屈服强度的废品极限达 500～600MPa。

又隔了 15 年，国标《混凝土结构设计规范》GBJ 10—89 颁布，在热轧钢筋品种中，保留了Ⅰ至Ⅳ级的分类，每类列出的钢筋品种为：Ⅰ级（A3、AY3），Ⅱ级（20MnSi、20MnNb），Ⅲ级（25MnSi），Ⅳ级（40Si$_2$MnV、45SiMnV、45Si$_2$MnTi）以及热处理钢筋（45Si$_2$Mn、48Si$_2$Mn、45Si$_2$Cr），但钢筋的设计强度定得比 74 规范有微小的降低。此外，从 89 规范开始，强度的量纲从 kg/cm^2 改为 N/mm^2 或 MPa。

约从本世纪开始，国内开始试用屈服强度标准值超过 300MPa 的热轧低碳含量的低合金钢筋，其中包括超过 500MPa 的高强钢筋。国标《混凝土结构设计规范》GB 50010—2002 将热轧钢筋和预应力钢筋分成为两类，热轧钢筋的种类分成四种，分别为：HPB235（Q235）、HRB335（20MnSi）、HRB400（20MnSiV、20MnSiNb、20MnTi）、RRB400（K20MnSi），每种的符号和数字表示：符号 HPB 代表热轧普通（不含低合金）光面钢筋，HRB 代表热轧带肋钢筋，RRB 代表余热处理钢筋，Q 表示屈服强度标准值（单位 MPa），K 表示控制，数值 20 表示含碳量仅 0.2％左右，数字 235、335、400 表示钢筋屈服强度的

标准值（单位 MPa）。发布的这四种钢筋与过去的Ⅰ级至Ⅳ级的分级相应。HRB335 和 HRB400 钢筋工程界又常被分别称为新Ⅲ级钢筋和新级钢筋，但它们与 89 年规范的Ⅲ、Ⅳ级钢筋在性能和强度上都有不少差别。

现行国标《混凝土结构设计规范》GB 50010—2010 不再将建筑钢筋分类并改称为牌号，对于普通分成四种强度标准值，分别为 HPB300（屈服强度标准值 300MPa），HRB335 和 HRBF335（屈服强度标准值 335MPa），HRB400、HRBF400 和 RRB400（屈服强度标准值 400MPa），HRB500、HRBF500（屈服强度标准值 500MPa），钢筋牌号尾部加有"E"字的有较好延性，适用于地震区，加有"F"的是细晶粒钢筋，这种钢筋具有高强和优良的延性、可焊性和加工性能，将成为今后重点发展的钢种，但目前能生产的厂家尚少，有的质量尚不稳定。

与国际通常做法一样，现行混凝土结构设计规范不再提出每种牌号钢筋金属的化学组成。目前的钢筋标准中只控制化学关键成分的上限，以达到保证钢筋的焊接等性能。企业可以根据自身的生产装备和工艺，采取不同的方法，达到钢筋的力学性能要求。钢中常用的微合金元素有 Nb、V 和 Ti。使用 Nb、V 的企业比较多，使用 Ti 的相对比较少，主要原因是钛的价格虽然较低，但钛微合金钢的性能波动较大，钛的性质活泼，易与钢中的氧、硫、氮等杂质元素结合形成尺寸较大的化合物，也不能细化晶粒，冶炼过程中对钢的洁净度要求较高，因而提高了生产成本。综合而言，以 Nb 为最佳。不过随着生产工艺技术发展，Ti 微合金钢今后也会推广使用。在碳素钢中，HPB300 的含碳量已低到小于 0.15% 左右。现行规范要求进一步采用高强、高性能钢筋，无疑是非常正确的举措。可是规范中明示的除预应力钢筋外，用于普通钢筋混凝土的都不超过 500MPa。

在 GB 1499—1998 中仅给出参考化学成分，常用的合金牌号 20MnSi、20MnSiV、20MnSiNb 和 20MnTi 的化学成分（%）如下：

HRB335（20MnSi）——C（0.17～0.25），Si（0.40～0.80），Mn（1.20～1.60）

HRB400（20MnSiV）——C（0.17～0.25），Si（0.20～0.80），Mn（1.20～1.60），V（0.04～0.12）

HRB400（20MnSiNb）——C（0.17～0.25），Si（0.20～0.80），Mn（1.20～1.60），Nb（0.02～0.04）

HRB400（20MnTi）——C（0.17～0.25），Si（0.17～0.37），Mn（1.20～1.60），Ti（0.02～0.05）

以上各钢种的 P、S 含量均分别不大于 0.05%。

我们在这里扼要叙述设计规范的演变，并专门提出现在已较少应用的低强度普通钢筋，原因是按过去设计规范采用低强度钢筋的大量工程，有许多到现在仍在使用，当进行旧结构物的强度检验或加固改造时仍有需要。

快速变形下钢材的屈服强度比起标准静速强度（加载到屈服的时间为秒级）会有增长，但如果继续放慢速度到小时级或几天、几月或更长，却未见有继续下降的报道。钢材在快速变形下的强度提高现象，可用钢材屈服的机理得到解释：钢材由微小的晶粒组成，它们之间不可避免的存在缺陷，主要是晶粒排列上的位错和晶界缺陷，屈服首先从缺陷最大之处发生位错开动，并依次发展，产生屈服台阶，最终趋于稳定。所以屈服强度与位错开动有关，后者主要取决于钢材的位错密度，开动位错所需的能量，可开动的位错数，晶粒尺寸，晶粒取向等。一般讲，晶粒越小，屈服强度越高，因此，不同钢种，其屈服强度也不同。对钢材的加载速度增大时，原先开动位错所需要的条件如响应的位错数量少等不能满足，因而表现为屈服强度值增大。

二、早期生产的建筑钢筋在快速变形下的抗拉力学性能

这批试验完成于 20 世纪七八十年代。我们共作了 9 个钢种（A3、A5、16SiTi、25SiTi、14MnNb、16MnNb、20MnNb），34 批钢筋（其中 5 种 A3，4 种 A5，10 种 16Mn，7 种 25MnSi，4 种 16SiTi，其他的钢种分别各来自 1 批），总计 516 个试件的试验。其中 A3、A5 为低碳素钢筋，16Mn、25MnSi 为低合金钢筋，均为当时生产并大量使用的，其他则多为试生产，用量甚少。低合金钢种名称前的阿拉伯数字 16、25 等分别表示该钢种的含碳量。早期生产的低合金建筑钢筋均具有含碳量较高的特点，

试验时，每批钢筋的全部试件一般分为 4 组，依次取自同一根钢筋来料的中段，其中的 1 组作静载试验，3 组作快速加载试验，分别与 3 种不同的快速变形速度相应，每组试件的数量为 3～5 根。

试件加工成图 2-2-1 形状，工作断面的直径多数取 8 和 6mm，工作断面的长度均取直径的 5 倍，试件两端处有螺纹及定位面，以便和球座测力杆连接。各种钢筋的化学物理性能和试件数量、直径、分组情况详见表 2-2-1。试件在自行设计的《C—5》快速加载试验机上进行，用高压气体作动力，用高压液体自节流孔外泄的方法，控制机器头的位移速度保持线性，使试件给出线性的应变速度。加于试件的荷载用测力杆上电阻应变片测得，整个加载过程中的试件应变用贴在试件上的电阻应变片和安装在试件上的位移计测量，后者主要量测试件屈服后的大应变值。

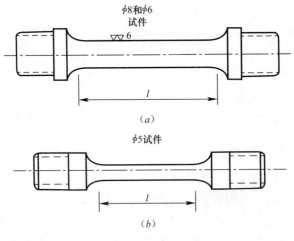

图 2-2-1　试件形状

根据不同变形速度下摄得的荷载—时间曲线的典型图片，可得到屈服强度（即屈服下限），屈服上限和极限强度（图 2-2-2）。配合测得的试件应变可得到整个加载过程中的应力应变曲线与弹性模量值。根据试件拉断后的总长，可得到极限延伸率。

试验用早期钢材的化学成分，强度，延伸率及生产厂家　　　　表 2-2-1

序号	试验用钢筋（炉号）	化学成分							屈服强度 f_yMPa	极限强度 σ_bMPa	延伸率 δ_5%	生产工厂	备注
		C	Mn	Si	P	S	Ti	Nb					
1	A3 18 光	0.17	0.37		0.002				295	430	34	唐钢	出厂数据
2	A3 12 光 (6516150 丙)	0.19	0.49		0.011	0.034			265	395	36	首钢	出厂数据
3	A3 12 光 (6517217 甲)	0.21	0.50		0.011	0.024			285	415	31	首钢	出厂数据
4	A3 12 光 (65172372)	0.19	0.45		0.011	0.024			300	425	30	首钢	出厂数据
5	A3 12 光 (6943)	0.16	0.43	0.19	0.013	0.04			280	435	27	天钢	出厂数据
6	A5 18 光	0.33	0.60	0.20	0.022	0.018			355/360	600/610	25/27.5	上钢	出厂数据
7	A5 20 光	0.30	3.63						310	540	23	上钢	出厂数据
8	A5 12 光 (7149)	0.32	0.67	0.17	0.015	0.038			330	520	25.5	天钢	出厂数据
9	A5 12 光								339 *	539 *	33.3 *		
10	16Mn 32 螺	0.18	1.4	0.50	0.019	0.009			340	515	32	上钢	出厂数据
11	16Mn 16 螺	0.14	1.46	0.46	0.028	0.015			377	560	29	上钢	出厂数据
12	16Mn 16 螺 (611)	0.19/0.18	1.39/1.53	0.44/0.53	0.029/0.032	0.009			375	580	26	天钢	出厂数据
13	16Mn 16 螺 (700)	0.20	1.47/1.37	0.40/0.55	0.032/0.042	0.009			375	585	24	天钢	出厂数据
14	16Mn 20 螺								366 *	595 *	28.2 *	首钢	
15	16Mn 16 螺								369 *	582 *	28.2 *	首钢	
16	16Mn 12 光	0.13/0.14	1.42/1.51	0.43/0.53	0.037	0.021			367 *	580 *	33/38	新沪	
17	16Mn 16 螺 (10A29)	0.18/0.19	1.54	0.54/0.58	0.030	0.038			384 *	628 *	27.4 *	新沪	
18	16Mn 16 螺 (10A31)	0.15/0.16	1.36/1.41	0.43/0.53	0.044	0.020			363	641	32.5	新沪	出厂数据
19	25MnSi 14 螺 (6914369 甲)	0.25	1.36	0.75	0.013	0.027			430	605/625	29/27.5	首钢	出厂数据
20	25MnSi 14 螺 (6914357 乙)	0.25	1.46	0.83	0.013	0.025			460	665/650	26.5/28	首钢	出厂数据
21	25MnSi 14 螺 (6914362 丙)	0.24	1.31	0.61	0.027	0.024			410/420	595/605	28.5/26	首钢	出厂数据
22	25MnSi 25 螺	023 *	134 *	075 *					403 *	630 *	26.6 *		
23	25MnSi 18 光	032 *	1.50 *	0.80 *					486 *	775 *	25.9 *		钢材质量不匀
24	25MnSi 12 光	0.27 *	1.38 *	0.63 *					428 *	673 *	26.4 *		钢材质量不匀
25	25MnSi 12 光	0.27 *	1.39 *	0.75 *					425 *	653 *	28	新沪	为同一炉的两根钢筋
26	25MnSi 12 光	0.27 *	1.39 *	0.75 *					42.3 *	66.5 *	28	新沪	

序号	试验用钢筋（炉号）	化学成分							屈服强度 f_y MPa	极限强度 σ_b MPa	延伸率 δ_5 %	生产工厂	备注
		C	Mn	Si	P	S	Ti	Nb					
27	16SiTi 13 光	0.15/0.16	0.77/0.82	1.21/1.24	0.039	0.024	0.034		452/491	632/655	23/30.6	新沪	出厂数据
28	16SiTi 20 螺 (10A10)	0.16	0.76	1.20	0.048	0.030	0.012		41.9/424	590/597	26/22	新沪	出厂数据
29	16SiTi 20 螺 (8A3) 螺	0.20	0.80	1.31	0.038	0.025	0.045		48.4/490	663/680	21/25	新沪	出厂数据
30	16SiTi 18 螺 (8A23)	0.21/0.23	0.74/0.86	1.15/1.35	0.040	0.030	0.045		444/464	621/651	22.1/16.6	新沪	出厂数据
31	25SiTi 16 螺 (10A36)	0.28	0.83	1.20	0.045	0.019	0.031		476/481	677/682	23.9/22.5	新沪	出厂数据
32	14MnNb 16 螺 (1791)	0.17	1.24	0.40	0.023	0.040		0.031	465	625	23/22.5	唐钢	出厂数据
33	16MnNb 16 螺 (6755)	0.15	0.97	0.40	0.025	0.026		0.054	440	57	22.5	唐钢	出厂数据
34	20MnNb 16 螺 (1789)	0.19	0.26	0.46	0.023	0.048		0.032	480/500	660	19/22	唐钢	出厂数据

注：1. 表第 2 列中钢筋的表示方法按顺序为：钢号、直径、光或螺（光—光面筋，螺—螺纹筋）；括弧内数字为出厂炉号。

2. 出厂提供的钢筋强度数据与试件的实测强度数据相差不大。如出厂数据不清的，列入表中的为试件实测数据，在表中加有 * 符号。

3. 表中表示钢筋直径的符号为：光面钢筋，螺纹钢筋，这与现行混凝土结构设计规范 GB 50010 的表示方法不同。

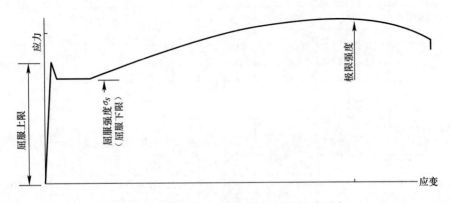

图 2-2-2 屈服强度、屈服下限和极限强度示意

试验得出的曲线形状比较理想，屈服前的线性强度良好，整段曲线光滑无干扰。同一

组内每一试件的屈服强度和极限强度值很接近，其与平均值的差值在 2% 以内，只是屈服上限的离散性稍大。这在一般的试验机上是测不到的。

试验得出了钢筋[①]在快速度变形下的性能变化规律如下：

（1）随着应变速度增加，钢筋屈服强度显著提高。不同钢种筋的屈服强度提高比值 k 如图 2-2-3 至图 2-2-8 所示，图中的每一点为一组试件的平均值，其中以屈服前的应变速度 $\dot{\epsilon}$ 等于 3×10^{-4} 1/sec 时的强度作为静载强度，即其比值 k 等于 1，这一速度相当于试件从加载到屈服的时间约为 5sec 左右。屈服前每一试件的应变速度 $\dot{\epsilon}$ 是定值，但在屈服后，由于机器刚度较小的原因，试件的应变速度就要变大一些，关于这个问题及其影响，我们将在下面再 μ 讨论。

A3 钢的强度提高比值最大，依次为 A5，16Mn，25MnSi，就是说钢种的强度级别越高，在快速加载下的提高比值就越小，但这只反映其总体的比较而言，对于其中的某一具体试件也可能有例外。

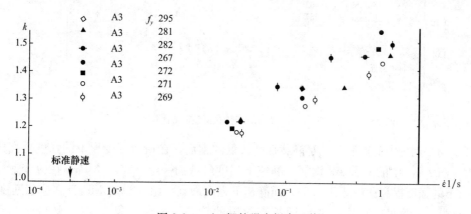

图 2-2-3　A3 钢的强度提高比值

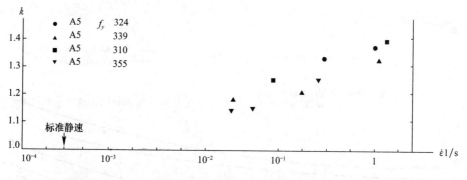

图 2-2-4　A5 钢的强度提高比值

[①]　根据以往的冶金部标准，建筑钢筋分为 5 级：Ⅰ级的强度最低，以次增长。非预应力的普通钢筋，过去长期采用的是Ⅰ级（24/28 级，分子 24 代表废品极限为 24kg/mm²，分母 2800kg/mm² 代表平均强度）和Ⅱ级（34/52 级），很少采用 40/60 级的Ⅲ级钢筋。Ⅳ级和Ⅴ级一般用于预应力钢筋，但某些具有屈服台阶的Ⅳ级钢筋也适用于非预应力场合，应该大力推广。A3 是低碳钢，强度最低；A5 也是碳素钢，其强度为 28/34 级，介于Ⅰ、Ⅱ级之际，曾被广泛采用，但后来已为低合金钢筋所代替。

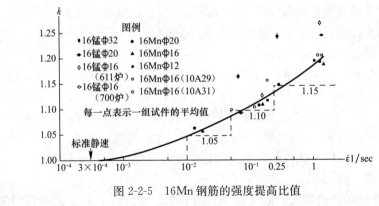

图 2-2-5　16Mn 钢筋的强度提高比值

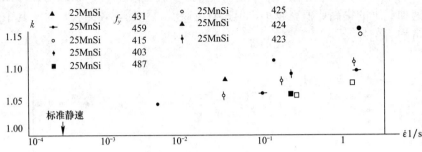

图 2-2-6　25MSi 钢的强度提高比值

（2）同一钢种中的钢筋，凡是静载强度较低的钢筋，在快速度变形下的强度提高比值 k 就较大。图 2-2-3 中的 6 种 A3 钢筋，静速下强度最低的一组（267.5MPa）在应变速度 $\dot{\varepsilon} \approx$ 1.4/sec 下的强度提高比值竟达 1.53；而静速下强度最高一组（295.0MPa）在应变速度超过 0.5/sec 以后的强度提高比值继续增长有放缓的趋势。这种现象在 A5、16Mn、25MnSi、14MnTi、16MnNb 等钢种中也存在（图 2-2-7），如首钢同一时期生产的 3 炉 25MnSi 钢筋，

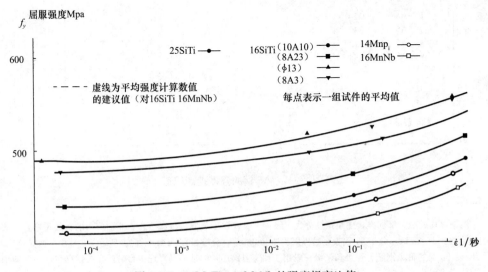

图 2-2-7　14MnTi、16MnNb 的强度提高比值

静载强度分别为 415.0、431.0 和 508. MPa，其在同样的快速变形（应变）速度 $\dot{\varepsilon}=1.51/\sec$ 下的强度提高比值 k 分别为 1.16、1.12 和 1.10（图 2-2-8）。由于静载强度低的提高比值要大，而静载强度高的则反之，所以个别静载强度低的钢筋用于抗爆结构时，就不会像用于静载结构中那样偏于很不安全。

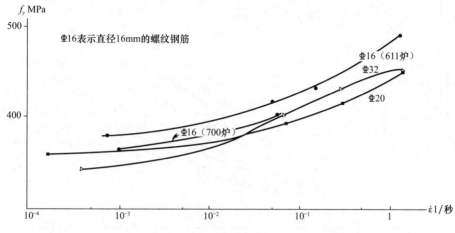

图 2-2-8　4 种 16Mn 钢筋的强度提高比值

（3）屈服上限的提高比值（图中虚线）要比屈服强度提高比值大得多（图 2-2-9）。同一组试件内，屈服上限的数值比屈服强度和极限强度要离散得多。这次试验所采用的试件是结过车床加工的，工作断面具有一定的光洁度，因此有显著的屈服上限；如果用出厂钢筋直接进行拉伸试验，往往反映不出屈服上限，原因可能是出厂的钢筋表面往往比较粗糙以及一般的钢筋拉伸试验必然会存在某种程度的偶然偏心。即使采用车床加工和的试件进行试验，得出的屈服上限数值也并不是很稳定，同组试件的数据可能比较离散。所以结构设计采用的钢筋强度应该以屈服下限为准。

值得注意的是应变速度很快时，A3 钢的屈服上限能成为整个应力应变曲线的最高点，试件经弹性变形到达屈服上限而降入屈服台阶后，塑性变形中的强化现象消失。这时的极限强度和屈服强度一样，都低于屈服上限，但仍要比静载时的极限强度高。

（4）钢筋的极限强度在快速变形下略有提高，有的钢种甚至基本没有变化。A3 钢在快速变形下的极限强度增加最多，但即使在速度较快时多数也不超出 $5\%\sim10\%$。其他依次为 A5，16Mn 和 25MnSi，对于 25MnSi，16SiTi，25SiTi 以及 14MnNb，16MnNb，20MnNb 等钢种，极限强度基本没有变化。

各个钢种的试件，在快速变形下的极限延伸率没有变化。试件拉断后的端口形状也无变化。

（5）结构中的钢筋在屈服后的应变速度是不可能准确算出的，只能用屈服前的变形速度作为代表。当构件断面进入塑性阶段后，材料的应变速度比起弹性工作时增大。而且试件沿工作断面全长上的每一点并不同时进入屈服台阶，所以即使测出试件总长的增加值，也不能得到试件长度内每一点的应变速度。前面已讲到，由于机器刚度的影响，试件的伸长速度在试件屈服后会不同于屈服前的数值。这种情况在快速和静速试验中都无法避免。从工程应用的角度看，要精确估计材料在屈服后的变形情况及其影响也是不必要的。

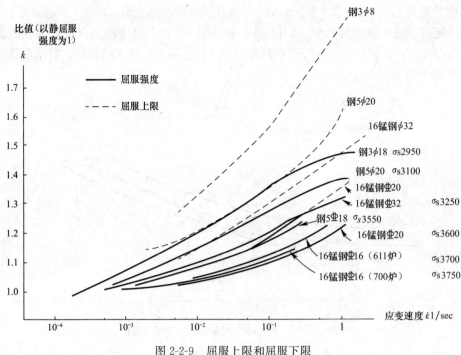

图 2-2-9 屈服上限和屈服下限

（6）以上所说的快速变形下的屈服强度，是使试件以一定的变形速度受力直至破坏得出的，如果以很快的速度使试件受到一个超过静屈服强度但其应力的数值又低于该速度相应的快速强度，并维持这一应力不变，则试件不会屈服，但过了一些时间（毫秒级）以后就将发生屈服，这一现象称为屈服滞后。迅速施加的应力峰值越接近与该速度相应的快速强度，屈服滞后的时间就越短。所以，如果实际结构在动载作用下的位移-时间在峰值位移处的滞留时间较长，既是钢材的峰值动应力尚未达到屈服应力，也有可能因屈服滞后而进入塑性状态。但是这种屈服不会降低截面的抗力或导致破坏，在实际的结构设计时一般无需考虑。

总之，如果从工程设计安全考虑，各个钢种强度提高比值应该取其低限而不是平均值（图 2-2-7 和图 2-2-10～图 2-2-12）。上述早期试验用的钢种化学成分和生产厂家见表 2-2-1。

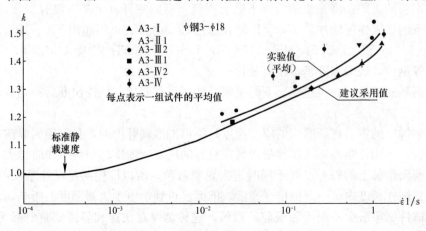

图 2-2-10 A3 钢屈服强度提高比值的下限

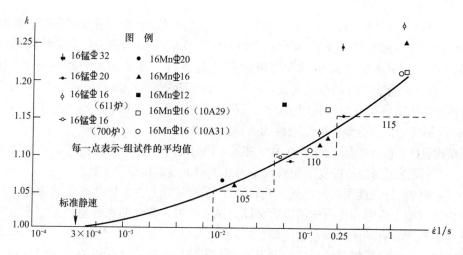

图 2-2-11 16Mn 钢屈服强度提高比值的低限（虚线表示低限）

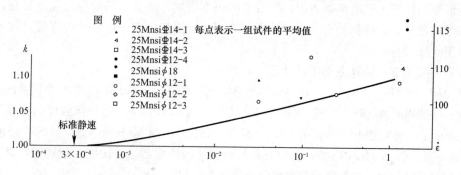

图 2-2-12 25MnSi 钢屈服强度提高比值的低限

表 2-2-2

钢种	规定废品限值				实际平均值		
	屈服强度 f_yMPa	极限强度 σ_bMPa	延伸率 δ_5	冷弯	屈服强度 f_yMPa	极限强度 σ_bMPa	延伸率 δ_5
16Mn	320 $d \geqslant 28$ 340 $d < 28$	500 520	16％	$d=3d$ 180度	360 380	580	29％
25MnSi	370	580			420		
35Si$_2$Ti	500	800	14％	$d=3d$ 90度	550	820	23％

注：1. 各厂出品的 16Mn 钢种的延伸率数据离散甚大，一般为 26％～34％，29％为其平均值。

2. 2002 年以后实施的钢筋混凝土设计规范中已不列 16Mn 和 25MnSi 钢筋，并建议用屈服强度标准值（废品限值）分别为 335MPa 的 20MnSi 钢筋和 400MPa 的 20MnSiV、20MnSiNb 钢筋，取代 16Mn 和 25MnSi。

三、早期生产的高强钢筋在快速变形下的性能与工程应用

采用低强钢筋的混凝土工程不仅用钢量大，而且排列密，施工困难，有时还不得不选用更大的混凝土构件截面。早在 20 世纪 70 年代，国内钢厂能够供应的低合金钢筋品种要比列入规范的多得多，有的因未能列入设计规范而逐渐淡出，其中不乏有良好性能的强度和延性，其中屈服强度的废品极限达 50 和 60kg/mm^2 级别的高强钢筋有 35Si$_2$Ti、

$35Si_2V$、$40Si_2V$、$44Mn_2Si$、$45MnSiV$、$45Si_2Ti$ 等。这些钢种中以硅钛系和硅矾系的塑性性能较优。用于一般土建工程结构和抗爆结构中以 $35Si_2Ti$ 最为合适，它的性能稳定，焊接较易，实际延伸率要比同样强度等级的其他钢种高。表 2.2.2 是 $35Si_2Ti$ 与 16Mn、25MnSi 等普通低合金钢种的性能比较，$35Si_2Ti$ 的屈服强度要比 16Mn 高 50%，而生产成本及价格比 16Mn 高出有限。我国的 Mn、V 元素的矿藏相对缺乏，而 Si、Ti 比较充足，像 $35Si_2Ti$ 那样的低合金钢筋今后应该大力推广使用。

在结构设计（包括抗爆结构设计）中，很长一段时间内未能采用高强钢筋，主要疑问有：

a）以为高强钢筋的塑性变形相对较小，会影响抗爆结构的安全性。

b）钢筋的抗拉强度用得较高后，构件内的拉区混凝土会否出现过宽的裂缝。但我们对高强钢筋混凝土受弯构件所作的静力和动力试验结果，都证明在合适的配筋率范围内并不存在这些问题，有的国外资料也说明过这一事实。

本文通过 6 种高强钢筋的静速加载及不同变形速度的快速加载试验来探讨高强钢筋在快速变形下的性能。试验结果表明，随着变形速度增加，高强钢筋的屈服强度提高，但提高的幅度远比低强度的钢筋小。试验结果还表明，极限延伸率及屈服台阶强度，在不同加载速度下大体保持不变。

（1）高强钢筋在快速变形下的性能

共选取 $35Si_2Ti$，$45Si_2Ti$，$35Si_2V$，$40Si_2V$，40MnSiNb 与 45MnSiV 共 6 个钢种的钢筋进行试验。按照当时的称呼，$35Si_2Ti$ 和 $35Si_2V$ 属于 50/80 级钢筋（即屈服强度的标准值最低为 $50kg/mm^2$，极限强度 $80kg/mm^2$），$40Si_2V$，$45Si_2Ti$，40MnSiNb 与 45MnSiV 强度属于 60/90 级钢筋。除 40MnSiNb 外，其余五种均有明显的屈服台阶。按照一般规定，对于没有明显屈服台阶的钢材，以卸载后的剩余应变为 0.2%（即 2000μ）这一点的应力 $\sigma_{0.2}$ 为屈服强度。这批试验除了高强钢筋外还有与之对比的普通钢筋，总共进行了约 200 个试件的试验。

每一钢号的试件一般分为三组，均依次取自同一根钢筋，其中一组作标准静速试验，另两组做不同变形速度的快速变形加载（加载到屈服的时间分别为 2ms 和 40~50ms），每组试件的数量为 3~5 根。

试件工作断面的直径 d 为 5mm，工作断面的长度为 $5d$（图 2-2-13）。为确定试件屈服台阶的长度和强化段的试件变形，在试件工作断面的两头（该处的直径为 10mm）专门安装了差动变压器式位移计，测得的变形量包括试件工作断面长度两端的圆角部分变形，根据在静载试验机上专门用杠杆应变仪的量测数据作对比，得出这种试件工作断面的计算长度应为 26mm，多出的 1mm 是试件变断面圆角部分的变形换算成直径 5mm 直径的折算长度值。

试件在《C—5》快速加载试验机上加载。机器的构造和试件的量测方法同前。

表 2-2-3 列出试验得出的各组试件主要力学性能指标的平均值。同组试件测得的强度数据十分接近，与平均值之差多在 1%~2% 以内。图 2-2-14 为分析得出的 3 种 60/90 级钢筋试件和 50/80 级钢筋 $35Si_2V$ 试件的应力—应变曲线，图 2-2-15 为 $35Si_2Ti$ 钢筋试件的应力应变曲线与 A3 钢筋的比较。每一曲线是相同变形速度同组试件的平均值。

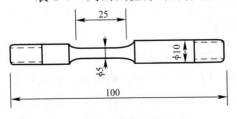

图 2-2-13 高强钢筋抗拉试件

表 2-2-3

钢种	加载到屈服时间 t_s	屈服强度 f_y MPa	极限强度 σ_b	延伸率 δ_5	屈服台阶长度 $\delta_s \times 10^{-6}$	屈服强度提高比值	极限强度提高比值	试件数量
35Si₂Ti	10s	547	830	22.6%	4500	1.00	1.00	3
	50ms	584	865	23.2%	4000	1.07	1.04	3
	2ms	638	863	21.6%	4500	1.16	1.04	2
35Si₂V	10~20s	567	820	21.9%	9500	1.00	1.00	5
	50ms	620	822	20.4%	10000	1.09	1.01	2
	2ms	665	828	22.3%	9500	1.17	1.01	3
40Si₂Ti	10s	584	865	19.1%	5000	1.0	1.00	4
	50ms	617	903	18.9%	5000	1.05	1.04	3
	2ms	645	893	18.7%	4500	1.10	1.03	2
45Si₂Ti	10s	550	892	18.6%	3500	1.00	1.00	5
	50ms	571	898	17.3%	3500	1.04	1.01	3
	2ms	637	892	18.0%	3500	1.16	1.00	2
45MnSiV	10s	594	919	16.7%	4000	1.00	1.00	4
	50ms	626	959	16.6%		1.05	1.04	3
	2ms	675	947	16.2%	4000	1.13	1.03	3
40MnSiNb	10—20s	575	970	15.7%	无	1.00	1.00	3
	50ms	625	980	15.2%	无	1.08	1.01	2
	2ms							

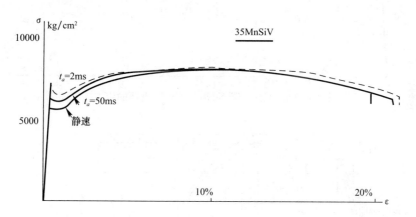

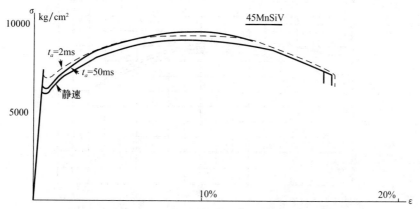

图 2-2-14　35Si₂V 和 45MnSiV、40MnSiNb、40Si₂V 钢筋的应力应变曲线（一）

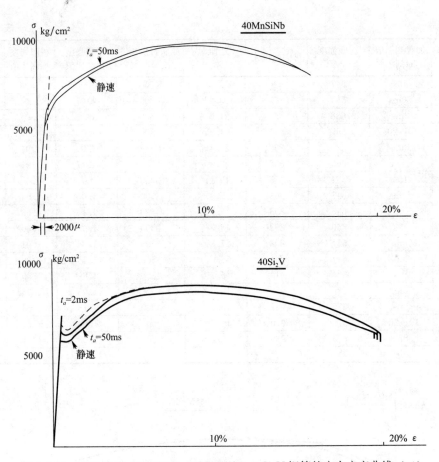

图 2-2-14 35Si₂V 和 45MnSiV、40MnSiNb、40Si₂V 钢筋的应力应变曲线（二）

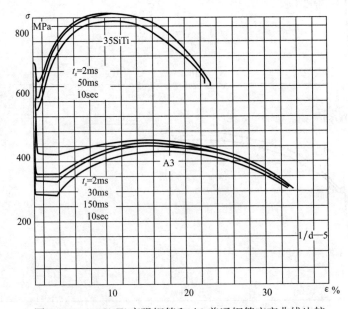

图 2-2-15 35Si₂Ti 高强钢筋和 A3 普通钢筋应变曲线比较

同普通钢筋一样，高强钢筋的屈服上限值在快速变形下提高最多，有些在静载时没有屈服上限但在快速变形下就显示出来，但屈服上限的数值离散很大，在实际应用上没有多大意义。

试验得出的高强钢筋在快速变形下的性能变化规律与普通钢筋一样，主要有：

a）变形速度增加，屈服强度随着提高（图 2-2-16），但提高的幅度远不及强度较低的普通钢筋。在常见的快速应变速度范围 $0.05\sim0.25$ 秒$^{-1}$内，$35Si_2Ti$ 和 $35Si_2V$ 等 50/80 级钢筋的屈服强度约提高 8%，而其他 60/90 级钢筋约提高 5%。图 2-2-17 是普通钢筋与高强钢筋的强度提高值比较。但有屈服台阶的试件，不同应变速度下屈服台阶长度没有变化。

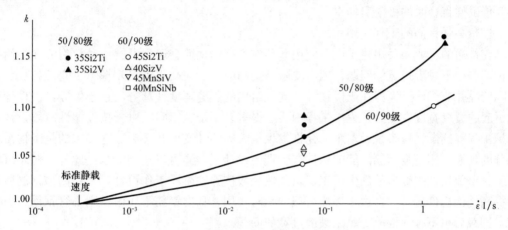

图 2-2-16 不同钢筋的屈服强度提高比值 k

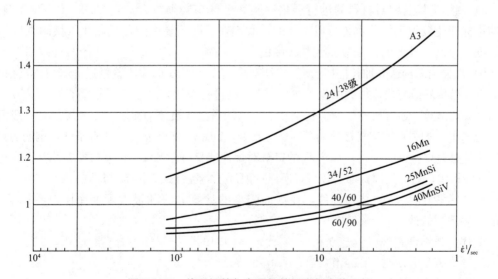

图 2-2-17 普通钢筋与高强钢筋强度提高值比较

b）极限强度基本没有变化或稍有提高。

c）试件拉断时的极限延伸率不变，断口形状不变。在试验各种情况下，试件断裂前均有明显劲缩，颈缩过程即为试件应力应变曲线中应力从极限强度下降的过程，劲缩过程的伸长量与极限引延伸率 δ_5 的比值均为 0.5～0.55 左右，与普通钢筋相似。

这次试验对每一钢种只选用一根钢筋，特别是 $45Si_2Ti$ 和 $40Si2V$ 试件的静载强度要比各自钢种的平均强度低不少，因此这些钢号的钢筋在高速变形下强度提高的平均比值，似应比本次试验得出的低一些。从偏于安全考虑，60/90 级的高强钢筋用于结构设计时，似不宜再考虑快速变形下的强度提高，对于 50/80 级钢筋，可提高 5％。

比较普通钢筋 A3 与高强钢筋 $35Si_2Ti$ 屈服后的应力应变曲线可见，它们的屈服台阶长度可认为与变形速度无关，与强化段极限强度相应的极限应变 ε_b 与拉断时的极限延伸率 δ_5 之比也与变形速度无关，约为 0.5～0.55，δ_5 为试件的拉伸长度与试件的工作长度取为 5 倍试件直径时的极限引伸率。

（2）高强钢筋的工程应用

在普通的工业与民用建筑中，应用非预应力高强钢筋会遇到混凝土受拉裂缝在使用荷载长期作用下发展过宽的问题，因而要限制钢筋应力，使高强钢筋发挥不了它的特长，但实际情况并非如此。原因在于以往设计规范给出的裂缝宽度计算方法过于保守，由设计荷载引起的裂缝宽度在实际工程中工程中要小得多。至于裂缝问题对于按弹塑性阶段设计的防护工程等抗爆结构来说，本来就允许发生很大的塑性变形和开裂，它要求的是结构需有充分的延性，用高强钢筋配筋的构件在合理的设计下一样可以达到要求。此外，对于可能发生频繁偶然性爆炸事故的生产工房，虽然一般按弹性阶段工作设计，采用高强钢筋后就能提高结构构件的抗力，由于爆炸荷载的瞬时作用，只要钢筋不屈服，则不管钢筋应力多大，卸载后也不存在混凝土剩余裂缝过宽的问题。

抗爆结构中应用高强钢筋应注意以下一些问题：

a）钢筋进场后应对材料的进行严格检验，延伸率必须符合规定要求。相反，极限强度的指标即使较规定低些也是可以接受的，我们在后面还要说到，强屈比（极限强度与屈服强度的比值）较低的钢筋应该优与较高的。

b）加强锚固构造并加长搭接长度。清华大学工程结构试验室内曾做过 $35Si_2Ti$ 高强钢筋梁的钢筋搭接静载与快速加载试验，并与 16Mn 梁进行对比，其中包括钢筋直径为 22mm 的大断面梁的试验。通过研究认为，受拉高强钢筋的搭接长度不宜低于 40d（规范对一般钢筋规定为 30d），加强锚固与搭接处的箍筋十分重要，间距不宜小于 5d。如有条件，钢筋的对接最好用接触对焊。试验证明，$35Si_2Ti$ 的接触对焊性能良好，与 25MnSi 的可焊性差不多；但与 16Mn 相比，适应的焊接参数较窄，所以一般焊工需经过试焊训练并加强检验。

c）高强钢筋配筋的结构构件，在截面强度的计算方法和最大配筋率限制等措施上，有的需要适当修改。

上述高强钢筋在 20 世纪 70 和 80 年代曾在国内的防护工程中有实际应用。

注：参加高强钢筋试验研究工作的尚有罗家谦同志。

四、钢材动力性能的若干补充试验

（1）钢筋抗压强度在快速变形下的提高比值

钢筋强度通常是以抗拉作为标准的，静载试验表明，一般热轧钢材的抗拉屈服强度与抗压屈服强度相等，但快速变形下的强度提高比值是否相同，这是本项补充试验的主要目的。

从同一根直径 25mm 的热轧 16 锰螺纹钢筋中截取抗拉和抗压试件。抗压试件的直径为原型 25mm，高 50mm；抗拉试件用车床加工成直径 6mm 的工作断面，形状同前文中的图 2-2-1a。抗压试件分成 3 组，抗拉试件分成 4 组，每组数量均为 3 个，采用不同的变形速度加载。

抗拉试件在《C—5》快速变形试验机上加载，抗压试件在《C—4》150 吨快速变形试验机上加载，试件两端均通过球铰准确对中，拉、压试验的加载及量测方法均相同。

两种试件从示波器拍摄的荷载讯号曲线上均可见明显的屈服上限、屈服下限与屈服台阶，分析得出的具体数据见表 2-2-4。

表 2-2-4

受力形式		加载形式					
		静速加载	快速变形加载 $\dot\varepsilon$ 1/sec				
			0.0125	0.133	0.149	0.74	1.36
抗拉	屈服强度 MPa	338 333/348	356 350/365		376 374/379		409 405/410
	屈服上限	352 348/358	382 374/392		422 415/425		464 456/471
抗压	屈服强度	337 336/338		373 371/375		394 392/395	
	屈服上限	351 340/360		389 386/392		442 437/447	

注：350/365 表示测试数据的变动范围。

从表 2-2-4 可见，拉与压的静载强度是一致的。图 2-2-18 画出了拉、压试件在快速变形下的屈服强度提高比值，它们完全符合同一的提高规律。但是屈服上限的提高规律不完全相同，抗拉试件的提高幅值要大于抗压试件，应是由于抗拉试件的表面光洁度较高和对中较好的缘故，而抗压试件则用原型钢筋。屈服上限的数值本来并不稳定，具体应用上没有太大意义。

通过本项对比试验可以认为，根据抗拉试验得出的钢筋强度提高比值，同样能用到抗压。

（2）板材在快速变形下的抗拉强度提高比值

从 A3 和 16Mn 热轧钢板中切取试件。板厚 16mm，试件长度沿钢板的轧制方向，顺序锯切小块，车成工作断面为直径 6mm 的抗拉试件。每组同一加载变形速度的试件数量为 3～4 个。

试验得出的屈服强度及其提高数据如表 2-2-5（表中每一数据为一组试件平均值），与前文总结的 A3 和 16Mn 钢筋的强度提高比值没有本质上的差异。板材和型钢在冶炼方法上与同样钢号的钢筋本无本质区别，由于杂质控制较严或轧制上的原因，静载屈服强度一般比同样钢号的钢筋略低，因此快速变形下的强度提高幅值估计不会低于钢筋。

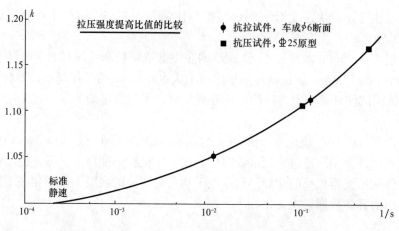

图 2-2-18　快速变形下抗压和抗拉试件的强度提高比值

表 2-2-5

钢种	静载强度 MPa	快速变形下强度提高比值　ε 1/sec	
		0.06	1.67
A3 （提高比值）	274 (1.0)	334 (1.24)	371 (1.35)
16Mn （提高比值）	371 (1.0)	407 (1.10)	445 (1.20)

根据以上的试验和分析，可以初步认为这些材料在快速变形加载下的强度提高比值可以按同钢号的钢筋取用。

（3）初始静应力对钢筋快速变形强度的影响

实际工程结构中，因结构自重或岩土静压力等作用下，钢筋材料在承受动载发生快速变形之前，总会受有大小不等的初始静应力。本项试验的主要目的是要探明初始静应力是否对钢材在快速变形下的强度提高比值起到影响。

共试验了 A3、16Mn、35Si$_2$Ti、35Si$_2$V、40Si$_2$V、45Si$_2$Ti 等 6 个钢种，每一钢种包括相同质量的 4～5 个抗拉试件，其中 2—3 个试件作快速加载前先加上初始静应力（约为静屈服强度的 50%～75%），其余试件作为对比无初始静应力。快速变形的应变速度均采用 1.6　1/sec。

试验结果详见表 2-2-6。这些数据充分说明，初始静应力对于快速变形下的强度提高比值没有影响，试验得到强度比值的变动范在 0.98～1.03 之间，均处于试验误差范围之内。所以在确定爆炸荷载等动载作用下的钢材快速变形强度时，没有必要考虑初始静应力的影响。

表 2-2-6

钢种	初始静应力 MPa	初始静应力占静屈服强度的比值	快速变形 ε=1.6　1/sec 屈服强度 MPa	有初始静应力时强度与无初始静应力时强度之比
A3	0	0	325	0.98
	120	51%	319	
16Mn	0	0	512.5	0.98
	290	67%	502	

钢种	初始静应力 MPa	初始静应力占静屈服强度的比值	快速变形 $\dot{\varepsilon}=1.6$ 1/sec 屈服强度 MPa	有初始静应力时强度与无初始静应力时强度之比
$35Si_2V$	0	0	665	0.99
	$362\sim410$	$64\%\sim72\%$	660	
$35Si_2Ti$	0	0	639	1.03
	422	77%	658	
$45Si_2Ti$	0	0	638	1.00
	365	67%	633	
$40Si_2V$	0	0	645	1.01
	372	64%	658	

（4）30CrMnSi 钢材（经热处理）在快速变形下的抗拉力学性能

30CrMnSi（经热处理）是一种强度非常高的钢材，并非用于土建工程，进行本项试验是应生产厂家要求，同时也为进一步了解强度很高的钢材在快速变形下，是否还会有强度提高的现象。

本次试验的全部 15 个试件均取自同一棒材，编号 A1 到 A15。试件的工作断面直径为 5mm（实测为 5.04～5.06），但工作断面长度为 35mm，相当于 7 倍直径。这一钢材无屈服台阶，与条件屈服强度 $\sigma_{0.2}$ 相应的应变高达 8000μ。正式试验前曾专门进行对比试验，确认试验采用的电阻应变片能够准确测定不超过 9000μ 的大应变。更大的试件应变另用位移计测定。

这次试验的试件工作断面长度不符合通用的 $5d$ 或 $10d$ 标准（d 为直径），除了 2 个试件在工作长度上同时划有 $5d$ 标距的痕迹，用来拉断后量出 $5d$ 标距内的伸长，计算极限引伸率 δ_5 外，其余试件只量得试件工作长度内的伸长量，由此得到的极限延伸率以 δ_7 表示。

量测的主要数据列于表 2-2-7，表中的符号 t_1 为试件从受力到比例极限强度的时间，t_2 为从比例极限到极限强度（最大荷载）的时间，t_3 为从最大荷载即开始颈缩到拉断的时间，σ_0 为比例极限，σ_{6000} 为试件应变达 6000μ 时的应力值，σ_b 为极限强度。

表 2-2-7

试件编号	加载特征	t_1	σ_0 MPa	σ_{6000} MPa	$\sigma_{0.2}$	t_2	σ_b MPa	t_3	$\delta_7\%$	$\delta_5\%$
A-1	快速	7^{ms}	990	1120		17^{ms}	1250	10^{ms}	11.8	
A-2	快速	7^{ms}	1040	1090	1170	17^{ms}	1260	10^{ms}	11.2	
A-3	快速	20^{ms}	960	1090	1160	60^{ms}	1220	40^{ms}	11.8	
A-4	快速	20^{ms}	910	1110	1140	60^{ms}	1250	40^{ms}	11.8	
A-8	快速	20^{ms}	980	1110	1150	60^{ms}	1230	40^{ms}	11.2	
A-9	快速	20^{ms}	930	1120	1170	60^{ms}	1240	40^{ms}	11.0	
A-10	快速	20^{ms}	910	1130	1150	60^{ms}	1250	40^{ms}	11.5	
A-11	快速	20^{ms}	930	1130	1180	60^{ms}	1250	40^{ms}	11.8	
A-5	静速						1250		12.6	
A-6	静速					180^{sec}	1240		12.6	
A-7	静速	18^{sec}	880	1080	1120	60^{sec}	1270	70^{sec}	12.9	
A-12	静速	12^{sec}	840	1020	1120	60^{sec}	1200	60^{sec}	12.9	
A-13	静速	10^{sec}		1100	1120	50^{sec}	1210	45^{sec}	12.6	
A-14	静速		830	1100	1160	40^{sec}	1220		12.4	16.6
A-15	静速		830	1080	1110		1230		12.6	15.6

注：表中个别数据空缺，系因量测原因未得。

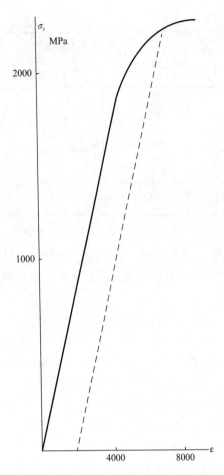

图 2-2-19　30CrMnSi 的应力应变曲线

这种钢材的主要性能如下：

a）快速变形下的应力应变曲线形状同静载下相似，均无明显屈服点如图 2-2-19。如以卸载后的剩余应变为 0.2％的应力 $\sigma_{0.2}$ 作为条件屈服强度，则后者均在极限强度的 90％以上。

b）极限强度 σ_b 在快速变形下没有明显改变，平均达 1245MPa，

c）快速变形下的 $\sigma_{0.2}$ 及 σ_{6000} 与静载下相比无明显变化，约高 2％～3％在误差范围内。

d）比例极限在快速变形下的增长比较明显，当 t 为 20ms 时增长 11％，当 t 为 7ms 时增长 19％

e）快速变形下的极限延伸率略有降低，δ_7 从 12.6％降低到 11.5％，从试件断口形状观察也有区别，二者虽均颈缩，但快速变形下的断口上、下不对称，一端的中间呈杯状，另一端中间突出，不像静速下断口较为平整。此外，与极限强度相应的伸长在快速变形下有明显增长，所以尚得不出 30CrMnSi 材料的塑性性能在快速变形下有改善或变坏的结论，不过两者的差别并不大。此外，测得的 δ_5 试验值约 16％，与 60/90 级的 45MnSiV 高强钢筋相当，但这仅从一根钢棒测出，不能代表 30CrMnSi 钢种的整体平均值。

五、低碳低合金钢筋在快速变形下的性能

国标《混凝土结构设计规范》自 2001 年版开始，对于普通钢筋开始推广低碳低合金钢筋，那些过去在工程中应用过的含碳量高于 0.2％左右的低合金钢筋如 35Si2Ti，45Si2Ti，40MnSiNb，已不再列入设计规范，虽然目前尚有个别设计单位采用和生产厂家供应。

约从本世纪开始，国内开始试用屈服强度标准值超过 300MPa 的热轧低碳含量的低合金钢筋，其中包括超过 500MPa 的高强钢筋。国标《混凝土结构设计规范》GB 50010—2002 将热轧钢筋和预应力钢筋分成为两类，当前的新型热轧钢筋的种类分成四种，分别为：HPB235（碳素钢筋）、HRB335（20MnSi）、HRB400（20MnSiV、20MnSiNb、20MnTi）、RRB400（K20MnSi），的符号和数字表示：符号 HPB 代表热轧普通（不含低合金）光面钢筋，HRB 代表热轧带肋钢筋，RRB 代表余热处理钢筋，Q 表示屈服强度标准值（单位 MPa），K 表示控制，数值 20 表示含碳量仅 0.2％左右，数字 235、335、400 表示钢筋的标准强度（单位 MPa）。发布的这四种钢筋与过去的Ⅰ级至Ⅳ级的分级相应。

现行国标《混凝土结构设计规范》GB 50010—2010 将普通钢筋不再分类并改称为牌号，分成四种强度标准值，取消 2002 规范中的 HPB235 钢筋，将其标准值提高到 300MPa

为 HPB300，保留原来的 HRB335、HRB400 和 RRB400，并增加了 HRB500 和细晶低合金钢筋 HRB335F、HRB400F 和 HRB500F。细晶钢筋适用于地震区，因其有较好的延性，当然也更适用于抗爆结构。

低碳低合金钢筋的含碳量不超过 0.25%，强屈比较低，这种钢筋应该更有利于混凝土结构在地震、爆炸等偶然作用下的结构抗倒塌的能力，这是因为柱子的能力主要决定于脆性的混凝土，在超载情况下很容易破坏倒塌，而梁板的能力主要决定于延性的钢筋，强屈比低的钢筋在超载情况下能减少柱子可能受到的最大压力，有利于充分发挥梁板的延性，避免柱子过早被压毁。

GB 50010—2010 规范取消了每种牌号中的钢筋金属化学组成，于是使用者不能了解其中含了哪些低合金，这可能成为一种缺陷。因为强度相同而化学成分不同的钢筋，它们在延性和焊接等性能方面仍可能会有些区别。但现行规范要求进一步采用高强、高性能钢筋无疑是非常正确的举措。

对于钢筋延性指标的表达，现行规范取消了以往长期使用的极限延伸率，改用国际通用的与钢筋极限强度相应的应变值。

至于低碳低合金钢筋在快速变形下的性能，目前尚无系统的试验数据。只有工程兵研究所已开始做了少量的试验。上面已经提到，我们在 70 年代曾做了 16MnSi、14MnNb、20MnNb 钢筋的快速变形性能试验，结果表明它们在快速变形下的强度提高比值等力学性能，与其他等强度的新型高强钢筋钢筋并无明显差别。工程兵研究所的试验也表明了这一现象。因此以上建议的快速变形下的强度提高比值仍可沿用。

有关低碳钢筋和细晶钢筋在快速变形下强度会否变化的机理，作者请教冶金建筑科学研究院的朱建国和陈洁两位专家，这里引用他们的答复：快速变形下强度提高是加工硬化现象，加工硬化从金属学原理角度看有多种机制，对钢筋来说主要是位错的聚集导致。加工硬化现象与金相组织和滑移面有关，低碳含量钢和细晶钢筋的金相组织均为铁素体与珠光体，同样具有加工硬化的现象。因此快速变形下的强度提高比值，只与钢筋的强度高低有关，而与钢筋的化学成分没有关系，且加工硬化本身与化学成分也没有直接关系。细晶钢筋加工硬化的程度大小与其晶粒细化机制有关，更不会出现快速变形下强度降低的现象。

第三节　混凝土的快速变形下的性能[①]

一、普通强度混凝土在快速变形下的抗压性能

前面已经说到，爆炸荷载等动载作用下的混凝土发生快速变形，从开始变形到最大值

---

① 本节介绍的试验完成于 20 世纪 70 和 80 年代，当时的混凝土强度等级称为标号，这种叫法有时还延续至今。标号是 20cm×20cm×20cm 混凝土标准立方试件经过标准湿养护 28 天的强度（量纲用 kg/cm² 表示）。本文中的混凝土强度等级已将过去的标号提法，转换成目前按 15cm×15cm×15cm 混凝土标准立方试件经过标准制作湿养护 28 天测定的强度（量纲用 MPa 表示）。例如标号为 300 号的混凝土，考虑试件的尺寸对强度的影响（尺寸影响系数约为 1.05），就相当于 15cm 边长立方体强度约 31.5MPa；但是混凝土标号作为强度指标的保证率只有 84%，而强度等级强度作为强度指标的保证率需有 95%，所以两者的强度标准值实际上相差不多。

的时间（即材料应力到达最大值的时间）t_1 一般在 $0.01\sim0.1$ 秒之间。如果动载的升压时间与结构自振周期相比甚小，则不论荷载的其他特征如何，t_1 值总介于（$1/2\sim1/4$）的结构自振周期 T 之间。对于爆炸作用下的地下结构来说，结构受到土压力动载的升压时间多数达结构自振周期的几倍以上，这时的 t_1 即等于土压力动载的升压时间。

（1）C25 混凝土在快速加载下的抗压力学性能

a）混凝土材料及试件

试件混凝土的配比：500 号硅酸盐水泥、砂子与石子的重量比为：$1:2.45:3.63$，砂子细度模量为 2.04；石子最大粒径 2cm，水灰比为 0.55，用手工搅拌后置于钢模中经振动台振捣成型。以后即为自然养护。

全部试件共分 $10cm\times10cm\times32cm$ 棱柱体和 $15cm\times15cm\times15cm$ 立方体二种，制作工艺严格控制一致。混凝土的 28 天抗压强度经测定为 25MPa。

正式试验的混凝土龄期为 450 天，试件数量及按不同加载速度得出的抗压度见表 2-3-1，因一年多的龄期使得混凝土强度增长，试验时的试件静载抗压强度已达 35MPa。

表 2-3-1

试件类型	$10cm\times10cm\times32cm$ 棱柱体				$15cm\times15cm\times15cm$ 立方体		
加载类别	静	快速			静	快速	
组别	Y—I	Y—II	Y—III	Y—IV	X—I	X—II	X—III
t_1 s	65	0.47	0.055	0.0041	110	0.15	0.0038
试件数量	11	10	10	11	7	8	8
总数	42				23		

注：t_1—加载到破坏时间，单位秒。

b）加载方法与试验结果

全部试件的试验均在＜C—4＞150t 材料快速加载机上进行，得出的主要试验结果如下：

当试件的变形速度增快时，混凝土的强度和变形模量均明显提高，试件应力—应变曲线若以应力 $\sigma=0.5$（f_c 为混凝土棱柱强度）时作为变形模量 E 的标准，则变形模量 $E_{0.5}$ 随不同加载速度的变化情况及与静载时相比的提高值如表 2-3-2 所列。图 2-3-1 和图 2-3-2 为混凝土在不同加载速度下的应力-应变曲线和强度提高比值。

表 2-3-2

组别	加载时间应变速度		棱柱强度	变形模量	提高比值 k_1	
	t_1 sec	ε' 1/sec	MPa	MPa	f_c	$E_{0.5}$
Y—I	65		29.1	35200	1	1
Y—II	0.47	0.0036	31.7	37900	1.09	1.08
Y—III	0.055	0.031	33.8	39800	1.16	1.13
Y—IV	0.0041	0.42	37.0	40900	1.27	1.17

所以按极限状态方法设计钢筋混凝土结构时，混凝土的快速变形下的抗压强度的提高比值 k_1 可保守的取为：

当 $$t_1\leqslant5ms,\quad k_1=1.25$$

$$50 \geqslant t_1 > 5 \text{ms} \quad k_1 = 1.15$$
$$500 \geqslant t_1 > 50 \text{ms} \quad k_1 = 1.05$$

（2）C40 混凝土在快速加载下的力学性能

本次试验的混凝土立方强度分别为 42.8MPa 和 37.0MPa。试验采用混凝土棱柱试件，棱柱试件的尺寸以及试验加载与量测方法与上述 C25 混凝土试件的试验完全相同。棱柱试件分两组，每组试件共 12 个，其中一半作静载，另一半作快速变形加载。试验时龄期约为 40～50 天。混凝土用 500 号硅酸盐水泥、中粗砂和粒径不大于 2cm 的卵石组成，配比为 1：1.18：2.74，水灰比 0.4。

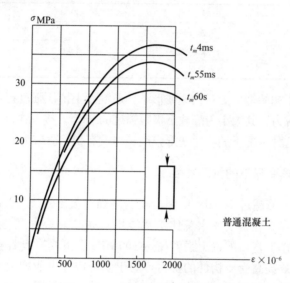

图 2-3-1　混凝土的应力应变曲线

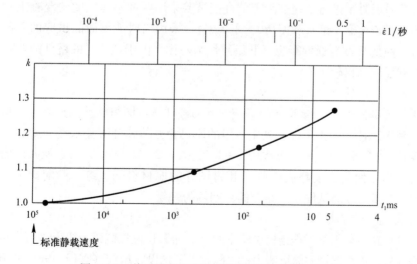

图 2-3-2　普通混凝土在快速变形下的强度提高比值

试验结果如表 2-3-4 所示，得出的强度提高比值与 C25 混凝土基本相同。试件破坏时的极限应变约为 1600～1800μ，与静载时无显著差异，但在快速变形下有稍高的趋势。

表 2-3-3

组别	加载时间	立方强度	
	t_1 sec	R MPa	k_1
X—Ⅰ	105	37.0	1
X—Ⅱ	0.15	42.4	1.14
X—Ⅲ	0.0038	46.6	1.26

表 2-3-4

组别	混凝土立方强度 MPa	加载到破坏时间 t_1	棱柱强度（平均）MPa	强度提高比值 k_1
Ⅰ	42.8	静 130s	30.0	1.16
		快速 32ms	34.9	
Ⅱ	37.0	静 240s	25.9	1.17
		快速 32ms	30.5	

此外，我们还做了初始静应力对快速变形下普通混凝土抗压强度提高比值的影响。对试件首先施加一初始静应力，其大小为静载下极限强度的 25%，接着在这一基础上进行快速变形加载至破坏，发现这种情况下的快速变形强度，与没有初始静应力的对比试件没有差别。

二、高强混凝土在快速变形下的抗压性能

我们定义强度标准值超过 50MPa 的混凝土为高强混凝土。

利用高效减水剂降低混凝土的水灰比，就能用普通硅酸盐水泥与高强度的碎石骨料，按照常规的混凝土制作工艺，配置出强度高达 100MPa 上下具有良好拌合性能的高强混凝土。高强混凝土能有效提高受压构件的抗力，对于受弯构件也能增大其最大配筋率。在抗爆结构构件中采用高强材料制作，能降低构件自重，减少材料用量和结构尺寸。

这次对高强混凝土进行快速变形下的性能试验采用两种不同强度的混凝土，一种为高强，强度约为 C90（ⅠA 组）和 C100（ⅠB 组），采用当时能够商品供应的 NF 高效减水剂配制；另一种是 C50 普通混凝土（Ⅱ组）作为对比。由于试验时的试件龄期较长，使得试验时的立方强度高出较多。

（1）试件

试验所用的试件均为边长 10cm、高 30cm 的棱柱体，同组试件的混凝土有相同的原材料、配比、制作工艺和养护条件，其中Ⅰ组的原料为五羊牌硅酸盐水泥、中砂、石灰岩碎石（最大粒径 2~2.5cm），配比依次为 1:1.05:2.22，水灰比 0.28，但其中的ⅠB 组水灰比有可能略高，使得强度略有下降。Ⅱ组试件的原材料同Ⅰ组，但配比为 1:1.82:4.2，水灰比 0.55。全部试件在试验时的龄期约为一年。

（2）加载及量测方法

所有试件均在清华大学工程结构试验室的《C—4》快速加载试验机上进行，试件置于机器加载活塞（机器头）和钢质筒形测力杆之间，上下均设有球铰（直径 50mm 的钢球）给试件以明确的中心受力。在试件的两个对称侧面上均贴有标距为 10cm 的电阻应变片。

（3）试验结果

表 2-3-5 汇总了各组试件的试验数据。极个别试件的数据明显偏低（表中带括弧的数

字），与平均值的差值大于15％，所以在最后整理试验结果时没有列入，数据异常的原因估计为试件的端部不够平整或者在试验加载时的对中不良。

表 2-3-5

组别	加载类别	试件数量	加载过程 t_{ml} sec	抗压强度值 MPa	抗压强度平均值 f_c MPa	均方差 MPa	强度提高值 k_1	应变速度 1/sec
ⅠA R=93MPa	静速	6	约260sec	84.2；85.6；92.6；78.7；85.8；83.0	85.0	4.54	1	
	快速	7	60ms	101.4；103.6；100.2；103.1；98.8；97.4；96.0；（81.2）	100.1	2.85	1.17	0.035
ⅠB R=104MPa	静速	6	约250sec	914；1029；849；986；960；955；	94.9	6.19	1	
	快速	6	60ms	112.1；102.7；106.6；113.1；97.3；102.8	107.4	8.88	1.13	0.038
	快速	7	7ms	124.3；133.4；122.5；122.5；120.3；120.0；124.9	124.0	4.54	1.30	0.33
Ⅱ R=56.0MPa	静速	8	约150sec	47.6；54.4；49.1；49.4；48.8；50.0；53.5；56.4	51.2	3.17	1	
	快速	11	25ms	63.3；62.5；61.4；69.7；59.3；55.5；56.4；61.9；55.8；57.3；59.6	60.2	4.18	1.18	0.073

试验量得静速变形下与峰值应力相应的应变值 ε_c 对各组试件平均为 2000×10^{-6}（ⅠA组）和 2200×10^{-6}（ⅠB组）和 1900×10^{-6}（Ⅱ组）。抗压强度高的混凝土，ε_c 有略大的应变值，且快速变形下的应变值 ε_c 比静载下稍大约10％，由于数量较小，尚不能作为定论。将这次试验得出的强度提高比值（图 2-3-3）与普通强度混凝土相比可见差别不大，所以可以认为，高强混凝土在快速变形下的强度提高比值与普通混凝土基本一致。

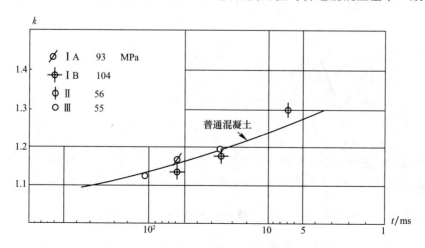

图 2-3-3　高强混凝土的提高比值与普通混凝土比较

与普通标号的混凝土相比，高标号混凝土的破坏更具脆性，试件破坏成多个碎块飞出。快速变形下的破坏形态与静速时相同。由于加载机器的刚度比较低些，当混凝土应力超过峰值进入下降段后，原先在加载过程中积累在机器各部分伸长的变形回弹，于是试件迅速崩毁，未能获得整个下降段的应力应变曲线（图 2-3-4）。

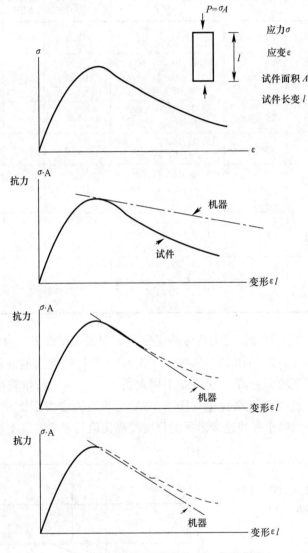

图 2-3-4　混凝土试件的抗力—变形曲线

高强混凝土的强度还受试件表面与内部湿度差的影响。我们科研组将刚从 28 天养护室里取出的试件与同时制作但经过干燥后的试件强度进行对比，发现后者的强度要高出 7.8%，

三、普通混凝土在快速变形下抗压强度强度提高比值的国外资料

a）日本的竹田仁一试验了十几种混凝土，包括多种强度（28～58MPa）、多种水灰比

（0.4～0.7）、多种配比以及不同掺合料。试验结果表明，强度高的混凝土在快速变形下的强度提高比值 k_1 要略高于强度较低的，具体数值见表 2-3-6，这一数字与我们得到的比较接近。试验还表明。除了配比比较特殊的混凝土，如水泥、砂、石的重量比为 1：2.4：7.2 和 1：1.1：0.6，其强度提高比值要远高于常用配比的混凝土以外，凡正常配比混凝土的 k_1 值，在其配比的变动范围之内，对 k_1 值没有明显的影响。

b）日本畑野正作了不同标号（28.3～60.6MPa）、不同水灰比（0.37～0.65）共 8 种混凝土的试验，没有发现这些因素对提高比值有确切的影响，但这些试验得出强度提高比值 k_1 的数值要比上述试验所给出者大得多（表 2-3-6）。

表 2-3-6

应变速度 $\dot{\varepsilon}$ 1/sec　　　　试验数据来源	0.01	0.05	0.25	试验的混凝土强度
本文	1.13	1.18	1.25	约 C30 和 C40
日本竹田仁一	1.17	1.27	1.32	约 C60
	1.11	1.18	1.28	约 C40
	1.08	1.15	1.24	约 C30
日本烟野正	1.34 （1.25～1.40）	1.46 （1.30～1.55）		约 C30～C60

注：混凝土强度由于各国的标准试件不同，表中的数据是以我国标准经过换算导出的。

c）美国陆军工程兵教范和空军设计手册中所用的数据，系根据 Watsein 的试验资料。试验采用落锤加载的方法，是一种比较粗糙的加载方法。试验了 2 种强度的混凝土 44MPa 和 18MPa，也没有发现不同的混凝土强度对快速变形速度下的强度提高比值有确切的影响。这一资料的缺点是它所给出的强度提高比值曲线与试验数据的偏离程度较大，而且落锤加载方法较难获得比较准确的快速变形速度，往往引入加速度的影响。

d）苏联以及美英的 R. H. Evans，P. G. Jones 等的试验结果，也一般说明了混凝土强度随变形速度改变的趋势，但并无更多参考价值。此外我国的中国科学院工程力学研究所也用落锤方法曾做过混凝土的快速变形试验，得出的强度提高比值 k 远大于其他单位所得的数据，获得的混凝土在快速变形下的应力应变曲线也比较反常。

四、混凝土在快速变形下的抗拉性能[①]

（1）试件及试验方法

试件分两种，一种是素混凝土 12cm×20cm×65cm 的小梁弯拉试验，另一种是 15cm 边长的混凝土立方体劈拉试验。两种试件用同一次搅拌的混凝土浇成，配比为 1：1.17：3，水灰比 0.38。试件浇注后标准养护 28 天，试验时的龄期约 90 天左右，此时的立方抗压强度 $f_{cu,s}$ 等于 31.8MPa。

小梁的弯拉试验，荷载 P 通过筒形测力杆 1 经分配梁 2、滚轴 3 及垫钣 4 作用于试件

---

① 本项试验由阚永魁和陈肇元完成。

上，两个加载点相距 15cm，加载点离开相邻的小梁支点 18cm，在小梁底面的拉区纯弯段上贴有标距 10cm 的电阻应变片（图 2-3-5）。

劈拉试件在 C4 快速加载试验机上（图 2-3-6）进行，荷载 P 通过筒形测力杆 1 经厚钢钣 2 及塑料点条 3 加于立方体 4 的顶面，垫条用硬聚氯乙烯钣裁成，厚 5mm，宽 12mm；立方体试件的底面放置在机器另一塑料垫条上，将荷载传递到试验机的底板。

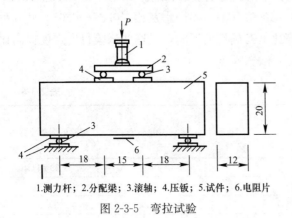

1.测力杆；2.分配梁；3.滚轴；4.压钣；5.试件；6.电阻片　　　1.测力杆；2.压钣；3.窄条钢钣；4.试件

图 2-3-5　弯拉试验　　　　　　　　　　图 2-3-6　劈拉试验

弯拉试件共 14 个，其中 5 个作静速试验，其余 9 个分两组，分别作不同快速变形速度的加载试验。劈拉试件共 20 个，其中 8 个作静速试验，其余 12 个也分两组，分别作不同的快速加载试验。

（2）试验结果

a）弯拉强度

这组试件中有 1 个试件的破坏断面不在纯弯段，破坏荷载值明显偏低，在试验结果的分析中排除在外，其余 13 个试件的破坏断面都在纯弯段，但有 8 个试件的破坏断面不在电阻应变片的位置上。

表 2-3-7 列出了实测的破坏荷载 P，由此可得纯弯段的破坏弯矩 M，按弹性分析得试件的弯拉强度：

$$f_{wl} = 6M/(bh^2)，\quad 其中 M = (P/2) \times 18$$

表 2-3-7 中也列出弯拉强度和破坏时弯拉应变的平均值，以及快速变形下强度提高比值 k_1。

表 2-3-7

试件分组	加载至破坏时间	破坏荷载 P kN	弯拉强度 f_{wl} MPa	破坏时拉伸应变	快速变形强度提高比值 k_1
静速	50　sec	400	45.0	297	1.00
快速 1	60　ms	504	56.7	301	1.26
快速 2	12　ms	597	67.1	309	1.49

b）劈拉强度

劈拉试件的试验结果汇总于表 2-3-8，混凝土的劈拉强度 f_{cpl} 按下式算出，表 2-3-8 中的数据也是各组试件的平均值。

$$f_{cpl} = P/hb$$

式中的 P 为劈拉篇幅荷载，h 为试件高度，b 为劈拉面宽度，h 和 b 均为 15cm。

表 2-3-8

试件分组	加载至破坏时间	破坏荷载 P kN	劈拉强度 f_{cpl} MPa	快速加载强度提高比值
静速	60sec	1126	21.86	1.00
快速 1	200ms	1930	54.61	1.71
快速 2	15ms	2498	70.68	2.22

图 2-3-7 给出了本次弯拉和劈拉试验在各自的不同加载变形速度下强度提高比值。

（3）试验结果讨论

a）关于最大拉伸应变

在弯拉试件中量测了混凝土最大拉伸应变。全部量测曲线大体分以下二种类型：一种是破坏断面在电阻应变片（10cm）标距范围内，小梁折断，电阻应变片丝也随之拉断，$\varepsilon(t)$ 曲线在终端陡直向上跑出，断丝时曲线有一拐点；另一种是破坏断面在电阻应变片的邻近处，小梁折断，电阻应变片丝内应力解除，$\varepsilon(t)$ 曲线在终端陡直向下归零。

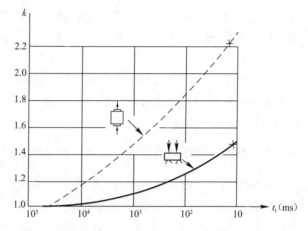

图 2-3-7　混凝土弯拉和劈拉试件的
快速变形强度提高比值

从弯拉试验量测结果可以看出，三种加载速度下混凝土最大拉伸应变 ε 值基本上为同一数值，约为 300μ。日本畑野正根据中心受拉试件得出的最大拉伸应变数据平均为 179μ。说明弯拉极限应变要甚大于中心受拉。

测定混凝土抗拉强度指标常用三种类型的试件，即纯拉（中心受拉）、劈拉和弯拉（抗折）。劈拉试件的加载方式最为简单，所以在一般静速试验中多被采用，其次是弯拉试件。弯拉强度与纯拉强度的比值与骨料、配比、试验加载方法等许多因素有关，在静载作用下的变动范围较小，两者的比值通常在 1.7 左右；劈拉强度与纯拉强度的比值更为离散，而且劈拉试件无法测定极限拉应变。

本次试验还发现，劈拉试件在快速加载时的破坏型式与静速加载时不同，在静速加载时试件沿较弱的粘结面凹凸不平地劈开，而在快速加载时粗骨料被劈开，破坏面比较平整。从三组劈拉试件的破坏型式看到，加载速度越高，破坏型式与静速加载时的差别越大，而在实际钢筋混凝土构件中，拉裂往往是沿着较弱的粘结面发生的。与劈拉试件相反，在本次试验的不同加载变形速度范围内，未见对弯拉试件的破坏型式有明显影响。

b）快速加载作用下混凝土抗拉强度的国外试验结果

日本竹田仁一的中心受拉试验，混凝土强度约为 C30，（水灰比 0∶4，配比为 1∶1.87∶2.28），当加载速度约为 $\sigma=10$kN/sec 或加载时间 t_1 约为 40ms 时，增加 33%，当 $\sigma=100$kN/sec 或 t_1 约为 5ms 时，增加 55%（"日本建筑学会论文报告集"第 66 号和"日本建筑学会论文报告集"第 77 号）。日本畑野正的试验，采用纯拉试件（水灰比 0.5，配比为

1：1.84：3.51），当 $t_1＝30ms$ 时，增加 60%（参见"日本土木学会论文集"No.72。美国海军土木工程试验室的试验，采用劈拉试件，应变速度为 $\varepsilon＝0.1/sec$，当 28 天龄期时，抗拉强度增加 65%，当 49 天龄期时增加 $40\%～45\%$，认为混凝土抗压及抗拉强度在快速加载下提高比值与龄期有关，当龄期增加时，快速加载时提高比值趋于减小（参见美国 AD 报告，AD-635066）。

但据我们所作的混凝土抗压强度试验结果发现，一年多龄期的混凝土在快速加载下的提高比值，与几十天的相差甚少，在一般的偏差范围内。又根据我们对钢筋混凝土小梁（混凝土 C20，配筋率约 1%）在快速加载下抗剪试验表明，当 $t_1＝40ms$ 时，斜拉破坏的抗剪强度提高 40%。还对钢筋混凝土受弯构件（混凝土 C30，配筋率 0.5% 左右）弯曲开裂强度进行了一些测定，发现在快速变形下抗裂荷载提高约 30% 左右。考虑到纵向钢筋对斜拉破坏的抗剪强度以及弯曲开裂荷载也起一定作用，所以这些数据与我们所做的本次试验结果是大体符合的。

五、关于抗爆结构设计的混凝土强度提高系数

抗爆结构设计时采用的混凝土强度提高系数要考虑到两个因素，一个是快速变形引起的强度提高 k_1，另一个是实际受到爆炸荷载时的混凝土龄期要远大于 28 天，那时的混凝土应甚高于 28 天的标准强度，假定其提高比值为 k_2。所以用于设计时的强度提高比值应为 $k＝k_1×k_2$。

综合上述混凝土在快速变形下的强度提高比值，并考虑到混凝土不像钢材那样有良好的塑性性能，而且混凝土在峰值应力下还有滞后破坏的可能，所以普通混凝土抗压强度的 k_1 值一般可取 1.15，对于高强混凝土取 k_1 等于 1.1。

普通强度硅酸盐混凝土处于潮湿环境下的抗压强度增长一般比高强混凝土大得多，有时甚至能达 1 倍以上。掺加减水剂的高强混凝土有明显的早强性能，抗压强度的后期增加幅度相对较少，根据清华大学的试验结果，处于标准养护条件下高强混凝土（制作时掺加 NF 减水剂）的半年龄期强度与 28 天强度比值 k_2 约为 1.2，一年约为 1.3，一年半约 1.35。由于实际工程中的混凝土在浇注后可能较快移入干燥环境，所以抗压强度的 k_2 值对于普通混凝土可保守的取 1.25，对高强混凝土取 1.15。

混凝土抗拉强度的 k_1 值要大于抗压，但实际工程中的混凝土构件受拉通常依靠钢筋，混凝土受拉主要与抗裂有关。设计抗爆结构时，对于混凝土抗拉强度的 k 值，通常取抗压相同。

六、抗爆结构中材料快速变形下强度提高设计值的考虑

设计抗爆结构时的材料强度设计值是个比较复杂的问题。首先，爆炸压力下的材料变形速度与压力的波形有关，但其大小和形状往往未知，比如用于作战的防护工程，应承受的压力荷载只能假定，并根据工程的重要程度可有很大差别；其次，防护工程与一般静载作用下的民用结构相比，具有以下特点：

（1）多数防护工程为充分发挥潜力，在受弯构件的设计中多按大变形条件下的弹塑性状态工作，即使到了压区混凝土剥落以后，仍能维持抗力继续有所增长。

（2）构件受弯时，支点往往会发生伸长趋势而受阻，从而受到横向推力，能提高构件的抗弯能力，当构件的跨高比较小时甚至能成倍提高。在 4 边受约束的板中所产生的这一横向薄膜力及其提高板的抗力作用尤其显著。在承受普通荷载的工业与民用工程的楼板中虽然也考虑了薄膜力而将板的内力弯矩乘以 0.8 的折减系数，但对抗爆结构而言，应能折减更多；

（3）抗爆结构中受弯构件的内力分析，往往过高估计压力荷载对构件的弯曲效应。典型的情况如土中压缩波施加于顶板和侧墙上的土压力分布由于构件的变形应为鞍形，而实际设计中多假定为均布，结果是过高估计构件的内力，进一步加大了构件的抗弯能力。

（4）与抗弯破坏相比，受弯构件的剪切破坏呈高度脆性，即使是受弯屈服后的剪切破坏的延性也甚有限。为保证构件不发生危险的脆性剪坏，现有规程对抗剪赋予的安全度远远不足；

（5）墙柱等受压构件的破坏也多呈脆性，承受的是梁板支点传来的反力。由于梁板抗弯有很大的潜力，就加大了墙柱受到的纵向力，现有规程对墙柱赋予的安全度同样不足，结果使得墙柱先于梁板破坏，而梁也因失去支承而相继倒塌，这是很不利的后果，应尽量设法避免。

在以下章节中，我们还会进一步探讨防护结构设计中这一重要原则。

第四节　抗爆结构中材料强度提高设计值的考虑

一、水泥砂浆的抗压性能

（1）试件材料与加载方法

对 M40～M70 的水泥砂浆试件作了不同加载速度下的抗压力学性能试验。

共试验了五种水泥砂浆立方块试件，一种棱柱体试件。每种试件一般分成 4 组，其中一组做静速，三组作不同变形速度的快速。试件的尺寸、水泥砂浆比及分组情况见表 2-4-1。

表 2-4-1

试件编号	试件尺寸 cm	水泥品种	灰砂比	水灰比	龄期天	试件数量				
						静速	快速			总计
							Ⅰ	Ⅱ	Ⅲ	
LF—1 (765)	7.07×7.07×7.07	矽酸盐水泥	1：1.5	0.38	63	4	3	5	4	16
LF—2 (701)	同上	矽酸盐水泥	1：1.5	0.40	50	6	6	6		18
LF—3 (641)	同上	矽酸盐水泥	1：1.5	0.42	60	4	5	5	5	19
LF—4 (523)	同上	水泥	1：1.5	0.43	52	4	5	6	5	20
LF—5 (480)	同上	水泥	1：1.5	0.43	48	10	10	9	9	38
LZ (604)	同上	矽酸盐水泥	1：1.5	0.42	69	6	4	4		14

对同一种试件的各组试块，它们的配比、成型及养护条件等均完全一致，保证试件质量的同一性。试验所用的砂子为中砂，细度模量 M 等于 1.92，五种试件的灰砂比均为 1：1.5。

试件用振动台振动成型，振动频率 2850 周/分，振动时间为分钟。试件成型后先在养护室内养护 28 天（温度为 18～22℃），然后移入室内空气中。

全部试件均在清华大学 150 吨 C-4 快速加载机上进行，加载及量测方法同前文。

（2）主要试验结果

水泥砂浆的强度随着加载时间 t_1 增加而提高，（t_1 为试件开始加载到破坏的时间），若以静速强度为 1，（此时的 t_1 约为 30 秒），则在快速变形下的强度提高比值 k_1 如图 2-4-1 所示。图中每一点代表一组试件的平均值。各种标号砂浆的强度提高幅值没有明显差异，均可用图 2-4-1 中的同一曲线表示；

$$k_1 = 1.28(\log t_1)^{-0.165}$$

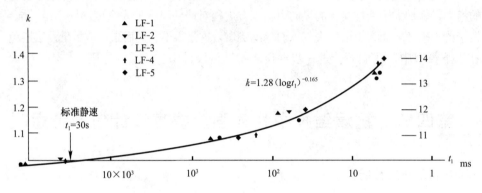

图 2-4-1　砂浆立方试件抗压强度的提高比值

当加载时间 t_1 等于 5 毫秒时，砂浆的强度提高比值约为 35％～40％。

同样水泥砂浆的棱柱试件也随着加载时间 t_1 的加快而提高，其变化规律及提高幅度与立方试件大致相同。当加载时间 t_1 为 5 毫秒时的强度达静速时的 1.36 倍。图 2-4-2 为砂浆棱柱试件在不同变形速度下的应力应变（σ—ε）曲线，每条曲线为一组试件的件的平均值。从图中明显可见，在快速变形下，σ—ε 曲线的初始线性段增大，扩大了弹性范围，但应力到达抗压强度最大应变值没有显著差异。

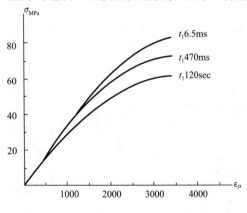

图 2-4-2　砂浆棱柱试件的应力应变曲线

在快速变形下，不同应力状态下的变形模量提高比值也不一致（表 2-4-2）。例如应力在 0.25R 时的变形模量 $E_{0.25R}$ 约增大 6％，应力在 0.5R 时的变形模量增大约 10％，而应力在 0.75R 时的变形模量增大达 20％～25％。由于本次静速试验的加载过程约为 120 秒，比起一般用机测仪器确定应力应变曲线的加载过程要快得多（后者通常为几十分钟），所以如与通常方法测得的静载变形模量相比较，则提高幅值可望更大些。在本次试验的快速变形速度范围内，试件的破坏形态与静速时完全相同。

表 2-4-2

t_1	变形模量提高比值			
	$E_{0.25R}$	$E_{0.5R}$	$E_{0.75R}$	$E_{1.0R}$
120s	1.00	1.00	1.00	1.00
470ms	1.06	1.10	1.22	1.23
6.5ms	1.07	1.11	1.26	1.40

二、玻璃纤维树脂增强塑料（玻璃钢）[①]

玻璃纤维增强塑料由玻璃纤维（或其织物）与合成树脂组成，已广泛用于航空结构和土建结构中。本项目对 307、307＋DAP、环氧＋3193 三种树脂玻璃钢材料进行快速变形下的拉、压、弯等力学性能试验。

（1）材料与试件

本项试验所用的试件材料取自 307、307＋DAP、环氧＋3193 三种玻璃钢板材，试件的形状、尺寸、数量见表 2-4-3。

表 2-4-3

试件类型	形状和尺寸 mm	材料品种	试件数量
抗拉	形状见本表下面附的插图 工作断面 4×10	307 玻璃钢	24
		307＋DAP	23
		环氧＋3193	23
抗压	高 66； 正方形截面 22×22	307 玻璃钢	13
		307＋DAP	34
		环氧＋3193	9
	高 50； 矩形截面 22×25	307 玻璃钢	37
		环氧＋3193	38
抗弯	$b×h×L＝22×30×270$	307＋DAP	20
	$b×h×L＝22×30×270$	307 玻璃钢	20
		环氧＋3193	20

形状和尺寸

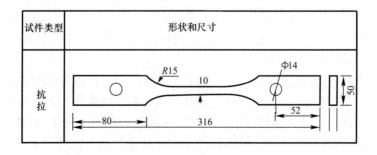

试件类型	形状和尺寸
抗拉	

① 本项试验由清华大学、上海耀华玻璃钢厂和 306 部队共同完成。

307 玻璃钢的树脂配比为 307 聚酯树脂（307：苯乙烯＝65：35），过氧化环己酮（过氧化环己酮：苯二甲酸二丁酯 1：1），萘酸钴（萘酸钴：苯乙烯＝1：9），三者的重量比为 100：3.5：3.5。

307 与 DAP 玻璃钢的树脂配比为 DAP 单体与 307 树脂（1：1），抗氧化甲乙酮，萘酸钴（萘酸钴：苯乙烯＝1：9），三者的重量比为 100：5：5。

环氧与 3193 树脂玻璃钢的树脂配比为环氧树脂，193 聚酯树脂，邻苯二甲酸酐，苯乙烯，过氧化苯甲酰，五者的重量比为 28：32：8：30：2。

所用的玻璃布 0.23 厚的斜纹布，其经纬方向均用 80 支 6 股的纱织成，密度为经纬每厘米 16×12 根。弯、压试验的板材用布 83 层，每层面积 450×450mm²。拉伸试件的板材用布 14 层。

（2）三种玻璃钢的抗拉性能

试件的静速和快速抗拉试验在 C-5 加载试验机上进行。试件上端的圆孔通过穿入试件端部的钢轴与上部的连接件与测力杆相连，后者与加载机之间有球座连接以保证试件中心受力；试件的下端圆孔也通过的穿入的钢轴与下部的连接件与机器的底板连接。约有半数的试件同时也测定了试件的应变，用贴在和安装在试件两个对称面上的电阻应变片和差动变压器式的位移计测量，位移计主要用来量测试件的大应变。

三种玻璃钢的典型抗拉应力应变曲线均相似（图 2-4-3），有较好线性，但大部分试件的 $\sigma-\varepsilon$ 关系以折线形式出现，在静速下的折点约在抗拉强度值的 0.5～0.6 左右，快速下约在 0.7 左右。抗拉强度和变形模量均随变形速度增快而提高，提高比值 k 见表 2-4-4。在同一变形速度下，三种玻璃钢材料品种的提高幅值不同，如以静速的强度为 1，则当 t_1 为 10^{-2} 秒时的强度提高比值分别对 307＋DAP 材料为 1.47，307 材料为 1.34，环氧＋3193 材料为 1.25。在上述快速变形下，它们的抗拉弹性模量比起静速稍有提高，约在 10% 左右。其极限应变在快速加载下也因极限强度的提高而明显增长（表 2-4-4），这与钢筋和混凝土材料完全不同。静速破坏的端口较整齐。快速变形下，试件破坏的断口因布层纤维间的树脂粉碎，形成须状。

（3）三种玻璃钢的抗压性能试验

抗压试验在 150 吨 C-4 加载试验机上进行。

玻璃钢材料的抗压应力应变关系也由二段折线组成，初始段的线性保持至极限强度的 70%～80% 左右，然后出现转折，后者的弹性模量约为前者的 0.75。但也有个别试件在破坏前基本保持同一线性关系。快速变形加载下抗压试件的极限应变与静速时比较接近，比静速下略少，也有比静速下稍多。

表 2-4-4、表 2-4-5 概括了本次试验的结果，除 307＋DAP 玻璃钢的快速变形强度较静速有 15% 提高外，其他二种玻璃钢强度仅略有提高。至于快速变形下的弹性模量则基本保持不变（环氧＋3193）或稍有增长（307，307＋DAP）。对同样尺寸的三种玻璃钢，静速和快速变形的抗压破坏形态相同。但不同高宽比和尺寸的受压试件，破坏形态有所差异。高度为截面宽度尺寸 3 倍的试件，其破坏现象是先分层，而后由于各层失稳而破坏。高度为截面宽度尺寸 2 倍的试件，破坏先沿对角线开裂。

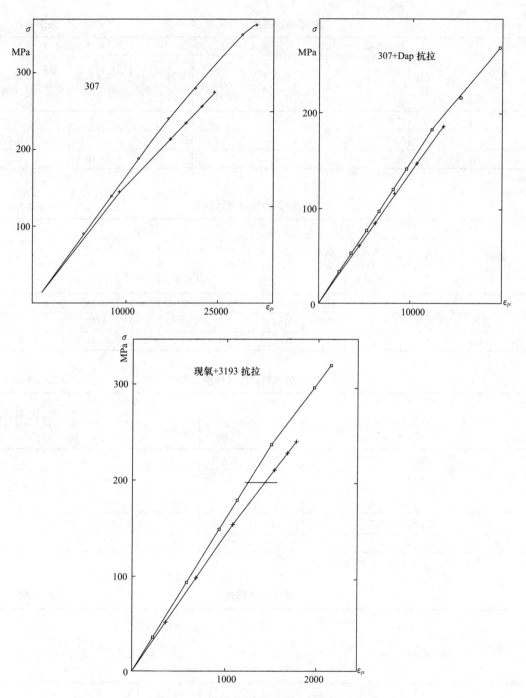

图 2-4-3 玻璃钢的抗拉应力应变曲线

（4）三种玻璃钢的抗弯性能试验

抗弯试验在 C—3 加载试验机上进行。试验采用简支受弯的梁跨二点加载（试件长 270mm，取梁跨为 240mm，每点 $P/2$，距支座 80mm）。在部分试件纯弯段的受压和受拉面上贴有纵向和横向电阻应变片，跨中的挠度用位移计量测。

三种玻璃钢的抗拉极限强度 表 2-4-4

品种	试件总数	静速加载			快速加载Ⅰ				快速加载Ⅱ			
		试件数	加载至破坏时间 sec	极限强度 σ_b MPa	试件数	加载至破坏时间 sec	极限强度 σ_b MPa	提高比值	试件数	加载至破坏时间 sec	极限强度 σ_b MPa	提高比值
307	20	7	88—164	230	3	1.01×10^{-1}	290	1.26	10	1.16×10^{-2}	308.2	1.34
307+DAP	23	8	73—133	202.5	5	0.8×10^{-1}	269.4	1.33	8	1.2×10^{-2}	297.6	1.47
环氧+3193	20	10	84—265	247.5					10	1.2×10^{-2}	309.3	1.25

三种玻璃钢的抗拉弹性模量 表 2-4-5

品种	试件总数	静载				快速加载					抗拉模量提高比值 k
		试件数	加载至破坏时间 sec	极限应变 ε	$E10^4$ MPa	试件数	加载至破坏时间秒	极限应变 ε	应变速度 $\dot\varepsilon$ /sec	$E10^4$ MPa	
307	12	4	10^2	17000	1.54	8	1.16×10^{-2}	24800	2.14	1.74	1.12
307+DAP	10	5	10^2	15700	1.64	5	1.05×10^{-2}	17400	1.65	1.75	1.08
环氧+3193	10	5	10^2	18200	1.67	5	1.24×10^{-2}	20000	1.61	1.85	1.10

三种玻璃钢的抗压强度 表 2-4-6

品种	试件尺寸 cm	静速			快速			提高比值 k
		试件数	t sec	σ_b MPa	试件数	t ms	σ_b MPa	
307	2.2×2.2×6.6	7	120	221.6	6	3.5～4	223.3	1.01
	2.2×2.5×5.0	17	120	219.0	20	5～10	229.8	1.05
307+DAP	2.2×2.2×6.6	5	120	262.2	4	5～5.5	274.0	1.05
	2.2×2.5×5.0	19	120	296.3	19	11～15	316.7	1.07
环氧+3193	2.2×2.2×6.6	16	120	275.9	16	9.5～35	371.0	1.15

注：表中符号为 t—加载至破坏时间；σ_b—极限强度

抗压弹性模量 表 2-4-7

品种	试件总数	静速变形加载				快速变形加载					抗弯模量提高比值 k
		试件数	加载至破坏时间 sec	极限应变 $\varepsilon\times10^{-6}$	抗压弹性模量×10^4 MPa	试件数	加载至破坏时间 ms	极限应变 $\varepsilon\times10^{-6}$	应变速度 1/sec	抗压弹性模量×10^5 MPa	
307	6	3	120	14400～16350	1.85	3	10～11	15650～16850	1.4～1.6	2.02	1.09
307+DAP	7	3	120	11180～13460	1.96	4	6.3～8	10550～13650	1.41～2.01	2.11	1.08
环氧+3193	6	3	120	16760～17750	1.83	3	10	18600～19600	1.8～1.96	1.80	1.00

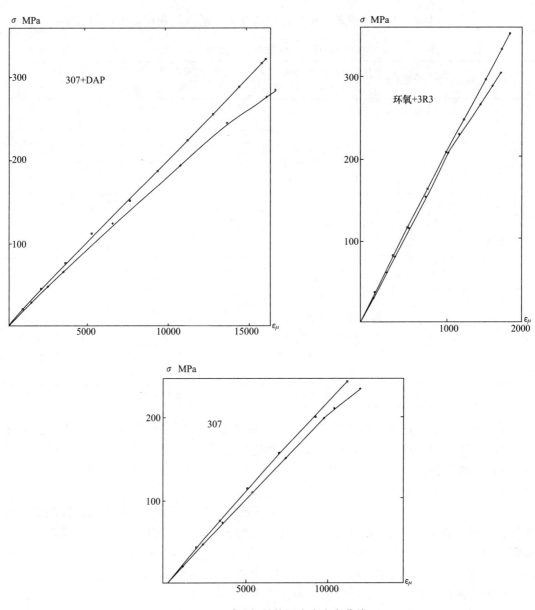

图 2-4-4 玻璃钢的抗压应力应变曲线

试验的主要结果见表 2-4-8。在本次试验的变形速度范围内,环氧+3193 试件的强度提高最大,达 32%；307+DAP 试件最大提高 23%,但 307 试件没有显著增加。对同一品种的玻璃钢材料,不同变形速度下的弯曲弹性模量 E_w 和泊松比几乎没有变化,试件破坏时的跨中挠度 f_{max} 在快速变形下有稍许增长。

(5)讨论

玻璃钢材料在快速荷载下的抗拉性能提高比抗压大得多。在抗拉情况下,玻璃纤维可能是主要承载者,它在快速荷载下强度有很大提高。根据国外资料报道,如在静速 $10^{-4}/$ sec 的应变速度下玻璃束的强度为 1,则当应变速度为 1/sec 时玻璃束的强度为 1.8；但在抗压时情况下，树脂是主要承载者，树脂在快速变形下的抗拉和抗压强度都很少提高。

三种玻璃钢抗弯性能数据

表 2-4-8

品种	试件总数	变形速度	加载至破坏时间秒	各组试件数	σ_{wb} MPa	$E_w \times 10^5$ MPa	f_{max} cm	泊松比	
								受拉面	受压面
307	20	静	84	8	242.0 (1.00)	1.47 (1.00)	0.94 (1.00)	0.127	0.14
		快Ⅰ	4.2×10^{-2}	8	260.7 (1.08)	1.55 (1.04)	0.976 (1.03)	0.126	0.147
		快Ⅱ	1.4×10^{-2}	4	252.0 (1.04)	1.41 (1.02)	0.982 (1.02)		
307+DAP	20	静	85	8	264.8 (1.00)	1.67 (1.00)	1.10 (1.00)	0.135	0.144
		快Ⅰ	7.1×10^{-2}	8	308.0 (1.16)	1.69 (1.01)	1.27 (1.15)	0.145	0.152
		快Ⅱ	1.8×10^{-2}	4	327.2 (1.23)	1.60 (0.97)	1.32 (1.20)		
环氧+3193	20	静	76	8	272.4 (1.00)	1.63 (1.00)	0.94 (1.00)	0.149	0.151
		快Ⅰ	5.3×10^{-2}	8	346.5 (1.27)	1.55 (0.96)	1.35 (1.44)	0.153	0.152
		快Ⅱ	1.9×10^{-2}	4	360.5 (1.34)	1.61 (0.99)	1.33 (1.41)		

注：表中的量测数据均为各组试件的平均值；Ⅰ、Ⅱ分别为二种不同的快速加载速度。括弧内数值为快速变形下的抗弯强度、抗弯弹性模量和挠度的提高比值。表中 f_{max} 为破坏时挠度。

对于 307 玻璃钢，无论是静速还是快速变形加载，在受弯情况下都是先从受压区破坏；对于 307+DAP 试件，在静载时是受拉区先破坏，在快速变形下是受压区先破坏；对于环氧+3193 玻璃钢，在静速和第Ⅰ种快速变形下都是受拉面先坏，而受压区中还见不到明显裂纹，但在第Ⅱ种快速变形下又转为受压面先破坏。

上述不同材料在不同变形速度下产生不同的破坏现象，可由上述拉、压试件的试验结果得到解释。由于 307 玻璃钢试件的静速抗拉强度略高于抗压强度，因此试件受弯时其弯曲强度由受压面控制；在快速变形下，307 的压缩强度几乎不变，而抗拉强度有大幅度提高，因此破坏必然先发生在受压区。307+DAP 玻璃钢在静速时的抗拉强度低于抗压强度，因此静速时的破坏发生在受拉面。但在快速变形下，抗拉强度有大幅度提高，而抗压强度的提高有限，于是破坏转变为受压面先发生。同样的理由也可分析环氧+3193 玻璃钢受弯试件的破坏现象。

玻璃钢是各向异性的复合材料，受弯时的中性轴位置会随着荷载增长变化。但为计算方便，本项试验还是采用材料力学推导的弯曲公式。

三、砂岩的抗压性能[①]

（1）砂岩的顺压变形模量

试件取自粉红色细砂岩和砂质页岩（灰色和紫红色二类），加工成 Φ90mm，高

---

① 参加本项试验的尚有曹炽康。

200mm 的柱状抗压试件，岩石的层理与试件的中心线垂直。

　　试件的静速抗压强度经测定为 90～170MPa（细砂岩）和 65～120MPa。因为试件取样的岩芯部位不同，所以强度数据甚为离散。

　　用静速试验得出的典型抗压应力应变曲线如图 2-4-5，当应力较低时，变形值较大，特别在砂质页岩中更为显著，这是由于沉积岩内杂有薄弱夹层或微小缝隙；应力较高时，薄弱层压实，应力应变曲线即呈线性，到临近破坏时又转化为曲线形状。

　　a）低应力（2.5MPa）下的变形模量

　　试件的变形用贴在试件二侧的 4cm 标距电阻应变片测量，首先在普通的静载加载机上作重复加卸载对变形模量的影响，用精度为 1μ 的静态应变记录应变值。试件前后经过几次加压后的应力应变曲线趋于稳定（图 2-4-6）。对细砂岩，第二次加载时的变形模量与第一次加载时相比很少改变，当应力为 1MPa 时提高 2%～3%，应力为 2.5MPa 时，仅提高 1%～2%。对砂质页岩，应力为 2.5MPa 时约 10%～17%，应力为 1MPa 时提高 2%～4%。

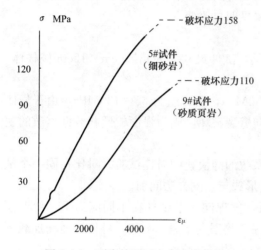

图 2-4-5　页岩的顺压应力应变曲线

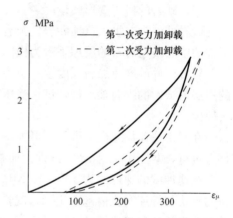

图 2-4-6　低应力下的页岩应力应变曲线

　　试件的静载变形模量当应力为 2.5MPa 时对细砂岩为 0.303～0.354MPa（5 个试件），对砂质页岩为 0.49～1.21kg/cm² （5 个试件，其中 3 个属粉细砂岩，变形模量较高）。

　　加载速度对变形模量的影响试验在清华大学土木系 C-6 快速加载试验机上进行，静、快速加载均用同一机器，同一量测记录装置，机器的工作原理，与 C-5 快速加载试验机相似，只是作用于试件上的是压力，此处不再赘述。

　　由于每一试件的质量不同，因此快速加载与静载时的对比试验只能在同一个试件上作比较，为了消除重复加卸载对于变形模量值的影响。多数试件在试验前经过了几次试压。

　　快速变形加载试验的荷载曲线约为 1.5 毫秒内荷载升至峰值，使试件所受应力为 2.5MPa 左右，然后保持恒定或缓慢衰减。快速加载的应力速度约为 $1.2～1.5×10^3$MPa/s，与之对比的静载速度约为 0.14MPa/秒，二者相差的 10^4 量级。

　　每一试件的加载顺序或为静—快，或为快—静，发现变形模量提高都差不多。对于事先未经加压的试件，则用静—快—静—快反复，或相反的顺序加载，取前后各次的平均值进行对比，发现变形模量提高也差不多。

表 2-4-9 列出几种试件在快速加载下变形模量 E_k 与静载时 E_j 的对比数据。

表 2-4-9

试件	E_k/E 当应力为下列值时				2.5MPa 应力下 E_j 值
	1MPa	1.5MPa	2.0MPa	2.5MPa	
细砂岩 7# 试件 8# 试件	1.10 1.08	1.10 1.05	1.11 1.05	1.10 1.06	2.10×10^5 3.75×10^5
砂质页岩 12# 16# 10#	1.11 1.12 1.16	1.11 1.11 1.14	1.11 1.10 1.09	1.11 1.09 1.09	1.11×10^5 1.21×10^5 0.89×10^5

b）高应力（20MPa）下的变形模量

在 150 吨 C-4 快速加载机上进行静动对比试验，试验方法同上。

快速加载的升压时间约为 5 毫秒，得出砂岩试件的变形模量比静速下平均提高约 9%。同时测定了试件的横向变形，泊桑系数的数值未见明显改变。

（2）砂岩的横压变形模量

砂岩试件为二组黑色细砂岩，杂有白色夹层，试件尺寸为 6cm×6cm×12cm 棱柱体，试件的中心线与岩石的层理平行为横向受压。

岩石试件的静速加载强度第一组为 150～230MPa，第二组为 65～130MPa，由于岩体的夹层与试件的纵向轴平行，试件受压均因横向劈裂破坏，成为强度较低和数据离散的主要原因。

在 C-4 快速加载机上进行变形模量与泊松系数的静快速的对比试验。对比在同一个试件上进行，共测定二组 12 个试件。加载顺序的形式与量测方法同前。

快速加载的速度约为 $10^2 \sim 10^3$ MPa 的量级，发现同一个试件在不同应力下，变形模量的数快与静速时比值基本相同，试验得出的综合数据列于表 2-4-10，可见快速动加载下的变形模量约比静速提高 7%～8%，泊桑系数没有明显变化。

表 2-4-10

试件组别	变形模量 EMPa	泊桑系数 v
I	静 $5.3 \sim 6.3 \times 10^4$	静 $0.25 \sim 0.37$
	动 $5.7 \sim 6.7 \times 10^4$	动 $0.29 \sim 0.34$
II	静 $6.3 \sim 7.3 \times 10^4$	静 $0.25 \sim 0.34$
	动 $6.6 \sim 7.7 \times 10^4$	动 $0.30 \sim 0.33$

四、松木的抗压性能——木材在快速变形下的设计计算强度探讨

有关木材在快速变形下的力学性能过去很少试验资料，在估算木结构的临时性抗爆结构时，有时要有木材设计计算强度的数据，现就这一问题作初步探讨如下：

（1）红松的快速抗压试验

在 C-4 快速加载机上作红松试件的顺纹抗压试验，全部试件顺次取自红松厚板，力求试件质量一致，试件分三组，其中一组为静载，二组为快速加载

试件尺寸为 4cm×4cm×10cm，试验时含水量为 10%，此时的静载强度为 53.5MPa（15 折合 15% 标准含水量时的强度为 40.1MPa）

若试件从开始受力到破坏的时间为 t_1，则在快速加载下，木材强度的提高比值 k 如图 2-4-7 所示，其中以静载试验标准加载速度 100MPa/min 时的强度为基值，即此时 $k=1$。

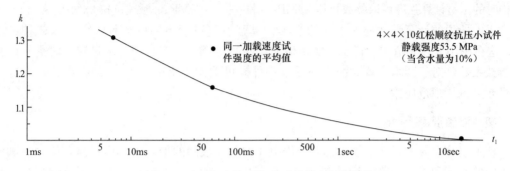

图 2-4-7　红松在快速变形下的强度提高比值

木材的变形模量在快速加载下也有提高。例如 t_1 为 60ms 时的变形模量 $E_{0.5R}$（即应力应变曲线中，应力在 0.5R 处的割斜率）约比静载时提高 12.5%（与此同时，强度提高 16%），但继续增加加载速度，$E_{0.5R}$ 值并没有显著增长，而强度却不断增高，当 t_1 为 7ms 时，强度比静载时增加约 31%。

（2）木材按极限状态方法设计的计算强度

同静载设计时的计算强度相比，在确定抗爆结构中的木材计算强度时，需注意以下两个重要特点。

a）木材在持久静荷载下的强度，仅及标准静载试验时强度的 0.5～0.6 倍，这一特点是钢材和混凝土等材料中所没有的。作为抗爆结构的材料，不仅不需考虑荷载持久作用，而且更可以按快速加载作用，提高计算强度的数值。

b）于抗爆结构的特殊用途，设计的安全系数一般比工业民用建筑要低，所以按极限状态方法设计时，木材强度的保证率应该可以取得较低些。

爆炸荷载的特殊性，也决定了抗爆结构的设计不宜采用可靠度设计方法，所以在这里仍以多安全系数极限状态设计方法为基础进行探讨。这时，木材的设计计算强度 [R] 按下式求出

$$[R] = R_b \times C_1 \times C_2 \times C_3 \times C_4$$

式中：R_b 为木材标准小试件的平均强度；C_1 为考虑实际构件尺寸大于标准试件的强度折减系数；C_2 为考虑实际构件允许存在一定程度木节等疵病的强度折减系数，取 2/3；C_3 为考虑荷载持久作用的强度折减系数，如荷载全部为不变的恒载，折减系数为 0.5～0.6，但设计荷载中一般尚有部分活载，今取 C_3 为 2/3；C_4 为考虑木材强度离散性的折减系数。根据松木顺纹抗压试验，$R_{标}$ 为 400MPa，民用规程对木材取用 99% 的保证率，要求木材的强度不低于 $C_4 \times R_{标}$，根据木材的顺纹抗压试验，如试验数据符合正态曲线分布，强度的变异系数 ν 约为 13%，当保证率为 99% 时，有 $C_4 = 1 - 2.25\nu = 0.71$。取 C_1 为 1.0，C_2 和 C_3 各为 2/3，C_4 等于 0.71，所以计算强度 [R]＝40×1.0×0.7×0.7×0.71≈13MPa。

对于抗爆结构设计，可以用类似的方法确定木材在快速变形下的设计计算强度 $[R]_d$。

这时上式中的 C_1、C_2 值仍不变，C_3 应代以图 2-4-7 中的大于 1 的系数 k，但在实际计算中，没有必要根据不同的 t_1 值去确定 k 的大小，可以统一取 $C_3=k=1.15$。在当前缺乏木材抗拉、抗弯的快速变形下强度数据的情况下，对于各种应力状态似可采用统一的 C_3 值。确定 C_4 时可采用较低的保证率，例如取 90% 而不是民用规程中的 99%。这样，按极限状态设计抗爆结构时的木材计算强度可取顺纹抗压 26MPa，顺纹抗弯 28MPa，顺纹抗拉 23MPa。

以上所说的计算强度都是木材的基本计算强度，对于不同的树种，需乘以树种系数 k_s，这在民用设计规范中有详细分类，例如红松的 k_s 等于 0.9。当含水量较大时需乘以强度折减系数。对于圆木或者大断面的受弯构件尚可乘大于 $1.15\sim1.20$ 的提高系数，这些均可参照民用规范使用。

五、塑料浸渍混凝土

塑料浸渍混凝土是将已硬化的普通混凝土材料用液状的聚合物单体浸渍，使之充满混凝土中的空隙和微细裂缝，然后将单体聚合固化的一种改性混凝土。塑料浸渍混凝土比普通混凝土高出 $3\sim4$ 倍，抗压强度一般大 150MPa，高的可达 250MPa。它具有高强、气密、耐酸碱、耐盐、耐磨、耐冻等优异性能，几乎不透水。20 世纪 80 年代，我们参与了高抗力塑料浸渍混凝土小型防护门的制作，对这种混凝土的快速变形性能进行了研究，做过数量不多的快速变形试验与静速下对比。

美国的白洛克海文国家实验室于 20 世纪 60 年代中期最早开展塑料浸渍混凝土是试验工作，以后不少发达国家相继参与塑料浸渍混凝土研究。在军事工程方面，美国的海军土木工程实验室进行塑料浸渍混凝土制作球形模型，计划用于海洋 1200m 深除的潜水球壳。

塑料浸渍混凝土的生产工艺过程一般为：1）彻底干燥将浸渍对象；2）置容器中抽真空；3）混凝注入单体溶液浸渍；4）将浸渍后混凝土置于辐射或加热环境使单体塑料聚合，即成制品。有资料认为，混凝土初始质量并不根本决定浸渍混凝强度，但影响干燥与浸渍的速度与浸渍率。在单体中，甲基丙烯酸甲酯（MMA）能获得最优强度性能，但价格较贵，所以一般用苯乙烯作为主要单体并加入其他单体如苯乙烯交联共聚。在通常工艺条件下，砂浆浸入率约为 16%，混凝土约为 6% 左右。对不同配比混凝土，可以差别很大，浸入率高的不一定强度就高，因为后者尚与空隙率及骨料质量等因素有关。塑料浸渍混凝土成本远高于普通混凝土，其工艺过程又限制了大尺寸构件的浸渍，所以后来发展了表面塑料浸渍混凝土。

我们的试验表明，塑料浸渍混凝土的抗压弹性模量约为普通混凝土的 1.5 倍左右，抗压应力应变曲线的线性段能一直延伸到抗压强度的 78% 左右。图 2-4-8 是其应力应变曲线在静速与快速下的对比，发现在快速变形下的抗压强度提高比值与普通混凝土相当。

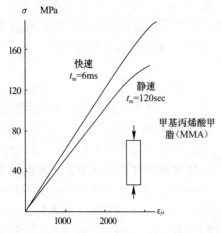

图 2-4-8　塑料浸渍混凝土的应力应变曲线

第三章 混凝土基本构件的快速变形性能

第一节 中心受压短柱

素混凝土短柱在中心受压下的极限应 ε 变值通常仅 $1600 \sim 2000\mu$ 左右（对于高强混凝土可达 2500μ），而普通钢筋进入屈服时的应变多为 $1400 \sim 2000\mu$，高强钢筋最高可达 3000μ 左右，所以混凝土和钢筋结合后就有可能产生一个问题，在钢筋强度特别是高强钢筋的强度尚未得到充分发挥以前，混凝土已达极限应变而破损。混凝土在快速变形下的极限应变值与静速下基本没有变化，但钢筋的屈服强度在动载下恰有明显增长，所以这个问题在动载作用下可能更为突出。

然而，与钢筋共同工作时的混凝土，其极限应变又不同于素混凝土，原因有：

a）配筋柱中的钢箍约束了混凝土压缩时的侧向膨胀，同时提高了混凝土的纵向极限应变。根据我们以往对 16 锰钢筋高配筋率的中心受压柱（配筋率 $p = 5\% \sim 7.1\%$）试验结果，虽然 16 锰钢的屈服应变与素混凝土的极限应变大体相等，但配筋柱中的混凝土应变 ε 在极限荷载下可高达 2800μ。

b）混凝土的收缩使得配筋柱的钢筋受到预压应力，同时使混凝土受到预拉应力，所以对柱子进行抗压破坏时，混凝土极限变形的量测值得以提高，不过混凝土的徐变性能会削弱这一影响。

据美国早期进行的中心受压钢筋混凝土柱的静载试验资料（见 ACI Jour. June 1966, Behabior of concrete column reinforced with high strength steels 一文），混凝土强度从 $30 \sim 60$MPa，配筋率 $1.01\% \sim 5.02\%$，配筋柱到达极限强度时的混凝土应变为 $2200 \sim 3200\mu$，与素混凝土的峰值应变的比值大于 $1 \sim 1.64$，平均 1.49。配筋率愈高，混凝土强度愈低，则配筋的混凝土极限强度应变值愈大。较高配筋率的柱，极限应变一般可达 3000μ。

一、试件及加载与量测方法

为明确快速变形对柱子性能的影响，我们做了 4 批短柱试件，其截面的名义尺寸均为 12×12cm，高均为 48cm（图 3-1-1），两端设置厚 12mm 的钢板，钢筋端头抛光号平整地抵承在钢板上并施以点焊，确保荷载能同时传给混凝土和钢筋。试件混凝土用和 500 号普通硅酸盐水泥（相当于目前的水泥强度等级 42.5），中粗砂及粒径不大于 2cm 的卵石制成，振捣棒振捣成型，蒸气养护；第Ⅰ、Ⅱ两批试件水灰比为0.6，第Ⅲ批试件为0.49的试件用，根据同时制作的混凝土立方试块测定材料的强度。柱子主筋为4Φ16（用40锰硅铌、16锰和35硅₂钛配筋）和4Φ12（35硅₂钛配筋）两种，钢箍为Φ6（3号钢）间距9cm或6mm。钢筋强度用留取的小试件测定。有关试件的原始数据详见表3-1-1。

全部试件的试验均在《C-4》150吨材料快速加载机上进行。

试件下端通过球铰置于机器头（加载活塞）顶部的厚板上，试件上端通过厚板与1.5英寸的小钢球（上球铰）与测力杆连接。在柱试件的2个对称侧面上贴有长标距电阻应变片，用来测定试件的应变值。试件的静速加载试验也在同一机器上进行，用手阀控制进油，以高压油泵作为动力源，试验量测装置与快加载时相同。静速加载到最大荷载的时间约为3-5min，快速加载到最大值的时间约为40～50ms。试验采用三种加载方式（图3-1-2），以快速加载至破坏，静速加载至破坏，用很快速度加载至接近破坏但又缓慢卸压。

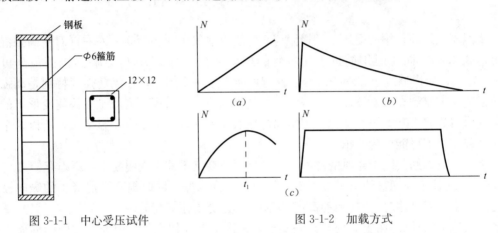

图 3-1-1 中心受压试件   图 3-1-2 加载方式

二、试验主要结果

试验得出的主要结果如下：

（1）无论是静速或快速加载，试件的破坏均表现脆性，当荷载到达破坏荷载峰值时的纵向应变可达2400～3000μ以上，要比素混凝土柱体的极限应变（约为1500～2000μ）大得多。当柱子到达峰值和荷载后，保护层剥落，但仍能维持约40%～60%的峰值荷载，这与钢箍的存在使混凝土柱的芯部未能很快崩溃有关。如高强钢筋屈服时的应变低于配筋柱的混凝土极限应变，这时的高强钢筋屈服强度就能在配筋柱中得到充分利用，否则只能部分利用。偏于安全考虑，配筋柱的混凝土极限应变一般最大可取2500μ。

表 3-1-1

试件编号	主　筋		箍筋	截面实有尺寸 $b \times h_0$ cm	钢筋屈服强度 f_y MPa	混凝土棱柱强度 f_c MPa
	钢种	数量				
Ⅰ-1-g	40MnSiNb	4Φ16	Φ6-9	12.4×12.8	568	24.0
Ⅰ-2-g	40MnSiNb	4Φ16	Φ6-9	12.4×12.8	568	24.0
Ⅰ-3	16Mn	4Φ16	Φ6-9	12.2×12.9	370	24.0

续表

| 试件编号 | 主 筋 | | 箍筋 | 截面实有尺寸 $b \times h_0$ cm | 钢筋屈服强度 f_y MPa | 混凝土棱柱强度 f_c MPa |
	钢种	数量				
I-4	16Mn	4Φ16	Φ6-9	12.2×12.9	370	24.0
II-1-g-d	35Si₂Ti	4Φ12	Φ6-9	12.3×12.7	547	40.3×1.08
II-2-g-d	35Si₂Ti	4Φ12	Φ6-9	12.3×12.7	547	40.3×1.08
III-1-g-d	35Si₂Ti	4Φ12	Φ6-9	12.6×11.8	540	40.3×1.08
III-2-g-d	35Si₂Ti	4Φ12	Φ6-9	12×12	540	40.3
III-3-g-d	35Si₂Ti	4Φ12	Φ6-9	12.2×11.9	540	40.3×1.08
III-4-g	35Si₂Ti	4Φ12	Φ6-9	11.8×12.5	540	40.3
III-5-g	35Si₂Ti	4Φ12	Φ6-9	12×12.3	540	40.3
III-6-g	35Si₂Ti	4Φ12	Φ6-9	12×12	540	40.3
III-1-g-d	35Si₂Ti	4Φ16	Φ6-9	12×12	540	40.3×1.08
III-2-g	35Si₂Ti	4Φ16	Φ6-9	12.6×11.1	540	40.3
III-3-g-d	35Si₂Ti	4Φ16	Φ6-9	12.1×12.4	540	40.3×1.08
III-1-d	16Mn	4Φ16	Φ6-9	12.2×12	437	40.3×1.08
III-2-d	16Mn	4Φ16	Φ6-9	12×12	437	40.3×1.08
III-3-d	16Mn	4Φ16	Φ6-9	12×12	437	40.3×1.08
III-4-g-d	35Si₂Ti	4Φ16	Φ6-15	12.3×11.8	540	40.3×1.08
III-5-g-d	35Si₂Ti	4Φ16	Φ6-15	12×12	540	40.3×1.08
III-6-g-d	35Si₂Ti	4Φ16	Φ6-15	12×12	540	40.3×1.08
VI1 VI2 VI3 VI4-d VI5d VI6-d VI7-f VI8-f	16Mn	4Φ16	Φ6-15	12×12	346	31.1（静速） 34.8（快速）
VI9 VI10 VI11 VI12-d VI13-d VI14-d VI15-f VI16-f	16Mn	4Φ18	Φ6-15	12×12	336	35.9（静速） 40.2（快速）

注：柱编号的第1位数字表示试件批次；编号中有 g 字的为高强钢筋，有 d 字的是快速加载至破坏的试件，有 f 字的为该试件先在几毫秒内很快升压至接近破坏的某一峰值而又缓慢卸压的试件；无 d 或 f 字号的为按静速加载至破坏的试件。

（2）用 $35Si_2Ti$ 配筋的高强钢筋混凝土柱，在快速加载下的强度比起同组试件中的静载试件强度有所提高，这是由于混凝土和钢筋材料的强度在快速变形下增大的结果。但是快速变形并没有改变混凝土的极限应变，所以可以预计，如果快速变形下的钢筋屈服时应变已超出混凝土柱的极限应变（例如屈服强度为 600MPa 级的某些钢种中），则造成柱子强度提高的因素就只有混凝土材料了。所以钢筋混凝土柱破损时的承载能力的基本形式为：

$$N = A_c f_c + A_s \sigma_s \tag{3-1-1}$$

式中：A_c 和 A_s 分别为混凝土和钢筋的截面积；f_c 和 σ_s 分别为混凝土棱柱强度和柱子破损时的钢筋应力；如果柱子破损时的钢筋应变大于配筋柱的混凝土极限应变，则此时的钢筋应力 σ_s 等于钢筋的屈服强度 f_y，反之，则 σ_s 应取钢筋应变等于混凝土极限应变时的应力，即钢筋的弹性模量 E 与配筋柱混凝土极限应变的乘积。在快速变形下，f_c、f_y 应以快速变形下的 f_{cd} 和 f_{yd} 取代。本项快速加载试验的升压时间 t_1 等于 35 到 40 毫秒，混凝土强度约提高 17%，35 硅₂钛钢筋约提高 7%。由此可算出快速加载的理论破坏荷载与静速下的比值应为 1.10（Ⅲ组中 35 硅$_2$钛的配筋率为 0.35％）和 1.16（Ⅲ组中 16Mn 的配筋率为 0.56），而试验得出的比值分别为 1.11 和 1.17，二者十分接近。

（3）表 3-1-1 中的混凝土棱柱强度系根据留取的立方试件换算得出，取两者强度之比为 0.8。这一系数是同时用留取的少量棱柱试件强度的对比后确定的。本文早前发布时曾采用混凝土设计规范中所规定的 0.7，但后者是规范考虑到其他偏于安全等因素确定的，如试验与实际用于工程中的不同条件。理想的中心受压不可能存在，所以设计规范在 89 年以后的版本中又增加了中心受压构件在设计时必须增加一个偶然偏心。

（4）图 3-1-3 是试验得出的中心受压构件典型的静速和快速抗力曲线对比，图 3-1-4 是混凝土、钢筋和两者组合成钢筋混凝土后的抗力关系。

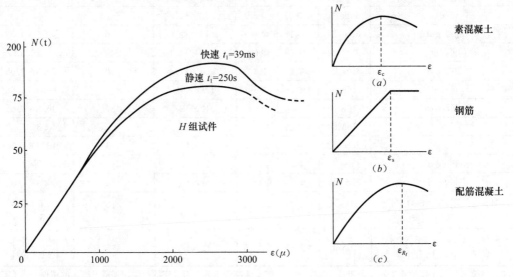

图 3-1-3　中心受压钢筋的静速与快速抗力曲线　　图 3-1-4　素混凝土、钢筋和钢筋
混凝土抗力曲线

（5）本次试验得出的主要数据列于表 3-1-2，其中的理论值 N 按式（3-1-1）算出，其中钢筋应力等于实测屈服强度 f_y 算得，取钢筋弹性模量 $E=2\times10^5\,\mathrm{MPa}$，对于无明显屈服台阶钢材，取屈服强度为残余应变为 0.2％的应力。不论静、快速，给出中心受压柱的承载力实际试验值，都要低于理论值，共 34 个试件的平均理论值与平均实际试验值之比为 0.915。

（6）对于Ⅲ-56-g 组箍距不同而其他条件相同的二组试件，箍筋为 Φ 6-15 的强度比箍距为 Φ 6-9 的强度平均低 5％，鉴于试件数量过少，钢箍对短柱的承载力和应变的影响，尚待今后进一步探讨。但从试件破坏形态来看，抗爆结构的钢筋混凝土柱，设置过稀的钢箍肯定是不合适的。

（7）H 组Ⅰ组试件中编号尾部有 f 字样的试件，在峰值为 50％～85％的爆炸压力曲线形状荷载作用后，未见有裂缝产生，最后作静速破坏，也未见强度较对比的试件有所下降。但试件Ⅰ-7f 在峰值为 95％的爆炸压力曲线形状荷载作用下，于达到峰值后的 70ms 出现滞后破坏。这种现象在素混凝土棱柱试件也曾大量见到过。

三、中心受压短柱设计计算方法的演变

由试验拟合的结果与计算式是不能直接用于设计的，这是因为实际工程中的柱子免不了会有或多或少的偏心，并不像室内试验时采取的两端置铰并准确对中的情况，试验柱本身的混凝土本身也并不想象那样的均匀，更因为工程设计还必须要给予一定的安全度。

这里，我们先回顾普通静载作用下的中心受压柱的设计方法。

式（3-1-1）是钢筋混凝土中心受压短柱试验结果的拟合式，式中 f_c 和 σ_s 分别为混凝土与钢筋强度的设计值，两者都有一定安全度，当采用高强混凝土强度时，材料呈较高脆性，所以在确定混凝土的强度设计值时就适当提高。但在我国 1989 年的以前的混凝土结构设计规范中，这些都考虑得很不够。

表 3-1-2

试件	钢种	试验破坏荷载 N_s	钢筋计算应力 f_y MPa	理论破坏荷载 N_1 . kN	N_s/N_1
I-1-g	40MnSiNb	695	568	823	0.881
I-2-g	40MnSiNb	700	568	823	0.887
I-3	16Mn	558	370	677	0.890
I-4	16Mn	600	370	677	0.957
II-1g-d	35Si₂Ti	870	547×1.06	942	0.923
II-2-g-d	35Si₂Ti	924	547×1.06	942	0.981
III-1-g-d	35Si₂Ti	795	540×1.06	906	0.890
III-2-g-d	35Si₂Ti	815	540×1.06	885	0.907
III-3-g-d	35Si₂Ti	815	540×1.06	889	0.917
III-4-g	35Si₂Ti	686	540	853	0.876
III-5-g	35Si₂Ti	—	540	839	—
III-6-g	35Si₂Ti	760	540	824	0.975
III-56-g-1d	35Si₂Ti	965	540×1.06	1085	0.909
III-56-g-2	35Si₂Ti	836	540	996	0.885
III-56-g-3d	35Si₂Ti	1000	540×1.06	1111	0.920
III-1-d	16Mn	916	437×1.08	1015	0.902
III-2-d	16Mn	910	437×1.08	997	0.924
III-3-d	16Mn	885	437×1.08	997	0.913
III-g-4d	35Si₂Ti	—	540×1.06	1090	—
III-g-5d	35Si₂Ti	960	540×1.06	1085	0.904
III-g-6d	35Si₂Ti	925	540×1.06	1085	0.871
VI-1	16Mn	654	346	725	0.902
VI-2	16Mn	655	346	725	0.902
VI-3	16Mn	680	346	725	0.902
VI-4d	16Mn	774	346×1.12	840	0.921
VI-5d	16Mn	768	346×1.12	840	0.914
VI-6d	16Mn	771	346×1.12	840	0.918
VI-9	16Mn	796	336	860	0.926
VI-10	16Mn	802	336	860	0.932
VI-11	16Mn	803	336	860	0.934
I VI12d	16Mn	902	336×1.12	995	0.906
VI13d	16Mn	930	336×1.12	995	0.934
VI14d	16Mn	920	336×1.12	995	0.924

在我国最早的由原建筑工程部于 1955 年颁布的《规结-6-55 钢混凝土结构试件暂行规范》中，采用的设计方法是总安全系数法，对于普通的主要荷载取总安全系数对于 2（柱等受压构件）和 1.8（梁等结构的其他构件）。这时，混凝土和钢筋的强度设计值直接取用其平均极限强度强度，比如 A3 钢筋的设计值就是其屈服强度的实际平均值。标号 R 为 110 号混凝土，表示 20cm 边长立方体试件在标准养护条件下的 28 天强度为 110kg/cm²，规范规定的轴心受压（棱柱体）强度 R_a 对标号等于和小于 110 号的混凝土，取 R_a/R 等于 0.8，高于 110 号的比值 R_a/R 随强度增逐渐降低，比如 300 号混凝土的柱体受压强度设计值为 200kg/cm²，比值降到 0.67。

随后颁布的 BJG21—66 钢筋混凝土设计规范，改用多安全系数设计方法，将安全系数分别考虑在钢筋和混凝土材料的强度设计值中。此外引进了构件的工作条件系数 m，一般情况下取 m 值等于 1。于是 300 号混凝土的柱体受压强度设计值降为 130kg/cm²。

1974 年颁布的 TJ10—74 钢筋混凝土设计规范，取消了工作条件系数，在多安全系数中增加了构件强度安全系数 K，对于轴心受压、偏心受压、斜截面受剪、受扭构件取 1.55 于 1.65，对轴心受拉、偏心受拉和受弯构件取 1.40。这样一来，74 规范中的钢筋和混凝土的材料强度设计值，提高到 175kg/cm²。

以上提到的几本早期规范，都没有本节一开始所说的轴压构件需要有偏心的考虑。此外都对短柱的定义在 55 规范中是柱的计算长度与其截面侧边之比小于 14，在 66 规范中是小于 4，74 规范中是小于 8，此时的纵向弯曲系数（压曲系数或稳定系数）等于 1。

接着是 GBJ 10—89 钢筋混凝土结构设计规范，取消了 74 规范中的构件强度安全系数 K，将结构的安全度考虑在钢筋和混凝土的材料强度设计值中。混凝土的强度等级不再用标号而改用 C 表示，强度的量纲改用 MPa，这样与以往 300 号混凝土力学性能相近的混凝土强度等级就称为 C30，其强度设计值等于 20MPa。对短柱的定义继续保留原来确定的计算长度与其截面侧边之比小于 8。

值得庆幸的是，从 GB 50010—2002 钢筋混凝土结构设计规范开始，对构件强度的安全度要求有了较大提高。首先是材料强度特别是混凝土强度的设计值有较明显的下降，其次是在轴心受压构件的设计公式中引入了折减系数 0.9：

$$N = 0.9(f_c A + f_y A_s) \tag{3-1-2}$$

在混凝土设计强度中需考虑工程中的混凝土强度不同于试验室条件下的强度，两者的比值取 0.88；柱子的混凝土强度应以棱柱体为准而不是立方体，两者的试验时比值对于 C50 以下的混凝土约为 0.8（设计规范偏于安区考虑取 0.76）；但高强混凝土的比值较高，规范对 C80 混凝土的棱柱体强度与立方体强度比值为 0.82，在 C50 与 C80 之间按线性递加（从 0.76 到 0.82）；此外 C50 以上混凝土，需乘以小于 1 的折减系数，对于 C80 混凝土取 0.87，在 C50 与 C80 之间按线性递减（从 1.0 到 0.87）。

规范对式（3.1.2）中引入系数 0.9 的解释，是为保持与偏心受压构件的正截面承载力计算具有相近的可靠度。由于 02 规范的偏压构件计算公式将原 89 规范偏压构件中公式中的混凝土强度压弯强度 f_{cm} 改正成抗压强度 f_c，两者的比值为 1.1，因而在式（3-1-2）中加入折减系数 0.9。这里依然没有考虑到理想的轴压构件在实际工程中并不存在，必然会有或多或少的偏心，所以 02 设计规范和现行设计规范中的轴压构件计算依然偏于不安全。这一计算方法在现行的混凝土结构设计规范 GB 50010—2010 中依然被沿用。

美国的 ACI 与英国的 BS 混凝土结构设计规范中，考虑轴压构件会有偏心，取用的折减系数值要低得多，在偏压构件的弯矩-轴力（M-N）关系图上，当偏心矩较小时，ACI 将轴力 N 取为定值（图 3-1-5）是比较合理的。

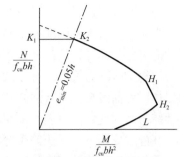

图 3-1-5　ACI 规范中的偏压柱 M-N 图

对于抗爆结构设计，式（3-1-2）中的材料强度应取为动载下的快速变形强度。此外承受爆炸荷载的工程对象，其重要性往往有很大的不同，所以所需的安全度也不同，在构件设计承载力的算式中，对于材料设计强度的取值也不同，有时还需对构件的计算承载力乘以大于或小于 1 的系数。此外混凝土的强度设计值还可以考虑龄期的后期增长。这样的原则在设计抗爆结构的其他构件中也一样存在。

柱子的破坏往往意味着整个工程的倒塌，它在结构安全性中的重要程度远大于塑性工作的梁板等受弯构件的作用。因此在抗爆结构设计中对柱子的构造要求，如主筋和箍筋的最低配筋要求等原则上不应低于承受静载作用的民用结构。

第二节　受弯构件——小梁试验

抗弯构件的强度、变形与裂缝是钢筋混凝土构件最主要的力学性能，也是迄今已研究得比较深入的课题。但是当非预应力的高强钢筋应用于民用工程和抗爆结构时，由于其屈服台阶长度较短或甚至没有明显屈服点以及极限引伸率也较低等一些特点，带来了一系列新的问题。

有关高强钢筋在土建工程中应用的历史，国内外已经有许多静力试验资料。但在爆炸荷载的快速变形下，构件截面在钢筋临近和超过屈服后继续变形直至破坏为止的那段塑性性能就比较复杂，现有计算方法对配筋截面的屈服前刚度也可能需要修正。塑性变形不但能防止构件脆断与保证结构内力的重分配，而且对抗爆或抗震结构来说，更重要的在于它和强度一样，是衡量结构抵抗坍塌的重要指标。例如，在瞬时上升至峰值并按三角形线性衰减的理想爆炸压力作用下，构件的塑性变形只要有弹性变形的 1.5 倍，则同一截面所能抵抗的荷载峰值就将达仅考虑弹性设计时的 2 倍（对于化爆）或 1.5 倍（对于核爆）左右。

有静力试验资料证明，采用高强钢筋后可以做到不影响截面的塑性变形能力，另外通过一些简单的理论分析，也容易证明在一定条件下，高强钢筋构件在利用塑性抵抗瞬时动载的能力方面并不亚于截面尺寸相同的等强度普通钢筋梁，不过这些都须通过试验验证。对于按弹性设计控制裂缝开展的结构，采用高强钢筋后出现的一个重大疑问，就是如果钢筋的设计应力高达 500～600MPa 的量级，裂缝的发展是否足以妨碍结构使用？

本项试验的主要目的可归纳为：

a）确定抗弯截面按弹性设计时的开裂状况。

b）确定动载作用下结构构件快速变形时的抗弯截面强度与塑性变形能力。

本项研究突出不同配筋率的高强钢筋梁与普通钢筋梁在静速和快速变形时的强度和变形性能对比。高强钢筋以硅钛系的 $35Si_2Ti$ 为重点，普通钢筋以当时（90 年代前）曾被大量采用的 16Mn 为重点。对于试验采取的加载类型，分别有静载（静速）、快速变形加载和爆炸压力曲线形式荷载加载共三种形式。这几种钢筋虽然现在已停止生产，但其基本力学性能与当前使用的钢筋基本相同，因而以往获得的这些试验成果仍有使用价值。

在静载作用下，无压筋受弯构件的屈服弯矩中的压区混凝土强度设计值，在 89 年及其以前的规范中均按压弯强度计算，89 规范中压弯强度与抗压强度的比值取 1.1，在此前的规范中取 1.25。可是混凝土的压弯强度只是一个无法测定的虚假值，因为压区混凝土破损时，其应力沿压区高度并非像计算所假定的那样的矩形分布。

一、试验方法[①]

（1）试件

共进行 46 根小尺寸梁的试验，包括用 $35Si_2Ti$、40MnSiNb、45MnSi 以及与之对比的用 16Mn 和 A3 低碳钢筋配筋的试件。至于大尺寸梁的试验将另行介绍。这些梁的配筋率从 0.10%～1.53%，除配筋率特高和特低的梁外，多数试件的截面尺寸为 12cm×20cm，试件跨度约为梁高的 5～7 倍。试件混凝土用 525 号普硅水泥（相当于现在 42.5 普硅水泥）、中砂和粒径不大于 2cm 的卵石配制而成，水灰比为 0.40。全部试件前后分四批制作，均用机器搅拌，振捣器捣固，前三批用蒸气养护，最后一批为自然养护。试件混凝土的强度以及主筋的抗拉性能经留取的小试件测定。有关试件的配筋形状、加载图形、实测断面尺寸以及原材料强度等基本数据均列于表 3-2-1 和图 3-2-1。

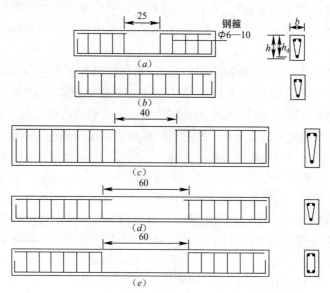

图 3-2-1　试件配筋图，（压筋全部为直径 8mm 的光面钢筋，两根，箍筋全部直径 6mm）

---

① 本专题由陈肇元主持，试验研究工作由施岚青、陈肇元完成。

这次试验用的 40MnSiNb 钢筋没有明显屈服台阶，比例极限较低，而 45MnSiV 则为冷拉钢筋，二者的极限延伸率均很低，加工过程中发现冷弯性能不合要求，所以对这两种钢筋配筋的构件，我们仅分析其在弹性阶段工作时的性能。

试件的编号方法为：为首罗马字 Ⅰ 至 Ⅳ 表示制作分批的序号，第二个拼音字母 g 或 p 表示用高强钢筋或普通钢筋配筋，第三个数字表示配筋率的近似名义值，第四个数字表示相同试件的顺序号，最后的拼音字母注脚 d 表示快速变形加载（包括首先进行爆炸压力曲线形式加载，而后进行等变形速度的快速变形加载至破坏）用试件，没有注脚的为静速加载到破坏的试件。

（2）加载装置

静速加载从试件开始受力到破坏约为几分钟，采取连续加载；对于快速变形加载的试件，在保证试件钢筋弹性工作的前提下，先进行一次（或多次）爆炸压力曲线形状加载（图 3-2-2），然后进行等变形速度（试件挠度大体保持线性增长）的快速加载至破坏，快速变形加载到试件屈服的时间约为 50ms 左右。爆炸压力曲线加载的升压时间约 50ms 到峰值，然后衰减过程约 1 秒，用来检验试件在动载下弹性阶段工作时的抗裂性与刚度。所有这些型式的加载都在清华大学结构工程试验室 C-3 气压－液压快速加载机上进行。机器由缸体、机架及管路动力系统组成。直径为 140mm 的加载活塞将缸体分隔成上下两部分，活塞杆伸出缸体底面作为加载端，活塞的上部缸体内注入高压氮气作为动力源，下部缸体内为油介质。泄放油介质，活塞在高压砌体驱动下带动活塞杆向下运动，通过测力杆及球铰将荷载施加于试件上。

表 3-2-1

试件编号	钢种	截面尺寸 $b \times h_0$ cm²	加载图形		主筋尺寸 A_s	配筋率	混凝土 f_c MPa	钢筋性能			$\rho f_y / f_c$	配筋方式	抗弯能力计算值 M_j kN-m
			纯弯段长 cm	简支跨长 cm				f_y MPa	σ_b MPa	δ_{5s} %			
Ⅰg90-1	40MnSiNb	12×18.1	25	100	1Φ16	0.925	25.5	568	/	9-12		图 3-2-1-1a	
Ⅰg90-2d	40MnSiNb	12×17.6			1Φ16	0.952	25.5	568		9-12		-1b	
Ⅰg90-3d	40MnSiNb	12×18.8			1Φ16	0.822	27.5	568		9-12		-1b	
Ⅰg90-4d	40MnSiNb	12.3×19.4			1Φ16	0.842	27.5	568		9-12		-1a	
Ⅰp90-1d	16Mn	12.1×18.0			1Φ16	0.922	25.5	444	/	/	0.161	-1a	15.9
Ⅰp90-2	16Mn	12.5×18.6			1Φ16	0.864	25.5	444			0.150	-1b	15.3
Ⅰp90-3	16Mn	12.8×19.2			1Φ16	0.818	27.5	444			0.142	-1b	15.9
Ⅰp90-4	16Mn	13×19			1Φ16	0.814	27.5	444			0.142		15.8
Ⅰg50-1d	45MnSiV	12.4×18.6	同上	同上	1Φ12	0.490	25.5	710	/	9-12		-1a	
Ⅰg50-2d	45MnSiV	12.1×18.7			1Φ12	0.499	25.5	710		9-12		-1a	
Ⅰg50-3	45MnSiV	12×19.1			1Φ12	0.493	25.5	710		9-12		-1b	
Ⅰg50-4d	45MnSiV	12×18.5			1Φ12	0.509	25.5	710		9-12		-1b	
Ⅰp50-1	16Mn	12.1×18.6			1Φ12	0.502	25.5	360		/	0.071	-1a	7.32
Ⅰp50-2	16Mn	11.8×18.6			1Φ12	0.515	25.5	360		/	0.073	-1a	7.31
Ⅰg30-1	45MnSiV	12.5×27.5	40	180	1Φ12	0.329	25.5	710	/			-1c	
Ⅰg30-2d	45MnSiV	12×27.9			1Φ12	0.338	25.5	710				-1c	
Ⅰp30-1d	A3	12.5×28.9			1Φ12	0.313	25.5	275				-1c	11.02

续表

试件编号	钢种	截面尺寸 $b \times h_0$ cm²	加载图形		主筋尺寸 A_s	配筋率	混凝土 f_c	钢筋性能			$\rho f_y/f_c$	配筋方式	抗弯能力计算值 M_j kN·m
			纯弯段长 cm	简支跨长 cm				f_y MPa	σ_b MPa	δ_{5s} %			
Ⅱg35-1d	35Si₂Ti	12×18.7	30	150	1Φ10	0.350	28.5	521	767	21.3	0.064	-1d	7.85
Ⅱg35-2d	35Si₂Ti	12×18.1			1Φ10	0.361	28.5	521	767	21.3	0.066	-1d	7.59
Ⅱg55-1d	35Si₂Ti	12×17.7			1Φ12	0.532	28.5	530	770	23.5	0.099	-1d	10.68
Ⅱg55-2d	35Si₂Ti	12×17.9			1Φ12	0.526	28.5	530	770	23.5	0.098	-1d	11.20
Ⅱg105-1d	35Si₂Ti	12×18.0			2Φ12	1.045	28.5	530	770	23.5	0.194	-1e	20.87
Ⅱg105-2d	35Si₂Ti	12×18.4			2Φ12	1.025	28.5	530	700	23.5	0.191	-1e	21.20
Ⅲg35-1d	35Si₂Ti	12×17.5	40	140	1Φ10	0.374	34.2	521	767	21.3	0.057	-1d	7.43
Ⅲg35-2	35Si₂Ti	12×17.1			1Φ10	0.383	34.2	521	767	21.3	0.058	-1d	6.79
Ⅲg35-3d	35Si₂Ti	12×17.7			1Φ10	0.369	34.2	521	767	21.3	0.056	-1d	7.51
Ⅲg50-1	35Si₂Ti	12×18.4			1Φ12	0.512	34.2	537	764	22.7	0.080	-1d	10.72
Ⅲg50-2d	35Si₂Ti	12×17.9			1Φ12	0.526	34.2	537	764	22.7	0.083	-1d	11.08
Ⅲg50-3d	35Si₂Ti	12×17.6			1Φ12	0.535	34.2	537	764	22.7	0.084	-1d	10.74
Ⅲp50-1	16Mn	12×18.4			1Φ12	0.512	34.2	363	502	33.3	0.054	-1d	7.34
Ⅲp50-2d	16Mn	12×18.7			1Φ12	0.503	34.2	363	502	33.3	0.053	-1d	7.92
Ⅲp50-3d	16Mn	12×17.7			1Φ12	0.532	34.2	363	502	33.3	0.056	-1d	7.49
Ⅲg105-1d	35Si₂Ti	12×17.9			2Φ12	1.050	34.2	537	764	22.7	0.165	-1e	21.20
Ⅲg105-2	35Si₂Ti	12×18.1			2Φ12	1.040	34.2	537	764	22.7	0.163	-1e	20.17
Ⅲg105-3d	35Si₂Ti	12×17.6			2Φ12	1.070	34.2	537	764	22.7	0.168	-1e	20.81
Ⅲg105-4d	35Si₂Ti	12×18			2Φ12	1.045	34.2	537	764	22.7	0.164	-1e	21.29
Ⅳg10-1d	35Si₂Ti	23.5×32.9	0	160	1Φ10	0.102	35.0	527	765	23.0	0.0154	-1d	14.33
Ⅳg10-2	35Si₂Ti	23×33.1			1Φ10	0.103	35.0	527	765	23.0	0.0155	-1d	13.59
	35Si₂Ti	23×32.7			1Φ12	0.151	35.0	537	764	22.7	0.0232	-1d	20.49
ⅠⅣp15-1	16Mn	19.8×32.1			1Φ12	0.177	35.0	354	4830	35.6	0.0179	-1d	12.72
ⅠⅣp15-2	16Mn	20×33.2			1Φ12	0.171	35.0	354	4830	35.6	0.0173	-1d	13.63
Ⅳg120-1	35Si₂Ti	19.1×17.8			2Φ16	1.180	35.0	552	766	24.2	0.186	-1e	35.73
Ⅳg120-2d	35Si₂Ti	19×17.5			2Φ16	1.210	35.0	552	766	24.2	0.191	-1e	36.83
Ⅳg150-1d	35Si₂Ti	15×17.5			2Φ16	1.530	35.0	552	766	24.2	0.241	-1e	36.27
Ⅳp150-1d	16Mn	15×17.8			2Φ16	1.505	35.0	397	562	31.1	0.171	-1e	28.98
Ⅳp150-2	16Mn	15.2×17.8			2Φ16	1.485	35.0	397	562	31.1	0.168	-1e	25.95

注：1. 本文所指的混凝土强度 $f_{c,s}$ 为棱柱体强度，系根据立方体强度的试验值 f_{cu} 换算而得，取 $f_c = 0.80 f_{cu}$，压弯强度的计算值按现行规范取为 f_c。

2. 在以下分析中，确定Ⅳ组梁中无纯弯段的最大跨中弯矩值，已考虑了集中荷载下的垫板宽度影响。

3. Ⅰ和Ⅱ批试件的全长等于试件的简支跨长加10cm，Ⅲ和Ⅳ试件的长度等于简支跨长加20cm。

进行快速变形试验时，为保证机器加于试件的变形速度接近线性增长，应使机器上缸内的气体压力 p_1 产生的荷载，足能达到试件破坏荷载的 2 倍左右。进行爆炸压力曲线形式加载时，气体压力 p_1 的数值多数取为快速变形下试件钢筋屈服时荷载的 80%～90%；加载时先启动下缸的速泄阀，使油介质外泄，约在 50ms 的时间内将全部荷载加在试件上，

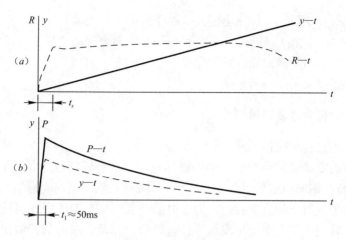

图 3-2-2　加载类型

此时上缸的速泄阀也启动使上缸高压气体外泄，泄压过程约为 1 秒；上缸速泄阀的启动时间比下缸晚 50ms，两者的时间间隔用时间继电器控制，荷载的升压和衰减过程用两个速泄阀的节流孔直径大小进行调节。做静速加载试验时，用手阀缓慢控制泄放油介质。

　　全部试件采用正位试验（图 3-2-3），荷载 P 通过分配梁分二点（各 $P/2$）加于试件表面，但第Ⅳ批试件为单点的跨中集中荷载 P。试件的加速度经过实测证明，只在加载的初始几毫秒内有振动加速度（约为 2g 上下），以后很快消失，所以试件截面所受的弯矩数据完全可以根据量测的荷载按静力学方法算出。

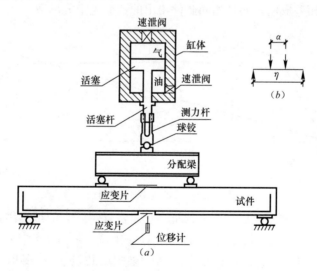

图 3-2-3　机器及加载装置照片

（3）量测方法

试件在各种类型荷载下的量测内容包括：

a）荷载 P 或恢复力 R，用贴有电阻应变片的筒形测力杆量测；

b）混凝土压区应变 ε_c，用 8cm、10cm、20cm 的纸基和塑料基电阻应变片，贴于跨中压区表面；

c）钢筋应变 ϵ_a，用 5mm 标距电阻片，贴于跨中主筋表面；

d）跨中挠度 y，同时用量程为 5mm 和 50mm 的两个差动变压器式位移计，前者测定弹性阶段挠度，后者用于测定屈服后大位移。

这些讯号通过放大用示波器记录。

二、量测讯号的分析方法及破损标准

（1）梁的破坏过程与破损标准

不论普通钢筋或高强钢筋配筋，梁的破坏过程均具有同样规律，（特低或特高配筋率的梁除外）。当拉区钢筋屈服后（图 3-2-4 中 $t=t_1$ 时），随着钢筋变形增长，梁的中和轴急剧上升，压区边缘混凝土的应变猛增，但这时的荷载增长甚为缓慢，当压区混凝土应变增大到极限值 ϵ_c^{max} 时，压区混凝土出现水平裂缝并开始剥落，这时的荷载定为破损荷载 P_p，相应的挠度 y_p（图 3-2-4 中，$t=t_2$）。继续增大梁的变形，荷载（或抗力）或者维持不变，或者稍有增加，或者微有下降，视配筋率的大小与加载图形的特点而定。所以峰值荷载 P_{mak} 的数值等于或大于 P_p，但在本项试验有纯弯段的梁中，二者差值均在 $3\%\sim4\%$ 以内，多数情况下特别是高配筋率梁二者相等。只在跨中单点加载的 IV 组高配筋率梁中，P_{mak} 超过 P_p 约 10％，这是由于最大弯矩截面上的压区混凝土为集中荷载下的垫钣压住不能自由剥落所致。同样也有资料表明，如压区配有数量众多多的压筋和钢箍，P_{mak} 值也会显著提高。因此，影响最大荷载 P_{mak} 的因素比较复杂，尤其是与 P_{mak} 相应的挠度更难肯定，因为 P-t 曲线在最大荷载附近往往是一个相当长的水平段，与此相应的挠度在一个很大的范围内变动，数值甚至相差成倍，而且相同试件给出的数据也十分离散。

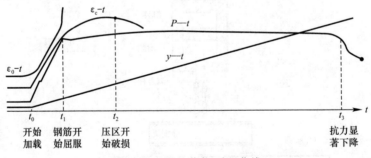

图 3-2-4　梁的荷载-时程曲线

到达破损状态的梁并不一定表示它的抗力已全部耗尽，它能继续维持其抗力而梁的挠度迅速增长直至压区混凝土彻底崩溃，抗力才显著下降（图 3-2-4 中 $t=t_4$），或者因钢筋断裂而突然坠毁，这时的挠度 y_0 在正常配筋的梁中已超过 y_p 许多倍。在以下的分析讨论中，我们均以压区混凝土开始剥落时的抗力及挠度作为破损状态标准。对于挠度来说，它可能低估了结构的塑性变形抵抗瞬时动载的能力，但偏于安全。

图 3-2-5　截面破损时的应力发布

（2）截面最大抗力的试验值与计算值

如以压区混凝土剥落呈现破损时的荷载定为梁的破坏荷载，相应的截面弯矩即可按通用的截面破损时的应力分布图形算出（图 3-2-5），即钢筋应力等于屈服强度 f_y，（不考虑强化段影响），矩形分布的压区混凝土应力等于其抗压强度 f_c，快速动载下的理论抗力 M_{Pd} 可用同样方法求出，只需材料的强度考虑快速变形提高。

　　混凝土梁的材料强度当开始受力到钢筋屈服约为 50ms 时的提高比值，根据材料的快速变形试验得到的结果为：对于钢筋：$35Si_2Ti$——1.06；$16Mn$（$\sigma_s < 400MPa$ 时）——1.12；$16Mn$（$\sigma_s \geqslant 400MPa$ 时）——1.08；A3——1.25。当试件的钢筋屈服时，梁中的压区混凝土应变尚低，待混凝土达到极限应变的时间已较长，所以混凝土的强度提高比值并不能取 50ms 时的 1.17，应取较低的 1.10。

　　（3）弹性阶段的开裂荷载与卸载后的剩余裂缝与剩余挠度

　　当截面出现裂缝时，荷载（抗力）的讯号曲线 $P\text{-}t$ 突然形成明显的折点（图 3-2-6），可见一微小但甚为显著的台阶或波动，这点的荷载就是开裂荷载 P_f。配筋率愈低，这种现象愈明显，但当配筋率接近或超过 1% 以后，就不易在记录图形上明显分辨出裂缝荷载来。当荷载衰减至零后，挠度 $y\text{-}t$ 曲线并不回到原来的零线位置，遗留下剩余挠度和剩余裂缝。剩余裂缝的宽度在卸载后用读数放大镜目测确定。

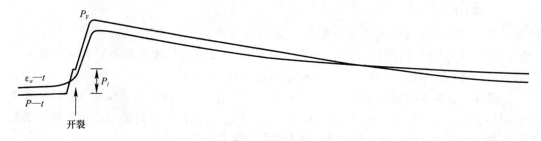

图 3-2-6　梁的挠度时程曲线

　　观察爆炸曲线荷载卸载后的剩余裂缝以及静载下的裂缝可见，除了特低配筋率的梁外，所有梁的裂缝间距都是均匀的，不仅纯弯段有裂缝，纯弯段以外也一样有裂缝，而且裂缝宽度和发展高度与纯弯段相近，原因可能是梁的高跨比较小所致，仅在靠近支座的很小一段内没有裂缝。因此，构件在屈服前快速变形下的刚度试验值 β 可根据爆炸曲线荷载下实测的荷载 P_f，实测的挠度 y_f 和实际的计算图形求出，对于简支梁在对称的双点集中荷载，有：

$$B = (P_f/y_f)d^3, \quad \text{其中 } c = \{(a/l)^3 - 3(a/l)^2 + 2\}/96 \tag{3-2-1}$$

式中

　　E——混凝土弹性模量；

　　l——梁跨长；

　　a——纯弯段长。

　　（4）最大弹性挠度、最大塑性挠度与极限挠度

　　梁中钢筋屈服后，在一些试件中出现抗力少许下降，原因可能与钢筋的屈服强度从屈服上限降到屈服下限有关。屈服强度 P_s 通常指的是有屈服台阶的那段强度，而屈服挠度 y_s 则指钢筋在弹性段上的抗力与 P_s 相等的最大弹性挠度（见图 3-2-4）。对于首先进行爆炸曲线加载试验的，可根据试件在第一次实测的峰值荷载 P_f 与相应的挠度 y_f 近似得出，即 $y_s = y_f(P_s/P_f)$。

最大塑性挠度是压区混凝土开始剥落，截面呈破损状态时的挠度 y_P。极限挠度 y_0 是梁的抗力由于压区混凝土彻底崩溃或钢筋拉断裂而明显下降时的挠度，一般情况下 $y_0 \gg y_P$，只在高配筋梁中两者才比较接近。

（5）构件的延性比

本文中的延性比 β 是指结构构件按弹塑性阶段设计时的构件破损挠度与最大弹性挠度的比值，即 $\beta = y_P / y_s$。当然，根据不同的使用要求，也可以取抗力达最大值或者抗力明显下降时的挠度 y_m 或 y_0 与 y_s 的比值作为构件的延性比。

延性比 β 的数值取决于许多因素，主要与梁的配筋率 ρ 和所用的材料强度或 $\rho f_y / f_c$ 的比值有关，此外，梁的高跨比、荷载分布形式或塑性铰转角的也会影响到延伸比 β 的数值大小。所以 β 的大小只能作为构件延性或塑性性能的一个非常笼统的指标。在以下的试验分析中，为了对比不同钢种对延性比的影响，只能限定在同样几何尺寸和同样加载图形的梁。

三、弹性阶段的工作性能

（1）开裂荷载

经受爆炸压力曲线形式荷载作用的高强钢筋试件列于表 3-2-2。从量测讯号 P-t 图（图 3-2-7）可获得试件开裂时荷载（或抗力）P_1，大部分试件因配筋率较大（一般大于 1%），或裂缝断面不在跨中等原因，未能得到开裂荷载的数值。

将爆炸压力荷载和快速变形加载下得到的开裂荷载，与静速变形速度加载下同样配筋率且钢筋直径和配筋数量也相等的开裂荷载进行比较，共有 18 个高强钢筋和普通钢筋配筋的试件，得到的开裂强度在快速动载下分别提高见表 3-2-2。

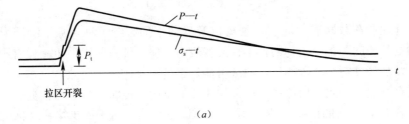

（a）

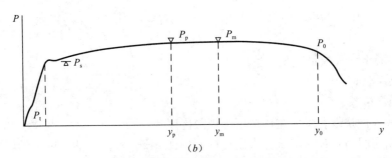

（b）

P_t—开裂荷载；P_s—钢筋屈服荷载；P_p—压区混凝土开始剥离；

P_m—峰值荷载；P_0—承载力开始明显下降时荷载

图 3-2-7

（a）荷载时程曲线 P—t 与钢筋拉应力时程曲线 σ_s—t；（b）荷载挠度曲线 P—t

表 3-2-2

组别	试件配筋	ρ	动速试件数	静速试件数	快速强度提高
I	1 根Φ16	≈0.9	2	3	33%
I	1 根Φ12	≈0.5	3	2	13%
IV	1 根Φ12	≈0.5	4	2	33%
IV	1 根Φ10	≈0.1	1	1	28%

由于试件数量较少，这些数据只能作为参考。提高的原因主要是混凝土的抗拉强度在快速变形下可提高 30% 以上，大于抗压强度的提高幅值。

开裂荷载与时间因素有关。例如试件 IV g15—1d 在峰值荷载下没有开裂，但在荷载已稍有衰减的 90ms 后突然出现裂缝，钢筋应变从 670μ 骤增到 2500μ，挠度增长近一倍。这种特殊的变化在正常配筋率的梁中不大可能出现，而这根梁的配筋率仅为 0.15%。

（2）爆炸压力荷载作用后高强混凝土梁的拉区剩余裂缝

表 3-2-3 列出了这些试件剩余裂缝宽度的主要试验结果：

1）只要钢筋不屈服，抗弯断面在爆炸压力形式荷载作用的快速变形下，卸载后的剩余裂缝宽度都很小，只有配筋率特低（0.1%）的梁除外。I 组试件由于混凝土捣固质量差，剩余裂缝宽度相对较大，约为 0.05~0.1mm，以后三批试件的剩余裂缝宽度一般均低于 0.05~0.08mm。

2）配筋率高的梁，剩余裂缝宽度较小，这与静载下的规律一致，如Ⅲ、Ⅳ组梁中配筋率从 1.5% 依次下降到 1.05%、0.35% 和 0.15%，相应的裂缝宽度从 0.03mm 依次增长到 0.05、0.07 以至 0.1mm。

3）在爆炸压力荷载多次反复作用下，只要钢筋应力不超过流限，剩余裂缝无明显增长，如试件 I g50—1d 先后加了 6 次爆炸荷载，因为试件用冷拉 45MnSiV 配筋（$\sigma_{0.2}=720$MPa），最后 3 次加载的钢筋计算应力估计达到 570、620 和 770MPa，最后累积下来的裂缝宽度也不超过 0.2mm。

表 3-2-3

试件编号	荷载峰值 P_f kN	剩余裂缝宽度 mm	注
I g90-2d	89	0.1	
I g90-4d	90	0.1	
I g50-1d	22	无可见裂缝	
	44	0.05	
	51	0.05~0.1	先后爆 6 次
	60	0.1	
	66	0.15	
	81	0.2	
I g50-2d	46	0.05~0.1	
I g50-4d	49	0.1	
I g30-1d	45	0.1	先后爆 2 次
	52	0.1~0.15	
I g30-2d	45	0.1	

试件编号	荷载峰值 P_f kN	剩余裂缝宽度 mm	注
Ⅱg35-1d	22	仅可察觉	
Ⅱg35-2d	19	0.02	
Ⅱg55-1d	31	<0.10	
Ⅱg55-2d	30	0.06	
Ⅱg105-1d	—	0.05	
Ⅱg105-2d	575	0.04	
Ⅲg35-1d	30	0.07	
Ⅲg50-2d	42.5	0.08	
Ⅲg50-3d	40.7	0.06	
Ⅲg105-1d	76.5	0.05	
Ⅲg105-3d	73.5	0.05	
Ⅲg105-4d	74.0	0.05	
Ⅳg10-1d	44	无	小于开裂荷载
Ⅳg15-1d	63.3	0.1	
Ⅳg120-1d	90.2	0.03	
Ⅳg120-2d	96.8	0.04	
Ⅳg150-1d	86.7	0.03	

注：第Ⅰ批混凝土捣固质量较差。

4) 试件 Ig90 的配筋率虽高，但剩余裂缝达到 0.1mm，估计与配筋的 40MnSiNb 性能有关，这种钢筋的比例极限较低，荷载下的钢筋应力已超过比例极限。

综合这些试验数据，可以认为：

a) 裂缝宽度与钢筋直径的大小有关，本项试验的钢筋直径较细，有利于抗裂，但预期用粗钢筋配筋时不会有过大差异，我们在后续的大尺寸断面的高强钢筋所作的试验中，已证实这一点。

b) 根据据静速试验观察，用 35Si$_2$Ti 配筋的试件在钢筋应力达到约 500MPa 时的拉区混凝土裂缝宽度为 0.2～0.3mm（配筋率 $\rho=1.2\%$）和 0.3～0.5mm（配筋率 $\rho=0.5\%$），16Mn 配筋的构件在钢筋应力达到约 350MPa 时的裂缝宽度为 0.1～0.12mm 和 0.13mm。

图 3-2-8a 和 3-2-8b 分别为 35Si$_2$Ti 和 16Mn 配筋的试件在静速作用下的裂缝图形，这时的钢筋计算应力分别约为 500MPa 和 350MPa。

图 3-2-8c 和 3-2-8d 为爆炸压力形式荷载快速作用后的剩余裂缝宽度，16Mn 配筋试件到达的峰值应力低于 35Si$_2$Ti 配筋，但卸载后的剩余裂缝宽度未见显著减少。

c) 采用高强钢筋配筋的梁，在爆炸压力形式荷载作用下的钢筋应力如不超过屈服极限的 90%，卸载后的剩余裂缝都很小，根本不可能影响结构的正常使用。

(3) 高强混凝土梁屈服前的剩余挠度

试验结果表明：

a) 爆炸压力形式荷载快速作用下，高强钢筋梁的刚度变化规律与静载下相似，影响刚度的主要因素是配筋率，配筋率愈高，刚度愈大，二者大体成线性关系。

b) 钢筋应力增加，梁的刚度 B 降低，对比Ⅲ组配筋率 0.5% 的 16Mn 梁与 35Si$_2$Ti 梁，16Mn 梁屈服前的钢筋应力约 350MPa，有 B 等于 8.7 和 8.37×10^7 kN-cm^2，35Si$_2$Ti 梁屈服前的钢筋应力约 500MPa，有 B 为 8.00 和 7.65×10^7 kN-cm^2；平均相差约 9%。刚度数据在相同配筋的梁中一般比较离散，所以只能说明变化的趋势，尚难给出可靠的定量数据。

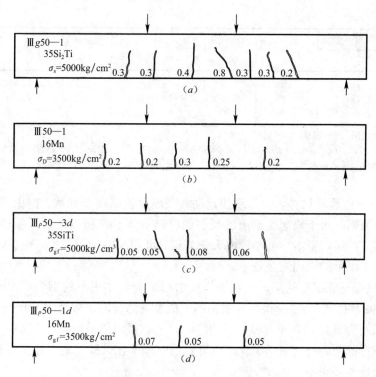

图 3-2-8　梁的开裂图形

(a)，(b) 静速加载；(c)，(d) 爆炸曲线形式加载后

拉区混凝土残裂缝情况（屈服前）

表 3-2-4

试件编号	爆炸荷载下实测		$cl^3 \times 10^4$ cm^4（式 3-2-1）	$bh_0^3 \times 10^4$ cm^4	B（试验值）$\times 10^7$ kN·cm^2（式 3-2-1）	B/bh_0^3（试验值）kN/cm^2	ρ	B/bh_0^3（式 3-2-2）kN/cm^2
	P_fkN	$y_f$cm						
Ⅰg90-2d	89	0.36	19.0	6.55				／（见表注）
90-3d	90	0.43	19.0	8.60				／
90-4d	90.5	0.45	19.0	9.00				／
Ⅰg50-2d	46.0	0.17	19.0	7.92	5.14	649	0.499	674
50-4d	49	0.21	19.0	7.60	4.43	583	0.509	682
Ⅰg30-1d	44.6	0.44	11.3	26.0	11.45	441	0.329	544
30-2d	4.5	0.50	11.3	26.1	10.17	390	0.338	554
Ⅱg35-1d	22	0.26	6.62	7.85	5.60	713	0.350	563
35-2d	19.1	0.30	6.62	7.10	5.13	722	0.361	571
55-1d	31.0	0.40	6.62	6.66	5.13	770	0.532	699
55-2d	30.0	0.37	6.62	6.88	5.37	780	0.526	694
105-2d	57.5	0.52	6.62	7.47		732	980	1.045	1084
Ⅲg35-3d	24.5	0.26	5.05	6.66	475	714	0.369	577
50-2d	42.5	0.39	5.05	6.88	550	800	0.526	695
50-3d	40.7	0.41	5.05	6.55	501	765	0.535	701
105-1d	76.5	0.50	5.05	6.88	7.72	1122	1.050	1087
105-3d	73.5	0.51	5.05	6.55	7.27	1111	1.070	1103
Ⅳg120-2d	96.8	0.42	5.94	10.15	13.0	1260	1.210	1200
150-1d	86.7	0.44	5.94	8.00	13.5	1687	1.530	1447

续表

试件编号	爆炸荷载下实测		$cl^3 \times 10^4$ cm^4（式 3-2-1）	$bh_0^3 \times 10^4$ cm^4	B（试验值）$\times 10^7$ kN-cm^2（式 3-2-1）	B/bh_0^3（试验值）kN/cm^2	ρ	B/bh_0^3（式 3-2-2）kN/cm^2
	P_f kN	y_f cm						
Ⅲp50-2d	31.3	0.33	5.05	7.84	8.70	1110	0.503	
Ⅲp50-3d	26.0	0.23	5.05	6.65	8.37	1259	0.532	
Ⅳp150-1d	64.9	0.24	5.94	8.04	13.5	1679	1.505	

注：1. 由于量测故障，表中未列编号的试件为未测得挠度 y_f 值；
   2. 试件 Ⅰg90-2d、Ⅰg90-3d、Ⅰg90-4d 为 40MnSiNb 配筋，只有比例极限而无屈服台阶，试验时的峰值应力超过比例极限，其数据未取。Ⅰg30-1d、Ⅰg30-2d 为无屈服台阶的 45MnSiV 钢筋配筋，但有比较明显的弹性极限转折点。

c）对比同一组静动试件，可发现快速动载下刚度仅略高于静载。但由于试件数量少，也给不出定量数据。由于快速变形下的屈服强度略有增长，所以两者屈服挠度 y_s 基本相等。相同配筋率的梁，Ⅲ组梁的刚度略大于Ⅱ组，Ⅱ组又略大于Ⅰ组，应是混凝土强度差别的缘故，且Ⅰ组梁的捣固质量较差。

d）采用高强钢筋配筋的梁，如在爆炸压力形式荷载作用下的钢筋应力不超过屈服极限的 90%，卸载后的剩余裂缝很小，根本不可能影响结构的正常使用。Ⅱ组梁的剩余挠度与跨度的比值约为 $l/(1550 \sim 2050)$，平均约 $l/1700$；Ⅲ组梁平均约为 $l/3000$。数据比较离散，原因是测得的剩余挠度包括了支座沉降，而有些梁在试验时的支座垫浆尚未干透，所以实际的剩余挠度还要小一些。

构件的屈服前刚度 B 是计算自振频率，分析超静定结构内力，以及确定结构总变形的重要参数。在抗爆结构设计的文献中可以见到多种计算刚度方法，但多存在一些问题，如苏联国防工程设计资料中的计算公式不考虑裂缝出现的影响；美军有关设计手册的计算公式中没有反映钢筋计算应力变化的影响影响。

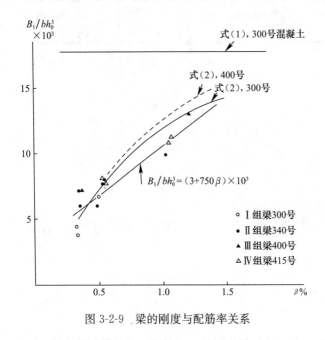

图 3-2-9 梁的刚度与配筋率关系

本项试验得出矩形截面高强钢筋梁在爆炸曲线荷载快速作用下弹性阶段工作时（钢筋应力约为屈服强度的 85% 左右，拉区混凝土已出现裂缝）的刚度经验公式如下，由于原始的数据量较少且较为离散，所以这一经验公式相当近似：

$$B/(bh_0^3) = (3 + 750\rho)10^3$$

$$(3-2-2)$$

四、梁的塑性变形与延性比

试验得出各个试件破损挠度 y_p，混凝土极限压应变 ε_c^{mak} 与延性比 β 等数据列于表 3-2-5。

表 3-2-5

试件编号	混凝土极限应变 10^{-6}	最大塑性挠度 y_p	延性比 β	$\rho f_y/f_c$ 试验值	$\rho f_y/f_c$ 拟合值	注
Ⅰg90-1	4700	8.5				
Ⅰg90-2d	4500	8.4				
Ⅰg90-4d	4800	/				
Ⅰg-50-1d	4350	8.4				
Ⅰg-50-2d	5200	10.4				
Ⅰg-50-3	5150	10.7				
Ⅰg-50-4d	/	11.2				
Ⅰg90-1d	5400	/				
Ⅰg90-2	4200	8.9	3.4	0.152	3.68	
Ⅰg90-3	3900	8.8	/	0.133	/	
Ⅰg90-4	5250	13.1	4.7	0.110	5.09	
Ⅰp50-1	3850	/	/	/	/	
Ⅰp50-2	/	10.5	6.4	0.062	7.60	
Ⅰp30-1d	4000	/	/	/	/	
Ⅱg35-1d	5250	26.5	10.0	0.049	8.35	
Ⅱg35-2d	/	28.2	8.1	0.050	8.11	
Ⅱg55-1d	3700	18	4.8	0.076	5.40	
Ⅱg55-2d	/	22.5	5.9	0.075	5.47	
Ⅱg105-1d	4950	/	/	/	/	
Ⅱg105-2d	5000	13.6	2.8	0.146	2.83	
Ⅲg35-1d	3200	28.5	11.7	0.044	9.82	
Ⅲg35-2	2900	22.4	/	/	/	
Ⅲg35-3d	3000	23	8.1	0.043	9.95	
Ⅲg50-2d	3800	32	9.0	0.083	6.74	
Ⅲg50-3d	3300	32	9.3	0.084	6.67	
Ⅲg105-1d	2700	18.5	3.8	0.126	3.39	
Ⅲg105-2	3050	14.5	3.2	0.137	3.42	
Ⅲg105-3d	2750	13	2.7	0.128	3.54	
Ⅲg105-4d	3100	11	/	/	/	
Ⅲp50-1	2600	34.5	/	/	/	配筋率特低
Ⅲp50-2d	3250	21.5	10.2	0.043	10.42	
Ⅲp50-3d	2650	28.5	11.6	0.047	9.91	
Ⅳg10-1d	2000	14.9	/	/	/	配筋率特高
Ⅳg10-2	2200	18.0	/	/	/	
Ⅳg120-1	4300	11.5	/	/	/	
Ⅳg120-2d	2900	10.7	2.4	0.146	2.86	
Ⅳg150-1d	3000	9.0	1.8	0.185	2.26	
Ⅳp15-1	3650	13.0	/	/	/	
Ⅳp15-2	3850	15.8	/	/	/	
Ⅳp150-1d	2750	9.6	2.6	0.136	3.20	
Ⅳp150-2	3850	/	/	/	/	

（1）混凝土的极限压应变 ε_c^{mak}

图 3-2-10 为快速变形下的梁的典型抗力曲线 $R(y)$，R 为抗力或荷载，y 为跨中挠度。

混凝土的极限压应变 ε_c^{mak} 示于图 3-2-10。Ⅰ、Ⅱ组梁的 ε_c^{mak} 值约为 4000～5000μ 左右，但当应变到达 3000μ 时，这时的荷载已非常接近甚至等于破坏荷载数值。Ⅲ组梁测得的 ε_c^{mak} 值普遍偏低，平均仅达 3000μ，究其原因可能与应变片粘贴不良有关，试验完毕后，应变片能从基底完整撕下。Ⅳ组梁中的混凝土极限应变值有些也偏低，可能由于应变片的位置贴在跨中的集中荷载垫板下面，使应变受到约束。至于配筋率特低的梁则由于破坏特

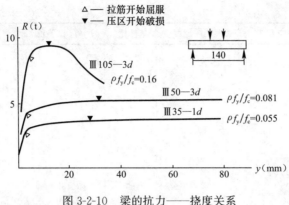

图 3-2-10　梁的抗力——挠度关系

征异常，混凝土最大压应变在破坏时并未达到极限值，得出的数值很低。

（2）破损挠度 y_p 与延性比 β

试验表明，在同一组试件中，配筋率与加载图形相同的高强钢筋梁与普通钢筋梁，它们的破损挠度 y_p 值基本相等。但前者能承受的荷载大，最大弹性挠度 y_s 要比普通钢筋梁大很多，所以对于同样配筋率的梁，高强钢筋梁的延性比 $\beta = y_p/y_s$ 就要小于普通钢筋梁（见表 3-2-6）。Ⅲ组梁的延性比高于Ⅰ、Ⅱ组梁，原因为混凝土标号较高，纯弯段占全跨的比例较大。同样配筋率下，16Mn 梁的延性比大于 35Si$_2$Ti 梁。

图 3-2-11 为本项试验得出的延性比 β 与梁的 $\rho\sigma_s/f_c$（快速变形下用 $\rho\sigma_{sd}/f_{cd}$）的关系，有延性比的经验公式为：

$$\beta = 0.55/(\rho f_y/f_c) \tag{3-2-3}$$

上式不计压区钢筋的作用，适用范围为 $0.5 \leqslant \rho f_y/f_c \leqslant 2.5$，

若取试验值的下限用于设计以保证一定的安全度，则上述经验公式可为：

$$\beta = 0.44/(\rho f_y/f_s) \tag{3-2-4}$$

对于有压筋的双筋梁，由于延性比中的极限挠度 y_0 选取为压区混凝土破损时的挠度，则拉筋配筋率较低时，极限挠度下的压区钢筋常处在压筋位置之上，所以只在拉筋配筋率较高时压筋才能对延性比数值发生影响。由于梁的中和轴实际高度要比计算值大，上述算法应偏于安全。

式（3-2-4）所定义的 β 值是 y_p 与 y_s 之比而不是 y_{max} 与 y_s 之比。抗爆结构常简化为理想弹塑性体系进行分析，如将真实的抗力曲线简化为理想的弹塑性关系（图 3-2-12），则可得换算的屈服挠度 y_0 应小于实际的屈服挠度 y_s 因此用于理想弹塑性体系设计分析中的计算延性比 β_j 应大于式（3-2-4）中的 β 值。另外，延性比在均布荷载下还会有所提高，可能与压区混凝土受到均布荷载的直接压力因而使 ε_{max} 增大有关；梁愈短，这种作用愈明显。

具有相同 $\rho f_y/f_c$ 值的不同钢种试件，尽管计算分析得出截面破损时具有相近曲率，但是试验得到的相应破损挠度 y_p 值却不同，高强钢筋梁的 y_p 值要大；这与以往的高强钢筋含碳量较高，在截面破损时有较大的应力强化有关。较大的应力强化增大了梁的反

力，不利于支承梁的柱子，有可能造成脆性柱子的首先破坏，这在结构设计中应该避免发生。

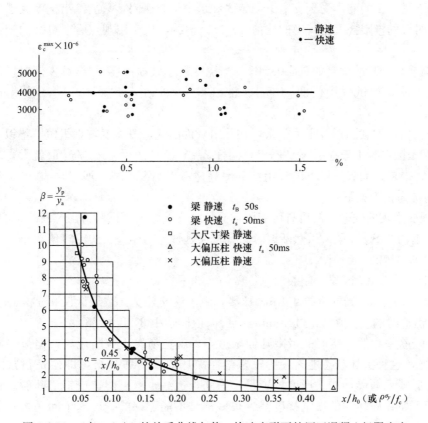

图 3-2-11　β 与 $\rho f_y / f_c$ 的关系曲线与静、快速变形下的压区混凝土极限应变

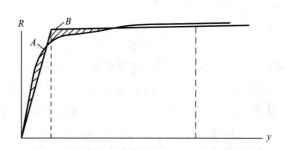

图 3-2-12　简化为理想单自由度弹塑性体系的抗力—
挠度 R—y 关系图中的阴影面积 A 与 B 相等

（3）极限挠度 y_{max}

梁的承载能力显著下降或突然坍塌时的极限挠度 y_{max}，是衡量构件抵抗快速变形加载安全程度的又一个标志。试验得出有关极限挠度的结果如下：

a）配筋率 ρ 在 $0.3\sim0.55\%$ 范围的 $35Si_2Ti$ 或普通钢筋梁，试验的极限挠度最后都在 8cm 以上，这时压区混凝土破碎剥落已非常严重，断面有效高度减少，但荷载仍未见显著下降，由于进一步的变形受到支座滚动装置和跨中垫钣所限，只能给出挠度大于 80mm 的结论，此时梁的极限挠度与跨度的比值 $y_{max}/l>1/20$，从实用观点看，更大的塑性挠度已无实际意义。

b）配筋率较高的梁（如Ⅲg105组），当挠度超过破损挠度 y_p 继续发展时，荷载很快出现显著下降，如试件中的Ⅲg105-1、Ⅲg105-3、Ⅲg105-4 梁，y_{max}/y_p 值有的仅略大于 1。

c）y_{max} 值与加载图形有很大关系，如Ⅱ组试件的纯弯段长度较Ⅲ组短，垫钣边缘净距仅 25cm，压区混凝土破损后不易崩出，同样 $\rho=1.05\%$ 的梁，y_{max}/y_p 值就大得多。特别明显的是跨中单点荷载作用下的Ⅳ组配筋率高达 1.5 高配筋梁，所以当 y_p 已达到跨长的 1/20 时，抗力仍未见下降。

d）配筋率较低的梁，最后有可能因钢筋拉断突然坠毁，试验得出拉断的试件有：

$\rho=0.1$ 的 $35Si_2Ti$ 梁，虽然断裂时已有较大延性比，但 y_{max} 的绝对值较小，仅及 $l/90$（Ⅳg10—1 梁）和 $l/60$（Ⅳg10—2 梁）；

$\rho=0.15\%$ 的 16Mn 梁，断裂时 y_{max}/l 为 1/30；

$\rho=0.31\%$ 和 0.5% 的冷拉 45MnSiV 梁，由于钢筋较脆（δ_5 最低仅 9%），部分梁的钢筋拉断，但这时的 y_{max} 值已超过 40mm，y_{max}/l 值已达 1/35 和 1/25。

梁的配筋率愈低，钢筋的极限延伸率愈小，就愈易发生拉断现象，但只要断裂时的 y_{max} 值适当，这种破坏状态能否视为正常塑性破坏需要具体分析，即使是正常配筋范围内的普通低碳钢筋梁，如果压区配置足够钢筋，最终也有可能造成钢筋断裂。过大或过小的配筋率如在破坏时的极限挠度减少很多都是不能容许的。对这个问题将在后面再作讨论。

高强钢筋梁的塑性性能并不亚于相同外形的等强度 16Mn 梁的结论，还可以从分析梁的断面变形（曲率）能力获得证实。

五、断面的抗弯强度

试验得出的试件破损时的荷载 P_p 与相应的断面抗力 M_p 列于表 3-2-6，同表也列出断面抗力的理论计算值。全部 46 个试件均为钢筋先达流限，然后压区混凝土破损剥落，个别低配筋率梁（包括 16Mn 配筋）在继续破损过程中因钢筋颈缩断裂，其中除特低配筋率（$\rho=0.10\%$）的梁外，断裂时挠度均已大于 $l/50$。全部试件的抗弯强度试验值与理论计算值之比均大于 1。在正常配筋率范围内，高强钢筋梁在快速与静速加载下的破坏形态没有区别。

梁的抗弯强度按下列公式计算：

$$M = A_s\sigma_s(h_0 - A_sf_y/2bf_c) \tag{3-2-5}$$

表 3-2-6

试件编号	试验值 PkN		试验值 MkN-m		计算值 M_j kN-m		试验值与计算值之比 M/M_j	
	P_p	P_{pd}	M_p	M_{pd}	M_p	M_{pd}	M/M_{pj}	M/M_{pdj}
Ⅰg90-1	113							
Ⅰg90-2d		11.2						
Ⅰg90-3d		>105						
Ⅰg90-4d	112				/			
Ⅰg50-1d		87.0		21.0	/			
Ⅰg50-2d				>19.7	/			
Ⅰg50-3	83.5				/	/	/	/
Ⅰg50-4d				17.4	/	/	/	
Ⅰg30-2d-		91.0		17.1	/		/	
Ⅰp90-1d					15.4	/	/	
Ⅰp90-2	84.0	81.3	21.1	15.3	16.1			
Ⅰp90-3	87.6	>66	22.1	>23.1	15.9	15.9	/	
Ⅰp90-4	86.2	89.6	15.7	16.8	7.30		1.03	/
Ⅰp50-1	42.2				7.30	11.0	1.03	1.06
Ⅰp50-2	43.8		15.8	11.2	/	7.88	1.03	
Ⅰp30-1d	32.0	29.8	16.5	9.00	/	7.62	1.08	1.02
Ⅱg35-1d		26.9	16.2	8.10	/	10.7	1.12	1.14
Ⅱg35-2d		36.0	7.90	10.8	/	10.9		1.06
Ⅱg50-1d		37.1	8.20	11.1	/	20.9	/	1.01注
Ⅱg50-2d		69.7		20.9	/	21.5	/	1.02注1
Ⅱg105-1d		7.18		21.5	/	7.38		1.00
Ⅱg105-2d		3.80	8.50	9.50	/		/	1.00
Ⅲg35-1d					6.79	7.48		1.29
Ⅲg35-2	33.0	36.5	12.0	9.13	/		1.12	
Ⅲg35-3d					10.7	11.1	/	1.23
Ⅲg50-1	51.5	53.0	21.1	13.3	/	10.9	/	1.20
Ⅲg50-2d		52.0	7.85	13.0	/	21.3	/	1.20
Ⅲg50-3d		95.0		23.8	/		1.05	1.12
Ⅲg10-1d	8.45		19.0		20.2	21.0		
Ⅲg105-2		93.0	18.3	23.2	/	21.5	/	1.11
Ⅲg105-3d	31.8	92.0	19.0	23.0	/		1.40	1.07
Ⅲg105-4d				37.3	7.35	8.38	/	
Ⅲp50-1		37.1		9.28	/	7.92	/	1.11
Ⅲp50-2d		35.6	28.3	8.90	/	14.3	/	1.12
Ⅲp50-3d	56.6	62.1		20.8	/	/	1.40	1.45
Ⅳg10-1d	54.5				13.6	/	1.43	
Ⅳg10-2	57.2				12.7	35.8	1.40	
Ⅳp15-1	121.	120		39.8	13.6	36.3	1.04	1.11
Ⅳp15-2		111		36.9	35.7	29.0	/	1.02
Ⅳg120—1		90.4		30.2	/		1.09	1.04
Ⅳg120—2d					/			
Ⅳg150-1d	85.0				/			
Ⅳp150-1d					26.0			
Ⅳp150-2								

注：试件Ⅱg55-1d 和Ⅱg55-1d 的量测讯号误差较大，数据未取。

　　通过对比试验，证实本项研究采用的高强钢筋强度在截面的抗弯能力上能够充分发挥作用。采用这些钢筋以后，截面抗弯承载能力的提高值与钢筋本身强度的提高值基本上一致，而且配筋率较低时，抗弯强度的提高幅值更要大于钢筋强度本身的提高比值，原因是高强钢筋在抗弯截面破损时的应力已超过了屈服强度而进入了强化段，根据冷拉45MnSiV 配筋的Ⅰg50-3、Ⅰg50-4 二个试件的破损弯矩反算，钢筋的实际应力已高达800MPa 以上。所以屈服强度在 500—600MPa 级别的高强钢筋，在限定的配筋率范围内，钢筋强度有可能被充分利用。

除了冷拉45MnSiV 配筋的一组对比梁在快速变形下的抗弯强度未见提高外，其他各组对比梁的快速抗弯强度均高于静速抗弯强度。快速变形下试件抗弯强度提高主要是材料强度提高引起，混凝土强度对抗弯能力的贡献非常小，所以动载下梁的强度提高，与钢筋材料在快速变形下的强度提高比值基本一致。因此，截面抗弯强度的理论计算值可按现行的计算方法，快速变形下的抗弯强度只需用材料的快速变形下强度代入，将 f_y 和 f_c 换为 f_{yd} 和 f_{cd}，即可。

配筋率愈低，35Si$_2$Ti 梁的试验值高于理论值愈多，对于常用配筋率 $\rho = 0.5\%$ 左右的梁，试验值竟高出计算值 20% 之多，原因是计算理论没有考虑钢筋强化。16Mn 钢筋的屈服台阶较长，所以强化作用只在更低的配筋率下才较明显；A3 的屈服台阶更长，截面开始破损时的钢筋应变一般尚停留在屈服台阶上。

六、配筋率等构造要求

（1）最小配筋率

我国设计规范规定梁的最小配筋率要求一直偏低，早期颁布的规范只有 0.1% 和0.15%，并在以后的一个很长时期内都保留不超过 0.2%。随着混凝土强度等级不断增加，这一规定明显有违常理。2002 年颁布的国标混凝土结构设计规范和现行的 2012 年国标在一定程度上改善了这一不足，要求配筋率 ρ 不低于 $0.45 f_t/f_y$，但不小于 0.2%，其中 f_t 和 f_y 分别为混凝土抗拉强度和钢筋屈服强度的设计值。

本项试验的低配筋梁有：Ⅳg10—1d，Ⅳg10—2，Ⅳg15—1d 和Ⅳp15—1，15Vp—2。

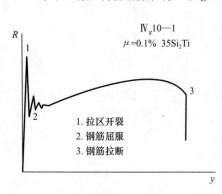

图 3-2-13 很低配筋率梁Ⅳg10—1d 梁的荷载挠度曲线

a）配筋率 $\rho = 0.1\%$ 的 35Si$_2$Ti 梁，开裂荷载 P_1 大于或等于破坏荷载 P_p，荷载挠度曲线如图 3-2-13，当第一条裂缝出现后，荷载立即下降（图中抗力曲线在开裂后的上下跳动是由于梁的刚度骤然降低引起），钢筋经屈服至强化有一定的塑性变形，但是由于 $P_1 > P_p$，钢筋的塑性伸长都集中在唯一的裂缝截面上，此处的钢筋很快颈缩断裂。梁断裂时混凝土应变 ε_c 仅有 $(2000 \sim 2200) \times 10^{-6}$，与 P_p 相应的应变并没有达到应有的最大值 ε_{max}，说明压区混凝土的塑性变形并没有充分发挥，梁断裂时挠度分别为 $l/90$（Ⅳg10—1）和 $l/60$（Ⅳg10—2），这种情况是不允许的。

b）配筋梁为 0.175% 的 16Mn 梁，其中一根的开裂荷载（抗力）也接近于破坏荷载，变形也比较集中在一条缝上，但尚可见到其他裂缝，梁断裂前的压区混凝土塑性变形已经耗尽，断裂时挠度为 $l/30$。

在一般的民用建筑物中，梁的最小配筋率 ρ_{min} 至少应满足低配筋率梁的承载能力需大于相同截面素混凝土梁的承载能力，前者近似等于 $A_s f_y \times 0.95 h_0$，后者约等于 $(bh^2/6) \times f_{wl}$，得：

$$A_s f_y \times 0.95 h_0 \geqslant (bh^2/6) \times f_{wl}$$

混凝土的弯拉强度约为轴拉强度的 2.4 倍，取 $h/h_0 = 1.05$，从上式又可得：

$$\rho_{min} \approx 0.45 f_l / f_{wl}.$$

这里需要提出，对于最小配筋率的要求，似不宜用强度的设计值 f_l 和 f_y 表示，由于与钢材和混凝土两者强度的离散性不同，混凝土的设计安全度要大于钢材，所以 f_l 和 f_y 理应用强度的平均值或者至少需用其标准值 f_{lk} 和 f_{yk} 表示，即：$\rho_{min} = 0.45 f_{lk} / f_{yk}$。

对于抗爆结构，式中的强度应考虑快速变形下的强度提高比值，此外，对于混凝土，还可适当考虑强度随龄期的提高。

（2）最大配筋率

配筋率超过某一限值时，梁的压区混凝土将先于钢筋到达到屈服而破损，截面呈脆性破坏，所以应对最大配筋率作出限制。当梁的压区混凝土破损与受拉钢筋屈服同时发生，此时的配筋率称为平衡配筋率 ρ_b，考虑到混凝土的强度离散率较大，而且也为梁有起码的延性要求，所以美国的 ACI 设计规范确定梁的最大配筋率 $\rho_{max} = 0.75 \rho_b$。

20 世纪 90 年代以前的我国混凝土结构设计规范所规定的矩形截面最大配筋率参照苏联民用规范中的规定，定为 $0.55 R_w / \sigma_s$（式中的混凝土压弯强度 R_w 按照那时的规定等于 1.25 倍混凝土抗压强度 R_a），远高于美国 ACI 民用规程规定的最大配筋率要求。有苏联的资料通过试验认为，如在动载作用下应修改为 $0.40 R_w / \sigma_s$（对矩形截面），但在苏联人防规程中，规定的最大配筋率为 1.5%。

根据本项试验研究结果，当用 35Si$_2$Ti 配筋梁及混凝土的强度约为 C40 时，配筋率高达 1.53% 仍属塑性破坏。抗爆结构中弯曲构件的最大配筋率可要求构件的延性比 β 不少于某一限值按式确定，如确定延性比不小于 2，则可得：

$$\rho_{max} = 0.22 f_c / f_y \tag{3-2-6}$$

与最小配筋率一样，上式中的混凝土强度和 HPR300、HRB335、HRB400、HRB500 等钢筋和 HRB500F 等钢筋强度应取标准值而不是设计值。

（3）关于压筋作用

在本项试验的试件内，只有Ⅰ组梁的部分试件配有 2Φ8 的压筋（配筋率 $\mu = 0.46\%$），同时并有与之对比的无压筋梁。

对比试验表明，这种少量的压筋并没有对梁的强度、延性和压区混凝土的极限应变产生明显影响。但是少量的压筋能否改善更高配筋率梁的塑性，以及应该有多大的压筋配筋率才能有显著效果，这些问题尚待进一步研究。国外的资料表明，只有在较高的压筋含量下，才能明显增大梁的极限挠度 y_0，但对压区混凝土开始破损剥落时的挠度 y_p 也只有少许增长。

七、小结

以下简单总结这次 46 根小梁试验研究的主要结论，至于有关设计的建议待后续的大尺寸梁研究报告中阐述。

（1）50/80级的35Si$_2$Ti等高强钢筋，很适合用于抗爆结构乃至一般民用工程中的弯曲构件中，在强度、延性、裂缝要求等各个方面均能满足要求。

（2）如以屈服强度作为计算标准，则高强钢筋梁的实有承载力要大于计算值，这是由于高强钢筋屈服时的流辐短，梁破损时的钢筋应力应变往往已进入强化段。

（3）梁在快速变形下的截面抗力可用静载公式计算，只需其中的材料强度乘以快速变形下的提高比值。

（4）相同外形的梁，用35Si$_2$Ti的50/80级高强钢筋配筋时的延性与等强度的普通钢筋梁基本相同，这是因为钢筋混凝土梁的破损最终是压区混凝土的极限应变控制的。

（5）如按弹性设计，高强钢筋的计算应力应不大于500MPa，这时卸载后的剩余裂缝宽度一般仅为0.05～0.08mm，且不超过0.1mm，剩余挠度也非常小，约为$l/2000$左右。

（6）抗爆结构受弯构件的配筋率范围应有更高的要求。

第三节 受弯构件——大梁试验[①]

为更好地切合工程实际，进一步做了大尺寸梁的试验。同以上的小梁试验一样，这次试验也包括静速与快速变形下的性能对比，以及高强钢筋配筋与普通钢筋的对比。

一、试件设计与试验方法

（1）试件

共试验了8根大梁（图3-3-1），长度均为4m，宽度30cm，高度在35Si2Ti配筋梁中有70cm和50cm两种，配筋率有0.30%，0.57%，0.80%；16Mn配筋梁高度为70cm，配筋率0.57%。梁的配筋率和梁试验时的混凝土实测强度等多项数据请见表3-3-1。梁的混凝土采用普硅水泥配制，振捣蒸养而成。各梁的实测尺寸、配筋、加载特征及试验时的混凝土抗压强度（棱柱体强度）详见表3-3-1。梁中配有双肢封闭箍筋，间距20cm，箍筋为直径6mm的冷拉低碳钢筋。

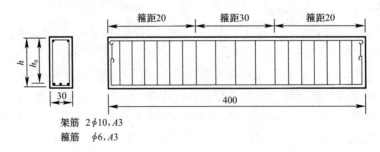

图 3-3-1 大梁试件

---

① 本专题由陈肇元主持，参与试验研究的尚有罗家谦。报告由陈肇元执笔编写。

试件的基本数据　　　　　　　　　　　　　　　　表 3-3-1

| 序号 | 主筋钢种 | 加载特征 | | 断面尺寸 | 主筋直径 | 主筋强度 | | 混凝土强度 |
		速度	剪跨 acm	$b \times h_0$ cm	及根数	f_y MPa	σ_b MPa	f_c MPa
L-1		静速	130	30.6×66.7	3—16	548	776	34.3
L-2-1		静速	130	30.1×66.1	3—22	542	769	34.3
L-2-2	35Si₂Ti	快速	100	30.2×66.9	3—22	546	769	32.3
L-2-3		快速	100	30.2×66.4	3—22	545	721	37.9
L-3-1		静速	130（80）	30.2×46.3	3—22	552	720	33.5
L-3-2		快速	100	30.1×46.5	3—22	556	775	26.2
L-4-1	16Mn	静速	130	30.2×66.4	3—22	383	584	24.2
L-4-2		快速	100	30.3×66.3	3—22	377	578	37.4

注：1. 每一根梁的 3 根主筋，经严格挑选其强度均相同；
　　2. 主筋的混凝土保护层厚度为 2.5cm 左右；
　　3. 表中所指的混凝土强度为，系根据立方体强度的试验值 f_{cu} 换算而得，立方强度的测定在试验的当时采用边长为 20cm 试件，已乘系数 1.05 换算成 15cm 边长的立方强度，再乘系数 0.8 后为棱柱体强度。
　　4. L-3-1 梁分二次加载，剪跨分别为 130 和 80cm。

（2）加载及量测方法

a）加载方法

试件的加载图形为简支，跨长 360cm，采用二点对称集中荷载加载。集中荷载距临近支点的距离（即剪跨 a）为 130cm 或 100cm（图 3-3-2）。静载用二个 50ton Amsler 千斤顶施加，每一试件先后加载二次，第一次加载至钢筋应力接近屈服强度然后卸载，第二次加载到破坏，每次加载过程约为 5～10 分钟。快速加载试验用自制的 4 个 30ton 千斤顶，每 2 个千斤顶沿梁宽并排放置形成一个加载点。作爆炸曲线加载时，千斤顶内的油压由外联的储能器供给，试试验时储能器内的油介质由瞬时施加的高压气体推动，于是千斤顶给出快速升压的荷载，当荷载达到规定值后泄放高压气体，这样就形成缓慢衰减的荷载曲线。对每一快速加载试件，一般先施加升压约 80m，衰减约 1sec 的爆炸曲线荷载，然后再快速加载至破坏。因为储能器的输出油量有限，而破坏时的试件挠度又很大，所以这些试件最后作快速加载破坏试验时都是用电动油泵向千斤顶内快速进油，从加载到破坏的过程长达 1 分钟，因此实际不能算作真正的快速变形破坏试验。

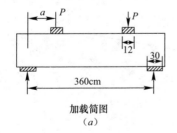
加载简图
（a）

（b）

图 3-3-2　加载简图

b）量测方法

各项应变，挠度，及加载值等数据均采用同一量测仪器记录。

千斤顶的荷载讯号用贴有电阻应变片的筒形测力杆得出，测力杆通过球铰置于千斤顶与梁顶垫板之间。

跨中断面的 3 根主筋应变分别用 3 个 5mm 标距的电阻应变片测定，在整个纯弯段的梁顶面上，沿长度方向布置 5 个 10cm 标距的电阻应变片，用来测定混凝土的最大压应变，此外在跨中断面沿梁高的侧面上，也贴有少量电阻片，观察中和轴的变化。

在跨中和 2 个加载点部位的梁底，置有测量挠度的装置，每一测点包括一个差动变压器式位移计和一个用线绕电位器改制成的滑线电阻式位移计。前者测读小于 1cm 的变形，后者的量程达可 10cm。静载试验时，并用机械式百分表测定挠度和支座沉降。

二、试件在加载下的反应

这次试验中，个别试件由于箍筋配制不足，而剪跨与梁高的比值 a/h，又正好处于易遭剪坏的区段，所以出现了弯坏和剪坏同时发生的情况。以下依次叙述各个试件在加载下的反应，前四个试件的剪跨 a 为 130cm，为静载试验，后四个试件作爆炸曲线形式加载及较快速度的破坏试验，剪跨 a 改为 100cm。

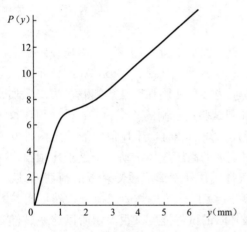

图 3-3-3　L-1 梁的抗力曲线（第一次加载）

（1）L-1 梁（$\rho=0.3\%$）

第一次加静载到 14.7ton（指一个加载点的荷载值，下同）。从荷载与跨中挠度的关系曲线 P-y 图中，表明 6.8ton 时出现裂缝，即该处曲线有明显转折。从图 3-3-3 可见，梁截面的刚度在开裂后基本不变。测得 14.7ton 荷载下的钢筋应变为 2500μ（相应的应力 5100kg/cm²）。这时的挠度为 6.1mm（约 $l/600$），垂直裂缝间距 30cm 左右，缝宽最大为 0.4mm，最高向上延伸到 0.8 倍梁高处。此外，在一端的剪跨内出现宽度达 0.4mm 的斜裂缝。卸载后，剩余裂缝最大宽度一侧为 0.1mm，另一侧为 0.08mm。斜裂缝亦为 0.08mm。说明主筋与箍筋均未达到流限。梁的剩余挠度为 1.45mm。

试件在第二次静载破坏加载过程中的 P-y 曲线如图 3-3-4 所示。由于断面在第一次加

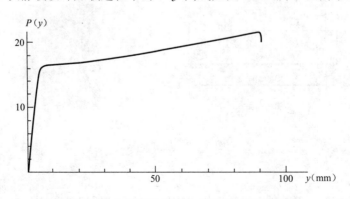

图 3-3-4　L-1 梁的抗力曲线（第二次加载至破坏）

载中已经出现裂缝，所以钢筋屈服前的整个 P-y 曲线均呈直线增长。钢筋开始屈服后，钢筋应力停留在屈服台阶上，由于拉区裂缝很快向上发展，压区减少，内力臂有所增长，因此在钢筋屈服流动的阶段，荷载 P 仍然有稍许增长。当钢筋应变继续发展超过屈服台阶以后，钢筋应力进入强化段，梁的承载能力又有明显增长。最后，压区混凝土的最大应变终于达到破损值，混凝土开始剥落，我们定义此时的荷载为破损荷载 P_p 等于 21ton，相应的挠度 y_p 为 74mm，得延性比 $\beta = y_p/y_s = 10.6$。压区混凝土的最大应变值沿纯弯段长度并不均匀，测得平均值为 3420μ，最大的为 4250μ。

混凝土剥落后，梁不仅能维持破损荷载值继续大量变形，而且荷载仍微有增长趋势，这时中和轴下降，钢筋应力继续强化提高，在梁顶原先崩落的混凝土下面又出现了一个新的压区，表现为部分垂直裂缝的上端闭合，这样又从梁顶向下发展出新的水平裂缝。L-1 梁在破坏荷载下的挠度发展到 10cm 以上，最大荷载 $P_{max} = 21.8$ton，以后才呈现荷载（抗力）降低的趋势。当荷载进入钢筋强化段后，剪跨上的斜梁缝骤增，最大达到 2mm 的宽度，箍筋屈服，但是梁最后为典型的弯坏，压区混凝土破损位置紧靠荷载作用点垫钣，似与斜裂缝的影响有关。

按现行计算理论，根据实测的断面尺寸，以及实测的钢筋屈服强度与混凝土强度，得破坏荷载的理论值为 16.5ton，也就是钢筋强化的结果使实际破坏值高出理论值达 32%，这显然与梁的配筋率较低以及与试验当时的 $35Si_2Ti$ 钢筋的极限强度与屈服强度的比值（约 1.5）较大有关。但在进入 2000 年以后，市上供应低合金钢筋的极限强度与屈服强度比值多已降低到 1.3 左右。

(2) L-2-1 梁（$\rho = 0.57\%$）

第一次静速加载到 $P = 27$ton。于 8.2t 时出现垂直裂缝。在 27t 荷载下测得钢筋应变 2600μ，接近屈服强度，这时的垂直裂缝宽度有 $0.2 \sim 0.4$mm，最大达 0.4mm，裂缝向上最长延伸到 0.7 倍梁高处，卸载后剩余裂宽 0.08mm。但由于梁的箍筋不足，当荷载增长时，试件二端剪跨内的斜裂缝严重发展，钢箍屈服，当 $P = 27$ton 时，一端的最大斜裂缝宽竟达 3.5mm，另一端也达 1.7mm（图 3-3-5），梁的挠度曲线因而很不对称，跨中挠度为 9mm，如果剪跨能预先加强，梁的挠度应该小于此值。卸载后的斜裂缝宽度仍有 1.4mm 并造成多达 2.5mm 的剩余挠度。

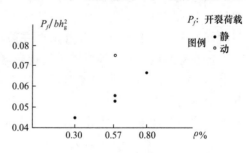

图 3-3-5　开裂荷载与配筋率关系

第二次加静载到破坏，纯弯段在钢筋屈服后的破坏过程与 L-1 梁相同。压区破损时的各测点混凝土应变平均 3300μ，最大的为 3800μ。相应破坏荷载 $P_p = 34.3$ton，高出理论值约 30%，此时的挠度为 57mm，得延性等于 6.2。试件最后仍以纯弯段的弯坏而丧失承载力，紧靠加载点垫钣的压区混凝土拱起剥落（与 L-1 梁相似），但是剪跨段的斜裂缝也已延伸到破坏区，斜裂缝二边发生很大错动。看来由于剪切的影响，使得弯曲塑性变形的进一步发展受到限制。

L-2-1 梁属于弯坏，破坏时的斜裂缝严重发展主要是由于屈服后的剪坏。如果不发生受弯屈服，梁实际的抗剪强度可能会大于破坏时的剪力 $P_p/2$，即 17.2ton。

（3）L-3-1 梁（$\rho=0.80\%$）

试件在第一次静速加载过程（剪跨为 130cm）中就告剪坏。当荷载 P 到达 $5t$ 时出现垂直裂缝，$15t$ 时一端剪跨内出现斜裂缝，斜裂缝一出现就迅速发展，到 P 达到 $17.7t$ 时突然发生斜拉剪坏，挠度仅及 13mm，斜裂缝处箍筋颈缩，最大缝宽近 1cm。另一端剪跨也出现斜裂缝并已延伸到加载垫钣处，破坏卸载后遗留 0.5mm 宽裂缝，说明该处箍筋也已进入屈服。

L-3-1 梁的抗弯计算破坏荷载应为 20.4ton。剪切破坏时的纯弯段钢筋应变为 2450μ，相应应力约 500MPa，尚未达到屈服。卸载后垂直直裂缝最大剩宽为 0.05mm。这一试件的配筋率较高，垂直裂缝间距也较小，约为 15～20cm。

为了获得断面抗弯强度数据，对剪坏后的梁取其完好的部分再次加载，纯弯段长度为 100cm，取剪跨等于 80cm，剪跨 a 与 h_0 之比从原来的 2.8 缩小到 1.7 左右，这样梁的破坏就为纯弯段典型破坏，破坏荷载 $P_p=36.8$ton，与抗弯计算强度比较，因钢筋强化提高承载力 12%。

（4）L-4-1 梁（$\rho=0.57\%$）

L-4-1 梁是 16Mn 配筋的试件，第一次静速加载到 18.7ton，测得钢筋应变 1630μ，即 3400kg/cm^2，这时最大垂直裂缝宽度 0.3～0.4mm，间距 30cm 左右，裂缝最高延伸到 $0.75h$ 处，跨中挠度 5.6mm（与跨长之比等于 1/640）。

垂直裂缝最早在 $P=8$ton 时出现，到 14ton 时一端剪跨内开始出现斜裂缝，斜裂缝增长很快，到 18.7ton 时宽度已达 0.6mm，裂缝向上斜向发展加载点，距梁顶仅 9cm，卸载后遗留宽度 0.3mm，但垂直裂缝在卸载后闭合良好，一般在 0.1mm 以下，仅最大一条裂缝宽为 0.15mm。

试件第二次静速加载到破坏，到 $P=21$ton 时拉筋屈服，挠度迅速增长，剪跨内斜裂缝发展尤为明显，荷载超过 23ton 后，试件表现出向剪切破坏转变的迹象。透过斜裂缝可见箍筋颈缩，终于在 $P=27.2$ton 时在剪跨内剪压破坏，沿斜裂缝的全部箍筋均拉断。

但在剪跨塌毁时，纯弯段也呈现压区混凝土压酥剥落的现象，混凝土最大应变平均 3300μ，最大 4100μ，所以纯弯段的抗弯能力亦已到达，只是尚未发展足够的塑性变形，压区破损时跨中挠度为 75mm，并发展到 98mm，开始破损时的延性比等于 11.9，由于过宽的斜裂缝使挠度有较大增加，使延性比偏大。

（5）L-2-2 梁（$\rho=0.57\%$）

对 L-2-2 梁首先以较快速度增长的荷载，用 25sec 时间加到 $P=35.6$ton，停留 4s 后卸载。从示波器记录曲线中，测得 P 值下的钢筋应变 2350μ（480MPa），挠度 8.1mm，在 11ton 时出现裂缝。试件一端剪跨内的斜裂缝较大，造成挠度曲线不对称。卸载后的垂直裂缝宽度最大 0.1mm，而斜裂缝剩宽最大达 0.3mm。

试件第二次做破坏试验，升载约 20sec 后钢筋屈服，最后在纯弯段内弯坏，破坏特征与 L-2-1 梁相似。破坏卸载后的斜裂缝宽度达 4mm，说明梁的抗剪能力也基本达到极限值。压区混凝土最大应变仅得一个测点记录为 3300μ，混凝土开始剥落时的挠度 $y_p=46$mm，而承载能力明显下降时的挠度超过了 6cm。得延性比等于 5.1。最终的破坏荷载 44.5ton，高出理论计算值 12%。

（6）L-2-3 梁（$\rho=0.57\%$）

首先加峰值为 26.4ton 的爆炸曲线形式荷载，为该梁设计荷载 35ton 的 0.75 倍，得峰值荷载下挠度 3.8mm，钢筋应变 1510μ（310MPa）。卸载后未见斜裂缝，垂直缝最大剩宽 0.06mm。

第二次以较快速度进油加载，30 秒到达 39.8ton，测得钢筋应变 2550μ，已经濒临屈服，跨中最大挠度 8.9mm，累积上次剩余挠度后总计为 9.5mm，卸载后垂直缝最大剩宽 0.1mm，而剪跨上斜裂缝最大剩宽已达 0.4mm。

梁最后以较快速度进油作破坏试验，破坏在纯弯段，破坏特征同 L-2-2 梁。破坏卸载后斜裂缝剩宽达 3mm。压区破损时荷载 $P_p=43.2$ton，高出理论计算值 10%。此时挠度约为 50mm，得延性比等于 5.3。试件在破坏荷载下发展了很大的塑性变形。

（7）L-3-2 梁（$\rho=0.80\%$）

第一次加峰值为 11.4ton 的爆炸曲线形式荷载，钢筋应力仅及屈服强度的一半。卸载后纯弯段最大缝宽 0.03—0.05mm。剪跨内未见有斜缝裂。

第二次以较快速度进油，约 30s 到峰值荷载，测得钢筋应变 2470μ（约 505MPa）尚未屈服，此时挠度 13mm，卸载后剩余裂缝宽度在纯弯段仅 0.05mm，但二端剪跨内都出现严重斜裂缝，剩余缝宽约达 0.7~0.8mm，斜向延伸已接近加载点垫钣。

试件最后以较快速度进油作破坏试验，随着荷载增长，斜裂缝加速开展。约 27.5ton 时纯弯段受拉钢筋屈服，这时垂直裂缝显著加宽，但斜裂缝张开的速度更为厉害；当 28.7ton 时终于在一端剪跨内产生剪压破坏，同时箍筋拉断。与 L-3-1 梁斜拉破坏不同，斜裂缝顶部压区有混凝土碎屑。

试件破坏时的挠度约为 3cm，纯弯段的塑性变形能力因剪跨破坏得不到充分发挥，破坏时纯弯段压区混凝土的最大压应变一般在 1500μ 左右（最大的也未能超过 2000μ），破坏荷载与断面抗弯能力计算值之比为 1.07，破坏卸载后的垂直缝宽仅 1mm。

（8）L-4-2 梁（$\rho=0.57\%$）

L-4-2 梁是 16Mn 配筋的试件。试件在峰值 21.1ton 的爆炸曲线形式荷载作用下，测得钢筋应变 1500μ，卸载后垂直裂缝最大的宽度 0.08mm，未见有斜裂。

第二次以较快速度进油，约 25sec 时到达峰值 $P=27.3$ton，从钢筋的应变纪录曲线上可见，此时的钢筋正好到达屈服，应变骤增，卸载后的钢筋剩余应变达 4500μ，并遗留明显的垂直裂缝，最大缝宽 0.35mm，一般为 0.2mm。同时二端剪跨也遗留斜裂缝，最大宽度为 0.6mm。

试件最后以较快速度进油做破坏试验，破坏发生的纯弯段，靠近两个加载点垫钣内侧的梁顶混凝土压酥拱起，剪跨内的斜裂缝也充分发展，破坏卸载后遗留的斜裂缝宽度达 5mm。L-4-2 梁试验破坏前的加载架出现倾斜，有可能提高破坏荷载的量值达到了 36.3ton，为理论计算值的 1.31 倍。

三、试验结果讨论

（1）关于梁在弹性阶段工作时的剩余裂缝宽度

综合这次试验测定纯弯段垂直裂缝的最大剩余裂宽，可得出：a）当钢筋应力高达

500MPa 甚至更多，只要不达到屈服强度，卸载后的最大缝宽不会超过 0.1mm，在配筋率高的梁中的剩余裂宽更小，仅 0.05mm。b）高强钢筋应力从 350MPa（相当于普通钢筋 16Mn 钢筋的屈服强度）增加到 500MPa，剩余最大裂宽未见变化，这与上文小梁试验得出的结果一致。

应当指出，最大缝宽的位置既不在梁底，也不在设计规范认定的在主筋位置的梁的侧面上，而是在梁腹拉区上。实际工程中的大断面构件一般都有构造腰筋，所以还能进一步减小裂缝宽度。图 3-3-5 表明开裂荷载 P_1 与配筋率的关系，反映了一般尽知的规律。另外快速加载下的抗裂强度比静载下显著提高，由于数据太少，仅能作为参考。从这些试验结果可知，高强钢筋用于抗爆结构应该不成问题。

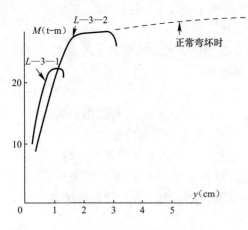

图 3-3-6　屈服后剪坏削弱梁的延性

（2）关于梁的刚度和塑性变形能力

测得大梁试件的屈服前刚度 B_1/bh_0^3 要比小梁试验中获得的数据偏低，其主要原因可能是由于大梁的箍筋配置较少，引起斜裂缝过宽所致。因而从本项试验得出的少数挠度数据，不能用来作为计算抗弯刚度的依据。

严重的斜裂缝以及剪力对弯曲破坏的相互影响，也影响了混凝土破损时挠度 y_p 的数据，但是所有抗弯破坏的高强钢筋梁都表现出良好的塑性性能，得出的延性比变化规律与小梁试验得出的结论一致。从 L-3-1 和 L-3-2 梁的荷载-挠度曲线（图 3-3-6）中可以明显看出，梁在主筋受拉屈服后的剪坏，能严重削弱梁的抗弯塑性变形能力。

弯坏时压区混凝土的极限应变 ε_u 值（表 3-3-2）与小梁试验得出的一致，钢种、配筋率、加载速度对于混凝土的极限应变没有肯定的关系。

压区混凝土的极限应变 $\varepsilon_u \times 10^{-6}$ 　　表 3-3-2

试件	L-1	L-2-1	L-2-2	L-2-3	L-4
测点平均值	3420	3300	3300	3250 ·	3300
最大值	4250	3800	—	—	4100

注：表中加有"·"号的，为仅量得 1 个测点的数据。

（3）关于抗弯强度

所有弯坏的试件，断面破损时的弯矩 M_s，均高出现行计算公式给出的理论值 M_j（表 3-3-3），图 3-3-7 为 35Si_2Ti 梁的试验结果，配筋率愈低，高出的比值愈大。

（4）关于抗剪强度（我国早期规范的剪力符号为 Q，后来改为 V）

抗剪强度是受弯构件性能中最不清楚的一个领

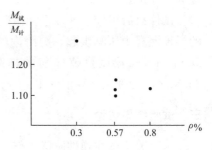

图 3-3-7　比值 M_s/M_j 与配筋率关系

域。自新中国成立以来，混凝土结构设计规范历次修改中变化最大的一个部分也是抗剪计算方法。作者早在 20 世纪 60 年代末通过普通钢筋和高强钢筋梁的性能对比试验结果，在 20 世纪 70 年代初发文指出当时设计规范提供的抗剪计算方法严重不安全。本项试验研究的主要目的是探讨抗弯强度，但也出现了事先未曾想到的有些试件竟会出现剪坏。设计规范的抗剪计算方法，在后来的历次修改中虽然有很大变化，但一些情况下依然不安全。

下面的讨论只限于本项试验范围所及的情况，即剪跨比 a/h_0 较小（1.5～2.8），主筋配筋率较低，箍筋用量少，且荷载作用于梁顶的情况。讨论所涉及包括新中国成立以来用于民用建筑结构设计的所有规范，因为按照这些规范设计建成的结构物有许多到现在仍在使用。有人可能会问，既然过去的设计规范在安全性方面存在这许多不足，为什么塌毁的只是个别建筑物，以构件抗剪为例，由于绝大多数受弯构件为抗弯控制，因而工程中毁于剪坏的不多；更由于结构构件在设计时都已赋予了一定的安全度（或可靠度），后者在我国规范中虽然偏低，但如遇到设计、施工、使用中较小的差错，也能起到补救和维稳的作用。问题在于一旦遇到不大的天灾人祸，如地震、撞击或者设计、使用中的人为错误，就可能会引起大的灾害。更为重要的则是这些低安全度的建筑物由于先天不足，后天失调，往往短命，达不到设计所要求的使用年限。一般民用建筑结构的设计使用寿命是 50 年，绝不是到了 50 年就要寿终正寝，设计寿命也是有安全系数或者富余系数的，约等于 1.8～2.0，也就是 50 年设计使用年限的建筑结构，只需一般的日常维护而不需大修，就应该有95％以上的结构物能够有 90～100 年的使用寿命。

我国最早自行编制的《规-结 6—55》钢混凝土结构设计暂行规范中，采用的是允许应力方法。对于抗剪，要求矩形断面受弯构件的主拉应力不大于某一数值，并要求梁内必需配制箍筋。到了 1966 年颁布的 BJG 21—66 钢筋混凝土结构设计规范，才有较为明确的抗剪计算公式，要求矩形断面梁所受的剪力 Q 如能满足 $Q \leqslant R_1 bh_0 = Q_0$ 时，则不需作抗剪强度验算而只需按构造要求设置箍筋，其间距在梁的断面高度不大于 30cm 时为不大于 20cm，断面高度在 30cm 到 60cm 之间时为 35cm。表 3-3-3 列出了按 66 规范确定的 m、R_1 及 Q_0、$Q_{k.h}$ 值。为便于讨论当时规范计算的方法，所以表 3-3-3 中的混凝土强度用当时采用的标号 R 表示（测定标号的标准试件尺寸为边长 20cm 的立方体），表示强度大小的量纲用 kg/cm²。又早期规范的剪力符号用 Q 而不是 V。

表 3-3-3

梁号	a cm	a/h_0	$b \times h_0$ cm	R kg/cm²	R_1 kg/cm²	Q_0 ton	P_p ton	破坏类型	R_w kg/cm²	$Q_{k.h}$ ton
L-1	130	2.0	30.6×66.7	408	11.2	22.9	21.8	弯	214	30.7
L-2-1	130	2.0	30.1×66.1	408	11.2	22.3	34.3	弯	214	30.2
L-2-2	100	1.5	30.2×66.9	385	10.6	21.4	44.5	弯、剪	204	30.6
L-2-3	100	1.5	30.2×66.4	399	11.0	22.2	43.3	弯	210	30.1
L-3-1	130 80	2.8 1.73	30.2×46.3	288	9.2	12.9	17.7 36.8	剪（斜拉）弯	154	18.0
L-3-2	100	2.2	30.1×46.5	286	9.2	12.9	28.7	剪压	153	18.0

梁号	a cm	a/h_0	$b \times h_0$ cm	R kg/cm²	R_l kg/cm²	Q_0 ton	P_p ton	破坏类型	R_w kg/cm²	$Q_{k.h}$ ton
L-4-1	130	2.0	30.2×66.4	386	10.6	21.3	27.2	剪压	204	29.7
L-4-2	100	1.5	30.3×66.3	445	11.7	23.5	36.3	弯	224	31.1

注：1. 表中的 P_p 为破坏荷载。
　　2. $Q_{k.h} = (0.6 R_w b h_0^2 q_k)^{1/2}$，其中 n 为同一断面的箍筋肢数等于 2，R_{gk} 为箍筋强度等于 1920kg/cm²，a_k 为单箍肢筋的断面积等于 0.283cm²，S 为箍筋间距等于 20cm。$q_k = n R_{gk} a_k / S = 54$kg/cm。以上强度均为按 66 规范确定的设计计算强度。

试件破坏时受到的剪力 Q 在本项试验中就等于破坏荷载 P_p。从表 3-3-3 可见，属于 $Q \leqslant Q_0$ 的只有 L-1 梁，实际为弯坏，并非 BJG 21-66 规范认定的应为剪坏。其他 7 根梁都属于 $Q > Q_0$，按照 66 规范的说法都应属弯坏，不需作抗剪验算，但其中恰有 3 根实为剪坏，其余 5 根试件的破坏在纯弯段，当外加荷载 P 等于 Q_0 值时，有点已遗留较宽的斜裂缝，说明 66 规范的抗剪计算方法严重不安全。这里的问题主要出在 66 规范的算式根本不能用于集中荷载下的抗剪验算，它并没有考虑集中荷载下的剪跨比，是影响抗剪强度的最重要因素。

四、关于梁的剪坏

（1）剪跨比对抗剪强度的影响

对比 L-3-1 和 L-3-2 二试件，断面和配筋率都一样，有：

$a/h_0 = 2.8$ 时（L-3-1 梁，第一次加载），斜拉脆断，抗剪能力 $Q_P = 17.7$ton

$a/h_0 = 2.2$ 时，（L-3-2 梁），压剪破坏，$Q_P = 28.7$ton

L-3-1 梁第一次加载剪坏后，将留下的完整段，取剪跨比 $a/h_0 = 1.73$ 进行第二次加载，结果得到弯坏，弯坏时的剪力达到 36.8ton。

a/h_0 从 2.81 缩减到 2.17 到 1.73，破坏形式从斜拉到压剪再到弯坏，抗剪能力提高 1 倍以上。

用 16Mn 配筋的 2 个相同的构件 L-4-1 和 L-4-2，剪跨比 a/h_0 只是从 1.95 降低到 1.50，破坏形态从剪坏到弯坏，抗剪能力也随着提高。

（2）梁的屈服后剪坏

这次在剪跨内破坏的 3 个试件具有 3 种不同的破坏型式。

L-3-1 梁的剪跨比甚大，$a/h_0 = 2.81$，斜裂缝出现后很快向上发展产生斜拉破坏，破坏荷载仅比斜裂缝一出现时的荷载大 18%，所以比较危险，应尽可能设法避免。L-3-2 和 L-4-1 梁则不同，a/h_0 较小，斜裂缝出现向上发展受加载点垫板的约束，从斜裂到破坏有一段较长的过程，这种压剪破坏的剪坏类型要比斜拉好得多。

一般压剪破坏时的主筋应力小于屈服应力，但是 L-4-1 梁则不同，跨中主筋应力先超过屈服点进入强化段，荷载继续增加，这时作用在斜裂缝上方剪压面上的弯矩与跨中弯矩是很接近的，这个弯矩应由斜裂缝处主筋和箍筋共同承担，由于梁的箍筋配置较小，所起作用非常有限，所以斜裂缝处主筋应力也到达屈服点，钢筋变形迅速增长，剪压面减小，导致剪压破坏。这种由主筋屈服导致最后剪压破坏的破坏形式表现了一定的塑性，具有弯曲破坏的部分特征。

（3）主筋采用高强钢筋对抗剪强度影响

L-4-1 与 L-2-1 为断面相等、配筋相等、a/h_0 相等、仅钢种不同的二个对比试件。试验结果是 16Mn 配筋的 L-4-1 的梁剪跨破坏，破坏荷载 27.2ton，而 $35Si_2Ti$ 配筋的 L-2-1 梁典型弯坏，破坏荷载 34.3ton。

又如 L-4-2 和 L-2-2，L-2-3 也是其他条件相同，仅钢种不同的三个对比试件，试验结果虽然均属弯坏，但 16Mn 配筋梁在破坏卸载后遗留的斜裂缝宽度达 5mm，而 $35Si_2Ti$ 梁在相当于 16Mn 梁破坏荷载大小的荷载作用后仅遗留 0.3-0.4mm 宽斜裂缝。

高强钢筋配筋后竟然提高了断面抗剪能力，这种现象与一般的设想是相反的。实际情况是这些试件的斜裂缝处主筋均已屈服，斜裂缝上方剪压面高度愈来愈小，纯弯段主筋应力虽然大于斜裂缝处主筋应力，但二者均一起加速变形，纯弯段压区和剪压面上的混凝土变形也一起加速增长。于是在一些情况下，纯弯段可能先破坏，而在另一些情况下，剪跨可能先破坏。采用高强钢筋后，延迟了主筋屈服的到来，梁的抗弯强度有可能得到更多发挥。L-4-1 梁虽属剪跨破坏，但如果主筋不屈服，肯定能有更多的抗剪能力。

下章我们将专门介绍抗剪性能所做的一些试验结果，并对梁的抗剪作更详细的探讨。

五、小结

（1）大梁受弯试验的结果进一步肯定了根据小梁试验给出的各项结论。

（2）采用废品极限为 500MPa 的高强钢筋配筋梁，有可能不降低抗弯构件的延性，而且有利用于抗爆结构。

第四节　偏心受压短柱

一、早期设计规范的偏压柱计算方法

最早采用（TJ10-74 规范及以前的规范）的偏压柱设计计算公式是从苏联早期颁布的钢筋混凝土结构计算规程中引用过来的，它的试验基础是前苏联在 20 世纪三四十年代所作的试验结果，试验采用的材料为低强度的普碳钢筋和低强度混凝土。所以在 GB J10—89 规范颁布前，偏压注的计算方法择要如下：

偏压柱的破坏形式分Ⅰ、Ⅱ两类。第Ⅰ类破坏是远离纵向偏心压力 N 一侧的受拉钢筋 A_g 在加载过程中首先受拉屈服，继之以另一侧混凝土的应力达到弯曲抗压极限强度 R_w 而破损剥落，即所谓大偏心受压（图 3-4-1a）；第Ⅱ类破坏是压力 N 的偏心矩较小，在加载过程中断面一侧混凝土的压应力较大，首先达到混凝土的柱体抗压强度 R_a 而破损，但此时断面另一侧的钢筋 A_g 应力均未达到受拉或受压的屈服强度，该侧的混凝土应力也未达到破损，即所谓小偏心受压（图 3-4-1b）。对于矩形断面，其基本计算公式（未考虑安全系数在内）如下：

（1）大偏压：
$$Ne \leqslant R_w bx(h_0 - x/2) + R'_g A_g (h_0 - a'_g) \tag{3-4-1}$$

$$N \leqslant R_w bx + R'_g A'_g - R_g A_g \tag{3-4-2}$$

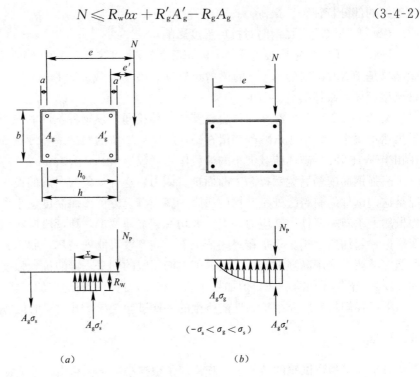

图 3-4-1　偏压构件

(*a*) 大偏压，(*b*) 小偏压

联解上两式，即可得 N 和 x，如 $x>2a'_g$，则应按下式求解：

$$Ne'_0 \leqslant R_g A_g (h_0 - a'_g) \tag{3-4-3}$$

但按上式得到的 N 若比不考虑受压钢筋更小时，则计算中不考虑受压钢筋，即将（3-4-1）和（3-4-2）式中的 $R'_g A'_g$ 置于零。

（2）小偏压：

$$Ne \leqslant 0.5 R_a b h_0^2 + R'_g A'_g (h_0 - a_g) \tag{3-4-4}$$

当构件处于大小偏压的界限时，式（3-4-1）和式（3-4-2）相等，代入 $R_w=1.25R_a$ 可解得此时的压区等效矩形应力图形高度 $x=x_b=0.55h_0$，由此得 $x/h_0>0.55$ 时为大偏压，$x<0.55h_0$ 时为小偏压。

此外，小偏压当 N 处于两侧钢筋 A_g 和 A'_g 之间时，尚应满足：

$$Ne' \leqslant 0.5 R_a b h_0'^2 + R_g A_g (h_0' - a_g) \tag{3-4-5}$$

这里在以上各式内所使用的是按那时早期规范认定的符号，其中的 R_g 和 R'_g 为偏压截面受拉和受压钢筋的屈服强度；R_a 和 R_w 为柱体混凝土的抗压强度与压弯强度，并取 $R_w=1.25R_a$；a_g 和 a_g 分别为截面两侧钢筋 A_g 到 A'_g 截面侧边的距离；e_0 和 e_0' 为偏心作用力 N 距截面两侧钢筋的距离，作用点纵向受拉钢筋 A_g 和受压与 A'_g 到构件断面近侧边的距离。

这个计算方法在形式上虽然简洁，但后来的大量试验资料证明，其结果并不完全符合试验结果并且不安全，尤其当偏心距靠近大小偏心界限附近时更为严重，主要问题是认为大小偏压连接处的界限偏心矩是定值 $0.4R_{\text{w}}bh_0^2$ （或 $0.5R_{\text{a}}bh_0^2$）。它反映的只是低标号混凝土和低强度钢筋偏压柱的近似规律，遇到混凝土或钢筋的强度较高时无法使用。另一个主要问题是，它也没有考虑理想的中心受压或偏心受压柱在实际结构中都不可能存在，多少会因构件制作和加载偏置等原因出现偶然的附加偏心，如直接用于设计也不安全。

前苏联在 80 年代修改其有关设计规程的专门研究文集中，也提到过这个问题，在比较小偏压柱的试验值与计算值时，竟发现有低到 0.69 的。所以在其以后规范中，降低了界限偏心距时的 M 值，尽管这样，在三组偏压柱的试验值与计算值之比中，仍有低到 0.92 的。

我国 1989 年颁布并从 1990 年开始施行的 GBJ 10—89 规范对 74 规范做了较大的改进，虽然混凝土的标号仍按以往的 20cm 边长的立方体测定，但混凝土的抗压强度标准则改用 15cm 边长立方体试件强度 f_{cu} 表示，并将混凝土的压弯强度 f_{cm} 与 f_{cu} 的比值降为 1.1。对于大、小偏压构件采用了统一的计算公式，这样大、小偏压的界限偏心矩就不再是固定的 $0.5R_{\text{a}}bh_0^2$；增加了偏压构件作用力 N 在端部作用点处的偶然附加偏心 $e_i=$ 0.12 （$0.3h_0-e_0$），其中 e_0 为纵向力对截面重心的偏心距；当 $e_0=M/N\geqslant 0.3h_0$ 时，取 $e_0=0$。

2002 年和现行 GB 规范中的偏压柱计算公式，将以往计算方法中的压弯强度改为抗压强度 f_{c}，在外加压力作用下，认为有附加偏心矩 20mm 或偏心方向截面最大尺寸的 1/30，取两者中的较大值。这个数值与同一 GB 规范中的中心受压构件公式内的折减系数 0.9 并不密切连接，虽然差别较小，不过作为规范条文总是一个欠缺。此外，这两本规范中的大偏压计算继续沿用以往的公式，取消了界限偏心矩为定值的假定，所以小偏压公式则有了变化。

虽然偏压柱的计算方法不断有了提高和改进，但计算过程也变得复杂和繁琐，有时为确定截面的矩形压应力分布图形的高度 x 需要联解三次方的方程。

英国 BS 规范和美国 ACI 规范所赋予中心受压和偏压构件的安全度要比我国规范高许多。ACI 规范中偏压构件断面强度的 M-N 相互关系图采取图 3-4-2 形式，方法也较为简单些。

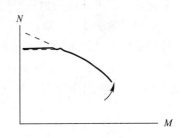

图 3-4-2　ACI 规范中的
M-N 关系图

二、偏压柱的试验

由于缺乏高强钢筋偏压柱的试验资料，特别是动力作用下的快速变形试验的资料，早期我们曾进行过少量的偏压柱试验，目的是探明高强钢筋偏压柱的实际承载力与现有强度计算理论的差别，试验对象包括静速和快速变形下试件，并企图通过试验提出当时计算方法的修正公式，同时了解高强钢筋偏压柱在快速变形下的性能。

有关的试验量测方法与梁的试验相似，此处不再重复。

（1）试件

试件的配筋采用了高强钢筋 $35Si_2Ti$ 及与之对比的 16Mn 钢筋；对于一侧为 $35Si_2Ti$ 配

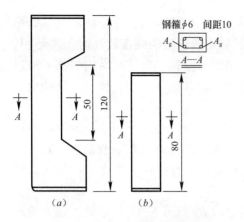

图 3-4-3　偏压试件尺寸及配筋

筋的试件，另一侧也有用碳素钢筋 A3 配筋的。试件的外形及尺寸见图 3-4-3 和表 3-4-1。全部试件的截面名义尺寸均为 12cm×20cm。对于全截面受压柱，纵向钢筋端部均磨光后紧密接触试件两端的钢板并加以点焊。

试件前后分三批制作，混凝土用 400 号硅酸盐水泥、卵石、中粗砂浇筑板捣自然养护而成，水灰比为 0.40（2g 组试件为手工捣制，水灰比 0.50）。此外也试验过用冷拉 45MnSiV 配筋的试件，但因数量过少且冷拉后丧失了屈服点，结果未能采用。

对于受快速加载的试件，材料的计算强度按表 3-4-1 的实测数据考虑快速变形下强度的提高，提高比值对 $35Si_2Ti$ 为 1.06，16Mn 为 1.12，混凝土抗压为 1.17，A3 为 1.25，冷拉 45MnSiV 为 1.04。

（2）加载装置及量测方法

试件在清华大学建工系的《C—4》150^T 快速加载试验机上加载。多数试件加静载一次破坏，加载过程约为 2～3 分钟；少数试件作快速变形试验，首先施加一爆炸曲线形状的荷载（升压时间约为 50ms，衰减过程约 1 秒），荷载峰值相当于柱子的设计荷载，观察构件在卸载后的剩余裂缝，然后再以快速变形加载直至破坏，变形速度约为钢筋到屈服的试件为 50 毫秒左右。

机器的加载活塞通过刀铰使荷载作用于试件底端，在机器顶板与试件上端之间置有筒形测力杆和小直径的钢球作为球铰，试件的装置见图 3-4-4 和图 3-4-5 照片。由于动载下的升压时间约为 50ms，远较构件的纵向及横向自振周期为低，因此加速度的影响可以不计。

试件的量测讯号包括：

a）荷载，用贴有电阻应变片的筒形测力杆。

b）钢筋 A_g 的应变，用标距 5mm 的电阻应变片，置于跨中断面。

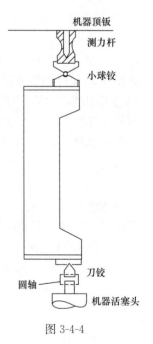

图 3-4-4

c）跨中断面的压区混凝土应变，用标距 10mm 的电阻应变片。

d）部分试件曾用差动变压式位移计测定试件工作断面长度（50cm）内的曲率。

e）动载或静载均采用同一加载设备和量测仪器

f）部分静载试件用百分表测定偏压柱的挠度（相对于柱端）；所有这些讯号通过动态应变仪动态位移计，或者通过手动标距（百分表读数）记录。

下面，我们先按 74 规范的偏压柱计算公式做一分析，试件的原始数据将表 3-4-1 中的符号改用了现行规范的规定，混凝土抗压强度 f_c 相当于 R_a，有 $R_a=R_w/1.25$，钢筋强度 f_y 相当于 R_g。

图 3-4-5 试件加载照片

（3）主要试验结果

a）破坏荷载

表 3-4-2 列出了每一试件破坏荷载的实测值。试件的计算理论破坏荷载按试件的实际断面尺寸、实际的材料强度用现行计算方法求出，但作为试件的截面强度验算，应该在偏心距中计入破坏时的附加挠度 Δe。至于不同时期的我国设计规范中对短柱范围的界定存在前后不一则是另一问题。对于 x/h_0 值小于 0.3 的大偏压试件，实际破坏值与计算值尚相差不多；试件 2-g3、2-g4 处于大小偏压界限附近，计算值比实测值高达 25％。试件 2-g5 的实测值高得最多，原因不明，或为试验过程有差错。

表 3-4-1

试件编号	柱高	$b \times h_0$	a	a'	A_s	A_s'	f_y	f_y'	f_c
1-p1	122	12×17.4	2.6	3.4	16Mn 2Φ12	A3 2Φ8	367	280	32.8
1-p2	122	1217.6	2.4	3.5					
1-p3	122	12×17.3	2.4	3.5					
1-g1	122	12.3×17.7	2.6	3.7	35Si₂Ti 2Φ12	A3 2Φ8	537	280	32.8
1-g2	122	12×17.4	2.6	3.4					
1-g3	122	12×17.2	2.4	3.2					
1-g4	122	12×178.0	2.0	4.0					
1-g5	122	12.3×17.7	2.4	3.7	35Si₂Ti 2Φ10	A3 2Φ8	521	280	32.8
1-g6	122	12×17.8	2.4	3.8					
1-g7	122	12×17.2	2.6	3.2					
2-g1	80	12.3×17.9	2.3	1.4	35Si₂Ti 2Φ10	35Si₂Ti 2Φ10	531	531	18.5
2-g2	80	12.3×17.9	2.3	1.9					
2-g3	120	12.3×17.8	2.2	1.9					
2-g4	120	12.4×17.8	2.3	1.9					
2-g5	120	12.2×17.8	2.3	1.9					21.4
2-g6	120	12.2×17.9	2.3	1.9					

从表 3-4-2 可得全部试件破坏荷载的计算值均大于实际破坏值，说明我国早期设计规范中的大小偏压构件计算方法都不安全。

表 3-4-2

试件编号	加载方式	e cm	l/h	$e+\Delta e$ cm	破坏分类	试验破坏荷载 N_s t	计算破坏荷载 N_j t	N_s/N_j
1-p1	快	28.4	6.6	28.8		10.6	10.9	0.97
1-p2	静	28.3	6.6	28.7		9.0	9.5	0.95
1-p3	快	17.3	6.6	17.6		/		/
1-g1	静	28.2	6.6	28.6		12.7	13.2	0.92
1-g2	快	28.4	6.6	28.8		13.1	13.9	0.94
1-g3	快	28.2	6.6	28.6		13.9	14.2	0.98
1-g4	快	18.0	6.6	18.4		/		/
1-g5	快	28.7	6.6	29.1		10.0	10.5	0.96
1-g6	快	28.8	6.6	29.2		9.9	10.5	0.94
1-g7	静	28.2	6.6	28.5		9.2	9.5	0.96
2-g1	静	11.2	4.5	11.4		39.2	42.5	0.92
2-g2	静	11.2	4.5	11.5		41.1	42.1	0.97
2-g3	静	17.1	6.1	17.5		20.3	27.3	0.74
2-g4	静	19.2	6.1	19.5		16.9	24.6	0.75
2-g5	静	22.0	6.6	22.3		/		/
2-g6	静	17.5	6.6	17.9		20.6	29.6	0.70

注：1. 由于技术原因，试件 1-p3、1-g4、2g6/未获破坏荷载数据；
  2. e 为 N 在试件端部的作用点至远离 N 一侧的截面钢筋 A_g 的偏心矩；
  3. Δe 由于偏压加载引起整个试件弯曲在试件长度中部增加的附加偏心，根据有关资料估计而得；
  4. 试件 2-g5 端部锚固破坏。

b）静速与快速变形下的对比

快速变形下的高压钢筋偏压柱强度可以套用静载下的计算公式算得，只要将其中的材料强度值代之以快速变形下的提高值。这与国外对不同偏心距的普通钢筋混凝土偏压柱所作的静动对比试验结果一致。

c）爆炸曲线形状荷载作用后的剩余裂缝

在爆炸曲线形状荷载（升压时间约为 50 毫秒，衰减过程约 1 秒），只要钢筋不受拉屈服仍处于弹性状态，则卸载后的剩余裂缝很小，这种情况与单纯受弯的构件中相同。本次试验在峰值荷载下的拉筋应力最高达 500MPa，测得剩余裂缝宽度最大值仅 0.03mm。表 3-4-4 列出了经受爆炸荷载作用下的试件剩余裂缝及与其相应的峰值应力。

d）压区混凝土的极限压应变

试验得出偏压柱的混凝土极限压应变多数大于 2500 微应变，较梁中为低，作为计算标准，可定为 2750 微应变。

e）塑性变形能力

这次试验仅对少数静速试件测定工作断面长度内的曲率，用以判断构件的挠度变化。设断面混凝土破损剥落时的最大塑性挠度为 y_{max}，钢筋开始屈服时的挠度为 y_0，并定义延

性比 $\beta = y_{max}/y_0$。

试验得出的高强钢筋大偏压柱的延性比 β 与偏心距及配筋率 ρ 有关，从总体看，小偏压构件应作为脆性构件。

f）压筋对断面塑性的影响

在本次试验的偏心距及配筋率范围内，单侧配筋柱（即另一侧仅配置 $2\Phi 8$ 架设筋的 1p 与 1g 二组试件）的荷载到达最大值后，柱子迅速丧失承载能力，这与较高配筋率梁的荷载曲线相似，没有再继续变形同时，维持荷载不变或缓慢下降的能力。

增设压筋（2g 组对称配筋）并没有明显增加压区混凝土的极限压应变，荷载达到最大值后继续变形则承载力立即下降，但下降速度较单侧配筋柱缓慢，所以压筋对塑性的贡献甚小，虽然对抵抗瞬时坍毁有些作用。

在本次试验项目的爆炸压力曲线形荷载作用下，当峰值荷载下的估计钢筋应力达到 400MPa 时，试件的剩余裂缝宽度无超过 0.03mm 的，有的且不可见。

三、按现行规范的偏压柱计算式验算结果

为验算试验结果，我们去除现行规范 GB 50010—2010 中偏压柱公式内的柱端附加偶然偏心，得：

$$N = f_c bx + f'_y A'_s - \sigma_s A_s \tag{3-4-6}$$

$$Ne = f_c bx(h - x/2) + f'_y A'_s(h_0 - a') \tag{3-4-7}$$

式中

e 为纵向压力 N 对另一侧钢筋 A_s 的距离；

f_c 为混凝土的抗压强度；

f'_y 为压力 N 近侧钢筋的屈服强度；

σ_s 为距 N 较近一侧的钢筋应力；

A'_s 为距 N 较近一侧的钢筋面积；

A_s 为距 N 较远一侧的钢筋面积；

a' 为距 N 较近一侧的钢筋受力中心至邻近断面边缘之间的距离。

今将计算结果列表 3-4-3 和 3-4-4。

试件参数表　　　　　　　　　　　　　　　　　　　　　　　　表 3-4-3

试件编号	加载方式	截面尺寸/mm				A_g /MPa	A_g' /MPa	f_y /MPa	f_y' /MPa	f_c /MPa	e /mm
		b	h_0	a	a'						
1-p1	快速	120	174	26	34	226	100	411	350	38.4	288
1-p2	静速	120	176	24	36	226	100	367	280	32.8	287
1-g1	静速	123	177	26	37	226	100	537	280	32.8	286
1-g2	快速	120	174	26	34	226	100	569	350	38.4	288
1-g3	快速	120	172	24	32	226	100	569	350	38.4	286
1-g5	快速	123	177	24	37	157	100	552	350	38.4	291
1-g6	快速	120	178	24	38	157	100	552	350	38.4	292
1-g7	静速	120	172	26	32	157	100	521	280	32.8	285

续表

试件编号	加载方式	截面尺寸/mm				A_g /MPa	A_g' /MPa	f_y /MPa	f_y' /MPa	f_c /MPa	e /mm
		b	h_0	a	a'						
2-g1	静速	123	179	23	14	157	157	531	531	18.5	114
2-g2	静速	123	179	23	19	157	157	531	531	18.5	114
2-g3	静速	123	178	22	19	157	157	531	531	18.5	174
2-g4	静速	124	178	23	19	157	157	531	531	18.5	195
2-g5	静速	122	178	23	19	157	157	531	531	21.4	223
2-g6	静速	122	179	23	19	157	157	531	531	21.4	188

计算结果汇总 表 3-4-4

试件编号	ξ_b	复核结果	x mm	$\xi = x/h_0$	σ_s MPa	N_s t	N_j t	N_s/N_j
1-p1	0.493	大偏压	35.6	0.204	411	10.6	10.8	0.98
1-p2	0.514	大偏压	38.4	0.218	367	9.0	9.8	0.92
1-g1	0.441	大偏压	55.5	0.314	537	12.7	13.3	0.95
1-g2	0.430	大偏压	49.8	0.286	569	13.1	13.9	0.95
1-g3	0.430	大偏压	49.6	0.288	569	13.9	13.7	1.01
1-g5	0.436	大偏压	32.4	0.183	552	10.0	10.4	0.97
1-g6	0.436	大偏压	33.2	0.187	552	9.9	10.3	0.96
1-g7	0.447	大偏压	37.2	0.216	521	9.2	9.4	0.97
2-g1	0.443	小偏压	149.5	0.835	-52	39.2	44.1	0.89
2-g2	0.443	小偏压	148.3	0.828	-42	41.1	43.6	0.94
2-g3	0.443	小偏压	95.4	0.536	393	20.3	24.4	0.83
2-g4	0.443	小偏压	85.2	0.479	478	16.9	20.8	0.81
2-g5	0.443	大偏压	65.4	0.367	531	13.2	17.4	0.76
2-g6	0.443	小偏压	86.1	0.481	475	20.6	23.8	0.86

注：表中 N_s 为破坏荷载实测值，N_j 为破坏荷载计算值，ξ_b 为该试件如处于大小偏压界限时的 x/h_0 比值。

　　将上表中按现行规范的计算值与表 3-4-2 中按 TJ10-74 规范计算值相比较，在破坏荷载计算值上，现行规范更接近试验结果，包括原先有较大差异的 2g3，2g4，2g5 和 2g6 试件。原规范判定为大偏压的 2g4 和 2g6 试件，按新规范则为小偏压；但是现行规范对 2g3 至 2g6 这 4 个试件的计算结果仍低于试验值有 20% 之多。其中的原因不清，是否为现行规范的计算方法对于处在大小偏压界限附近的试件仍不安全，或为试验误差的量测不当所致，因试件数量过少，尚难下结论。此外，我们在本章的分析中，将混凝土棱柱抗压强度与立方强度的比值始终定为 0.8，不同的研究者通过各自的试验得出不同的比值，多在 0.76 以上，对于高强混凝土多大于 0.8。按照规范编制部门建筑科学研究院的试验数据，认为等于和小于 C50 混凝土的比值宜取 0.76。将 0.8 用于分析混凝土强度较低的 2g3 到 2g6 试件，估计也是这 4 个偏压试件承载力的计算值高于实测值的部分原因之一。

四、小结

本文介绍的试验结果说明早期所用混凝土结构设计规范（TJ 10—79 规范及以前更早颁布的规范）对于偏压构件来说很不安全，尤其是处于大小偏压界限的区段更为严重。此外，设计偏压构件时还应考虑不可避免有偶然偏心，这是无法通过试验方法来实现的，只能依靠经验和调查作出估计。

我们曾对不同的混凝土强度和钢筋强度，各分成若干等级，分别组合给出大小偏压的界限偏心距，保留原有大偏压的计算公式，改变原有小偏压式公式中 $0.5R_abh_0^2$ 项的系数 0.5 为分级后低于 0.5 的某一定值，似乎也是一种可考虑的计算方式。

第五节　钢筋混凝土构件在快速变形下抗剪强度

抗爆结构受弯构件多数是跨度较短的低配筋率梁板，承受的主要是均布荷载，这类构件多为抗弯强度控制，一般在下列情况才有可能出现剪坏：a）受集中荷载作用，b）荷载并非直接作用于梁的顶面，而是通过梁侧或者梁底，c）梁的配筋率很高而混凝土的强度又较低。本次试验只考虑梁顶受集中荷载的情况。

受弯构件的抗剪能力比起抗弯和抗压要复杂得多，这里主要包含两方面的问题，即：a）现行的构件抗剪强度计算方法完全基于经验公式，不像构件的抗弯和抗压计算有完整的理论推导，所以动载下的构件抗弯和抗压能力，可以根据静载下计算方法，只需将其中的材料强度乘以快速变形下提高系数 k 值即可；b）对于爆炸荷载下的构件动剪力往往受多次振型影响，并不像动弯矩那样随时间呈单调变化，所以动剪力产生的混凝土材料变形速度通常很难准确分析。如果假定动载下的构件振型与静载下的挠曲线完全一样，内力分布形状也一致，那么构件的抗动载能力与静载下的区别就仅在于不同的变形速度。

本文只讨论抗爆构件在快速等变形速度下的抗剪强度变化。有关抗剪的其他问题将在第四章中探讨。这项试验只是试探性的，所以试件数量较少，为尽量减少影响抗剪强度的多种因素，全部试件均采用同一混凝土强度、同一主筋配筋率和相同的主筋直径。

一、等变形速度下的抗剪强度试验

（1）试件及试验方法

试件的跨长 120cm，共 8 根，断面的名义尺寸 12cm×20cm。主筋均采用 3 根直径 10mm 的 35Si₂Ti 高强钢筋，配筋率 1.12%（f_y=550MPa）。混凝土配比为 1∶1.6∶4.3，水灰比 0.50，构件试验时的混凝土龄期约 50 天，测得该时的混凝土 15cm 立方体强度为 24.5MPa，或棱柱体强度 f_c 为 19.6MPa。

梁试件的编号中 J1 到 J4 为无腹筋梁，另 4 根梁 J5 到 J8 配有间距 10cm、直径 4mm 的有明显屈服台阶的箍筋，箍筋率 0.12%。图 3-5-1 为试件的配筋图形。全部试件用同一次出料的混凝土经振捣、自然养护制成，质量均匀。

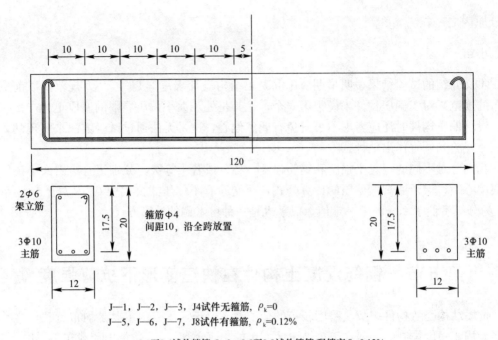

2φ6
架立筋

箍筋φ4
间距10，沿全跨放置

3φ10
主筋

3φ10
主筋

J—1，J—2，J—3，J4试件无箍筋，$\rho_k=0$
J—5，J—6，J—7，J8试件有箍筋，$\rho_k=0.12\%$

J-1至J-4试件箍筋，$\rho_k=0$；J-5至J-8试件箍筋，配箍率$\rho_k=0.12\%$

图 3-5-1 试件尺寸及配筋图

全部试件在 C-3 快速变形试验机上，荷载通过筒形测力及球铰施加于梁顶。同类试件中 2 根做静载，加载过程约 1 分钟，另两根做快速变形加载，到最大荷载值的时间约为 35ms，到最后破坏时间约 50ms。试件的加载图形见图 3-5-2，每一试件先后做两次破坏试验，第一次试验去净剪跨 $a=42$cm（图 3-5-2a），并用差动变压器示测定跨中挠度；梁破坏后，取取尚未破坏的半跨用剪跨 $a=24$cm 做第二次加载（图 3-5-2b），第一次加载破坏后在为破坏的半跨内可能留有剩余斜裂缝（图 3-5-2 中虚线），当缝宽很小，且在无腹筋梁中往往没有剩余裂缝。第二次加载时，可见原有的剩余斜裂缝完全闭合，最后的破坏断面在一些试件与原有的剩余裂缝交叉（当图 3-5-2-b 中 z 左半跨破坏时），在另一些试件中则不交叉（当图 3-5-2-b 中右半跨破坏时），所以原有的剩余斜裂缝对于第二次加载的破坏位置与破坏荷载值估计不会有明显影响。

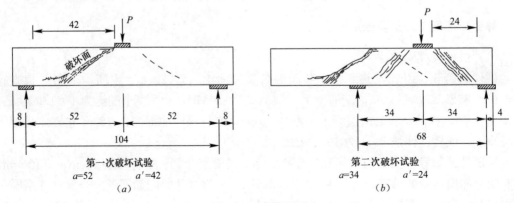

第一次破坏试验
$a=52$ $a'=42$
（a）

第二次破坏试验
$a=34$ $a'=24$
（b）

图 3-5-2 加载图形

（2）主要试验结果

表 3-5-1 列出试验的主要结果。每个试件在做完第一次破坏试验（剪跨比 $a/h_0 = 2.4$）后，取其仍为完整的另半跨再做第二次破坏试验（剪跨比 $a/h_0 = 1.4$）时的情况。表内每个试件编号中有注脚"2"字的如 J-1$_2$，就是 J-1 试件破坏后进行第二次加载试验时给出的数据。所有试件破坏时的主筋应力均低于其屈服强度，故属屈服前的真实剪坏。

表 3-5-1

试验顺序	试件号	$b \times h_0$ cm²	ρ_k %	a/h_0 (a'/h_0)	变形速度	破坏荷载 P_p t	最大荷载挠度 y_0 mm	V/bh_0 MPa	破坏特征	c cm
第一次加载试验	J-1	12.7×17.5	0	2.4	静	4.5	2.4	1.01	斜拉，图 3-5-3a)	25
	J-2	12.0×17.5	0		静	4.4	—	1.05	斜拉，图 3-5-3a)	26
	J-3	11.9×17.5	0		快	6.2	2.9	1.49	斜拉，图 3-5-3a)	26
	J-4	12.5×17.5	0		快	6.0	3.0	1.37	斜拉，图 3-5-3a)	24
	J-5	12.1×17.5	0.12		静	5.8	5.8	1.37	剪压，图 3-5-3b)	30
	J-6	12.1×17.5	0.12		快	7.5	—	1.77	剪压，图 3-5-3b)	28
	J-7	12.0×17.5	0.12		静	6.5	5.7	1.55	剪压，图 3-5-3b)	30
	J-8	12.1×17.5	0.12		快	7.6	—	1.80	剪压，图 3-5-3c)	29
第二次加载试验	J-1$_2$	12.7×17.5	0	1.4	快	8.4		1.89	剪压，图 3-5-3d)	19
	J-2$_2$	12.0×17.5	0		静	6.8		1.62	剪压，图 3-5-3e)	19
	J-3$_2$	11.9×17.5	0		快	8.5		2.03	剪压，图 3-5-3d)	19
	J-4$_2$	12.5×17.5	0		静	7.0		1.60	剪压，图 3-5-3d)	17
	J-5$_2$	12.1×17.5	0.12		静	9.6		2.27	斜压，图 3-5-3g)	18
	J-6$_2$	12.1×17.5	0.12		快	11.5		2.72	斜压，图 3-5-3g)	15
	J-7$_2$	12.0×17.5	0.12		快	11.3		2.69	斜压，图 3-5-3g)	16
	J-8$_2$	12.1×17.5	0.12		静	10.3		2.43	斜压，图 3-5-3g)	18

注：1. 表中 a/h_0 一列中 V-剪力，$Q = P_p/2$；
　　2. c 为破坏斜裂缝长度在主筋位置上的水平投影长度；
　　3. 快速变形加载过程到最大荷载时间约为 $40 \sim 50$ ms。

图 3-5-3 为这些试件的破坏图形。当第二次加载时，可见原有的剩余斜裂缝完全闭合，最后的破坏断面在一些试件与原有的剩余裂缝交叉（当图 3-5-2（b）中左半跨破坏时），在另一些试件中则不交叉（当图 3-5-2（b）中右半跨破坏时），所以原有的剩余斜裂缝对于第二次加载的破坏位置与破坏荷载值估计不会有明显影响。

二、试验结果讨论

（1）关于破坏形态

不同加载过程的对比试件具有相同的剪毁部位及相同的剪坏形式，所以这次选定的变形速度对破坏形态没有影响。但破坏形态与剪跨比 a/h_0 以及有无箍筋有关，剪跨比 a/h_0 越小，抗剪能力 $V/(bh_0 f_c)$ 越强，或用 $V/(bh_0 f_c^{1/2})$ 表示越强，至少在 a/h_0 较小的范围内如此。这项试验观察到梁的最基本三种剪坏形式：

a）斜拉破坏。发生于在 $a/h_0 = 2.4$ 的无腹筋梁。从静载试验过程中可以见到，一旦

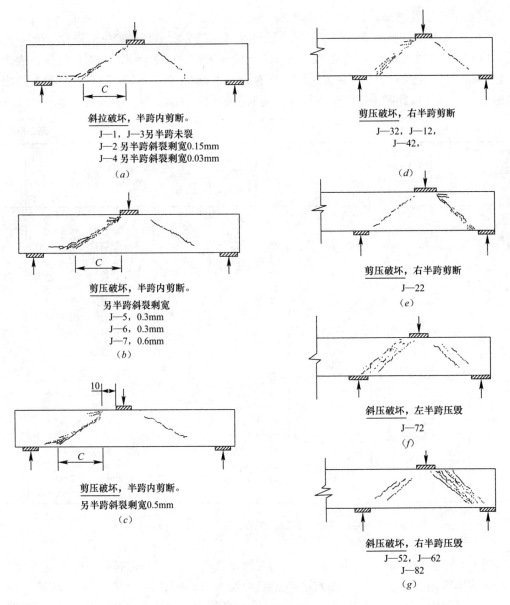

斜拉破坏，半跨内剪断。
J—1，J—3另半跨未裂
J—2 另半跨斜裂剩宽0.15mm
J—4 另半跨斜裂剩宽0.03mm
(a)

剪压破坏，半跨内剪断。
另半跨斜裂剩宽
J—5，0.3mm
J—6，0.3mm
J—7，0.6mm
(b)

剪压破坏，半跨内剪断。
另半跨斜裂剩宽0.5mm
(c)

剪压破坏，右半跨剪断
J—32，J—12，
J—42，
(d)

剪压破坏，右半跨剪断
J—22
(e)

斜压破坏，左半跨压毁
J—72
(f)

斜压破坏，右半跨压毁
J—52，J—62
J—82
(g)

图 3-5-3　破坏类型

出现斜裂缝就立即迅速发展造成破坏，开始斜裂时的荷载差不多就是最大荷载，当一侧剪跨破坏时在另一侧等同的剪跨内还没有出现任何裂缝。

b) 剪压破坏。发生于 $a/h_0 = 1.4$ 的无腹筋梁，破坏荷载显著大于斜裂缝出现时的荷载，如 J-2_2 梁的斜裂荷载为 5.1ton，破坏时达 6.8ton；破坏断面顶端的混凝土剪压区有混凝土挤压碎屑，不象斜拉破坏那样有整洁的破裂面，但无腹筋梁的剪压破坏与斜拉破坏一样呈脆性，破坏后承载能力立即降到零，虽然其脆性程度没有像斜拉剪坏严重。$a/h_0 = 2.4$ 的有箍筋梁（$\rho_k = 0.12\%$）也为剪压破坏，即配置箍筋后，破坏由斜拉转变为剪压。静载试验时可见有箍筋梁的斜裂荷载与无腹筋梁的破坏荷载大体接近，但破坏荷载提高了

40%，说明 0.12%的配箍率已能起到很有效的作用。有箍筋梁的破坏也呈脆性，只是承载能力并没有突降到某一数值，原因大概是由于混凝土破损后的钢箍拉断尚需一段变形过程。按照我国的抗爆结构设计规范，短跨构件是允许不配任何构造箍筋的，这是个值得探讨的问题。

c）斜压破坏。$a/h_0=1.4$ 的有箍筋梁为斜压破坏，梁出现斜裂缝后能继续承受增长的荷载，同时在原有的斜裂缝靠近支座的一旁平行出现一条长的或若干条短小的斜裂缝，斜裂缝间的混凝土如同一个斜向的短柱，上下与加载点垫板和支座垫板连接，最后的破坏形式表现为短柱的压毁；破坏面大体就是加载点垫板与支座垫板边缘之间的联线形成，破坏面的上端紧靠加载点垫板边缘，下端距支座垫板尚有一定距离（J-8 梁除外，见图 3-5-3）。斜压破坏时的计算图形更接近于一个拱而不是梁。

除此之外，剪坏的形式还可有梁在出现斜裂缝后，主筋的保护层在剪力作用下被撕裂（当主筋较粗且配筋率较高时）。

由于全部试件均为主筋屈服前剪坏（表 3-5-1 中 M/M_k 均小于 1），所以并无屈服后剪坏那种尚有一定塑性。图 3-5-4 为 $a/h_0=2.4$ 试件的荷载-挠度（P-y）曲线，抗剪能力达最大值后只能发展很小一段变形就立即消失，这在无腹筋梁的斜拉破坏中更为突出，最大荷载在 P-y 图中只表现为一个尖峰，而在有腹筋梁或斜压破坏时，最大抗力处有一个很短的平台。

（2）快速变形下的抗剪能力变化

各种试件的抗剪能力（指最大抗力）比较如下：

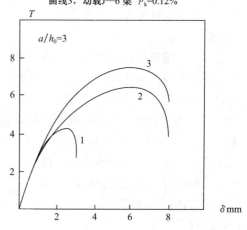

曲线1，静载J—1 梁　$\rho_k=0$
曲线2，静载J—7 梁　$\rho_k=0.12\%$
曲线3，动载J—6 梁　$\rho_k=0.12\%$

图 3-5-4　荷载——挠度曲线

a）无箍筋梁，当 a/h_0 从 2.4 降到 1.4 时，静速强度提高 56%，快速强度提高 38%。

b）有箍筋梁（配箍率 $\rho_k=0.12\%$），当 a/h_0 从 2.4 降到 1.4 时，静速强度提高 62%，快速强度提高 52%。

c）配置箍筋率 0.12%后，在 $a/h_0=2.4$ 梁中，静速强度比无腹筋梁提高 42%，快速强度约提高 25%；在 $a/h_0=1.4$ 梁中，静速强度比无腹筋梁提高 45%，快速强度约提高 38%；

d）在相同 a/h_0 有腹筋与无腹筋率的梁中，快速强度比静速强度提高，有（a）$a/h_0=2.4$ 的无腹筋梁，提高 42%，此时为斜拉破坏，（b）$a/h_0=2.4$ 且 $\rho_k=0.12\%$ 的梁，提高 23%；$a/h_0=1.4$ 的无腹筋梁，提高 22%，此时均为剪压破坏，（c）$a/h_0=1.4$，且 $\rho_k=0.12\%$ 的梁，提高 15%，此时为斜压破坏。

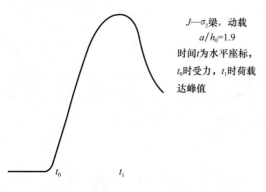

J—σ_2梁，动载
$a/h_0=1.9$
时间t为水平座标，
t_0时受力，t_1时荷载
达峰值

图 3-5-5　荷载——时间（P——t）曲线

所以快速下抗剪能力的提高值显然与剪坏形态及剪跨比有关，斜拉时提高最多，因为这时的抗剪能力主要取决于混凝土的抗拉强度，而混凝土的抗拉强度在快速变形下是提高得较多的，据多数研究资料，约可提高 $40\%\sim50\%$；斜压破坏时的抗剪能力主要取决于混凝土的混凝土的抗压强度，后者在快速变形下的提高幅值较低，不过 $15\%\sim20\%$。

在本次试验的 a/h_0 范围内，箍筋对于增强抗剪能力有显著作用。当 $a/h_0=2.4$ 时，$\rho_k=0.12\%$ 的箍筋使破坏荷载净值 1.6T（动载下）和 1.4ton（静载下），大体接近于横跨斜截面上二根箍筋的抗拉能力，（箍筋间距 10cm，斜截面投影长度 30cm，斜截面二端正好与箍筋位置联接，所以实际起作用的仅二根箍筋）。当 $a/h_0=1.4$，$\rho_k=0.12\%$ 的箍筋使破坏荷载净增 3ton 之多，远远超过破坏面上全部箍筋的抗拉承载力，这主要是由于破坏形式转变为斜压的结果，箍筋的作用已不再是传递横向力，它只起到转变破坏形式的作用。

从上述试验结果对比可见，即使在等变形速度下，快速变形对抗剪强度的提高比值并没有一定的规律可循，其根本原因在于抗剪能力的计算方法只是基于经验，并无可靠的理论依据。

（3）我国历届设计规范中抗剪强度计算公式

混凝土构件设计计算方法中，最难获得准确数值的就是抗剪。我国早期颁布的混凝土结构设计规范（1974 年内以前）中，对于单一集中荷载下且剪跨比 $a/h_0=2\sim3$ 的梁，给出的抗剪承载力用于往往其低于实际承载力，例如据表 1，$a/h_0=2.4$ 的实际 V/bh_0 值在无腹筋梁中（J-1，J-2）平均仅 1.02MPa，约等于 $0.05f_c$，而规范规定的有 $0.07f_c$，两者相差达 30%。配有 $\rho_k=0.12\%$ 的腹筋后（J-5，J-7）实际的 V/bh_0 值也只有 1.46MPa，仅相当于规范规定的无腹筋梁的抗剪能力。

从 TJ10-74 规范开始，我国规范才单独提出了集中荷载下矩形截面梁在 $a/h_0>1.7$ 范围内的计算公式：

$$V/(bh_0) \leqslant 0.4R_a/(m+4)$$

式中的 m 是剪跨比，考虑到当时的混凝土抗压强度 R 是以边长 20cm 的立方体强度为准，所以换算到后来 15cm 边长的混凝土棱柱强度 f_c 后应有 R_a 相当于 $1.05f_c$，m 为截面的剪跨比。对于 J-1 和 J-2 试件有 $m=2.4$，代入得抗剪承载力的计算值应有 $V/(bh_0)=0.066f_c$，仍大于实际承载力 0.05 而偏于不安全。

GB J10—89 规范进一步改进这一计算式为：

$$V/(bh_0) \leqslant 0.2f_c/(a/h_0+1.5) \tag{3-5-1}$$

式中：$a/h_0<1.4$ 时取 1.4，$a/h_0>3$ 时取 3。对于 J-1 和 J-2 试件有 $a/h_0=2.4$，代入得抗剪承载力的计算值 $V/(bh_0)=0.051$，仅稍许大于实有值。如果考虑到梁的抗剪能力影响因素复杂多变，必须有更多的安全储备与之配合，设计规范给出的计算值如果仅是"稍许大于"是不够的。

（4）与国外设计规范中的设计计算方法比较

国内规范在 GB 50010 颁布以前，抗剪计算式中的混凝土贡献项一直取与混凝土的抗压强度呈正比，到了 GB 50010 又改为与混凝土的抗拉强度 f_t 呈正比，而国际上的多数规范则取与抗压强度的平方根 $f_c^{1/2}$ 呈正比。抗剪能力从机理上分析，应与破坏时的混凝土压区承剪能力、受拉主筋的梢栓作用和破坏面上的骨料咬合作用有关，这三者在斜拉、压剪和斜压破坏类型中所起的作用也各不相同，所以要准确分析，确实比较困难。国外设计规范中的抗剪计算方法也一样是经验公式，所以存在的问题与国内规范相同，只是它们对于抗剪构件所给予的安全度或安全系数远远大于国内规范，甚至有成倍的差距。

我国从 GB 50010—2002 规范起，将抗剪承载力的计算式改为与混凝土抗拉强度挂钩而不再与混凝土抗压强度联系。不过这也引起一些新的问题，比如抗爆结构实际受到爆炸压力的龄期一般要到后期，而混凝土的抗拉强度后期增长一般较低，可能会误导设计人员过高估计抗爆结构构件的实际抗剪能力。

规范中的抗剪公式是经验公式，它与构件的拉、压、弯的理论公式公式不同，所以抗剪在快速变形下的提高不能从静载下的计算式中考虑材料的强度提高后直接算出，而只能从构件的快速变形试验中求得。

三、小结

（1）钢筋混凝土构件的抗剪能力在快速变形要大于静速。抗力的提高幅值与剪坏形态有关。斜拉破坏时的强度可望提高 40% 左右，但实际构件的抗剪破坏多属剪压或斜压破坏，故抗剪强度提高不过 20% 左右。上述提高幅值所对应的变形速度相当于变形到最大值的时间约为 40~50 毫秒，混凝土强度约为 C25。不过在第二章中我们已经指出，快速变形下混凝土强度的提高比值与混凝土静速强度的高低并无太大关系。

（2）在实际的抗爆结构设计中，很难将斜拉剪坏单独提出来给予较高的快速变形下的提高系数 k 值，因为无法准确认定剪压破坏到斜拉破坏过渡的剪跨比 a/h_0 值，而且斜拉破坏过于脆性，所以快速变形下的混凝土强度提高，在构件的抗剪设计中，只能统一采用其中较低的压剪或者斜压破坏时的 k 值。

（3）过去颁布的民用规程，给出的静载下的抗剪承载力计算公式不够安全。现行规范将抗剪能力与混凝土的抗拉强度挂钩后情况有所改善，但从总体看安全度依然不足。此外，新规范中的抗剪能力计算公式一样属于经验公式，存在同样的问题。

但从抗爆结构设计的实用角度出发，我们还是需要提出一个基于静载抗剪强度公式的快速变形下的强度提高比值。静载抗剪强度公式通常是两项式，即为混凝土强度的贡献项 V_1 与箍筋贡献项 V_2 之和：

$$V = V_1 + V_2$$

箍筋在动载下的钢材强度提高比值在前面的第二章中已经给出，问题只是动载的混凝土强度如何确定。在第二章中，我们已经讨论了动载作用下混凝土从开始变形到最大值的时间（即材料应力到达最大值的时间）t_1 一般在 0.01 到 0.1 秒之间。如果动载的升压时间与结构自振周期相比甚小，则不论荷载的其他特征如何，t_1 值总介于（1/2~1/4）的结构自振周期 T 之间。对于爆炸作用下的地下结构来说，结构受到土压力动载的升压时间多数达结构自振周期的几倍以上，这时的 t_1 即等于动土压力的升压时间。所以设计动载下的钢筋混凝土结构时，混凝土在快速变形下的抗压强度提高比值 k_1，可保守的取：

$$当 t_1 \leqslant 5\text{ms}, \quad k_1 = 1.25$$

$$50 \geqslant t_1 > 5\text{ms} \quad k_1 = 1.15$$

$$500 \geqslant t_1 > 50\text{ms} \quad k_1 = 1.05$$

对于本次试验的升压时间 t_1 约 40ms，k_1 可近似取 1.1。

这个 k_1 值只对构件的抗剪强度而言，并非针对混凝土材料本身。所以不管静载下抗剪强度公式中的混凝土贡献贡献项是与抗拉强度或者抗压强度挂钩都是一样的。

第六节　钢管混凝土短柱的快速变形试验[①]

钢管混凝土短柱由于承载能力大、塑性性能好，在国内地铁车站等具有防护功能的地下结构中已获得成功应用。钢管在这种构件中主要对芯部混凝土发挥横向箍紧作用而非承受纵向荷载，与一般的钢筋混凝土柱或其他的钢-混凝土组合柱比较，在同样含钢率下，钢管混凝土柱的承载能力要大得多。防护结构中的钢管混凝土柱主要中心受压，本文集中讨论这种短柱在静速加载、快速加载及爆炸曲线形式荷载下的力学性能，并与钢筋混凝土柱相比较。

一、钢管混凝土柱承载力的计算

混凝土的泊松系数小于钢材，所以如果荷载不大、试件端面平整，那么钢管的扩张要大于芯部混凝土，这时的钢管不过起着一般组合柱中纵向受力的作用。但当荷载继续增大后，混凝土的横向膨胀系数迅速增大，混凝土的微细裂缝（在单向受压下约在 0.5～0.6 倍棱柱体强度就出现）不断发展，整个混凝土的体积在受压下甚至增加，于是钢管就转变为起着侧限或横向约束混凝土的作用。试验结果也表明，钢管表面的横向应变 ε_1 与纵向应变 ε_2 的比值，在开始时就是 0.3 左右即相当于钢材的泊松系数，这证明钢管内没有横向拉力，随着荷载逐渐增大，$\Delta\varepsilon_2$ 与 $\Delta\varepsilon_1$ 的比值不断增加至接近于 1，最后甚至大于 1（图 3-6-1）。

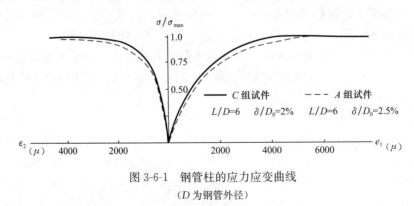

图 3-6-1　钢管柱的应力应变曲线

（D 为钢管外径）

我们在这次试验中，最后将一个钢管混凝土试件的管壁沿环向锯出一道缺槽，即不让钢管在纵向传递荷载，然后置于试验机中加载，发现这个试件的破坏荷载一点也不低于同组试件中其他完整的钢管柱，这也验证了上面所作的论断。

---

① 参加这项研究的尚有建筑材料研究院潘雪雯和原总字 507 部队的罗家谦。

所以，钢管柱的承载力 N，就是芯部混凝土在侧压 p_0 作用下的极限强度 f_{cc} 乘以芯部混凝土的面积 A_c，即

$$N = f_{cc}A_c$$

侧压 p 可根据钢管壁厚 δ 上的拉力达到流限 f_y 来定，即

$$p = 2\delta f_y/D_0$$

式中 D_0 为钢管的内径。有大量的资料介绍混凝土在侧压 p 作用下的纵向抗压约束强度 f_{cc}，二者具有下述的规律，

$$f_{cc} = f_c + kp$$

式中，k 为一常数，多数试验结果为 $k=4.1$ 或 4.2；f_c 为混凝土棱柱体单向受压下的强度。

所以钢管柱的承载能力可表达如下

$$N = (f_c + 2k\delta f_y/D_0)A_c$$

若以 $(f_{cc}-f_c)$ 为纵坐标，以 p 为横坐标，则上式就是一条通过原点的直线，其斜率为 k。图3-6-2 中列入了本项试验的 7 组试验数据和建筑科学研究院的 5 组试验数据，得出 k 值约等于 4.3，由此得：

$$N = (f_c + 8.6\delta f_y/D_0)A_c \tag{3-6-1}$$

本次试验采用的是低碳钢的钢管。如果是高强度钢种制成的管子，尚缺乏试验数据。式（3-6-1）的应用范围限在长径比不大于 10 的短柱中，含钢率不超出 10%，混凝土的强度不低于 C30。

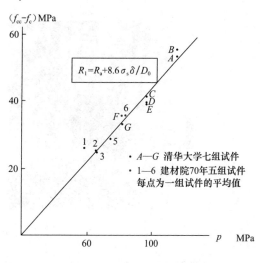

图 3-6-2 式（3-6-1）的试验数据验证

二、钢管混凝土柱的静速加载试验

本次试验共作了三种高径比 $l/D=3$、6、9，三种含钢率 $\rho = 6.3\%$、7.7%、9.5%（相应的壁径比等于 1.6%、2.0%、2.5%）共七组 42 根试件，每组相同情况的试件取为 6～8 根。其中 3 根作静速加载，其余作快速加载的对比试验，个别试件作爆炸曲线形式加载试验。

试件的直径 D_0 全部为 100mm，混凝土抗压强度 f_c 对不同组为 35MPa 到 42MPa。同一组试件的制作工艺、养护条件完全相同，保证质量一致。混凝土配比为 1∶1.8∶2.74，用 500 号硅酸盐水泥，水灰比 0.40，砂子为中粗砂，粗骨料粒径不大于 2cm 卵石。

钢管用 3 号钢钢板卷曲气焊而成，三种壁厚的钢板强度，经小试件测定，屈服强度均在 240MPa 附近。

不论静速或动速（包括快速加载和爆炸曲线加载），试件均在清华大学建工系的《C—4》快速加载试验机上进行，荷载用贴有电阻应变片的筒式测力杆量出，试件应变（包括横向和纵向）用贴在试件中部表面对侧的两组共四个电阻应变片量出，为了测定最大荷载前后的应变，另外装置了标距为 100mm 的线圈式位移计。对于静速加载而言，试件从开始受力到

最大荷载的试件约为 200～400 秒，由于采用了示波器拍摄量测讯号的方法，就能清除记录破坏前试件的变形情况，这是一般静载量测方法无法做到的。

试件上端通过球铰与测力杆连接，底板通过球座置于机器的加载活塞上。所以试件的自由长度 1 大于试件的高度 1。

本节只介绍静载试验的数据。这些试件及测得的各种参数列于表 3-6-1。

同一组试件的破坏荷载值甚为接近，与其平均值差异一般不超过 3％。

在静速的连续升载下，钢管柱最后达到最大的能够经受的荷载。最大荷载时的试件纵向应变 ε 竟达到 5000～6000 的量级，继续加载钢管柱仍能维持最大荷载不变而继续变形，由于量测条件限制，未能准确测定最大荷载下能发展多大的变形值，但已经确定，这一变形在 15000μ 以上。这样好的延性对柱子来说是一个十分难得的优点。

鉴于钢管柱在最大荷载下的变形已达 5000μ 以上，我们认为确定柱子的设计承载能力时适当控制变形值是必要的。例如以 3000 量级时的荷载作为承载能力，这一变形值大体与钢管柱在快速加载下达到最大荷载时的变形值相等，也与高配筋钢筋混凝土柱的极限变形相近，而且也与一般试验方法作钢管柱的静载试验（采用分级加载测读变形）结果一致。

图 3-6-3　钢管柱的试验照片

所以我们在本次静载试验结果的分析中均以 95％ 的最大荷载作为承载能力的标准，相应的变形大体上在 3000μ。这种考虑自然偏于安全。

表 3-6-1

试件组号	D cm	l/D	δcm	δ/D_0	混凝土		钢材		含钢率	试验最大荷载 ton		试验承载能力	按公式(3-6-1)理论承载能力	N_s/N_l
					f_c MPa	A_c cm²	f_y MPa	A_s cm²	$\rho\%$	N_{max}		N_s ton	N_j ton	$(N_s-N_j)/N_j$
A	10	6	0.25	2.5/100	42.0	74.6	240	7.86	9.52	69.0 73.5 68.0	平均 70.2	66.8	66.0	+1.2%

续表

试件组号	D cm	l/D	δcm	δ/D_0	混凝土		钢材		含钢率	试验最大荷载 ton	试验承载能力	按公式(3-6-1)理论承载能力	N_s/N_l
					f_c MPa	A_c cm²	f_y MPa	A_s cm²	ρ%	N_{max}	N_s ton	N_j ton	$(N_s-N_j)/N_j$
B	10	3	0.25	2.5/100	34.7	74.6	240	7.86	9.52	70.7 66.6 68.0	68.4	65.0	61.3	+6.0%
C	10	6	0.20	2/100	35.6	75.3	240	6.28	7.68	56.5 57.2 57.2	57.0	54.2	54.5	−0.6%
D	10	3	0.20	2/100	34.7	75.3	240	6.28	7.68	53.0 53.0 58.5	54.8	52.0	53.9	−3.5%
E	10	9	0.20	2/100	42.0	75.3	240	6.28	7.68	62.5 57.2	59.8	56.8	58.8	−3.4%
F	10	6	0.16	1.6/100	35.6	76.2	240	5.02	6.27	53.2 53.7	53.5	50.7	48.9	+3.7%
G	10	3	0.16	1.6/100	34.7	76.2	240	5.02	6.27	50.5 50.4	50.4	47.7	48.3	−1.2%

图 3-6-4　钢管柱破坏切开后的芯部裂缝

试件在最大荷载下继续变形，最后钢管中部出现鼓凸现象，切开 $l/D=3$ 的试件，发现混凝土芯部有斜度为 65 度的裂缝（图 3-6-4）。

将每一试件的几何参数及材性参数代入公式（3-6-1），即可算出试件的理论计算荷载 N_j，其与试验值 N_s 的偏差很小（见表 3-6-1）。

在本次试验的短柱范围内（$l/D=3$、6、9，考虑球铰构造，使自由长度 l_0 增加，l_0/D 值相应为 3.8、6.8、9.8），没有发现不同高度对强度的影响，这从表 3-6-1 以及图 3-6-5 中 l/D 对强度比值的关系即可看出。在图 3-6-5 中，对于相同壁厚的试件均以 $l/D=3$ 的强度为 1，如混凝土棱柱强度不一致，则按公式（3-6-1）修正其影响，使之与 $l/D=3$ 试件的棱柱强度一致。

所以对 $l_0/D<$ 的短柱，如同钢筋混凝土柱一样，不应过多考虑长细比的折减。但在实际结构中，偶然偏心是不可避免的，因此除非对于很短的柱子，适当考虑强度折减有必要。

如以 σ 为试件全断面的计算应力，即 $\sigma=N/F$ 大于，则可得每一试件的 $\sigma\text{-}\varepsilon_1$ 和 $\sigma\text{-}\varepsilon_2$ 曲线，这里的 σ 只是一种计算平均应力，并不是真正应力。

图 3-6-1 就是这种曲线的典型，其中以 σ/σ_{max} 为纵坐标，这样就可以将同一组内各个

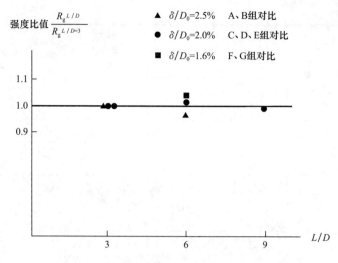

图 3-6-5 钢管短柱的高径比对承载力的影响

试件的曲线加以合并，然后将纵坐标乘以这一组试件的平均 σ_{max} 值，获得图 3-6-6 所示的那种代表 A，C 两组应力应变关系的曲线来（图 3-6-6 中实线），其他各组曲线的形状也相似。当 σ 小于 $0.45\sim0.5\sigma_{max}$ 应力以前，曲线基本上呈线性。

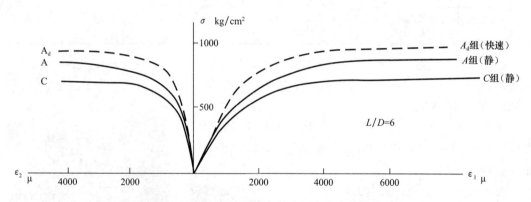

图 3-6-6 钢管短柱在静速与快速下应力应变曲线对比

但是必须指出，$l/D=3$ 短柱的变形值要大于比同样断面而长度较高的柱子，图 3-6-7 清楚表明不同 δ 的三组不同高径比试件的变形差异。对于 $\delta=2.5mm$ 和 $1.6mm$ 的试件也同样如此，而且壁厚愈薄的，差异越显著。

我们在前面分析过，$\varepsilon_2/\varepsilon_1$ 在开始时的比值经实测为 0.3 左右，说明钢管只受纵向压力，这时钢管柱的作用就是普通的组合柱，如果取混凝土的弹性模量为 3.0×10^4 MPa 经小试件测定，这批钢管柱中的混凝土弹性模量 E_c 值为 $2.9\sim3.2\times10^4$，将钢管的断面 A_s 乘以 $n=E_s/E_c=7$，这样就得组合柱换算断面的面积为 (A_c+nA_s)，由此可算出柱子在荷载下的变形正好与图 3-6-6 曲线中的直线一致，也与图 3-6-7 中 $l/D=6$ 和 9 的曲线开始一致。

因此 $l/D=3$ 试件变形过大的反常情况只有一个解释，即试件端部不够平整，使钢管

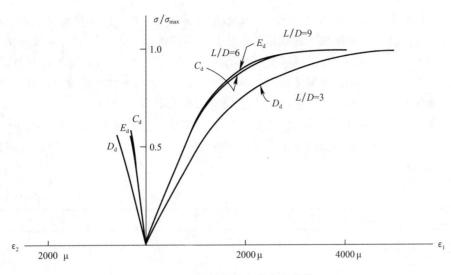

图 3-6-7　钢管柱的应力应变曲线

受力较大，所以造成钢管表面变形异常，但这种情况并不会影响破坏荷载和极限变形的大小。实际情况也正是这样，试件两端（由于混凝土收缩特别是制作时从纵向浇筑混凝土）总不是很平整，对于较高的试件，电阻片部位离端部已很远，即使端面稍欠平整，但通过钢管内壁与混凝土的粘着或接触，以及试件的相对压缩量因高度增加而增大，所以到了试件中段，就能反映钢管与混凝土的共同工作。建材院的过去试验也得出过相似的现象。我们认为，根据 l/D 过低的试件量测出来变形数据是没有实用意义的，（除非试件端部构造经过特殊处理，如设计成有柱帽的试件）用这样的数据来确定计算公式中的参数也是有疑问的。

三、钢管混凝土柱的快速变形加载试验

快速变形加载试件制作质量、所用量测仪器是同一的，所以实质上是一种对比试验。这次试验只选定一种速度，即从开始加载到荷载达最大值的时间为 40～50 毫秒，相当于一般浅埋地下结构在爆炸荷载下所受的升压时间。

在快速加载下，荷载到达最大值的试件变形 ε_1 约为 3000μ 或稍大，故比静载时为小。在下面分析中即以最大荷载为其承载能力。试件在最大荷载下亦如静速时一样，能够发展很大的变形而维持荷载值不变。所以钢管柱的"延性比"至少大于 5，这是钢筋混凝土柱望尘莫及的。与静速时相比，除了承载能力和刚度在数量上有所增高外，看不出快速加载下的试件工作状态有质的变化。

同一组试件中快速与静速加载下的实测承载能力之比 N_{sd}/N 见表 3-6-2，提高比值平均为 20%，如果以静载时的最大荷载为准，则提高比值为 13%。

表 3-6-2

试件组别	A	B	C	D	E	F	G
$N_{sd}/0.95N_s$	1.15	/	1.22	1.21	1.14	1.24	1.22
N_{sd}/N_s	1.10	/	1.15	1.14	1.08	1.17	1.15

注：B 组仅有一个试件见表 3-6-3，未予统计。

式（3-6-1）同样准确符合快速试验下的数据（见表 3-6-3），这时只要将混凝土棱柱体和钢材的强度代之以快速加载下的数据。这次试验专门作了混凝土柱试件的快速试验，得出加载过程 t_1 为 40～50ms 时的强度提高比值为 1.17。A3 钢在快速加载下的强度提高比值为 1.20（当 t_1 40～50ms），据此求得表 3-6-3 中的快速加载下试件承载力计算值 N_{ld}。

快速加载下钢管柱的应力应变曲线比静载时也有所提高。但当 $\sigma/\sigma_m < 0.4\sim0.5$ 以内，提高得非常小，这和纯混凝土应力应变曲线在快速加载下的情况是相似的。图 3-6-6 画出了 A 组试件中静载和快速加载下 $\sigma\text{-}\varepsilon$ 曲线（图中曲线 A 和 A_d）的差异，其他各组情况均类似。

表 3-6-3

试件号	试件破坏荷载（T）	N_d（平均）	N_{ld}	$(N_d\text{-}N_{ld})/N_d$
Ad	77.6 75.4 78.8	77.3	77.8	−0.2%
Bd	72.8	72.8	72.7	+0.2%
Cd	66.0 65.6 66.6	66.1	64.9	+1.8%
Dd	62.6 62.6	62.6	64.1	−2.5%
Ed	65.2 64.0	64.6	69.9	−7.6%
Fd	63.0 62.6 62.6	62.7	57.9	+8%
Gd	56.0 56.0 62.6	58.2	57.2	+1.6%

注：A_d 为 A 组试件中作快速加载的试件，试件的尺寸及质量与作静载的 A 组试件完全一致，参看表 3-6-1。f_{cd} 为快速加载混凝土棱柱强度，为静速下的 1.17 倍，系数 1.17 根据专门试验确定。σ_{sd} 为快速加载下的钢材强度提高系数对 A3 钢为 1.20。

四、钢管混凝土柱按爆炸曲线加载试验[①]

在这次试验中，对 $l/D=6$ 的个别试件（编号的下脚注有 b，例如 A_b 为 A 组试件中用作爆炸曲线加载的）施加了按爆炸曲线的加载试验。这就是在一定的升压时间 t_1 内（40～50 毫秒）给试件以峰值荷载 N_f，（N_f 小于快速加载下柱子的承载能力 N_{fd}），然后以大体与爆炸曲线的衰减相似的规律，使荷载下降，荷载作用的整个过程 t_0 约为 2 秒；另外一种加载方法就是维持峰值荷载不变，到 1～2 分钟后再卸去（图 3-6-8a、b）。

---

① 本项专题由陈肇元主持试验并执笔，参与试验工作的尚有潘雪雯等。

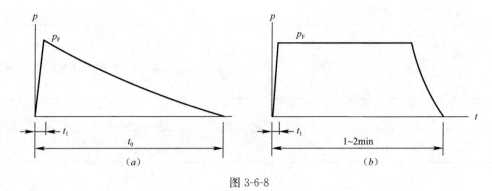

图 3-6-8

图 3-6-8a 的荷载曲线反映了抗爆结构中钢管柱实际受力的规律（当结构顶板的刚度足够大时）。每一试件先后连续施加 3 次不同峰值的荷载，如表 3-6-4 所示。

试验得出的主要结果如下：

a) 在经受峰值为 60％到 86％N_{fd}的爆炸荷载乃至为期 1～2 分钟的短期不变荷载的几次作用下，所有 3 个试件的强度均未见降低，最后作静载破坏得出的最大荷载与同组的其他试件并无实质上区别（见表 3-6-4 最后一栏）。

b) 在较大峰值荷载作用下，变形继续发展，如荷载缓慢衰减，则在 t_1＋100ms 时变形达最大，以后随着荷载减少而减少，如荷载不变，则变形不断发展，如 A_b-1 试件在 85％N_{fd}（相当于静载最大破坏荷载的 95％以上）荷载的不变作用下，横向应变从 t_1 时的 650 发展到 250ms 后的 2500μ 才趋于稳定。

c) 在遭受较大峰值的荷载作用并遗留残余变形后，如下一次的峰值荷载低于上一次，则未见有明显残余变形（表 3-6-4 中的 A_b-2 试件）。

表 3-6-4a

试件组号	该组试件的		试件号	L/D	δ/D_0	第一次加载			
	最大静载 ton p_{fj}	最大快速荷载 ton P_{fd}				荷载图形	峰值荷载	峰值荷载下变形 $\varepsilon_1/\varepsilon_2$	卸载后变形 $\varepsilon_1/\varepsilon$
C	57.0	66.1	Cb-1	6	2/100	t_1 50ms t_0	45.5ton =69％P_{fd}	1600μ/530μ	300μ/110μ
A	70.2	77.3	Ab-1	6	2.5/100	t_1 50ms t_0 2sec	46.8ton =61％P_{fd}	1200μ/390μ	90μ /60μ
A	70.2	77.3	Ab-2	6	2.5/100	t_1 50ms t_0 2sec	44.0ton =57％P_{fd}	1600μ/530μ	

表 3-6-4b

试件组号	该组试件的		试件号	L/D	δ/D_0	第二次加载			
	最大静载 ton p_{fj}	最大快速荷载 ton P_{fd}				荷载图形	峰值荷载	峰值荷载下变形 $\varepsilon_1/\varepsilon_2$	卸载后变形 $\varepsilon_1/\varepsilon_2$
C	57.0	66.1	Cb-1	6	2/100	t_1 50ms t_0	53.5ton =81％P_{fd}	2000μ/750μ	300μ/110

续表

试件组号	该组试件的 最大静载 ton p_{fj}	最大快速荷载 ton P_{fd}	试件号	L/D	δ/D_0	第二次加载 荷载图形	峰值荷载	峰值荷载下变形 $\varepsilon_1/\varepsilon_2$	卸载后变形 $\varepsilon_1/\varepsilon_2$
A	70.2	77.3	Ab-1	6	2.5/100	t_1 50ms t_0 ∞	65.5ton $=85\%P_{fd}$	1800μ /	350μ /350μ
A	70.2	77.3	Ab-2	6	2.5/100	t_1 50ms t_0 ∞	57.2ton $=74\%P_{fd}$	2050μ /800μ	700μ /350μ

表 3-6-4c

试件组号	该组试件的 最大静载 ton p_{fj}	最大快速荷载 ton P_{fd}	试件号	L/D	δ/D_0	第三次加载 荷载图形	峰值荷载	峰值荷载下变形 $\varepsilon_1/\varepsilon_2$	卸载后变形 $\varepsilon_1/\varepsilon_2$
C	57.0	66.1	Cb-1	6	2/100	t_1 50ms t_0 2sec	57.5ton $=81\%P_{fd}$	/970μ 表注1	300μ/110μ
A	70.2	77.3	Ab-1	6	2.5/100				
A	70.2	77.3	Ab-2	6	2.5/100	t_1 50ms t_0 2sec	51.0ton $=66\%P_{fd}$	1300μ /450μ	

注：1. 最大应变发生在 t_1+1ms 时，ε_2 达 1200μ。
  2. 表中第二、三加载时的变形，均未计入上次加、卸载后的剩余变形。

五、高配筋率钢筋混凝土柱与钢管混凝土柱的性能对比

为对比相同用钢量的钢筋混凝土与钢管混凝土柱的性能，专门设计了靠配筋率钢筋混凝土柱，对比它们在各种荷载下的试验。

（1）钢筋混凝土短柱试验

试件的断面为 12cm×12cm，高 48cm，两端为厚 18mm 的钢板，钢筋端部平整的抵承在钢板上并加以点焊，保证荷载同时传给混凝土和钢筋，混凝土用 500 号普通硅酸盐水泥，中粗砂及粒径不大于 2cm 的卵石制成，配比为 1：1.18：2.74，水灰比 0.40，试件在振动台上成型，自然养护，根据同时制作的混凝土立方块与棱柱体测定材料的强度。柱子的主筋用 4 根 16Mn 变形钢筋，直径分别为 16 和 18mm，钢箍直径 6mm、间距 8cm，钢筋强度用留取的小试件测定。

有关试件的原始数据见表 3-6-5。

表 3-6-5

试件组号	主筋含钢率 ρ	加载形式（试件数量）	混凝土抗压强度 f_c MPa	钢筋屈服强度 f_y MPa	加载过程 t_1	破坏荷载试验值 $N_{s,t}$	破坏荷载理论值 N_1	$(N_s-N_1)/N_1$	快速加载下强度提高比值 试验值	理论值
H	5.6%	静（3个）	259	3460	300s	65.4 65.5 68.0 （平均）66.2	62.9	+5.3%	1.17	1.15
		动（2个）			35ms	77.4 76.8 77.1	72.1	+6.9%		

118

续表

试件组号	主筋含钢率 ρ	加载形式（试件数量）	混凝土抗压强度 f_c MPa	钢筋屈服强度 f_y MPa	加载过程 t_1	破坏荷载试验值 i $N_{s\ t}$	破坏荷载理论值 N_1	$(N_s-N_1)/N_1$	快速加载下强度提高比值	
									试验值	理论值
I	5.6%	静（2个）	300	3360	250s	79.6 81.0	80.3	74.2	+8.0%	1.15	1.15
		动（2个）			39ms	90.3 93.6	92.0	85.3	+7.9%		

试件的加载及量测方法与钢管柱的试验完全一致。

试件破坏时的混凝土应变值较大，荷载到达最大值的纵向应变大 $2500\mu\sim3000\mu$，这比混凝土棱柱试件的相应应变 $1500\mu\sim2000\mu$ 大 50%。当柱子达最大载荷后，在继续变形的同时，荷载开始下降，最后保护层剥落但仍能维持约 65%～90% 的最大荷载而不崩坍，这大概与钢箍配置较密有关。

柱的破坏荷载与理论计算值的差别约为 6%～9%，而且均为正值。这估计是较密钢箍引起。理论值按通用的公式算出。在快速加载下，f_c 与 f_y 均代之以快速加载下的材料强度，当 $t1=40ms$ 时混凝土强度提高 17%，16Mn 钢筋提高 12%，由此代入上式算出理论破坏荷载，其与静载下理论值之比为 1.15，而本次试验得出的比值对 H、I 两组试件分别为 1.17 和 1.15，两者基本一致。试验说明高配筋率钢筋混凝土有较大的极限变形，因此完全有可能推广应用强度比 16Mn 更高的钢种。快速加载下柱子的应力应变曲线比静载时有所提高，这里的应力只是按全断面求出的平均应力，并不代表真正的应力。I 组的应力应变曲线与 H 组相似，只是变形模量 E 值因含钢率高些而较高。

这两组试件中，个别试件作了爆炸曲线加载，曲线形状同钢管柱试验完全一样，即到峰值的升压时间为 40～50 毫秒，衰减过程约为 2 秒，或在恒载下作用 1～2 分钟。从表中可见，试件在遭受峰值为 50%～87%N_d 的短期荷载多次作用后，未见有明显裂缝，最后也不降低其静载强度，其中包括试件 H_b，受有 87%N_d 的峰值荷载（与静载强度相等）作用 1 分钟后并未降低强度。但试件 Ib-1 在峰值大致为 95%N_d 的荷载作用下，70 毫秒后呈现破坏现象，这种情况在钢管混凝土柱中就不存在，所以后者在抗爆荷载下有较大的安全度。

（2）钢管混凝土与钢筋混凝土短柱的比较

根据上述的试验数据，比较钢管混凝土短柱与高配筋率钢筋混凝土柱，可得出下列主要结论如下：

a）强度比较

表 3-6-6

试件组号	该组试件的静载强度 N_j	该组试件的快速加载强度 N_d	试件号	第一次加载	第二次加载	第三次加载	第四次加载	最后静速下破坏荷载
H	66.2	77.1	Hb	爆炸曲线荷载 $N_f=61ton$ $=79\%N_d$ 峰值下 t_1 $=1700\mu$	快速不变荷载 $N_f=67ton=87\%N_d$ 峰值下 $t_1=1800\mu$，1.5 秒后发展至 2120μ 并趋于稳定			67t，与该组平均值差值为 +1.2%

119

试件组号	该组试件的		试件号	第一次加载	第二次加载	第三次加载	第四次加载	最后静速下破坏荷载
	静载强度 N_j	快速加载强度 N_d						
Ⅰ	81.3	92.0	Ⅰb-1	爆炸曲线荷载 $N_f=45.5^T$ ton $=50\%N_d$	爆炸曲线荷载	爆炸曲线荷载 $N_f=59$ ton $=84\%N_d$	爆炸曲线荷载 $N_f=87$ ton $=95\%N_d$ 峰值下维持约 70ms 后破坏	
			Ⅰb-1	爆炸曲线荷载 $N_f=45.5$ ton $=50\%N_d$	爆炸曲线荷载（图3-6-8） $N_f=56$ ton $=61\%N_d$			80.8ton，与该组平均值差值为 -0.9%

钢管混凝土短柱的承载能力为：

$$N = f_c A_c + 8.6\sigma_s\delta/D_0 = f_c A_c + 2.1 A_s f_s$$

钢筋混凝土短柱的承载能力为：

$$N = f_c A_c + f_y A_s$$

两者相比，可见钢管柱中的钢材作用能抵钢筋的 2.1 倍。

b) 变形比较。钢管混凝土柱的纵向压缩变形，当荷载不超过 0.5 倍破坏值时，与同样含钢率的钢筋混凝土柱一致，当达到极限强度时的变形也仅比钢筋混凝土柱稍大，试验结果也反映这一事实。由于钢管混凝土的含钢率一般都比钢筋混凝土柱大，所以可以预计，当荷载不大时，前者变形较小，以后两者逐渐相等，最后破坏时又以前者为稍大。

c) 延性比较。钢管混凝土短柱有很大延性，而钢筋混凝土短柱则为脆性构件。

d) 材料用量及施工工艺。钢管柱的混凝土用料量低于钢筋混凝土柱，尽管含钢率较大，但当荷载很大时，薄壁钢管柱的用钢量有可能低于高配筋率的钢筋混凝土柱，而且后者还有构造钢箍等。钢管柱的断面小，增加了建筑使用面积，而且不需模板。但钢管柱的加工要复杂得多。

六、结论

(1) 钢管混凝土柱具有良好的延性，与同样静载强度的钢筋混凝土柱比较，钢管柱用于抗爆结构中具有更大的安全度。因此，设计抗爆结构中的钢管混凝土柱时，可取用低于钢筋混凝土柱的安全系数。

(2) 在快速加载下，钢管柱的承载能力比静载时有所提高，提高的幅值与混凝土和钢材本身的强度提高幅值相当。因此，估计抗爆结构中钢管柱的计算能力时，只要将计算公式中的材料强度参数，代之以快速加载下的强度数据即可。

(3) 对于高径比小于 10 的钢管混凝土短柱，没有发现长细比对柱子承载能力有明显的影响。这样一个结论与过去国内有的单位的试验结果相反，究其原因可能是后者在试验方法上有问题，比如因试件端面不平整采用垫片方法调整对中而造成偏心。

（4）本文提出的承载力计算公式适用于低强度钢种的中心受压钢管混凝土短柱，推广用于高强度钢种的钢管尚有待探讨。

（5）钢管混凝土柱的上述优越性能在中心受压短柱中特别显著，在偏心受压或者在长柱中有可能部分或者全部丧失。

第七节　爆炸压力下的钢筋混凝土梁动力试验

在前面的报告中，我们已经研讨了钢筋混凝土梁在动载作用下发生快速变形时的截面抗力与变形问题，并且证明了屈服强度达 600MPa 的高强钢筋用于抗爆结构中能够发挥它的高强度。为进一步探明高强钢筋梁在动力荷载下的反应，就需要引入动载下产生加速度的因素。下面我们采用核爆炸冲击波模拟器产生的爆炸气体压力，均布作用于钢筋混凝土试件梁的顶部，使梁产生强迫振动作动力试验。

一、试件

试件为几何尺寸相同的 6 根钢筋混凝土简支梁，梁的断面为 19.7cm×29cm，长 165cm，试验时取简支跨度 145cm。梁的箍筋为 $\phi 6$ 间距 10cm，箍筋率 0.28%，主筋为螺纹钢筋，直径 12mm，配筋率分别为 0.43% 和 0.64%，其中的 3 根梁用 $35Si_2Ti$ 高强钢筋配筋，另 3 根用普通强度的 16Mn 钢筋配筋。

梁的混凝土用普通硅酸盐水泥、中砂、卵石配制而成，水灰比 0.4，振捣成型、蒸气养护，试验时龄期约为 2 年，此时的混凝土立方强度已达 46MPa

试件的编号以及有关配筋、材料强度等数据列于表 3-7-1 及图 3-7-1。

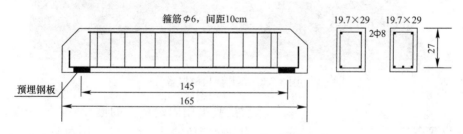

图 3-7-1　试件尺寸及配筋

根据试件的断面尺寸和材料的动力强度，参照断面破损时通用的计算图形，可算出截面的抗弯能力 M_R，由此得出相应的抗力用均布载 $q=8M_R/l^2$ 表示也列于表 3-7-1。按通用方法算出的抗弯能力 M_R 并不是断面实际破损时的内力，原因是低配筋率梁当压区混凝土开始破损时的钢筋应力早已超过屈服强度，用高强钢筋配筋时，实际呈现破损时的弯矩要比计算的 M_R 值大 20%～30%，用 16Mn 配筋时约大 10%～20%，而且最大抗力随着不断变形还可能比刚出现破损现象时继续增加。据以往的快速和静速试验的结果，断面开始屈服时的弯矩约为 M_R 值的 95%。以下我们就以 $0.95M_R$ 或 $0.95q_R$ 作为钢筋应力到达 σ_{sd} 时的截面内力或构件抗力来进行计算分析。

表 3-7-1

试件号	钢种	主筋	配筋率 ρ（%）	主筋动屈服强度 f_{yd}（MPa）	计算最大抗力 q_k（MPa）
G-1		2 12	0.43		0.68
G-2	35Si$_2$Ti	2 12	0.43	600	0.68
G-3		3 12	0.64		1.00
P-1		2 12	0.43		0.51
P-2	16Mn	2 12	0.43	445	0.51
P-3		3 12	0.64		0.75

注：f_{yd}根据钢筋的静屈服强度 f_y，考虑动载下的强度提高得出。提高的比值参照以往快速的试验结果。

二、加载及量测方法

试验在清华大学土木系的抗爆结构实验室自行研制的筒形单管式核爆炸模拟器上进行。试验装置见图 3-7-2 简图及照片。由雷管引爆导爆索产生的高爆炸压气体压力，经爆炸管的壁孔外泄到模拟器筒体内，作用于筒体底部的试件顶面。由于筒体密闭，筒体内的压力能维持较长作用时间，这样就模拟了核爆炸压力作用时间较长的特点。调换爆炸管的壁孔大小以及开启筒体外壳上的泄压阀，可以获得不同升压时间和衰减过程的压力。

图 3-7-2　爆炸压力模拟器

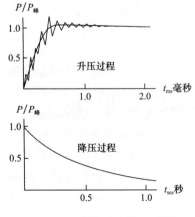

图 3-7-3　爆炸压力的 p-t 曲线

这次试验采用固定壁孔的爆炸管，也未开启泄压阀，压力升至峰值的试件约为 5～10 毫秒，压力衰减到零的过程长达 1.5～2 秒左右，升压时间在试验的装药量范围内也未见明显改变，所以各次试验的压力曲线具有相同的变化规律如图 3-7-3 所示曲线形状。在量测的示波器上，可见到实际的压力升压过程很是复杂，由一系列的压力脉冲组成，压力升至峰值后呈现稍许波动（或为震动所致），梁顶不同部位上的传感器在同一次试验时给出不同的脉冲波动讯号，但是联结而成的平均光滑曲线则是致或甚为接近，压力峰值也相同。所以可将联结中线的光滑曲线作为实际的压力荷载进行分析，由于脉冲周期甚为短促，这种简化不致有太大误差。升压过程约 7 毫秒到达峰值。如果看成为线性上升到恒定不变值的压力曲线，则升压时间约为 4～5ms。

每一试件先后经受 3 次爆炸压力荷载，第一次加载时多数试件处于弹性工作阶段的极限，即钢筋最大应力已接近屈服强度；第二次加载增大压力峰值，使钢筋应力超过屈服强度试件自振周期为毫秒级，试件到达最大反应值的时间一般为 10 毫秒左右（弹性阶段）或几十毫秒（塑性阶段），所以图 3-7-3 的荷载对于试件来说是一个衰减非常缓慢，可以看成为以一定时间升压到恒定不变值的荷载，升压的过程约在 4ms 时已达峰值的 90%，以后试件进入塑性工作，但尚未出现破损现象；第三次加载在更高的压力下使试件破损，即压区混凝土剥落。

试验量测讯号包括：

a）梁顶爆炸压力。用 3 个圆形薄膜式测压探头，分别置于跨中及梁端，探头膜片内表面贴有电阻应变片作为传感元件，膜片外表面贴有一层羊皮作为隔热措施。

b）跨中钢筋应变。用 2 片 5mm 标距的电阻应变片，分别贴在跨中的二根主筋上。

c）跨中混凝土压区应变。用 10cm 标距电阻应变片贴在梁的顶面。

d）跨中挠度。用 2 个差动变压器式位移计，一个量程为 7mm，另个为 40mm，分别用来测定弹性阶段和破坏阶段的挠度。

e）支座反力。以贴有电阻应变片的二个卧放的钢筒作为测力的传感装置（参见图 3-7-3），整个反力计经事先标定，表明支座滚轴的少许移动并不影响测量精度。

三、试件的动力反应

下面以试件 G-1 为例，说明梁在爆炸压力荷载下的动力反应。G-1 梁的强度、刚度等参数的计算值如下：

1）截面的计算抗弯能力 $M_R=35600$MPa，相应的最大抗力 $q_R=0.68$MPa，或作用于梁上的总抗力为 $P_R=qRbl=19.6$ton。

2）钢筋开始屈服时的抗力 $q_y=0.95q_y$ 或总屈服抗力 $P_y=0.95P_R=18.6$ton。

3）钢筋应力接近屈服时的刚度 $B_1=(3+750\rho)\ bh_0^3\times10^2$MPa。

4）拉区混凝土未开裂前的初始刚度为 $B_0=\dfrac{1}{12}bh_0^3E_d$，其中混凝土的动弹性模量 E_d 取静载时 3.4×10^4MPa 的 1.1 倍

5）断面出现裂缝时的弯矩 $M_f=(0.292+0.75\alpha_1)bh_0^2R_{ld}$，式中混凝土的动力抗拉强度 R_{ld} 取为静载强度 2.6MPa 的 1.5 倍，$\alpha_1=2E_sA_s/(E_cbh)$，得 $M_f=21100$MPa，相应的抗力 $q_f=0.405$MPa。

6）如按通常的弹性动力分析方法，将梁简化为单自由度体系（图 3-7-4），对于均布荷载下的梁有 $P=p\cdot b\cdot l$，$M=0.78ml$，$R=384B/5P^3$，其中 0.78 为质量换算系数，m 为单位长度梁的质量，M 为换算的集中质量。

弹簧系数 k 值并不是常数，因为梁的刚度 B 在开裂前后有很大改变，弹簧系数 k 与变位 y 的关系大体如图 3-7-4 所示。所以梁自振频率也与内力的大小有关。低应力下（开裂前）的自振周期计算值为 $T_0=2\pi(M/k_0)^{1/2}=4.1$ms；高应力接近屈服时的自振周期计算

123

值为 $T_0 = 2\pi(M/k_1)^{1/2} = 10.2\text{ms}$。

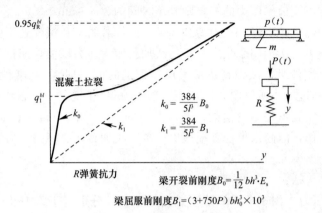

$$k_0 = \frac{384}{5l^3} B_0$$

$$k_1 = \frac{384}{5l^3} B_1$$

梁开裂前刚度 $B_0 = \frac{1}{12} bh^3 \cdot E_s$

梁屈服前刚度 $B_1 = (3+750P) bh_0^3 \times 10^3$

图 3-7-4　单自由度体系的抗力曲线

G-1 梁在第一次加载下测得的荷载峰压为 $p_0 = 5.2\text{kg/cm}^2$，跨中最大挠度和钢筋与混凝土的最大应变值分别为 3.3mm，2920μ 和 850μ（相应的时间约为 7.5ms），所以钢筋的最大应力正好濒临屈服强度（达 6000MPa），梁已处于弹性工作阶段的极限，钢筋应变和挠度到达最大值后明显呈现上下波动并缓慢衰减，波动的周期约为 10ms，反映梁在高应力状态下的自振周期，与上述计算值 T_1 一致。

根据测量的断面应变，可算出跨中断面的内力 $M = 34000\text{MPa}$，相应的抗力 $q = 8M/(bl^2) = 0.652\text{MPa}$，由此可知梁的动力系数 $k_d = q/p_0 = 0.652/0.52 = 1.25$。

在抗力 $q = 0.652\text{MPa}$ 作用下，应有最大挠度的计算值为 $y = q \cdot b \cdot l/k_1 = 3.07\text{mm}$。

在钢筋应变的 ε_g-t 曲线上，当 $t = 2\text{ms}$ 时变形速度突然增加，说明拉区混凝土出现裂缝，测得此时的钢筋应变为 320μ。按照单自由度体系的运动方程：

$$M \frac{d^2 y}{dx^2} + R(y) - c \frac{dy}{dx} = P(t)$$

可以用数值积分方法求出最大动位移，式中 M 为总质量，$P(t) = p(t) \cdot bl$ 为实测压力曲线，c 为阻尼系数。如不考虑阻尼，则第一次加载的最大位移必定进入钢筋屈服后的塑性变形阶段。如取当量阻尼为 0.15，则计算值与实测值能较好吻合，实测值为 3.3mm，计算值 3.07mm。

G-1 梁在第二次加载时的钢筋应力已超过屈服强度，结构进入塑性工作阶段，测得峰压值为 0.6MPa，压区混凝土的最大应变为 1300μ，结构最大挠度 6.4mm，相应的时间约为 9.5ms，卸载后的剩余挠度与裂缝宽度分别为 3.5mm 和 1.3mm。

G-1 梁在第三次加载时的峰压值达 0.82MPa，达到 q_R 值得 1.2 倍，超过弹性工作的最大承压限值 0.52MPa 的 50% 以上。从实测的讯号曲线上，可见当 t 在 15ms 时，压区混凝土应变到达 3700μ 后又下降，表示压区混凝土的应变到达极限值后开始剥落，而挠度则继续增长，在 28ms 时达到最大值 34.5mm。卸载后梁严重开裂且显著挠曲，最大垂直裂缝宽度达到 7mm，跨中的压区混凝土边缘呈现轻度剥落，剩余挠度约为 30mm，但是构件距离实际崩毁相差尚远，压区混凝土应变到达极限值时的挠度为 28mm，等于 G-1 梁第 1 次加载试验得出弹性极限挠度 3.3mm 的 8.5 倍，这与过去快速加载试验给出延性比的数值也是一致的。

梁的最大反力 V 在历次加载下的数值为：第一次加载 $V=9.2$ton，有 $V/P_0=9.2/5.2=1.77$。第二次加载 $V=10.3$ton，有 $V/P_0=10.3/6.3=1.65$，第三次加载 $V=13.6$ton。有 $V/P_0=13.6/8.2=1.63$，断面进入塑性工作后，反力与峰压的比值降低。

G-1 梁最后一次加载以后在梁的一端出现可觉察的斜裂缝，裂缝底部距支座 22cm，向上倾角为 60°。

各个试验梁在爆炸荷载下的主要反应列于表 3-7-2。

表 3-7-2

试件号	配筋率及钢种	q_k MPa	加载顺序	峰压 p_0 MPa	工作阶段	最大挠度 y mm	混凝土应变 ε_c (μ)	钢筋应变 ε_y (μ)	跨中裂缝剩宽 a_f mm	试验后外观
G-1	0.43% 35Si₂Ti	0.68	1	0.52	弹性	3.3	850	2920	0.05	完好
			2	0.63	塑性	6.4	1500	/	1.3	裂缝明显
			3	0.82	破损	32.5	3700	/	7	压区混凝土轻度剥落，剩余挠度约为 3mm
G-2	0.43% 35Si₂Ti	0.68	1	0.53	弹性	3.25	/	2850	0.05	完好
			2	061	塑性	5.9	/	/	/	裂缝明显
			3	0.80	破损	/	/	/	7	压区混凝土轻度剥落，剩余挠度约为 1.7mm
G-3	0.64% 35Si₂Ti	1.00	1	0.80* (0.85)	弹性	4.2	1200	3050	0.05	完好
			2	0.94	塑性	8.4	2040	/	0.75	裂缝明显
			3	1.25* (1.46)	破损	40.7	3000	/	7	压区混凝土轻度剥落
P-1	0.43% 16Mn	0.51	1	0.53	塑性	4.6	1360	屈服	1.0	裂缝明显
			2	0.53	塑性	5.7	/	/	2.0	裂缝明显
			3	0.63	破损	/	3550	/	7	压区混凝土轻度剥落，剩余挠度约为 3.5mm
P-2	0.43% 16Mn	0.51	1			（自振频率测定试验）				
			2	0.41	弹性	3.2	/	2100	0.05	完好
			3	0.65	塑性	41.8	/	/	8	压区混凝土轻度剥落
P-3	0.64% 16Mn	0.75	1	0.52	弹性	2.2	650	1500	无明显裂缝	完好
			2	0.73	塑性	14.4	2250	/	/	严重开裂
			3	0.87	塑性	14.7	2500	/	/	严重开裂，显著弯曲

注：带有 * 号的压力数据按照装药量（导爆索长度）与峰压的关系曲线得出，因其测压探头给出的数据不正常，括号内的数据是探头测得的数据。

四、试验结果讨论

（1）不同钢种配筋梁的对比

由于压力曲线的形状以及试件的几何尺寸相等，所以有可能对试件的宏观反应进行对比。

从表 3-7-2 可见，高强钢筋梁 G1、G2、G3 的钢筋动应力高达 600MPa，卸载后的剩

余裂缝宽度均为 0.05mm。16Mn 钢筋梁弹性工作时的应力较低，但剩余裂缝宽度也是
0.05mm，这一结果与以往快速加载试验得出的结论一致，梁开裂时的钢筋应变均在
$3000\mu\sim3500\mu$ 左右，与钢种无关。

对比表 3-7-2 中 G 组与 P 组试件，明显可见高强钢筋梁的动力强度大于 16Mn 梁。钢
筋临近屈服（即弹性工作极限）时的荷载峰压，G-1、G-2 梁为 $0.52\sim0.53$MPa，对比的
P-2 梁，则为 0.41MPa，二者的比值大体等于 $35Si_2Ti$ 钢筋强度与 16Mn 钢筋强度的比值。
又如构件破损时的荷载峰压，G-1 梁为 0.82MPa，比 P-1 梁的 0.63MPa 高出 30%，二梁
的裂缝宽度均达 7mm，压区混凝土均有轻度剥落，破损程度基本相似而且 P-1 梁的剩余挠
度还较 G-1 梁稍大（图 3-7-5）。

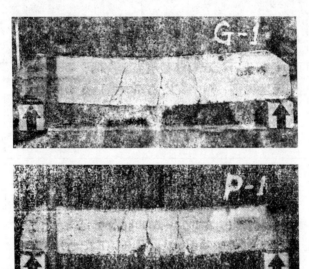

图 3-7-5　梁的破损状况

高强钢筋梁有良好的塑性性能，G 组梁在第三次加载时的挠度均达 $30\sim40$mm，达跨
度的 1/40 左右。如果荷载峰压再增高，高强钢筋梁显然尚能发展更大变形。

（2）关于自振频率动力系数和当量阻尼

钢筋混凝土梁的刚度随着内力变化，所以严格分析梁的自振频率数值是比较困难的。

G1、G2、G3 梁在钢筋应力接近屈服时的实测振动周期约为 10ms（钢筋应力约在 $400\sim$
600MPa 范围内上下波动）与梁的刚度取为 B_1 时算出的自振周期相等（图 3-7-5），P 组梁
的实测振动周期约为 8.5ms，（钢筋应力约在 $250\sim450$MPa 范围内上下波动）。专门对 P-2
梁作了一次峰压荷载较低且压力迅速衰减的加载试验来测定自振频率，得出梁在开裂前的
振动周期约为 5ms，按梁的刚度取为时算出的自振周期等于 4.1ms 接近。

将结构换算成弹簧系数为常值的单自由度体系，并用等效静载方法进行设计时，需要
知道结构的自振周期来定出动力系数，这个自振周期的计算值既不能按 k_0，也不能按 k_1
（图 3-7-3）求出，因为构件在动力荷载下的最大变位，是每一瞬间的荷载与弹簧抗力之差
引起的，弹簧系数在变形过程中的每一改变都会对动力系数产生影响，所以计算自振周期

所用的 k 值应能反映整段刚度曲线变化的特点，实际应用时可取 $k=(k_0+k_1)/2$，梁的自振周期计算值为 $T=2\sqrt{\dfrac{M}{k}}$，本次试验梁在弹性工作阶段的动力系数均在 $1.2\sim 1.3$ 左右，与 k 取平均值时算出的动力系数值相近。

用等效静载方法确定的最大内力大体是准确的，但从图 3-7-4 可见，变位的计算值 y 与实际相差不少。

对于多数地下抗爆结构，均可将原子爆炸荷载看成为线性上升到不变值的荷载（升压时间 t_1），如进一步将结构换算为单自由度的理想弹性体系，这样当 t_1/T 对于整数时的动力系

（3）关于反力和抗剪强度

构件进入塑性工作后，最大反力与荷载峰压的比值较弹性阶段工作时降低。根据实测第一次加载的 $y\text{-}t$ 曲线在超过峰值位移后的振动衰减幅度，可以估算出构件的当量阻尼系数约在 $0.15\sim 0.20$ 左右，此时的主筋应力已接近屈服强度。而按一般理解，钢筋混凝土的当量阻尼不超出 0.05，后者多根据自由振动曲线求得，应力幅度很低。所以对于高应力状态下工作的抗爆构件，阻尼对峰值位移的削弱作用相当显著。对于屈服后工作的构件，阻尼值还会更大。因此在同样的动力荷载下，弹性梁的反力要大于塑性梁的反力。这种情况在剪力与斜裂缝的问题上也得到了反映。全部试件中只有 G-1、G-3 和 P-3 三根梁出现斜裂缝，从表 3-7-2 可见，当荷载峰压在 $0.78\sim 0.89\text{MPa}$ 范围内，处于塑性工作阶段的 G-1 和 P-3 梁仅在一端出现刚可察觉的微细斜裂缝，G-2 梁则根本没有斜裂缝，但处于弹性工作阶段的 G-3 梁（抗弯能力最强）在 0.8MPa 峰压的荷载作用后，在梁的一端遗留明显的宽达 0.17mm 的斜裂缝。G-3 梁在以后二次的加载中，虽然荷载峰压增加了 5% 以上，由于跨中断面抗弯进入塑性工作，反力增长程度减少，使得斜裂缝的宽度很少发展，最后宽度为 0.25mm，裂缝长度没有明显增加，而在梁的另一端始终没有出现斜裂缝。

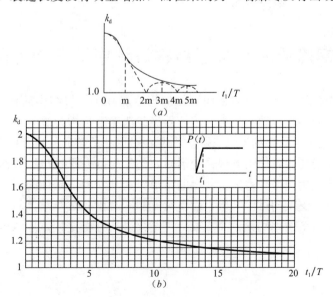

图 3-7-6　单自由度弹性体系的动力系数

（受线性上升至固定不变荷载作用）

（4）关于梁的破损强度

试件出现破损现象时的荷载峰值达到弹性工作限值时荷载峰值的 1.5 左右。压区混凝土的破损剥落都很轻微，有些需仔细观察才可发觉，距离断面的崩毁相差尚远。这些试件应能承受更高峰值的压力荷载，所以考虑梁的塑性能够提高设计承载能力。

试验得出各个试件的压区混凝土极限应变为 $3000\sim3700\mu$，与快速加载试验的结果相符，P-3 试件的混凝土应变最后尚未达到极限值，加载后也未观察到压区混凝土剥落。

试件最后一次加压时的荷载峰值，普遍超过等效静载压力 q_R 达 20% 左右，这对于缓慢衰减的压力来说出乎预料。究其原因可能是：1）钢筋应力超过屈服点进入强化段，使得断面抗力增加；2）梁在第二次加载时已经进入塑性阶段，如同对钢筋作了一次冷拉，使得断面抗力增加；3）能削弱动力作用的阻尼等因素在塑性阶段可能更为明显；4）试件达到最大挠度时的时间已有 $30\sim40ms$，这时的压力荷载已比峰值稍低。

五、主要结论

（1）试验得出梁的断面抗力、刚度、延性比、混凝土极限应变、剩余裂缝宽度等数据，均与以往快速加载试验得出的一致或能相互印证。

（2）在动力荷载作用下，钢筋混凝土梁实际破损时的承载能力，远远超过结构按弹性限值设计时规定的数值，考虑塑性工作能够显著提高梁的设计承载能力。

（3）钢筋混凝土梁的刚度与内力大小有关，所以不同内力下有不同的自振周期，将结构看成理想弹性体系并用等效静载方法进行设计时，梁的计算刚度可取屈服前刚度与开裂前初始刚度的平均值。

（4）在同样动力荷载作用下，处于弹性工作的简支梁最大反力，要大于跨中断面已经屈服的梁的最大反力。所以跨中断面屈服能够减轻梁对剪力的负担。

第八节　钢筋混凝土抗爆结构设计中受弯构件的延性比[①]

人防工程结构的动力计算一般采用简便的等效静载法，将结构简化为单自由度体系，按弹性或塑性工作阶段进行动力分析。用等效静载法确定结构荷载时，构件挠度的延性比（或允许延性比）是一个重要的设计参数。因此，对这一参数的分析和研究仍然很有意义。

抗爆结构在冲击波荷载作用下快速变形时，构件的抗力曲线与静载作用时并无重大差别，所以可以直接利用构件静力试验获得的结果作为判断构件延性的依据。在以往的设计依据中主要是根据简支梁的试验结果，而连续梁和固端梁的试验结果较少，本文主要通过理论计算将均布荷载下的固端梁、简支梁计算结果进行分析比较，从中得出供设计参考的建议和结论。

---

① 本专题由邢秋顺、陈肇元完成。

一、构件延性的计算方法

1）计算假定

a）钢筋混凝土截面保持线性应变变化的平截面。

b）在固端处考虑钢筋滑移的效果，方法见参考文献［3-3］，如图 3-8-1。

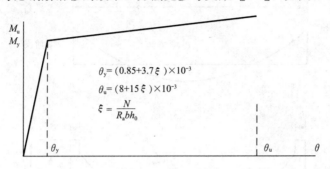

$$\theta_y = (0.85 + 3.7\xi) \times 10^{-3}$$

$$\theta_u = (8 + 15\xi) \times 10^{-3}$$

$$\xi = \frac{N}{R_a b h_0}$$

图 3-8-1　M——θ 关系

图 3-8-1 中，M_y 为截面屈服时的弯矩，M_u 为截面最大弯矩。θ_y 和 θ_u 分别为截面屈服时和截面弯矩最大时的转角（弧度单位）。ξ 的计算公式中 N 的单位是 N（Newton），R_a 的单位是 MPa，b、h_0 的单位是 cm。

c）混凝土的应力-应变曲线采用文献［3-1］所能提供（其中也包括素混凝土）的曲线方程，其曲线形状见图 3-8-2。

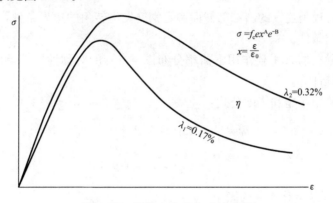

$$\sigma = f_c e x^A e^{-B}$$

$$x = \frac{\varepsilon}{\varepsilon_0}$$

$\lambda_2 = 0.32\%$

η

$\lambda_1 = 0.17\%$

图 3-8-2　混凝土的应力-应变曲线

（λ 为箍筋率）

d）钢筋的应力-应变曲线形状为双直线和抛线形。

e）在固端梁的位移计算中，跨中和端部均设有塑性铰，塑性铰的等效长度是均布荷载作用下的长度，取值参考了其他文献和我试验室的一些试验结果。跨中塑性铰等效长度为 $3h_0$，端部的塑性铰长度为 $0.75h_0$，其计算简图如图 3-8-3。图中 φ_{Y1} 和 φ_{Y2} 分别为跨端和跨中截面的弹性屈服曲率，φ_1 和 φ_2 分别为相应截面屈服后的曲率。

2）固端梁的位移计算

固端梁的位移计算按三个阶段进行。第一阶段是跨中和端部都未屈服，构件处于弹性阶段。第二阶段是构件端部或在跨中出现塑性铰，构件处于弹塑性工作状态。第三阶段是

129

构件端部和跨中都出现塑性铰，构件处于塑性工作状态。

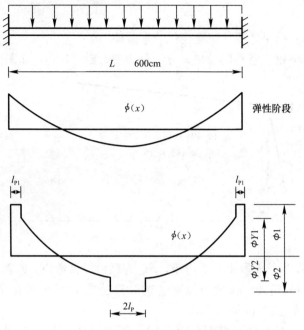

图 3-8-3　固端梁的 $\phi(x)$ 简图

　　三个阶段的过程是连续的。端部截面满足钢筋发生转角的边界条件，构件的跨中和端部均满足变形协调条件。

　　考虑到固端梁在均布荷载作用下曲率分布图 $\phi(x)$ 的对称性，其跨中位移可按 $\varphi(x)$ 图的半跨进行积分计算。

　　在弹性阶段跨中倾角和挠度公式：

$$\theta_c = \int_0^{L/2} \phi(x)\,\mathrm{d}x + \theta_s$$

$$f_c = \int_0^{L/2} \phi(x) \cdot x\,\mathrm{d}x + \theta_s \cdot \frac{L}{2}$$

上式中 θ_s 为固端滑移产生的倾角。

　　在弹塑性阶段时，若固端处先于跨中屈服，跨中倾角及挠度的公式为：

$$\theta_c = \int_0^{L/2-L_{p1}} \phi(x)\,\mathrm{d}x + \phi_1 \cdot L_{p1} + \theta_s$$

$$f_c = \int_0^{L/2-L_{p1}} \phi(x) \cdot x\,\mathrm{d}x + \int_{L/2-L_{p1}}^{L/2} \phi_1 x\,\mathrm{d}x + \theta_s \cdot \frac{L}{2}$$

　　塑性阶段跨中倾角和挠度的计算公式为：

$$\theta_c = \phi_2 \cdot L_p + \phi_2 \cdot L_{p2} + \theta_s + \int_{L_p}^{L/2-L_{p1}} \phi(x)\,\mathrm{d}x$$

$$f_c = \int_0^{L_p} \phi_2 x\,\mathrm{d}x + \int_{L/2-L_{p1}}^{L/2} \phi_1 x\,\mathrm{d}x + \int_{L_p}^{L/2-L_{p1}} \phi(x) \cdot x\,\mathrm{d}x + \theta_s \cdot \frac{L}{2}$$

二、延性计算与实验的比较

图 3-8-4 是文献［3-4］实验结果与程序计算的比较。该实验为配箍率较高的高强混凝土，简支梁试验，从图可看到屈服曲率及抗力曲线形状都吻合较好，荷载作用下的最大位移都是在荷载降低到最大荷载的 90％时为止，极限位移也相差不大。

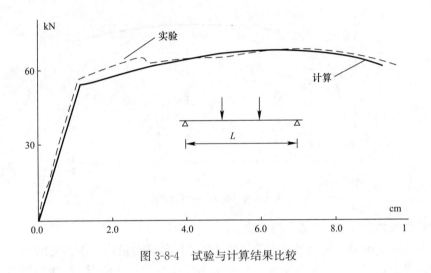

图 3-8-4　试验与计算结果比较

图 3-8-5 是文献［3-1］的实验与计算结果的比较。该实验为对称配筋普通混凝土无腹筋的固端梁的试验。计算以压区混凝土应变为 4000μ 作为压区混凝土剥落点，试验曲线中混凝土剥落时的位移是 9.2cm，计算得出混凝土剥落时的位移是 9.4cm 厘米，试验中固端和跨中屈服时的位移分别是 0.51 和 1.31cm，计算得到的固端和跨中屈服时的位移分别是 0.42 和 0.83cm。

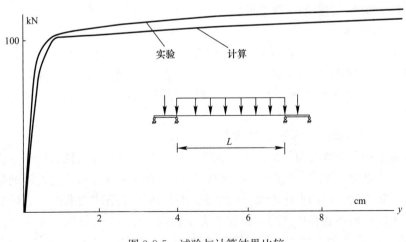

图 3-8-5　试验与计算结果比较

下面的延性计算以某地下结构设计为背景，并在此基础上对某些数据加以变化。固端约束梁的基本参数如图 3-8-3 所示。简支梁的计算参数类同。

计算的构件抗力和位移的过程曲线如图 3-8-6 所示。在计算所列的表中均给出了图中所示出钢筋屈服位移 y_s，抗力达峰值时的位移 y_c，极限位移 y_u 以及将曲线理想化为理想弹塑性后的弹性极限 y_e。

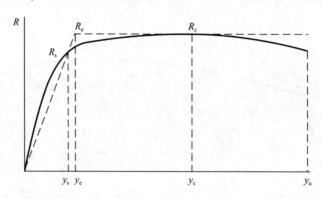

图 3-8-6　抗力—位移曲线

在计算构件的延性时，β 值一般是取 y_c 与 y_e 之比。

这样取值的结果对于较低配筋率和较低轴压比构件是合适的，因为它的抗力曲线在塑性阶段比较平滑，但对较高配筋率和较大轴压比的构件，由于 R_c 比 R_y 大的较多，其抗力峰值又偏前，所以计算出的构件延性比会偏低。若都以 R_y 为理想化后的曲线抗力 R_e，则后者的延性比显然要再提高一些。

（1）简支梁的延性比

针对地下结构常用构件，计算了的配筋率为 0.46%、0.7%、0.94% 和 1.4% 共 4 种简支梁构件的延性比。轴力为 0，410kN、1410kN3 种。梁的跨度为 400、500、600cm，即 L/h_0 有 8.9、11.1、13.33 种。

表 3-8-1 中列出了它们的计算结果。

a）L/h_0 对延性的影响

从计算结果看，延性比 β 值随 L/h_0 的增加略有减少，变化大约在 20% 以内。由于延性比本身具有很大的离散性，且难以准确计算。因此 L/h_0 的影响似可忽略。

文献 [3-2] 中 3 种不同的 L/h_0 的连续梁试验结果也证明跨度大小对构件延性的影响确可不必考虑。

b）纵向配筋率和轴力对构件延性的影响

钢筋混凝土构件受弯截面中纵向受拉钢筋配筋率的增加和截面轴力的增加都使构件延性减少，纵筋或轴力增加后，截面的极限曲率减少，而且构件截面抗力曲线的峰值点向前移，而截面屈服点的位移却变化不大。图 3-8-7 中给出了 4 条抗力曲线，它们的纵筋配筋率不同，抗力曲线的形状及构件的延性比 β 也不相同。图 3-8-8 是轴力变化下构件抗力曲线，发现与图 3-8-7 相似。增加纵筋配筋率和轴力，都使截面的 x/h_0 增加，从而延性比 β 降低。

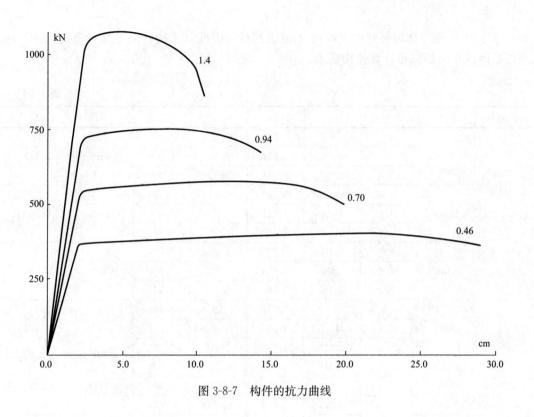

图 3-8-7　构件的抗力曲线

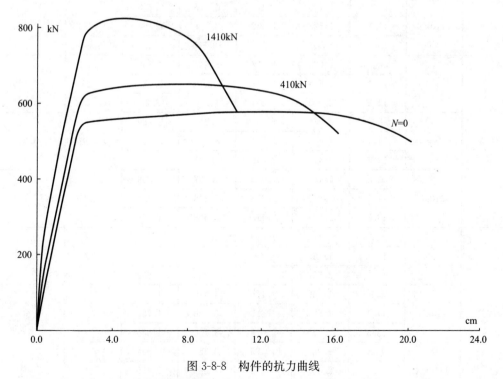

图 3-8-8　构件的抗力曲线

表 3-8-1 中最后两列是按照设计规范计算得到的 x/h_0 和 β_g 值。从表中可以看到，当

133

x/h_0 相近时，程序计算得到的延性比 β_c 值也相近。因此对于构件的延性计算统一用 x/h_0 考虑是既简单又能满足计算使用要求。

表 3-8-1

配筋率	轴力	L/h_0	y_s	y_e	y_u	β_c	x/h_0	β_g
0.46%	0.0	8.9	0.910	1.747	17.823	7.535	0.0596	8.367
		11.1	1.422	2.531	23.412	6.856		
		13.3	2.047	3.444	29.12	6.289		
	410kN	8.9	0.9645	1.140	12.683	6.096	0.0883	5.660
		11.1	1.507	1.721	16.740	5.396		
		13.3	2.17	2.425	20.92	4.840		
	1410kN	8.9	1.085	0.932	5.393	3.019	0.157	3.1865
		11.1	1.695	1.450	7.287	2.712		
		13.3	2.440	2.066	9.318	2.511		
0.70%	0.0	8.9	0.970	1.277	12.201	5.705	0.092	5.485
		11.1	1.515	1.933	16.114	5.038		
		13.3	2.118	2.737	20.15	4.487		
	410kN	8.9	1.019	1.092	8.740	4.329	0.1183	4.225
		11.1	1.593	1.680	11.624	3.812		
		13.3	2.294	2.396	14.637	3.428		
	1410kN	8.9	1.135	1.019	6.047	2.373	0.1886	2.650
		11.1	1.773	1.585	8.151	2.164		
		13.3	2.553	2.262	10.398	2.027		
0.94%	0.0	8.9	1.024	1.157	8.646	4.096	0.121	4.120
		11.1	1.601	1.788	11.504	3.589		
		13.3	2.305	2.551	14.19	3.23		
	410kN	8.9	1.072	1.104	6.214	2.689	0.1497	3.341
		11.1	1.674	1.711	8.352	2.413		
		13.3	2.411	2.446	10.625	2.218		
	1410kN	8.9	1.185	1.085	4.267	2.069	0.2217	2.261
		11.1	1.851	1.682	5.848	1.913		
		13.3	2.667	2.418	7.578	1.795		
1.4%	0.0	8.9	1.123	1.178	5.814	2.179	0.182	2.747
		11.1	1.755	1.834	7.845	1.974		
		13.3	2.527	2.630	10.017	1.832		
	410kN	8.9	1.169	1.174	4.416	1.943		
		11.1	1.827	1.827	6.038	1.785		
		13.3	2.630	2.618	8.150	1.680		
	1410kN	8.9	1.284	1.175	3.357	1.564		
		11.1	2.007	1.833	4.689	1.480		
		13.3	2.890	2.637	6.183	1.422		

表 3-8-2

配筋率	轴力	y_s	y_e	y_c	y_u	$\beta_c = y_c/y_e$	$\beta_u = y_u/y_e$
$\rho_1 = 0.0$ $\rho_2 = 0.7\%$ 简支	0	2.118	2.737	9.503	20.15	4.487	7.36
	410kN	2.294	2.396	8.21	14.637	3.428*	6.109
	1410kN	2.553	2.262	4.59	10.398	2.027	4.597
$\rho_1 = 0.7\%$ $\rho_2 = 0.7\%$	0	0.63 1.42	1.32	7.30	10.55	5.53	7.99
	410kN	0.69 1.52	1.17	4.55	8.41	3.89	7.19
	1410kN	0.77 1.71	1.12	2.69	5.46	2.40	4.88
$\rho_1 = 1.4\%$ $\rho_2 = 0.7\%$	0	0.76 1.39	0.86	3.07	6.40	3.57	7.40
	410kN	0.79 1.44	0.93	2.79	5.56	3.00	5.98
	1410kN	0.87 1.64	0.99	2.30	4.57	2.32	4.62

（2）固端梁的延性比

a）跨中配筋率不变

这组计算值是这样选择的，先计算简支梁在跨中配筋率 $\rho = 0.7\%$ 时，在不同轴力作用下的几种抗力曲线，得到相应的不同延性比，再计算固定跨中配筋不变，变化固端配筋率和轴力，计算出固端梁的各种延性比。表 3-8-2 列出了这组梁的计算结果。

这组算例中没有考虑箍筋和受压筋的影响，但箍筋和受压筋实际对构件的延性上是有影响，这点将在后面进行分析。

表 3-8-2 中打"＊"号的一个算例是地下结构的一个设计实例。

从表 3-8-2 中可以看出，在同样轴力作用下，当固端截面的配筋率在普通配筋率（$\rho <$ 1%）情况下，固端梁的延性比 β_c 和极限延性比 β_u 都比简支梁要大。

图 3-8-9、图 3-8-10 分别给出了在固端梁端部配筋率不同时由于轴力不同时的两组抗力由线。

当固端梁端部配筋率增加至跨中 2 倍时，构件在相应的轴力作用下的延性比仍能与简支梁相当。从表 3-8-2 中看到，轴力增加时固端梁的延性也相应降低，降低的程度与简支梁差不多。在跨中配筋率相等情况下，固端梁的抗力一般能达到简支梁的 2 到 3 倍，而它的 y_c 值和 y_u 值却较小。这样在同样轴力作用下，固端梁跨中截面产生的附加弯矩较小。

b）跨中和端部（一端）配筋率之和不变

表 3-8-3 中有一组梁是跨中和端部配筋率之和相等，即在构件抗力相近情况下进行计算，这样可以对不同配筋方案的固端梁进行比较。

从表 3-8-3 可见，对于固端梁来说，尽管其跨中或固端的配筋率有较大变化（$\rho >$ 1%），但在配筋率 $\rho_1 + \rho_2$ 不变的条件下，延性变化并不大。这说明在设计时对固端和跨中的弯矩值进行适当的调整不会对构件的延性产生很大影响。为保证连续梁和固端梁有足够

的延性宜对 $\rho_1 + \rho_2$ 之和进行控制。

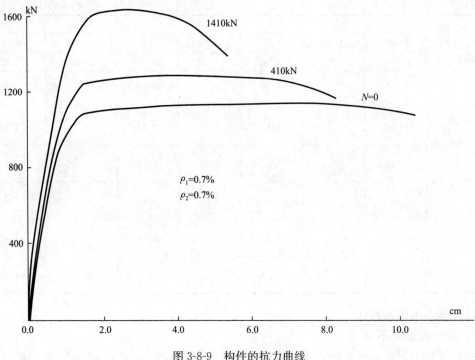

图 3-8-9　构件的抗力曲线

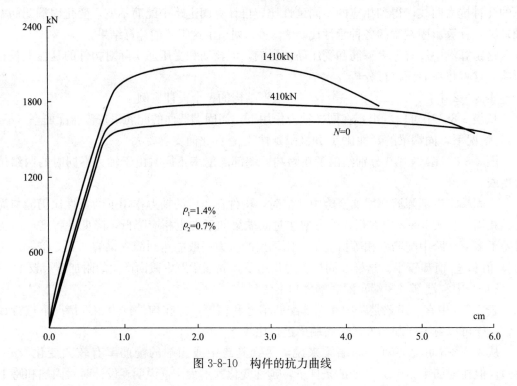

图 3-8-10　构件的抗力曲线

在设计规范中，对连续梁支座及框架节点进行抗剪验算时要求构件的跨中受拉钢筋配

筋率 ρ_1 与支座受拉钢筋配筋率 ρ_2（当两端支座配筋率不等时，ρ 取其平均值）之和应满足：

$$(\rho_1 + \rho_2) < 0.3 f_{cd}/f_{yd}$$

式中 f_{cd} 和 f_{yd} 分别为混凝土和钢筋的动力抗剪强度，当不满足上式时，采用的 $[\beta]$ 值不宜大于 1.5。

在表 3-8-3 的算例中，这些构件的配筋率（$\rho_1 + \rho_2$）＝14%，均满足抗剪要求，从计算结果看，它们均有足够的延性。

综上所述，比较固端梁和简支梁的延性，无论是按跨中配筋率相等，还是按构件抗力相等，固端约束梁的延性都要好些。

c）箍筋作用对构件延性的影响

表 3-8-4 中列出的一组计算结果是考虑了箍筋作用对构件延性的影响。箍筋的影响在本文计算中通过含箍特征值 $\lambda_k = \rho_k \cdot f_{yk}$ 考虑。ρ_k 为箍筋的含箍体积率。在计算含箍体积率时，混凝土体积只计入箍筋外皮以内的部分。f_{yk} 为箍筋屈服强度。

增加箍筋使混凝土应力-应变曲线中混凝土的峰值强度有所提高，而且改变了曲线的形状，使应力-应变曲线更加饱满。将这样的曲线方程代入计算程序中去，从而得到增加箍筋后的抗力曲线。图 3-8-11、图 3-8-12 为两种构件（有轴力和无轴力）在不同含箍特征值时的抗力曲线。

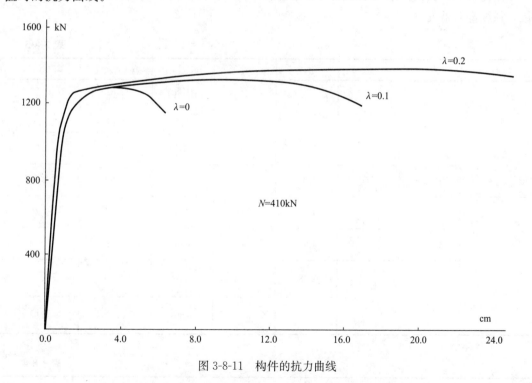

图 3-8-11 构件的抗力曲线

从表 3-8-4 中可以看到箍筋较多，例如 $\lambda_k > 0.1$ 对构件的延性很有好处，特别是对构件的极限延性比改善更为显著。表 3-8-4 中的 $\lambda_k = 0.2$ 的极限延性比没有列出。因为在位移达到 40～50cm 时抗力仍没有下降到 90%。

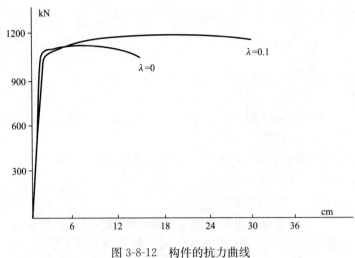

图 3-8-12 构件的抗力曲线

计算的算例 $\lambda_k=0.1$ 和 0.2 两种含箍特征值。λ_k 等于 0.1 是一般均下工程设计时通常能达到的值。λ_k 等于 0.2 时，箍筋则需要特别加密。从计算的表中看出当 $\lambda_k=0.1$ 时构件的延性一般都可以达到 6 左右，当 $\lambda_k=0.2$ 时构件的延性则可大于 8。

由此可见，在构件塑性铰区适当加密箍筋对提高构件抗力，增加构件延性，提高构件抗剪强度都有益处。

表 3-8-3

配筋率	轴力	y_s	y_e	y_c	y_u	$\beta_c=y_c/y_e$	$\beta_u=y_u/y_e$
$\rho_1=0.0$ $\rho_2=1.4\%$ 简支	0	2.527	2.630	4.818	10.017	1.832	3.809
	410kN	2.630	2.618	4.398	8.150	1.68	3.113
$\rho_1=0.7\%$ $\rho_2=0.7\%$	0	0.63 1.42	1.32	7.30	10.55	5.53	7.99
	410kN	0.69 1.52	1.17	4.55	8.41	3.89	7.19
$\rho_1=0.46\%$ $\rho_2=0.94\%$	0	0.614 1.578	1.59	8.81	14.94	5.55	9.40
	410kN	0.651 1.464	1.31	5.09	10.64	3.89	8.13
$\rho_1=0.94\%$ $\rho_2=0.46\%$	0	0.69 1.31	0.988	4.43	7.88	4.49	7.97
	410kN	0.723 1.39	0.935	3.46	6.49	3.70	6.94

表 3-8-4

配筋率	轴力	λ_k	y_s	y_e	y_c	y_u	$\beta_c=y_c/y_e$	$\beta_u=y_u/y_e$
$\rho_1=0.46\%$ $\rho_2=0.94\%$	0	0.1	0.869 2.309	2.953	20.24	35.12	6.85	11.89

续表

配筋率	轴力	λ_k	y_s	y_e	y_c	y_u	$\beta_c = y_c/y_e$	$\beta_u = y_u/y_e$
$\rho_1 = 0.94\%$ $\rho_2 = 0.46\%$	0	0.1	0.947 1.871	1.883	12.91	21.8	6.86	11.58
	410kN	0.1	1.009 2.191	1.663	9.948	17.102	5.982	10.28
$\rho_1 = 0.46\%$ $\rho_2 = 0.94\%$	0	0.2	0.611 1.544	4.438	35.62		8.026	
	410kN	0.2	0.648 1.657	3.061	27.47		8.974	
$\rho_1 = 0.94\%$ $\rho_2 = 0.46\%$	0	0.2	0.688 1.246	2.703	24.26		8.974	
	410kN	0.2	0.669 1.402	2.027	16.27		8.027	

三、结论

本文以计算分析为主辅以少量的结构实验结果，本文提出的结论及建议可供工程设计人员参考。

1）地下结构中一般跨高比的连续梁，在固端和跨中和都满足普通配筋率的情况下（$\rho <$ 1%），固端约束梁的延性比要简支梁好。

2）在通常条件下，构件的跨高比对构件的延性比影响不大，从文献 [3-2] 所做固端约束梁的试验看无明显影响。

3）连续梁、固端约束梁的端部和跨中应配置封闭式箍筋，含箍特征值 λ_k 最好不小于 0.1。这样既可提高构件抗力，改善其延性，又可防止构件发生剪坏，而且能使构件抗力越过峰值后缓慢下降。

4）对连续梁和固端约束梁的支座与跨中弯矩的比值进行适当调整，对构件的延性没有明显影响。

参考文献

[3-1]　邢秋顺，翁义军，沈聚敏. 约束混凝土应力-应变全曲线的实验研究. 1987 年 10 月烟台会议

[3-2]　郁峰. 均布荷载下支座负弯矩对无腹筋构件抗剪强度的影响，清华大学结构工程研究所科研报告第四集

[3-3]　刘安其. 多轴变荷载作用下钢筋混凝土抗震性能. 1987 年硕士论文

[3-4]　赵秦晋. 高强约束混凝土梁抗爆性能的试验研究. 1989 年硕士论文

第四章 各类混凝土构件性能的进一步试验

第一节 关于混凝土构件的抗剪承载力

在前两章中，集中讨论了结构材料和混凝土结构拉、压、弯、剪等基本构件在爆炸压力下的快速变形性能，本章则对抗爆结构中常用的各类混凝土构件性能作进一步研讨，但主要研讨其静速变形性能。当混凝土构件具体用来承受爆炸压力时，可在拉、压、弯构件的材料设计强度中引入快速变形下的提高比值。但对于抗剪构件则不能这样，构件抗剪强度中的混凝土贡献项必须直接从构件的抗剪试验获得，原因是抗剪承载力的公式是经验公式。至于公式中的箍筋贡献项中则仍应引入快速变形下的钢材强度提高比值。

一、混凝土梁抗剪强度的若干基本概念

抗剪强度在钢筋混凝土构件各种工作状态中最为复杂，国内外对之进行了大量研究，提出过许多不同的计算方法，但迄今为止，对抗剪性能仍然没有足够的了解。原因在于经验公式都带有很大的局限性。以下我们首先探讨钢筋混凝土构件在剪力作用下的剪坏形态以及影响抗剪强度的主要因素，然后介绍几组构件的抗剪强度试验，探讨的重点放在抗爆结构中常见的跨高比相对较小、配筋率相对较低并受均布荷载作用的构件。

读者在利用这里介绍的试验数据于设计中时需要注意，试验数据只是反映试件的客观性能，用到具体工程中的则必须考虑安全度的需要以及试件的理想受力条件与实际工程中的差异。

（1）屈服前剪坏和屈服后剪坏

根据剪坏时梁的主筋在弯矩作用下是否已经屈服，可将剪坏划分为构件主筋屈服前的剪坏和主筋屈服后的剪坏。前者是真正的剪坏，这时的构件由于抗剪强度不足，使得抗弯能力得不到充分发挥，破坏呈不同程度的脆性，我们称这类剪坏为第 I 类剪坏。主筋屈服后的剪坏往往是由于构件已经达到了断面抗弯能力，主筋已受弯屈服，引起大量变形使得构件截面混凝土的抗剪面积减少，这时的构件因截面剪坏而破损，影响到塑形能力的充分发挥，虽然破坏也能有不同程度的塑性，我们称这类剪坏为第 II 类剪坏。如果能提高主筋的屈服强度，延迟屈服的到来，构件第 II 类剪坏的抗剪强度有可能相应提高，在本报告第三章介绍的大断面钢筋混凝土梁的抗弯试验中，我们已经列举了屈服前剪坏和屈服后剪坏的试验结果。

当然，剪坏本是弯曲应力和剪应力共同作用的结果，一般不存在纯剪情况，上述分类只是近似的说法。所谓的断面抗弯能力是指纯弯下的抗力，主筋屈服后的剪坏是指剪力的存在没有影响抗弯强度，但是能影响抗弯的塑性或延性。从总体看，抗剪破坏呈脆性，即使是单纯静载作用下的结构设计也应该力求避免，更不用说是抗爆结构了。

混凝土对抗剪的贡献，在我国 2002 年以前的规范版本中采用与混凝土的抗压强度设计值相联系，后来在 2002 年以后又改用与混凝土的抗拉强度相联系；在美国的 ACI 规范中则采用与混凝土抗压强度值的平方根相联系。在英国的 BS 规范中，还与拉区主筋的直径以及混凝土保护层的劈裂强度有关。这样一来，就出现了抗剪破坏与受弯屈服后剪坏有可能相互重叠的问题。区别这两种状态对于分析抗剪试验结果之所以重要，是因为如果外表看来剪坏的第Ⅱ类破坏作为构件的抗剪能力并加以概括总结推广，就会低估构件的真正抗剪能力。但是反过来说，出现这种矛盾也并非绝对是个坏事，因为真正的剪坏是脆性破坏，应该尽力避免。

（2）构件的剪坏形态

不论哪一类剪坏，都可能产生不同的剪坏形态，下面我们先讨论第Ⅰ类剪坏的 4 种剪坏形式，这在过去已经有过非常多的研究。

钢筋混凝土梁在斜裂缝出现前的内力状态大体上符合通常的弯曲工作概念，主筋沿长度的应力分布与弯矩的变化规律相应，腹筋基本上不受力，当梁在靠近支座的中和轴附近，由剪应力与弯曲应力合成的主拉应力超过混凝土的抗拉强度时，开始在梁腹部出现斜裂缝并向上、下延伸。但通常情况下，斜裂缝往往在业已开展的弯曲垂直裂缝上端延伸，因为垂直裂缝削弱了混凝土断面，使单位面积的剪应力增加，裂缝上端的主拉应力也增加，结果使裂缝斜向往上发展。大量试验表明，在集中荷载作用下，如剪跨比 $a/h_0 > 6$，这些梁通常有弯坏控制，当 $2.5 < a/h_0 < 6$ 就有发生剪坏的可能。

a）斜拉破坏

这种破坏发生在跨高比或剪跨较大的梁中，斜裂缝一旦出现，引起梁中内力和变形和重新调整和分配，有ⅰ）裂缝上端混凝土承压面 A 减少（图 4-1-1），作用该处的压应力和剪应力增大；ⅱ）裂缝断面 B 处主筋应力骤增（图 4-1-1），因为承受的弯矩从弯矩图上的 B 点骤增到 A 点；钢筋变形增加，斜裂缝两边的构件绕 A 转动，进一步使承压面上的混凝土应变高度局部集中；ⅲ）斜裂缝处主筋也承受一部分横向力（销栓作用），使主筋下方混凝土保护层受到劈开的拉力。

在没有腹筋或腹筋配置不足的梁中，随着斜裂缝出现或出现不久，构件承受不住迅速改变了的内力和变形就很快斜裂为两块，破坏突然发生，破坏荷载就是斜裂时的荷载或仅稍大些。

既然斜拉破坏取决于斜裂缝的出现，所以可以认为，斜拉破坏的抗剪强度主要取决于：

ⅰ）混凝土的抗拉强度；

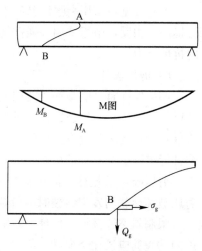

图 4-1-1 斜拉破坏

ⅱ）增大梁的配筋率 ρ 能提高抗剪强度；因为配筋率增加能改善垂直裂缝的宽度与高度，减少混凝土的弯曲应力和主应力，延迟并阻碍斜裂缝的出现、张开与发展。低配筋梁的抗剪能力比正常配筋梁（ρ 约 1%）低许多，从图 4-1-2 可见，配筋率 0.5% 梁的抗剪强度比配筋率 1.88 的梁低 50% 以上，而且除剪跨较小的情况外，名义剪应力 $V/(bh_0)$ 的实验点都低于混凝土的抗拉强度 f_1，我们在第 3 章也曾指出，认为名义剪应力小于混凝土抗拉强度时不会发生斜裂的认识和规定都是靠不住的。

ⅲ）弯曲应力与 M/bh_0^2 有关，剪应力与 $V/(bh_0)$ 有关，所以形成的主拉应力除了构件断面 bh_0 以外，尚与 M/V（在集中荷载下与 a/h_0）。有关。

图 4-1-2 表示梁的抗剪强度随配筋率 ρ 及 $M/(Vh_0)$（或在集中荷载下为剪跨比）变化的试验数据[4-1]，对于均布荷载也存在类似规律。图中的斜拉破坏发生于 a/h_0 较大（约大于 2.5）的情况，a/h_0 较小时转变为剪压破坏。

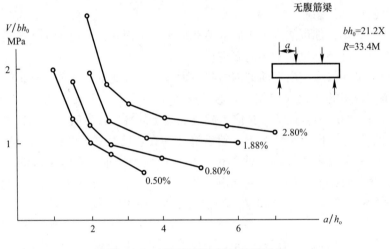

图 4-1-2　不同配筋率梁的抗剪强度

由此可见，采用高强钢筋后不可能影响斜拉破坏强度，提高钢筋强度后的抗剪能力不会提高；相反，由于采用高强钢筋降低了配筋率并与减少了构件的截面，两者都会降低梁的抗剪能力。

b）剪压破坏

如果构件有足够腹筋，能控制斜裂缝的进一步发展并能传递斜裂面上的部分剪力；或者梁的跨度较小，斜裂缝往上延伸受着梁顶集中荷载压力的抑制；或者有其他因素，使得构件足能承受斜裂缝发生后的内力与变形重分配，这样就不会出现骤然发生的斜拉破坏，构件能继续承受增长的荷载，最后斜裂缝上方的混凝土承压面不断减少发生剪压破坏。

剪压破坏呈脆性，但比斜拉破坏要好些，破坏荷载显著高于斜拉。$M/(Vh_0)$ 越小，剪压破坏荷载与发生斜裂时的荷载之比越大。

限制斜裂缝开展，保证有足够的混凝土承压面是提高剪压破坏强度的重要手段，所以斜向的腹筋应该比竖向的钢筋更为有效，试验也证明斜筋比钢箍更能提高梁的抗剪强度。在现行计算方法中，单纯从力的平衡出发考虑腹筋受力而没有同时考虑变形协调，所以反映在计算公式中，斜筋所起的作用反而不如钢箍。

腹筋并不能改变第一条斜裂缝出现时的荷载和位置，但能延迟它的发展并改变它的延伸方向，斜截面破坏前的钢筋应力也不一定总是达到屈服强度的。

影响斜拉破坏时的 $M(/bh_0)$ 值与和配筋率等因素一样对剪压破坏起作用，但剪压破坏实际上更接近于承压面的斜压破坏（图 4-1-3)，所以很可能与混凝土的抗压强度更为密切，而不是抗拉强度。

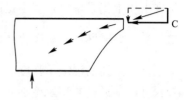

图 4-1-3 剪压破坏

主筋采用高强钢筋显然不能影响梁的剪压破坏能力，腹筋采用高强钢筋作为的效果尚不很清楚。美国早期的 ACI 规范限制腹筋的有效强度为 420MPa，美国海军土木工程试验室根据静、动力试验结果认为至少可以提高到 525MPa。

c）斜压破坏

在剪跨更短的梁中，剪坏的形式从剪压转变为斜压，特点是在一条斜裂缝的旁边出现另一条或一系列细小的平行的斜裂缝，这些裂缝间的混凝土有如一个受压短柱。实际上，短梁在斜裂缝出现后的主筋应力沿跨长变得均匀分布，从梁的作用转变为一个拉杆拱，斜裂缝间的受压短柱如同一个拱肋，这种构件的破坏除表现为拉杆屈服、拱顶混凝土压毁的弯曲破坏类型外，拱肋或短柱的压坏就是所谓的斜压破坏。所以斜压破坏（图 4-1-4）应与混凝土的抗压强度有关。斜压破坏有时还表现为混凝土受压时的纵向劈坏形式。

钢箍对斜压破坏的强度不可能起重要作用，试验表明，钢箍并不能明显提高短梁（$l/h_0＝2～4$）的抗剪能力。此外，跨高比较小的梁，斜裂缝角度较陡，竖向钢箍对于限制斜裂缝的效果也值得怀疑，这时布置更多的水平钢箍更为有效[4-2]。

d）主筋受弯屈服后的构件剪坏

在不同类型的构件中，都有可能发生主筋屈服后的斜拉、剪压、斜压破坏。

主筋屈服的结果如同斜裂缝形成时一样，使构件的内力与变形发生骤然变动，特别是斜裂缝处的主筋流动使裂缝上方混凝土的面积缩小并使混凝土应变高度集中，最后造成破坏。这种剪压破坏具有弯曲破坏的部分特征，或多或少具有一定程度的属塑性。破坏形态除上述三种外，对于连续梁或框架支座的负弯矩处尚有图 4-1-5 那样沿垂直面切断的剪切破坏。后者是梁支座底部的压区混凝土先在弯矩作用下压酥剥落，于是在剪力作用下，上

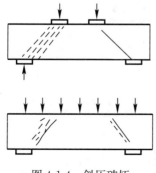

图 4-1-4 斜压破坏

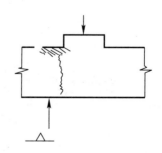

图 4-1-5 负弯矩处的剪切破坏

部的混凝土沿着支座边缘错动切断。弯坏是根本原因，剪断是弯坏引起的外表现象，所以不能根据这种剪坏形式来确定构件的潜在抗剪能力。

只在第Ⅱ类剪坏中，采用高强钢筋有可能提高所谓的抗剪强度，但屈服后的第Ⅱ类剪坏在本质上仍是抗弯强度不足的结果。

二、剪、弯破坏随着剪跨比或跨高比的转变

除了上述的混凝土强度、配筋率、腹筋等因素足能影响梁的抗剪能力外，断面的形状及尺寸、荷载的类型及施加方式（均布或集中，通过梁顶或梁腹施加），有无轴向力，乃至钢筋的外形粗细等均对抗剪强度起作用，这些因素在不同情况下起着不同的作用并造成不同破坏形态，所以企图用单一的计算公式来概括各个类型破坏的承载能力看来是困难的，至少是非常不准确的。但是，如果固定断面尺寸、配筋率、混凝土强度，荷载类型等不变，梁的抗剪能力就与 a/h_0（集中荷载下）或 l/h_0（均布荷载下）有关，图 4-1-6 为无腹筋梁用名义剪应力 Q/bh_0 表示的抗剪强度与 a_0/h 或 l/h_0 的关系。当 a/h 或 l/h_0 较大时，破坏基本由弯坏控制。对于有腹筋梁，也有同样的变化规律。但在主筋配筋率较低的梁中，由于梁的断面抗弯能力 M_R 一般并不会随着 a/h_0 或 l/h_0 的改变而变化，剪跨越大，荷载产生的弯矩也随之增大，所以当 a/h_0 或 l/h_0 增大到一定程度后梁的破坏就由弯坏控制。另一方面，如果 a/h_0 或 l/h_0 小到一定程度，抗剪能力成倍提高，尽管抗弯能力仍然较低，梁的破坏有可能回到弯坏控制。所以，低配筋梁的剪坏只存在于某一 a/h_0 或 l/h_0 的空间如图 4-1-7 所示。

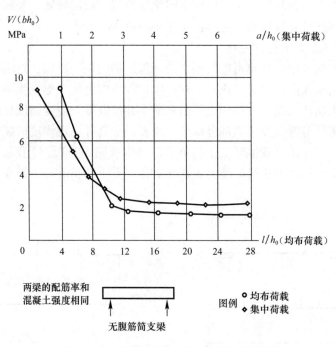

图 4-1-6　抗剪强度与 a/h_0 和 l/h_0 的关系

从图 4-1-6 可见，当 $V/(bh_0)$ 较大时，抗剪能力基本不变；反之，抗剪能力迅速提

高。但是梁的断面抗弯能力并不随剪跨或跨度变化，剪跨愈大，荷载产生的作用弯矩愈大，所以 l/h_0 或者 l/h_0 增加后，破坏由弯坏控制。另一方面，如果 l/h_0 或 l/h_0 减少到一定程度，虽然作用弯矩也随着减少，可是抗剪能力在短梁内成倍提高，破坏仍有可能由弯曲控制，所以剪坏的危险存在某一个 l/h_0 或 l/h_0 区段内，小于或大于这一区区段都属弯坏。图 4-1-7 曲线表示了这一关系，其中 M 为破坏时最大弯矩，M_R 为抗弯强度，$M/M_R<1$ 时为剪坏。图中的 BC 段一般表现为斜拉破坏。对于不同配筋率的无腹筋梁，可以作出一系列这样的曲线。配筋率愈低，剪坏区段缩小（4-1-6 中的 $A'B'C'$）。Kani 根据系统试验[4-3]，给出了集中荷载下无腹筋梁的具体数据，即最危险的剪坏区域（图中 B 点）在 a/h 等于 2.5 左右[4-3]。当主筋配筋率低到 0.5 且用中等强度钢筋时，已不会出现抗剪强度小于抗弯的情况。Leonhardt 根据试验[4-4]得出抗剪最不利情况为 a/h_0 等于 2.4 到 3.5 之间[4-4]。也有资料认为，均布荷载下抗剪最弱的点在 l/h_0 约等于 10，还有认为在 12~13 左右。

配置腹筋就能缩减这个剪坏的区段，或避免出现剪坏。采用高强钢筋后提高了断面抗弯能力 M_R，因此图中的剪坏区域扩大，B 点下降。

从以上分析可知，所谓跨度愈短，抗剪愈占控制地位的说法是不确切的，跨度短到一定程度，抗弯又上升为主要矛盾。

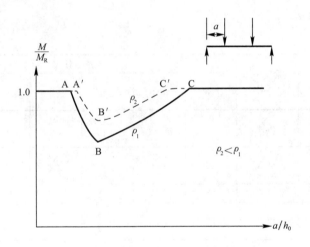

图 4-1-7　低配筋梁弯坏与剪坏的相互转变

三、早期的抗剪试验

本节介绍我们所做的部分抗剪试验结果。

（1）均布荷载下两端悬臂的简支带托梁

这是一组弯、剪、压综合作用下，带有试探性质的构件破坏试验，探讨的问题是采用高强钢筋后，是否会使某种特定类型的构件破坏形式从弯坏转变为剪坏。

a）试件

共进行 4 根带托梁的试验，其形状、尺寸及配筋率情况见图 4-1-8 与表 4-1-1。地下抗爆结构的梁在支座处通常多带斜托。

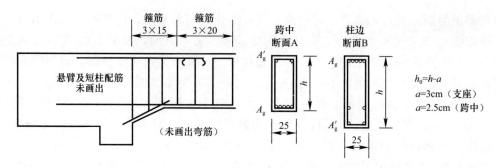

图 4-1-8　试件加载及配筋

全部试件的名义尺寸为：跨长 260cm，宽 25cm，混凝土立方强度约为 27MPa（已换算为 15cm 边长立方体），ⅢL-1 梁为 16Mn 配筋梁，其余三根为 35Si₂Ti 配筋并降低断面高度与 16 的配筋梁作对比。四个试件的抗弯能力相差不大，跨中配筋率 0.40%～0.55%，支座配筋率 0.44～0.67%，除ⅢL-2-2 梁外，均有弯起钢筋。35Si₂Ti 梁的跨中高度比16Mn 梁低约 12% 和 28%，靠支座处的梁高（有斜托）也相应降低。ⅢL-1 梁选用支座（靠柱边）与跨中的作用弯矩之比 $M_A/M_B = 2.34$，ⅢL-1 与 L2-3 的跨中与支座配筋情况符合同时到达屈服的要求，另两个试件的配筋情况则是支座先到屈服（表 4-1-2）。

b) 加载量测方法

表 4-1-1a

试件号	主筋钢种	混凝土 f_cMPa	支座（柱边）断面							
			$b$cm	$h$cm	$A_g$cm²	f_yMPa	A'_g	f_cMPa	ρ%
ⅢL-1	16Mn	28.1	25	74.5	3.18 2.12	395 360	4.12	358	0.55
ⅢL-2-1	35Si₂Ti	24.8	25	67.0	3.18 2.12	584 543	4.12	546	0.44
ⅢL-2-2	35Si₂Ti	27.5	25	58.7	3.18	570	4.12	559	0.52
ⅢL-3	35Si₂Ti	29.3	25	59.4	3.18 2.12	580 552	4.12	545	0.67

表 4-1-1b

试件号	跨中断面						钢筋尺寸	弯起钢筋
	$b$cm	$h$cm	A_g	f_y MPa	A'_g	ρ%		
ⅢL-1	25	59.4	5 根直径 12mm	355	2 根 A3，直径 10mm	0.40	A3 直径 8mm，支座负弯矩区 3 根，间距 15cm；跨中正弯矩区，间距 20cm	有
ⅢL-2-1	25	52.0	4 根直径 12mm	545		0.46		有
ⅢL-2-2	25	43.5	3	559		0.33		无
ⅢL-3	25	43.5	5 根直径 12mm	545		0.55		有

c) 试验主要结果及分析

试件在设计荷载下的反应见表 4-1-2。除 16Mn 梁的钢筋测点应变较小未达到屈服强度 360MPa，其余 35Si$_2$Ti 的应力均已达到或超过 500MPa。

卸载后遗留的最大裂缝宽度均不超过 0.1mm，与以往的试验一致。出现裂缝时的荷载也相差不大，这与试件的配筋率差异不大有关。

在高度较大的ⅢL-1 和ⅢL-2-1 梁中，见不到跨过梁高中线且倾角不大于 60°的斜裂缝。ⅢL-2-2 及ⅢL-2-3 试件在支座附近产生斜裂缝，斜裂缝荷载为 10～12ton（ⅢL-2-3）和 8～10ton。（ⅢL-2-2，无弯筋）。这些斜裂缝随着荷载递增发展缓慢，卸载后闭合良好，与一般简支梁中见到的不大一样。

表 4-1-2

试件号	作用力		断面抗弯能力（计算值）		断面抗剪能力（计算值）ton	计算破坏荷载 P			破坏荷载 P		试验值与计算值之比（按抗弯）	v_{max}
	支座 M_A ton-cm	跨中 M_B ton-cm	M_{AR} ton-cm	M_{BR} ton-cm		按支座抗弯 ton-cm	按跨中抗弯 ton-cm	按抗剪 ton	混凝土剥落时荷载	最大荷载		V/bh_0 MPa
ⅢL-1	162.7P	69.3P	26100	11200	61	16.1	16.0	15.2	18ton 弯坏	19ton 弯坏	1.14	4.5
ⅢL-2-1	162.7P	69.3P	25200	13400	57	15.5	19.3	14.3	16.8ton 弯坏	18ton 弯坏	1.09	4.5
ⅢL-2-2	162.7P	69.3P	22600	12300	45	13.9	17.7	10.3	15.5ton 弯坏	17ton 弯坏	1.11	4.85
ⅢL-2-3	162.7P	69.3P	29400	12200	55	18.1	17.5	13.7	20.5ton 弯坏	21ton 弯坏	1.14	5.95

注：1. 作用力 M 按简支悬臂梁算出。
　　2. 计算抗弯能力按是有 bh_0 及 A_g、f_y 值算出，未计压筋作用。
　　3. 计算抗剪能力按现行计算方法算出，弯筋只算一根，算式中未计均布荷载一项。
　　4. P 值按跨中一个千斤顶数值计算（见图 4-1-8）。

表 4-1-3

试件号	计算设计荷载 ton	实际施加荷载 ton	测得钢筋最大应变（支座）	荷载下裂缝最大宽度（mm）	卸载后裂缝宽度（mm）	出现裂缝荷载	
						支座处 ton	跨中 ton
ⅢL-1	14.9	14.1	1430μ	0.3	0.05	7	9-10
ⅢL-2-1	13.5	13.5	2100μ	0.6	0.1	5	10
ⅢL-2-2	12.2	12.2	2600μ	0.3	0.08	5	6（多数在 8t）
ⅢL-2-3	15.8	15.5	2650μ	0.5	0.05	5	10

4 个试件均先在支座断面测得钢筋屈服，垂直拉裂缝迅速发展，随着荷载增加，压区斜托处靠柱边的混凝土开始剥落，这时的荷载定为破坏荷载（表 4-1-4），相应钢筋的应力也已超出屈服点，伴随大量变形发展的同时，承载力继续有所上升，同时可见悬臂端显著下垂。

ⅢL-1 试件的跨中抗弯强度与支座断面是等强设计的（表 4-1-2），破坏前可见跨中拉筋也同时屈服，但跨中压区混凝土未见剥落，由于支座断面弯坏，最后在剪力作用下沿垂直面剪切破坏。

ⅢL-2-1 和ⅢL-2-3 梁的破坏形态与ⅢL-1 相同，只是未见跨中钢筋测点进入屈服，这在ⅢL-2-1 梁中理所当然，因为跨中的抗弯能力本来较大，既然试件的加载图形是一个静定结构，不可能产生内力重分配，一旦支座屈服，就应该一坏到底。但ⅢL-2-3 的跨中断面设计应与支座同时屈服，试验中未测出钢筋流动，究其原因不明。

表 4-1-4

试件号	破坏形状	破坏前钢筋应变		破坏荷载 P_P（混凝土剥落时）ton	破坏荷载下挠度（mm）	最大荷载 ton	最大荷载下挠度（mm）
		支座	跨中				
ⅢL-1	跨中支座弯曲破坏最后剪断	超过屈服点	超过屈服点	18	5.3	19	＞9.5
ⅢL-2-1	支座弯曲破坏最后剪断	超过屈服点	2650μ	16.8	3.9	18	5
ⅢL-2-2	支座弯曲破坏最后斜拉剪断	超过屈服点	2300μ	15.5	4.0	17	7
ⅢL-2-3	支座弯曲破坏最后剪断	超过屈服点	2450μ	20.5	6.0	21	10

注：表中挠度数值为大致值。

ⅢL-2-2 的破坏形态有所不同，当支座断面弯坏，压区混凝土剥落后，最后在这个破碎区的上方沿斜裂缝剪坏，这可能与ⅡL-2-2 梁没有弯筋有关，配有弯筋的对比梁ⅡL-2-3 在破坏前夕（$P=17\sim18$ton）也出现与此相似的一条 45°斜裂缝，不过最后仍沿垂直面切断。

4 个试件都发挥了全部抗弯强度，虽然看来是剪坏，实质上是弯坏。破坏荷载数值与理论计算值之比为 1.09～1.14，和过去纯弯段试验得出的一致。强度提高属钢筋应力强化所致。ⅡL-2-2 梁虽为斜截面破损，但未见抗弯强度的发挥比其他试件差，破坏时的塑性变形也显著减弱。

由于这次试验的挠度量测装置精度不足，只测出一个近似的变形数据，如果以混凝土剥落时的荷载作为破坏荷载并以此时的挠度确定构件的延性，则得各个试件的延性比为2.5～3.0 左右，各个试件没有明显差别。最大荷载下的挠度差异要大些，这是因为剪断时刻是相当不稳定的，ⅢL-1 的最终挠度较大（超出仪器量程），是因为这个试件的跨中断面也进入屈服，而不是由于钢种不同的原因。

试验说明，如果以混凝土剥落时的挠度作为计算延性的根据，那么出现第Ⅱ类剪坏并没有影响这批试件的延性。如果以最大荷载或最终挠度作为根据，这样得出的延性指标将受剪坏的严重影响。

d）小结

对于带斜托的 $l_0/h_0=4\sim5$ 的均布荷载梁，如主筋配筋率在支座和跨中各不超过0.5%～0.6%，钢筋含量 0.26%，混凝土标号不低于 C25 且用高强钢筋配筋，这种梁不用作抗剪核算。

对于这次试验规定的特定构件，用 35Si2Ti 代替 16Mn 并减少构件高度是完全可行的。

从试验结果的趋势看，箍筋的含量还可以减少，另外配备弯筋对防止斜截面破坏有帮助。

在这组梁的试验前，我们还做过另一组在悬臂段同时加有纵向集中力的均布荷载下简支伸臂梁试验，但因支座处的反力过大，采用的支座滚轴直径相对较小，试验时产生较大的横向摩擦力，造成量测的数据失当，破坏荷载过大的后果。从这项试探性试验可以看出，高强钢筋和普通钢筋配筋的梁都是屈服后剪坏（第Ⅱ类剪坏），$35Si_2Ti$ 钢筋的高强性能同样得到充分发挥。

（2）带斜托简支梁

这组试件为均布荷载作用下的带斜托简支梁，共 2 根，用来与清华工程结构实验室1971 年试验的集中荷载下大梁以及与上面的伸臂梁作对比。

a）试验概况

试件尺寸及配筋情况见图 4-1-9。梁的跨中断面 25cm×44cm，混凝土立方体（15cm边长）强度约 27MPa，$35Si_2Ti$ 配筋，配筋率为 0.54％和 1.94％，跨中主筋有 2 根在两端弯起。

跨中荷载用 10 个千斤顶分为 20 加载点作用于梁顶模拟均布荷载，每点间隔 20cm（图 4-1-11）。

b）试验结果

试件在设计荷载下的反应及卸载后剩余裂缝见表 4-1-5，其中荷载值指每一个千斤顶的加载值，卸载后剩余缝宽仅 0.05mm，大概与试件的钢筋相对较细，排得较密有关。

试件为典型弯坏，破坏荷载下反应见表 4-1-6，破坏荷载（混凝土剥落时）试验值与理论计算值之比为 1.09。Ⅲ L-3-1 梁中 $\rho=0.54％$ 和 1.04％，Ⅲ L-3-2 梁中 $\rho=1.94％$，试验值稍大的原因仍为钢筋强化，相应的延性比为 3（Ⅲ L-3-1 梁）和 1.5（Ⅲ L-3-2 梁）。由于试验数据未扣除支座沉降，实际数值应该更大些。如以最大荷载下的挠度作为计算延性的标准，则得延性比分别为 13 和 4.1.7。

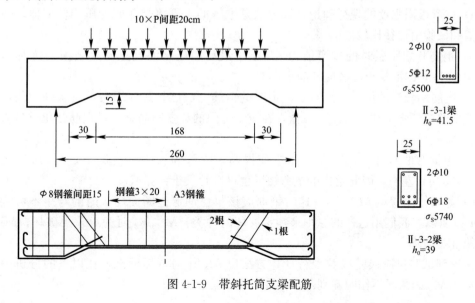

图 4-1-9　带斜托简支梁配筋

表 4-1-5

试件号	计算设计荷载 ton	实际施加荷载 ton	荷载下最大裂缝宽度（mm）	荷载下跨中挠度*（mm）	卸载后裂缝宽度（mm）	出现裂缝荷载 ton	斜裂缝
ⅢL3-1	2.8	2.6	0.2	4	0.05	1.25	无
ⅢL3-2	6.0	6.0	0.2	7.1	0.05	1.7	5.2t出现斜裂

注："*"为未除去支座沉降值，数值可能偏大。

表 4-1-6

试件号	配筋率	混凝土剥落时破坏荷载 P_P	破坏荷载下挠度 $y_p$mm	最大荷载 ton	最大荷载下挠度 mm	延性比
ⅢL3-1	0.54%	3.29t	12	3.79	51	3
ⅢL3-2	1.94%	7.3t	11	8.04	34	5

配筋率较小的ⅢL-3-1梁在破坏时未见显著的斜裂缝，同样断面但配筋率高达1.94%的ⅢL-3-2梁在荷载7ton时（破坏荷载8ton），支座边缘处出现倾角约为50°～60°的斜裂缝，破坏前已斜向延伸达梁高的85%，估计梁的抗剪强度尚有较大储备。

c）小结

综合一、二两组均布荷载下大梁试验以及我们以往所作的集中荷载下大梁试验，反复肯定了采用高强钢筋后的剩余裂缝不会超过0.1mm。

对于带斜托的均布荷载下简支梁（$l/h_0 = 6.5$），即使采用高强钢筋且配筋率高达1.94%，梁的延性比仍可达1.5。由于配置了弯筋 $A_W/(bh_0) = 0.32$ 和箍筋 $\rho_k = 0.27\%$，梁为典型弯坏，从破坏前斜裂缝看，抗剪能力有过量储备。由于腹筋放置过多，无法判断出合适的腹筋数值。

四、国内和国外的早期抗剪试验数据——均布荷载下简支梁

无剪力作用的受弯构件断面，破损时具有以下特点：

a）抗弯极限强度的现行理论计算方法是准确的，不象受剪或受压构件那样，强度的计算值和试验值往往比较离散

b）钢筋开始屈服时的抗弯能力 M_s 小于最后因压区混凝土开始破损剥落时的能力 M_R，因为这时的混凝土压区应变尚小。

c）配筋率较低的梁内，混凝土破损时的钢筋一般已超过屈服台阶进入强化段，所以实际给出的抗弯强度往往大于计算值，在流幅有限的高强钢筋梁中，钢筋强化可显著提高强度。

d）短梁弯曲破坏时的混凝土压应变提高，约可到 $4000\sim7000\mu$（一般跨高比的梁 $3000\sim4000\mu$）左右，因此给出的抗弯强度也可以较大于计算值。

e）如果作用弯矩 $M\geqslant M_R$，这时钢筋应该早已屈服。断面屈服时的弯矩不可能大于 $A_g\sigma_s h_0$。所以，我们用这样的原则来判定剪坏的种类：$M<M_s$ 时为第Ⅰ类破坏；$M>M_R$ 时为第Ⅱ类剪坏。

考虑到试验量测误差以及现行计算方法以 M_R 作为弯坏标准，在以下的分析中对于 $M_s<M<M_R$ 的情况不作明确判断，但按理应属第Ⅱ类弯坏。

（1）太原工学院的试验[4-5]

共计 14 根试件，混凝土经换算为 15cm 立方体强度 f_{15} 约为 20MPa，试件断面尺寸均为 15cm×30cm，跨长 1 等于 100、150、200、250cm 共 4 种。主筋用低强度 A3 普碳光面钢筋，有配筋率 1.5%、2.3%、3.0% 三种，腹筋配箍率 ρ_k 为 0 和 0.127% 和 0.38 三种。用千斤顶通过水囊将均布荷载加于梁顶。试验结果见表 4-1-7。原文中对试件破坏类型的判定，有的似与实际不符。

表 4-1-7

组号	梁号	b h_0 cm	l m	l/h_0	$\rho\%$	$\rho_k\%$	f_{cu}	f_y	破坏时作用弯矩 M	断面抗力 M_R	M/M_R	破坏形式 原文作者认为	应为
Ⅰ	A1-1	15.0 26.7	1	3.74	2.35	0	22.0	267	7.00	6.0	1.16 (1.07)	斜压剪坏	Ⅱ剪
	A2-1	14.9 26.5	1.5	5.66	2，38	0	22.0	267	7.15	6.0	1.19 (1.09)	剪压破坏	Ⅱ剪
	A3-1	15.0 26.9	2	7.44	2.33	0	22.0	267	7.25	6.0	1.21 (1.11)	剪压破坏	Ⅱ剪
	c-1	15.4 26.7	2.5	9，37	2.29	0	22.0	267	4.66	6.0	0.78 (0.72)	斜拉破坏	斜拉
Ⅱ	A1-2	15.6 26.9	1	3.72	2.34	0.127	22.0	267	9.25	6.0	1.54	斜压剪坏	斜压剪坏
	A2-2	15.0 27.2	1.5	5.51	2.32	0.127	22.0	267	8.45	6.0	1.39	剪压弯曲	Ⅱ剪
	A2-3	15.0 27.1	2	7.38	2.32	0.127	22.0	267	7.48	6.0	1.31	剪压弯曲	Ⅱ剪
	c-2	15.4 26.2	2.5	9.55	2.29	0.127	22.0	267	7.20	6.0	1.20	剪压弯曲	Ⅱ剪
Ⅲ	D-1	15.0 26.2	2.5	9.55	1.57	0	18.0	267	2.81	4，2	0.67	斜拉	斜拉
	D-2	25.0 26.6	2.5	9.40	1.56	0.127	18.0	267，344	4.87	4.2	1.15	弯曲	弯曲
	D-3	15.0 27.4	2.5	9.14	2.29	0.380	22.0	267	7.20	6.0	1.20	弯曲	弯曲
	B-1	15.0 26.3	2.5	9.50	2.96	0	22.0	267	5.00	7.5	0.67	斜拉	斜拉
	B-2	15.1 26.3	2.5	9.50	2.94	0.127	22.0	267	7.97	7.5	1.06	斜拉	不清
	B-3	15.0 26.3	2.5	9.50	2.96	0.380	22.0	267	8.35	7.5	1.12	弯曲	弯曲

从表中可见以下规律，这些规律与原作者的结论不尽一致。

a）C-3 梁为弯坏，有 $M/M_R=1.20$，但与 C-3 等强断面的许多Ⅰ、Ⅱ组梁（有 A-2-1、A-3-1、A-1-2 等）的比值 M/M_R 等于或超过 C-3 梁的 1.20，反而标明为剪坏，这是不可理解的，这些试件均应为Ⅱ类剪坏。

b）从Ⅱ组看，l/h_0 从 9.55 不断降到 3.72，破坏荷载提高，而这 4 根试件的断面抗弯能力是相等的，原作者标明 $l/h_0=3.92$ 为弯坏，其他为剪、弯同时破坏，即剪坏的强度高于抗弯强度。这除非是试验方法上出了毛病，应该看作为先弯坏，后出现剪坏。实际上 l/h_0 较小的短梁，考虑钢筋强化提高的幅值本来就要多些。

c）从Ⅰ组看，A-1-1、A-2-1、A-3-1 破坏时弯矩相近，而且与 C-2 梁的断面抗力基本一致，所以也应列入Ⅱ类剪坏，这组梁无箍筋及压筋，钢筋屈服后更容易提前破坏，表现为强化得较少。

d）从总体看，M/M_R 值均偏高些，或者是试验误差所致，但从原作所附的钢筋应力应变曲线看，钢筋的流幅均很短，当钢筋应变在 $3500\sim5000\mu$ 时，应力已达 300MPa（屈服开始时为 267MPa），因此在计算 M_R 时应该取用 300MPa 而不是 267MPa，如果这样，M/M_R 的数值就合乎常理了。修正后的比值用括号表示，同时列入附表 M/M_R 一栏内。

图 4-1-10 和图 4-1-11 分别表示 M/M_R 与 l/h_0 和配筋率 ρ 的关系。

从上述关系，可见：

a）用 A3 配筋的均布荷载梁，即使在抗剪最危险的区域（$l/h_0=9.5$），只要配置少量腹筋（$\rho_k=0.127\%$）就可以做到第Ⅱ类剪坏，继续增加腹筋（$\rho_k=0.38\%$）的好处不明显（见图 4-1-10、4-1-11）。

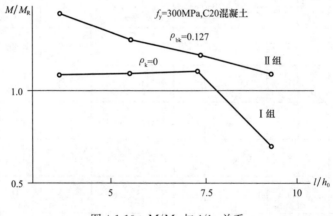

图 4-1-10　M/M_R 与 l/h_0 关系

b）l/h_0 从 9.5 减少，梁断面的承载能力提高（见图 4-1-10），这就再一次证实了这种看法即存在一个最不利的受剪区域（相当于 $l/h_0=10$ 左右，均布荷载下），l/h_0 小于这一数值时抗弯强度愈能充分发挥。

c）从图 4-1-11 可见，A3 配筋的低强度梁，只要主筋配筋率不超过 2.3%，混凝土强度不低于 C20 MPa，且 $l/h_0<7.5$，即使无腹筋也至于因抗剪而影响抗弯强度。当然实际使用上应该设置构造钢箍，以改善梁在破坏时的变形性能。

d）图 4-1-10 的Ⅰ组试件曲线在 $l/h_0<7.5$ 时呈水平线，这又从另一角度说明梁的抗弯强度已经达到，如果从"剪跨愈小，愈易剪坏"的观点来看是无法解释的，至于Ⅱ组曲线在 $l/h_0<7.5$ 时向上倾斜，则为配有箍筋和压筋后，强化作用得以较好发挥所致。反映

了梁愈短，强化愈充分的规律。

（2）德国 Stuttgart 大学的试验[4-6]

这是一组无腹筋梁的试验，梁的断面 19cm×32cm，配筋率 $1.9\%\sim20\%$，混凝土立方体抗压强度约 40MPa。这些数据均固定不变，唯一的变变量是跨高比 l/h_0 从 5.1 到 22。

主筋为两根 $\varphi26$ St Ⅲ B 钢筋，$\sigma_{0.2}=474MPa$，没有流幅，比例极限较低，就为确定 M_S 或 M_R 值带来困难。4-1-8 列出试件的基本数据，其中 M_R 按 $\sigma_{0.2}$ 算出，但最后以弯坏试件的 $M/M_R=1$ 进行修正，修正后数据以括号内数值表示。试件用水囊加压造成均布荷载。

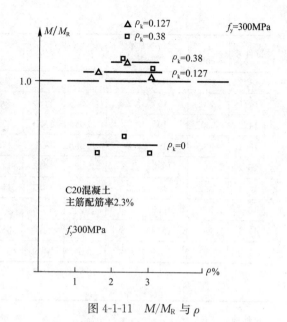

图 4-1-11　M/M_R 与 ρ

图 4-1-12 画出 M/M_R-l/h_0 关系曲线，将这一曲线与太原理工学院的数据（图 4-1-10）比较就可见到后者只包括剪力破坏区的左半部分，由于 A3 钢的强度基低于 St Ⅲ B，所以曲线在上面，二者之间的差距与钢种强度的差距大体一致。这种比较是以含钢率相近为基础的。

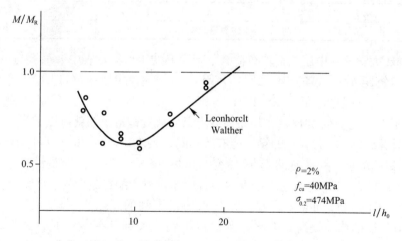

图 4-1-12　德国 Stuttgart 大学的抗剪试验

表 4-1-8

试件号	l cm	$b\times h_0$ cm²	$\mu\%$	l/h_0	f_{cul5} MPa	破坏时 M 跨中弯矩 T-cm	断面抗力 M（T-cm）	M/M_R	破坏形式
11/1	150	19×29	1.87	5.2	41.8	10.34	13.3	0.83（0.79）	剪坏
11/2	150	19×29.6	1.88	5.1	41.8	11.18	13.6	0.89（0.85）	剪坏
12/1	200	19×27.3	2.04	7.3	40.3	10.12	12.5	0.81（0.71）	剪坏
12/2	200	18.9×27.2	2.06	7.4	40.3	8.03	12.5	0.64（0.61）	剪坏
13/1	250	19×27.3	2.04	9.2	40.9	8.69	12.5	0.69（0.66）	剪坏

试件号	l cm	$b \times h_0$ cm²	$\mu\%$	l/h_0	f_{cul5} MPa	破坏时 M 跨中弯矩 T-cm	断面抗力 M（T-cm）	M/M_R	破坏形式
13/2	250	18.9×27.2	2.06	9.2	40.9	8.69	12.5	0.69（0.66）	剪坏
14/1	300	19×27.3	2.04	11.0	39.7	8.02	12.5	0.64（0.61）	剪坏
14/2	300	19×27.3	2.04	11.0	39.7	8.06	12.5	0.65（0.62）	剪坏
15/1	400	19×27.2	2.05	14.7	42.0	9.55	12.5	0.76（0.72）	剪坏
15/2	400	18.9×27.3	2.05	14.7	42.0	10.16	12.5	0.81（0.77）	剪坏
16/1	500	19×27.3	2.04	18.3	41.4	12.04	12.5	0.96（0.92）	剪坏
16/2	500	18.9×27.4	2.05	18.3	41.4	11.97	12.5	0.96（0.92）	剪坏
17/1	600	18.9×27.3	2.05	22.0	38.9	13.12	12.5	1.05（1.00）	弯坏
17/2	600	18.9×27.4	2.04	21.9	38.9	13.15	12.5	1.04（0.99）	剪坏

表 4-1-9

试件号	l/h_0	$b \times h_0$ cm²	$\mu\%$	腹筋	f_{cul5} MPa	破坏形式	M/M_R	钢种
G1	7.4	19×32	2.47	Φ16 弯筋间距 25cm	38.0	弯	（1.00）	
G3	7.4	19×32	2.47	Φ8 45°斜箍间距 12.5	33.2	弯	（1.00）	BStⅢB
G5	7.4	19×32	2.47	Φ8 竖钢箍间距 9	33.2	弯	（1.00）	$\sigma_{0.2}$
G6	7.4	19×32	2.47	无	33.2	剪	（0.67）	434MPa
GT1	10.0	30×25	1.36	Φ6 钢箍间距 15	25.1	弯	（1.00）	

Stuttgart 大学试验中还包括均布荷载下带腹筋的矩形梁，表中 l/h_0 等于 10 左右、配置 Φ6 钢箍（箍距 $h/2$，箍筋率 1.2%）并用 BStⅢB 钢种配筋的 GT1 梁为弯坏。由此可见，如混凝土立方强度不低于 25MPa，含钢率不小于 1.36%，钢种强度相当于我国的 HRB400，那么不论 l/h_0 如何，在均布荷载下只要放置构造腹筋就可以了。

含钢率较高（$\rho = 2.47\%$）的梁可能有所不同，表 4-1-9 中的 G1~G6 梁，配置含箍率 0.53% 后，M/M_R 从无腹筋时的 0.67 转变为弯坏（$l/h_0 = 7.4$）。但是没有进一步实验数据说明当 $7.4 < l/h_0 < 10$ 左右这一范围内会否弯坏，或者配置更少的箍筋会否剪坏。

小结：从图 4-1-12 可见，存在一个抗剪力最不利的点约为 $l/h_0 = 10$ 左右。小于或大于 10，M/M_R 的比值提高。因此，当 l/h_0 小到或大到某一数值时，试件转变为受弯控制。这个控制应是含钢率、钢筋屈服强度以及混凝土强度的函数。但是 Kani 根据集中荷载下的系统试验认为，混凝土强度并不影响 M/M_R 比值[4-1]，这从理论上推断似存在问题。

（3）美国海军土木工程实验室（NCEL）的试验

美军 NCEL 研究钢筋混凝土梁的动力抗剪强度[4-7]，今选取其中的静载试件进行分析。

试验用压缩空气加载，用电测自动记录，量测数据比较完整可靠，试验质量较高。

静载作用的梁共 22 根，$l/h_0 = 8.79 \sim 13.0$ 处于极易剪坏的区域，主筋屈服强度较高 $\sigma_s = 390$MPa；箍筋强度 $210 \sim 500$MPa；拉筋配筋率 $1.82\% \sim 1.99\%$，压筋配筋率 $1.09\% \sim 1.2\%$，混凝土强度 $25 \sim 55$MPa。部分试件无腹筋（表 4-1-10）。

表 4-1-10

试件号	l/h_0	f_c' MPa	$\rho\%$	f_y MPa	ρ' %	$b \times h_0$ cm^2	腹筋			破坏类型
							A_k cm^2	S cm	ρ_k %	
OA1	13.0	307	1.99	50.5	1.2	19.8×33				剪
OA2	13.0	360	1.99	50.2	1.2	19.8×33				剪
WA1	13.0	369	1.99	50.5	1.2	19.8×33	0.645	15.2	0.215	弯
OB1	11.2	302	1.99	50.5	1.2	19.8×33				剪
WB1	11.2	300	1.99	50.5	1.2	19.8×33	0.645	15.2	0.215	弯
WC1	11.2	244	1.99	50.5	1.2	19.8×33	0.645	15.2	0.215	弯（接近剪坏）
WD1	11.2	302	1.99	49.2	1.2	19.8×33	0.645	15.2	0.215	弯（箍筋先流）
WD2	11.2	290	1.99	49.3	1.2	19.8×33	0.645	15.2	0.215	
WD3	11.2	259	1.99	48.5	1.2	19.8×33	0.645	15.2	0.215	锚固不足破坏
WE7	11.2	291	1.99	48.7	1.2	19.8×33	0.224	12.7	0.089	剪压（主筋未流）
WE8	11.2	326	1.99	47.6	1.2	19.8×33	0.224	12.7	0.089	Ⅱ剪（主筋已屈服）
WE9	11.2	344	1.99	46.7	1.2	19.8×33	0.224	12.7		剪压（主筋未流）
WE10	11.2	345	1.99	46.4	1.2	19.8×33	0.224	7.6		弯
WE11	11.2	300	1.99	47.1	1.2	19.8×33	0.224	7.6	0.089	弯
OE1	11.2	298	1.99	48.3	1.2	19.8×33				剪
OE3	11.2	351	1.99	47.7	1.2	19.8×33				剪
WF1	8.99	545	1.82	48.4	1.09	17.8×42.1	0.366	7.6	0.27	
WF2	8.99	527	1.82	46.6	1.09	17.8×42.1	0.366	7.6		主筋已流（因漏气未作破坏）
WF5	8.99	501	1.82	48.6	1.09	17.8×42.1	0.366	12.7	0.27	
WF6	8.99	482	1.82	48.9	1.09	17.8×42.1	0.366	7.6	0.162	
WF9	8.99	269	1.82	48.6	1.09	17.8×42.1	0.366	7.6	0.27	剪
WF10	8.99	304	1.82	47.6	1.09	17.8×42.1	0.366	7.6	0.27	主筋屈服时剪坏

注：表中 f_c' 为 15cm 直径混凝土圆柱体强度。

表 4-1-11

试件号	箍筋屈服时荷载（atm）	主筋屈服时荷载（atm）	剪坏荷载（atm）	压区混凝土剥落时荷载（atm）
WE7	2.88	/	4.77	/
WE8	3.05	5.00	5.27	/
WE9	2.67	/	4.78	/
WE10	3.60	5.05	/	5.34
WE11	3.16	4.92	/	5.44

无腹筋试件均为剪坏，拉筋未达流限。

有腹筋试件除低腹筋率的梁剪坏外。其他试件的钢筋均达屈服，一般是箍筋先屈服，继续加载，然后跨中拉筋屈服，最后压区混凝土剥落。由于密封装置在大挠度下漏气，所以有些试件最终没有坍毁。

从表 4-1-10 可得出：

a）$l/h_0 = 11 \sim 13$，混凝土强度相当于我国 C40，用高强钢筋 $f_y = 500\text{MPa}$ 配筋且 $\rho = 2\%$ 的梁，若不配腹筋时均为剪坏。

b）上述高强钢筋且 $\rho=2\%$ 的梁，只需配置 0.22% 的低强度腹筋就转变为弯坏。

c）$l/h_0=9\sim11$（抗剪最弱区域），混凝土强度相当于我国 C35，$f_y=500\text{MPa}$，$\rho=2\%$ 的梁，当箍筋含量为 0.15% 左右，大体上处于剪坏或弯坏等强的区域。

d）这批试件的腹筋用量较少，斜裂后腹筋一般先达流限，主筋屈服时荷载比箍筋屈服时得的多，其破坏过程可以是：箍筋屈服→剪坏；箍筋屈服→主筋屈服→剪坏。或箍筋屈服→主筋屈服→压区混凝土剥落→弯坏。

表 4-1-11 为 WE 组试件的有关数据，这种现象在其他 l/h_0 或腹筋用量较多的试件不一定存在。

五、讨论—关于弯、剪破坏的分区

以集中荷载作用下的无腹筋简支梁为例。对于一定断面、配筋率和混凝土标号的梁，断面抗弯能力 M_R 一般不随跨长而变，外力作用的弯矩 $M=M_a$，可得破坏荷载与剪跨 a 的关系为 $P=M_R/a$，表现在 P-a 图上为一条渐进与 a、P 轴的曲线。

此外，梁的抗剪能力（以支座处最大剪力 Q 表示，$Q=P$）据大量试验可知，有如图示的另一条曲线，当剪跨大到一定程度时，抗剪能力不变，曲线呈水平线；当剪跨小到一定程度时，抗剪能力急剧上升。

这两条曲线分别代表抗弯和抗剪能力，一般有交点 A 和 C。剪跨 a 落在 ABC 范围内，此时梁为抗剪破坏，当 $a>C$，或 $a<A$ 时为抗弯破坏。同样的概念可推广于均布荷载下的无腹筋梁，这时横坐标为跨长 l，纵坐标为总荷载。

跨度大时容易弯坏这是人们所共知的事实，但跨度小时也容易弯坏却常为人所误解，误解为"跨度愈小，愈易剪坏"。

实际情况是：最弱的抗剪位置在图中的 B 点处。

清华大学进行的上百根短梁试验，以及美国伊利诺大学的短梁试验都证明了短梁容易弯坏。现在还找不到任何一个试验资料，能够证明 $2<l/h_0<4$，在均布荷载作用下的简支梁是真正剪坏的（第 I 类剪坏）。全部试验数据都证明破坏时在钢筋屈服后产生的，有的是典型的弯坏，有的是实已弯曲屈服，最后以剪坏外貌出现的第 II 类剪坏。

集中荷载下也是这样，但当配筋率较高时，可能有剪坏发生。

所以，图 4-1-13a 两条曲线的交点 A 是客观存在。只有在低配筋率，且钢筋强度不高的梁中，才没有交点 A，但这时整个抗弯曲线都处在抗剪的下面，所有情况下（与剪跨无关）统统不会剪坏。

配置高强钢筋后，M_R 提高，图中抗弯能力的曲线平行上移，但是抗剪能力不变，所以剪坏区域 ABC 扩大。按照曲线的斜率特性，甚易看出，提高钢筋强度后，C 点的变动很大。而 A 点变动要小得多，所以采用高强钢筋对于长梁抗剪比较不利。

图 4-1-13a 的曲线经过适当变换后就是图 4-1-13b 的图形，当 a/h_0（或 l/h）$<$A 时，M/M_R 大于 1，这时因为短梁的混凝土极限应变大于一般梁，钢筋强化显著，所以抗弯能力大于一般得出的 M_R 值。

前面已经提到，Kani，Leonhardt，太原工学院等试验都证明了图 4-1-13b 的形式。B 点为 $a/h_0=2.5\sim3$，或 $l/h=10\sim12$ 左右。A 点、C 点位置则为配筋率、钢筋强度、混凝土强度的函数。

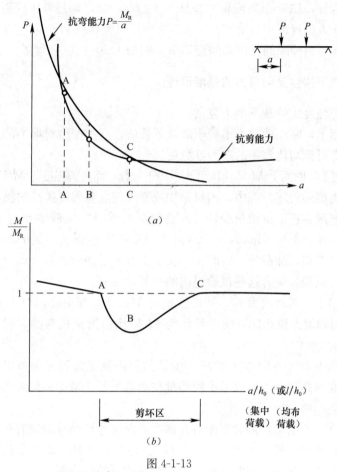

图 4-1-13

（*a*）抗剪强度与剪跨关系；（*b*）剪坏区与 M/M_R 关系

配置腹筋后，能部分或全部消除 I 类抗剪破坏。

钢筋强度提高、混凝土标号降低，特别是配筋率增加，都使图 4-1-13 中 B 点的 M/M_R 值下降，C 点显著外移，但 A 点外移不大，这在上面已经提过了。

实际设计中，总是要求构件弯坏，不宜出现剪坏，所以只要能够判断不会剪坏就成了。利用现成的试验资料，整理出统计数据，按照图 4-1-13*a* 或 4-1-13*b* 的曲线概念，就可以比较出抗剪能力来。

凡属 ABC 区域的试验数据为第 I 类破坏，与 f_y 无关，所以可以进行换算到其他屈服强度的梁。但没有现成的试验数据可以提供配筋率和混凝土强度的换算方法。

抗剪破坏数据比较离散，用试验数据作比较的方法可能会造成安全度不足的情况，所以可采用下述办法补其不足。

ⅰ）如果与无腹筋梁的试验数据作比较已经弯坏，那么配置构造箍筋已够。

ⅱ）如果与有腹筋梁的试验数据作比较，那么试验梁的钢筋强度 f_y 要比设计实际取用的大一些，例如大 15%，或者试验梁的混凝土强度比设计实际采用的低一些，例如低 20%。

综合国内外试验数据，并用上述的比较方法作对比，我们可以得出这样的结论：抗爆结构常用类型的构件，如 $\rho < 1\%$ 或稍大些且 $1.5 < l/h_0 < 8$，都是弯坏控制，只需配置构造腹筋就成了。苏联人防规范中曾有 "$l/h_0 < 3$ 的构件只需作抗剪验算" 的条例却是有问题的。如果用 16Mn 等钢种配筋，再高的配筋率（例如 1.5%）也会弯坏。

六、爆炸压力动载下构件受动剪力的强度设计

动载下的抗剪强度比静载下更为复杂：

ⅰ）动力作用下，断面的剪力不同于静载下数值，高次振型对剪力的影响比较大所以剪力的动力系数有可能与比弯矩的动力系数更大。

ⅱ）动力作用下，断面上 M/V 比值可能不同于静载，而抗剪强度与 M/V 值有很大关系。

ⅲ）在不同类型的剪坏形态中，因材料快速变形使抗剪强度提高的幅值不可能一样。

对于上述问题现在还了解得很少，只有美国海军 NCEL 实验室作过 $l/h_0 = 10$ 左右的柔性梁动力试验，此外美国 Illinois 大学和陆军 AEWES 也作过短梁的动力抗剪试验，但由于短梁的自振频率高，加载升压时间长，实际上并不是动力试验（动力系数接近 1），而只是一种快速变形试验。综合这些试验得出的一般印象有：

（1）动力作用下，断面内力 M、V 以及抗力 M_R、V_R 都提高。对于 $l/h_0 = 10$ 左右的梁，M、V 的增加幅值大致相同，所以可认为 M/V 比值沿梁长与静载时相同；但对于短梁，可能差异较大。

（2）均布荷载下 $l/h_0 = 10$ 左右的梁，少量的箍筋就能起到显著效果，箍筋的应变速度比主筋高，强度提高较多，所以最小腹筋量在动力下不必增加。但短梁试验表明，腹筋对短梁强度无明显影响。

（3）$l/h_0 = 10$ 左右的梁，静载下配有合适腹筋保证弯坏的在动载有可能出现剪坏。

原子武器爆炸压力荷载的作用时间一般较长可到 1～2 秒，常规荷载下的抗剪计算公式经过适当调整后尚可套用。但对化爆压力荷载作用下的结构而言，由于压力的作用时间非常短促，一般仅若干毫秒，此时已完全不能套用常规荷载下的抗剪计算方法。

七、小结

（1）存在两类剪坏，抗弯屈服前的第Ⅰ类剪坏和抗弯屈服后的第Ⅱ类剪坏。第Ⅱ类剪坏有可能减少结构构件的延性；第Ⅰ类剪坏只出现一定 a/h_0 或 l/h_0 范围内的较高配筋率的梁中。均布荷载下当 $l/h_0 = 10～12$ 时是抗剪强度最弱的区域，较长或较短的梁都不易剪坏。所谓 "$l/h_0 < 3$ 的构件只需作抗剪验算" 的说法正好相反。

（2）可以通过现有的试验数据，用比较方法验证设计梁的抗剪强度是否足够，得出：

a）如混凝土强度不低于 C30，配筋率不大于 1% 或稍多（连续梁中为支座与跨中配筋率之和），即使用高强钢筋配筋，则对于 $1.5 < l/h_0 < 8$ 的均布荷载下梁，也不必作抗剪验算。

b）如用 16Mn 等强度较低的钢种配筋，即使配筋率高达 1.5% 也不必作抗剪验算。

（3）按破损阶段设计抗爆结构时，应该合理取用混凝土与钢筋的设计强度。混凝土强度的离散性比钢材大，所以在静载设计中，其设计计算强度与其标准值之比要小于钢筋。但对抗爆结构来说，更宜适当降低这个比值。

（4）我国在 1966 年以前颁布的民用设计规范中的构件抗剪强度计算公式，用于集中荷载下的梁中当剪跨比 a/h_0 为 2.5 附近时严重不安全。用于均布荷载下的梁在跨高比 l/h_0 为 10 附近时也不安全（如以支座断面的最大剪力作为验算标准）。

（5）从本文介绍的试验现象看，对于跨度不大的简支梁或顶板，构件在断面抗弯屈服以后，最终出现某种形式的剪坏可能是不可避免的。这种破坏有一定程度的塑性，过去有一种较为流行的说法，认为强度低的钢材其极限引伸率大，用于抗爆结构比较好。我们在以前的部分报告中也已说明，钢材的塑性并不是越大越好，太大了没有用处，因为梁在主筋屈服后因压区混凝土破损而坍毁时的钢筋变形是有限度的，高强钢筋的塑性已经足够使用。现在根据第 II 类剪坏的特征看，由于剪力使得梁的最终挠度受到限制，所以以采用低强度钢筋更得不到好处。相反，采用高强钢筋后，才使第 II 类剪坏的强度提高，才能发挥更多的抗剪能力，这种情况对于防护工程中的防爆结构也是适合的。从这个意义上说，这时采用高强钢筋原来对抗剪还有好处。

第二节　混凝土构件的抗剪强度

我国早期从规结 6-55 到 TJ10-74 的混凝土结构设计规范，有关抗剪能力的计算方法都存在严重错误并且极不安全。到了 GBJ 10—89，开始有了较大变化但依然不够安全。89 规范提出的斜截面抗剪承载力公式当仅配有箍筋时为：

$$V = 0.07 f_c bh_0 + 1.5 \rho_k f_{yk} bh_0 \qquad (4\text{-}2\text{-}1)$$

式中 f_c 和 f_{yk} 分别是混凝土的抗压强度和箍筋的屈服强度，ρ_k 为箍筋率。式中的第一项可看成为无腹筋梁的抗剪承载力，第二项是配置箍筋后是构件承载力的增加部分。抗剪强度尚与梁的纵筋配筋率、截面高度特别是剪跨比 λ 有关，在式（4-2-1）中均未加考虑，仅在集中荷载下才改用与 λ 有关的下列公式：

$$V = 2bh_0 f_c/(\lambda + 1.5) + 1.25 \rho_k f_y bh_0 \qquad (4\text{-}2\text{-}2)$$

上述公式的适用对象为静载下的一般构件，如用于防护工程则必须考虑以下情况：

a）民用规范的公式主要根据配筋率较高、截面尺寸较小的构件试验得出，而工程的特点正相反；

b）防护结构一般按弹塑性工作阶段设计，要求构件在受弯屈服后仍能继续正常工作。所以必须考虑构件受弯屈服后的抗剪性能；

c）受动载的防护工程必须考虑快速变形下的构件抗剪能力与剪力的大小和分布规律。

一、构件抗剪强度的影响因素

（1）混凝土的强度

混凝土强度对抗剪能力的影响与不同的剪坏形态有关。无腹筋梁在较大跨高比发生斜拉破坏时的抗剪强度大体与 f_c 的平方根或抗拉强度 f_1 呈正比，而在较小剪跨比下发生斜压破坏时则与 f_c 成正比（当混凝土强度较低时），不过有更多试验结果表明与 f_c 的平方根呈正比。国外设计规范抗剪公式中的混凝土贡献项，多与 f_c 的平方根呈正比或与混凝土的抗拉强度成正比，唯独我国 GBJ 10—89 规范及更早的规范都与 f_c 成正比，这就使得设计公式（4-2-1）和（4-2-2）均不安全。在以下的抗剪强度公式中，混凝土对构件抗剪的贡献，我们都用与 f_c 的平方根（但其量纲仍用 MPa 或 kg/cm² ）而不用 f_c 呈正比来表示。

（2）较低的主筋配筋率

防护工程中的构件主筋配筋率一般较低，有时仅有 0.5％甚至更少。抗剪强度随主筋配筋率减少而降低，在一些国家的规范中已列入主筋配筋率这一参数，不少研究者也提出过不同形式的修正方法。民用设计规范常用 ρ 等于 1.5％作为基准 1，则当配筋率等于 0.5％时，抗剪强度中的混凝土项将降到 0.68（按英国规范）、0.71（按欧洲规范）、0.58（按 Kani）、0.69（按 Zuffy）和 0.51（按 Batchelor），足见问题的严重。

为澄清这个问题，我们专门设计了 20 根无腹筋简支梁的试验。试件的截面尺寸均为 12×20 cm，跨度 190cm；试件的变化参数为主筋配筋率。为防止试件弯坏，采用强度 1590MPa 直径 8mm 的调质钢筋配筋（仅其中配筋率为 2％的一组用直径 12mm 的 40MnSi 高强钢筋）。8 根试件作两点对称集中荷载下试验，剪跨比 a_0/h_0 等于 2.5（ a_0 为支座点与集中荷载下垫板之间的净距， h_0 为试件截面的有效高度）另 12 根做均布荷载下试验，跨高比等于 10。试件的混凝土立方强度在 25MPa 左右。

图 4-2-1 表示试验得出的以支座截面名义剪应力表示的抗剪强度与主筋配筋率之间的关系，可见在配筋较低的范围内（ $\rho \leqslant 0.8$％），抗剪强度已不随配筋率的减少而继续降低。这时的抗剪能力与 $\rho = 1.5$％时相比约降低 15-20％，配筋率对抗剪强度的影响系数 α_ρ 可取为

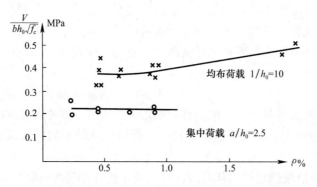

图 4-2-1 抗剪强度与配筋率关系

$$\alpha_\rho = 0.8 + 25\rho \geqslant 1 \qquad (4-2-3)$$

国外专门对低配筋率影响进行试验的并不多，常被引用的是 Rajagspalan 和 Ferguson 的实验[4-8]，我们对它重新做了整理得结果如图 4-2-2，图 4-2-3 是根据美国的另一项试验整理得出。这些结果也同样表明在较低配筋率范围内，抗剪能力不再随配筋率变化。这里需要指出的是我国习惯取用的抗剪强度是指破坏时的强度，而美国等一些国家的抗剪强度则以临界斜裂时的强度作为标准，后者对配筋率的影响比较敏感，而且实验时不容易确定临界斜裂荷载的具体数值。

对于宽度较大的板，抗剪强度受主筋配筋率的影响可能较少而不同于梁。从上面分析

可见，低配筋率问题似乎不像国外有的设计规范或资料中所说的那样严重。但将民用设计规范的抗剪计算公式引用到防护工程设计时，考虑到后者的配筋率较低，将计算承载力适当修正是必要的。

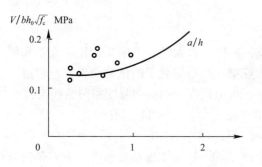

图 4-2-2　抗剪强度与主筋配筋率关系

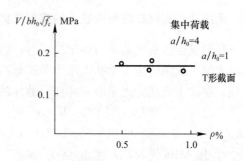

图 4-2-3　抗剪强度（破坏值）与主筋配筋率关系

（3）截面高度

抗剪强度 $V/(bh_0)$ 随截面高度增加而降低，这种现象在无腹筋梁中特别明显。现在有不少考虑截面高度影响的经验公式，并且有的设计规范如欧洲 CEB 和日本规范等均规定了抗剪强度的高度修正系数。多数实验表明，抗剪强度大体 $h^{1/4}$ 成正比，但当 h 小于 $10\sim15\mathrm{cm}$ 时这种影响更为强烈，以致高度较小的试件给出的数据完全不能反映实际构件的抗剪能力。CEB 设计规范对于高度超过一定数值的构件抗剪强度取为定值，但日本清水公司的一项试验表明[4-9]，无腹筋梁的抗剪强度随高度增加而持续降低。这项试验用的是跨高比等于 10、受均布载作用的无腹筋简支梁，截面有效高度从 10cm 变化到 300cm，主筋配筋率小于 0.8%，混凝土抗压强度 f_c 约 $19\sim27\mathrm{MPa}$；当 $h_0=300\mathrm{cm}$ 时，抗剪强度 $V/(bh_0)$ 值竟低到 $0.018f_c$，仅及式（4-2-1）$0.07f_c$ 的 26%，试验还表明梁的抗剪强度与粗骨料的最大粒径有较大关系。

实际工程中的无腹筋构件主要是板而不是梁，二者在抗剪性能上应有差别，所以构件高度对抗剪的影响可能要小得多。在配置箍筋以后，高度对有腹筋梁抗剪强度的影响变得不甚显著，但有关试验数据较少且存在不同看法。上面提到的无腹筋梁试验时斜拉破坏的情况，如果是剪压或斜压破坏，高度对抗剪强度的影响也会减少。但是截面高度对有腹筋梁出现斜裂时的抗剪强度仍有显著影响，这是由于腹筋的存在能够提高抗剪强度破坏值和抗剪强度临界斜裂值，但不能明显增加初始斜裂荷载。鉴于斜裂缝的出现不能允许或应严格限制，所以有腹筋梁的抗剪强度在设计时如完全不考虑高度影响是不合适的。

防护结构构件的高度或厚度多在 30cm 以上，可以取高度 $h=30\mathrm{cm}$ 为基准，并取高度对抗剪强度的影响系数为

$$\alpha_\mathrm{h} = (30/h)^{1/4} \tag{4-2-4}$$

式中的 h 单位为 cm。

（4）剪跨比

在均布荷载作用下，剪跨比可用截面受到的 $M/(Vh_0)$ 值表示，其中的 M 和 V 是截面所受的弯矩和剪力。但是试验证明，广义剪跨比 $M/(Vh_0)$ 并不总能很好反映抗剪强度的变化规律，而且从设计的应用角度看，这一参数在使用上非常不便，实际的破坏斜截面

也不一定处于广义剪跨比最大的位置上。所以均布荷载下的剪跨比影响可以用构件的高跨比 l/h 和构件的支座负弯矩与跨中正弯矩的比值 n 来表示。下面我们先来探讨 $n=0$ 即简支梁的抗剪强度，然后进一步考虑负弯矩的影响。

二、无腹筋简支梁在均布荷载下的抗剪强度

我们根据搜集到的国内外试验资料，包括德国斯图加特大学、美国哥伦比亚大学和伊利诺大学、我国清华大学和太原工学院等的无腹筋梁在均布荷载下的试验结果，经过逐一复核，剔除个别实为先屈服坏而后剪坏的试件，得出简支梁的抗剪强度回归曲线为：

$$当 \, l/h_0 \leqslant 12, \quad V/(bh_0) = 3.03 f_c^{1/2} \alpha_\rho \alpha_h/(l/h_0 - 1) \quad MPa$$
$$当 \, l/h_0 > 12, \quad V/(bh_0) = 0.366 f_c^{1/2} \alpha_\rho \alpha_h [0.5 + 3/(l/h_0)]$$

式中 f_c 用 MPa 代入，α_ρ 和 α_h 见式（4-2-3）和（4-2-4），V 为支座截面剪力。上式是试验结果的平均值。由于抗剪强度实验数据相当离散，各国规范多取试验数据的偏下限作为制定计算方法的依据。而偏下限的抗剪强度则可用下式表示：

$$当 \, l/h_0 \leqslant 12, \quad V/(bh_0) = 2.84/(l/h_0) [f_c^{1/2} \alpha_\rho \alpha_h/(l/h_0 - 1)] \quad MPa$$
$$当 \, l/h_0 > 12, \quad V/(bh_0) = 0.366 f_c^{1/2} \alpha_\rho \alpha_h [0.5 + 3/(l/h_0)]$$

图 4-2-4 中表示 $V/(bh_0 f_c^{1/2})$ 与 l/h_0 关系的三条1、2 和 3 曲线分别表示试验得出的回归曲线、偏下限曲线和临界斜裂强度的均值曲线，后者在 l/h 较大时正好与破坏强度的偏下限曲线重合，约比破坏强度的均值低 15% 左右。均布荷载下简支梁的破坏斜截面通常离开支座一定距离，约距支座 $1.5h_0$ 或 $0.15l$ 处，取二者中的最小值。如以此处的剪力 V_1 作为抗剪强度的依据，则 $V_1/(bh_0)$ 当 l/h_0 大于 12 以后不再随 l/h_0 变化而趋于定值。

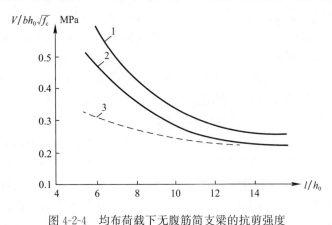

图 4-2-4　均布荷载下无腹筋简支梁的抗剪强度

三、支座负弯矩对均布荷载下无腹筋梁抗剪强度的影响

支座负弯矩对均布载下无腹筋梁抗剪强度影响的研究资料甚少。Moody[4-10] 曾对集中荷载下的约束梁抗剪能力进行过试验，他提出在相同跨度和相同加载图形下，以支座截面名义剪应力表示的抗剪强度随支座约束负弯矩的增长而提高[4-10]。提高幅度为简支时的 $(1 + M_-)/M_+$ 倍，其中 M_- 和 M_+ 分别是支座负弯矩和跨中正弯矩。美国 1962 年版空军设计手册、1963 版土木工程学会防核武器设计手册以及 1977 年版的民防局防护结构设计手册均

考虑支座负弯矩对抗剪强度的提高作用，对于固端梁来说，给出的抗剪强度为简支时 2.5 倍。但是，这种根据有限的集中荷载下试验结果将其推广于均布载下的做法是不对的，并可能导致不安全。比较合乎实际的则是 Heager[4-11] 在 1982 年提出的计算公式，不过其与试验结果相比仍有较大误差。

图 4-2-5 是我们为研究负弯矩影响进行专门试验得到的一组结果，这组无腹筋梁试件截面 20×30 cm，主筋配筋率 0.63％为 45MnSiV 高强钢筋配筋，混凝土强度 f_{cu} 在 25MPa 左右，受均布载作用。图中 V_c 为支座截面剪力。当支座负弯矩与跨中正弯矩的比值 $n = M_-/M_+$ 较小时，破坏斜截面发生在跨中正弯矩区段，此时以支座截面剪应力表示的抗剪强度 V_c/bh_0 随 n 增大而提高；当 n 较大，则破坏斜截面发生在靠近支座的负弯矩区段，此时的抗剪强度随 n 增大反而降低，但如梁跨较短，破坏斜截面与量的理论反弯点交叉，则即使 n 较大，抗剪强度仍呈增长趋势。其实，我们可以将支座处有负弯矩的梁看作是有反弯点分割的几段简支梁，并可导得 n 对梁抗剪强度的影响大体符合图示的规律。对于跨高比 l/h_0 较大的梁，抗剪强度随 n 的增加而增加，到 $n=1$ 时达峰值，继续增大 n，则抗剪强度下降。抗剪强度处于峰值时的 n 值与 l/h_0 的关系大体如下式所示：

$$n = 1 + 0.01(14 - l/h_0)^2 \tag{4-2-5}$$

从图 4-2-5 可见，如果用简支时（$n=0$）的抗剪强度来估计有负弯矩时的抗剪强度将是偏于安全的，尤其对短梁更是如此。

四、有箍筋梁在均布荷载下的抗剪强度

配置箍筋使梁的抗剪能力有很大改善。箍筋不仅直接承受斜截面上的剪力，而且加强了纵向拉筋的梢栓作用和斜裂面上的骨料咬合作用。大量试验表明，配有箍筋的梁在均布荷载作用下较少在主筋屈服以前发生剪坏，一般都是弯坏控制，除非主筋的配筋率甚高而跨高比又较大。清华大学历年坐过的试验，如：1）截面 19×35 cm、$f_{cu}=42$MPa、主筋 $\rho f_y = 5.5$MPa、$l/h_0 = 4.4$ 的一批约束和简支梁（ρf_y 为支座和跨中截面配筋率与屈服强度乘积之和），当配有箍筋率 $\rho = 0.2\%$ 时均先为弯坏；2）截面 $25 \times (45 \sim 60)$ cm、$f_{cu} = 26$MPa、主筋 $\rho f_y = 4$MPa、$1/h_0 = 4 \sim 5$ 的约束梁，当配有箍筋率 $\rho_k = 0.26\%$ 时均先弯坏；3）截面 12×20 cm、$f_{cu} = 26$MPa、跨中和支座主筋配筋之和 $\rho f_y = 5.5$MPa、当配有箍筋率 $\rho_k = 0.2\%$ 时在各种高跨比下均先弯坏，这些梁在支座有负弯矩情况下最后也有出现剪坏的，但属于截面受拉主筋屈服以后的剪坏。美国海军土木工程试验室也做过一批 $l/h_0 = 9 \sim 13$ 的简支梁受均布荷载试验[4-12]，混凝土强度相当于 $f_{cu} = 31 \sim 38$MPa、主筋 $\rho f_y = 10$MPa，当不配箍筋时全部剪坏，配有箍筋 $\rho_k = 0.15\%$（$\rho_k f_{yk} = 0.45$MPa）时约处于剪坏和弯坏的等强区域，配 $\rho_k = 0.22\%$ 时则全部弯坏。对于截面配筋相同、跨高比不同的梁，最易出现剪坏，或抗剪能力与抗弯能力之比处于最小值的情况是 $l/h_0 = 9 \sim 13$，如果在这一跨高比下是弯坏，那么同样配筋的梁

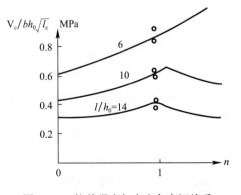

图 4-2-5　抗剪强度与支座负弯矩关系

在更高或更低的跨高比下就不至于发生主筋屈服前的剪坏

当支座有负弯矩时，有腹筋梁用支座截面名义剪应力 $V/(bh_0)$ 表示的抗剪强度也受比值 $n = M_-/M_+$ 的影响，但影响程度没有无腹筋时大，但这方面尚未有系统的实验数据。截面高度对抗剪强度影响也没有无腹筋时那样显著。

配置箍筋后，梁的抗剪能力常用二项式表示，即：

$$V = V_c + K\rho_k f_{yk} bh \tag{4-2-6}$$

如美国 ACI 规定，$V_c = 0.165 f_c bh_0$（f_c 单位为 MPa），取 $K=1$，其验算截面取离开支座 h_0 处，对均布荷载下的构件来说，该处的作用剪力要比我国规范规定的以支座截面作为验算截面的作用剪力小。我国 GBJ 10-89 规范的计算公式（4-2-1），其中取 $K=1.5$，V_c 值也比 ACI 规范大得多。试验表明，K 值受跨高比及混凝土强度的影响，另外破坏截面的倾角愈小，跨越的箍筋数量增多，K 值就增大。跨高比小时，K 值较低，而在较大跨高比时 K 值可达 $1.5 \sim 2$；K 值并随混凝土强度增长而增长。由于实际的抗剪能力在跨高比小的梁中要甚高于跨高比大的梁，所以设计公式（4-2-6）或（4-2-1）实际上是以后者作为主要依据的。因此配置箍筋后取 $K=1.5$ 大体是合适的。公式（4-2-1）的主要问题在于 $V_c = 0.07bh_0$ 这一项。

防护工程构件对延性有较高要求；此外，地下结构顶盖和侧墙等受弯构件由于土体的拱效应使实际的土压力呈马鞍形分布，而设计计算时一般都按均布计算。马鞍形分布的压力分布使作用弯矩减少而支座截面的剪力却基本不变，结果对抗弯有利而增加剪坏的危险。所以本来安全程度就不足民用规范的式（4-2-1），如直接用于抗爆结构将更不安全。

五、屈服后剪坏

以上说的抗剪强度都是指主筋屈服前发生的剪坏，即构件的承载能力是剪坏控制而不是受弯屈服。防护结构一般以受拉主筋屈服后的塑性工作状态为其正常工作状态，所以设计时必须考虑屈服后的抗剪性能，但对这个问题国内外都很少有过系统的研究。

屈服后剪坏有二种：a）由于受拉主筋强化或内力重分布等原因，使构件的作用剪力在主筋屈服后仍有所增加，于是因抗剪强度不足而剪坏。这种剪坏的机理与屈服前剪坏没有根本区别，但提醒人们注意在设计中应对可能产生的最大作用剪力有足够的估计或给抗剪以更多的安全储备；b）典型的屈服后剪坏，发生在同时有较大负弯矩和较大剪力作用的截面，例如框架节点和连续梁支座处及其附近，其机理是主筋屈服后拉区裂缝迅速向深处发展，压区混凝土面积不断缩小，于是在剪力作用下出现斜截面剪坏。屈服后剪坏时的剪力大小是由构件的抗弯屈服能力确定的，并不代表构件的实际抗剪能力。因此屈服后剪坏的根本问题是限制了弯曲延性的充分发挥，剪力的存在使弯曲屈服截面（或区域）在变形过程中提前遭到剪坏。

屈服后剪坏是斜截面破坏，但在跨高比较小的构件中也可出现接近正截面的剪坏。早在 20 世纪 70 年代初期，我们在结合北京地铁工程建设所做的早期研究中就发现屈服后剪坏对防护工程设计的重要意义，在一些框架和连续梁试验中经常出现这种破坏型式，有的对结构的延性造成很大损害，有的则影响不大。图 4-2-6 照片是当时得到的屈服后剪坏的典型外貌，都是大尺寸的试件。以后对这个问题进行了比较系统的试验，先后做了 5 批试验，但由于问题的复杂性，未能得出可供定量分析的计算表达式。下面，我们简要介绍试验给出的主要现象并提出工程处理方法。

（1）截面受弯屈服对抗剪能力的影响

曾为这一目的专门设计了一组无腹筋连续梁试件，分别用屈服强度为 1440MPa 的调质钢筋和普通 16Mn 钢筋配筋，试件的几何尺寸包括钢筋的直径、根数以及混凝土材料强度则完全相同。设计时使普通钢筋梁首先发生支座截面受弯屈服而经过塑性内力重分配后的最终抗弯能力又能高于抗剪能力。所以调质钢筋梁发生典型的屈服前剪坏，而普通钢筋梁则发生屈服后剪坏，但后者剪坏时的作用剪力均不低于前者，说明抗剪强度并未因界面的初始屈服而降低。类似的结果在 Mattock 很早发表的文章［4-13］也有叙及。支座截面屈服后的抗剪能力甚至可有稍许提高的机理不甚清楚，从实验现象观察可能与屈服后受弯裂缝发育从而抑制斜裂缝发展有关，也可能由于截面屈服后该处的弯矩 M 基本不变而剪力 V 则用塑性内力重分配而继续有所增长，于是剪跨比 $M/(Vh_0)$ 降低而导致抗剪能力增长。

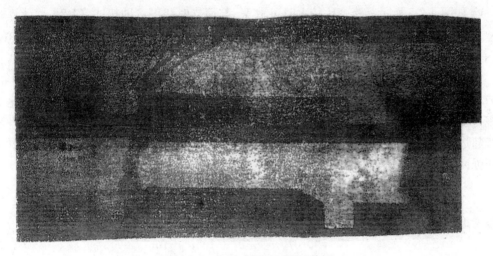

图 4-2-6　大尺寸梁的屈服后剪坏

（2）屈服后剪坏对延性的影响

我们根据所做的四批共 75 根约束梁和连续梁的屈服后剪坏试验（包括有、无腹筋），获得基本认识如下：

a）屈服后剪坏时的延性主要与两个因素有关：一是屈服截面的主筋配筋特征 $\rho f_y/f_c$；另一是作用剪力比 V_1/V_0，这里 V_1 是由构件屈服弯矩决定的作用剪力，V_0 是构件截面未屈服时应有的抗剪能力，对无腹筋梁为 V_c，对有腹筋梁为 V 如式（4-2-6）所示。$\rho f_y/f_c$ 愈小，截面开始屈服时的压区混凝土应力和应变愈低，所以发展到最终剪坏的变形过程就愈长，即延性愈好。V_1/V_0 愈小，延性也愈好。在无腹筋梁中，如有 $V_1/V_c<0.8$，则构件的弯曲延性受屈服后剪坏影响较少，如同时有 $\rho f_y/f_c<0.08\sim0.1$，则一般不出现屈服后剪坏。

b）如以屈服后截面的转动能力来表示延性，则剪力对极限转角的影响甚为复杂。屈服后剪坏可以限制屈服界面的塑性转动能力，但剪力引起的斜裂缝也能扩大塑性区的长度，产生更大的转角。试验表明，箍筋能增大极限转角，但少量箍筋无助于改善屈服后剪坏的延性。屈服后剪坏的延性数据非常离散，尽管我们已经作了大量试验，仍然得不到可靠的统计数据。

（3）考虑屈服后剪坏的工程处理方法

除了上面所说的试验研究外，我们也曾用有限元法分析钢筋混凝土构件的屈服后剪坏问题。由于缺乏合理的数学模型可以准确表达裂缝开展以及这种复杂状态下的本构关系，同时也由于材料软化特征带来计算方法上的困难，未获具体结果。

国外曾有少量研究资料，从静载下钢筋混凝土超静定结构塑性内力重分布能力的角度出发，探讨剪力对支座截面极限转角的影响[4-14]~[4-16]，但未见到可供具体定量计算的可靠结果。

综合我们所做的试验，当构件支座负弯矩截面的作用剪力限制在下列范围内，则其延性不受屈服后剪坏的严重影响，

$$V \leqslant 0.8V_c + 1.5\rho_k f_{yk} bh_0 \tag{4-2-7}$$

V_c 如图 4-2-5 所示，跨高比较大时可取 V_c 与简支时相等，即按式（4-2-6）计算，这样偏于安全。当 $l/h=14$ 时，有 $0.8V_c = 0.181 f_c^{1/2} \alpha_\rho \alpha_h bh_0$；当 $l/h=8$ 时，有 $0.8V_c = 0.284 f_c^{1/2} \alpha_\rho \alpha_h bh_0$。

对于 C30 混凝土，设计强度 f_c 为 15MPa，取 $\alpha_\rho = \alpha_h = 1$，得 $0.8V_c$ 在 $l/h=8$ 时为 $0.073 bh_0 f_c$，在 $l/h=14$ 时，为 $0.046 bh_0 f_c$。与 GBJ 10-89 规范的公式（4-2-1）相比，可知规范公式对混凝土强度等级不超过 C30 且构件跨高比不大于 8 的构件是安全的；当强度等级超过 C30 时，式（4-2-1）中的 f_c 项可乘以系数 $\alpha_c = f_{c,c30}^{1/2}$，其中 $f_{c,c30}$ 为 C30 混凝土的抗压强度，当跨高比大于 8 时，式（4-2-1）中的 f_c 项应再乘系数 α_1。

$$\alpha_1 = 1 - \frac{1}{15}\left(\frac{1}{h} - 8\right) \geqslant 0.6 \tag{4-2-8}$$

所以考虑屈服后剪坏延性的设计计算公式如书写成规范中的形式，为：

$$V = 0.07 f_c bh_0 \alpha_c \alpha_1 + 1.5\rho_k f_{yk} bh_0 \tag{4-2-9}$$

上述修正未曾计入支座负弯矩的存在对 V_c 的有利影响，在确定折减系数 α_1 时也取了稍为偏大的数值，但是并未考虑截面高度 h 大于 30cm 时 $\alpha_h < 1$ 的不利影响。前面已经提到，高度影响对无腹筋构件最为显著，而实际工程中只有板可以是无腹筋。试验表明，构件弯曲破坏时压区混凝土的极限应变值愈大，相应的抵抗屈服后剪坏的能力也愈强（破坏时有更长的变形过程即更好的延性），而板的极限压应变可比梁中大许多。综合这些有利和不利的方面，作为一种工程处理方案，式（4-2-9）的表达方式看来是适宜的，不过对高度很大的梁式构件，再适当降低式中的 f_c 项系数可能还是有需要的。

六、爆炸动载下的剪力作用

传统的结构设计方法是将荷载引起的结构内力与结构的承载能力进行比较，防护工程的抗剪设计计算首先要确定发生在结构构件中的动剪力，后者的作用特点因动载与结构而异，大体可分成下列几种情况：

（1）动载的作用过程 t_0 比结构基振周期 T 长许多，或者动载有较长的升压过程，例如核爆空气冲击及其引起的土中压缩波荷载，而且施加于结构的动载强度与结构所能承受的能力相应（在设计问题中，一般都是如此），这时的结构挠曲变形曲线与静载作用下比较一致。当内力从小到大发展时，在较大内力时刻的最大剪力位置，此时的截面内力弯矩 M 与剪力 V 的比值 M/V 或剪跨比 $M/(Vh_0)$ 和剪力沿跨长的分布图形等都与静载下基本相同。所以这种情况下的作用剪力完全可以用单自由度体系进行动力分析[4-18]，或者用等效静载法给出最大剪力。美国海军土木工程试验室所作的一批钢筋混凝土梁在爆炸压力下的动力试验，t_0/T 在1.4到21的范围内，发现动载下的剪坏形态与静载下没有明显差异，破坏时内力分布形状也相近。

按照单自由度假定，设梁在弹性阶段的振型为静挠曲线型，塑性阶段的振型为塑性铰形成的三角形，很易导出支座截面的动剪力，最大动剪力发生在弹性阶段终止的时刻，所以跨中截面屈服使支座处的动剪力减少，对抗剪有好处。Keenan曾计算过简支梁在突加三角形爆炸动载下的剪力变化过程[4-18]，弹性阶段按无限自由度列出微分方程计算并取前60个振型算得支座截面剪力，塑性阶段则视弯曲抗力为理想弹塑性并假定为三角形振型；图4-2-7是一个典型的算例结果，弹性阶段剪力 $V(t)$ 呈现许多波动反映高次振型作用，抗力 R 和剪力 V 均随时间增长，当 $t=t_0$ 进入塑性，抗力达到屈服值 R_u 不变，剪力 V 线性减少，挠度 y 继续增长，当 $t>t_0$ 后荷载 P 消失，此时 V 保持定值，当 $t>t_m$ 后回弹，挠度减小，抗力 R 和 V 都减少。

当用等效静载法设计时，等效静载通常是按照挠度相等的关系和抗弯延性确定的。可以证明，按照上述单自由度体系的振型假定所求得的支座截面最大剪力 V_m 并不完全等于静载 q 作用下的剪力 V_0，但比值 $k_v=V_m/V_0$ 在 $t_0>T$ 且有荷载系数 $k_h=q/p_0>1$ 的情况下，一般均小于并且很接近于1（p_0 为动载峰值），这说明按照等效静载法确定计算剪力是偏于安全的，我国人防规范正是采用这一方法来确定剪力的。

国外也有一些抗爆结构的设计资料按照剪力相等的关系和抗剪延性来确定等效静载，专

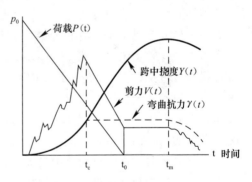

图 4-2-7　梁在爆炸动载作用下的典型
动力反应

门用于计算剪力。因此抗弯延性总是大于抗剪延性，所以抗剪用的等效静载总是大于抗弯等效静载。这种处理方法的好处是抗剪容易得到保证，但从理论上看，由于抗弯屈服在先，所以不可能同事存在二种等效静载。另外上部梁板结构有二种等效静载还会引起另一个矛盾，即下部墙柱的轴力应按哪一种等效静载确定。所以我国规范中的等效静载只根据抗弯延性确定，在这一前提下，我们在设计中必须十分注意一些对抗弯能力有利的因素可能带来的不良后果。例如土压力的马鞍形分布可降低作用弯矩，推力的存在可显著增大构件的抗弯能力，这些都对抗弯有利，使得动载下本来应该进入屈服状态而仍保持弹性工作，结果导致作用剪力增加，引起脆性剪坏。

由于截面的抗剪能力与 $M/(Vh_0)$ 即剪跨比有关，而 t_0 比 T 长许多的情况下 $M/$

（Vh_0）的大小分布于静载下相近（仅指较大内力下），所以静载下求得的抗剪能力在考虑了变形速度影响之后即可作为动载下的抗剪能力，这一点也为动力试验结果所证实。

（2）如动载作用时间 t_0 小于结构构件的基振周期 T，高次振型影响对剪力来说不能忽略。若仍按抗弯延性从单自由度假定出发取得的等效静载为 q，相应的支座截面剪力为 $ql/2$，则实际的最大剪力与等效静载下剪力 $ql/2$ 的比值 k_v 就不能近似为 1。这种动力分析利用计算机甚易求出。当荷载系数 $k_h = q/p_0$ 较小时，k_v 可比 1 大许多，k_v 随 t_0/T 增加而增大。

由于高次振型不能忽略，截面 $M/(Vh_0)$ 值沿跨长的分布将随着时间而变，而且最大剪力也不一定发生在支座截面，这就难以根据静载下的抗剪强度来推定动载下的截面抗剪能力，这方面的试验验证资料甚少，一般仍按静载抗剪能力考虑材料快速变形影响后作为验算依据，估计偏于安全。

（3）当动载作用时间十分短促，$t_0 \leqslant T$，这时作动力分析时，还必须考虑截面转动惯量和剪切变形对动剪力的影响，即需按 Timoshenko 梁进行计算而不能按通常材料力学中的 Bernoulli—Euler 梁对待。这时，动载作用下有梁的塑性铰从二侧向跨中移动，弯矩分布图形与静载下相差很大，尤其是剪力的分布图形相差甚巨，在半跨内可见反向的剪力出现，最大剪力可在接近跨中的部位发生，不论是弯矩或剪力图形均随时间激烈变化。Slawson 认为高箍筋率（$p_{sv} = 2\%$）截面抗剪能力要比静截下有非常大的提高，当发生斜截面剪坏时，承载能力达到 $3.8 (f_c bh_0)^{1/2}$。Kiger 等提出，对于跨高比 4～10 的钢筋混凝土构件，当荷载从静载转变为高强度的冲量荷载时，没有必要在设计中专门考虑动反力造成的剪切问题。变形速度在这一场合下很大，对抗剪能力可能产生重大影响。

（4）当 t_0 较小，且作用的动载强度超过实际承受值多倍时，结构构件可能在支座截面发生直剪破坏，美国进行的 FOAMHEST 试验最早发现了这种破坏现象，Ross 等对直剪破坏机理有过探讨[4-20]。在动载作用下，支座处剪力在初始阶段发展较快，而跨中弯矩发展较慢，但稍后则相反，所以如果动截强度与梁的承载能力相应，则梁在稍后的阶段首先屈服，一般发生弯坏；如果动载强度非常大，梁在初始阶段的作用剪力首先达到抗剪能力，此时的弯矩尚不足以达到屈服状态，于是梁在弹性阶段下发生直剪破坏。

直剪破坏时的截面抗剪能力尚无充足的数据，Slawson 等认为可按钢筋混凝土整体节点直接剪坏的静载下计算公式再增加 50%。

我国设计规范中，混凝土设计强度在动载作用下的提高比值对于抗拉和拉压均取同一数值。这是由于抗拉强度虽然在快速变形下提高较多，但龄期引起的后期强度增长却不如抗压强度。规范同时考虑了动载引起快速变形和龄期引起后期强度变化这两种因素。从实用方便出发，动载下的抗剪强度可以借用静载设计所采用的公式，对公式中的混凝土项乘混凝土材料强度提高系数，箍筋项乘钢材强度提高系数，当混凝土项用 $f_c^{1/2}$ 表达时，材料强度提高系数应乘在根号外边而不是里边。

考虑到剪切破坏的脆性及其严重后果，美国一些防护结构设计手册中，多在抗剪计算公式中取混凝土的动力强度提高系数为 1。

七、结语

（1）防护结构的主筋配筋率有时较低，而抗剪强度随着主筋配筋率的减少而降低。但试验表明，当主筋配筋率低到一定程度（约 0.8%）以后，抗剪强度则与主筋配筋率无关。所以低配筋率对抗剪强度的影响并不象一般认为的那样严重。

（2）均布荷载下的抗剪强度与跨高比有关，也受支座负弯矩与跨中正弯矩的比值影响。规范中的实用近似公式一般多按最不利的情况即按简支与较大的跨高比来规定抗剪能力的计算值，了解这些特点有助于正确处理工程设计问题。

（3）防护结构需要在屈服状态下正常工作，所以必须考虑屈服后剪坏的可能性，防止屈服后剪坏严重影响结构构件的延性。屈服后剪坏可发生在同时有负弯矩和较大剪力存在的支座或框架节点附近截面。为了保证屈服后剪坏不严重削弱构件延性，建议修改混凝土防护结构设计规范中的抗剪计算公式。

（4）动载作用下防护工程混凝土构件的剪力作用特征非常复杂，现在只有在动载作用过程相对较长、构件内力分布于静载作用下相近的情况，能够比较准确地给出作用剪力以及构件的抗剪能力。

（5）快速变形速度对抗剪能力提高的影响与不同的剪坏形态有关，斜拉破坏时最高，斜压破坏时最低。防护工程设计要防止结构构件出现脆切剪坏，尽量使结构的承载力受弯坏控制而不是剪坏控制。抗剪能力受多种因素影响，而规范公式又不可能充分反映众多的参数，所以了解防护工程钢筋混凝土构件的剪力作用特点以及抗剪性能特点，对于设计技术人员来说是相当重要的。

第三节　构件抗剪试验的一些原始数据

下面，我们引述曾完成抗剪试验的一些原始数据，多数未曾发表，可供进一步分析。但凡在上面以及第三章中已有详细介绍的抗剪构件试验，此处不再叙述。

一、钢筋混凝土梁在均布荷载下的抗剪性能与破坏形态

（1）试件

全部 26 根试件的截面名义尺寸与抗弯能力基本不变，但具有不同的跨高比及施加不同的支座负弯矩。试件主筋的配筋率取 1% 左右，并用 35Si$_2$Ti 配筋来提高梁的抗弯能力，如果这种配筋的构件能够免于剪坏，那么一般配筋更弱的构件无疑有受弯控制。混凝土强度取为一般抗爆结构中的下限 25～30MPa。梁的配箍率约 0.2% 左右。试件共分 3 组：

第 I 组试件 12 根（图 4-3-1a），为单面配筋，主筋用 2 根直径 12mm 或 3 根直径 10mm35Si$_2$Ti 钢筋，配筋率分别为 1.10% 和 1.15%。箍筋用 4 号铅丝（屈服强度 303MPa），间距 10cm，箍筋率 $\rho_k = 0.21\%$。这组试件为简支梁，支座负弯矩为零，跨高比 l/h 从 1.9 到 9.6 分成 6 种，如以支座垫板间的净跨 l_0 计算，则 l_0/h 从 1.3—9.0。

第 II 组试件共 11 根（图 4-3-1b），为双面对称配筋，两面主筋均为 2 根直径 12mm 钢筋，配置的箍筋与第 I 组相同。这组试件在试验时两端带有挑臂用来施加支座负弯矩。试件的跨高比 l/h 从 1.9 到 6.4 分为 5 种，相应的 l_0/h 从 1.3—5.7。II 两组试件的混凝土实

际立方强度从 24.2 到 29.5MPa，混凝土用普通硅酸盐水泥，中砂及卵石（最大粒径 3cm）配成，机械搅拌震荡，自然养护。

第Ⅲ组试件共 3 根，是在Ⅰ、Ⅱ两组试件试验以后补充制作的。主筋用 A3 低碳钢筋双面对称配置，配筋率为 2.5％，主筋屈服强度 241MPa。箍筋同前两组；但其中一根试件（ⅢD—3）的箍距取为 40cm，同时在梁的腰部配置 4 根直径 6mm 的腰筋（图 4-3-1c）；这组试件试验时均施加支座负弯矩，跨高比 l/h 为 4.2，或 l_0/h 等于 3.6。为了能得到真正的剪坏形态，降低了这试件的混凝土强度为 21.2MPa。

试件的加载图形见图 4-3-2。跨中的均布荷载用密集的多点集中荷载造成，每点荷载通过宽度 4.2cm 的垫板施于梁顶。梁的支座垫板宽 12cm，下面为直径达 10cm 的滚轴，支座在荷载作用下有足够的强度，避免因滚轴与垫板的过量挤压变形而引起水平摩擦推力的可能性。构件跨中的密集荷载用油压千斤顶通过分配梁施加，每一千斤顶的荷载 P 被分成 4 个点，根据试件跨度不同，同时应用 2 到 5 个同步油压千斤顶，相应产生 8 到 20 个点的密集荷载，这些荷载均布于梁的净跨内，即均布于梁的两个支座垫板之间（图 4-3-2a），只有试件ⅠA—1 和ⅡA—1 例外，这时在梁顶两端各有一个加载点落于支座垫板的上方。同步千斤顶的液压作用面积均为 100cm²，用同一个 Amsler 油泵测力计供油和测读荷载值。

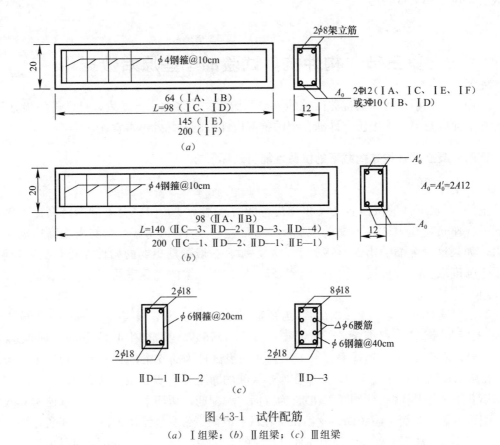

图 4-3-1 试件配筋

(a) Ⅰ组梁；(b) Ⅱ组梁；(c) Ⅲ组梁

表 4-3-1

试件号	l/h	l_0/h	$b \times h \times l$ cm	h_0 cm	h_0' cm	A_g	A_g'	f_y f_b	f_{cu15}	加载简图	最大内力	
											M	V
ⅠA—1 ⅠA—2	1.9	1.3	12×20.1×63.5 12.1×20.1×64.8	16.9 16.8		2根直径 12mm		521 (744)	31.0		10.2P	0.75P
ⅠB—1 ⅠB—2	2.4	1.8	12×20×64 12.4×20.4×63.5	17.0 17.3		3根直径 10mm		510 (754)	31.0		14.7P	P
ⅠC—1 ⅠC—2	3.3	2.7	12.2×20×97.1 12×20×98	17.1 17.0		2根直径 12mm		521	31.0		19.5P	P
ⅠD—1 ⅠD—2	4.2	3.6	12×20×98 12×20×98	17.0 16.9		3根直径 10mm		516	31.0		36.0P	1.5P
ⅠE—1 ⅠE—2	6.4	5.8	12×20，3×145 11.8×20.5×145	17.3 17.8		2根直径 12mm		521	26.9		69.0P	2P
ⅠF—1 ⅡF—2	9.6	9.0	12×20.3×199 13.7×20×199	17.0 16.9		2根直径 12mm		521	25.4		127.5P	2.5P
ⅡA—1 ⅡA—2	1.9	1.3	12×20.2×97.5 12.2×20.1×98	16.6 17.2 17.3		2根直径 12mm	2 12	521	31.0		10.2P— 25P′	0.75P
ⅡB—1	2.4	1.8	12×20.1×97.7	17.1 17.4		2根直径 12mm	2 12	521	31.0		14.7P— 20.5P′	P
ⅡC—1 ⅡC—2 ⅡC—3	3.3	2.7	12×20×200 12×20×200 11.5×20.5×139	16.8 16.9 17.9		2根直径 12mm	2 12	521	25.4 25.4 26.9		19.5P—60P′ 19.5P—60P′ 19P—30P′	P P P
ⅡD—1 ⅡD—2 ⅡD—3 ⅡD—4	4.2	3.6	12.5×20×199 11.5×20×139 12×20×139 11.5×20×139	17.0 17.5 17.5 17.0		2根直径 12mm	2 12	521	25.4 26.9 269 269		36P—50P′ 36P—20P′ 36P—20P′ 36P—20P′	1.5P 1.5P 1.5P 1.5P
ⅡE—1	6.4	5.8	11.7×20×199	16.5		2根直径 12mm	2 12	521	254		69P—30P′	2P
ⅢD—1 ⅢD—2 ⅢD—3	4.2	3.6	12.3×20×200 11.9×20.4×200 12×20×200	17.0 17.2 16.7		2根直径 18mm	2 18	241 (354)	227		36P—47P′	1.5P

注：表中符号：l——梁跨；l_0——梁净跨、支座垫板之间的距离；A_g——跨中断面受拉箍筋面积；A_g'——跨中断面受压钢筋及座断面受拉钢筋的面积；f_y—钢筋屈服强度；σ_b——钢筋极限强度；b、h、l——试件的宽、高及跨长；f_{cu15}——边长 15cm 的混凝土立方体抗压强度（构件试验时龄期）；M——跨中弯矩；V——支座垫板边缘剪力。

对于支座有负弯矩的Ⅱ组和Ⅲ组梁，两端挑臂上的集中荷载 P' 用铁砝码通过杠杆施加（图 4-3-2b），荷载 P' 造成支座的负弯矩，同时减少千斤顶荷载形成的跨中正弯矩。试验时采用分级加载，每级荷载以千斤顶荷载 P 计为 0.5t 或 1t，一直加到破坏。挑臂上的荷载 P' 也同时分级施加，但在多数情况下，P' 只分级加到梁的变形显得较大为止，没有都加到最后破坏。

试验的量测内容包括：跨中挠度及两端支座沉降，用三个百分表量测；跨中钢筋应变，用 5mm 标距的电阻应变片量测；千斤顶荷载 P，除用 Amsler 油泵测力计读盘直接测读外，同时还用贴有电阻应变片的筒形测力杆给出量测讯号（测力杆置于一个千斤顶的头部）；跨中挠度除用百分表测读外，同时用电位器式位移计，给出试件的荷载—挠度（$P-y$）曲线。

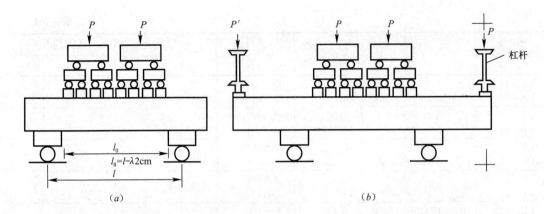

图 4-3-2　加载图形

此处定义延性比为最大荷载（构件最大抗力）下的挠度与钢筋屈服时的挠度之比。这个延性比并不是构件按理想弹塑性动力分析计算中的延性比。从图 4-3-3 可看出，构件的实际 $P-y$ 关系呈曲线状，而理想弹塑性分析时则简化为虚线所示的折线，按图中实线与虚线所包围的三角形面积 A 等于 B。

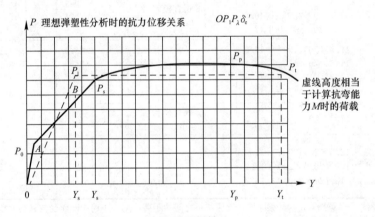

图 4-3-3　延性比

本文提到的斜裂缝是指倾角不大于 $60°$ 的斜向裂缝。在跨高比甚小的梁中，靠近支座的斜裂缝倾角较大，一般不会导致斜拉破坏或剪压破坏，而在弯坏的构件中，这种裂缝同跨中裂缝一样具有明显的弯曲裂缝的特点，所以我们没有将它列入斜裂缝的范畴。但是这种陡斜的裂缝有时是与短梁斜压破坏（或短柱破坏）相联系，故也列为剪坏的一种。

（2）主要试验结果

主要结果列于表 4-3-2。下面分别叙述各组试件在荷载下的反应。

a）第 I 组试件（支座弯矩为零）

各种跨高比的试件均为弯坏，未能得出试件的实有抗剪能力。这些试件都有良好的延性，最大荷载下挠度与屈服时挠度之比均较大，足以在弹塑性设计中提供延性比到 10。对比不同跨高比的短跨试件，明显可见小跨试件并非抗剪能力或延性较差。例如 l_0/h 等于 1.8 的 I B—2 试件，支座间距的伸展量最后达到了 1.5cm，为其跨长的 3.1％。

表 4-3-2

梁号	破坏形态	最大荷载 ton		钢筋屈服时荷载 ton		弯裂时荷载 ton		斜裂时荷载 ton		斜裂宽0.3mm时荷载 ton		钢筋屈服前裂缝最大宽度 mm
		P_m	P_m'	P_y	P_y'	P_{wl}	P_{wl}'	P_{xl}	P_{xl}'	$P_{0.3}$	$P_{0.3}'$	
ⅠA—1	W（锚）*	>20.5	0	14.0	0	3.5	0			15	0	0.25
ⅠA—2	W	>22		14.0		4.5				19		0.25
ⅠB—1	W	>18		13.0		3.0				12		0.30
ⅠB—2	W	>17		13.0		2.5				12		0.30
ⅠC—1	W	11.7		7.8		1.0		4	0			0.30
ⅠC—2	W	11.8		7.8				5				0.30
ⅠD—1	W	6.9		5.0		0.5		2		4.5		0.4（斜）
ⅠD—2	W	6.4		5.1		0.8		3		4.0		0.4（斜）
ⅠE—1	W	2.8		2.55		0.4		1		2.8		0.25
ⅠE—2	W	2.9		2.55		1.4		1.2		2.4		0.30
ⅠF—1	W	1.54		1.36				0.8		1.3		0.30
ⅠF—2	W	1.62		1.36		0.2		1.0		>1.5		0.30
ⅡA—1	W*（挤）	30.0	4.23			8	1.64			28	3.96	
ⅡA—2	W*（挤）	30.5	3.12			6	0.9			18	3.12	
ⅡB—1	W	21.0	4.31	1.72	4.3	6	1.94	6	1.94	14	4.31	0.50（斜）
ⅡC—1	W（J）	18.8	2.38	16.0	2.38	2	0.46	6	1.05	11	1.72	0.60（斜）
ⅡC—2	W（J）	18.5	2.23	15.5	2.23	2	0.46	4	0.75	8	1.55	0.55（斜）
ⅡC—3	W—J	14.9	2.53	13.5	2.53	4	1.35	6	1.94	9	2.52	0.90（斜）
ⅡD—1	J	8.0	3.13			1.5	0.61	2	0.76	约4.5	约1.50	
ⅡD—2	J	6.1	3.72			2	1.35	3	1.94	约4.5	约2.83	
ⅡD—3	J（W）	6.8	2.83	6.0	2.38	1	0.61	3	1.50	5	2.38	0.30（斜）
ⅡD—4	W（J）	8.2**	2.24	6.25	2.24	0.5	0.31	3	1.05	5	1.64	0.50（斜）
ⅡE—1	W（J）	4.45	3.12	3.85	3.12	0.5	0.76	2	2.53	3	3.12	0.65（斜）
ⅢD—1	J	8.5	2.67					3.5	1.19	5	1.64	
ⅢD—2	J（锚）	8.0	3.71					3.0	1.49	5	2.38	
ⅢD—3	J	8.0	2.53					3.0	1.05	5.5	1.78	

说明：1. 由于试件破坏时变形过大，$P-y$ 曲线上仍未表明荷载已达最大值，在这些数据前面冠以符号"＞"；
2. 表中某些数据空白为试验过程中漏记或因量测故障未得；
3. Ⅱ组试件破坏时 P/P' 的比值与钢筋屈服时的 P/P' 比值有时不一致；
4. 标有 * （锚），为最后因钢筋端部锚固不足而丧失承载能力；
5. 标有 * （挤），为最后因支座面挤压破损发展而丧失承载能力；
6. 标有 * * ，疑这一数据似有误。

b）第Ⅱ组试件

由于支座有负弯矩作用，第Ⅱ组试件与第Ⅰ组试件比较，在相等的跨中弯矩下，支座端的剪力增加，所以第Ⅱ组梁的承载能力虽然普遍提高，但是剪坏的可能性也同时增加。在这组梁中出现了不同的破坏形式。ⅡA-1、Ⅱ-2梁当钢筋屈服并强化后，由于支座处混凝土受挤压剥落并逐渐向斜上方发展为短柱斜压形式的破坏，限制了梁的弯曲塑性变形。ⅡB-1梁为典型弯坏。再稍长的Ⅱ组梁也为弯坏。ⅡD-3试件在跨中主筋屈服前的斜裂缝已呈现破损状态，估计跨斜裂缝断面处的钢筋已经屈服，反映在挠度曲线上，挠度迅速增加，但此时的跨中弯矩只有计算弯矩的 0.75 左右，试件并没有马上剪坏，继续加载一直到跨中断面钢筋屈服以后才剪坏所以，这根试件基本上可视为剪坏，破坏形态定为 J

（W）。ⅡD-4 试件在ⅡD 组中是支座负弯矩最小的一根，破坏形态为 W（J）。更长些的Ⅱ
E-试件破坏形态为 W（J）。4.3.4 为Ⅱ组不同跨高比试件的典型挠度曲线，剪坏的ⅡD-1
和ⅡD-2 试件几乎没有什么延性。

　　c）第Ⅲ组试件

　　这组的三根试件全部为剪坏，但剪坏形态与ⅡD 试件似有不同，后者沿着一条裂缝发
展成为破坏面，斜截面的倾角约为 45 度，裂缝的下端延伸至支座垫板内缘附近，而Ⅲ组
的斜裂缝倾角较小（25 度），沿一条主裂缝并在相邻的斜裂缝之间发展成一个破碎带
（图 4-3-5）。造成这种情况的原因之一可能因该试件的混凝土强度较低，靠近支座处梁顶
在负弯矩作用下的弯曲裂缝向下发展得比较厉害，迫使斜裂缝的倾角减小。此外，ⅢD 组
梁的箍筋间距过大（20—40cm），斜裂缝破坏面未能与箍筋相交（ⅢD-3 试件）或者只在
斜裂缝的上下

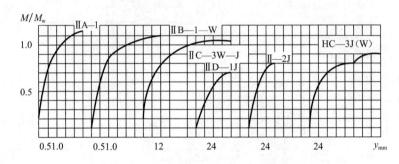

图 4-3-4　Ⅱ组试件的 M/M_R-挠度曲线

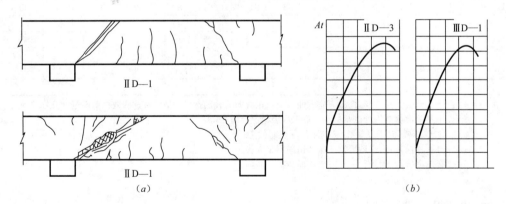

图 4-3-5　ⅡD-1 与ⅢD-1 梁的挠度曲线与破坏情况比较

　　两端与箍筋相交（ⅢD-1，ⅢD-2 试件），从挠度曲线可见这三根梁的破坏均较突然。
由此可见，配置箍筋对于保证梁的延性是重要的。

　　（3）小结

　　a）均布荷载下带有箍筋的一般配筋的短梁不易剪坏，在设计中毫无例外地均应作抗
弯强度验算。一般简支梁当 $\rho f_y / f_c \leqslant 0.3$ 同时配有箍筋箍筋 $\rho_k \geqslant 0.2\%$，梁将是弯坏控制。
但在跨端有约束弯矩且跨高比大于 3 时有可能发生剪坏。不能认为短梁都是抗弯控制的。
这一结论不能推广到受均布荷载的较大跨度梁。如同集中荷载作用下剪跨对于 3 左右的梁

甚易剪坏，均布荷载下跨高比为 8～10 的梁的抗剪能力最差而容易剪坏。

　　b）支座负弯矩能提高抗剪能力，但提高幅度有待进一步研究。

二、均布荷载下无腹筋受弯构件的抗剪性能

　　若以剪坏时支座截面处的名义剪应力来表示梁的抗剪能力（V 为支座截面剪力），则无腹筋简支梁的抗剪能力与混凝土强度、构件跨高比、主筋配筋率以及截面绝对高度等多种因素有关。当混凝土强度，配筋率及截面尺寸为定值时，有 $V/(bh_0 f_{cu})$ 值与跨高比的关系如图 4-3-6a 所示。构件剪坏时的跨中最大弯矩 M_j 与截面抗弯屈服能力 M_R 的比值与跨高比的关系如图 4-3-6b，当 l/h_0 大于或小于某一数值时，构件为弯坏控制。构件配筋率愈高或混凝土强度愈低，则剪坏的区段愈广。均布荷载下最易剪坏的区域在跨高比等于 10 左右。这正是人防工程顶板常用的范围。当配筋率较低时则在各种跨高比情况下均不出现剪坏。

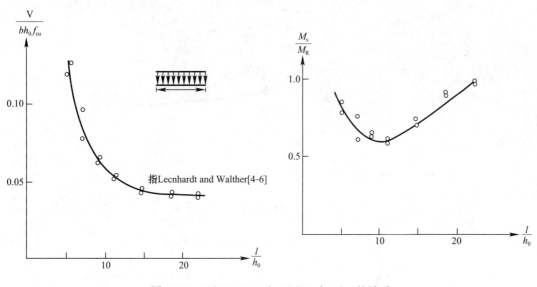

图 4-3-6　$V/(bh_0 f_{cu})$ 和 M_j/M_R 与 l/h_0 的关系

　　（1）国外的试验

　　图 4-3-7 概括了西德斯图加特工业大学（混凝土强度约 40MPa，配筋率约为 2%，$bh=$ 19cm×32cm），美国哥伦比亚大学（$bh=$15×30 与 15×38cm 个别高度 50cm），伊利诺大学（混凝土强度 22～53MPa，配筋率 1%～3.4%，$bh=$15×30cm），我国太原工学院（混凝土强度约 20MPa，配筋率 1.6%～3.0%，）$bh=$15×30cm 等所作的无腹筋梁在均布荷载下的试验数据，图中没有列入原有资料中标明剪坏但经过试验验证应为弯坏（屈服后剪坏）的数据，这种情况在太原工学院的试验中特别突出。在美国哥伦比亚大学的数据中，如将截面尺寸、混凝土强度和配筋率在相同的试件加以分类归纳，也可得到类似于图 4-3-7 的曲线，有最易发生剪坏的区域在 10-12 左右。

　　图 4-3-7 的数据十分离散，但是如以名义剪应力 $V/bh_0 f_c^{1/2}$ 作为纵坐标整理这些数据（即混凝土强度不用立方强度表示而改用其平方根），则结果的离散程度将明显降低（图 4-3-8）；另外均布荷载下的截面剪力沿跨长变化，不像集中荷载下那样在同一剪跨内为定值。如像

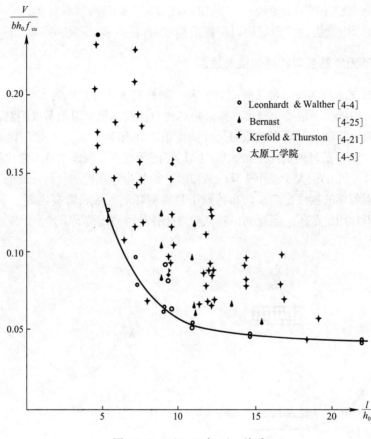

图 4-3-7 $V/bh_0 f_{cu}$ 与 l/h_0 关系

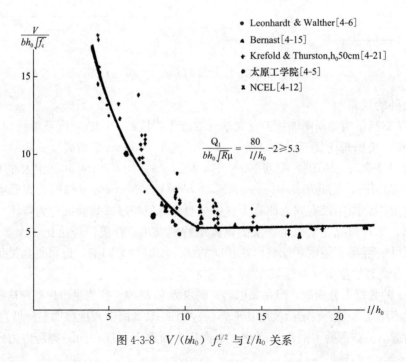

图 4-3-8 $V/(bh_0)\, f_c^{1/2}$ 与 l/h_0 关系

美国的 ACI 设计规范那样，将均布荷载下破坏截面的剪力近似取为离开支座 $1.5h$ 或 $0.15l$（取二者中之较小者）处的截面剪力 V_1，则有 $V_1/bh_0f_c^{1/2}$ 与 l/h_0 的关系如图 4-3-9，图中所有数据与图 4-3-8 相同。当 l/h_0 约大于 11 时，$V_1/bh_0f_c^{1/2}$ 值与 l/h_0 无关并等于常值 5.3。如仍用支座处的名义剪应力表示无腹筋梁的抗剪能力，则上述关系相当于：

$$V/(bh_0) = \lambda_1\lambda_2 f_c^{1/2}$$

式中：$\lambda_1 = 80/(l/h_0) - 2 \geqslant 5.3$；$\lambda_2 = (1 - 3h_0/l)^{-1} \geqslant 1.4$

图 4-3-9 数据的试件高度绝大部分在 $30\sim40$cm 之间，个别高度较大的已在图中注明，其抗剪强度明显偏低。

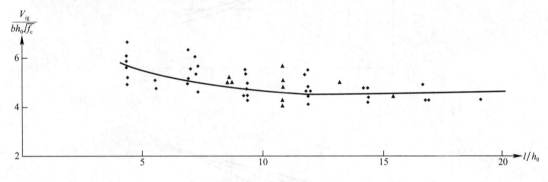

图 4-3-9　$V/(bh_0)\ f_c^{1/2}$ 与 l/h_0 关系

若以出现临界斜裂缝时的名义剪应力作为抗剪能力的一个指标，这时的剪力为 V_{lf}，则当 $l/h_0 > 11$ 时，V_{lf} 与破坏值 V_1 比较接近，二者之比在 $0.8\sim0.85$ 左右，当 $l/h_0 < 10$ 时，二者之比随 l/h_0 的减少而急剧降低，这种情况与剪切破坏的形态有关，因为前者多为斜拉破坏，后者则为剪压以致斜压破坏。抗剪强度的离散程度较大，特别对腹筋梁由于发生斜拉破坏非常突然，一旦出现临界斜裂缝后，构件抗剪能力即处于很不稳定的状态，所以对 l/h_0 大于 10 的无腹筋构件，抗剪能力的设计标准宜取临界斜裂荷载的平均值，这一数值大体相当于斜拉破坏荷载的下限。至于 l/h_0 小于 10 的构件，抗剪能力的设计标准可取破坏荷载平均值的下限。

在前面我们已经介绍了配筋率、截面高度，以及混凝土强度对抗剪能力影响。这些数据主要是在集中荷载试验下取得的，但这些影响因素在均布荷载下理应同样起作用。

a）截面高度影响

名义抗剪能力随截面减薄而提高，这种现象在无腹筋构件中特别明显，其原因与骨料咬合所能承受剪切的能力在较薄的构件中能起更大的作用有关。试验表明，当梁高小于 20cm 时，高度对抗剪强度的影响特别显著。抗爆结构的无腹筋板厚度一般达 30cm，而工业民用建筑中的板厚不过 10cm 左右，由于厚度不同带来的强度差别有可能超出 20% 以上。图 4-3-10a 是考虑高度影响的一些经验曲线，为了对比，以 $h=30$cm 时的强度为 1，纵坐标是其他因素保持一定时的强度比值 k_h。

b）配筋率影响

抗剪强度随配筋率变化的经验曲线见图 4-3-10b，为便于比较，其中以抗剪试验中常用的较高配筋率时的强度为 1。

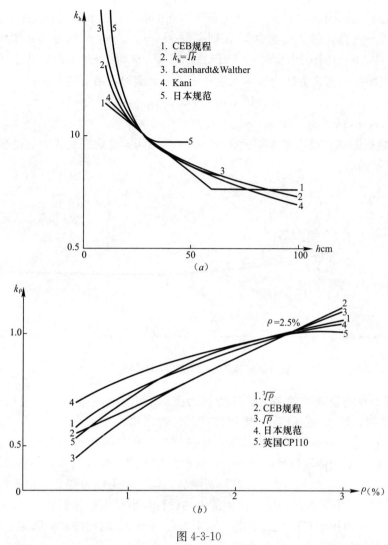

图 4-3-10
（a）截面高度影响；（b）配筋率影响

c）混凝土强度影响

无腹筋梁抗剪强度与混凝土强度的关系，在多数研究资料中表示为破坏时的名义剪应力与抗压强度 f_c 的平方根 $f_c^{1/2}$ 成比例，或与混凝土抗拉强度 f_1 成比例。某些研究者认为与 $f_c^{1/3}$ 成比例。也有个别在试验中发现混凝土强度（在普通标号范围内）对抗剪能力影响不大的。欧洲国际混凝土规程中的混凝土抗剪强度大体与抗压强度的 2/3 次方成比例，实际上也与抗拉强度相联系；美国 ACI 规程以及其他许多国家的规程则将抗剪强度 $f_c^{1/2}$ 与相联系。但我国的早期规范将抗剪强度表示为与 f_c 成比例很不合理，对混凝土强度的影响估计过高，反而不安全。

d）压筋影响

压筋对抗剪强度的影响看来不大，有的试验资料发现压筋使抗剪强度增长，有的则发现相反。

e）支座负弯矩的影响

防护工程中经常遇到的是框架、连续梁、连续板等结构形式，所以弄清支座负弯矩对抗剪强度影响甚为重要，对这个问题现在还研究较少。

美国一些早期研究机构提出过不少简支和固端梁的弯矩对比报告，但相互矛盾的不少。我们过去曾作过一批均布载下的约束梁抗剪试验，试件配有箍筋，未曾发现支座负弯矩对抗剪强度（跨度不变的条件下）有重大的影响。总的来说，若梁的跨度不变，支座负弯矩使抗剪能力有所提高，由于实验数据不足以及机理的复杂性，目前尚难给出定量数据。美国 1974 年出版的空军设计手册中已改用民用 ACI 规范中的抗剪计算公式，它以临界斜裂作为极限标准，公式中没有专门反映跨高比和支座负弯矩的影响。按照这一公式，构件据支座为 h_0 处截面的名义剪应力不得超过某一限值，近似为 $2f_c^{1/2}$。ACI 公式对均布载下的构件无疑过于保守的，它作为规范的普遍公式也适用于集中荷载，而集中荷载下的构件抗剪能力要低于均布荷载。美国海军的研究报告中也建议采用 ACI 公式，但对配筋率小于 1.2% 的构件，建议改用 Ferguson 修正公式，此外并考虑混凝土强度在快速变形下的提高，而在美国空军和民航局的设计资料中，则不考虑混凝土强度在快速变形下的变化。

（2）本文的抗剪试验

为进一步复核国内外数据，我们作了以下试验。

a）试件设计

试件的混凝土标准立方抗压强度 R_{15} 取 20-30MPa 左右，试件梁的跨高比全部为 $l_0/h_0 = 10$（集中荷载下取剪跨 $a_0/h_0 = 2.5$，均为抗剪能力最差的区段，其中 l_0 和 a_0 均为支座和荷载作用点下垫板间的净跨）。试验目的在于探讨低配筋率、有无压筋、支座负弯矩、出现塑性铰以及支座反力传递方式的影响。

全部试件共分三组（图 4-3-11），截面尺寸均为 12×20cm。A 组为简支受均布载，有二种配筋率 0.46%、0.93%；B 组为简支受集中载，有四种配筋率 0.23%、0.46%、0.69%、0.93%。这两种试件中，仅在其半跨内配置压筋。C 组试件为二跨连续，其中一跨的线刚度甚大于另一跨，后者作为试验跨，前者提供约束，对实验跨来说，中间支座相当于固端。C 组试件支座负弯矩 ρ_- 配筋率与跨中正弯矩配筋率 ρ_+ 之比为 1:1 和 2:1 两种，所有钢筋都是直通全跨。试件 C4 的中间支座反力通过吊筋传至横方向的简支短梁上，近似模拟有些防护工程中将顶板置于梁的底部（即反梁）的连接情况。

试件的分组、实测尺寸及数量列于表 4-3-3 和表 4-3-4。试件混凝土用 325 号（软练）普通硅酸盐水泥、中砂以及粒径不大于 2cm 的碎石配制而成，配比为 1:2.23:4.13，水灰比 0.58，采用机拌、振捣棒捣固并自然养护。每一试件均流取 15cm 边长立方块测定其强度，并换算成 20cm 边长的混凝土标准抗压强度。同一批制作的试件并留取棱柱试块。试件分批次制作，由于不同批的养护条件及砂石含水量稍有出入，所以混凝土强度有一定出入。试验时的时间龄期约在 35～40 天（A、B 组）和 65～75 天（C 组）之间，分别测出此时的混凝土立方强度如表 4-3-4 和表 4-3-5 所示。

为保证 A、B 两组试件在较低的配筋率的情况下不致弯坏，钢筋采用直径 8mm 的 45Mnsiv 调质钢筋。C 组试件中凡按规定要求产生屈服前剪坏的试件也用这一钢种配筋，凡规定要求屈服后剪坏的则用 16Mn 或 $35Si_2Ti$ 配筋。这些钢筋的实测性能指标也列于

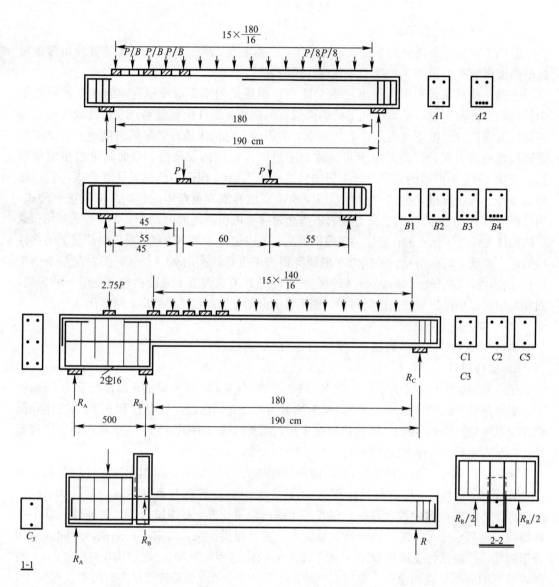

图 4-3-11 A、B、C组试件配筋

表 4-3-3

A、B组试件

试件编号	截面尺寸				跨中配筋率 ρ	A_g	A'_g	f_{cu15} MPa	钢筋强度 MPa
	平均		剪坏处						
	$b \times h$		$b \times h$	h_0					
A1-1	12.1×20，3		12×20.2	17.5	0.47	2 根直径 8mm	2 根直径 8mm	293	$\sigma_{0.2}$1450
A1-2	11.4×20.3		11.3×20.4	18.1	0.48	2 根直径 8mm	2 根直径 8mm	293	σ_b1590
A2-1	12.6×20.2		12.5×20.2	17.5	0.91	4 根直径 8mm	2 根直径 8mm	243	
A2-2	11.7×20.3		11.8×20.2	17.9	0.94	4 根直径 8mm	2 根直径 8mm	243	
B1-1	11.9×20.3		12.1×20.3	17.9	0.23	1 根直径 8mm	1 根直径 8mm	254	
B1-2	11.9×20.4				0.23	1 根直径 8mm	1 根直径 8mm	227	
B2-1	12.4×20.6		12.4×20.7	18.1	0.45	2 根直径 8mm	2 根直径 8mm	246	
B2-2	12.0×20.4		12×20.6	18.6	0.45	2 根直径 8mm	2 根直径 8mm	287	

续表

试件编号	截面尺寸			跨中配筋率 ρ	A_g	A'_g	f_{cu15} MPa	钢筋强度 MPa
	平均	剪坏处						
	$b \times h$	$b \times h$	h_0					
B3-1	12.0×20.4	12.2×20.4	18.1	0.70	3 根直径 8mm	2 根直径 8mm	237	
B3-2	11.8×20.5	12×20.1	18.3	0.70	3 根直径 8mm	2 根直径 8mm	243	
B4-1	12.3×20.3	12.3×20.2	18.5	0.90	4 根直径 8mm	2 根直径 8mm	234	
B4-2	11.9×20.3	11.9×20.3	18.2	0.92	4 根直径 8mm	2 根直径 8mm	212	

C 组试件　　　　表 4-3-4

试件编号	截面尺寸				R_{15} MPa	跨中拉筋				支座拉筋			
	跨中		支座			配筋	ρ %	f_y MPa	σ_b MPa	配筋	ρ %	f_y MPa	σ_b MPa
	$b \times h$	h_0	$b \times h$	h_0									
C1—1	11.8×20.2	17.5	11.7×20.3	18.7	31.3	2 根直径 8mm	0.48	1440	1580	2 根直径 8mm	0.46	1440	1560
C1—2	11.9×20.2	17.2	11.9×20.3	18.7	31.2	2 根直径 8mm	0.49	1440	1580	2 根直径 8mm	0.45	1440	1560
C2	11.8×20.2	17.7	12.7×20.2	17.8	27.6	1 根直径 10mm	0.34	446	630	2 根直径 10mm	0.68	446	653
C3	12.6×20.2	17.4	12.1×20.2	18.2	20.2	2 根直径 10mm	0.71	452	632	2 根直径 10mm	0.71	452	632
C4	11.8×20.2	17.5	11.9×20.3	17.4	22.7	2 根直径 10mm	0.76	458	645	2 根直径 10mm	0.76	458	642
C5	12.7×20.5	17.9	12.6×20.5	17.8	30.3	1 根直径 12mm	0.50	524	770	1 根直径 12mm	0.50	524	760

表 4-3-5

试件号	垂直开裂荷载 ton	斜裂荷载 ton	临界斜裂荷载 ton	破坏荷载 ton	破坏方式	破坏部位	破坏斜裂缝投影长度 cm
B1-1	0.42	0.72	1.67	1.81	剪坏	无压筋一端	25
B1-2	0.43	0.94	1.65	2.24	弯坏	纯弯段拉断	12（未破坏）
B2-1	0.62	1.25	2.10	2.22	剪坏	有压筋一端	38
B2-2	0.62	1.25	2.30	2.33	剪坏	无压筋一端	45
B3-1	0.69	1.12	1.96	2.03	剪坏	有压筋一端	40
B3-2	0.72	1.26	2.00	2.20	剪坏	无压筋一端	36
B4-1	0.63	1.269	2.09	2.27	剪坏	有压筋一端	45
B4-2		1.45	1.73	1.83	剪坏	有压筋一端	42
注：表中荷载值指 1 个千斤顶压力 P，相当于剪力值							
A1-1	0.70	2.01	4.25	4.48	剪坏	无压筋一端	34
A1-2	0.75	2.38	2.93	3.16	剪坏	有压筋一端	31
A2-1	0.75	2.39	3.45	3.45	剪坏	无压筋一端	35
A2-2	/	2.20	3.69	3.95	剪坏	有压筋一端	31
注：表中荷载值指 1 个千斤顶压力 P，均布荷载总和为 $2P$							

表 4-3-3 和表 4-3-4 中。这次采用的 16Mn 钢筋有偏高的强度，屈服台阶长度因而偏低，实测为 13000μ 左右，而 $35Si_2Ti$ 的实测屈服台阶长度为 12000μ，二者相差不大。

　　b）加载及量测装置

　　实验采用液压千斤顶加载，用 Amsler 测力计油泵同时向各个千斤顶供油并读出荷载。

千斤顶为间隙密封并逐个经过标定证明有很高的精度。对 B 组试件，每个千斤顶给出集中荷载 P。对 A 组试件，每一千斤顶通过分配梁系统变成 8 点荷载作用于半跨，全跨用 16 点荷载模拟均布载。对 C 组试件，试验跨内的加载装置与 A 组相同，另外在短跨中点加一大小为 2.75P 的集中力，后者所用的千斤顶活塞面积为试验跨内千斤顶活塞面积的 2.75 倍。作为均布载的每点作用力为 $P/8$，通过 5cm 宽的垫板加于试件顶面并在垫板与试件之间填以硬橡胶皮。其他情况下的集中力和支座反力则通过 10cm 宽垫板作用于试件，二者之间用砂浆找平。支座及分配梁处全部用圆滚轴联接以消除水平摩擦力。

c）简支试件的反应

集中荷载作用下 B 组简支梁的剪跨为 $a/h_0 = 2.5$ 和 3.1，除试件 B1—2 外全部剪坏。表 4-3-2 列出了试件破坏时、初始斜裂时以及临界斜裂时的剪力值，这里所指的临界斜裂是指斜裂缝向下以贯穿梁底，向上已接近梁顶的状态，同表还列出了破坏斜裂缝的水平投影长度。这些试件的斜裂缝发展规律大体相似，最后破坏型式接近斜拉，斜裂缝基本上连接支座垫板和荷载垫板之间，但配筋率很低的 B1 组梁（$\rho = 0.23\%$）却有所不同，这种梁的垂直裂缝在剪跨内一开始就发展较深，阻隔了斜裂缝向支座和向加载点延伸，所以临界斜裂缝较陡。B1—2 梁破坏前的斜裂缝宽度已达到 2~3mm，由于斜裂缝陡峭，最后未能引起斜拉或剪压破坏，而是纯弯段内的钢筋拉断，弯坏时的剪力要高出 B 组内其他配筋率较高的多数试件，这种现象发生在配筋梁很低的梁中恐非偶然。

集中荷载下开始斜裂时的荷载与最终剪坏荷载之比约为 0.55~0.6，当配筋率特低时（$\rho = 0.23$）这一比值更低，总的来说均小于通常最高配筋率时的数据。斜裂缝宽度达 0.2mm 时的荷载与最终剪坏荷载之比为 0.75~0.8 左右，也有个别超过 0.9 的。

B 组梁在一端发生剪切破坏后，将未破坏的另一端按图 4-3-12 的简图重新加载，剪跨值仍不变，由此获得抗剪破坏值自然高于第一次加载时的数值，但个别试件高出较多，如 B—1 梁超出 35％以上，B4—2 竟高出 60％，这种现象从另一个侧面说明抗剪强度的离散性（表 4-3-6）。

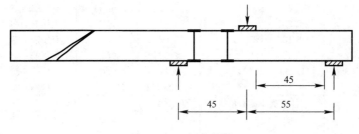

图 4-3-12 加载简图

表 4-3-6

试件号	破坏时剪力 ton	破坏斜裂缝水平投影长度 cm
B1-1	2.48	23（接近破坏）
B2-1	2.58	35
B2-2	2.32	35
B3-1	2.09	27

试件号	破坏时剪力 ton	破坏斜裂缝水平投影长度 cm
B3-2	2.28	40
B4-1	2.54	43
B4-2	2.98	35

均布载下 A 组试件跨高比 $l_0/h_0 = 10$ 或 $l/h_0 = 10.6$ 的试验结果列于表 4-3-6，与 B 组试件比较，均布载下破坏斜裂缝投影长度稍短，开始斜裂时荷载与破坏荷载比值稍高。A 组内同样配筋的二根试件，强度差别较大，凡斜裂缝发生在靠近支座的破坏荷载一般偏低，而斜裂位置似乎有一定的偶然性，与该处附近早先出现垂直裂缝位置和深度有关。

A、B 二组全部试件均为脆性破坏。

根据这两组试件的试验结果，得出主要印象如下：

ⅰ）压筋对抗剪能力没有明显的作用，所有试件均在半跨内设有压筋，而最后的破坏部位适有一半试件发生在有压筋处，另一半发生在无压筋处（表 4-3-5）。

ⅱ）当配筋率较低时，配筋率对抗剪强度的影响不大，综合了这次的试验结果，图 4-3-13a 表示 $V/(bh_0 f_c^{1/2})$ 值基本上与配筋值无关，图 4-3-13 表示与配筋率的关系，反映随配筋率的增加有微小的提高趋势。值得注意的是配筋率很低时（0.23%），$V/(bh_0 f_c^{1/2})$ 值反而呈增加趋势。ρ 值约超过 0.8% 左右时，若以 B 组每一试件先后 2 次加载得出的平均值作图，则反映出抗剪能力有随着配筋率增长的趋势。

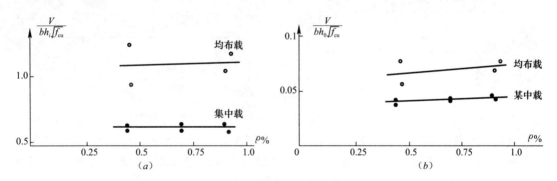

图 4-3-13　抗剪能力与配筋率关系

ⅲ）试验得出跨高比对弯、剪破坏分区的影响大体如图 4-3-14 所示。

d）连续梁试件的反应

C 组连续梁试件的加载图形及其弹性阶段的计算反力和内力图形见图 4-3-15。中间支座截面的计算弯矩为 46.5P，与固定端的弯矩十分接近，因此对试验跨来说，中间支座可视为固端。但在试验过程中，由于中间支座有一定沉降，使得实际的内力和反力值均偏离图中的数值。

ⅰ）屈服前剪坏的 C1 试件

C1—1 和 C1—2 二个试件均沿全跨配置两根高强调质钢筋（$\rho_+ = \rho_- = 0.47\%$）。根据实测反力说明跨中正弯矩由于中间支座沉降因而超过了支座负弯矩。在荷载作用下，首先在跨中梁底出现垂直裂缝，而后在中间支座截面也出现垂直裂缝。增大荷载后，在中间支座试验跨的一侧，出现与梁轴大致成 45 度的腹剪斜裂缝，继续增加荷载，斜裂缝同时向

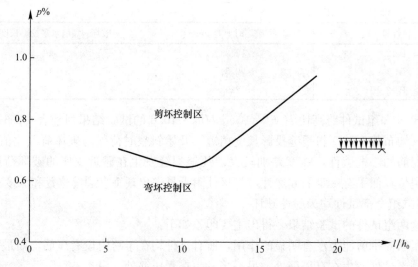

图 4-3-14　跨高比与弯、剪破坏控制区的关系

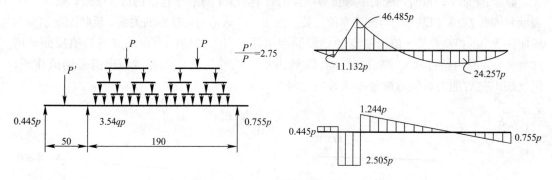

图 4-3-15　C组连续梁的加载图形

上、下两个方向延伸，当其上端发展到梁顶钢筋层附近时，裂缝以较为平缓的斜度向跨中方向延伸，而其下端则向中间支座延伸，一般最后总是延伸到中间支座附近两跨梁的界面发生突变的地方。随着裂缝向两端延伸，斜裂缝的宽度也迅速增大，最后梁发生剪切破坏。此时压区混凝土压毁，支座和跨中主筋远未屈服。

从 P－y 曲线上（图 4-3-16）可以看到，除了在第 4 级荷载，由于出现垂直裂缝，P-y 曲线有一拐点外，直到梁破坏，跨中挠度与荷载基本上成线性关系。试验跨内出现垂直裂缝的区域偏向端支座一边，这与梁的弯矩图是相吻合的。

ⅱ）屈服后剪坏的 C2、C3、C5 试件

C2 梁在支座和跨中分别配置 2 根直径 10mm 和 1 根直径 10mm 的 16Mn 钢筋，配筋率分别为 0.68% 和 0.34%。在荷载作用下，C2 梁以及以后的 C3、C5 梁的裂缝发生、发展和破坏形态，与上述的 C1—1、C1—2 梁基本相同，但是 C2 梁在 12 级荷载（每级荷载 $P=178.2\text{kg}$）下出现初始腹剪斜裂缝的同时，跨中主筋也告屈服。此后梁的内力出现重分配，支座弯矩迅速增加，当荷载增加到 15 级时，支座主筋也告屈服，跨中压区混凝土也开始破损。主筋屈服后，梁仍能承受进一步增加的荷载，但此时斜裂缝和垂直裂缝都已充分展开，跨中挠度也迅速增加，最后于 19 级荷载下 C2 梁呈现剪切破坏，此时跨中截面

压区混凝土已出现局部的微小水平缝，开始呈现剥落趋势，压区混凝土应变最后为 3040μ，但支座截面的压区混凝土应变在剪坏前为 1820μ。总的来说，C2 梁有较大的塑性变形，尽管截面屈服均未到压区明显剥落的程度。图 4-3-18a、b 分别给出了 C2 梁的 P-M 和 M-y 曲线，其中 M_+ 为距离端支座为 80cm 处的截面正弯矩，M_- 为距中支座 5cm 处即大小截面交界处的负弯矩（以下所指亦同）。C3 梁在支座和跨中均配置 2 根 16Mn 钢筋，（$\rho_+ = \rho_- = 0.71\%$）。虽然 C 组梁支座弯矩与跨中弯矩的理论比值为 1.92，但是由于中间支座沉降的影响，减小了支座弯矩，增加了跨中弯矩，所以在荷载作用下，还是首先在跨中出现垂直裂缝，然后才在支座出现垂直裂缝，最后在中间支座附近

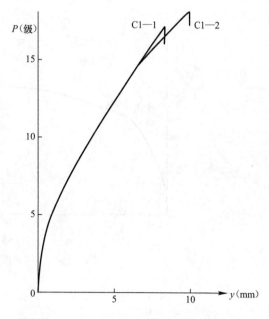

图 4-3-16 C1—1、C1—2 梁的荷载-挠度曲线

出现腹剪斜裂缝。当荷载将近 18 级时，由于梁的中间支座处混凝土局部承压破坏，试验中止。此时，腹剪斜裂缝已充分开展，其上下两端都已分别延伸到梁顶和梁底的钢筋层附近，但裂缝宽度尚不大。跨中主筋则已临近屈服。

C5 梁在支座和跨中截面各配置 1 根直径 12mm 的 35Si$_2$Ti 高强钢筋，$\rho_+ = \rho_- = 0.5\%$。C5 梁在 11 级荷载下出现腹剪斜裂缝后，在 17～18 级荷载时，跨中主筋首先屈服，荷载增加到 19 级，支座主筋亦随之屈服。此时梁仍能承受进一步增加的荷载，但斜裂缝和垂直裂缝都已充分开展，跨中挠度也随之急剧增大，最后梁的破坏形态仍呈现为剪切破坏。破坏时跨中截面压区混凝土应变已超过 4000μ，但外观上尚看不出剥落现象，而支座截面的压区混凝土应变只有 600μ 左右，所以支座截面的塑性变形远没有得到发展。图 4-3-18 分别为 C5 梁的 P-M 和 P-y 曲线。

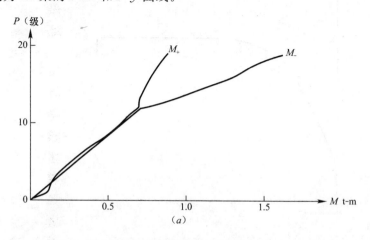

图 4-3-17 C2 梁的荷载-挠度曲线（一）

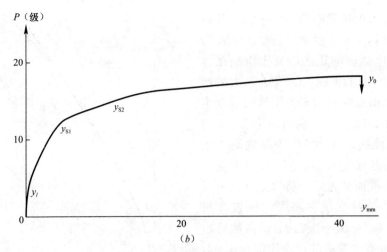

图 4-3-17   C2 梁的荷载-挠度曲线（二）

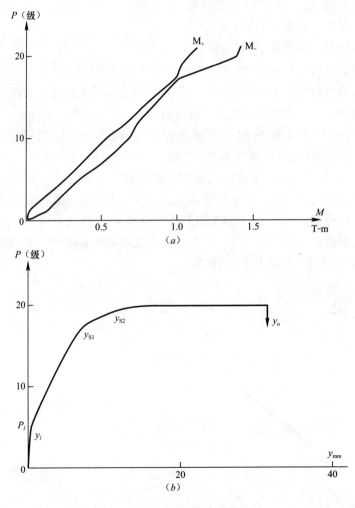

图 4-3-18   C5 梁的荷载-挠度曲线

ⅲ）用吊筋支撑的 C4 试件

C4 梁在支座和跨中截面各配置 2 根直径 10mm 的 16Mn 钢筋，$\rho_+ = \rho_- = 0.76\%$。中间支座反力通过吊筋传到整体浇注的横向短梁上，以探讨支撑条件的不同对截面抗剪强度的影响。

在荷载作用下，C4 梁首先在跨中出现垂直裂缝，由于中间支座置于短梁上，沉降量较大，所以支座弯矩较小，直到 15 级荷载时，才在中间支座截面发现垂直裂缝。16 级荷载时，距中间支座 40cm 处出现初始腹剪斜裂缝，此初始斜裂缝随荷载的增加，发展缓慢，第 17 级荷载以后，在更靠近中间支座的地方陆续出现了几条互相平行的斜裂缝，并随荷载的增加而迅速向两端延伸。由于这些斜裂缝伸到支座截面内与吊筋相交，所以并没有在这些缝上剪坏。随后跨中主筋屈服，23 级荷载时，支座截面主筋也告屈服。当进一步增加荷载时，C4 梁最后在初始斜裂缝处突然发生剪切破坏，此时荷载相当于 23.1 级。破坏时跨中截面压区混凝土应变已超过 4000μ，但未出现外观剥落现象，而支座截面压区混凝土应变不到 500μ，说明塑性变形没有很好发展。

图 4-3-19 为 C4 梁的 $P\text{-}M$ 和 $P\text{-}y$ 曲线。

C4 梁的承载能力比其他的 C 组梁高，究其原因有：1）中间支座沉降使支座截面剪力有所减少；2）破坏斜裂缝位置离开支座有一定距离并靠近反弯点。由于此类试件仅此一根，所以尚难得出明确结论。

表 4-3-7 列出 C 组试件的主要测试数据，表中的剪力 V' 是指中间支座大小截面突变处的截面剪力（离支座中心线 5cm）。

试验得出的主要印象如下：

ⅰ）支座负弯矩未能显著提高构件的抗剪能力（与跨度相同的简支梁相比）。屈服前剪坏的 C1—1 和 C1—2 试件，支座截面的抗剪强度 $V'/(bh_0 f_c^{1/2})$ 值平均为 0.91，这两构件的跨度可看成图 4-3-16 所示，故实际的跨高比约为 12 左右。与之对比的 A 组梁有支座截面名义剪应力平均为 1.1，如以离开支座中心线 5cm 处的剪力表示，有 $V'/(bh_0 f_c^{1/2})$ 等于为 0.96 但其跨高比为。若按将其换算到跨高比为 12 时的情况（其中不考虑 $\rho\mu$ 的影

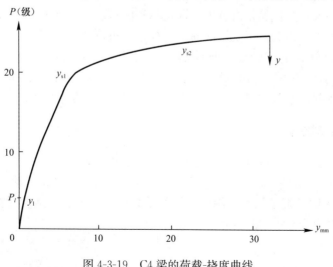

图 4-3-19　C4 梁的荷载-挠度曲线

（p_1—开裂荷载）

响），可得 $V'/(bh_0f_c^{1/2})$ 约为 0.82 左右。所以 C1 梁的相应数值不过高出 10%。由于 A 组梁的抗剪能力是每一试件的两个端部中的较小一个，而 C 组梁的抗剪限定在一个端部破坏，因此后者得到较高数值也可能是由于这个原因。

ⅱ）支座截面屈服并未降低抗剪强度。屈服后剪坏的 C2、C4、C5 梁，其 $V'/(bh_0f_c^{1/2})$ 值均高于屈服前剪坏的 C1 试件（表 4-3-7）。看来这个问题尚与支座附近斜裂缝以及垂直裂缝的发展顺序有关，有待进一步探讨研究。

表 4-3-7

试件	垂直开裂弯矩 Mton·m		支座截面剪力 V' ton			$V'/(bh_0f_c^{1/2})$	破坏荷载 P ton	破坏时弯矩
	支座	跨中	斜裂时	临界斜裂	破坏			
C1-1	0.47	0.23	2.69		3.23	0.85	3.03	0.91
C1-2	0.40	0.23	2.29	3.24	3.71	0.97	3.51	0.82
C2	0.46	0.25	2.31	3.04	3.93	1.05	3.39	1.93
C3	0.44	0.25	2.63	3.15	3.15	1.03	3.21	1.93
C4	0.89	0.31	2.83	3.36	4.27	1.42	4.12	/
C5	0.35	0.27	2.16	3.47	4.10	1.07	3.73	0.79

ⅲ）C 组梁的斜裂缝投影长度与简支的 A 组梁没有重大区别，但它们的位置明显不同。C 组梁由于有支座负弯矩，斜裂缝一般均紧接支座截面处（发生在负弯矩作用区），而简支的 A 组梁则离开一段距离。C4 梁的斜裂位置也离开支座一些距离，这与 C4 梁斜裂时的比值较小（约为 0.5）有关。

以上文中提到的有关数据可供设计研究人员进一步分析判断和参考。[1]

第四节　某隧道顶板结构的抗剪试验[2]

由顶板和侧墙组成的框架结构是地下防护工程中最常用的一种结构形式。这种结构的顶板往往很厚，一般不配箍筋，对抗剪无疑是不利因素。但设计人员常认为均布荷载下的抗剪不会有问题而不配箍筋。可是低配筋率的板在均布荷载下易产生屈服后剪坏，不配箍筋会影响到板的延性。本试验结合具体的工程对象，其出入口段为三不等跨矩形框架（图 4-4-1），对其 1∶9 的模型进行试验。原型结构的主跨达 18m，顶板厚 1.8m。为弥补主跨靠中间支座部位的抗剪强度不足，试件设计时采用了加腋方案。

一、试件及加载量测方案

试件包括 7 个板带和一榀框架，具体尺寸和配筋见图 4-4-2、图 4-4-3，主要参数列于表 4-4-1。在 7 个板带试件中，BY 型带腋试件和 B 型不带腋试件是为探索对抗剪性能的影响，BY1、BY2 及 BY5 配不同等级纵向钢筋的是为探索纵筋屈服强度对抗剪性能的影响。试件的名义抗压强度为 C20，但实际的强度比较离散。

---

① 本节研究项目由陈肇元、阚永魁、郁峰、贺玉萍共同完成；本文由陈肇元执笔编写。
② 本项试验由陈肇元、阚永魁、王志浩完成。

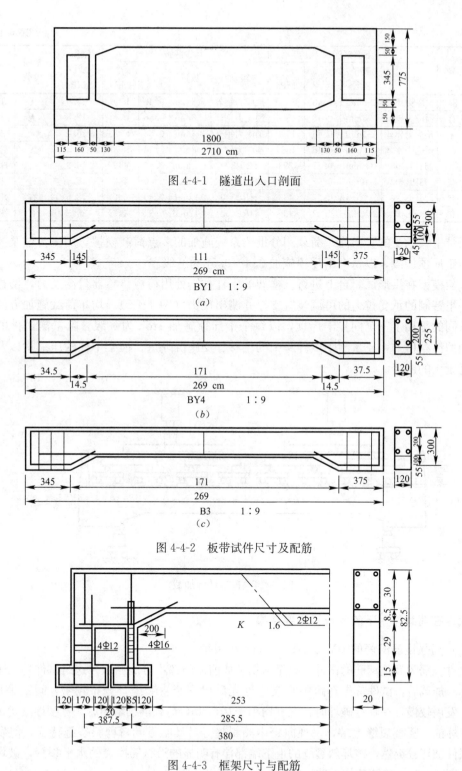

图 4-4-1　隧道出入口剖面

图 4-4-2　板带试件尺寸及配筋

图 4-4-3　框架尺寸与配筋

　　两端简支的板带试件支座通过滚轴支承在普通的试验台座上，每一支承处均有荷载传感器量测反力。

表 4-4-1

| 试件号 | 加腋 | 下部钢筋 | | | | 上部钢筋 | | | | 混凝土抗压强度 f_c MPa | 轴向荷载 | 试件形式 |
		级别	数量直径	ρ%	f_y MPa	级别	数量	ρ%	f_y MPa			
BY1	有	预应力钢丝	2-8mm	0.48	1500	预应力钢丝	2-8mm	0.36	1500	14.6	无	图 4-4-2a
BY2	有	预应力钢丝	2-8mm	0.48	1500	预应力钢丝	2-8mm	0.36	1500	12.8	无	图 4-4-2a
B3	无	预应力钢丝	2-8mm	0.48	1500	预应力钢丝	2-8mm	0.36	1500	16.0	无	图 4-4-2b
BY4	有	预应力钢丝	2-8mm	0.48	1500	预应力钢丝	2-8mm	0.36	1500	18.8	无	图 4-4-2c
BY5	有	HPR300	1-10mm	0.37	293	HPR300	1-12mm	0.40	442	16.9	有	图 4-4-2a
BY6	有	HPR300	1-10mm	0.37	293	HPR300	1-12mm	0.40	442	18.4	有	图 4-4-2a
BY7	有	HRB400	1-12mm	0.37	435	HRB500	1-12mm	0.40	690	18.5	有	图 4-4-2a
KY	有	HRB400	2-12mm	0.42	435	HRB400	2-12mm	0.32	443	28.3	有	图 4-4-3

板带上缘承受的竖向均布荷载用分批梁系统施加的多点荷载模拟,用一台油泵控制两个同步千斤顶加载,以每个千斤顶施加 0.4~0.5t 为一级。

框架模型在拱形试验台上进行。框架的中柱柱脚处用荷载传感器量测反力,两边柱脚处用一组特制的承受拉力的可调装置支撑并测出反力(图 4-4-5)。均布荷载施加方法同板带,不同的是用了三个同步千斤顶,以每个千斤顶施加 1ton 为一级。除量测试件的反力和施加的荷载值外,还量测了试件跨中的位移、支座沉降量、框架中柱的压缩量以及,钢筋和混凝土的应变。

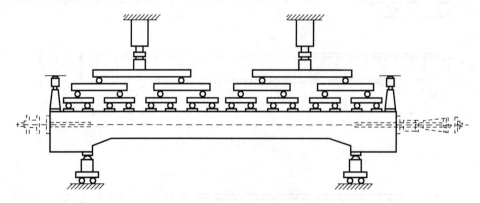

图 4-4-4　板带试件加载

二、试件在荷载作用下的反应及主要结果

(1)高强钢筋配筋的 BY1、BY2、BY4 组板带

试件纵筋为高强钢筋的试件,直至剪切破坏前纵筋都不可能屈服。这组试件均在正弯矩区剪坏。加载后,试件首先在跨中和支座处先后出现竖直裂缝,分布较密,间距平均 7~8mm,发展较慢,在临近破坏时,宽度均小于 0.5mm,荷载继续增加后,宽度逐渐增加,在试件剪坏前,竖直裂缝上端,呈现向跨中倾斜趋势,具明显的弯剪斜裂缝特征,但发展缓慢。试件破坏较突然,破坏斜裂缝的上下端都伴有明显的沿纵筋撕裂的水平裂缝,破坏属斜拉型(图 4-4-6),加腋部位无破坏象征。

(2)高强钢筋配筋的 B3 板带

与 BY 组相同,加载后,首先在跨中和支座处先后出现竖直裂缝,不同的是这组试件直

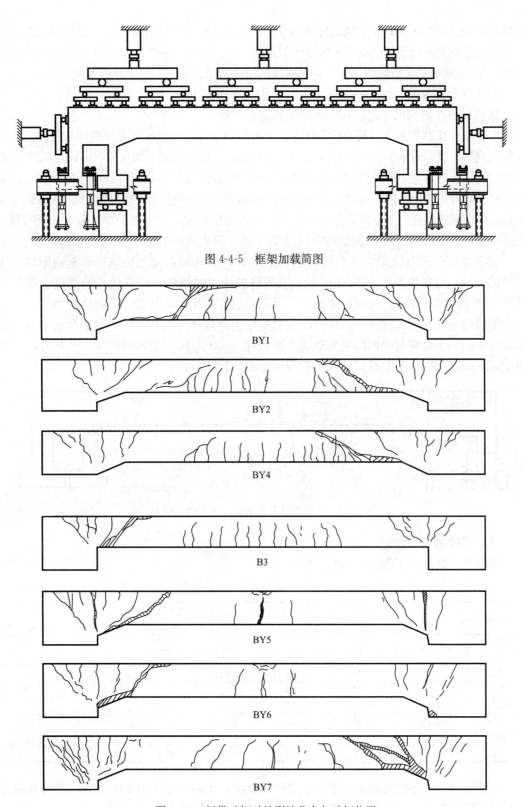

图 4-4-5　框架加载简图

图 4-4-6　板带破坏时的裂缝分布与破坏位置

至剪坏，在正弯矩区没有形成倾斜发展的弯剪斜裂缝，而在试件剪坏前的一级荷载前后，在负弯矩区边缘处的竖直裂缝倒明显向下倾斜发展，具有剪斜裂缝特征。这条斜裂缝向支座处延伸，呈 45 度夹角，破坏突然发生，有明显的沿纵筋撕裂的水平裂缝。破坏属斜拉型。

（3）普通强度钢筋配筋的 BY7、BY8、BY9 板带和 K 框架

这些试件在剪切破坏之前在最大弯矩处都已屈服。

K 框架在荷载作用下，其受拉边柱在第 3 级荷载下在负弯矩处首先开裂并从外侧向内侧发展，到第 4 级时有的裂缝已全截面贯通。框架顶板在荷载作用下的反应与 BY5、6、7 型板带很接近，几条负弯矩处裂缝的竖直裂缝下端向中柱方向延伸并逐渐伸到中柱的顶部，接近第 8 级荷载时，跨中及两支座处的纵筋几乎同时屈服，跨中挠度急剧增加，随后在右端中支座处，一组裂缝迅速向下发展，最长的几条已伸入加腋范围，试件似乎即将破坏，但因顶板左端的主筋锚固破坏，只得卸载加固后有重新加载，最大荷载达单个千斤顶达到 8.1t。

重新加载在 8.1t 之前，无新的反应，当 8.2t 时右端腋部突然出现一条斜向附加受压钢筋的裂缝，现象与 BY6 板带类似，是该压筋被压曲的结果，将受压区的混凝土保护层顶裂，腋下缘出现爆皮，同时跨中的压区混凝土也有被压酥的趋势。荷载继续增加，这条腋内的裂缝迅速发展并贯穿全腋，这时负弯矩处边缘近反弯点处，一条新的弯剪裂缝突然形成并立即向下延伸与腋内的裂缝联通，顶板在 8.34t 时负弯矩区被剪坏，破坏时的最大挠度 120mm。图 4-4-7 是框架破坏是的裂缝分布与破坏位置。

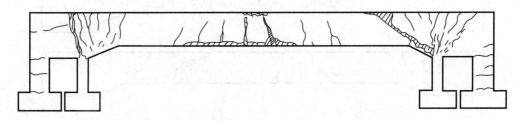

图 4-4-7　框架破坏时的裂缝分布与破坏位置

（4）试验结果

试验主要结果列于表 4-4-2 和表 4-4-3。

表 4-4-2

试件	f_c MPa	破坏 位置	负正弯 矩比值	主要截面剪力 Vton		$V/bh_0 f_c$ MPa	
				加腋根部处	加腋起点处	加腋根部处	加腋起点处
BY-1	18.4	+M	1.33	5.23	4.34	0100	0.110
BY-2	12.8	+M	2.40	4.56	3.76	0.126	0.134
B3	16.0	−M	1.38	2.92	/	0.077	/
BY-4	18.8	+M	2.03	4.42	3.71	0.081	0.087
BY-5	16.9	−M	3.26	3.52	2.90	0.070	0.074
BY-6	18.4	−M	3.39	4.22	3，55	0.079	0.086
BY-7	18.5	−M	3.77	5.51	4.49	0.010	0.04
K	28.3	−M		10.70	9.75	0.072	0.065

为消除混凝土强度及截面尺寸大小差异的影响，抗剪强度采用支座截面的名义剪应力与混凝土抗压强度 f_c 的比值 $V/(bh_0 f_c)$ 进行比较。

加腋试件与不加腋比较，BY1、BY2、BY4 试件加腋根部处的抗剪强度平均为 0.102，是与其对比的 B3 试件 0.077 的 1.32 倍，说明加腋的有效作用。

比较 BY5 和 BY6，轴力的存在使抗剪强度提高 9%。

表 4-4-3

试件	f_c MPa	加腋处截面尺寸 bh_0 cm 根部	起点处	纵筋屈服荷载 A_g	A_g'	斜裂荷载 ton	破坏荷载 ton	跨中最大挠度 mm
BY-1	18.4	12.0×23.5	12.2×17.5	/	/	4.80	7.09	11.77
BY-2	12.8	12.5×22.7	12.5×17.5	/	/	4.50	6.40	8.02
B3	16.0	12.5×18.9		/	/	2.50	4.13	6.88
BY-4	18.8	12.3×23.5	12.5×17.8	/	/	5.20	5.72	7.76
BY-5	16.9	12.9×23.1	13.2×17.5	3.14	4.30	3.60	4.93	48.67
BY-6	18.4	12.5×23.5	12.8×17.5	2，91	4.37	3.30	5.74	40.80
BY-7	18.5	12.8×22.5	13.0×18.0	6.70	7.48	5.00	8.16	33.99
K	28.3	22.×033.0	20.3×26.0	7.92	7.89	5.92	8.34	120.00

框架试件破坏时的抗剪强度 $V/bh_0 f_c$ 在加腋根部处等于 0.072，加腋起点处 0.06，而且是在有轴力的情况下，甚低于板带试件。主要原因之一是其截面较大。国内外的试验都说明抗剪强度随截面增大逐渐降低；原因之二是这个抗剪强度是受弯屈服后的强度，肯定要低于主筋不屈服情况下的抗剪能力。如果按混凝土的抗拉强度 $f_l=0.395 f_c^{0.55}$ 的关系进行换算，则破坏时的加腋根部 $f_l=0.929$MPa，加腋起点 $f_l=0.841$MPa。

三、结语

1）建议框架顶板设置箍筋以增强抗剪能力，此外加腋下缘斜向附加筋应采用吊筋拉接，防止压曲时加剧压曲混凝土崩毁。

2）加腋对构件抗剪的作用，推断有：a）加腋时支座处负弯矩增加，如果支座负弯矩与跨中正弯矩的比值仍较小，则构件剪坏仍将出现在正弯矩区，加腋在此时甚至会降低构件抗剪能力；b）在其他情况下，加腋使抗剪能力增加，此时如在负弯矩剪坏，抗剪能力因加腋使截面增大而提高，如在正弯矩区剪坏，抗剪能力因反弯点向跨中靠近使剪跨减小而提高，

3）支座沉降使负弯矩减少，但构件在负弯矩区剪坏时，对抗剪强度无不利影响。

4）屈服后剪坏在降低构件实际具有抗剪能力的前提下，换来了构件抗剪破坏的适当延性，但也降低了构件本来具有的抗弯延性，有利有弊，是设计人员在设计抗爆结构那样的防护工程时需要仔细考虑的，至于一般民用工程则是另一回事。

第五节　防护工程的无梁板性能概述[①]

一、无梁板的冲切性能

无梁板结构自 1908 年问世以来，由于具有普通梁板结构所没有的诸多优点，如能提

---

① 本专题完成人为陈肇元、朱金铨。

供更大的净空，便于在板底下铺设管道，从而了可降低整个建筑物高度并减少地下土方开挖量，现已广泛用于地下商场、车库等工程。但无梁板也有两个主要的弱点，一是板柱节点处考虑发生冲切破坏，二是抵抗节点两侧板中不平衡弯矩的能力较差，但一跨发生破坏时会使邻跨相继发生破坏，这些是设计中必须重视的。

对于无梁板，国内外已有大量的试验研究资料。但对地下防护工程的无梁板内力分析和配筋方法，几乎完全套用地面结构的做法，很少考虑防护工程的特点，这种情况理应改变。

无梁板的内力分析，一般均采用直接设计法或者等代框架法。这两种方法主要以弹性阶段工作为基础，并参照一些试验数据做些适当调整。直接设计法是将无梁板分割成两个方向上的板带进行分析。由于计算机的普及，其好处已不如采用现成的等代框架法的程序更为方便。

等代框架法是将这个结构沿纵横柱列两个方向划分成两个方向的框架进行分析，每个等代框架都承受板上的荷载。在确定等代框架柱的刚度时，还要计入扭臂影响，但对防护工程无梁板设计来说，忽略扭臂影响的简单等代框架法设计通常也能满足要求。

上述两种方法大体符合弹性工作情况。另一种无梁板的内力分析则用屈服线理论的极限荷载分析，它给出的是上限解。上限解在理论上偏于不安全，可是板的实际承载能力往往大于屈服线理论给出的数值，有时甚至大出很多，原因是在屈服线分析中忽略了一些对承载力有利的因素，如不考虑平面内的推力存在等。有时按弹性理论得出的下限解甚至也低于屈服线分析给出的数值，因为前者也是在一些假定下取得的。

按屈服线理论计算时，首先要列出可能的几种破坏类型，比如在均布荷载作用下，对于正负钢筋均匀等量布置等的无梁板，就有图 4-5-1 中 4 种那样可能的破坏机构，然后算出每种机构的承载力，其中最低的一种就是所要求的解。

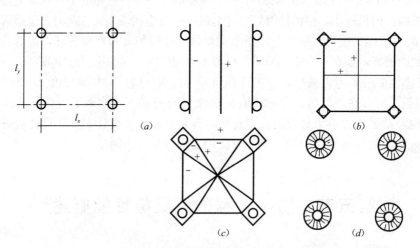

图 4-5-1　几种可能的破坏屈服线

关于无梁板的冲切性能，国外已有大量资料介绍[4-23]~[4-25]，上面所说的那些内容是设计人员共知的，以下主要结合防护工程介绍动载作用下无梁板的等效静载以及行波作用下和不平衡弯矩的影响。

（1）无腹筋板的冲切性能

a）无腹筋板冲切性能一般特点

冲切破坏面总是斜锥面，底部与柱（帽）边相连，斜面的倾角一般在 $25°\sim30°$ 左右，所谓的竖向冲切实际并不存在。冲切破坏可分两种，一种是由初始弯曲裂缝逐渐形成倾斜的主拉应力裂缝并成为锥面发生冲切破坏，这种破坏呈脆性；另一种是抗弯主筋先屈服，截面的压区混凝土高度不断减少，最后在剪力作用下冲切破坏，但在破坏前已发展了一定程度的塑性变形。为获得不受受弯屈服的真正冲切强度，在试验中就要加试件的抗弯强度。可是在实际的工程设计中总要求板的强度由抗弯控制，因而研究板在屈服后的抗冲切性能，特别是冲切破坏对延性的影响就成为很有意义的一件事。

无腹筋板的冲切强度一般采用名义剪应力 v_c 表示：

$$v_c = V/(b_m h_0) \tag{4-5-1}$$

式中的 V 为冲切破坏时作用在冲切面上的剪力，v_c 为构件剪应力中由混凝土所承受的部分或是无腹筋构件所承受的总应力；b_m 是冲切锥体破坏体的上边和下边周长的平均值，通常取离柱（帽）边 $h_0/2$ 处的周长，h_0 为板的有效厚度。

影响冲切强度的因素相当复杂，主要有：

ⅰ）混凝土强度

多数国家根据试验结果取冲切强度与混凝土抗压强度的平方根成正比，英国的 BS 规范取与混凝土标准立方体试件抗压强度的立方根成正比，我国和前苏联则取与混凝土的抗拉强度成正比，这对于较高强度等级的混凝土是不合适的。

ⅱ）柱（帽）边周长与板厚的比值

冲切强度随着柱边周长与板厚比值降低而有所提高，但习惯采用冲切强度以离柱（帽）$h_0/2$ 处的周边截面为计算标准，实际已反映了这一影响。

ⅲ）柱的截面形式

在柱（帽）边周长与板厚不变的情况下，圆柱板的抗冲切内力高于方柱，方柱又高于矩形柱，图 4-5-2 表示了圆柱与方形柱的冲切强度对比。边长与板厚之比为 4 时，两者的冲切强度比值可达 1.3，这些试验结果是根据均布荷载下得到的，但也有给出不同比值的。

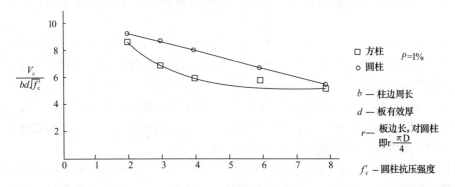

图 4-5-2　圆柱板和方柱板的冲切强度比较[4-23]

纵坐标表示冲切强度 $V_c/[bh_0 (f'_c)^{1/2}]$，横坐标表示 r/h_0；配筋率均为 1%，

图中 b 为柱边周长，h_0 为板厚，r 为方柱的边长，对圆柱取 $r = \pi D/4$，f'_c 为混凝土圆柱抗压强度

从多数试验结果及凭概念判断，如以式（4-5-1）表示冲切强度，取比值高出 15％应该是可信和偏于安全的。

ⅳ）板厚的尺寸效应

一些资料认为，两个混凝土的骨料、钢筋均按比例缩小。则板的强度不受尺寸变化影响，但地下防护工程的板一般都较厚，厚度大于 20cm 时应适当考虑。据多数试验结果，如以 h_0 小于和等于 20cm 时强度为 1，则 h_0 大于 20cm 可按冲切强度以 $(h_0/20)^{1/4}$ 的比值降低，这样厚度增加一倍，冲切强度降低 19％。Bazant[4-27] 提出板的冲切强度与 $(1+h_0/b_m)^{1/2}$ 成反比。我国的规范专题组认为板厚对冲切强度没有影响，但所用的试验板厚在 7.5 至 17.5 的范围内，显然不适用于防护工程。

ⅴ）变形速度

板在爆动载作用下的强度据 Criswell[4-23] 的试验结果能提高 20％～26％，这比一般爆炸压力下构件快速变形时的混凝土的抗压强度提高比值要高。目前尚未看到混凝土冲切强度在快速变形时的强度提高比值，建议设计时可取用抗压强度的提高比值大概不会有太大问题。

除上述影响因素外，也有资料提出抗弯钢筋的配筋率、边界的约束和板的冲切与抗弯强度比值对冲切强度值有影响，认为主筋配筋率 2％的板，冲切强度比 1％的要提高 15％～25％，我国的规范专题组也有相似的结论，可是防护工程板在设计时既然由抗弯控制，所以这一影响因素就不宜考虑。边界约束产生的平面内推力可提高冲切强度，板的厚跨比越大，推力也越大，但是推力也同时增大抗弯强度而且增大的幅度高于冲切，所以这一提高因素也不宜考虑。至于主筋配筋率较高的板，必然有较高配筋率，其影响不宜考虑已在上面说了。

b）低配筋率无腹筋板的冲切强度

一些资料认为，低配筋率板的冲切强度很低应该取用低得多的冲切强度，但这个结论的试验依据多为受弯屈服后的冲切破坏。在分析钢筋混凝土无腹筋梁的抗剪强度时也会遇到与此类似的屈服后剪坏。这些屈服后的所谓冲切强度实际上只是抗弯能力的反映，如能提高受弯钢筋强度或配筋率，冲切强度也随之增长。因此，不能将屈服后冲切破坏时的荷载作为冲切能力的标志。这对经常使用低配筋率构件的人防工程设计无疑是必须阐明的问题。

有些试验资料得出低配筋梁的抗剪强度非常低，其原因不外乎：ⅰ）这种梁实际上是弯坏后的次生剪坏，反映的是抗弯能力而不是真正的抗剪强度；ⅱ）很低配筋率的梁确实有更大的离散型，特别是英美等国家以临界斜裂时的强度作为抗剪强度，有时出现较低的开裂荷载；ⅲ）有的试验采用很细的钢丝配筋，得出的数据不一定有代表性。事实上，板的受力状态比梁式构件有利，板的强度的离散性也应该比梁中为低。所以可以预计，当配筋率很低时，板的真实冲切强度不至于急剧下降。

资料［4-25］曾提出板的强度在不同配筋率（0～2.5％）情况下的一组试验数据，所用的试件是四周支承、中间通过方柱柱头施加集中力的园板，当配筋率在某一数值以上时为冲切破坏，这时的承载能力很少受配筋率影响，而低于这一数值的低配筋率板则为受弯破坏，其承载力符合抗弯计算能力。值得注意的是这些属于抗弯屈服控制的板，其最后破坏形态有的具有冲切破坏的形式，这从另一个侧面说明了屈服后的冲切破坏强度不能作为制定设计冲切强度的依据。图 4-5-3 是同一资料中综合不同试验数据来源得出的弯坏和冲切破坏的比较，纵坐标是试验实际承载力 P_{max} 与根据冲切强度计算承载力 P_{ut} 的比值，（取冲切强度为抗拉强度），横坐标是抗弯强度计算承载力 P_{ub} 与 P_{ut} 的比值，当 $P_{ub}/P_{ut} \leqslant 1$ 时属弯坏，从宏观上看图 4-5-3 的数据，也得不出低配筋率时冲切强度会急剧减少的结论。但是在构件最大抗力上属于弯坏控制的屈服后冲切破坏，其对抗弯延性的影响则是不容忽视的。

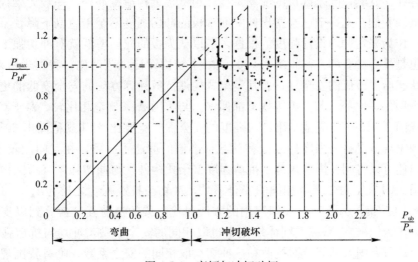

图 4-5-3　弯坏与冲切破坏

关于主筋配筋率对冲切设计强度的影响，Hawkins 也曾在文献[4-30]中指出不应考虑，试验得出低配筋板屈服后冲切破坏时的所谓冲切强度可以比 ACI 规范公式给出的冲切能力低许多（40%），尽管这种破坏具有冲切外形，但其强度实际上是抗弯屈服能力控制的，并不代表实际的抗冲切能力。

在文献［4-25］中，曾综合分析了国外的大量冲切试验数据，并给出了经验算式，认为冲切强度与混凝土立方强度的平方根成正比，而配筋率影响是很小的，但当配筋率较低时，则认为冲切强度与混凝土抗压强度无关而与配筋率和钢筋强度有关，实际上也是屈服后冲切的反映，将冲切强度表示为仅与钢筋有关而与混凝土无关，从另一角度反映了冲切强度的这种表示方法是不合适的。

c）关于我国混凝土结构设计规范的无腹筋板冲切公式

我国钢筋混凝土结构的早期设计规范 TJ10-74 中的冲切公式是：

$$K[V_c/(b_m h_0)] \leqslant 0.75\%　\hspace{2cm}(4\text{-}5\text{-}2)$$

这个公式的主要缺陷是安全系数按素混凝土构件取值，取 $K = 2.2$，与规范中构件其他受力状态的安全系数偏低的状况形成强烈对比。规范修订稿 GBJ 10—89 将冲切强度的安全度作了调整，大概比 TJ 10—74 降低 10%依然过高，明显不适用于人防工程设计。规范对冲切设计采取过高安全系数的主要理由在于冲切破坏是脆性破坏，以及认为我国工程设计中所用的配筋率较低，这种考虑显然值得商榷。冲切破坏是剪坏的一种，钢筋混凝土梁的剪坏也呈脆性，但规范中的安全系数在当时却为 1.55。事实上，板的冲切受力状态比起梁的受剪有其更为有利的一面，板为平面内双向受力，冲切斜裂缝受到周围约束不易张开，而梁中的斜裂缝则缺少这种切向约束，容易发展变宽。当板中出现斜向裂缝后，荷载仍是持续稳定增长的，不象梁中发生斜拉剪坏时那样会处于不稳定状态。此外，也不是所有的梁式构件都设置箍筋（如梁高在 15cm 以下或在单向板中）。特别在无梁板内设置抗冲切钢筋以后，这时用素混凝土的安全系数就更不合理了。

与国外的工程设计相比，我国工程中所用的配筋率偏低是事实，但这种情况在梁式构件中同样存在。其实，除基础班的配筋率往往很低接近构造配筋外，一般无梁板的配筋率并不是太低。我们在上一节已经指出低配筋率板的冲切强度不至于急剧下降，不能把屈服后冲切破坏作为确定冲切设计强度的根据，所以认为板的配筋率低就对冲切强度采用很高安全系数也是没有必要的。与世界各国的混凝土结构设计规范对比，我国规范对弯，压，剪等受力状态给出最低的安全度，尤其是梁式构件抗剪计算方法的安全度低的更多，但唯独冲切是个例外，比美，苏，英等规范都保守。与美国 ACI 规范相比较，对于 C20 和 C30 混凝土，我国 TJ 10—74 规范给出冲切强度的安全程度竟要比 ACI 规范高出 $60\%\sim70\%$。由于不同国家规范对材料强度标准值和荷载标准值的取法不一致，相互间比较不甚容易，所以，我们还可以将同一国家规范中抗剪强度（梁式构件）与冲切强度（板式构件）作一比较，美国 ACI 规范对二者取相同的安全系数，冲切与抗震强度之比为 $1.6\sim1.8$（取跨高比 $l/h_0=10$ 的梁，为便于与我国习用的方法对比，梁的抗剪强度换算到以支座截面的名义剪应力作为标准）；欧洲共同体规范中也取相同的安全系数，冲切与抗剪强度之比为 $1.28\sim1.44$；所有国家的规范对抗剪和抗冲切均取相同的安全系数，唯有我国规范将安全系数分别取为 1.55 和 2.2，于是抗冲切和抗剪强度的实际比值（考虑了安全系数的差别以后）在我国 TJ 10—74 中为 0.8 左右。在 GBJ 10—89 中则为 0.9 左右。由此可见我国规范中抗冲切设计与国外一般规范的悬殊程度。

按名义剪应力表示的式（4-5-1）计算公式，如果将美国 ACI 规范的计算值换算到公制和我国标准后约为 $v_c=1.09f_c^{1/2}$（kg/cm^2）。一些试验资料给出混凝土的冲切强度等于混凝土抗拉强度，苏联的设计规范就取冲切强度等于抗拉强度 f_1，我国 TJ 10—74 规范中则取冲切强度等于抗拉设计强度的 0.75 倍。

2002 年及现行规范，已将 v_c 修正为 $0.7f_1$。其中 f_1 为混凝土的抗拉设计强度，其与抗拉强度标准值的比值为 0.7，近似于安全系数 1.4。

我国陈才堡在文献［4-28］中统计了大量的试验数据后得出的冲切强度回归值对于一般配筋情况为 $1.15f_c^{1/2}$（kg/cm^2），比 ACI 规范值稍高，但后者是根据试验值的偏下限统计得出的，ACI 规范一般偏于保守。考虑到美国对混凝土质量的检验标准比我国现行规范要严，将这一数据引用到我国情况宜将混凝土强度再乘折减系数 0.9，若写成单一安全系数的设计式，有：

$$Kv_c/(b_m h_0) = 1.05f_c^{1/2} \quad （单位 kg/cm^2） \tag{4-5-3a}$$

式中 K 是安全系数取 1.55，f_c 是混凝土抗压强度（按 TJ 10—74）。如进一步改写成用抗拉，强度 f_1 表示，则有：

$$Kv_c/(b_m h_0) = 0.8f_1 \quad （kg/cm^2） \tag{4-5-3b}$$

$$Kv_c/(b_m h_0) = 0.85f_1 \quad (\text{kg/cm}^2) \tag{4-5-3c}$$

我们认为，式（4-5-3）或（4-5-3a、4-5-3b）可以作为设计公式的合理依据。

（2）有腹筋板的抗冲切强度

箍筋、弯筋作为腹筋均能有效提高抗冲切能力。但对于抗爆结构工程，一般不采用弯筋。如果箍筋有可靠锚固，则与冲切破坏斜面相交的钢筋均能发挥其全部强度。此外，如果腹筋在沿柱周的平面内能均匀布置（包括环向），则有腹筋板中混凝土对冲切的贡献也可以达到与无箍筋板的冲切能力，即板的冲切能力 v 为

$$v = v_c + v_s$$

式中 v_c 为相同尺寸无腹筋板的冲切能力，v_s 为与破坏面相交的箍筋全部发挥作用时的冲切能力。由于腹筋锚固的有效程度有时较差，以及箍筋布置可能不均匀，一些试验数据达不到上述理想的情况，Regan 曾引用试验结果论证过混凝土和腹筋的文献 [4-28]，认为在可靠锚固的前提下，可保守取：

$$v = 0.75v_c + v_s$$

他并指出板中出现斜裂时的荷载一般在冲切破坏值的 70%，斜裂后箍筋发挥作用，但混凝土的贡献仍可增加。但 Hawkins 则认为斜裂后的冲切强度由箍筋承担，并保守的取斜裂荷载为冲切破坏（无箍筋时）的 50%，建议取

$$v = 0.5v_c + v_s$$

至于配置腹筋后的 v 值上限，我们在前面已经提到，可以在 $2v_c$ 以上。

我国 TJ 10—74 规范没有规定有腹筋板的冲切强度，修订稿 TJ 10—85 补充了配置抗冲切钢筋时的设计计算方法[4-30]，规定：

不配置抗冲切钢筋时：$\qquad v/(b_m h_0) \leqslant 0.6f_1$

配置抗冲切钢筋时：$\quad v/(b_m h_0) \leqslant (f_{yk}A_{sk})/b_m h_0 \leqslant 0.8f_1 \tag{4-5-4}$

式中 A_{sk} 为穿过冲切破坏锥体斜面的全部箍筋面积。

TJ 10—85 的算式（4-5-4）同样也是过于保守的，不配箍筋时的抗剪强度 $0.6f_1$ 本来已经偏低，在配了箍筋后才能有 $0.8f_1$，至多仅为无冲切钢筋时的 1.33 倍。美国 ACI 规范规定有箍筋时的冲切强度最高为 $6f_c'$，为不配箍筋时的 1.5 倍，苏联规范中原来为 1.4 倍，但在 1984 年新修订的规范中已改为 2 倍，欧洲共同体 CEB 规范为 1.6 倍，均比我国规范中确定的高，而我国规范专题组后来发表的报告中又建议最高可取 1.7 倍。

再就箍筋的计算方法进行比较，TJ 10—85 算式要求箍筋按全部的冲切力 V 确定其面积，欧洲标准规范则要求承担全部冲切力 V 的 75%，美国 ACI 规范只要求承担冲切力的一个部分，为：

$$v_s = A_{sv}f_{yk} = v - v_c/2(\text{英制})$$

苏联 1975 年规范也要求按照全部冲切力来确定箍筋面积，但 1984 年修订的新规范已改为

$$v_s = A_{sv}f_{yk} = 0.8(v - v_c)$$

英国的 BS8110 规范（1982 年）则规定 $A_{sv}f_{yk} = v - v_c$，而且取 A_{sv} 为离柱边 $1.5h$ 范围内的箍筋面积，包括离柱边 $0.75h_0$ 和 $1.5h_0$ 二处的箍筋面积，而在英国 CP110（1992 年）规范中则仅取 $0.75h_0$ 处的箍筋面积，但同时要求在 $1.5h_0$ 处也应布置同样数量的箍筋，即所需箍筋量比 BS8110 多一倍。

综合以上数据，可以看到我国早期规范中的冲切算式是值得改进的。

规范专题组在其提出的报告[4-30]中也认为配置抗冲切钢筋时的冲切强度算式以 ACI 算式最好，苏联 1975 年规范的方法最差，但在我国 TJ 10—85 规范中还是选用了苏联规范的模式，没想到苏联的新规范 CH 2.03.01-84 已改进了原来的算式，其实无梁板的冲切问题并不是刚遇到的新问题，已有大量的工程实践和试验数据，国外的规范和数据也是实践与理论的总结，是值得借鉴参考的，顺便需要指出的是我国规范将有箍筋时的抗冲切能力定的很低，理由之一是为了限制斜裂缝的宽度，但这种要求在人防工程中则是不存在的。

关于箍筋的布置，国外多数规范均取最小间距（离开柱边的方向上）不大于 $h_0/2$，唯有英国规范取为 $0.75h_0$。尽管无腹筋板的冲切斜面倾角在 $25°\sim30°$ 左右，但试验表明无腹筋板只是破坏面倾角在 $45°$ 以上时，板的冲切能力才随倾角增大而大幅度提高，所有设计时以 $45°$ 的破坏斜面作为确定受力箍筋面积的标准时合适的，由此得箍筋间距不宜大于 $h_0/2$，而英国规范中的规定看来不尽合适。

我国 TJ 10—85 规范规定箍筋最大间距为 $h_0/3$ 看来偏严，另外规定离柱边 5cm 处设置第一排箍筋，后者由于紧靠柱边，其对冲切能力的作用值得怀疑。此外，腹筋在平面位置上沿二个相互垂直的条带布置，其周向的均匀程度较差。

二、动载下的性能要求和内力分析

（1）动载下的性能要求

美国陆军水道试验站的结构模型试验表明[4-31]，在爆炸动载作用下，板中的底部钢筋应在结点处连续并可靠锚固，当柱头结点发生屈服后的冲切破坏时，连续的底部钢筋能起到拉索作用，所以钢筋在边墙和柱头的锚固特别重要，试验得出冲剪破坏时的名义剪应力（静载时）为 $5.38f_c$（psi），其中包含了有板内水平推力和圆柱帽时对强度提高的有利因素。

我国铁研院的模型试验表明，在配筋率约 0.66% 的情况下，结构为屈服后的冲切破坏，承载能力为按 TJ 10—74 规范计算值得 5.1 倍，破坏时的延性比为 3.3 至 4.9，均满足要求，但这一试验的板厚仅 6cm，尺寸效应的影响较难估计。

南京工程兵工程学院的试验所得到的宏观结论，也认为我国早期规范的设计方法过于保守。

在动载作用下，还必须注意以下几个问题

a）屈服后冲切破坏时的延性

无腹筋构件的屈服后剪坏往往是不可避免的，在美国研究抗爆结构的有些报告中，将冲切设计强度从静载下的 $4f_c{}'$（psi）降低，以换取屈服后发生冲切破坏时有较好的延性，资料［4-31］（海军土木工程试验室）建议降到 $3.5f_c{}'$，在 SRI（斯坦福研究所）的一些关于结构临战前加固的报告中对无梁板取 $3f_c{}'$，但新近出版的 ASCE（美国土木工程学会）抗核武器效应结构设计手册中仍用 $4f_c{}'$ 而不降低。

为了屈服后剪坏时有必要的延性，参照无腹钢筋的屈服后剪坏的数据[4-32]，我们建议将式（4-5-4）的数据再乘以折减系数 0.8 以增加延性，承受动载作用的无梁板宜设冲切箍

筋。行波作用

冲击波的行波作用有可能使柱两侧的受力很不对称，在板柱结点中产生较大的附加剪力，这时必须配置箍筋以补偿结点不平衡弯矩所引起的附加剪力。

b）防止出现逐次连续破坏

无梁板当一个跨度内出现破坏后，在邻接的柱两侧会造成很大的不平衡力，从而引起邻跨相继破坏。这个问题在静态作用下就存在并且出现过此类工程事故，为此，Hawkins[4-26]曾提出无梁板中应设封闭箍筋，间距 $h_0/3$，并能延伸到离柱边 $3h_0$ 的距离处。另外，底部钢筋要能起到拉索作用，并按网索进行验算，能承担作用于板上的外载。

抗爆结构的无梁板是否需要这种核算可以再探讨，但注意到这一问题将有助于正确设计。

c）混凝土变形速度对冲切强度的影响

在尚未获得这方面的系统试验数据以前，关于混凝土在快速变形下对冲切强度所增加的部分，我们建议暂时可按混凝土抗压强度的提高幅度考虑，但不考虑混凝土龄期对强度提高的贡献，也不顾冲切强度设计公式中的混凝土强度指标是用抗压或抗拉表达。

（2）关于自振周期与等效静载

等效静载是动载峰值与荷载（动力）系数的乘积，它以结构简化为单自由度体系推导得出。荷载（动力）系数则与结构的自振周期 T 和设计取用的延性比 β 有关。结构的延性比是结构本身的固有特性，设计取用的 β 值不能超过结构所能提供的数值。如果结构发生屈服前冲切破坏，这时的延性比有可能不超过 1.5，那应该设法避免。如果结构发生理想的弯曲破坏，这时的延性比大概不会小于 10。但实际情况很可能出现屈服后冲切破坏，所以要设法使屈服后冲切的延性比不小于 3，如能在无梁板内可靠配置抗冲切腹筋且使底部钢筋深入支座。我们在上节中提出的计算方法及措施，应能够保证这一延性要求。

Gesund 统计过无梁板试验数据，提出了区别弯坏与剪坏（冲切）界限的指标，可以作为参考[4-33]：

$$A = (\rho^2 f_y h_0^2 / f_c^{1/2} Bb) \times 10^4 \qquad (4\text{-}5\text{-}5)$$

式中 A 为判别指标，ρ 柱顶负弯矩钢筋配筋率，f_y 为钢筋强度（量纲 kg/cm²），最多取 2800kg/cm²，f_c 为混凝土抗压强度，b 为柱（帽）周边长度（cm），B 为板的周边长度（cm），h_0 为板的有效高度（cm）。如果跨中正弯矩钢筋不伸入支座，则取 ρ 为柱顶正负钢筋配筋率之和。当 $A<0.53$ 时为弯坏，$A>1.06$ 时为冲切破坏。

无梁板是个复杂的多跨结构体系，它的自振频率集中在几个区段，板的尺寸又不尽一致，如何将它简化成单自由度体系并确定其自振周期是一个难题。一些试验还表明，无梁板的实测最低自振周期要比理论计算值大，这可能与高应力振动下截面刚度变小以及柱子压缩变形有关。从工程设计应用角度看，似乎不必过分细致去探究自振周期的精确数据，可以将整个顶板的自振周期取为某一区格板的自振周期。在有升压时间的动载作用下，自振周期愈长，相应的荷载（动力）系数提高，所以取尺寸较大的区格板进行计算偏于安全。设计计算地下结构的自振周期时，尚需考虑复土影响，乘系数 $(m+m_s)/m$，此处 m 和 m_s 分别为单位面积板和板上复土质量。

（3）冲击波的行波作用

一般防护工程按其设计等级衡量应设在核爆的远区，当地的地面空气冲击波是沿着地表运行的马赫波，荷载是从整个结构的一端开始施加并逐渐行进到另一端，结构顶板并不是同时受到均布作用的动载。一个横向总长为 60m 的多跨无梁板，行波荷载从一端到另一端的时间间隔可达 130ms（设冲击波的波阵面速度为 460m/sec）。无梁板的自振周期 T 一般为 30~50ms 左右，某一区格的板从荷载开始作用到屈服的时间不超过 $(t_g + T/2)$，其中 t_g 为荷载的升压时间约从几毫秒到几十毫秒，所以设计时不能认为整个顶板上的荷载是同时加上的。另外，应力波在结构中传播也需要时间（每秒 3000m），如果结构尺寸非常大，那么远端的结构构件甚至不能参与工作。但对某一区格的无梁板来说，最为重要的是在分析它的受力状态时（如进入屈服前后），能否判定其相邻的区格也已同时受到荷载的全面作用，因为只有在这种情况下，我们才能将无梁板的区格边界近似的看成固定，并给出象在直接设计法中那样的负正弯矩比值。对一个 8m 跨的无梁板，荷载横越二跨的时间约 35ms，看起来要比 $(T/2 + t_g)$ 小些，所以还是可以近似的假定相邻的一跨能够同时受到荷载。在行波作用下，无梁板的跨中正弯矩势必增大，从这一点来看，将板内的负正弯矩比值定为 2 的常规取法也是不合适的。

三、关于无梁板截面的抗弯验算

无梁板按等效静载和静载共同作用下求出内力弯矩以后，即可进行截面选择。由于在一般的内力分析和截面选择中不考虑板内实际存在的推力，所以板的抗弯能力被低估。此外，板在大变形状态下使钢筋应力强化，同时又使上部土体发生拱作用，这两项都对抗弯产生十分有利的影响。可是从结构的整体工作来看，过低估计抗弯能力又是十分有害的，因为如果实际的抗弯强度很高。在设计荷载下没有屈服，那么板的支座处的剪力和反力就会增加。如果荷载相同，弹性阶段工作时的反力要比塑性阶段大，其后果就会造成板的剪坏甚至更严重的会导致柱子破坏，这当然为设计不允许。

所以在作截面的抗弯设计时，应将板的作用弯矩加以折减，对于四周连续有约束作用的中间区格板，以及周边与侧墙相连受有侧墙传来土压反力的板，建议乘系数 0.80~0.85。

当无梁板相邻跨的跨度或荷载不等时，柱子二侧的板内负弯矩将不再相等，出现不平衡弯矩 ΔM 并通过板柱结点传递于板和柱。外加的剪力和这一部分的不平衡弯矩在结点附近的截面上同时引起剪切、扭转和弯曲作用，并有可能造成节点的冲切破坏。防护工程无梁板在冲击波行波作用下，出现这种不平衡弯矩更是不可避免。

我们在上文中已给出了无不平衡弯矩时的计算公式，以下介绍不平衡弯矩 ΔM 和剪力 V 共同作用下的计算方法，结点验算截面仍以 $b_m h_0$ 为准，如配有抗冲切箍筋，尚需验算箍筋不再布置处的截面（离开柱帽边 $1.5 h_0$ 以外）。

a）不平衡弯矩较小情况

如果不平衡弯矩 ΔM 与结点所受总剪力 V 的比值 $\Delta M/V$ 较小，有 $\Delta M/V < 0.1 (c + h_0)$，$c$ 是柱（帽）边宽度（圆柱时取等面积的换算方柱边长），这时可不必专门计算不平衡弯矩的影响，但需将外加的计算总剪力 V 乘以放大系数 1.1。人防工程无梁板多数均能

符合这种情况，考虑到在实际结构中不可避免会有不平衡弯矩，将计算的 V 值适当放大看来是必要的。

对于无梁板体系中的柱子，一般为中心受压或小偏心受压，设计时宜将计算轴力乘放大系数 1.25，这一点在有些工程设计规范中已有规定。柱子的截面强度计算比较准确，本身没有留有额外安全储备，这是与冲切计算公式有区别之处，所以需要采用较大放大系数，用来照顾板的承载能力实际被低估以及柱子破坏的严重后果。

b）假定剪应力线性变化的简化计算方法

这种算法为美国 ACI 规程及不少资料所采用，在具体系数取值上大同小异，目前只用于无腹筋情况，其要点为：

ⅰ）不平衡弯矩 ΔM 在板柱之间传递，一部分通过结点计算截面（$b_m h_0$）上的剪应力传递，另一部分则通过宽度为（$c+3h_0$）的柱顶板带的弯曲作用传递。前者的数值为 $0.4\Delta M$，后者为 $0.6\Delta M$，这一分配比例是参考试验数据得出的，并不是严格不变的，有的资料取 0.5。

ⅱ）依靠弯曲作用传递的 $0.6\Delta M$ 可以不必专门考虑而予以忽略，也可以据此计算这部分抗弯所需的配筋量，将这些额外的钢筋配在宽为（$c+3h_0$）的顺着弯矩 ΔM 作用方向上的柱顶板带上。ACI 规程中采用后一做法。

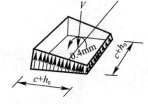

图 4-5-4　不平衡弯矩和剪力共同引起的剪应力

ⅲ）依靠剪力传递的 $0.4\Delta M$ 在结点的计算截面上引起不均匀的线性变化剪应力分布。在这一计算截面上，同时还有外加总剪力 V 所引起的剪应力（图 4-5-4）。

ⅳ）认为最大剪应力 v_m 达到混凝土的抗冲切的强度时，结点发生破坏，近似有（v_0 值取与 $\Delta M=0$ 时的冲切强度相同）：

$$v/v_0 = [1+1.2\Delta M/v(c+h_0)]^{-1} \qquad (4\text{-}5\text{-}6)$$

式中 v 是外加的总剪力，设计时需乘安全系数 K，v_0 是 $\Delta M=0$ 时的结点抗冲切能力。

英国 CP-110 规程中的算式与此相似，只是式中右边的分母项为：

$$v/v_0 = [1+1.5\Delta M/v(c+3h_0)]^{-1} \qquad (4\text{-}5\text{-}7)$$

美国 ACI 规程中的算式也有一个类似算式，与上式不同的是其中的系数为 1.3 而不是 1.2。

四、小结

（1）防护工程中的无梁板应考虑延性的需要，其冲切破坏型式可以是受弯屈服后的冲切破坏，在这种情况下，重要的问题应是保证节点要有一定延性。

（2）低配筋率板的屈服后冲切强度，主要取决于板的抗弯能力，因此不能将这时的强度作为低配筋率板冲切设计能力的依据。我国规范 TJ 10—74 的冲切算式过于保守，不适于人防工程无梁板；规范修订稿 TJ 10—85 的冲切算式尽管已作了稍许改进，但至少对人防工程结构也不适用。2002 年后实行的国标设计规范对冲切计算已大体符合实际，但对重要防护工程，最好能同时用国际通用的规范校核。

（3）板中的底部钢筋应可靠锚固，在柱顶处最好连续（焊接）或锚入柱内，锚固的要求应保证钢筋能够发挥拉索作用，拉索的受力要能达到极限强度。

（4）较大跨度的防护工程无梁板（例如6m及以上）宜配置抗冲切箍筋。箍筋沿离开柱边方向的最大间距不超过 $h_0/2$，沿柱周第一排箍筋的位置离开柱（帽）边也不大于 $h_0/2$，布置范围离柱（帽）边不小于 $1.5h_0$。防护工程的板较厚，箍筋的锚固比在薄板中可靠，所以箍筋可以是封闭形或开口形，甚至可采用部分单支箍筋。封闭或开口形箍筋的冲切强度大体相当，图4-5-5是箍筋的一些布置方法。但是，所需的箍筋最好沿环向也能均匀布置，如图4-5-6所示，建议计算所需的箍筋面积，其中至少有一半为封闭或开口箍筋，排列在相互垂直的二个带上，带宽不少于柱宽的2/3，其余的可为单肢系筋，分散布置在柱周，其范围如图4-5-6虚线所示。箍筋或系筋二端均需设弯钩，套过主筋并有足够锚固长度。

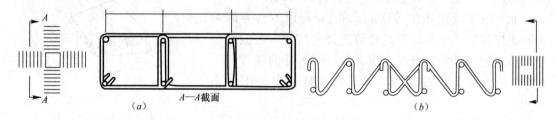

图 4-5-5　箍筋布置方式

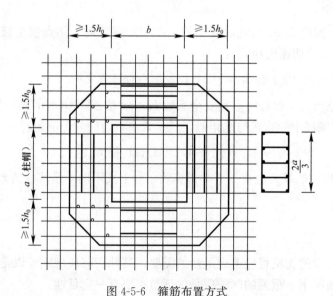

图 4-5-6　箍筋布置方式

（5）有不平衡弯矩时的冲切宜采取封闭箍筋以增加抗冲切的能力。

（6）厚度大于30cm的无梁板，如不配置抗冲切钢筋，应考虑厚度对冲切强度的影响，乘折减系数 $(30/h)^{1/4}$，式中 h 为板厚，单位 cm。

圆柱（帽）情况下的冲切强度，其混凝土贡献部分可 10％～15％。

（7）按照通用的以弹性阶段工作分析为特点的直接设计法或等带框架法，所给出的无梁板区格内的负正弯矩比值不尽适合人防工程无梁板的情况。应该适当降低负弯矩抗弯能力并相应提高正弯矩抗弯能力。对于直接设计法，建议取负弯矩为总弯矩的 55％左右。对于等代框架法，建议将算得的等代梁的支座负弯矩下调 15％左右，并相应提高跨中正弯矩的数值。

（8）无梁板的主筋宜通常布置，相邻跨之间的钢筋宜焊接成整体或伸入邻跨后锚固。不宜用弯起钢筋，也不宜用在跨中切断的分离式钢筋。

（9）无梁板在动载行波作用下不可避免的会引起不平衡弯矩。如在验算结点抗冲切强度的算式中没有反映不平衡弯矩的作用，这时宜将式中的作用剪力乘放大系数 1.1 宜考虑不平衡弯矩的影响。

第六节　无梁板抗冲切性能试验研究之一[①]

一、试验方案和试件制作

本项目结合国内大城市中的大型地下商场等工程，以下介绍的具体对象为一地下车库，其主体结构为二层不规则矩形箱体结构，无梁楼盖，柱子采用钢管混凝土，直径 609mm，柱网间距多数为 8m×6m 和 8m×7m 两种。一般来说，采用 4 根柱网构成无梁板整体结构的模型试验比较符合实际，但这种实验装置过于复杂。所以我们取用通常做法，即采用四边简支板试件（图 4-6-1），板中设置板柱节点，简支板的边近似相当于实际无梁板的反弯线位置（莫氏模型）。

试验设计时重点考虑了两个因素：a）采用有、无抗剪箍筋两种形式；b）由于冲切破

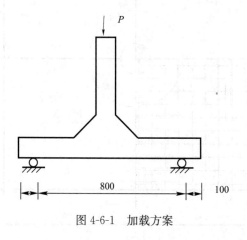

图 4-6-1　加载方案

① 本文完成人杨贵生、陈肇元、张天申。

坏的类型之一是抗弯主筋先屈服使截面的受压区不断减少，而后发生剪切破坏，有可能成为研究的关键，因此采用较低的主筋配筋率。

试件制作用机械振捣成型，自然养护。箍筋直径 4mm，经过冷拔退火，有较高屈服点。试件按配筋率和有无箍筋分成 4 种类型，其外形、尺寸都相同。模型设计详图将图 4-6-2 和图 4-6-3。试验在清华大学工程结构实验室内的 500t 长柱机进行。试验时，试件的拉面朝下，柱头朝上，支座上设置分段的滚轴。试件的原始数据见表 4-6-1 和表 4-6-2。上面已经提到，这个试验模型的板宽，并不是模拟实际工程的柱网间距，而是其反弯线构成的间距。

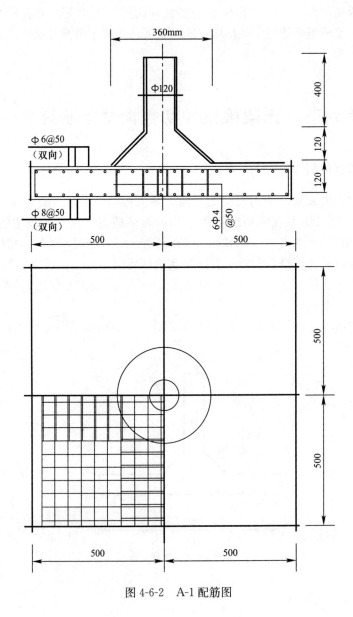

图 4-6-2　A-1 配筋图

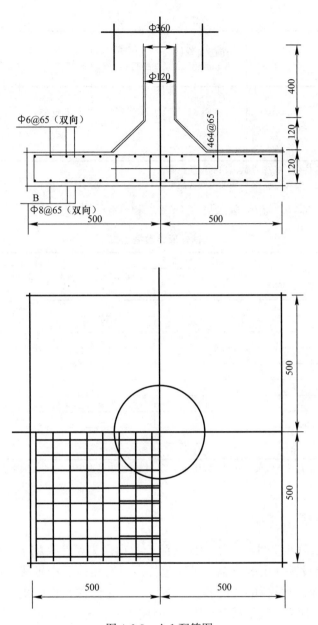

图 4-6-3 A-1 配筋图

表 4-6-1

试件	底板平面尺寸 mm	h (h_0)	板的拉面纵筋 A_s mm²/mm	纵筋配筋率 ρ%	抗剪箍筋	钢筋计算截面内箍筋总面积 A_{sv}*	箍筋率** ρ_k%
A1	999×1001	123 (109)	直径 8mm 间距 50	0.922	直径 4mm 间距 50	302 mm²	0.188
A2	1018×1011	120 (109)	直径 6mm 间距 50	0.922	/	/	/

续表

试件	底板平面 尺寸 mm	h (h_0)	板的拉面纵筋 A_s mm^2/mm	纵筋 配筋率 ρ%	抗剪箍筋	钢筋计算截面 内箍筋总面积 A_{sv}*	箍筋率** ρ_k%
B1	1010×1019	116 (103)	直径 8mm 间距 65	0.781	直径 4mm 间距 65		0.134
B2	1016×1010	118 (105)	直径 8mm 间距 65	0.766	/	/	

注："＊"为距柱（柱帽）$h_0/2$ 处截面内的箍筋总面积；

　　"＊＊"为距柱（柱帽）$h_0/2$ 处截面内的含箍量。

$$\rho_k = A_{sv}/b_m h_0 \%，b_m 与 h_0 取法见（4-6-2）和（4-6-3）式。$$

试件原始数据之二　　　　　　　　　　　　　　　　　表 4-6-2

试件	箍筋力学性能			混凝土立方 强度 f_{cul5} MPa	混凝土抗拉 强度 f_l MPa
	直径　mm	屈服强度 f_y MPa	极限强度 σ_b MPa		
A1	8	331	400	27.7	2.49
	6	304	394		
	4	425	435		
A2	8	331	392	31.8	2.65
	6	288	367		
A3	8	346	345	30.8	2.60
	6	297	297		
A4	4	425	472	29.4	2.53
	8	322	390		
	6	291	397		

注：混凝土抗拉强度 f_l 按下式关系从立方抗压强度 f_{cul5} 换算得出，表中的 f_{cul5} 是试验值而非设计值，$f_l = 0.395$ $(f_{cul5})^{0.55}$。

二、加载及量测结果

试验在 500t 长柱机上进行，试验时板的受拉面向下，柱头朝上，板的 4 周简支特制的支座上，支座上设置分段的滚轴。量测包括沿板对角线和中轴线上的受压面混凝土应变、受拉面钢筋应变以及板的挠度和支座沉降。所有试件在板的抗弯主筋屈服前分级加载，每级 20kN，屈服后连续加载至破坏。电阻应变片等量测元件布置见图 4-6-4 至图 4-6-7。

有较高抗弯配筋率而未配箍筋的 A2 板发生冲切破坏，配有箍筋的 A1 板发生典型的抗弯破坏；有较低抗弯配筋的板，不论是否配有抗剪箍筋都为抗弯屈服后剪坏。

A1 板的抗弯配筋率较高，$\rho = 0.922\%$，箍筋率 $\rho_k = 0.188\%$。当荷载加到 200kN 首先在柱帽附近出现一环状裂缝，随着荷载增加，裂缝不断向径向放射出现延伸至板边。之后在板的侧面可形成如同梁中那样的斜裂缝。板的屈服有个过程，在 340kN 时抗弯主筋开始屈服，随着荷载增长，屈服的钢筋不断增加，接着钢筋板的受拉面塑性绞线形成，受压面四角区出现环状裂缝，最终形成一个环状正切于板四边的规则圆裂缝，同时板的受压面混凝土起皮剥起，板的受压面逐渐向中心倾斜挠曲，形成负塑性绞线。450kN 左右柱帽开始局部压曲下陷，破坏荷载 460kN。

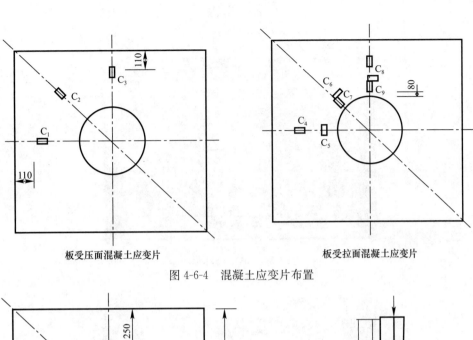

板受压面混凝土应变片   板受拉面混凝土应变片

图 4-6-4 混凝土应变片布置

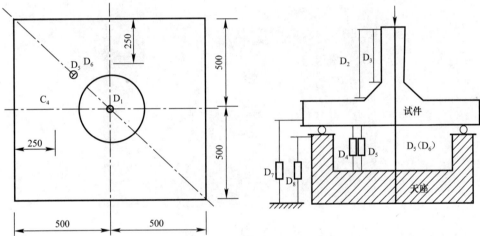

图 4-6-5 位移计布置

图 4-6-6 A-1 破坏形态

209

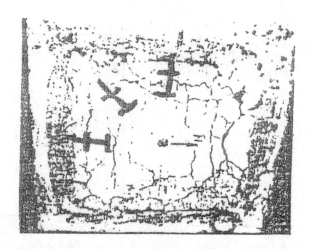

图 4-6-7 A-2 破坏形态

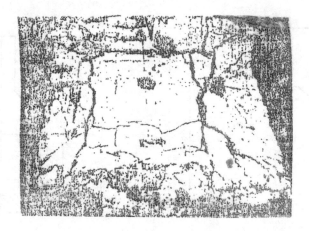

图 4-6-8 B-1 破坏形态

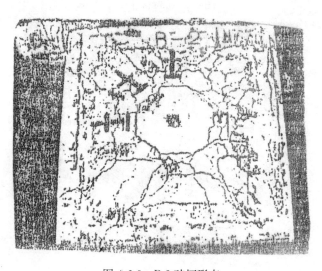

图 4-6-9 B-2 破坏形态

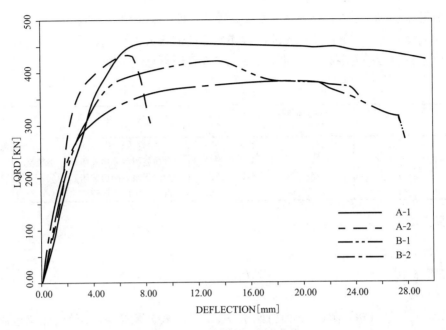

图 4-6-10　荷载——挠度曲线

A2 板没有箍筋，在 120kN 时出现第一条平行于支座的裂缝，可能由于支座不够平整造成。之后陆续出现环向和径向裂缝。320KN 时受弯钢筋开始屈服，板的侧面出现少量的垂直裂缝和斜裂缝，逐渐从受拉边缘向受压边缘延伸，此时形成板的正塑性铰线。420kN 时柱头开始直剪下冲，到破坏受压面混凝土没有出现任何裂缝，即使在柱帽附近，也仅是柱帽与受压混凝土整齐分离。受拉面的环向水平多而细密。A2 板的破坏荷载430kN，破坏表现出较多的冲切现象。

B1 和 B2 板，B2 无箍筋，配筋率较低，$\rho = 0.766\%$，破坏现象基本同 A1。B1 和 B2 板分别在 280 和 260kN 时受拉钢筋屈服，随着荷载增加，受压面混凝土从四个角区开始开裂，并逐渐形成封闭的环状裂缝，但其半径小于 A1。B1 板因有箍筋弯曲的内力重分配比较充分。B1 最终破坏荷载 425kN，B2 最终 386kN。两板均为屈服后剪坏。

三、试验结果分析

（1）弯曲破坏。当板的抗弯强度低于抗冲击强度，有可能在发生弯曲破坏而不再出现屈服后冲切现象。从图的曲线可看出弯曲型破坏呈明显阶段性。试件未开裂前，试件大体处于弹性工作状态，此后试件不断开裂，随着钢筋开始屈服，裂缝从柱帽边逐渐向板边延伸，到板受压面混凝土形成环状裂缝，试件被塑性铰线分成若干个可动机构而破坏。配有抗剪箍筋的 A1 板，抗剪能力大，不出线屈服后剪切，其内力能充分重分布，延性非常好。

（2）屈服后剪坏。前面已经提到，屈服后剪坏大体可分两种，弯曲剪拉型和弯曲剪压型，前者破坏特征与屈服前的冲切甚为接近，破坏较突然，延性差；后者虽具冲切破坏外形，当弯曲屈服过程较长，压曲混凝土大多呈现剥离现象，延性较好。屈服后剪坏的构件承载力主要是钢筋屈曲引起，而最终剪坏则决定钢筋变形能力或延性。

本次试验很好说明了箍筋的作用，比较 A 组和 B 组试验的破坏荷载与荷载-挠度曲线，箍筋不但提高了承载能力，更重要的是提高构件延性，避免脆性破坏。

本次试验说明，抗剪箍筋对板的抗冲切性能能起很好的作用，并能获得良好的延性。图 4-6-12 是试验量测的荷载-挠度曲线。表 4-6-3 是结果总结一览。

表 4-6-3

试件	开裂荷载 P_1kN	主筋屈服荷载 P_ykN	破坏荷载 P_s kN（P_s/P_y）	破坏形态	备注
A1	200	340	460 (1.35)	弯曲破坏	柱帽局部压屈
A2	120	320	430 (1.34)	弯曲屈服后冲切破坏	剪拉型冲切特征显著
B1	100	280	425 (1.52)	弯曲屈服后冲切破坏	剪压型
B2	100	260	386 (1.48)	弯曲屈服后冲切破坏	剪压型

四、计算方法

（1）冲切强度

无箍筋板
$$V/(b_m h_0) = k_1 f_1$$

有箍筋板
$$V/(b_m h_0) = K_2 f_1 + A_{sv} f_{yk}/b_m h_0$$

式中　$b_m h_0$——柱（帽）附近的冲切面积，b_m 为柱（帽）周边 $h_0/2$ 处的无梁板周长，h_0 为板厚；

　　　V——作用在冲切计算截面上的计算剪力；

　　　f_1——快速变形下的混凝土抗拉强度，；

　　　A_{sv}——沿柱（帽）边从板底部向上划出 45°斜面与箍筋相截的总面积；

　　　f_{yk}——箍筋钢材的屈服强度，动载作用下乘快速变形提高系数；

　　　k_1，k_2——系数，可根据本项无梁板的破坏试验确定。

（2）弯曲强度

用塑性铰理论计算。由于受压区角部钢筋未能全部发挥作用，不予考虑。

按破坏机构 1（图 4-6-11），有：
$$P_m = 8m_m L/(L - 2r)$$

按破坏机构 2（图 4-6-12），有：
$$P_m = 2\pi m_m L/(L - 2r)$$

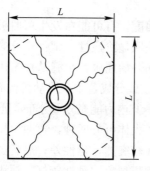

图 4-6-11　破坏机构 1

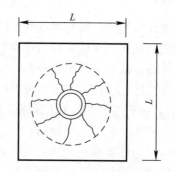

图 4-6-12　破坏机构 2

式中　m_m——单位长度的抗正弯矩能力，当 $m_x = m_y$ 取 $m_m = m_x = m_y$；L——板的计算跨

度；r——柱（帽）的半径。比较两式可知，板的极限承载力是由破坏机构 2 控制的。

通过试验和理论分析可发现，名义冲切剪应力约等于混凝土的抗拉强度，这与国外的研究结果一致。不过应该注意，以上的分析如用于设计，需考虑额外的安全系数。

表 4-6-4 是破坏值与理论值的比较

表 4-6-4

试件	试验破坏值 P_s　kN	破坏特征	按冲切理论计算　k_2	按冲切理论计算 k_1
A1	460	弯曲	0.99	
A2	430	屈服后剪坏		1.01
B1	425	屈服后剪坏	1.02	
B2	386	屈服后剪坏		1.00

第七节　无梁板抗冲切性能试验研究之二[①]

继续将上述地下车库工程为试验对象，设计 7 个 1∶5 模型试件（编号Ⅱ-1 至Ⅱ-7）和一个 1 比 3（编号Ⅲ）比例的模型试件。1∶5 模型的平面尺寸为 100cm 见方，厚度 12cm，与前文试验中相同，为防止柱帽可能发生压屈，柱帽直径与柱的直径之比由上次的 3∶1 改为 1.8∶1，柱高由 400cm 改为 200cm，柱帽高度改为 80cm。这 7 个试件的主要变化参数是：有、无箍筋，箍筋布置方式，箍筋间距，箍筋形式和抗弯钢筋的配筋率。

一、试验设计与试件制作

试件的名义配筋率为 0.55% 和 0.92% 两种，混凝土强度等级为 C20 和 C30 两种。为能保证发生有屈服前的冲切破坏，Ⅱ 批内的部分试件采用 8mm 直径、屈服强度达 1490MPa 的高强调质钢筋，Ⅱ 批的其他试件仍采用低碳钢筋 A3 为主筋，其次，为消除板角区受压钢筋对板抗力的影响，本批试件两个方向上的受压钢筋均比上批缩短了 20cm。

编号Ⅲ的试件仅有一个为Ⅲ-1，其底板的平面尺寸为 180cm 见方，厚度 20cm，柱帽直径 54cm，柱的直径 20cm。

试件配筋情况如下：

Ⅱ-1、Ⅱ-2 均无箍筋，拉区抗弯钢筋分别为双向、直径 8mm、间距 9cm 的低碳钢筋和调质钢筋；Ⅱ-3、Ⅱ-5 均采用 6 肢，直径 4mm、间距 5.5cm 十字条带状布置的封闭箍筋，并在板的对角线位置上增设直径 4mm、间距 5.5cm 的单肢系筋。抗弯钢筋分别为双向直径 8mm、间距 5cm 的 A3 钢筋和调质钢筋；Ⅱ-4、Ⅱ-7 均采用 4mm、间距 5.5cm 的环向均布单肢系筋；抗弯钢筋分别同Ⅱ-3 和Ⅱ-5；Ⅱ-6 采用 6 肢直径 4mm 间距 2.75 十字条带状布置的封闭箍筋，且在板的对角线位置上增设 4mm 间距 2.75cm 的单肢系筋。Ⅱ-1 箍筋采用 8 肢直径 6mm 间距 5.5 十字条带状布置，一半为开口箍筋，一半为单肢系筋，在对角线区域布置一些单肢系筋，板的抗弯纵筋为双向直径 12mm 间距 6.5cm。所有试件

① 本文完成人　杨贵生、陈肇元。

的箍筋均布置在从柱帽外边缘起向外扩散 1.5h_0 的范围内。

试件外型尺寸和配筋详图如图 4-7-1 至图 4-7-4 所示,绑扎成型后的钢筋骨架如 4-7-5 所示。

试件在清华大学工程结构试验室内制作。C30 混凝土配合比为 1∶1.242∶2.813(重量比),水灰比为 0.437,使用的水泥为 325♯硅酸盐水泥,粗骨料为碎石,最大料径为 25mm,中砂,机械搅拌,手提振搅棒捣固成型,室内自然养护,φ4 箍筋系 8♯铅丝,经冷加工后退火,屈服点较高,测定混凝土强度的试块为 100mm 立方块,每个试件预留试件三块。

加载试验时Ⅱ-1、Ⅱ-2、Ⅱ-3、Ⅱ-5 试件的龄期为 50 天,Ⅱ-4、Ⅱ-6、Ⅱ-7 的龄期为 35 天,Ⅱ-1 的龄期为 45 天。

试件原始数据详见表 4-7-1a 和表 4-7-1b,表中的混凝土强度为试件在试验时的强度。

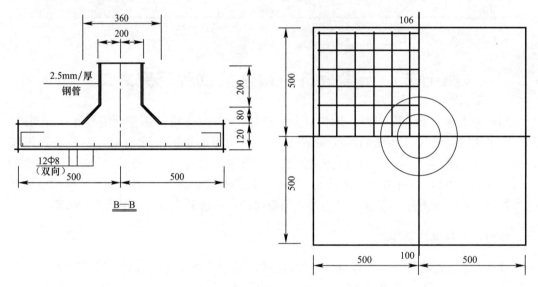

图 4-7-1　试件Ⅱ-1、Ⅱ-2 配筋图

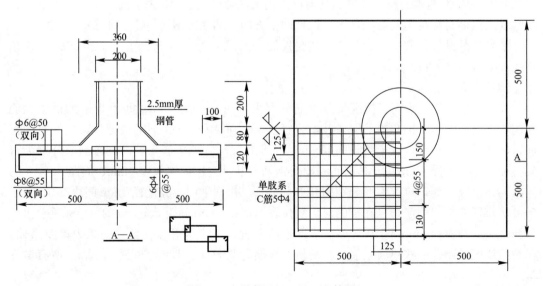

图 4-7-2　试件Ⅱ-3、Ⅱ-5 配筋图

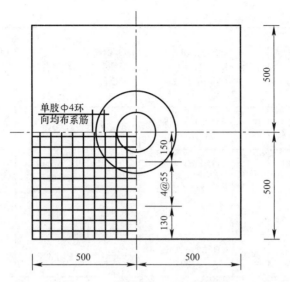

图 4-7-3　试件Ⅱ-4、Ⅱ-7 配筋图

图 4-7-4　绑扎成型后的钢筋骨架

二、加载方式及量测方法

（1）加载方式

本次 1∶5 比例模型试验也在 5000kN 长柱试验压力机上进行。试验时，板受拉面向下，柱头朝上。板四周简支在设有滚轴的支座上，支座中心线的距离由上次试验的 800mm 改为 870mm。

试件原始数据之一

表 4-7-1a

试件名称	底板平面尺寸（mm×mm）	板厚 h（h_0）（mm）	钢种	板受拉面受弯钢筋面积 A_s mm²/m	受弯钢筋配筋率 ρ（%）	箍筋特征	计算截面内抗剪钢筋总面积 A_{sv}^* mm²	含箍率 ρ_k^{**}（%）	抗剪钢筋形状
Ⅱ-1	1003×999	124（109）	A_3	直径 8mm 间距 90 544	0.499	/	0	0	—
Ⅱ-2	997×998	119（108）	调质	直径 8mm 间距 90 603	0.560	/	0	0	—

续表

试件名称	底板平面尺寸 (mm×mm)	板厚 h (h_0) (mm)	钢种	板受拉面受弯钢筋面积 A_s mm²/m	受弯钢筋配筋率 ρ (%)	箍筋特征	计算截面内抗剪钢筋总面积 A_{sv}* mm²	含箍率 ρ_k** (%)	抗剪钢筋形状
II-3	1005×1000	120 (108)	A₃	直径 8mm 间距 50 1005	0.895	封闭	352	0.222	
II-4	997×982	121 (109)	A₃	直径 8mm 间距 50 1005	0.927	环向均布单肢系筋	337	0.201	[
II-5	999×987	121 (109)	调质	直径 8mm 间距 50 1005	0.929	同 II-3	352	0.222	同 II-3
II-6	995×999	123 (108)	调质	直径 8m 间距 50 1005	0.934	同 II-3	704	0.443	同 II-3
II-7	1015×1000	120 (108)	调质	直径 8m 间距 50 1005	0.924	同 II-4	336	0.212	同 II-4
III-1	1793×1798	200 (108)	16Mₙ	直径 12mm 间距 65 1644	0.942	一半开口筋 一半单肢系筋	1528	0.375	

注：1. "*" 与沿柱（帽）边从板底部向上划 45 度斜面相截的箍筋面积；

2. "**" 与 A_{sv} 对应的含箍量，$\rho_k = A_{sv}/b_m h_0 \times 100\%$，$b_m$ 为距柱（帽）周边 $h_0/2$ 处计算截面周长，h_0 为板有效厚度。

试件原始数据之二　　　　　表 4-7-1b

试件名称	钢筋力学性能			混凝土立方强度 f_{cu} (MPa)
	直径 (mm)	屈服强度 f_y (MPa)	极限强度 σ_b (MPa)	
II-1	直径 8（A₃）	244	413	22.2
II-2	直径 8（调质）	1490	—	22.1
II-3	直径 8（A₃）	247	393	18.9
	直径 4（A₃）	239	381	
	直径 4（A₃）	392	433	
II-4	直径 8（A₃）	245	323	31.7
	直径 6（A₃）	224	390	
	直径 4（A₃）	392	433	
II-5	直径 8（调质）	1490	—	21.6
	直径 6（A₃）	256	396	
	直径 4（A₃）	392	433	
II-6	直径 8（调质）	1490	—	31.7
	直径 6（A₃）	253	385	
	直径 4（A₃）	392	433	

续表

试件名称	钢筋力学性能			混凝土立方强度 f_{cu} (MPa)
	直径（mm）	屈服强度 f_y (MPa)	极限强度 σ_b (MPa)	
Ⅱ-7	直径8（调质）	1490	—	29.5
	直径6（A₃）	231	394	
	直径4（A₃）	392	433	
Ⅲ-1	直径12（16Mn）	409	587	29.4
	直径10（A₃）	249	395	
	直径6（A₃）	241	389	

注：1. f_y、σ_b、f_{cu15}均为每组试件的平均值；
2. 直径4mm为8号铅丝，冷加工后经退火处理。

对于板受拉面抗弯纵筋能屈服的试件，加载制度为屈服前为分级加载，每级20kN，屈服后为连续加载，对于板受拉面抗弯受拉钢筋不能屈服的试件，加载制度为在达到80%的计算破坏荷载前为分级加载，之后为连续加载。

1：3模型的试件在拱形试验台上进行，板四周简支在设有滚轴的支座上，用2000kN手动油压千斤顶加载。在板受拉面抗弯钢筋屈服前为分级加载，每级50kN，屈服之后连续加载至破坏。

（2）量测方法

钢筋和混凝土应变采用电阻应变片量测，板受拉面和受压面混凝土电阻应变片布置在1/4板面内，其中受拉面6片，4片分别在板的两中心轴线上，2片在板面沿45度斜线上。混凝土应变片标距40mm。试件各点的挠度采用电测位移计（量程为50mm），其测点亦布置在1/4板跨内。对于1：3比例模型的Ⅱ-1试件，板四个侧面还布置了百分表测量板的侧向移动。肉眼观察混凝土裂缝，由于观察困难，未能记录下裂缝的开展过程。量测布置如图4-7-5至图4-7-8所示。

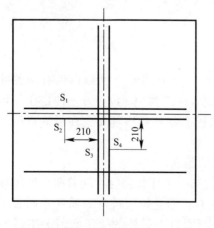

图4-7-5 1：5模型钢筋应变片布置
（S表示电阻应变片）

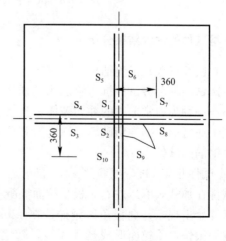

图4-7-6 试件Ⅱ-1应变片布置

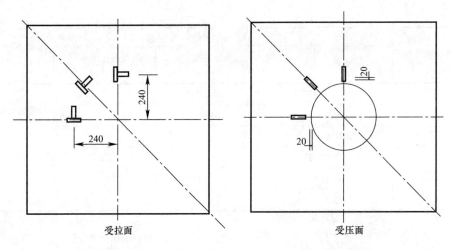

图 4-7-7 1:5 比例，模型试件的混凝土应变片布置

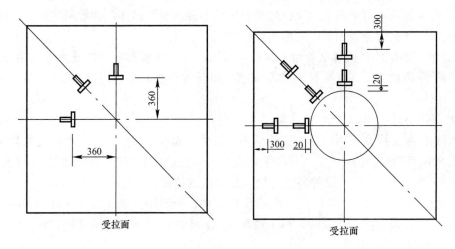

图 4-7-8 试件Ⅱ-1 的混凝土应变片布置

三、Ⅱ组试件的试验结果分析

（1）试验过程与量测结果

本次试验的部分试件抗弯纵筋为调质钢筋（$f_y=1490$MPa），所以试件有两种冲切破坏形态：一种为通常形式的冲切破坏（为叙述方便，称之为 A 型），另一种是在破坏外形上有别于通常形式的冲切破坏（称之为 B 型），这种 B 型冲切破坏发生在板抗弯钢筋为高强调质钢筋的试件中。

a）试件Ⅱ-1（抗弯配筋率 ρ 为 0.50%，无抗剪箍筋）

试件在加载 80KN 左右，板受拉面混凝土出现第一条环状裂缝，随着荷载的增加，径向裂缝开始出现，并向板角区延伸，在 120kN 左右，板受拉面抗弯纵筋开始屈服，之后裂缝发展很快，受拉面形成塑性绞线，随之在柱帽附近不远处的受压面渐渐出现环状裂缝，柱帽附近的压区混凝土起皮，柱帽逐渐冲下，破坏形态表现为屈服后剪坏，最终极限荷载为 190kN，延性较好。试件Ⅱ-1 的破坏形态如图 4-7-10 所示。

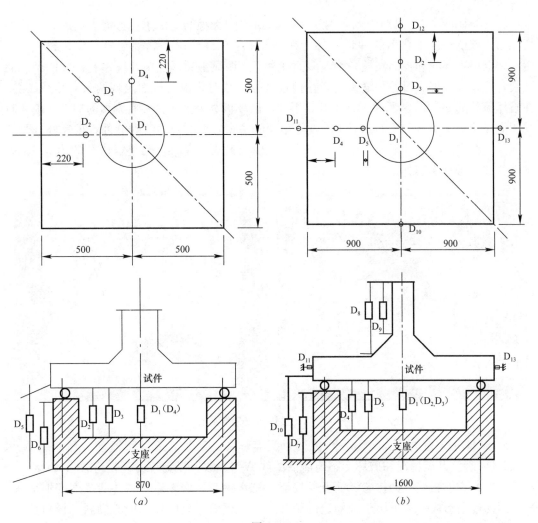

图 4-7-9

(a) 1∶5 比例模型试件的位移计布置；(b) 试件Ⅱ-2 位移计布置

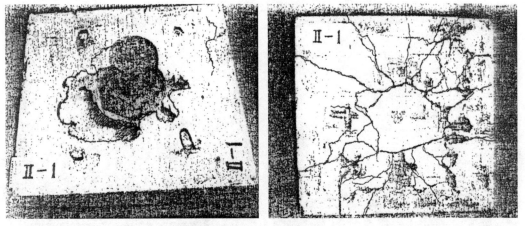

图 4-7-10　试件Ⅱ-1 破坏形态

　　b）试件Ⅱ-2抗弯纵筋为调质钢筋：$\rho=0.56\%$，无箍筋。由于抗弯能力远远大于抗冲切能力，该试件发生典型的冲切破坏，在90kN左右板受拉面混凝土出现环状裂缝，之后，相继出现环状和径向裂缝，裂缝多而细密，无明显主裂缝。240kN左右，板四个侧面开裂，但裂缝发展缓慢，裂缝不宽，在接近破坏荷载时，板受压面出现两条对角线裂缝。在破坏荷载的90%～95%时，柱帽开始下冲，破坏极为突然，并伴有剧烈的响声。破坏时受压面混凝土平整，受压面混凝土表现除出现的一宽一细的对角线裂缝外，很完好。受拉面混凝土在靠近支座处形成一条环状裂缝，锥体沿此裂缝下冲。最终极限荷载为366KN。试件Ⅱ-2的破坏形态如图4-7-11所示。

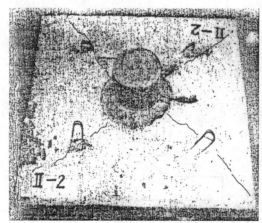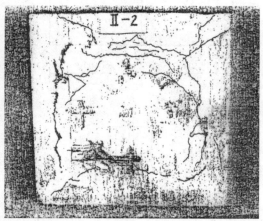

图4-7-11　试件Ⅱ-2破坏形态

　　c）试件Ⅱ-3抗弯配筋率$\rho=0.90\%$，配有$\varphi4@55$十字条带状箍筋。箍筋率$\rho_k=0.222\%$。裂缝开展情况和破坏形态与前批试件A-1一致。板受拉面开裂荷载为100kN左右。260kN左右板受拉面抗弯纵筋开始屈服。抗弯钢筋屈服以后，试件的挠度变形加快。板受压面逐渐形成一条正切于板周边的圆环裂缝，板面渐渐向柱帽中心倾斜，板角翘起，柱帽附近混凝土和两条对角线方向上的混凝土起皮、变酥、剥脱。最后破坏时延性很好，最终极限荷载为448kN。试件Ⅱ-3的破坏形态为图4-7-12所示。

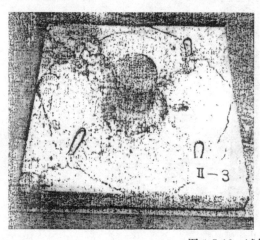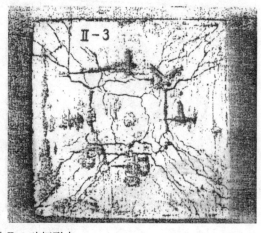

图4-7-12　试件Ⅱ-3破坏形态

d) 试件Ⅱ-4抗弯钢筋同Ⅱ-3，抗剪钢筋采用围绕柱帽的环状均匀布置的单肢系筋，$\rho_k=0.201\%$，抗弯钢筋屈服前，裂缝开展情况与Ⅱ-3相近，开裂荷载为90kN左右、受拉面抗弯钢筋的屈服荷载为270kN。300kN左右板侧面出现斜裂缝。随着荷载的增加，受压面出现环状裂缝，但形状没有Ⅱ-3完整，柱帽附近的混凝土开裂起皮，并最后随柱帽在经历较长时间的变形后一起陷下，表现为屈服后剪坏的破坏形态，最终极限荷载为344kN。

试件Ⅱ-4的破坏形态如图4-7-13所示。

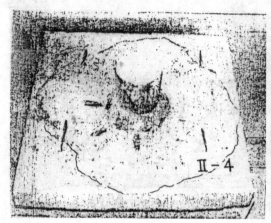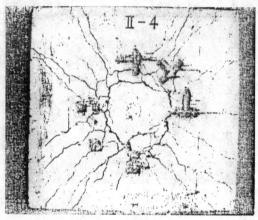

图4-7-13　试件Ⅱ-4破坏形态

e) 试件Ⅱ-5、Ⅱ-6、Ⅱ-7这三个试件属于B型冲切破坏。它们的抗弯钢筋均为调质钢筋，配筋率分别是$\rho=0.929\%$，0.934%，0.924%，Ⅱ-5、Ⅱ-6、Ⅱ-7的含箍率分别为$\rho_k=0.222\%$，0.443%，0.212%。这3根试件出现的第一条环状裂缝的荷载分别为90kN，100kN和100kN。由于抗弯钢筋为屈服强度很高的调质钢筋，因此裂缝开展缓慢。它们分别在340kN，340kN，270kN时板侧面出现细小的裂缝，并缓慢地向受压面延伸。在破坏荷载的85%～90%左右，板的受压面都随着荷载的增长，逐渐形成直径由小到大的近似同心环的环状裂缝，这些环状裂缝是随着柱头逐渐下陷而被拉成的，当板达到极限荷载时，这些同心环状裂缝的最外一环扩展成为主裂缝，最后破坏时，Ⅱ-6受拉面裂缝较宽，柱头下陷较少，Ⅱ-7受拉面裂缝多而细密，柱头下陷较多，Ⅱ-5介于Ⅱ-6和Ⅱ-7之间。Ⅱ-5、Ⅱ-6、Ⅱ-7的最终极限荷载分细密，Ⅱ-5介于Ⅱ-6和Ⅱ-7之间。Ⅱ-5、Ⅱ-6、Ⅱ-7的最终极限荷载分别为608kN、746kN和594kN。

Ⅱ-5、Ⅱ-6和Ⅱ-7破坏形态分别如图4-7-14、图4-7-15和图4-7-16所示。

（2）试验结果分析

a）混凝土应变

板受拉面径向和环向混凝土应变和受压面混凝土与荷载的关系曲线如图4-7-17和图4-7-18所示。从受压区混凝土应变情况可以看出，如果弯曲充分，其压应变值较大，弯曲破坏时能超过3000μ，弯曲屈服后剪坏次之，冲切破坏最小，一般不超过800μ，对于以调质钢筋作为抗弯钢筋的试件Ⅱ-5、Ⅱ-6、Ⅱ-7，其应变在破坏荷载的80%以后反而逐渐减小，有的最终还转变为拉应变，这极有可能是受压面混凝土在柱头下冲过程中被拉裂的缘故。试件Ⅱ-5、Ⅱ-6、Ⅱ-7在破坏之前，受压面混凝土逐渐被拉成一组直径由小到大的同心环状裂缝，最后破坏时，最外一圈环状裂缝发展较宽，试件在冲切破坏过程中，具有良好锚固的高强调质钢筋起到了悬索作用，从而阻止柱头下冲，并通过箍筋将力传到受压区，由此逐渐将受压面混凝土（此时，斜裂缝已将受压区混凝土与柱帽冲切锥分离）拉成一圈圈由小到大的环状裂缝，如图4-7-19所示。

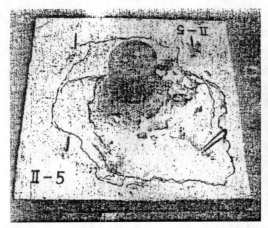

图4-7-14　试件Ⅱ-5破坏形态

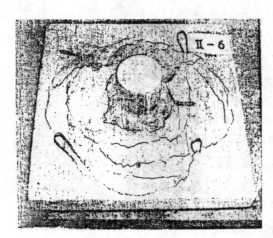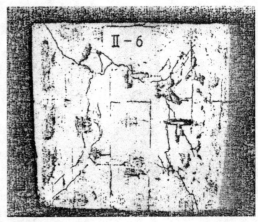

图4-7-15　试件Ⅱ-6破坏形态

b）钢筋应变

荷载-钢筋应变曲线如图4-7-20所示。

从曲线图中可以看出，对于以A3钢筋作为抗弯钢筋的试件，以屈服前基本上为一直线。有的在某一处应变有一突增，在曲线上表现为一个转折点，说明此处混凝土开裂，抗弯钢筋屈服以后，应变迅速增长，特别是配筋率较低的试件Ⅱ-1，应变发展更为急剧。在达到极限荷载以后，无论是弯曲破坏还是屈服后剪坏，曲线基本上都呈水平状，但弯曲破坏的曲线延伸得较长一些。

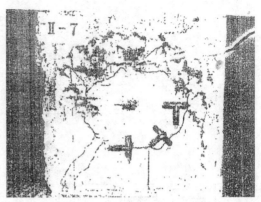

图 4-7-16　试件Ⅱ-7 破坏形态

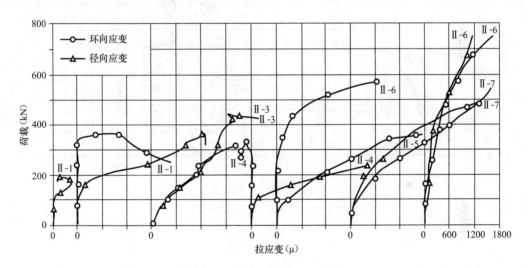

图 4-7-17　荷载-受拉面混凝土应变曲线

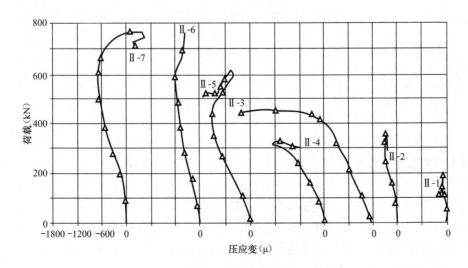

图 4-7-18　荷载-受压面混凝土应变曲线

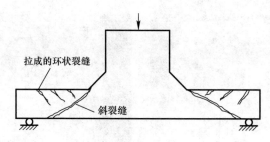

图 4-7-19　冲切锥破坏

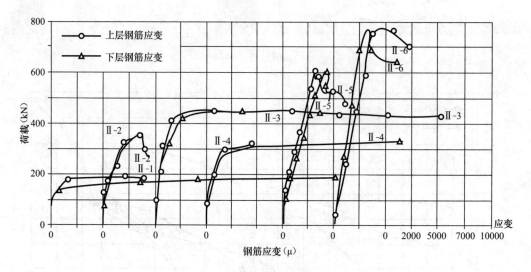

图 4-7-20　荷载受拉面纵筋应变曲线

试验结果汇总表　　　　　　　　　　　　　　　　　表 4-7-2

试件名称	开裂荷载 V_f (kN)	抗弯钢筋屈服荷载 V_y (kN)	极限荷载 V_u (kN)	破坏形态
Ⅱ-1	80	120	190	屈服后剪切
Ⅱ-2	90	—	366	A 型冲切破坏
Ⅱ-3	100	260	448	弯曲破坏
Ⅱ-4	90	270	334	屈服后剪坏
Ⅱ-5	90	—	608	B 型冲切破坏
Ⅱ-6	100	—	764	B 型冲切破坏
Ⅱ-7	100	—	594	B 型冲切破坏

　　对于以调质钢筋作为抗弯钢筋的试件，破坏为冲切破坏，在混凝土开裂时，钢筋应变有个突增，在到达极限荷载之前，曲线呈直线状。Ⅱ-2 试件，在临近极限荷载时，曲线有些弯曲，表明钢筋应变增快，但破坏时，钢筋未屈服。而试件Ⅱ-5、Ⅱ-6、Ⅱ-7，在到达极限荷载以后，钢筋应变在荷载下降过程中迅速加快，有的还达到屈服应变，这是由于试件达到冲切破坏使得板的受力机构变化，钢筋在阻止柱头下冲过程中受到弯折，因此，即使试件的荷载降低，钢筋的应变反而在迅速增大。

c）荷载——挠度曲线

从荷载挠度曲线（如图 4-7-21 所示）可以很清楚地看出：弯曲破坏（试件Ⅱ-3）曲线过了极限荷载以后，曲线基本上呈水平状，并延伸很长，说明弯曲破坏的延性很好。屈服后剪坏发生在经历一段塑性变形以后，有的较为突然，延性较差（如上批试验的 A-2），有的延性则较好，如Ⅱ-4 试件。屈服后剪坏使内力得不到充分的重分配，不仅对承载能力（抗弯能力）有影响，而且特别是对后期延性影响显著。

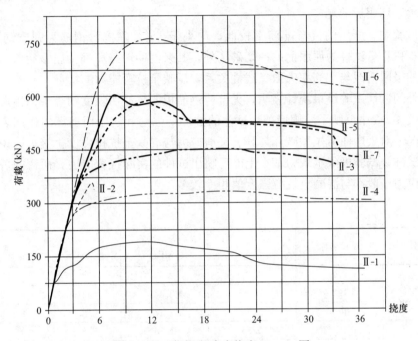

图 4-7-21　荷载-板中点挠度（mm）图

对于通常所说的冲切破坏（本文称之为 A 型冲切破坏），即屈服前剪坏，只是在临近极限荷载时，曲线有些拐弯，几乎没有什么塑性变形过程，如 A-2 试件。

对Ⅱ-5、Ⅱ-6、Ⅱ-7 试件，在达到极限荷载之后，荷载不是迅速掉下，而是逐步降低，很容易使人们误认为是延性好的表现，其实这完全是高强度钢筋网在良好锚固条件下所发挥的悬索作用所致。这种冲切破坏我们称为 B 型冲切破坏。在实际结构中，由于支承条件等因素不同，是不会出现这种特殊破坏的。

d）抗剪钢筋的影响

本次试验再次证明，设置抗剪钢筋，不仅能大大提高板的抗冲切能力，而且能改变无梁板柱节点的破坏形态，改善其后期延性。对于以 A3 钢筋作为抗弯钢筋的试件（如 A-1、A-2、B-1、B-2、Ⅱ-2、Ⅱ-3、Ⅱ-4），设置抗剪钢筋的板比不配置抗剪钢筋的板，其承载力大约提高 10%，而对于以调质钢筋作为抗弯钢筋的试件，（比较Ⅱ-3 与Ⅱ-5，Ⅱ-4 与Ⅱ-7）提高的幅度就更大，分别提高了 65% 和 78%，当然这里面包含有抗弯能力增强的因素。由此说明

配置抗剪钢筋后，由于提高了抗剪能力，从而使得板的内力能够进行充分或较为充分的塑性重分配，并且使有些试件由剪坏变为弯坏。

全部采用围绕柱帽环向均布的单肢系筋，其屈服后抗剪效果比封闭型箍筋（Ⅱ-3）和开口型箍（A-1）的抗剪效果要差些，承载能力约低33%，而在Ⅱ-5（封闭型箍筋）和Ⅱ-7（环向均布系筋）中则相差无几，仅2%多。从屈服前的抗剪角度说，系筋与封闭型或开口型箍筋的效果应是一致的，但从屈服后抗剪角度来说，二者作用不一样。因为箍筋可以使压区混凝土的极限压应变能力得到改善，而系筋在受压区混凝土起皮，压酥后，会影响其作用的发展。

（3）关于屈服后剪坏

本次试验中，所用的抗弯配筋率较低，均小于1%，除抗弯钢筋为调质钢筋的Ⅱ-2、Ⅱ-5、Ⅱ-6和Ⅱ-7试件为屈服前的冲切破坏外，其余的冲切破坏都为屈服后剪坏，这些屈服后剪坏的极限荷载与配筋率大致呈线性关系，反映了抗弯能力的特点。

国内外的冲切试验结果统计表明，无抗剪钢筋板的抗冲切强度约等于一倍混凝土的抗拉强度。表 4-7-3 中反映了屈服后剪坏试件的抗冲切强度和屈服后剪坏的作用名义剪应力的比较情况。对于弯曲剪拉型破坏，其名义剪应力与混凝土抗拉强度很接近，说明弯曲剪拉型破坏试件，试验极限承载力基本上能反映出试件的实际抗剪能力，而弯曲剪压型破坏的名义剪应力一般都与混凝土抗拉强度值相差较多。

表 4-7-3

数据出处	试件名称	V_u（t）	$v_u/(b_m h_0)$（MPa）	f_1（MPa）	破坏类型
本文和前文试验	A-2	42.17	2.63	2.50	弯曲剪拉
	B-2	37.85	2.47	2.60	弯曲剪压
	Ⅱ-1	18.63	1.17	2.08	弯曲剪压
湖南大学	A_4	9.55	1.36	2.13	弯曲剪压
	A_5	11.80	1.769	2.27	弯曲剪压
	B_2	11.75	1.17	1.95	弯曲剪压
	B_3	13.25	1.32	1.96	弯曲剪压
	C_2	16.20	1.24	2.08	弯曲剪压
	D_{1y}	22.50	1.18	2.15	弯曲剪压
	B_5	21.60	2.22	1.93	弯曲剪拉
	C_5	27.80	2.15	2.270	弯曲剪拉
	D_{4a}	39.30	2.05	2.10	弯曲剪拉
	D_{4a}	44.60	2.38	2.23	弯曲剪拉
	D_{4b}	32.40	1.73	2.23	弯曲剪拉
	D_{4y}	46.00	2.51	2.50	弯曲剪拉

注：表中的混凝土抗拉强度 f_1 按公式 $f_1 = 0.58 f_{cu15}^{2/3}$ 从混凝土立方试块的强度换算而得。

由此可见，屈服后剪坏的试件，其试验极限荷载反映的只能是试件的抗弯能力，而不是试件的抗冲切能力，特别是对于弯曲剪压型屈服后破坏的试件；其次，从弯曲剪拉型破坏的名义剪应力值可以看出，截面受弯屈服后，试件的抗冲切能力并没有受到影响。由此也可知，为了使试件发生的屈服后剪坏是延性较好的弯曲剪压型破坏，就要求屈服时的剪应力能较低于屈服前的抗冲切强度，所以对一般的抗冲切设计公式，为了保证破坏时具有较好的延性，有必要降低抗冲切设计强度，在前文中已提出了乘以折减系数 0.8。

屈服后剪坏试件抗冲切能力与作用在临界截面上名义剪应力值比较见表 4-7-3。结合一批试验结果，可以发现，屈服后剪坏有两种表现形式，一种主要反映弯曲破坏特征，如 B-1，Ⅱ-1，Ⅱ-4 等几个试件，称之为弯曲剪压型破坏，另一种主要反映屈服前冲切破坏特征，如 A-2 试件，称之为弯曲剪拉型破坏。这两种破坏有较大区别，主要表现在以下三个方面：a）破坏时的表现不同，弯曲剪拉型破坏的试件，破坏突然并伴随有较大呼声，破坏后板受压面混凝土平整完好，柱头下冲时，与板受压面混凝土整齐分离，柱帽附近的混凝土无任何破损，受拉面的裂缝基本上与屈服前冲切破坏相同，弯曲剪压型破坏的试件，靠近柱帽附近的混凝土起皮、压酥并随柱头一起下冲，板面向柱帽倾斜。b）破坏锥不同，弯曲剪拉型破坏锥斜面与水平面夹角约 25 到 30 度，弯曲剪压型破坏锥斜面与水平面夹角约 30 到 40 度，且破坏面没有剪拉型那样光滑。c）延性不同，剪拉型破坏的延性差，剪压型破坏前都经历一段塑性变形，延性一般较好。

这里所说的单调加载下的延性采用延性比来确定（如为反复加载则常用耗能系数表示），延性比可以反映构件延性的好坏，以下用下式表示：

$$\varphi_u = \Delta_u / \Delta_y$$
$$\varphi_0 = \Delta_0 / \Delta_y$$

式中

φ_u——剪应力——挠度 $v\text{-}y$ 曲线从峰值下降 15％时的延性比；φ_0——峰值荷载下的延性比；Δ_u——剪应力——挠度 $v\text{-}y$ 曲线从峰值下降 15％时板中点的挠度；Δ_0——峰值荷载下板中点的挠度；Δ_y——板名义屈服荷载下的挠度。

这些特征点的确定方法见图 4-7-22，从 $v\text{-}y$ 曲线的峰值 E 点作与横轴平行线与纵轴相交于 K 点，在原点 O 作 $v\text{-}y$ 曲线的切线交 KE 联线于 A 点；过 A 点作垂线交 $v\text{-}y$ 曲线于 B 点，连接 OB 并向上延伸交 KE 联线于 C 点，过 C 点作垂线交横轴于 D 点，D 点的挠度值即为名义屈服荷载下的挠度 Δ_y。

所有试件的延性比如下表 4-7-4 所示。

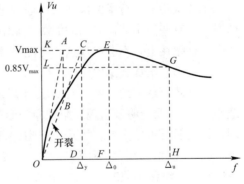

图 4-7-22 各特征点挠度确定方法

各试件的延性比指标 表 4-7-4

试件名称	φ_0	φ_u	备注
Ⅱ-1	2.63	4.07	弯曲剪压型屈服后剪坏
Ⅱ-2	1.19	—	A 型冲切破坏
Ⅱ-3	4.29	8.33	弯曲破坏
Ⅱ-4	5.84	10.00	弯曲剪压型屈服后剪坏，接近于弯曲破坏
Ⅱ-5	1.22	2.91	B 型冲切破坏
Ⅱ-6	1.73	3.80	B 型冲切破坏
Ⅱ-7	1.64	4.11	B 型冲切破坏

试件名称	φ_0	φ_u	备注
A-1	3.11	7.53	弯曲破坏
A-2	2.25	2.40	弯曲剪拉型屈服后剪坏
B-1	3.00	5.08	弯曲剪压型屈服后剪坏
B-2	4.74	6.67	弯曲剪压型屈服后剪坏

注：Ⅱ-5、Ⅱ-6、Ⅱ-7 的 φ_0 值属 B 型冲切破坏，故严格讲其 φ 值不能代表这些构件延性。

从上表数据可看出，屈服后剪坏对无梁板结构的延性有明显影响，屈服后剪坏一般具有一定的脆性，故延性没有弯曲破坏那样好，对于弯曲剪压型屈服后剪坏，即使延性有些降低，但一般都能满足要求，而对于弯曲剪拉型破坏，其延性就很差。所以无梁板结构设计中，不仅要防止出现屈服前的冲切破坏，也要防止出现弯曲剪拉型屈服后剪坏。

屈服后剪坏的延性至少与两个因素有关，一是截面含钢特征值 $\rho_y f_y / f_c$，二是截面抗剪能力与屈服后剪坏剪力的比值。抗剪钢筋对延性的影响很大，设置抗剪钢筋，可以大为改善节点延性，限制截面的相对受压区高度和提高受压区混凝土的极限压应变均可改善构件的延性。

四、试件Ⅲ-1 的试验结果分析

试件Ⅲ-1 与原型的比例为 1∶3，重点验证抗剪箍筋改善节点延性的作用。

本次试验共进行了两次加载，原因是在试件的制作中由于柱子朝上，柱帽朝下，底部的混凝土有些溢出使得帽内的混凝土未能全部填实（如果在实际工程施工中，一定是柱子在下、柱帽在上，不会出现这种可能）。所以在第一次加载中发现异常现象而停止。

（1）第一次加载试验

当荷载荷载加到远低于计算设计荷载的 380kN 时，荷载即不能继续增加，试件的荷载-挠度 P-y 曲线明显出现屈服现象，而此时的板内最大应变仅 300μ 左右。继续加载，发现柱帽与柱子的连接部附近，柱帽的钢板有屈服痕迹，此处的钢板环向应变已高达 1850μ，而柱帽的较大口径附近的应变仅 70μ。再分析试件各部位的应变和挠度，都处于弹性阶段。继续加载时柱帽内的混凝土压实，荷载又出现上升趋势。于是停止试验。

（2）第二次加载试验

这次板的荷载-挠度 P-y 曲线见图 4-7-23。试件承载力的变化趋势同上文中 A1 试件，荷载-挠度曲线也相似，表现为典型的弯曲破坏特征。这次试验中，当荷载加到 380kN 时，板已出现裂缝，板内的主筋拉应变约 800μ，此后随着荷载增加。裂缝不断增多并变宽。荷载第 7 级 900kN 时钢筋最大应表现有屈服现象，板受拉面的放射性径向裂缝不断增多并向板的角区发展，并且在板的侧面出现斜裂缝，此时主筋和压曲混凝土分别达到 12000μ 和 1000μ。当荷载达到 950kN，板的受压面出现环向裂缝。继续增加荷载到 1014kN 时，板的变形增加快，四角翘起，受拉面向下凸出，受压面混凝土剥离形成负塑性铰线，裂缝宽达 5～6mm。随后，板的承载力呈稍许下降趋势，当荷载下降约 12% 时，板的中点挠度达到 70mm。

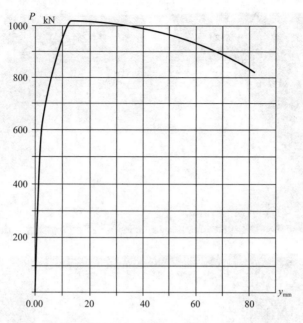

图 4-7-23　试件Ⅲ-1 的荷载——挠度 P——y 曲线

　　由于试件为弯曲破坏，无法给出板的冲切破坏强度。但至少可说明板的实际抗冲切能力应该大于试验过程中的板受到的最大冲剪力。

　　（3）Ⅲ-1 试件的配筋及破坏形态

　　Ⅲ-1 试件的配筋及破坏形态见图 4-7-24 与图 4-7-25。

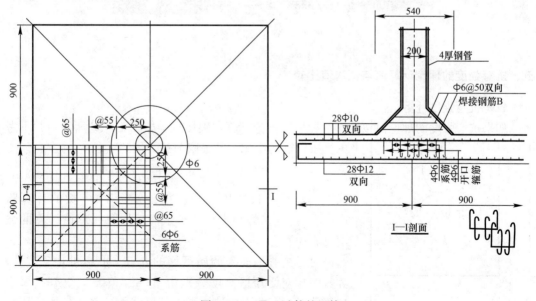

图 4-7-24　Ⅲ-1 试件的配筋

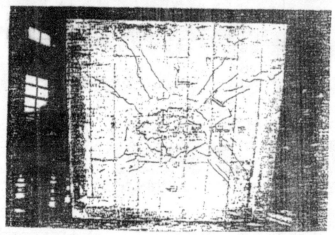

图 4-7-25 破坏形态

五、抗弯强度的理论计算值与试验值比较

（1）抗弯强度计算

如果抗弯强度的理论值按照塑性屈服线理论计算，破坏机构如图 4-7-26 所示，并不考虑受压钢筋的影响，其极限荷载为：

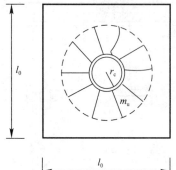

图 4-7-26 破坏机构

$$V_y = 2\pi m_u l_0 / (l_0 - 2r)$$

式中　m_u——板的单位长度抵抗矩；l_0——板的计算跨度；r——柱（帽）半径。与试件按屈服线理论计算的强度见表 4-7-5。

对于抗弯钢筋为调质钢筋的 Ⅱ-5、Ⅱ-6 和 Ⅱ-7 试件，其截面相对受压区高度分别为 ξ0.69，0.47，0.49，属于超筋情况，弯曲强度计算需按超筋截面计算，具体计算过程从略。

试验结果与理论计算值比较　　　　　　　　　表 4-7-5

试件 名称	破坏形态	极限荷载 试验值 kN	按屈服线理论 计算值 kN	V_u/V_y	按建议公式计 算值 V_{uj} kN	V_u/V_{uj}
Ⅱ-1	屈服后剪坏	190	149.5	1.271	232.8	0.816
Ⅱ-2	A 型冲切破坏	366	558.4	0.655	230.2	1.590
Ⅱ-3	弯曲破坏	448	255.3	1.755	300.0	1.493
Ⅱ-4	屈服后剪坏	334	267.8	1.247	355.8	0.939
Ⅱ-5	B 型冲切破坏	608	848.1	0.717	310.4	1.959
Ⅱ-6	B 型冲切破坏	764	1017.6	0.751	497.1	1.537
Ⅱ-7	B 型冲切破坏	594	979.9	0.606	342.7	1.733
Ⅲ-1	屈服后剪坏	1014	1061.5	0.955	881.3	1.143

注：Ⅲ-1 试件的屈服后剪坏 V_u/V_y 值小于 1，应与柱帽在 400kN 左右被压屈有关。

（2）抗冲切计算

按上节之一中建议的公式计算为：

对于无抗剪钢筋的板，有：

$$V_c/b_m h_0 \leqslant 0.65 f_l$$

对于配有抗剪钢筋的板

$$V_c/b_m h_0 \leqslant 0.5 f_l + A_{sv} f_{yk}/b_{mho}$$

符号说明详见第六节之二。

理论计算结果及与试验结果比较列于表 4-7-5。

通过理论计算结果与试验结果的比较，可以看出：

a）在正常含钢特征值的情况下，按屈服线理论计算的最大荷载一般都小于试验的极限荷载，这主要是板内的薄膜力作用（拱作用）以及钢筋强化等因素的影响所致。

b）抗剪钢筋对提高板的抗剪能力作用很大。按与倾角为 45 度的计算截面相截的箍筋面积计算时，以上的建议公式片与安全。

六、结论

（1）设置抗剪钢筋不仅可提高板柱节点的抗冲切能力，更为显著的是改善了板柱节点的延性，所以承受动载的防护工程无梁板应设置抗剪钢筋，箍筋的布置形式可采用上一节中建议的形式。

（2）采用本文建议的计算公式是偏于安全的，且比无关早期的混凝土结构设计规范所采用计算公式更趋于合理。

第八节　钢管混凝土柱及其顶板与楼板的连接构造[①]

不少防护工程承受强大的冲击波压力荷载，如采用一般钢筋混凝土柱，不仅截面过

---

① 本专题完成人　张天申、陈肇元。

大，更重要的是柱的延性差。使用钢管混凝土还在施工时不需要模板。

本报告主要目的是：a）对钢管混凝土柱的强度做出验证，b）对钢管混凝土柱与顶、底板之间的柱帽连接做出验证，c）对钢管混凝土柱与楼板之间的连接做出验证。至于钢管混凝土柱与周边混凝土板之间的冲切强度问题，则在以上的报告中已有介绍。

在文结合某地广场地下车库工程设计采用特殊的柱帽与顶板连接方法，即柱帽的坡度为 45 度，外包与钢管柱同样厚度的钢板相焊接。这种类型的柱帽构造形式在过去未见记载，柱帽本身的强度尚不清楚（图 4-8-1）。此外，设计中所采用的钢管与内部无梁板楼层的连接方法也比较独特，在楼板平面内，采用了上、下钢管断开的办法（见图 4-8-9）。楼板是否会在楼层节点处出现局部承压问题也有待证实。

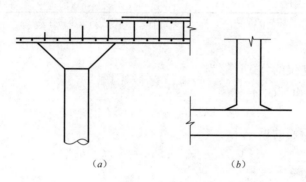

(a) (b)

图 4-8-1 柱帽—顶板的连接以及柱与底板的连接

一、试件制作

本次试验的试件分为钢管混凝土柱（帽）和楼板节点两类。

a）钢管混凝土柱。共制作了三个试件 GRZ-1、GRZ-2 和 GRZ-3（表 4-8-1）。试件的柱帽高度与柱的直径比值有两种。即 167/200 和 233/200，以了解柱帽工作性能。柱身的混凝土强度 C30，其配比为 1∶1.24∶2.81，水灰比 0.437；粗骨料为河卵石，最大粒径 2.5cm，中砂。浇灌混凝土时使用手提式高频振捣棒振捣密实同时制作了若干组 10cm×10cm×10cm 的立方体试块，与试件在相同条件下自然养护。

试件所用的原材料经留取小试件测定见表 4-8-2。

表 4-8-1

试件编号	长细比	试件尺寸 mm	钢板厚度	钢管直径	钢管壁厚	钢管截面积	备注
GRZ-1	1350/200 =2.75	666 / 233 / 200 / 1350 / 167 / 574	4mm	200mm	4mm	24.6mm²	柱身长按原型 1∶3 缩小，两端连接大小不同的柱帽，坡度 45 度

续表

试件编号	长细比	试件尺寸 mm	钢板厚度	钢管直径	钢管壁厚	钢管截面积	备注
GRZ-2	600/200 =3		4	200	4	24.6	柱脚坡度 45 度
GRZ-3			4	200	4	24.6	一端带坡度 36 度柱脚

钢管混凝土柱试件及板柱节点试件的材性指标　　　　表 4-8-2

试件号	试验时混凝土强度 f_c (MPa)	钢板屈服强度 f_y (MPa)	钢板极限强度 (MPa)
GRZ-1	24.3	328	436
GRZ-2	20.9	328	436
GRZ-3	22.0	328	436
J-1	26.3	328	
J-2	26.3	328	

注：混凝土的抗压强度 f_c 经预留混凝土小试块测得后乘尺寸影响系数换算成边长 15cm 标准立方试件强度再乘系数 0.8 为抗压强度。

钢管柱试件的高度与直径比值 l/D 也取二种，一为 6.75，与原型结构相同，另一为 3.0 作为对比分析 l/D 比值对承载能力和延性的影响。另外，试件 GRZ-3 的柱帽坡度较平缓，模拟该工程设计中的底板节点。

b) 楼板节点共两个（见图 4-8-1），分别为 J-1 和 J-2，模型与原型比例为 1：3。为尽可能与原型一致，尽管试件楼板在试验时不受力，仍配置了与原型配筋率大体相同的抗弯钢筋，其中一个有箍筋，另一无箍筋。

钢管混凝土柱的钢管及柱帽由厚度为 4mm 的 A3 钢板卷曲联接，平焊的坡口、柱帽壁与柱的钢管焊接为 V 形 45 度焊缝，焊缝经退火处理消除残余应力。全部试件共分二批制作。

二、钢管混凝土柱及柱帽试件的加载试验

（1）加载及量测方法：

试验全部在清华大学土木系结构实验室 5000kN 长柱试验机上进行，加载方式分为 A、B 两种形式（图 4-8-2）。方式 A 为试验机加载板与试件柱帽上表面通过砂浆垫层全表面接触，加载过程中，柱帽上表面均匀受到压缩；方式 B 为柱帽上表面沿边缘的一圈受到压力，这是考虑到在标准压力条件下，柱帽四周的顶板受到受弯屈服，会产生较大竖向变形，这时的柱帽顶部周边边缘会受到由弯曲后顶板传来的压力，较之均匀受压时更大。所以试验时在柱帽表面，设置了一圈宽约 12cm 的高强水泥砂浆环形垫层，方式 B 可能更接近柱帽的实际受力状况，但对柱身受力估计与方式 A 不会有太大区别。

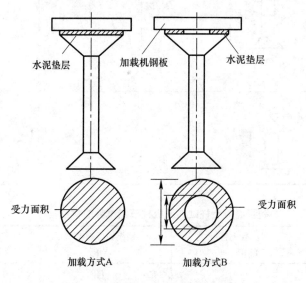

图 4-8-2　加载方式 A 和加载方式 B

柱帽试件均在其表面（柱帽及柱身）用粘贴了多组十字型电阻片来测定纵向和环向应

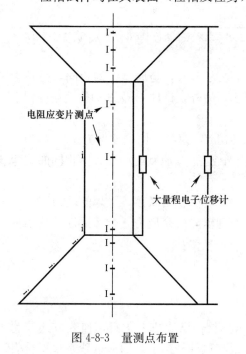

图 4-8-3　量测点布置

变，其位置为沿试件同一截面布置相隔 90 度，测点位置见图 4-8-3。此外还以大量程电子位移计和引伸仪等仪表测定试件顶端至底面间全高范围内的平均纵向变形，以及柱身（钢管部分）的平均纵向变形。

试验过程中，采用了分级单调加载制度，在 60%～70% 极限荷载范围内，每级荷载为预计极限承载能力的 1/10，每级间留一定时间间隔观察。在 70% 极限荷载之后，每级加载为预计荷载的 1/20。

（2）试验现象描述：

a）加载方式 A

编号为 GRZ-2 和 GRZ-3 试件用方式 A 加载，整个作过程大体可分为三个工作阶段（图 4-8-4）弹性工作阶段 0a，弹塑性工作阶段 ab，塑性或强化工作阶段 cd。弹性工作阶段的

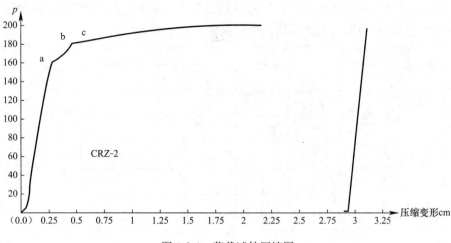

图 4-8-4 荷载试件压缩图

试件应变均匀上升，试件外表没有发生变化，此阶段中由于混凝土泊桑系数小于钢材，钢管扩张要大于芯部混凝土，所以两种材料近似独立承受纵向力。在弹塑性工作阶段，钢管混凝土柱应力应变曲线逐渐呈现曲线状态。这一阶段的混凝土横向变形增大，钢管因限制混凝土横向膨胀对混凝土产生侧向约束力。

继续加载后随着钢管环向拉力继续增加，钢管处于纵向受压而环向受拉这种复杂的双向受力状态，钢管表面出现吕德尔斯滑移斜线，并可听到有响声发出。

在塑性阶段，从 b 点开始，图 4-8-4 的荷载-应变曲线进入 bcd 段，试件承载力的继续缓慢增加，整个柱的中部明显外凸，柱端接近的柱帽部位也出现明显鼓凸。采用加载方式 A 至试验结束，柱帽未发现明显变形（图 4-8-5）。

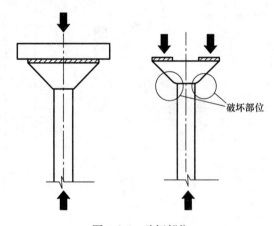

图 4-8-5 破坏部位

b）加载方式 B

试件 GRZ-1、GRZ-2 采用加载方式 B，其中试件 GRZ-2 使用的是经过加载方式 A 中已经试验后的构件，在原先方式 A 的试验过程中，其最大荷载承受能力为 2035kN，此时，柱管出现明显鼓凸，试验机即停止加载。根据以往大量钢管混凝土短柱的试验资料的记述可知，短柱试件加载至极限荷载后卸载，再次加载时的试件承载能力不会明显降低，仍能达到或接近第一次加载时的荷载水平。试件 GRZ-2 的方式 B 加载中，当荷载加至 1700KN 时试件的承载能力即再无增加的趋势，原因应是这次加载时，决定承载力的因素是柱帽而不是柱子本身，即试件的上表面环向加载方式。

GRZ-1 试件在加载初始阶段的表现同 GRZ-2、GRZ-3 的加载方式 A 中基本相似，只是在加载方式 B 进入塑性阶段后，变形急剧增加，柱身并没有出现滑移斜线，整个试件承载力即有下降趋势，提高的幅度不大。随着柱帽与柱身的连接部位附近又出现现象，使柱帽承载力继续下降，直至柱帽呈倒钟形停止加载为止，最大荷载 1800kN。此时的柱身并无明显鼓凸，试件承载力肯定未达到其极限承载能力（图 4-8-7）。

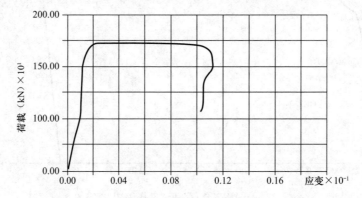

图 4-8-6　GRZ-2 试件的荷载-应变曲线（第二次加载）

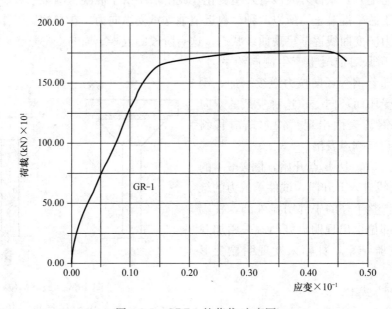

图 4-8-7　GRZ-1 的荷载-应变图

（3）承载能力对比

钢管混凝土柱在中心受压下的强度计算公式为：

$$N = A_c(f_c + 8.6D_0 t f_y)$$

式中　A_c——芯部混凝土面积；f_c——混凝土抗压强度；t——钢管壁厚；D_0——钢管直径；f_y——钢材屈服强度。

试件 GRZ-1 和 GRZ-2 是同一批构件，GRZ-3 是另一批构件，它们的强度见表 4-8-3，全部试件的混凝土配比及养护条件完全相同，但由于采用了不同的加载方式，使其承载能力发生了变化，破坏部位也完全不同；同一试件的不同加载方式及不同试件的不同加载方式，承载能力的差别均达到 10％以上（见表 4-8-3）。

表 4-8-3

试件编号	钢管尺寸　cm				混凝土			钢管		含钢率	计算值 kN	试验值 kN	备注
	D	L_0/D	t	t/D	f_{cu20}	f_c	A_c cm^2	f_y	A_s cm^2				
GRZ-1	20	0.75	0.2	0.02	28.9	23.0	280.4	326	24.6	8.5%	2300	1800	加载方式 B
GRZ-2		3			24.0						2210	2050	第一次方式 A 加载
											2210	1750	第二次方式 B 加载
GRZ-3		2			26.2								加载方式 A
J-1					30.2								
J-2					30.2								

注：J-1、J-2 试件为试验局部承压试验用，具体见以下第 4 节。

有关钢管混凝土柱基本性能试验的资料介绍，除在长细比 $l_0/D<1$ 短柱承载能力有明显增加外，在 $l_0/D\leqslant$ 的范围内，试件高度的变化对承载力没有影响。同样也有资料介绍，$l_0/D<10$ 的钢管柱，并未发现长细比对柱的承载能力有明显影响。从本次试验现象分析，可认为试件 GRZ-1 承载能力的下降直接原因乃是改变加载方式后，柱帽成了整个试件的最薄弱环节，试件在柱帽处破坏即是很好说明；同样，试件直至破坏为止，柱身并没有出现明显鼓凸也说明这一点。所以有理由认为：正是不同的加载方式导致破坏部位的改变，而试件柱帽四周的边缘环向加载方式，可能是更接近于实际工程在大变形阶段的柱子实际受力情况。

三、板柱节点局部承压试验

试验研究表明，混凝土局部承压的破坏形态主要取决于局部承压的计算底面积 A_d 与局部承压接触面积的比值以及 A_c 在 A_d 上的位置。由于地下车库两层楼层无梁板的连接方法较为独特，楼板平面内钢管的断开使得钢管对核芯混凝土的约束作用在断开处被楼层楼板的约束作用所替代，那么此时的混凝土承载能力是否会明显降低形成薄弱环节，以至于出现局部承压破坏，对这一问题所做试验的试件与原型的比例为 1：3，板厚 10cm，钢管外径 200cm，管壁厚 4mm。

加载量测方法与试验现象如下：

在上柱靠近楼板一端粘贴一组十字型电阻应变片，用来记录试验过程中钢管的应变发展情况并与钢管柱帽试件的钢管端部应变进行比较。此外在楼板平面内相互垂直的两个方向（图 4-8-8）粘贴两组大标距应变片用来记录试验过程中钢管断开处楼板核芯混凝土向外挤压的涉及范围，了解周边楼板对核芯混凝土的约束作用，试验仍采用了单调加载。

在节点的钢管断开处，通过试验证明，楼板对核芯混凝土的约束作用完全可以替代钢管对核芯混凝土约束，而这一结果正是设计希望的。

四、结论

（1）钢管混凝土柱（柱帽）试件，在理想的中心受压荷载下的强度由是由柱身强度控制的。但是，实际工程中的顶板在板面的荷载作用下很可能弯曲并在柱帽边缘出现裂缝，使得荷载通过柱帽的边缘传递，这时柱子的承载能力可能成为柱帽控制。

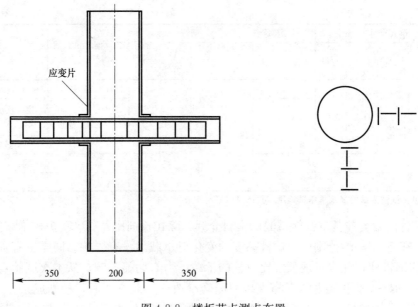

应变片

350 200 350

图 4-8-8　楼板节点测点布置

（2）带放大柱脚（参见图 4-8-1b）的钢管柱承载能力与带有柱帽的钢管柱相同，在加载方式 A 的情况下，柱身仍先于柱脚破坏。

（3）楼层的内部楼板节点不会出现局部承压破坏，楼板平面内将钢管断开的构造方法是可行的。

（4）在全部试件的试验过程中，钢管和柱帽的焊缝未发生问题。

（5）建议在构造上采取措施来改善或提高柱帽的强度，具体做法有：

a）在柱帽靠近柱身部位放置一片或多片钢筋网片；

b）在柱帽中增设带箍纵筋，减小荷载对柱帽斜面的作用力；

c）在柱帽上部板带内加密抗弯纵筋，提高板在与柱帽连接处的抗冲切能力。

第九节　地下结构反梁的抗剪试验与设计计算方法

防护工程多处于地下，我们提出防护工程的底部与土体接触的梁、板采用反梁的办法，即将底板置于梁的顶部，形成了所谓反梁的结构方案。这种做法能够减少挖土梁并改善地下室内净空。20 世纪 70 年代初期，为配合北京地铁工程，在清华大学工程结构试验室曾做过均布荷载下的反梁试验，得出反梁的抗剪能力远低于直接加载，由于这些试件均为高梁，试验结果不适合一般工程情况。但有些设计人员将反梁完全等同于一般直接加载于梁顶、按照现行设计规范的抗剪公式进行验算，显然会造成安全问题。有关反梁在有集中荷载作用下的抗剪强度，国外曾有资料报道，但未见反梁在均布荷载下的有关资料。

在集中荷载作用下，反梁的抗剪性能特点可归纳如下：

a）抗剪强度比相同的从梁顶直接加载情况要低。剪跨比愈小，降低愈多，当剪跨比大于 4 时，二者强度接近相等。另外抗剪强度降低也与间接加载在梁腹高度上的位置有关，底部加载时降低最多，来自板的荷载沿梁腹往上移时，降低幅度减少；

b）随着剪跨比减少，直接加载于梁顶的抗剪能力急剧增长，但在间接加载中却增加得很少（图 4-9-1）；

20 世纪 80 年代末期，清华大学抗震抗爆工程研究所对均布荷载下间接加载的反梁作了比较系统的试验。以下的试验结果系根据当时所做的工作分析得出，并针对抗爆结构的特点，提出有关设计计算建议，供设计及研究人员参考。

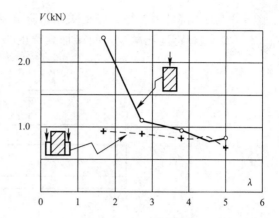

图 4-9-1 集中荷载在梁腹间接加载与从梁顶直接加载的抗剪能力对比

一、反梁的试验研究

本项研究共试验了 28 根梁，其中间接加载的反梁 19 根，与之对比的直接加载梁 9 根（图 4-9-2）。梁的截面名义尺寸均为 15cm×26cm，间接加载试验时为量测和加载方便，采取倒过来的 T 形梁形式，在底部伸出厚 6cm、每侧各长 6cm 的翼缘。这些梁中有 1 根为简支梁，支座负弯矩与跨中正弯矩之比 $n=0$，另有 12 根为约束梁，有 $n=1$ 和 $n=2$ 二种。试件的混凝土棱柱抗压强度 f_c 约在 25MPa 左右，但为对比，有一组共 4 根简支梁的混凝土棱柱抗压强度降为 14MPa。试件的主筋配筋率为 1.6%，为防止弯坏，均采用高强钢筋（f_y 为 636MPa）。箍筋则用普通钢筋，配筋率在 0.17%～0.89% 之间，含箍特征 $\rho_{sk}=f_{yk}/f_c$ 在 0.02～0.158 之间，试件的跨高比名义值有 5.2、6.8、8、10.2 几种。

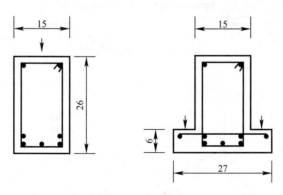

图 4-9-2 试件截面

试验采用多点加载模拟均布载，加载装置见图 4-9-3，荷载分级施加直至破坏，同时量测试件的挠度、应变、裂缝等常规数据。

分析试验结果得出主要结论如下：

（1）均布荷载下，间接加载梁的抗剪能力低于直接加载梁，跨高比愈小时降低愈多。

图 4-9-4 表示降低率 λ 与 l/h_0 的关系，降低幅度与支座负弯矩的大小没有太大关联。

（2）随着跨高比减少，间接加载梁的强度急剧降低，这与集中荷载下有很大不同。

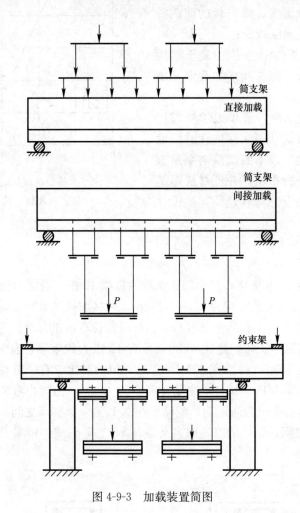

图 4-9-3　加载装置简图

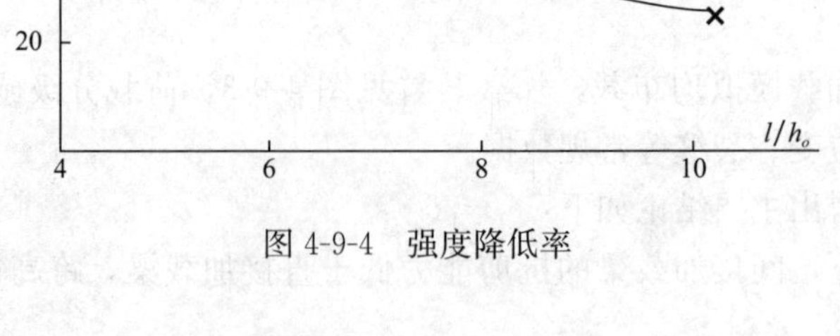

图 4-9-4　强度降低率

图 4-9-5是试验得出的抗剪强度与 l/h_0 的关系，这里的抗剪强度用无量纲值 $v/(bh_0 f_c)$ 表示，v 是支座截面的名义剪力。如与图 4-9-1 对比，可见均布荷载下间接加载梁的受力性能比集中荷载下更差。

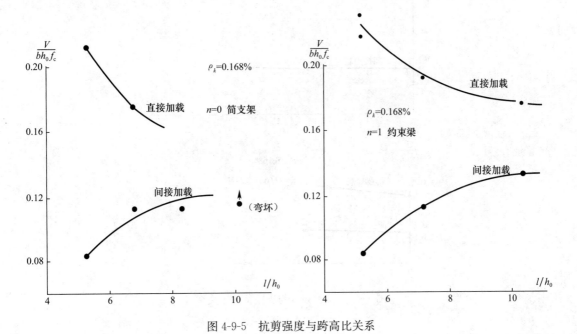

图 4-9-5　抗剪强度与跨高比关系

（3）支座负弯矩的影响在间接加载梁中不明显（图 4-9-6），在直接加载下，这种有腹筋梁的抗剪强度与 n 的关系，也远没有在无腹筋梁中那样显著。

（4）抗剪强度对抗剪强度的影响在间接加载的反梁种更小于直接加载时的情况。这次试验包括一组 $f_c = 14\mathrm{MPa}$ 的试件，可以认为，在间接加载梁中，混凝土对抗剪强度的贡献，易取与 f_c 的平方根或立方根呈正比，而不应与 f_c 呈正比。在以下的分析中，在以下的分析中，我们均以 $f_c = 25\mathrm{MPa}$ 的数据作为标准，对于低强度 $f_c = 14\mathrm{MPa}$ 的那组试件，在分析中对其强度进行修正，乘以系数 $(14/25)^{1/2} = 0.75$。

（5）间接加载的反梁抗剪强度随含箍特征 $\rho_k f_{yk}/f_c$ 的增加而增大（图 4-9-7）。

（6）全部间接加载梁都出现了程度不一的、发生在底部翼缘与梁腹交界面上的水平面裂缝。$l/h_0 = 5.2$ 且配箍率仅达构造配筋（$\rho_k = 0.168$）的试件，翼缘最终被整个拉下，箍筋颈缩断裂。在 l/h_0 较大的梁中，水平开裂的程度较轻。

（7）除 $l/h_0 = 10.3$，$\rho_k = 0.372$ 和 $l/h_0 = 8.3$，$\rho_k = 0.362$ 的两根简支梁弯坏外，其余的简支梁和全部约束梁均为剪坏。间接加载梁的斜裂缝比较平缓，这反映竖向拉应力的影响，斜裂缝位置更靠近跨中，并在梁的顶部发展成水平方向。在支座有负弯矩的梁中，除一根外其余的反梁均在正弯矩区段内剪坏，而直接加载梁的破坏部位则接近支座。图 4-9-8 是试件破坏照片。

（8）对于跨高比甚小的反梁，按照加设吊筋仍有可能达不到直接加载时的强度。例如 $l/h_0 = 5.2$，$f_c = 14\mathrm{MPa}$ 的一组梁，间接加载时当含箍特征达到 0.155 时，试件的破坏明

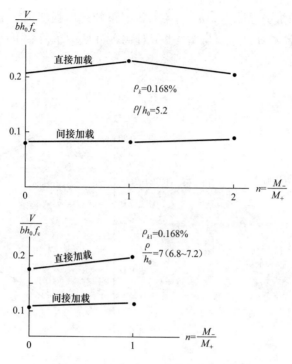

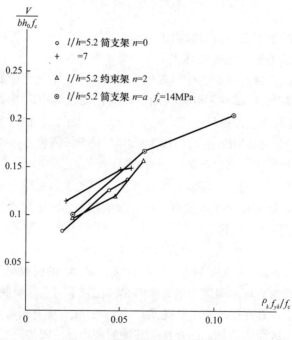

图 4-9-6 抗剪强度与支座负弯矩关系

图 4-9-7 抗剪强度与含箍特征关系

显由于跨中压区混凝土破损，即使增加更多吊筋或箍筋也不会提高梁的强度，这根梁的含箍特征尚未达按悬吊作用概念应该增设吊筋数量的程度。

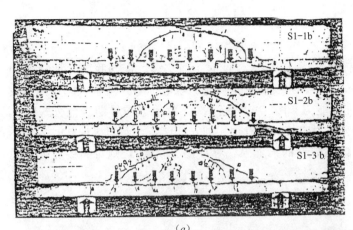

简支，间接加载

$l/h_0=5.2$

S1-1 b $\quad \rho_R \dfrac{f}{f_c}$ =0.020

S1-2 b =0.045

S1-3 b =0.055

S1-1 b　翼缘拉脱

（a）

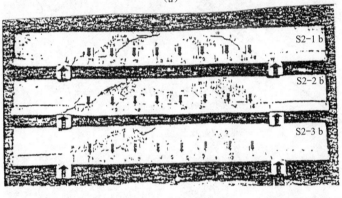

简支，间接加载

$l/h_0=6.9$

S2-1 b $\quad \rho_k f_{yk}/f_c$ =0.022

S2-2 b =0.051

S2-3 b =0.057

（b）

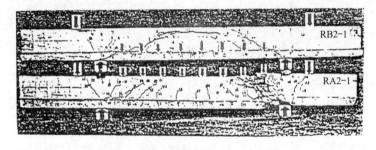

约束梁

$l/h_0=7.2$

$n=1$ $\quad \rho_k f_{yk}/f_c$ =0.23

RB2-1 间接加载

RA2-1 直接加载

（c）

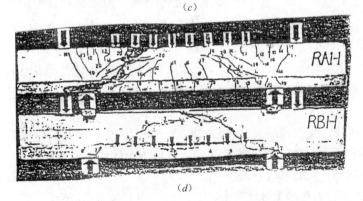

约束梁

$l/h_0=5.2$

$n=1$ $\quad \rho_k f_{yk}/f_c$ =0.023

RA1-1 直接加载

RB1-1 间接加载，翼缘拉脱

（d）

图 4-9-8　试件破坏照片

二、反梁的抗剪强度计算公式

尽管反梁强度低于直接加载梁，特别在 l/h_0 较低时抵得更多。但与我国早期规范中梁的抗剪公式算出的结果相比差的不多。主要原因是当时的规范抗剪并没有考虑直接加载时 l/h_0 较低时的梁有高得多的抗剪能力。图 4-9-9 是这次试验数据与早期规范公式的比较。可以看出，直接加载规范的公式对直接加载有很大的安全储备，而间接加载时多数不安全，如果考虑到规范的公式是试验数据的偏下限（对直接加载梁），则对间接加载来说显然更不适用。

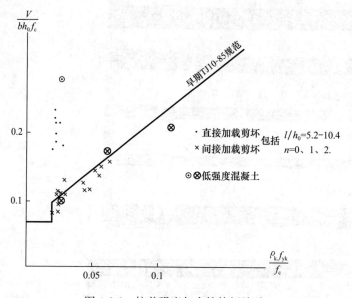

图 4-9-9　抗剪强度与含箍特征关系

间接加载的反梁抗剪强度可用下式计算：

$$V/(bh_0 f_c) + A + B\rho_k f_{yk}/f_c \tag{4-9-1}$$

式中 V 是支座截面剪力；B 是图 4-9-7 中根据试验得出的 $V/(bh_0 f_c)$ 与 $\rho_k f_{yk}/f_c$ 之间的回归方程的斜率，等于 1.1，今取整数 1.0；A 反映混凝土强度的贡献，间接加载梁中的垂直拉应力愈大，A 值应愈低，而垂直拉应力与梁的跨高比有关，所以 A 为 l/h_0 的函数，根据试验值整理，有 $A=0.05$ $(1+0.1l/h_0)$。这是一个近似式，但形式简单便于应用。

将每一试件的参数以及 A、B 值代入（4-9-1）式，可以求得试件的理论计算值 V_1。图 4-9-10 表示试件破坏时的实测剪力 V_s 与 V_1 的关系，可见式（4-9-1）给出的数值与试验值吻合良好。

混凝土梁的抗剪强度相当离散，我国规范的设计公式取的是偏下限值，因此反映平均强度的式（4-9-1）在设计中不宜采用。建议适当降低 A 值，取以下设计计算公式：

$$V_j/bh_0 f_c = 0.04(1+h_0) + \rho_k f_{yk}/f_c \tag{4-9-2}$$

按照上式得出设计计算值 V_j 与试验值的关系见图 4-9-11，可见上式反映试验值的偏下限。

间接加载的反梁水平裂缝是一个严重的问题。另外在实际工程中，从顶板传给反梁底部的荷载很可能比计算预测的大许多，顶板的薄此梁中全部箍筋至少应能起到将间接荷载悬吊起来的作用，即需要全部的 $A_{sv}f_y \geqslant 2V$（A_{sv} 为梁中全部箍筋的截面积，f_{yk} 为箍筋抗拉强度），据此可导出：

$$\rho_k f_{yk}/f_c \geqslant (2h_0/L) \times V/(bh_0) \tag{4-9-3}$$

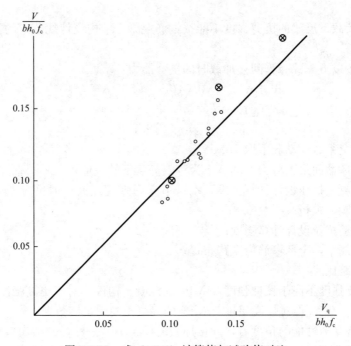

图 4-9-10　式（4-9-1）计算值与试验值对比

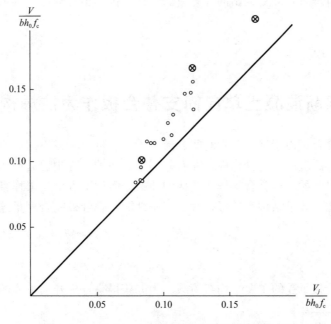

图 4-9-11　式（4-9-2）的设计计算值与试验值对比

鉴于水平开裂的严重性，建议将上式的最低含箍特征再乘 1.25 的放大系数。式 (4-9-3) 的限制实际上只对 L/h_0 较小的梁起作用，也只有在这些梁中，底部顶板有拉脱的可能。

三、结语

（1）均布荷载下反梁的抗剪强度不能按钢筋混凝土结构设计规范中的抗剪设计公式进行计算。

（2）建议按以下算式验算间接加载时的抗剪能力：

$$kV_j/bh_0 f_c = 0.04(1 + h_0) + \rho_k f_{yk}/f_c$$

$$\rho_k f_{yk} f_c \geqslant k(2.5h_0/L) \times V/(bh_0 f_c)$$

$$\rho_k f_{yk}/f_c \leqslant 0.15$$

式中　k——安全系数，动载下取 1.1；

　　　v——支座截面最大剪力，动载下为等效静载下的数值；

　　　f_c——混凝土抗压设计计算强度，动载下考虑强度提高，但也应考虑屈服后剪坏的影响，乘折减系数 0.8；

　　　f_{yk}——箍筋抗拉设计计算强度；

　　　ρ_k——箍筋率，全部箍筋沿全跨布置；

　h_0/L——高跨比。

上式适用于强度不高于棱柱强度 25MPa 的混凝土构件，对于更高强度的混凝土构件，应乘系数 $(25/f_c)^{1/2}$。但对强度超过 60MPa 的混凝土尚无足够数据。

（3）从结构受力性能的角度看，间接加载的反梁不是一种好的结构型式，所以应用必须慎重。爆炸动载下的地下结构设计比较复杂，因素比较综合，有赖设计人员的工程经验和判断。根据笔者理解，以上提出的计算方法，比起抗爆结构构件的其他受力状态决不过于偏于保守。

第十节　钢筋混凝土单向简支叠合板作为抗爆构件的性能[①]

钢筋混凝土叠合板由于施工节省时间、减少投资、可少用或不用模板，在一般工业与民用建筑中已有广泛应用。这种构件，在有些国家的防护工程中也有应用。近年来，我国的一些防护工程也开始采用叠合板作为结构的顶板。防护工程承受爆炸空气冲击波或土中压缩波动载的作用，要求结构有较好延性和气密性能，叠合板能否满足这方面的要求，尚有待系统研讨。

一、试件

防护工程叠合板承受的主要是均布荷载。为能获得叠合板开裂过程的全貌，我们首先

---

① 本专题主要由邱小坛、王志浩、陈肇元完成。

进行了静速变形下的抗力性能测定。在设计试件尺寸及叠合面的构造方案时，考虑了防护结构顶板配筋率低，跨度较小及多数并无腹筋的一些特点。在叠合面的类型上主要做了普通叠合面和带榫槽叠合面两种构造形式。

所谓普通叠合面是指预制部分混凝土用平板振捣器振捣后不做任何特殊处理，使混凝土表面保持振捣后的自然状态。因此这种试件的叠合面也可称为自然粗糙叠合面。带抗剪槽的叠合面除了有自然粗糙叠合面外，在试件的两个端都各留有两个深 30mm、宽 60mm 的抗剪槽，两槽之间的间距 60mm（图 4-10-1）。另外，还制作了同样尺寸的整体板以与叠合板进行对比。

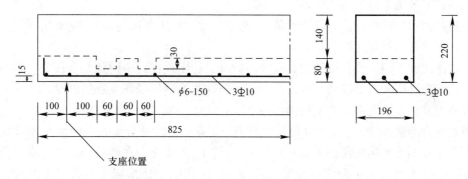

图 4-10-1　试件尺寸、抗剪槽位置及配筋示意

试件截面尺寸 $b \times h \times L = 196cm \times 220cm \times 1650mm$，预制部分 80mm 厚，跨高比 6.6，配筋率 0.60%，这个数值比现行防护经过顶板常用的配筋率（0.3%～0.5%）略高一些。之所以这样是考虑到配筋率较高时，叠合面尚需的抗剪性能更高以及为了解叠合面开裂后对构件抗力的影响。

混凝土的强度等级为 C25，重量配合比 1∶1.58∶3.56（水泥∶砂∶石子）、水灰比 0.53，主筋采用 16Mn 变形钢筋，屈服强度 $f_y = 471MPa$。

预制部分浇注 7d 后再浇制同样配比的混凝土叠合层，混凝土用强制式搅拌机搅拌，机械震捣并采用室内自然养护，试件试验时的龄期约为 2～4 个月。试件的实际尺寸及编号见表 4-10-1。

静速变形试件的尺寸、混凝土标号和试件编号　　　　　　　　表 4-10-1

试件类型	试件标号	先浇混凝土			后浇混凝土			试件总尺寸		
		试验时龄期、天	厚度 mm	立方强度 MPa	试验时龄期、d	厚度 mm	立方强度 MPa	宽度 mm	厚度 mm	h_0 mm
普通叠合试件	MPJ-B1	87	83	27.3	80	193	31.5	193	220	100
	MPJ-B2	73	84	27.3	66	195	31.5	195	221	197
整体	MZJ-B1	/	/	/	82	195	31.5	195	223	202
有抗剪槽	MCJ-B1	73	87	35.7	66	192	32.6	192	220	193
	MCJ-B2	74	86	35.7	67	200	32.6	200	225	205
整体	MZJ-B2	/	/	/	68	197	31.0	225	223	203

注：试件标号中 J 表示静速试件，P 表示普通试件，C 表示有抗剪槽试件，Z 表示整体试件。

二、试件在静速变形试验中的反应和破坏形态

（1）加载及量测装置

用8点加载模拟均布荷载。试件净跨为1450mm。两端支座均设置滚轴。试验在C-3加载机上进行。通过手阀控制油泵进油量，使机器的加载头缓慢地向下移动，强迫试件变形。

试件纵筋屈服前分级加载，每级荷载为2t。两级荷载的时间间隔约为1min，其中包括加载时间和停置时间。在停置时间内进行数据测读和裂缝观察。纵筋屈服后每级荷载由挠度控制，使各级荷载下的挠度增量相同。

量测数据包括试件的抗力（荷载值）、跨中挠度、跨中截面的钢筋应变和混凝土应变。

（2）试件破坏过程

与整体试件不同，叠合试件的有些竖向裂缝最初出现在跨中附近叠合面的上部。继续加载后这些裂缝逐渐向下发展直到试件底部。与这些裂缝出现和发展的同时，也有一些竖向裂缝是来自试件的底部向上发展的。

普通叠合面试件 MPJ-B_1 在纵筋屈服前出现了第一条沿叠合面开展的水平裂缝 h_1，可见时的总荷载值约为屈服荷载的 5/6，即 9～10t。h_1 首先出现在两条经过叠合面的竖向裂缝 z_3 和 z_4 的中间并很快向两边伸展并在 z_3 和 z_4 之间迅速形成第一条水平裂缝，长约100mm，中间裂宽约0.2mm，两端闭合，且在开裂的叠合面上没有明显的摩擦痕迹，水平裂缝的上、下两部分混凝土也没有明显水平错动。

当纵筋接近屈服时，出现了第二条水平裂缝 h_2，位置基本上与 h_1 对称，继续加载 h_2 延长到竖向裂缝 z_7，且水平裂缝的宽度有较大的增加，当挠度是屈服挠度11倍时（即 $y/y_s=11$）z_1 的宽度约为5mm。

当 $y/y_s=16.7$ 时，试件发生了斜裂缝破坏。破坏时在半跨上裂缝 z_3、z_6 和 h_1、h_3 连成一条缝，上通试件的顶部，下通试件的底部。在另一半跨上是 z_2、z_7 和 h_2 连通。与最后破坏发生的同时，试件的跨中部份出现 h_4。试件破坏时叠合面上下水平裂缝的总长度约有净跨的 3/5 左右。最宽处达20mm，水平错动10mm。

在叠合面出现水平裂缝以后，竖向裂缝的宽度增加得很慢，破坏时（除 z_2、z_3、z_6、z_7 外）一般宽度都在1mm以下。普通叠合面试件的破坏形态和裂缝情况见图4-10-2和图4-10-3。有抗剪槽的试件的裂缝情况与普通叠合面试体基本一致，所不同的是有抗剪槽试件的水平裂缝的总长度要短一些。如 MCJ-B_2 的水平裂缝的总长度不到净跨的 1/2。有抗剪槽试件破坏时竖向裂缝的宽度也比普通叠合面试件略大些。一般在2mm左右。裂缝和破坏形态见图4-10-4和图4-10-5。

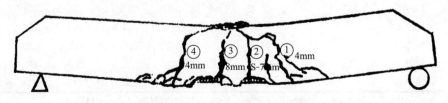

图 4-10-2　试件 MPJ-B_1 裂缝

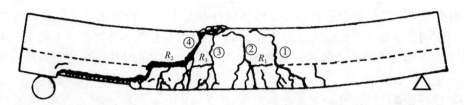

图 4-10-3　试件 MPJ-B₂ 裂缝图

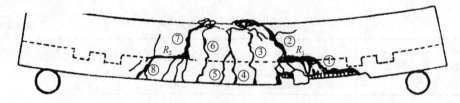

图 4-10-4　试件 MCJ-B₁ 裂缝图

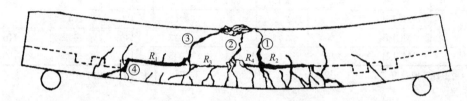

图 4-10-5　试件 MPJ-B₂ 裂缝图

图 4-10-6　整体试件 MZJ 裂缝图

除了 MPJ-B₁ 在屈服前出现了叠合面破坏以外，共余叠合试件都是在纵筋屈服后才出现叠合面上的水平裂缝。比较见表 4-10-2。

出现水平裂缝时的试件挠度　　　　　　　　　　　　　表 4-10-2

试件类型	试件编号	h_1 *	h_2	h_3	h_4
		y（mm）	y（mm）	y（mm）	y（mm）
普通叠合面试件	MPJ-B₁	/	/	20.2	60.4
	MPJ-B₂	22.4	40.2	/	/
有抗剪槽试件	MCJ-B₁	29.8	40.4	/	/
	MCJ-B₂	9.0	15.5	22.3	63.7

注：h_i*—第 i 条水平裂缝，y_s——试件屈服时挠度

249

4 根叠合试件都是斜裂缝破坏，而整体试件都是上部混凝被压碎。叠合试件的水平裂缝都是在两条主要的竖向裂缝之间开始形成，而且其位置既不在剪力最大的支座附近也不在弯矩最大矩最大的跨中截面，而是在 $L_0/3$ 附近，上述的 MPJ-B$_1$ 的裂缝形成和发展过程有一定的代表性。

（3）试件开裂情况比较

表 4-10-3 中给出了试件开裂的情况比较，叠合构件比整体构件开裂要早一些，其开裂荷载约为整体试件开裂荷载的 2/3。开裂的应变和挠度也比整体构件小一些。

试件开裂时的荷载、挠度和应变　　　　　　　　表 4-10-3

试件类型	试件编号	总荷载 P（t）		跨中挠度 y（mm）		钢筋应变（μ）		压区边缘混凝土应变（μ）
		计算值	实测值	计算值	实测值	ε_{g1}	ε_{g2}	ε_{h1}
普通叠合面试件	MPJ-B$_1$	/	2.2	/	0.24	130	150	100
	MPJ-B$_2$	/	2.0	/	0.20	150	170	110
整体	MZJ-B$_1$	3.90	3.15	0.34	0.35	190	170	150
有抗剪槽试件	MCJ-B$_1$	/	2.2	/	0.25	120	140	110
	MCJ-B$_2$	/	2.78	/	0.23	140	160	110
整体	MZJ-B$_2$	3.96	3.53	0.34	0.45	160	190	180

注：表中计算值是按"TJ10-74"规范公式，取试件的实际尺寸和实际材料强度计算的值

表 4-10-4 是 6 根试件在不同挠度下竖向裂缝的宽度。表中值仅来自试件的一条竖向裂缝，因此不能完全地反映试件开裂的整个情况。从表中值可以看出叠合试件的竖向裂缝的宽度与整体试件相差不大。

不同的挠度下试件竖向裂缝宽度（mm）　　　　　表 4-10-4

试件类型	试件编号	$\beta=1$	$\beta=3$	$\beta=5$	$\beta=10$
普通叠合面试件	MPJ-B$_1$	0.5	1.0	1.8	2.0
	MPJ-B$_2$	0.5	1.2	1.6	3.5
整体	MZJ-B$_1$	0.5	1.4	2.1	2.8
有抗剪槽试件	MCJ-B$_1$	0.7	2.1	2.3	3.3
	MCJ-B$_2$	/	1.5	/	2.0
整体	MZJ-B$_2$	0.4	1.2	1.5	2.2

注：$\beta=y/y_s$，y_s——试件屈服时跨中挠度

表 4-10-5 是试件开始屈服时的抗力（荷载 P），挠度和钢筋及板顶面混凝土的应变值。叠合试件屈服时的抗力与整体试件的屈服抗力相差不大。叠合试件 MCJ-B$_1$ 的屈服抗力偏低是因为该试件的纵筋保护层较厚造成的，值得提出的是，普通叠合试件 MPJ-B$_1$ 在屈服前出现了两条水平裂缝，但是其屈服强度没有明显的降低现象。可以认为，在本试验特定的情况下（均布加载，跨高比 6.6，低配筋率）叠合构件的屈服抗力基本上可以按整体构件的方法进行计算。

屈服时抗力（P_s）、挠度（y_s）及应变值　　　　表 4-10-5

试件类型	试件编号	屈服抗力 P_s（t）	屈服挠度 y_s（mm）	钢筋应变（μ）		混凝土压应变（μ）ε_{h1}
				ε_{g1}	ε_{g2}	
普通叠合面试件	MPJ-B$_1$	11.45	3.66	2160	2300	930
	MPJ-B$_2$	11.26	3.44	2110	2260	880
整体试件	MZJ-B$_1$	11.36	3.48	2350	2230	980
有抗剪槽试件	MCJ-B$_1$	10.89	3.92	2390	2340	970
	MCJ-B$_2$	11.72	3.60	2300	2260	950
整体试件	MZJ-B$_2$	11.57	3.72	2240	2340	1030

图 4-10-7 和图 4-10-8 是试件加载全过程的抗力曲线。叠合试件在纵筋屈服后的抗力不稳定，波动比较大。波动最大时，幅度可达屈服抗力的 1/10。而整体试件的抗力则比较稳定，即使有波动，幅度也很小。叠合试件抗力波动的原因是水平开裂造成的。

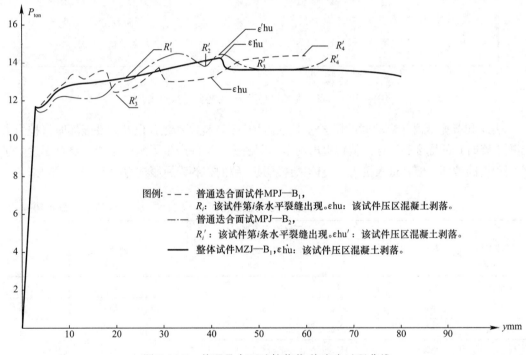

图 4-10-7　普通叠合面试件荷载-挠度全过程曲线

若以上部混凝土开始剥落时的延性作为极限延性的标准，则叠合试件和整体试件的极限延性的差别并不很明显。本次试验中，压区混凝土开始剥落时的应变约为 4500μ，比一般的试验值要大一些。这是因为本次试验的试件跨高比较小。有试验表明：在均布荷载作用下，钢筋混凝土短梁上部混凝土开始剥落时其应变有可高达 8000μ 的。

叠合试件在上部混凝土剥落后不久，就发生斜裂缝破坏，抗力大幅度下降。整体试件在上部混凝土剥落后，跨中压区混凝土被压碎，但试件的抗力仍然可以基本保持不变。因此，若以试件丧失承载能力或抗力大幅度下降作为衡量试件极限延性的标准，叠合试件就远不及整体试件。

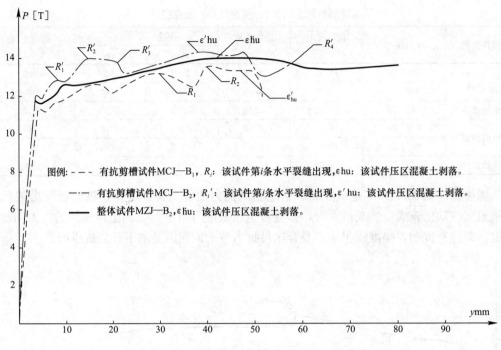

图 4-10-8　有抗剪槽试件荷载-挠度全过程曲线

表 4-10-6 是混凝土剥落时的压区边缘混凝土应变，挠度和延性以及试件破坏时（抗力大幅度下降时）的挠度和延性。值得提出的是，即使叠合试件产生了水平裂缝，叠合面发生了不同程度的破坏，但其最大抗力与整体试件还是一致的，约为屈服抗力的 1.2～1.25 倍。

试件延性的极限值　　　　　　　　　　　　表 4-10-6

试件类型	试件编号	压区混凝土剥落时			抗力大幅度下降时	
		混凝土应变（μ）	跨中挠度（mm）	延性比	跨中挠度（mm）	延性比
普通叠合面试件	MPJ-B₁	4480	41.0	11.2	60.4	16.5
	MPJ-B₂	4520	42.7	12.4	65.4	19.0
整体试件	MZJ-B₁	4720	43.5	12.5	＞80	＞23.3
有抗剪槽试件	MCJ-B₁	4170	48.2	12.3	50.2	12.8
	MCJ-B₂	4080	40.7	11.3	63.7	17.7
整体试件	MZJ-B₂	4660	42.4	11.4	＞82	＞22

注：表中"延性比"为 y_m/y_s，y_s——屈服时跨中挠度；y_m——压区混凝土剥落时挠度。

表 4-10-7 是计算最大抗力与实测最大抗力的比较。可以看出，实测的最大抗力约为计算值的 1.18～1.21 倍。

（4）收缩微差应力对叠合试件开裂的影响

与整体试件相比较，叠合试件开裂荷载较小，且裂缝首先出现在后浇混凝土底部。原因可能是浇注时间不同的两部分混凝土的收缩差产生的所谓收缩微差应力造成。

试件的最大抗力（t）　　　　　　　　　表 4-10-7

试件类型	试件编号	实测混凝土剥落时抗力	实测最大抗力 R_{m}^{s}	计算最大抗力 R_{m}^{j}	R_{m}^{s}/R_{m}^{j}
普通叠合面试件	MPJ-B₁	12.98	14.15	11.73	1.21
	MPJ-B₂	14.25	14.25	11.73	1.21
整体试件	MZJ-B₁	14.10	14.10	11.80	1.19
有抗剪槽试件	MCJ-B₁	13.31	13.63	11.32	1.20
	MCJ-B₂	14.38	14.38	12.04	1.19
整体试件	MZJ-B₂	13.70	14.0	11.91	1.18

本次试验没有将叠合构件的收缩微差作为主要研究对象，所以相应的辅助性试件少，仅做了三块 $100mm \times 100mm \times 500mm$ 的试块。取前 7 天的收缩量近似作为两部分混凝土的收缩差。七天的收缩量约为 97μ，计算时取 100μ，采用组合截面法计算应力。

图 4-10-9A 为计算的收缩微差应力，图 4-10-9B 为 $P = 2t$ 时荷载产生的应为，图 4-10-9C 为 A 和 B 的叠加。从图 4-10-9C 可以看出，后浇混凝土底部的拉应力已超过 2MPa。当然，这只是纯计算的结果，实际收缩微差应力尚受很多因素影响。但是计算结果看，收缩微差使后浇混凝土下部受到一定的收缩拉应力。当外荷加到一定程度后，应力达到开裂强度，可能形成从后浇混凝土开始的竖向裂缝。

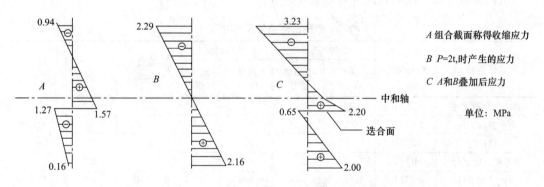

图 4-10-9　收缩微差应力对叠合板开裂的影响

（5）叠合试件破坏图形分析

虽然叠合试件具有与整体试件相同的尺寸，配筋和近似的混凝土强度，但是叠合面的破坏促使叠合试件最后出现了斜裂缝破坏现象。

叠合试件叠合面的破坏，估计对试件受力情况可能收到以下两个因素影响：

a）叠合面破坏后，使纵向受力钢筋屈服的范围增大。图 4-10-10 中 A 点的钢筋应力与 B 截面的钢筋应力基本相等。使得图中 I 部分混凝土更充分向外推出；

b）水平缝下部的 II 部分混凝土有向下运动趋势。反映在试验中使叠合面水平缝宽度增加。

这两个因素都使图中 B 截面向下运动的趋势使 A 点附近纵筋的销栓剪力增加很多，从而使试件产生沿纵筋的劈裂，它的出现反过来又促使叠合面上的水平裂缝宽度突然增加。

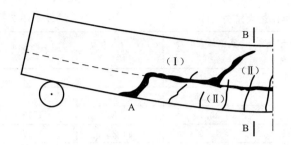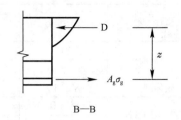

图 4-10-10　叠合面开裂后试件受力示意

以上两个影响都使得图 4-10-10 中 B 截面受压区混凝土的斜向拉应力增大，当拉应力大到一定程度时，这部分混凝土沿斜向拉开，构成了叠合试件的斜裂缝破坏。

第十一节　单向简支叠合板的动力试验

为确定叠合试件在爆炸荷载下的动力反应及其与相同尺寸的整体试件的差别，我们作了模拟核爆炸空气冲击波压力的动力试验。

试件共有 6 根，编号及尺寸等见表 4-11-1。

动载试件编号及尺寸　　　　　　　　　　　　表 4-11-1

试件类型	试件编号	先浇混凝土		后浇混凝土		宽度 b (mm)	h_0 (mm)	加载形式
		厚度 (mm)	立方体强度	厚度 (mm)	立方体强度			
普通叠合面试件	MPD-B$_1$	85	37.5	137	36.0	196	208	多次加载
有抗剪槽试件	MCD-B$_1$	82	34.8	142	32.7	195	209	
整体试件	MZD-B$_1$	/	/	222	36.0	196	208	
普通叠合面试件	MPD-B$_2$	85	37.5	137	36.0	195	207	一次加载
有抗剪槽试件	MCD-B$_2$	87	34.8	135	32.7	198	206	
整体试件	MZD-B$_2$	/	/	224	32.7	195	209	

一、试件及加载

试件的材料、截面尺寸、配筋率和叠合面的构造方法都与以上节的静速变形试件相同。

6 根试件分成两组，一组为 MPD-B$_1$、MCD-B$_1$ 和 MZD-B$_1$ 三根。试验目的是确定试件在动力作用下的开裂和屈服挠度、试件的振动周期和最后破坏形态。试验方法采取多次加载，逐步增加压力峰值。

第二组试件为 MPD-B$_2$、MCD-B$_2$ 和 MZD-B$_2$。目的是检验试件延性、开裂情况及叠合面裂开情况。试验方法为一次加载。

试验在清华大学经过结构实验室自行设计"简形单管卧式核爆压力模拟器"尚进行。

量测内容包括：跨中断面的钢筋应变及顶面的混凝土应变、跨中及 1/4 跨处的挠度、支座反力和爆炸气体压力。

二、主要试验结果

在多次加载的第一组试件中观测到如下现象：

试件的振动周期与其应力状态有关，试件开裂后实测的振动周期大约在 10-12ms（毫秒）之间。计算出的自振周期（不考虑阻尼）为 12ms。

3 个试件的屈服挠度相差不大，约在 4mm 左右，与静速变形试验得出的屈服挠度 y_s 相差不多。图 4-11-2～图 4-11-4 为典型的 $P\text{-}t$ 与 $y\text{-}t$ 曲线。

（1）试件的开裂和破坏情况

与静速变形的破坏情况相似，整体试件最后的破坏是典型的弯坏。而叠合试件是主筋屈服后的斜裂缝破坏。试件的开裂及破坏情况见图 4-11-2 和图 4-11-3。

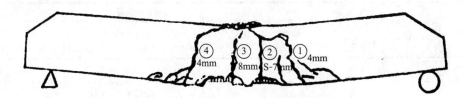

图 4-11-1　整体试件 MZD-B₁ 破坏时裂缝图

图 4-11-2　普通叠合板试件裂缝图

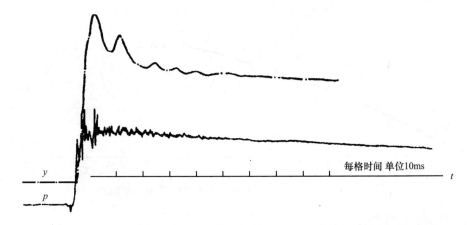

图 4-11-3　MPD-B1 的 $P\text{-}t$ 和 $y\text{-}t$ 曲线

与静速变形试件不同的地方是动载试件叠合面上的水平裂缝更接近试件的跨中截面，而且没有出现沿纵向钢筋曲水平劈裂缝。

另外，从试验中观察到，在动载作用下叠合面上的水平裂缝多出在 $y/y_s=2\sim3$ 以后。

以下主要介绍 MPD-B_2、MCD-B_2 和 MZD-B_2 的动力反应．由于有抗剪槽试件 MCD-B_2 的压力、变形和裂缝情况与整体试件 MZD-B_2 基本一致，而普通叠合面试件出现了水平裂缝，所以在介绍中更侧重普通叠合面试件 MPD-B_2 与 MCD-B_2 的比较。

这 3 根试件用同样长度的导爆索加载，由于导爆索的均匀性和试件的密封情况不等，因此各试件的压力略有差异，压力峰值都在 0.5MPa 左右，升压时间 $t_1=8$ms，压力作用时间 $t_0=2\sim3$s。

表 4-11-2 是 MPD-B_2 和 MCD-B_2 的实测压力比较。

表 4-11-2

实测试件的压力

试件编号	升压时间 t_1（ms）	压力峰值 P_0（kg/cm²）	$t=50$ 毫秒		$t=100$ 毫秒		$t=200$ 毫秒	
			P_t（kg/cm²）	P_t/P_0（%）	P_t（kg/cm²）	P_t/P_0（%）	P_t（kg/cm²）	P_t/P_0（%）
MPD-B_2	7	5.22	3.80	72.8	2.80	53.6	1.90	36.4
MCD-B_2	8.8	5.0	4.00	80	3.41	68.2	2.95	59

表 4-11-3 给出了这 3 根试件的最大挠度、应变和残余变形．图 4-11-4、图 4-11-5 是普通叠合面试件和有抗剪槽试件的 y-t 曲线．表 4-11-4 是两根试件挠度变化过程的比较．从表中可以看出起爆后 2ms 时 MPD-B_2 的挠度已与 MCD-B_2 有差别了，10ms 后差别比较明显。

表 4-11-3

试件的最大挠度和残余变形（mm）

试件类型	试件编号	最大动挠度	残余变形
普通叠合面试件	MPD-B_2	36.4	25
有抗剪槽试件	MCD-B_2	20.0	14.0
整体试件	MZD-B_2	19.0	10.0

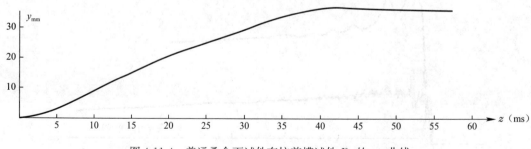

图 4-11-4　普通叠合面试件有抗剪槽试件-B_2 的 y-t 曲线

试件的应变速度见表 4-11-6。

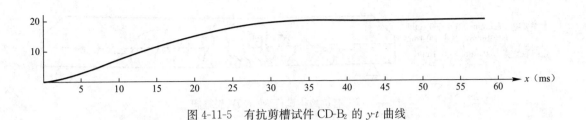

图 4-11-5　有抗剪槽试件 CD-B$_2$ 的 y-t 曲线

试件动挠度变化过程（mm）　　表 4-11-4

试件	2 毫秒	6 毫秒	10 毫秒	20 毫秒	30 毫秒	50 毫秒	100 毫秒	200 毫秒
MPD-B$_2$	0.5	4.0	8.7	20.6	29.3	35.5	35.3	33.8
MCD-B$_2$	0.4	3.5	7.5	15.0	19.5	20.0	19.7	19.2

试件动挠度变化过程（mm）　　表 4-11-5

试件编号	开裂时				屈服时				最大挠度			
	t_f (ms)	$y_f^{动}$ (mm)	ε_{hf} ($\times 10^{-6}$)	ε_{gf} ($\times 10^{-6}$)	t_s (ms)	$y_s^{动}$ (mm)	ε_{hs} ($\times 10^{-6}$)	ε_{gs} ($\times 10^{-6}$)	t_m (ms)	y_m (mm)	ε_{hm} ($\times 10^{-6}$)	$y_m^{动}/y_s$
MPD-B$_2$	2.0	0.5	310	310	5.3	3.5	1000	2400	40	36.4	脱片	10
MCD-B$_2$	2.5	0.5	260	300	6.2	3.5	960	2400	48.8	20.0	4070	6.7

试件的应变速度（1/s）　　表 4-11-6

试件编号	开裂前		开裂——屈服	
MPD-B$_2$	$\dot{\varepsilon}_h=0.155$	$\dot{\varepsilon}_g=0.155$	$\dot{\varepsilon}_h=0.209$	$\dot{\varepsilon}_g=0.633$
MCD-B$_2$	$\dot{\varepsilon}_h=0.104$	$\dot{\varepsilon}_g=0.120$	$\dot{\varepsilon}_h=0.190$	$\dot{\varepsilon}_g=0.570$

从试件的 y-t 曲线可以看出，试件在动载作用下都没有出现振动现象。试件的挠度自开始加载后就持续增加，持续时间达 50ms。挠度达到最大时并不立即回弹，而是稳定一段后才慢慢反弹。

（2）卸载后试件的剩余裂缝

三根试件卸载后的剩余裂缝情况和变形情况见图 4-11-6～图 4-11-8。

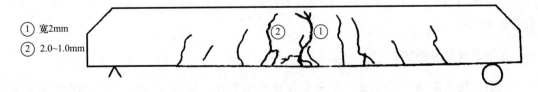

① 宽2mm
② 2.0~1.0mm

图 4-11-6　整体试件 MZD-B$_2$ 裂缝图

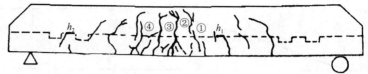

水平裂缝 h_1k30mm，宽小于0.1mm，
h_2k30mm，宽小于0.1mm
竖向裂缝宽① 0.7mm，② 1mm，
③ 1mm，④ 0.3mm

图 4-11-7　有抗剪槽试件 MCD-B$_2$ 裂缝图

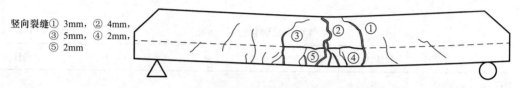

竖向裂缝① 3mm，② 4mm，
③ 5mm，④ 2mm，
⑤ 2mm

图 4-11-8　普通叠合面试件 MPD-B$_{22}$ 裂缝图

MPD-B$_2$ 在叠合面上出现了两条水平裂缝，宽度 1mm 左右、长分别为 150mm 和 200mm，与跨中截面对称，竖向裂缝的宽度在 4mm 左右。

MCD-B$_2$ 在叠合面的水平裂缝长 20～30mm。裂缝细到肉眼刚可分辨，竖向裂缝宽度约 1mm。表 4-11-7 给出卸载后试件最宽的一条竖向裂缝的宽度和试件的 y/y_s。

可以认为在现行人防规范建议的延性下，这种叠合试件是可以满足气密要求的。

普通叠合面试件 MPD-B$_2$ 的挠度较大，开裂较严重，应变速度也相应的比较大。促使该试件产生上述现象的因素估计可能是该试件的爆炸压力较大，荷载的升压试件较短，试件的叠合面上出现了水平裂缝使抗力偏低，还有试件的尺寸和材料的偏差。

试件的裂缝宽度及最大挠度　　　　　　　　　　　　　表 4-11-7

试件编号	竖向裂缝宽度（mm）	$y_m y_s$
MPD-B$_2$	5	10.1
MCD-B$_2$	1	5.56
MZD-B$_2$	2	5.3

第十二节　不同配筋率单向无腹筋叠合板抗力性能试验

为了解不用配筋率无腹筋叠合板的抗力性能与开裂破坏形态。为此，做了不同配筋率叠合板的试验。

一、试件及加载量测方法

这批试件共 14 根。分 3 组，配筋率分别为 0.49%、0.73%、1.09%。前两组各组有 4 根，其中 2 根整体，2 根叠合件。后一组有 6 根，2 根整体，4 根叠合。4 根根叠合试件总有 2 根在叠合面的两端各放一块与试件同宽、长 10cm 的塑料薄膜。目的是为检验支座处叠合面的抗剪能力对整个构件抗力性能有多大影响。所有整体试件都作为对比设计。试件的尺寸为 $L \times h \times b = 165 \times 20 \times 12mm$。叠合试件先浇混凝土厚度为 8cm。浇筑 7 天后再浇筑叠合部分。在室内常温下养护，试验日期距浇注日期约为半年。

表 4-12-1 为构件编号、配筋率、实测尺寸及材料一览。

图 4-12-1 为试件形式及配筋。

试验在 C-3 加载机上采用四点静速加载，加载装置、加载方式及支座形式同前。

表 4-12-1

组别	构件编号	配筋	配筋率（%）	实测钢筋屈服强度（MPa）	先浇混凝土			实测后浇混凝土立方体强度（MPa）	实测尺寸			试验时龄期（天）	备注
					实测立方体强度（MPa）	厚度（cm）			h（cm）	b（cm）	h_0（cm）		
						设计	实测						
第一组	ZJ1-1	2A8	0.49	241	/	/	/	34.5	20.2	11.9	18.15	216	整体试件
	ZJ1-2	2A8	0.49	296	/	/	/	34，5	20.3	11.9	18.20	265	
	DJ1-1	2A8	0.49	241	39.3	8		34.5	20.1	12.6	18.20	218	叠合试件
	DJ1-2	2A8	0.49	241	39.3	8	8.2	34.5	20.1	12.3	18.40	246	
第二组	ZJ2-1	2B10	0.73	471	/	/	/	34.5	20.2	12.0	17.95	214	整体试件
	ZJ2-2	2B10	0.73	469	/	/	/	34.5	20.1	12.0	18.10	264	
	DJ2-1	2B10	0.73	465	39.3	8	8.6	34.5	20.3	12.0	18.20	215	叠合试件
	DJ2-2	2B10	0.73	471	39.3	8	9.0	34.5	20.4	12.4	17.85	245	
第三组	ZJ3-1	3B10	1.09	471	/	/	/	320	20.1	11.5	17.5	216	整体试件
	ZJ3-2	3B10	1.09	482	/	/	/	3.36	20.2	11.8	18.15	245	
	DJ3-1	3B10	1.09	471	35.7	8	8.6	3.36	20.6	12.0	17.95	214	叠合试件
	DJ3-2	3B10	1.09	469	35.7	8	8.4	3.36	20.2	11.9	*	251	
	DJ3a-1	3B10	1.09	471	35.7	8	8.8	33.6	20.3	12.2	18.05	250	叠合试件支座以外10cm加有塑料布
	DJ3a-2	3B10	1.09	469	35.7	8	8.6	33.6	20.0	12.0	18.0	252	

＊：""为 DJ3-2 由于振捣不慎，钢筋骨架歪斜

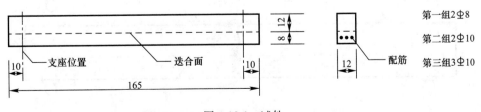

图 4-12-1　试件

二、试验主要结果

（1）配筋率为 0.47％的试件（第一组）

在本组试件中没有出现叠合构件水平裂缝开裂的，而且叠合构件同整体构件的抗力、延性、裂缝形式都相差不多。

试件荷载-挠度曲线见图 4-12-2，裂缝见图 4-12-3，各项参数比较见表 4-12-2。

（2）配筋率为 0.73％的试件（第二组）

在本组试件中 DJ2-2（普通叠合面试件）在总荷载为 5.25ton 时（为屈服荷载的82％），在叠合面上出现了第一条水平裂缝，初始长约为 0.5～1.0cm，以后随荷载的加大，这条裂缝没有延长和发展。但是加载到混凝土压碎后，在跨中出现了一条与下部斜裂缝相通的水平缝，长约 12cm（图 4-12-4）。此后，荷载有一定的波动。与整体试件比较起来，其后期抗力有降低，而整体试件一直加载到跨中挠度为 5～6cm 时抗力仍没有明显的降低（图 4-12-5）。

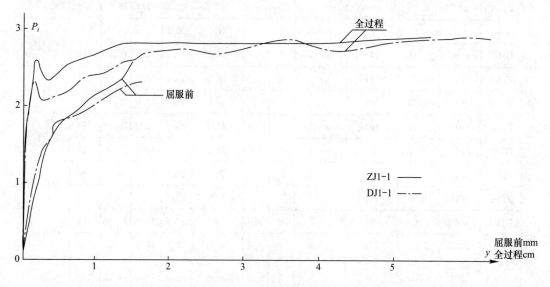

图 4-12-2　ZJ1-1、DJ1-1 试件的荷载-挠度曲线

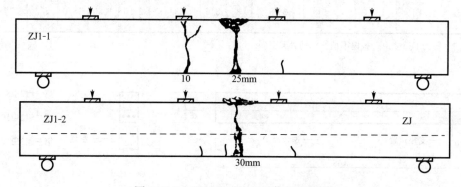

图 4-12-3　ZJ1-1、DJ1-2 试件的裂缝图

表 4-12-2

试件编号	计算极限抗力 R_m (t)	实测屈服抗力 R_s^s (t)	$\dfrac{R_s^s}{R_m}$	混凝土剥落时抗力 R_d (t)	$\dfrac{R_d}{R_m}$	计算跨中屈服挠度 y_s (mm)	实测跨中屈服挠度 y_s^s (mm)	$\dfrac{y_s^s}{y_s}$	混凝土剥落时挠度 y_d (mm)	$\dfrac{y_d}{y_s^s}$	出现水平裂缝时抗力 R_f (t)	实测最大抗力 R_m^s (t)	最大抗力时挠度 y_m (mm)	$\dfrac{y_m}{y_s^s}$	抗力降到 $0.9R_m^s$ 时的延性
ZJ1-1	2.38	2.31	0.97	2.73	1.15	2.65	1.48	0.56	12.0	8.1	/				
ZJ1-2	2.91	2.86	0.88	3.21	1.12	2.70	1.38	0.51	34.0	24.6	/				
DJ1-1	2.39	2.24	0.94	2.52	1.13	2.88	1.62	0.56	12.6	7.78	/				
DJ1-2	2.42	2.36	0.98	2.71	1.15	2.85	1.80	0.63	12.0	6.67	/				
ZJ2-1	6.89	6.85	0.99	7.40	1.08	4.56	4.50	0.99	21.0	4.67		7.70			
ZJ2-2	6.84	6.68	0.98	7.48	1.12	4.55	4.30	0.95	28.6	6.65		7.60			
DJ2-1	6.75	6.60	0.98	7.90	1.20	4.48	4.30	0.96	13.7	3.19		7.96	15.3	3.56	7.67
DJ2-2	6.89	6.37	0.92	7.28	1.14	4.63	3.80	0.82	8.0	2.11	5.25	7.70	13.00	3.42	9.47
ZJ3-1	9.66	9.39	0.97	10.34	1.07	4.41	5.3	1.20	11.3	2.13		10.46	15.3	2.89	6.23
ZJ3-2	10.29	10.1	0.98	10.52	1.02	4.92	5.03	1.02	10.5	2.09		10.64	12.0	2.39	5.96
DJ3-1	9.98	9.66	0.97	11.01	1.10	4.75	5.4	1.14	11.2	2.07	6.02	11.01	11.2	2.07	3.33
DJ3-2											7.06	8.5	7.0		
DJ3a-1	10.05					4.95					5.29	8.4	4.9		
DJ3a-2	10.01					4.76					5.30	7.95	4.2		

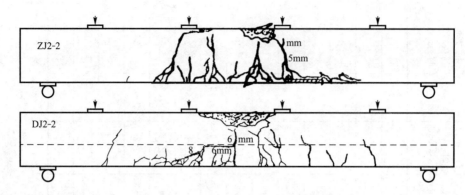

图 4-12-4　ZJ2-2 与 DJ2-2 试件裂缝图

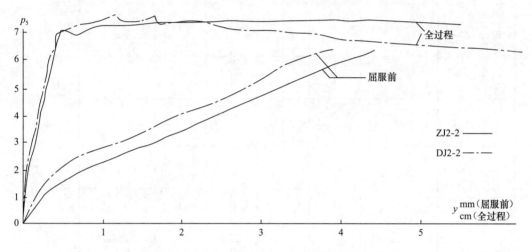

图 4-12-5　ZJ2-2 与 DJ2-2 试件的荷载-挠度 P-y 曲线

　　DJ2-1 只是在挠度很大时（4cm 以上）在跨中叠合面处出现了长约 10cm 的水平缝，竖向裂缝也比较集中（图 4-12-6），原因是试验中垫在两边滚轴下的楔子在混凝土压碎前没有撤出。各项参数比较见表 4-12-2。

　　（3）配筋为 1.09％的试件（第三组）

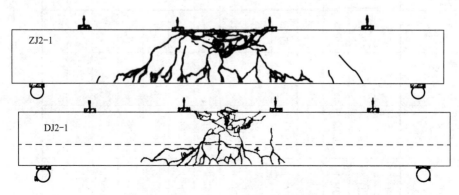

图 4-12-6　ZJ2-1 与 DJ2-1 裂缝图

在本组试件中，全部叠合试件均在计算弯曲极限荷载的 $50\sim60\%$ 左右在叠合面上出现了初始水平裂缝，大部分是在 $L_0/3$ 处发生，此时纵筋尚未屈服，试件的抗力没有大的波动。

a）DJ3a 试件随着荷载的增加，水平裂缝延伸加长，以后水平缝几乎达到全跨的 3/5，当荷载达到计算弯曲极限荷载的 $80\%\sim85\%$ 时，由于两头支座上部的叠合面处有 10cm 的塑料薄膜，水平裂缝突然在其中一边贯通，上部现浇部分和下部预制部分错动可达 1.5cm，此时荷载急剧下降，但试件并不完全丧失承载能力，下面的预制部分尚起作用。最后，预制部分叠合面处的混凝土压碎。后浇部分由于是素混凝土，被折裂成段。试件的最后破坏形态见图 4-12-7。

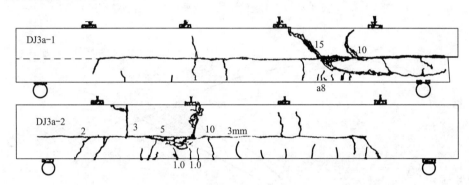

图 4-12-7　DJ3a-1 与 DJ3b-2 裂缝图（图上所注数字为裂缝宽度）

此外，DJ3-2 由于在浇注预制部分时捣固不慎，钢筋骨架歪斜，以至在试验中钢筋受力不均衡，也出现了上述的破坏现象（图 4-12-8）。

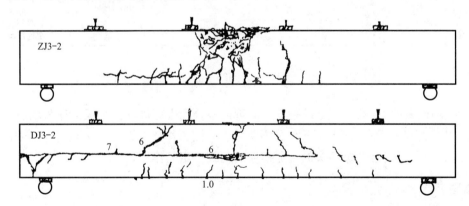

图 4-12-8　ZJ3-2 与 DJ3-2 裂缝图（图上所注数字为裂缝宽度）

b）DJ3-1 达到了纵筋屈服和压区混凝土最后压碎，且水平缝在混凝土压坏掉皮时已在全跨一个个的相互连通。由于支座附近的叠合面没有破坏，其后期抗力与整体试件比较起来虽然有降低，但与 DJ3a 试件比较起来还不算是急剧的，最后试件斜裂缝与水平缝连通（图 4-12-9）。

图 4-12-10 是这组试件的荷载挠度曲线。表 4-12-2 列出了各项参数统计。

对比 DJ3a 与 DJ3-1 的试验结果，可以看出，DJ3-1 在叠合面上的水平裂缝相互连通之

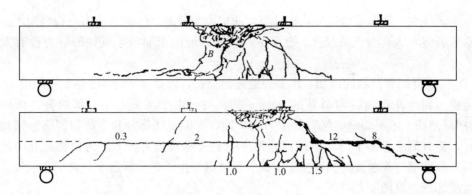

图 4-12-9　ZJ3-1 与 DJ3-1 裂缝图（图上所注数字为裂缝宽度）

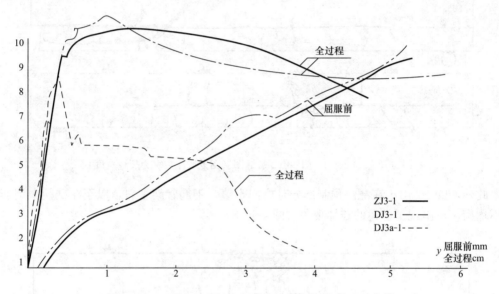

图 4-12-10　ZJ3-1、DJ3-1、DJ3a-1 的荷载-挠度 P-y 曲线

后还能承受比较大的荷载，关键就是支座附近的叠合面没有破坏。如果支座处的叠合面破坏（如 DJ3a 那样），则将使上下两部分不能粘着共同工作，抗力就无法与同样尺寸的整体试件相比拟。所以，叠合板两头的抗剪槽应能起到一定的作用。

三、结论

（1）这次试验得出了无腹筋叠合板的三种主要破坏形态：a）构件整体弯曲破坏；b）叠合面出现水平缝后构件的弯曲破坏；c）叠合面的剪切破坏

在本次试验的情况下，（跨高比 $L_0/h=6.6\sim7.25$，先浇混凝土厚度与高度的比值 $h_1/h=0.4$ 左右）当试件的配筋率较低，$\rho f_y/f_c$ 小于 0.1，叠合面上基本不出现水平裂缝，叠合板为整体弯曲破坏。构件的开裂、屈服、破坏、延性等相当于整体浇注构件。

当试件的配筋率增加，（$\rho f_y/f_c$ 大于 0.1，小于 0.19 左右），受载后可能出现水平裂缝，并可能在纵筋屈服前出现。只要水平缝不在支座处贯通，一般不影响板的屈服抗力，但会影响屈服后的延性。试件的最后破坏是连接水平缝的斜截面弯曲破坏。

当试件的配筋率再高，或者试件端部的外伸长度不足时，则水平缝有可能在一头完全贯通，成为所谓的叠合面剪切破坏。

（2）叠合试件与整体试件抗力变形比较：a. 在支座附近的叠合面没有裂缝的前提下，叠合构件叠合面上的水平裂缝对屈服抗力没有明显的影响，其屈服抗力与同样条件的整体试件相差不大；b. 本次试验中在 $\mu f_y / f_c$ 约小于 0.13 时，叠合面的局部水平缝会使试件屈服后抗力产生波动现象，但并不影响屈服后抗力的提高；c. 叠合试件产生水平裂缝后，竖向裂缝的宽度与整体试件类似。因此 $\mu f_y / f_c$ 约小于 0.16 时，在规定的设计延性下，此种类型的叠合板符合人防顶板的气密要求。

（3）动力试验对比：a. 当 $\mu f_y / f_c z$ 等于 0.13 左右，在模拟核爆空气冲击波荷载作用下，$y_m / y_s = 3 \sim 5$ 时叠合试件的变形性能与整体试件基本相同，验证了静速抗力试验的结果；b. $y_m / y_s = 5$ 和 10 时，剩余裂缝的最大宽度分别为 1mm 和 5mm，与静速抗力试验情况基本相符。

（4）出现水平裂缝时叠合面上的名义剪应力：综合本次试验对于 $L_0 / h = 6 \sim 7$ 左右，且均布荷载下的叠合板如叠合面上的名义剪应力小于 1.5MPa 时，叠合面不出现水平裂缝。

这个名义剪应力是以支座截面的剪力求得的：

$$\tau = QS / (Jb)$$

式中 τ 为剪应力，Q 为截面剪力，J 为截面惯性矩，b 为截面宽度，S 为叠合面以下面积对中性轴的面积矩

表 4-12-3 是用上式所计算的叠合面出现第一条水平裂缝时的名义剪应力值。

值得指出的是，如果按英国规范 CP110 的规定，这批试件叠合面的允许剪应力为 0.306MPa。$\left(按 \tau = \dfrac{QS}{Jb} 计算\right)$。

表 4-12-3

试件编号	L_0/h	μ (%)	$\mu f_y / f_c$ (%)	第一条水平裂缝出现时		
				总荷载 P (t)	$\tau = \dfrac{QS}{Jb}$ MPa	$\tau = \dfrac{Q}{bh_0}$ MPa
DJ1	7.25	0.49	/	/		
DJ2-2	7.25	0.73	15.6	5.25	1.58	1.86
DJ3-1	7.25	1.09	24.0	6.02	1.81	14.0
DJ3-2	7.25	1.09	24.0	7.06	2.12	/
DJ3a-1	7.25	1.09	24.0	5.29	1.59	12.0
DJ3a-2	7.25	1.09	24.0	5.30	1.59	12.3
MPJ-B₁	6.6	0.60	14.2	10.0	17.0	13.0
MPJ-B₂	6.6	0.60	14.2	12.6	20.8	16.7

第十三节　变轴压作用下钢筋混凝土构件受弯截面的性能[①]

说明：本专题中的试验包括 J、L 两组，第一组 J 的试验详细介绍与分析曾发表在《建筑结构学报》1987 年第 5 期上。下文则包括这两组内容，但对 J 组的介绍比较简要。

在核爆压力荷载或地震作用下，框架构件截面受到的弯矩和轴力都随时间变化，理论分析和构件试验都证明，钢筋混凝土受弯截面在变轴力下的性能与不变轴力下的情况有许多不同，尤其在构件屈服后的差异更大，有可能远离实际情况且有可能偏于不安全。抗爆结构一般需要在屈服后工作，但在目前的钢筋混凝土弹塑性计算程序中都不考虑变轴力情况或者考虑得相当粗糙。研究构件在变轴力下的性能，正是为了建立合理的弹塑性动力计算程序提供有关的实验数据，并归纳出可供实际应用的简化计算准则。本文主要对下列问题进行初步研究：

a）变轴力下构件截面的极限强度和屈服弯矩以及构件截面破损的判断准则；

b）变轴力下构件截面的弯矩——曲率关系，这里介绍的仅是初步结果，且不考虑剪力影响，试件在跨中部分不设置箍筋和压筋，并采用较低的纵筋配筋率；

c）比例卸载时的构件截面性能。

众所周知，钢筋混凝土构件中某一给定截面的弯矩—曲率关系具有图 4-13-1 所示的典型形状，并据此判断构件的屈服或破坏状态。这些关系是在不变轴力情况下得出的，但有时却被用于一些超静定结构的塑性设计，以及用于承受冲击荷载或其他动载结构的非线性动力分析。在这些结构中，截面内力的弯矩和轴力组合是变化的，所以能否采用定轴力下的屈服、破坏准则和弯矩-曲率关系就值得探讨。

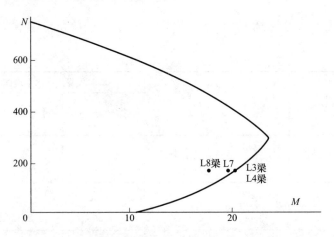

图 4-13-1　钢筋混凝土压弯截面的弯矩—曲率关系与破坏准则

本文中试验的 17 根偏压试件都采用同样截面和配筋形式，配筋率为 0.86%（图 4-13-2）。

---

① 本专题由邢秋顺、陈肇元、季耀东完成。

试验时的荷载施加部位见图 4-13-3a。试件的纵向钢筋是专门轧制的低碳螺纹钢筋，屈服强度在 260~280MPa 之间，试件的混凝土立方强度与材料性能见表 4-13-1。

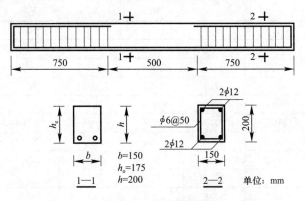

图 4-13-2　试件配筋

这 17 根试件分两批进行试验。第一批试件的编号为 J-1 到 J-9，第二批试件的编号为 L-1 到 L-9。第一批试件在图 4-13-3b 的试验装置上加载。第二批试件在图 4-13-3c 的试验装置上加载。图 4-13-3c 的装置对图 4-13-3b 作了两点改进，一是将施加轴力的千斤顶由平衡力能够通过滑轮上下移动；二是在做比例卸载试验时，轴向千斤顶和横向千斤顶用统一油路控制，这样卸载时的轴向力 N 和横向力 P 能够保持一定的比例。

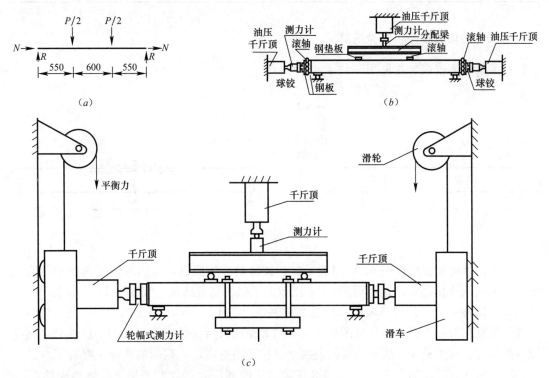

图 4-13-3　加载装置

(a) 荷载施加位置；(b) 加载装置之一；(c) 加载装置之二

表 4-13-1

试件	b	h	h_0	f_{cu} MPa	f_y MPa	f_y' MPa	有无屈服点	屈服台阶
J-1	15.1	20.5	17.7	25.7	275.4	259.3	有	较短
J-2	15.1	20.3	17.5	25.1	256.7	/	有	较短
J-3	15，1	20.6	17.3	26.6	276.2	256.0	无	无
J-4	14.2	20.3	17.3	27.0	267.3	262.4	有	正常
J-5	15.5	20.4	17.2	26.1	281.8	275.4/	有	较短
J-6	15.3	20.5	17.8	27.6	/	261.6	有	正常
J-7	15.3	20.3	17.5	28.2	252.7	267.3	有	较短
J-8	15.1	20.2	17.1	28.2	259.2	270.3	有	较短
J-9	15.1	20.2	17.5	27.0	251.1	/	有	正常
L-1	15.1	20.0	17.5	28.0	/	265.8	有	正常
L-2	15.1	20.0	17.5	28.0	262.5	262.5	有	正常
L-3	15.1	20.0	17.5	26.3	/	265.8	有	正常
L-4	15.1	20.0	17.5	28.0	273.8	273.8	有	正常
L-5	15.1	20.0	17.5	28.0	272.2	272.2	有	正常
L-6	15.0	20.0	17.5	28.0	265.8	265.8	有	正常
L-7	15.0	20.0	17.5	28.0	/	280.2	有	正常
L-8	15.1	20.0	17.5	28.0	269.0	269.0	有	正常

一、各试件的加载路径和试验结果

试验的量测仪表装置见图 4-13-4。

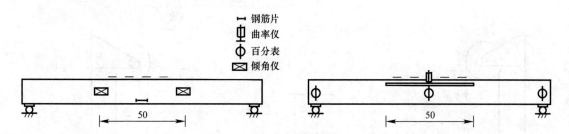

图 4-13-4　量测仪表装置

多数试件的加载路径用 M-N 图表示。在试件截面屈服后，虽然弯矩变化较小，但截面的曲率 φ 的变化很大，这时再用 M-N 图就不了确切加载路径，宜改用 M-N 图表示。

（1）试件 J-1、J-2、J-3 具有相同的加载路径，图 4-13-5 给出 J-1 的加载路径。试件 J-2、J-3 与其相似故不再画出。从图中可见，当截面屈服后保持弯矩不变而增加轴力，则受拉钢筋的应变有所减少，压区边缘的混凝土压应变略有增加，截面的曲率也略有减少。在增加轴力后又继续增加弯矩，J-1 和 J-2 在第 2 次刚屈服时就立即破损，破坏呈脆性，J-3 在第 2 次屈服后有较短的一段水平段后破损。截面第 2 次屈服的弯矩值都基本达到新的轴力水平下新一代屈服弯矩。

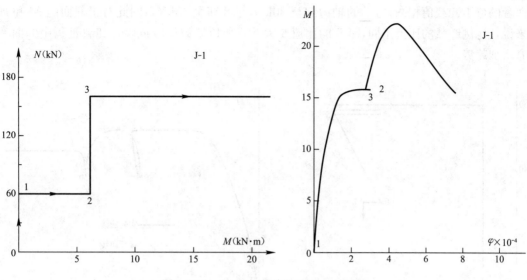

图 4-13-5　J-1 的加载路径和 M-φ 关系图

（2）试件 J-4 的加载路径及 M-φ 关系图示于图 4-13-6。从图中可见，构件的截面屈服后在加载点 2 保持轴力不变卸弯矩，曲线大体线性下降但稍向前凸出。在加载点 3-4 段，保持弯矩不变卸轴（从 160kN 卸到 60kN），此时的轴力略有增长。但截面又增加弯矩时，进入第 2 次屈服，此时的轴力为 60kN，和试件 J-1 第 1 次加载到轴力 60kN 的屈服时弯矩相比，两次弯矩值大体相等。

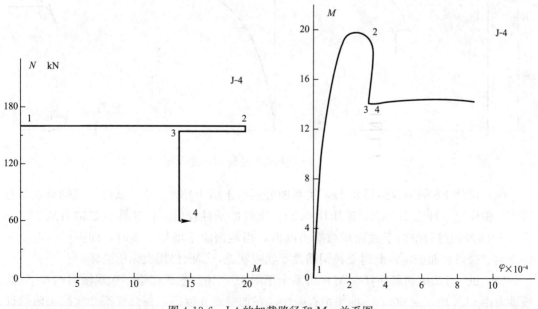

图 4-13-6　J-4 的加载路径和 M-φ 关系图

（3）试件 J-5 的加载路径及 M-φ 关系图示于图 4-13-7。试件 J-8 的加载路径及 M-φ 关系示于图 4-13-8。J-5 和 J-8 的加载路径的特点是在截面屈服后，是弯矩和轴力同时卸载，两者的弯矩卸载值相同，J-5 的轴力卸至 30kN，J-8 卸至 40kN，因此对于截面的 M 和 N 来说，比例卸载的比值不同，J-5 的比值要大些，所以卸载比较危险，卸载过程中的曲率有增加趋势。

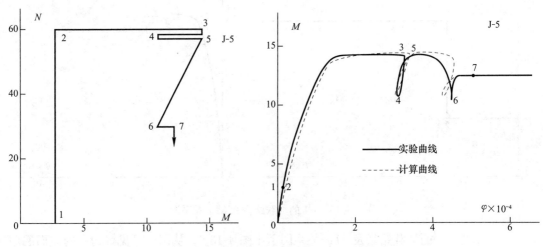

图 4-13-7　J-5 的加载路径和 M-φ 关系图

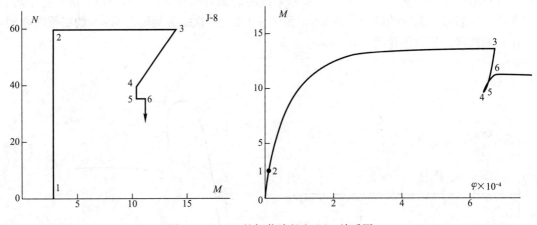

图 4-13-8　J-8 的加载路径和 M-φ 关系图

（4）试件 J-6 的加载路径及 M-φ 关系图分别示于图 4-13-9。这一试件加载的特点是有较大的轴压比（轴力 160kN，轴压比 0.3），试件的延性较低。在加载点 3 轴力从 160kN 降至 140kN 的过程中由于截面承载能力降低，当截面曲率增加不多时，即因压区混凝土应变达到极限值而破坏，此时受拉钢筋处于屈服状态，截面仍属大偏压破坏。

（5）试件 J-7 的加载路径及 M-φ 关系示于图 4-13-10。截面在第 1 次屈服后的 3～4 阶段轴力由 5kN 增加到 60kN，曲率稍有减少。在加载点 5 以后，截面在第 2 次屈服阶段保持弯矩不变，降低轴力，曲率有显著增加。由于在加载点 3 增加轴力时截面刚屈服，压区混凝土应变即曲率都比较小，所以当截面进入第 2 次屈服后，仍具有较大的塑性变形能力。

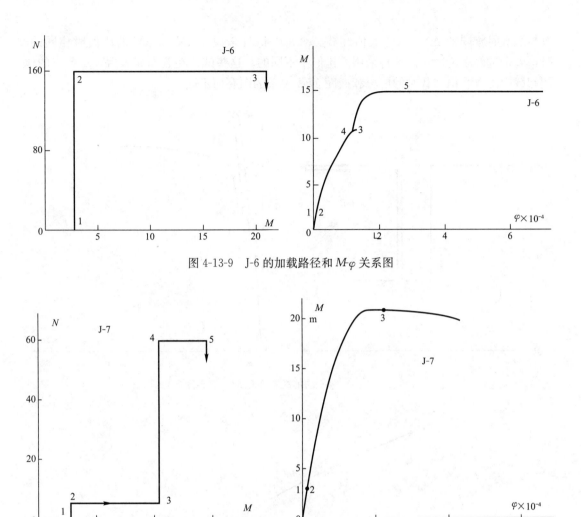

图 4-13-9　J-6 的加载路径和 M-φ 关系图

图 4-13-10　J-7 的加载路径和 M-φ 关系图

（6）试件 J-9 的加载路径及 M-φ 关系示于图 4-13-11。这一试件加载的特点是截面屈服前和超过屈服点再卸 M 后轴力都有较大的变化（每次增加或减少 100kN）。截面在阶段 5～6 发生第 1 次屈服，屈服后在加载点 6 先降低弯矩再降低轴力，与试件 J-4 的加载路径相比，J-9 的弯矩降低较多。两试件的轴力都降到 60kN。再次增加弯矩时，弯矩值逐渐增加，当截面屈服时的屈服弯矩值与 J-4 以及 J-1 等在轴力为 60kN 时的屈服弯矩值大体相当。从图 4-13-18 还可以见到，在试件第 1 次屈服前，拉区混凝土开裂后，轴力由 160kN 降至 60kN，曲率略有增加。在阶段 4-5，弯矩保持不变，轴力由 10kN 增至 160kN，曲率略有减少。阶段 7～8 与阶段 2～3 相似，曲率也略有增加。在加载点 8 以后，保持轴力不变，增加弯矩，截面又进入第 2 次屈服，最后试件截面呈塑性破坏状态。

（7）试件 L-1、L-2、L-5、L-6 的加载路径见图 4-13-12。它们具有基本相似加载路径，先按 ΔN 和 ΔM 的某一比例加载，再保持轴力不变加弯矩 ΔM，在试件截面屈服后再

按与加载时相同的 ΔN、ΔM 比值卸载。对每一试件来说，ΔN 和 ΔM 的比值时相同的。对这 4 个试件来说，它们各自采用的比值是不同的。这些试件在截面屈服后，从各自的比例卸载中可以看出卸载时的情况和截面 M-φ 关系的图有何不同。

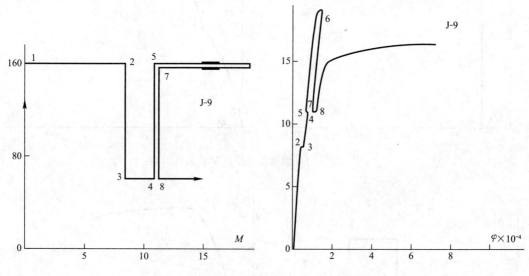

图 4-13-11　J-9 的加载路径和 M-φ 关系图

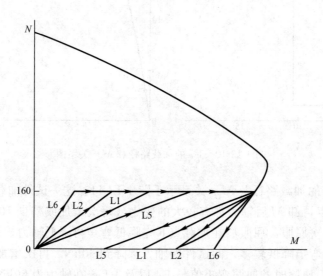

图 4-13-12　L-1、L-2、L-5、L-6 的加载路径

试件 L-6 卸载时的 $\Delta N/\Delta M$ 比值最大，从图 4-13-12 可见卸载路径指向截面的屈服轨以外，卸载刚开始即发生破损。试件 L-2 试验时，设计的卸载路径是与屈服轨相切，但在实际试验时由于跨中有一定挠度，轴力对跨中截面产生附加弯矩，这样在轴力和弯矩按比例卸载时，实际所卸弯矩要略多一些，因此卸载最后的落点在屈服轨与 M 轴交点的右侧不远处。从图 4-13-13 可见试件 L-2 的 M-φ 关系。由于这一试件的卸载路径基本是与屈服轨相切，所以受拉区钢筋和受压区混凝土的应变变化不大。卸载时 M 下降很多，曲率的

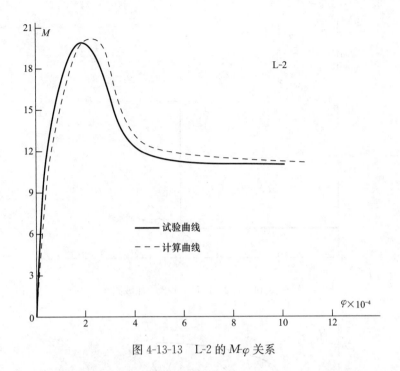

图 4-13-13　L-2 的 M-φ 关系

变化较小，但轴力将降到零时，卸载点在屈服轨右侧，此时曲率增加且有一个水平段，挠度增加较快。但轴力卸到零时，混凝土应变一达到 3500μ，受拉区钢应变达 16000μ 开始强化。试件基本破损。卸载时试件曲率和跨中位移略有增加。这与试件试件 J-5 在第 2 次卸载时相同，卸载时的 M-φ 曲线形状也很相似。

试件 L-1 在加载路径的最后比例卸载时，$\Delta N/\Delta M$ 值要比 L-2 和 L-6 小，即所卸弯矩较多，其卸载指向截面屈服轨的左侧，故偏于安全。卸载时受拉钢筋和受压混凝土的应变都在减少（混凝土应变从 3000μ 减到 2500μ），跨中挠度也减小。卸载后又按卸载时的 $\Delta N/\Delta M$ 比值加载，试件在弯矩值接近卸载时的弯矩时由于压区混凝土应变已达（4000μ）极限值，截面破损。这一卸载过程中轴力卸了 1600kN，弯矩卸了 12kN·m，截面的曲率未见明显减少，M-φ 曲线形状与 J-4 相似。

在 4 个比例卸载的试件中，L-5 卸载时的 $\Delta N/\Delta M$ 值最小，即所卸弯矩最多。按照同样的比例反复加卸载，可了解其刚度变化。反复加载的弯矩为第 1 次屈服弯矩的 $0.7\sim0.8$ 倍。试件在反复加载时的压区混凝土应变不断增加，到第 4 次反复后截面破损。从 M-φ 关系可看到按比例反复加卸时，截面刚度无明显变化，到第 4 次反复时仍能达到较高弯矩值。

（8）试件 L-3、L-4、L-7、L-8 是用来相互比较。L-3、L-7 和 L-8 的加载路径见图 4-13-14。

试件 L-4 的加载路径是先加轴力 130kN，然后再加弯矩使截面屈服直至破损。

L-3、L-7 和 L-8 这 3 个试件是在轴力 30kN 时施加弯矩，在弯矩达到屈服弯矩后再施加轴力 130kN，使轴力总计有 160kN，然后再增加弯矩至截面破损。3 个试件的不同之处在于，施加 130kN 的轴力是在不同的曲率点开始的，也就是在图中水平屈服段上的不同位置开始施加轴力（图 4-13-15）。为能更明确说明问题，图中将由于材性差异造成的屈服弯矩差异按平均值画出。试件 L-3 在截面发生屈服不久，即 φ 值增加不多时便开始施加轴

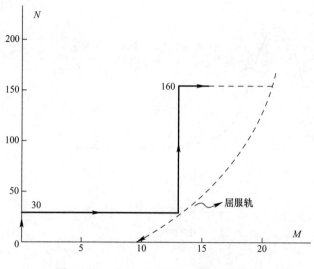

图 4-13-14　L-3、L-7 和 L-8 的加载路径

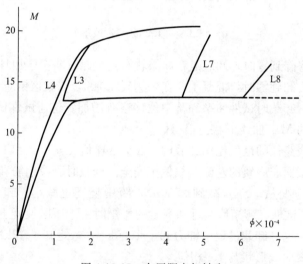

图 4-13-15　在屈服点加轴力

力，施加轴力时受拉钢筋应变由 1700 开始减少，压区混凝土应变增加，截面曲率略有减少。再增加弯矩时，混凝土压应变继续增加，钢筋拉应变也开始从 700ε 增加，逐渐超过 1700μ，截面开始屈服。最后截面弯矩达到与 L-4 相当的数值呈大偏压破坏状态，类似 J-1 试件。

试件 L-8 在截面屈服较长时间到钢筋应变达 10900μ 时再施加轴力，使钢筋应变减少到 9700μ，混凝土应变从 2500μ 增加到 2800μ。再施加弯矩时，钢筋应变略有增加，达到 10000μ。从钢筋的应力-应变关系图可知，此时钢筋没有重新达到屈服，压区边缘的混凝土应变继续增加，达到 3500μ 时起皮剥离，构件呈小偏压脆性破坏。

试件 L-7 的情况介于 L-3 和 L-8 之间。在施加轴力时曲率大于 L-3，小于 L-8；在施加弯矩时也发生脆性破坏，但极限弯矩值略小于 L-4。

二、试验结果分析

截面屈服前的轴力变化对曲率、刚度的影响很小，一般计算中可不考虑，这里主要讨论截面屈服后的加载路径对构件性能的影响。

（1）加载路径对截面破坏状态与极限强度的影响

对一个确定的钢筋混凝土钢筋截面，在轴力不变情况下，如果轴力已知，便能确定是属于大偏压破坏或小偏压破坏，但在变轴力情况下就不一定，也就难以确定其极限强度。将试件 L-4、L-3、L-7、L-8 在破坏时轴力和弯矩值放在同一图上（图 4-13-16），虽然这组试件的轴力都一样，但因加载路径不同，在图上已无法判断构件截面是否处于安全或危险。试件 L-7 和 L-8 破坏时都处在 N-M 曲线的左侧，由于加载路径不同都处于破坏状态。以 L-8 为例可说明这一现象之所以发生，L-8 在轴力 30kN 下屈服，当曲率 φ 增加较多时继续增加轴力从 30kN 到 160kN，此时钢筋的拉应变减少 1300μ。在钢筋拉应变较低时再增加弯矩，钢筋应变重新增加 300μ 时，混凝土即被压破，因此产生了小偏压性质的破坏形态。由于加载路径不同，使截面在相同轴力下产生不同的破坏形态，也就有着不同极限强度。即使同样发生类似小偏压性质的破坏形态，它们的极限强度也各异。这种差别显然不是材料强度离散造成的。

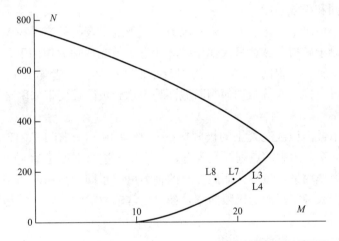

图 4-13-16 试件 L-4、L-3、L-7、L-8 破坏时的轴力和弯矩值

（2）加载路径对截面屈服强度的影响

有些路径下，试件破坏时的钢筋应力达到屈服或经过卸载又重新达到屈服，这时截面的破坏状态是类似于大偏压，这时的屈服弯矩与常轴力作用下符合，屈服状态与加载路径无关。试件 J-1、J-4、J-7、J-9 的加载路径很不相同；J-1 在轴力 60kN 下第 1 次屈服，J-4 是先经过 180kN 轴力卸屈服，卸载后又再次在轴力 60kN 下屈服，J-7 是先在 5kN 下屈服，当轴力增加到 60kN 时又重在 60kN 轴力下屈服，J-9 是在轴力反复加卸两次，经过卸载又重在 60kN 下屈服；这 4 个试件在轴力 60kN 下屈服的弯矩分别为 14.9kNm、14.5kNm、14.85kNm 和 15kNm，这里的差别有材料强度差异的影响。J-4、J-7、J-9 都是在 60kN 下将试件加载至截面屈服后破坏，它们破坏时的曲率也大体相当。

（3）加载路径对截面曲率、刚度与极限曲率的影响

截面屈服后仅增加轴力，则曲率相应有所减少。加载路径的变化对刚度影响不甚明显，比较试件 J-1 和 J-9，J-1 是在 60kN 轴力下加弯矩到截面屈服，J-9 是在 160kN 轴力下时加弯矩屈服后又卸载，最后在 60kN 轴力下加弯矩使截面屈服，比较它们的 M-φ 关系图可见截面的刚度没有明显变化。有些情况下如试件 L-3、L-7、L-8 随着加载路径不同，当 M-φ 关系图中的屈服水平段较长时，刚度有所降低。加载路径变化对截面的极限曲率也有影响，如试件 L-3、L-7、L-8 在截面破坏时的轴力相同，但因加载路径不同，破坏时的极限曲率也不相同（图 4-13-15）。

（4）比例卸载时的卸载路径对截面曲率的影响

比例卸载时，$\Delta N / \Delta M$ 的比值对 M_p-φ_p 图的曲线形状很有影响。如卸载线的方向与截面 M-φ 图屈服轨的切线相一致，则 M-φ 图的弯矩将下降较多，曲率略有减少或基本不变，这时一个不稳定的状态，卸载线在这一方向上稍微变化一下，便会给 M-φ 关系带来很大影响。卸载线方向偏向屈服轨左侧（内侧），则截面安全，如偏向右侧则截面不安全，在弯矩还没有降低或降低很少时截面曲率迅速增加导致截面破坏。

三、变轴力作用下的受弯截面性能与常轴力作用下的差异

（1）破坏相同和极限强度

在轴压比较小情况下（如<0.2），常轴力作用下的受弯构件当受拉钢筋应变达到或超过屈服后压区混凝土破损，破坏呈大偏压破坏状态。但在变轴力作用下，截面会有两种破坏形态，其一与常轴力下相同，其二时类似与小偏压破坏。或者如 L-7、L-8 的破坏，它们的较小弯矩也不一样，这就给如何判断截面是否达到极限强度带来困难。

（2）极限曲率

常轴力作用下截面压区混凝土的极限应变一般是 4000μ，图 4-13-17 表示截面在不同常轴力的 M—φ 关系，图中的点划线是各种轴力下压区边缘混凝土达到 4000μ 时的极限曲率连线。在变轴力作用下，虽然截面破坏时的轴力可以相同，但极限曲率可以不同。这样就需要由加载路径来确定截面的极限曲率，如果按常轴力下的规则判断是否破坏就可能偏于不安全。

（3）比例卸载对截面性能的影响

从试件 L-1、L-2、L-5、L-6 的试验中可见，变轴力作用下卸载时，构件并不总是安全，也就是曲率不总是降低，也有可能迅速增加导致破坏。图 4-13-18 表示一组实测构件的截面极限轴力与弯矩关系，但轴压比较小时，例如 A 点轴压比为 0.2，可近似视为是直线段。卸载时，卸载比例线的斜率若偏向 AC 一侧则曲率减少，截面偏向安全；卸载比例线的斜率若偏向 AD 一侧，则截面曲率迅速增加，趋于不安全。

四、主要结论

（1）变轴力作用下，由于加载路径不同，在截面屈服以后，即使轴压比较小，构件的截面仍有可能发生类似小偏压破坏。

（2）变轴力作用下，由于截面破坏形态不同，在同一轴力下破坏时的极限强度可以不

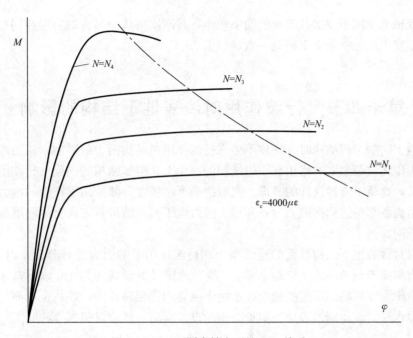

图 4-13-17　不同常轴力下的 $M\text{-}\varphi$ 关系

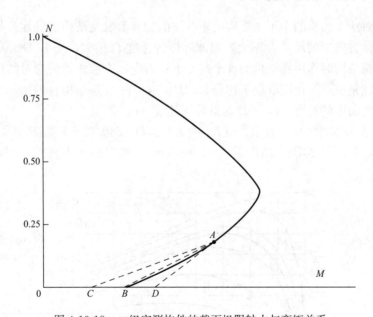

图 4-13-18　一组实测构件的截面极限轴力与弯矩关系

同，当截面发生大偏压破坏时，破坏弯矩与常轴力下相同，当当截面发生类似小偏压破坏时，其破坏弯矩一般要低于常轴力下。

（3）变轴力作用下的截面极限曲率与常轴力下有稍许不同，一般要大于或等于常轴力下是曲率。所以，用常轴力下的规则来判断截面是否破坏一般会偏于保守。

（4）变轴力作用下，钢筋混凝土受弯构件的截面是否破坏，确切的标准是看其压区边缘混凝土是否达到或超过混凝土的极限应变。

（5）变轴力作用下，加载初期的曲率较小，其刚度可认为与常轴力时相同。当截面曲率较大，刚度可取比常轴力下稍低一点的数值。

第十四节　行波作用对浅表地下结构的影响[①]

设计地下防护工程结构时，往往不考虑行波作用对结构内力的影响，认为地面冲击波引起的土中压缩波荷载同时作用在土中结构的顶面上。但如结构的顶面在行波前进方向上的尺度很长，这就不能做这样的考虑。这时的地下结构在行波作用下产生的内力就会有很大不同，结构各部位达到的最大弯矩和最大剪力也不同，结构各方向上的侧墙所受到的土压力更是不同。

本文仅对浅表地下结构顶面的连续梁板在行波作用下的内力进行分析。由于是浅表，就可以认为与露于地表的地下结构一样。"浅"的定义通常认为是 1m 以下，这时才可以不考虑土中压缩波影响。框架结构的柱子由于抗弯刚度相对较弱，往往也可简化为连续梁结构。文中也对行波作用浅表地下防护结构的设计提出一些建议和参考意见。

一、行波作用对单跨弹性结构的作用

行波荷载对地下结构的作用主要取决于行波的物理参数及结构的特性。如果所研究的构件沿行波运动方向上的尺寸 L 不大，而波阵面的速度 D 很大，当 $L/D \leqslant 0.02$ 时，可以认为冲击波的荷载同时作用在结构的整个跨度上；否则，应考虑行波对对结构逐渐加载结构的影响。也就是说行波作用取决于比值 $\omega L/D$，这里的 ω 是结构自振圆频率，L 是构件沿冲击波运动方向上的跨度（m），D 是波阵面速度（m/s）。

图 4-14-1 表示 $\omega L/D$ 与动力系数值 K_d 的关系。$D = 340 \, (1+8.3\Delta P_d)^{1/2}$（m/秒），$P_d$ 为冲击波超压，单位是 MPa，图中的 $\lambda = 340\tau$（m），式中的 τ 为有效作用时向，λ 为波

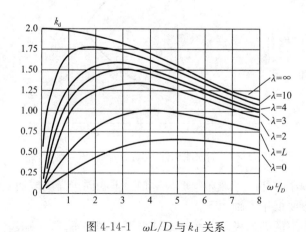

图 4-14-1　$\omega L/D$ 与 k_d 关系

---

① 本专题由邢秋顺、陈肇元完成。

长。单跨铰接梁式板的动力系数 K_d 可根据不同的 $\omega L/D$ 值和 λ 值由图 4-14-1 求出。图中的每一条曲线相对应于一个波长与跨度的比值。

设有一构件沿行波运动方向计算长度为 $L=10\text{m}$，$\Delta P_d=0.12\text{MPa}$，$D=480\text{m}/$秒，$\tau=0.44$ 秒，$\lambda=149.6$ 秒，$\omega=137$。计算得到 $\omega L/D\approx2.85$，$\lambda=15L$。由图 4-14-1 可查得 $K_d=1.75$。不考虑行波的影响，可算得 $K_d==1.94$。可见单跨结构中考虑行波效应的结构内力（弯矩）将有所减少。

从图 4-14-1 中的 $\lambda=\infty$ 的曲线可以看出，$\lambda=\infty$ 相当于突加不变的平台荷载，D 很大时，相当于冲击波荷载同时作用在结构上，这时 $K_d=2.0$。D 很小时，$\omega L/D$ 很大，L/D 也较大，相当于冲击波荷载慢慢在结构上移动，类似于静载作用，这时 K_d 较小，逐渐趋于 1。

对于支座为连续的单跨结构也可近似按图 4-14-1 计算。

行波作用对拱形结构特别不利，拱形结构需按行波作用情况进行分析。设计时应须注意行波荷载能使构件跨中也会产生较大剪力。

一般来说，地下结构在设计时很难确定所受的行波运动方向。这时，因行波引起的内力较小，则应按非行波荷载（行波方向与结构跨度垂直）考虑，但对行波带来的不利影响如跨中剪力增大等情况应该加以考虑。

二、行波对多跨连续梁弹性结构的作用

地下防护工程多采用多跨结构，行波对多跨结构的影响要比单跨复杂得多。图 4-14-2、图 4-14-3 分别表示两等跨和三等跨连续梁的弯矩计算图，其中给出几个截面在不同行波速度时所能达到的最大弯矩。M_i 为相第 i 跨的跨中弯矩，M_{iz} 为第 i 支点的支座弯矩。从图中可见，$\omega L/D$ 值对结构截面上的弯矩影响很大，但如果 $\omega L/D$ 值较大，其影响已不很显著，此时行波作用下的结构最大弯矩与非行波作用相差不多。当 $\omega L/D$ 处于某些数值时，行波作用能使结构弯矩剧烈增长，那时结构位移产生类似共振现象的结果。图 4-14-4 是三跨连续梁第 3 跨跨中位移的时程曲线，其位移在 0.06s 前基本为零，0.06s 以后行波荷载已充满第 1 跨，荷载峰值开始进入第 2 跨，这段时间内，由于第 1 跨位移增大（正值），第 2 跨荷载尚小，故第 3 跨跨中位移开始向正方向增加（与行波压力方向一致）；当时间达到 0.12s 时，行波充满第 2 跨并开始进入第 3 跨。此时第 3 跨跨中位移由负值向正方向反弹，当行波荷载达到第 3 跨跨中时，跨中位移向正方向（行波压力作用方向）猛增，以致使跨中有较大位移，此处结构的弯矩值达到无行波效应时的 1.9 倍。图 4-14-4 中给出了更长时间的位移时程曲线，从图形上已能看出这一位移形成了"拍"的现象。当然后面的位移与实际情况相差更远可不必考虑。

图 4-14-4 中计算的情况是 $\omega L/D=3.2$。从图 4-14-3 中可以看到这是第 3 跨跨中弯矩 (M_3) 受行波影响最大的情况。此时，结构自振周期是 $T=2\pi/\omega=6.28/\omega$。行波跨过两跨所用的时间是 $2L/D=2L\times3.2/\omega L=6.4/\omega$。这就是说，行波走完第 1 跨时第 3 跨跨中有正位移（与第 1 跨相同），行波走完第 2 跨时，第 3 跨有反向位移，行被走完第 3 跨时，第 33 跨跨中有最大正方同位移。行波每走完一跨的时间与后面跨的跨中位移从正到负（或从负到正）按自振频率振动所用的时间大体相当。

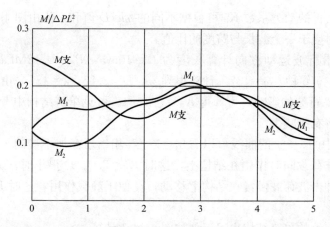

图 4-14-2　$\omega L/D$ 与 $M/(\Delta PL^2)$ 关系

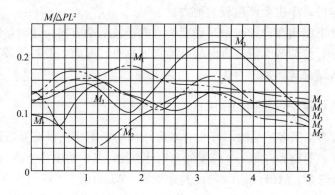

图 4-14-3　$\omega L/D$ 与 $M/(\Delta PL^2)$ 关系

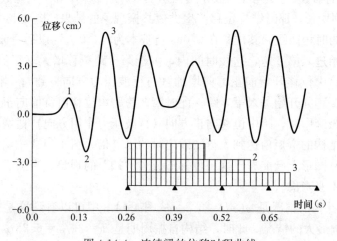

图 4-14-4　连续梁的位移时程曲线

按照行波走完两跨的时间与自振周期相等的情况计算一个两端固定；中间支度铰支的五等跨连续梁。以算至行波过后的第一个周期的弯矩的最大值为结构可能达到的最大弯矩。其结果如下：

a）第 4 跨跨中弯矩比其他跨中弯矩大，且为非行波荷载时的 1.65 倍。

b）支座弯矩仅在末跨固端处增加较多，为非行波的 1.34 倍。其余各支座的弯矩值均比非行作用小其差值在 10％以内。剪力值除末跨固端处增加 23％以外，其余各处增加不大。

c）若计算时间取得更长，可见到有时跨中弯矩会更大些，如第 2 跨的跨中位移达到第 4 周期时弯矩最大，为非行波荷载的 1.94 倍。但这种情况显然与实际相差太远。

由于土中结构自振频率很难准确得到，就给行波作用下计算结的内力与结构设计带来困难。土中结构的自振频率还随不同埋而变化，开始随埋深增加而降低，随后又随埋深增加而提高并超过无覆土时的自振频率，但这是不考虑阻尼等其他因素，实际情况应并非如此。

对于更多跨数的结构，离行波远处的跨中一般不会产生更大的行波效应。一个 5 跨的结构，行波产生的最大内力与三跨结构相比仅增加 10％，且仅出现在末端。两端固定的弹性连续梁结构由于端部不易产生振动，所以行波的影响可能对邻跨最大。多跨连续梁结构可能行波影响时，如果两端铰支考虑三或四跨就可以，如果两端固定，可以只考虑四或五跨。

实际工程受到许多条件限制，如覆土、阻尼以及固端约束等，使结构不可能发生共振。行波对结构内的剪力也有影响，通过几个算例看到，连续梁支座处的剪力增加不多，一般不超过 15％。而行波对结构剪力的不利影响主要是分布范围更大，即使在常规荷载下剪力为零处，也能产生较大的剪力，有时可到支座处剪力的 1/5。

三、行波对弹塑性结构的作用

行波可使多跨结构屈服后产生更大塑性位移，或者结构在荷载作用下未进入塑性的而在行波下就进入了塑性。

图 4-14-5 为五等跨连续梁，两端固定，中间支座为铰支，图中给出了突加不变的行波荷载作用下第 4 跨的跨中位移时程曲线，其中取行波速度为最不利的速度，即行波经过两跨所用的时间与结构自振周期相等。

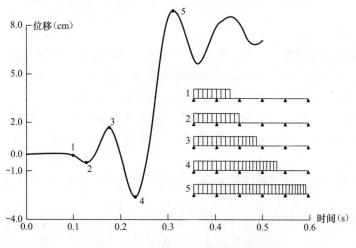

图 4-14-5 连续梁的位移时程曲线

　　计算结果表明，端跨的邻跨，即第 4 跨的跨中位移最大。当行波进入到第 2 跨时开始对第 4 跨的位移产生影响。图中给出了 5 个点的位置。对应这些点给出了行波在结构上所到达的相应位置。位移取正值表示位移在结构的下方。行波在前面 4 个点时，第 4 跨跨中的弯矩仍处在弹性范围，构件产生弹性振动。行波从点"4"到点"5"时结构进入塑性阶段，产生最大塑性位移。点"5"以后是行波波峰过后的弹性振动。

　　行波对进入塑性状态结构的影响主要是增加各跨的塑性位移。表 4-14-1 给出同一结构在同样的荷载作用下，由于荷载峰值不同而产生的结构各跨位移，其中的荷载为无升压时间的平台形。行波速度为经过两跨的时间与结构自振周期相等。

各跨跨中最大位移（cm）　　　　　　　　　　　　　　　表 4-14-1

荷载	位置	1	2	3	4	5
1	1	3.54	5.88	6.48	18.6	3.50
2	0.928	2.62	4.75	4.84	8.88	3.21
3	0.807				7.22	
4	0.619	1.14	2.15	2.80	5.57	1.82

　　表 4-14-1 中给出的荷载峰值是相对比值。从第 2、3、4 种荷载看行波超压的大小对第 4 跨产生的最大弯矩影响并不大。4 种荷载下的跨中都有塑性位移。第四种荷载在非行波作用下结构并未达到屈服状态，但在行波荷载作用下第 3 跨和第 4 跨都已屈服。

　　对于一般结构，进入弹塑性状态后的设计要注意以下几点：

　　（1）在行波作用下，即使荷载的超压峰值较低，也能使结构内的某些跨产生较大位移，因此在构造上要充分保证构件的延性。

　　（2）由于邻跨是通过支座弯矩相互影响，所以各跨的固端和跨中的抗弯能力（弯矩）比值不宜太大。

　　（3）由于行波作用，各跨反向振动的位移较大，所以应适当配置反向弯矩的钢筋，这点对于按弹性设计的构件也是需要。

四、小结

　　（1）行波作用对按弹性设计的多跨结构影响较大，对连续梁的最大弯矩与非行波作用下相比有时可成倍增加。但实际结构因端部刚性联结、阻尼、覆土等因素，其影响将大会削弱，对弹性设计的顶板，结构内的最大弯矩可为静载下的两倍。

　　（2）对于按塑性结构，行波荷载会增大某些跨中的位移，只要结构有相应构造措施保证构件有足够的延性，则结构在行波作用下也会是安全的，但设计抗力应适当提高（10%）左右。

　　（3）行波荷载的作用使结构内的剪力分布变化较大，此时在跨中等位置也可产生较大剪力。

　　（4）行波作用下按弹塑性设计的结构，支座处的弯矩和跨中弯矩的比值不宜太大，应适当考虑设置防止结构反向振动破坏的钢筋，对于埋深较浅的结构更有必要。

参考文献

［4-1］　Kani. G. N. J. Jour.《ACI》June 1966

［4-2］　Борищансикй М. С.，в сборнике《Расчет и конструировани элементов железоветоных кострукцяи》，1964

［4-3］　Kani. G. N. J,《JourACI》Mar. 1969

［4-4］　F. Leonhardt,《Mag. of Concrete Research》，Dec. 1965

［4-5］　梁復诵. 太原工学院研究生论文. 均布荷载作用下钢筋混凝土梁的斜截面强度研究. 1966 年 2 月 1966 年 2 月

［4-6］　F. Leonhardt R. Walther,《Beton and stahlbetonbou》Feb. 1962

［4-7］　美政府科技报告 AD-627661，AD-644823，AD-713659

［4-8］　Rajagspalan K. S.，FergusonP. M.，Jour. ACI，Aug. 1968

［4-9］　Iguro M，et al，Concrete library International of JSCE,，No. 5，1981

［4-10］　Moody K. G. and Viest Z. M.，Jour. ACI，March 1955

［4-11］　Heger F. J. and McGrath T. J.，Jour. ACI，No. 6，1982

［4-12］　NCEL Report，AD713659

［4-13］　Mattock A. H.，Mag. of Concrete Research，Nov. 1956

［4-14］　Johnston B.，Mag. of Concrete Research，Vol. 26，Nov. 87，1974

［4-15］　Burnett E. F.，Symp. On Ine and Nonlinearity in Structural Concre，1972 Univ. of Waterloo

［4-16］　Wight J. K. and Sozen M. A.，SRS No. 403，Univ. of Illinois，1973

［4-17］　地下防护结构，清华大学陈肇元等编，中国建筑工业出版社，1983

［4-18］　AD A036015

［4-19］　AD A145974

［4-20］　Ross T. J. and Krawinkler，Proc. 5th ASCE Eng，Mecha. Conf. 1984

［4-21］　W. J. Krefold，C. W. Thurston≪Jour. ACI April 1966

［4-22］　F. Leonherdt≪Beton und Stalbetonbau≫Heft 11 1977

［4-23］　M. E. Criswell Shear Strength of Slabs，Basic Principles Shear in Reinforced，Vol 1，2，ACI Publication，SP 4 2，1974 Concrete

［4-24］　Cope R. J.，Clark W. L. Concrete Slabs- Analysis and Design

［4-25］　Drascavic and Beuksi，Punching Shear，Heron Vol. 20 1974 No. 2

［4-26］　N. M. Hawkins，D. Mitchell，Jour. ACI，Vol. 76 No. 7，1979

［4-27］　Bazant Z. F. ACI Struc Jour. Vol. 84 No. 1 1987

［4-28］　陈才堡. 钢筋混凝土平板的抗剪强度. 建筑结构学报 1986 1

［4-29］　P. E. Regan，Reinforcement Against Punching，The Structural Engineer，Vol. 638，No. 4，1985

［4-30］　钢筋混凝土板和基础冲切强度的试验研究. 规范专题组. 建筑结构学报 1987 年，第 4 期

［4-31］　Design and Testing of a Blast-resistant RC Slab Systems，AD755096 by M. E. Crisweli，1972，AEWES TR N-70-2

［4-32］　J. Taucreto，Preliminary Design Procedure for RC Flat Slabs，AD P00470

［4-33］　Hans Gesund，Advanced in Concrete Slab Technology，Proc. of Int. Conf on Concrete Slab，1980

第五章　核爆冲击波作用下高层建筑人防地下室的问题

第一节　高层建筑底部修建人防地下室的一些问题[①]

近年来，城市内的附建式防护地下室有向高层建筑底部集中的趋势。高层建筑的基础埋深大，不少是箱形基础，它的侧墙与底板本来就需要相当的厚度。但国内设计的地下室结构都没有很好考虑高层建筑上部结构与地下室之间应该如何连接。

核爆条件下，处于爆心投影点以外的地面建筑物都将受到空气冲击波在水平方向上的巨大推力和拖曳力。对普通的砖混结构，地面上部结构的破坏不致对下部的人防地下室造成太大影响，因为两者之间的连接相当脆弱；对于砖墙填充的框架结构，由于填充墙在较低的冲击波压力下就会被破坏抛掷，剩下的框架柱能够带给下部地下室的作用力也可能有限。所以在附建式人防地下室的设计中，一般并不考虑上部结构受冲击波荷载后对地下室的影响。日本广岛、长崎遭受原子弹轰炸的记载也没有提供地下室因上部结构受力而被掘起或倾倒的实例。可是近年一些大城市内所兴建的高层或多层建筑，因抗地震设防的要求，普遍采用现浇的钢筋混凝土剪力墙结构并将剪力墙从上到下一直延伸到地下室。地面结构的存在给地下室造成的影响，概括起来至少有以下几个方面：

（1）地面结构倒塌及瓦砾堆积对出入口的堵塞

美国的民防研究机构曾根据高层建筑爆破拆除的调研及实测结果，估计核袭击下建筑物倒塌瓦砾堆积的后果，认为堆积厚度要比原先设想的大得多。钢筋混凝土高层建筑倒坍后每一层的瓦砾厚大约有50cm，其空隙体积大概在50%左右，如果把室内家具实物等考虑在内，这个厚度还要增加24%～62%。这样，一个18层的住宅，瓦砾堆积高度能达10m以上。由于冲击波作用下的瓦砾碎片会飞散，实际的瓦砾厚度看来不至于达到这个数值，可是也应考虑到邻近建筑物的碎片会落下来。碎片堆积所产生的荷载看来用不着考虑，因为堆积物本身能形成拱作用，不大可能对地下室顶盖造成危险，因此所谓的"倒塌荷载"似应是破坏构件下坠时的撞击作用，如果高层建筑人防地下室上方有设备层缓冲，撞击的影响大概也不用考虑。所以，倒塌或瓦砾堆积的主要危害是堵塞出入口，按照国内的通用做法，人防地下室的室外出入口应离开建筑物的一半高度远处，这对高层建筑来说是很难实现的，于是又提出了在出入口设置坚固棚架的措施。可是这种棚架是否坚固到足

---

① 本专题由陈肇元、苗启松完成。

以承受大体积破碎物件的撞击，或者会否整个被埋在瓦砾堆里，都存在许多疑问。我们认为，高层建筑的人防地下室应有地下的连通出入口，近几年的人防工程建设比较注重个体，不再考虑地下连通搞活，我国城市的地面建筑密度很大，从地震灾害的实际后果来看已充分说明了地面瓦砾堵塞的严重程度，所以忽视地下连通道的倾向必须引起足够的重视。

与倒塌相关的另一个问题是尘埃。总结爆破拆除高层建筑的调查结果，在建筑物附近地区的尘埃量可达 $200g/m^2$ 以上，认为核袭击下的尘埃发生量还会增加，因而会给通风及通风系统造成严重危害。正是由于出入口及通风口堵塞等一系列问题，所以美国民防局（现在的联邦应急处理局）的一些研究报告中指出，不要在高层建筑下部设置人员掩蔽所。美国民防部门的掩蔽所加固手册中指出，不能利用多层建筑建地下室，并要求人员掩蔽所离开多层建筑物的距离至少不小于建筑物的高度。

（2）上部结构受力对地下室周边荷载及内力的影响

按照目前的设计方法，冲击波作用下附建式人防地下室的侧墙荷载以及底板压力分布如图 5-1-1a 所示，侧压的峰值相当于地面超压峰值乘以侧压系数，底板峰值压力则低于地面超压。由于上部结构与地下室之间有牢固连接，地面空气冲击波通过上部结构使得地下室的周边土压完全背离图 5-1-1a 的情况，侧墙将受到被动土压力，其量值有可能超出原假定值的数倍，底板压力将变得高度不均匀分布（图 5-1-1b），而且数值也可能要大得多。显然，在这种荷载作用下，侧墙和底板的内力将发生重大变化，所以现有的设计方法根本不能采用，它完全不能保证结构的安全。

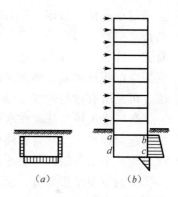

图 5-1-1 地下室侧墙和底板的土压力分布

根据我们对一个典型结构所作算例的数值分析结果，地下室顶板端面的水平位移有 $1 \sim 2m$，因此图 5-1-1b 中侧墙 ad 面上的土体将会脱离或塌陷，地面空气冲击波是否进入脱离和塌陷的空隙而直接作用于侧墙外表上又是一个令人困惑的问题。尽管 ad 面上可能受到的压力在任何情况下均不会超过 bc 面上的被动土压力，因而对侧墙的承载能力不起控制作用，但它能加剧地下室的整体位移和转动。

由于周边荷载的改变，地下室的内力状态随着变化，但是地下室构件的内力还由于上部结构的连接而直接受到影响，比如图 5-1-1b 中的 b 端将受到上部结构传来的巨大轴向力，而 a 端则可能受到上部结构传来的拉力。

（3）冲击波通过上部结构对地下室的倾覆作用

地下室作为一个整体承受上部结构传来的倾覆作用力，它的影响首先使侧壁和基底的土体产生过大变形以至丧失稳定，这将导致地下室发生很大的整体位移和转动甚至整体倾倒使其失去防护功能。

人防地下室能够允许发生多大的倾角，这一问题从未论证过。一个高 4m 的地下室，即使倾斜 $5° \sim 6°$，则顶面与底面之间的水平位移之差即可达 40cm，可以设想，地下室与外部的连接连道将被拉开，工事的防毒、防水、通风及出入口防护门的开启等均可能出现问题。所以上部结构对地下室的倾覆作用，不仅是地下室会否翻转或掘起地面，更为重要的是出现过大的位移和倾角。

国外的一些资料都没有提出过在高层建筑底部修建掩蔽所的做法。相反，美国[5-7]~[5-10]、瑞士[5-5]、前苏联[5-1]~[5-4]等国家和的民防教材及民防技术规定中，明确指出上部结构与地下室之间不得刚性连接，或规定防空地下室不允许建在多于 4 层的地面建筑下面，国外的这些规定和看法大概只是工程判断的结果，并没有进行深入的分析。目前尚未见到国外有关冲击波作用下高层建筑地下室倾覆的任何研究资料。S. Prakash 等研究过水平冲击荷载作用下，平置于地面上的基础底部土体的稳定问题[5-6]，在美国陆军工程兵的有关设计手册[5-7]中也有过关于基础稳定问题的简略叙述，但这些研究对象所受的水平推力与竖向荷载相比均很小，基底并不出现土体局部脱离（基础摇起）的情况，与高层建筑地下室受冲击波作用有根本差别。此外，苏联的 Г. И. Глушков 对埋入式块体结构在水平荷载、垂直荷载和弯矩共同作用下的稳定问题有过比较全面的分析，由于采用的是解析解，不得不应用过于简化的假定。Глушков 引用试验资料指出[5-11]，在加载过程中，埋入块体结构的转动中心是移动的，而块体周边的土体应力分析以及摩擦力的方向与转动中心的位置有关。Н. К. Снитко[5-3]也对理入块体受冲击波水平推力问题作过研究[5-3]，还有一些研究架空电线杆基础块体倾覆问题的资料（如西德的 Ottostötzer）提出过土应力分布的看法，可是所有这些研究成果与分析都不能直接应用于附建式人防地下室的倾覆验算。

高层建筑箱形基础在水平风载作用下的地基验算方法，一般都以基础底部不出现局部摇起为前提，且常常忽略侧壁土的抗力。空气冲击波的压力比起高层建筑的设计风压可以大几个数量级，基底土压将出现高度不均匀分布，而且侧壁的被动土压力也成为抗倾覆力的重要组成部分，所以水平风载作用下的地基验算方法根本不适用于地下室的倾覆验算。

为了解决上部结构对地下室周边荷载、地下室内力、地下室倾覆（基土丧失稳定）的影响，清华大学抗震抗爆研究室、哈尔滨工程力学所均开展过一些研究，下面简要介绍我们对这一问题的初步探讨和认识。

一、上部结构在冲击荷载作用下的动力反应及破坏倒塌过程

为比较准确估计上部结构在冲击波作用下通过底层的连接传给地下室的倾覆作用力，以及估计上部结构破坏倒塌时的空气冲击波的下限值，就需要有一个能模拟结构动力反应和破坏倒塌全过程的计算程序。1982 年，美国联邦应急处理局发表一份研究报告[5-10]。其中，用计算机分析了一座 15 层钢筋混凝土框架办公大楼在冲击波作用下的破坏过程，程序中构件的抗力采用双线性弹塑性模型，但其中有关结构破坏阶段抗力特性描述得不够完整和准确，因此难以准确地描述结构的倒塌过程。我们近两年编制了两个程序：一个比较简单，仅适用于单肢剪力墙房层，构件抗力模型采用双线性弹塑性模型；另一个则可用于剪力墙、框架和框剪结构，采用了弹塑性并带抗力下降段的三线性力学模型。作为第一步，这两个程序只单独研究地面以上结构的破坏过程，没有将地下室的作用考虑进去。程序给出的底层结构的内力时程曲线，即可视为上部结构对地下室的倾覆作用力，现摘要引述其中两个算例的结果。

（1）京、津地区一种典型的附建式防护工程地下室结构，结构长 44.2m，宽 10.6m，地上 16 层，总高 41.4m，地下埋深 5.7m，宽 13.94m。整个结构在横向设 13 道钢筋混凝土剪力墙，从顶部直通到底部地下室。假定冲击波压力正在作用到房屋，令将 13 道剪力墙叠加在一起计算，根据墙的厚度及材料尺寸，可算出剪力墙的抗弯能力和抗剪能力，有底层的极限弯曲抗力等于 $4.85 \times 10^3 \text{km} \cdot \text{m}$。根据每层剪力墙的截面特性以及材料的应力应变曲线（对钢筋考虑应变强化段，对混凝土考虑应变软化段），可利用专门程序确定弹、塑性阶段的层刚度及层强度，适当简化后成图 5-1-2 所示，其中抗力下降段的刚度近似取弹性阶段的 1%。截面屈服后，对于剪力墙截面，塑性铰区长度取截面有效高度的 4.5%。结构所受冲击波荷载按照地面冲击波超压峰值 Δp_d 对封闭结构所产生的反射及绕射效应求出，并考虑门窗效应乘以 0.7 系数，冲击波荷载作用于楼层节点上。计算得出：

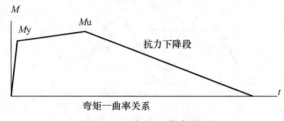

图 5-1-2　弯矩—曲率关系

a）在 50 万 t 当量核爆炸条件下，选择了 4 种地面超压 $\Delta p_\text{d} = 1.0 \times 10^5$、$0.5 \times 10^5$、$0.3 \times 10^5$ 和 0.1×10^5 Pa 进行了计算分析。在前 3 种超压作用下，结构水平位移持续增长直至倒塌。在荷载较大情况仅底层截面屈服最后直至破坏。而在 0.3×10^5 Pa 作用下结构 1 至 4 层均进入屈服状态。图 5-1-3 是底层传给地下室的内力（弯矩剪力）时程曲线。从图

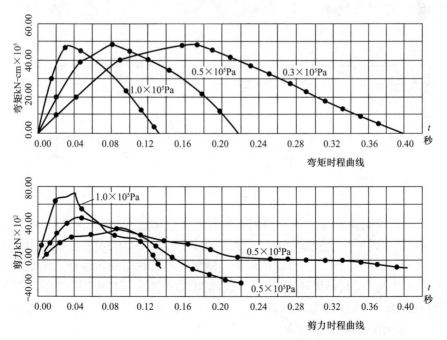

图 5-1-3　弯矩和剪力的时程曲线

上可以看出，内力的峰值大小几乎相同，可是作用时间相差很大。很明显，在这3种超压作用下，$\Delta p_\mathrm{d}=0.3\times10^5$帕对地下室倾覆作用最大，这说明对地下室倾覆来说存在一个最不利荷载。当超压很大时，结构破坏过程短，倾覆作用力较快消失。由于剪力的增长速度比弯矩快（图5-1-3），所以大超压下发生剪切破坏，这对地下室抗倾覆来说是有利的。当超压过小时，上部结构则可能不会倒塌，也就不会产生较大的内力。图5-1-4则为$\Delta p_\mathrm{d}=0.1\times10^5\,\mathrm{Pa}$情况下底层结构的内力时程曲线。结构底部一、二层屈服，但未超过极限抗弯能力M_u，结构水平位移呈振动状，但图中表示的这种振动是理想状态，假定冲击波荷载作用时间很长的突加单台荷载。

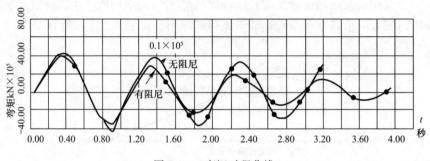

图5-1-4 弯矩时程曲线

b）改变抗力下降段的负刚度值，上部结构倒塌过程中传给地下室的内力时程曲线发生变化，如图5-1-5所示，其中负刚度系数为负刚度和弹性刚度的比值。从图上可见，构件延性愈好（负刚度系数小），传给地下室的倾覆作用愈大，反映在时程曲线上为作用时间长。这正好和地上结构的抗震要求相矛盾，从抗震角度希望构件延性好，从防止地下室倾覆来看则希望构件愈脆愈好。

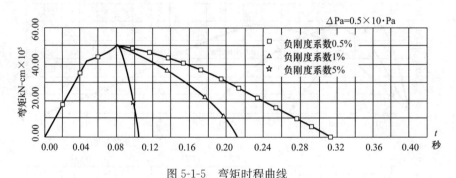

图5-1-5 弯矩时程曲线

（2）10层两跨钢筋混凝土框架结构。冲击波荷载确定方法同上，只是考虑门窗的折减系数改为0.5。图5-1-6显示两种超压荷载作用下屈服铰与极限铰位置及出现的先后次序。图5-1-7为$\Delta p_\mathrm{d}=1.0\times10^5\,\mathrm{Pa}$超压作用下结构不同时刻的变位曲线，清楚地反映了结构倒塌的变形过程。分析结果还表明，框架柱的轴力在冲击荷载作用下变化十分剧烈，迎波面一侧可能出现很大的拉力。荷载愈大，底柱彻底丧失抗力而完全退出工作时间也愈早，各层出现的塑性铰数量也较少。

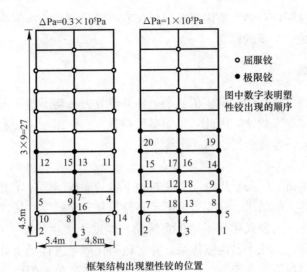

图 5-1-6　框架结构出现塑性铰的位置

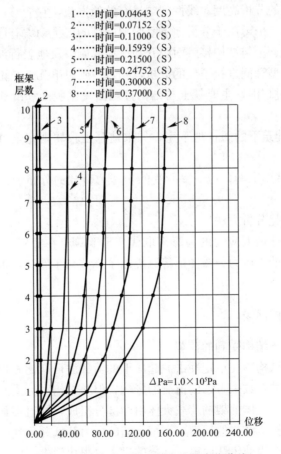

图 5-1-7　结构在不同时刻发生的变位曲线

从这两个算例说明，对地下室倾覆来说应该有一个最不利荷载问题，并不是冲击波超压越大越危险，这是一个新的概念。

二、地下室倾覆验算

地下室倾覆问题牵涉到问题很多很复杂，各种验算方法均不得不做很多的简化，而计算结果又很难通过试验来验证，因此，采用多种验算方法作相互印证和比较是十分必要的工作，我们提出了几种验算途径。

（1）集中参数法

哈尔滨工程力学研究所最早用这一方法对地下室的倾覆问题作了有意义的探讨。他们利用日本和泉正哲等人的结果，建立了地下室转角与基底土提供的抵抗弯矩之间的函数关系，利用朗肯被动土压力公式建立了地下室转角与侧壁土产生的抵抗弯矩之间的关系式。从而将上、下结构简化为几个自由度体系，并对该简化体系进行动力分析，求出地下室结构的最大转角以判别地下室是否发生倾覆。这种方法比较简单，但由于对土体和结构作了很大的简化，其可靠程度主要取决于所作假定的合理性及土体与结构参数的确定。

（2）有限无法

有限元法是公认的分析高度非线性问题最有效的方法，它能够比较全面地考虑多种因素的影响。我们编制一个可用于分析地下室倾覆问题的二维动力有限元程序。程序中考虑了土壤的非线性特性、土与结构接触面脱开和滑移效应以及地表行波的影响和动力边界问题。用此程序对一典型算例进行了了致的分析，初步得到以下几点结论：

1）地下室倾覆过程中，主要是土与结构接触面发生脱开和滑移破坏，基底未见到滑移面。

2）对窄长高层建筑下的防护地下室，如果地基土较软则完全可能发生倾覆，地下室的转角已超过5°。

3）由于倾覆荷载的影响，地下室所受的土压力荷载的分布形式和峰值已根本不同于通常情况。

（3）拟静力的简化分析方法

这种方法是用土体最大应力的验算来取代变形验算，在资料［5-4］中对倾覆力的近似确定、侧壁和底部的土压力分布图形等已提出了一些初步看法，但是否合理还有待于其他方法验证。

三、需要进一步研究的问题

（1）冲击波作用下结构受到的荷载

现在只有对封闭结构物在给定冲击波超压下的荷载波形有比较可靠的计算方法，有的是用0.7或0.5的折减系数来考虑门窗洞的影响，但是结构实际受到的冲击波荷载远非如此。当荷载填充房屋，主体框架的荷载大体由两部分组成，即直接作用于梁、柱构件上的荷载以及填充墙传给框架结构的反力，由填充墙的抗力甚低并迅速破碎，所以第一部分的荷载很快由反射超压变为动压，而第二部分的反力也很快消失，所以框架结构受到的冲击波荷载要比封闭结构小得多。至于一般剪力墙房屋的外墙较弱，而纵向内墙常为现浇钢筋混凝土墙板，可以承受较大超压。剪力墙结构主要承受纵墙传来的反力，后者应有明显的升压时间，加上门窗洞的泄流影响，结构肯定不会受到封闭结构那样的强烈反射和突加作用。

（2）结构各项抗力参数的确定

对于一般受弯构件的屈服弯矩、极限弯矩以及弹、塑性阶段的刚度容易确定，但对于分析结构倒塌过程来说还有些很重要的参数要确定：

a）抗力下降段的刚度和变形指标的确定，这方面的试验数据很少；

b）框架、框-剪结构在冲击波作用下，构件轴力将发生很大变化，必然会影响到构件的抗弯和抗剪能力，这就要研究变轴力偏压柱的极限抗力；

c）屈服后构件的抗剪能力。

（3）几何非线性的影响

由于冲击波荷载下，结构在倒塌破坏过程中发生的位移均很大，因此有必要考虑大位移效应，特别是后期这种效应会更大。

（4）上下结构的相互影响

我们所做的有限元分析，是将上下结构分开分析的，这样分析结果必然有一定偏差，这一误差究竟有多大还要做出估计，最后比较准确的分析还需要将上下两部分作为一个整体来考虑。

（5）计算方法上的问题

由于引入了负刚度和几何非线性的影响，结构刚度矩阵变为非正定，使数值积分不稳定，能使得计算结果失真。

高层建筑附建式防护工程地下室在核爆冲击波作用下的生存有众多疑点。在进一步弄清这些问题之前，不加限制地提倡在高层建筑下修建人防地下室肯定是不对的。应加紧开展有关研究工作，以便对这一问题做出可靠判断。

第二节　核爆空气冲击波对高层建筑附建式人防地下室的倾覆作用问题和研究途径

在核爆炸冲击波袭击下，处于爆心投影点以外的地面建筑物，都将受到空气冲击波在水平方向的巨大推力和拖拽力。以峰值超压 0.1MPa 的地面空气冲击波为例，当它（马赫波）沿着地表以每 460m/s 的波速向前推进时，在建筑物的迎波墙面上将产生峰值高达 2.7MPa 的反射超压，当冲击波摧毁墙面或绕过建筑物运行时，强大的气流速度所造成的动压可达 0.3MPa。的量级，是北京地区建筑物设计基本风压的 80 倍。一般的地面建筑物在这种超压与动压作用下无疑将被摧毁或损坏。对于普通混凝土结构来说，上部结构的破坏不致对下部的人防地下室造成太大影响，因为两者的联系相当脆弱；对于砖墙填充的框架结构，由于填充墙被迅速抛掷，剩下的框架柱能够带给下部地下室的作用力也可能有限。所以在附建式人防地下室的设计中，一般并不考虑上部结构受力对地下室的影响。但近年来，一些大城市内普遍兴建了对地震设防的高层建筑物并在其底部设置防护工程地下室，现浇的钢筋混凝土剪力墙从上到下一直延伸到地下室。这样结构的抗震性能确实提高了，可是从附建式防护工程地下室抵抗核爆炸冲击波的角度看，却引起一系列有待阐明的问题。

提出这样的疑问和顾虑是很自然的，但如何论证并给予解答就不是一件简单的事。国外的某些资料曾提出过很笼统的看法，如前苏联文献[5-4]中提到为了避免房屋地面以上部分倒塌时对附建式掩蔽所传递附加力，房屋的柱子和掩蔽所顶盖不应做成刚性连接；还提到"在结构方案中，对建筑物地面部分结构与附建式掩蔽所结构之间的联接作了规定，即应将地面结构自由支承在附建式掩蔽所结构上。这样可使地面结构的变形，不在掩蔽所的结构中产生较大内力。为了保持在平时使用荷载作用下地面建筑物的刚度，允许设置平时使用荷载计算的刚性接头。此时在爆炸冲击波作用下，该刚性接头虽被破坏而不致影响掩蔽所顶盖的强度和密闭性"。瑞士的民防技术规定[5-5]中提到："从防护角度考虑，多层建筑物将会产生倾覆"，"因此，防空地下室不允许建在多于四层的地面建筑物的下面。"这些观点及规定，大概只是工程判断而缺乏深入的研究分析。

一、有关研究资料

地下结构遭受冲击波荷载发生倾覆的研究资料甚为缺乏，除了上面已提到的外。印度的 S. prakash[5-6]等研究过平置于土体上的基础，受水平脉冲动载作用时的基底土体稳定问题。在美国陆军工程兵防护设计手册[5-7]中，对于封闭式的地面防冲击波工事，提出过基础抗滑移和倾覆的设计方法并给出算例。美国 1962 年版空军设计手册中也有过基础稳定问题[5-8]的非常简略的叙述（美军的这些手册在以后的版本中并无多大的修改和补充，不过这些早期的版本说明它们早已关注核爆冲击波下的建筑物倾覆问题）。但是上述内容都不是针对地下室的，特别是在讨论的对象中，基底并不出现和土体脱离的情况。一些分析高层建筑在水平力作用下的资料，在提到倾覆问题时，几乎都以基底不出现局部拉脱为前提。美国土木工程学会出版的工程设计手册第 42 号《结构物抗原子武器效应设计》[5-9]以及特别是美国的 AD 报告 295408 号《高层建筑框架结构及其地下室掩蔽所防武器效应》[5-10]也都有这方面的叙述。

前苏联的 Г. Гпущкоб[5-11]对埋入式块体结构在水平荷载、垂直荷载和弯矩共同作用的稳定问题有过比较全面的分析，包括静载、脉冲动载，以及土壤处于弹性、弹塑性状态和极限状态下的情况。在这些分析中，由于采用的是解析解，不得不应用过于简化的假定。Гпущкоб引用试验资料，说明在加载过程中，埋入块体结构的转动中心是移动的，土体的应力分布与转动中心的位置有关。对于不同的受力阶段（土体为弹性或极限状态），采用的转动中心位置也不同。尤其是基底和侧墙上的摩擦力，它们的作用方向必须与转动中心位置相一致。

前苏联的 H. Снитко[5-4]也对埋入土中的块体受冲击波水平推力的动力稳定问题作过研究[5-3]，其中假定破坏面并考虑破坏面形成的楔形土体的惯性力，得出了动力作用下的被动土压力随时间变化并可以大于或小于静载下被动土压力的结论。

尽管上述研究成果与分析方法都不能直接应用于附建式人防地下室的倾覆验算，但对解决这一问题均有一定的参考价值。

在我国，哈尔滨工程力学研究生赵文方首先对防空地下室倾覆问题作了很有意义的探索[5-12]，采用了图 5-2-1 所示的 3 种计算模型：

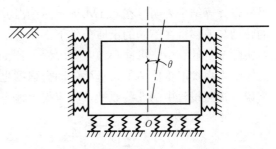

图 5-2-1　地下室绕基底中心转动

a）地下室结构在动载作用下围绕基底中心 O 转动（图 5-2-1），通过动力分析确定最大转角 θ_m，借以判断结构是否稳定。另外，也可以同时考虑有整体水平位移 Δ；

b）地下室的基底以及一侧墙面上的土体，在结构发生转动（及平移）时提供倾覆（及反滑动）的抗力 $M_0(\theta)$（及 $T(\Delta)$），即地基抵抗倾覆反弯矩 $M_0(\theta)$ 是基底与侧壁土体压力二部分之和；

c）基底压力提供的反弯矩 M_d 与转角 θ 的关系引用了日本和泉亚哲等人给出的结果[5-13]，其中将地基土看成是单向工作的具有理想弹塑性关系的弹簧，仅能抵抗压力，受拉时则脱开。所以，$M_d(\theta)$ 是非线性函数，并与作用于基底的竖向总压力有关，在一定情况下基底局部脱离土体。至于基底土壤所能承受的极限压应力（弹簧的最大抗力），则采用了土壤极限平衡理论中的 Fellenius 假定[5-14]导出。按照这个假定，极限状态下的土体滑移面为圆弧形，其转动中心位于基底上部且不在中线上，这与上述第 1）条的假定有些矛盾。

d）侧墙土压力提供的反弯矩 M_c 与转角 θ 的关系按照侧壁土压力随该点水平位移成线性变化的关系导出，并认为该店土压力达到 Rankine 被动土压力时不再继续增长而保持定值。考虑到侧壁土体产生被动土压力时的变形量过大，在进行动力分析时，有时仅取用 M_c 值的一部分，如取其 1/2。这样，有地基土体抵抗倾覆的总反弯矩为 $M_0 = M_d + 0.5 M_c$；

e）改变上部结构与地下室的联系时，采用了三种不同的模型并计算分析了北京地区大模板高层住宅在冲击波作用下的倾覆问题。这个高层住宅结构按 8 度地震设计，地面以上 15 层总高 39.6m，地下为附建式人防，埋深 5.7m，结构宽 10.6m（地下部分宽13.9m），为钢筋混凝土现浇剪力墙结构。三种计算模型分别为：

ⅰ）视整个结构连同地下室为一刚体。冲击波荷载取地面设计值 $p(t)$ 的 0.7 倍（考虑孔口影响），然后按照全封闭结构物考虑波的反射、绕射，算出作用于结构全高的随时间变化的静平移荷载，按单自由度体系作动力分析（图 5-2-2a）；

ⅱ）根据结构的实际尺寸与材料强度，算出地面底层结构所能承受的最大压力，然后将它作为外加荷载作用于刚体地下室（图 5-2-2b）。为了偏于安全，视这些极限内力 M、N、Q 为突加的不变动载；

ⅲ）将地面底层结构看成是一个能够承受弯矩、剪力和轴力的理想弹塑性铰，其转动刚度以及极限抗弯能力根据结构的实际尺寸及材料强度估出。于是整个结构包括底层以上的刚体部分和底层以下的地下室刚体部分。作用的动载同模型 a。由于增加了连接上下二部分刚体的底层铰，多了一个自由度，故为二自由度体系（图 5-2-2c）。

以上各个模型中如同时考虑地下室有整体平移，通过计算，作者认为以模型 c 最好。

另外，计算结果表明，在 0.1MPa 地面冲击波作用下，地上部分虽然倒塌，但人防地下室的转动与平移量在不同的土质条件下都非常小，似乎不存在严重的倾覆问题。但这一报告在实际分析计算中，可能存在一些失误，比如对图 5-2-1 采取的假定，此外地面底层结构的极限内力被严重低估了，土壤的动力强度也可能作了过高的估计。至少对一些软弱地基来说，按照报告中的那些原则，本应得出地下室遭到倾覆的结论。

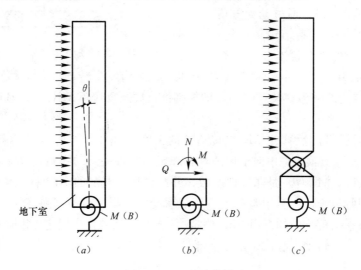

图 5-2-2　三种计算模型

赵文方研究生的哈尔滨工程力学所的导师对他的工作经过进一步的深入和改进，继而采用图 5-2-2 模型，发表在《防护工程》1989 年第 2 期上。经过大量计算，认为上述剪力墙房屋，在 0.05MPa 超压以内的冲击波袭击下，如地下室为坚硬地基，则地下室的倾角约在 5 度以下，如为软土则可达 8.6 度以上。但是这一计算采用地下室围绕基底中心转动的假定，并按弹性假定确定基底弹簧内力，这样弹簧提供的反倾覆力矩可能被高估了，因为在转角很大的情况下，基底的最大应力无论如何应有个限值。如果代入比较合理的极限强度，则有可能得出地下室遭受倾覆的估计。

在《人防科技》杂志 1986 年第 2 期上，发表了《附建式人防地下室整体稳定验算的极限理论设计方法》一文[5-15]。同上面提到的模型（b）的想法相似。主张以地面首层结构所能承受的极限内力作为外加荷载来验算地下室的整体稳定，包括倾覆与滑移，而不同的是，这一资料仅作了静态分析，而且仅验算地下室整体倾覆而不考虑土体会否破坏。文中介绍了一个框架结构的算例，列出了三种可能的极限内力状态，分别为首层的框架柱剪力 ΣQ、轴向拉力 ΣN 及弯矩 ΣM，其中每一项都根据首层框架柱的尺寸及材料强度算出，然后分别验算每一内力状态下的反倾覆力矩与倾覆力矩之比，即抗倾覆的安全系数，以及抗滑动、抗拔出的安全系数等。这一验算方法的主要问题在于：

ⅰ）地下室应是同时承受框架柱所赋予的各种内力 M、N、Q 的组合作用，三种内力状态实际上是不能单独存在的，对于倾覆来说，最危险的内力状态应是框架柱各侧轴力不同，所以这样的验算显然不安全；

ⅱ）在抗倾覆的力中，只考虑地下室自重作用，完全不计上部结构自重和冲击波竖向压力以及侧墙土体的作用也是不合适的；

ⅲ）离开土体的极限承载力来探讨地下室的整体抗倾覆能力，就没有接触到问题的实质。

下面，我们就高层建筑人防地下室在冲击波荷载作用下的倾覆验算问题，联系到计算分析中可能采取的一些简化近似方法与参数选择，提供一些看法，并就解决这一问题的研究途径，作一些简略的探讨。

二、施加于地面结构的冲击波荷载

上部结构所受的冲击波荷载与结构的尺寸与形状，墙面孔口，以及墙体抗力等多种因素有关。如果结构具有封闭的坚固外墙，则作用于结构前墙（迎波面）与背墙上的冲击波压力荷载如图 5-2-3 所示 $[p_1(t)$ 与 $p_2(t)]$，结构受到的净水平荷载为两者之差，具体算法在一般的防护工程设计资料中均有介绍。文献 [5-8] 认为，如墙面孔口面积小于总面积的 30%，这时的压力时程曲线仍可近似的取为与无孔洞时相同。图 5-2-4 中的 t_s 是前墙压力从反射峰压降到滞止压力的时间，在此之后，前墙在绕流作用下的压力为入射超压与动压之和。图 5-2-3 中的 t_{s1} 及 t_{s2} 是背墙开始受力的时间及压力到达峰值的时间，图中所表示的压力时程曲线是整个墙面的平均值。以图中地上结构的尺寸，在 1kg/cm^2 超压的地面入射冲击波作用下为例，可算出约有 $t_s = 0.26$ 秒，$t_{s1} = 0.02$ 秒，$t_{s2} = 0.35$ 秒。但对具体墙上每一点来说，时程曲线就不尽相同，前墙反射超压下降到绕流作用的时间，愈接近墙

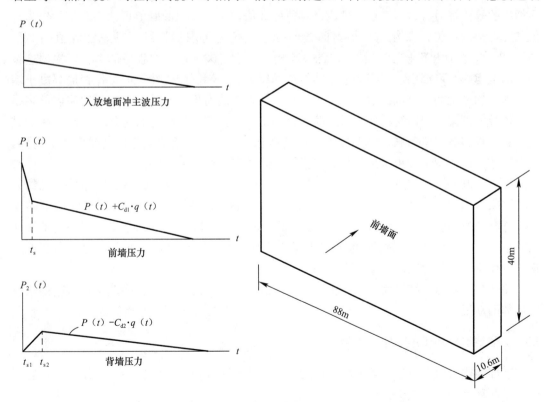

图 5-2-3　冲击波作用于地面建筑各面上的压力时程曲线

体边缘处下降得愈快，而后墙上每点压力变化也不会有升压时间，只是受力时间有先后。

可是，将图 5-2-3 那样的压力时程曲线作为一般高层建筑抗倾覆验算的荷载不一定是正确的。因为实际结构的门窗孔洞较大，入射冲击波自孔口进入室内后，室内压力逐渐增高，最终使室内外压力大致相等的时间大概是 0.1～0.2 秒的量级（设孔口面积与室内空间体积之比为 1/30m⁻¹），要比上述的 t_s 及 t_{s2} 值还要低。在这种情况下，按图 5-2-3 时程曲线来确定荷载显然是不合理的。还有，实际结构的外墙往往经不住冲击波袭击而破坏，破坏的过程一般也不会超过 0.3 秒左右。

如果上部结构有很大的孔口面积，比如是玻璃外墙（或轻型铝板外墙）的框架结构，且内部空旷无坚固的隔断，这时的冲击波将直接穿过室内，结构受到的净水平力荷载主要是动压引起的，原因是反射超压降到滞止压力的时间 t_s 在这种情况下将变得非常短促，超压迅速包围框架构件，其造成的水平方向的合力将为零。但是有试验结果表明，冲击波即使破坏的是玻璃墙面也会给支承构件带来附加的冲力，这个冲力可表示为冲量并加在支承构件所受冲击波压力时间曲线的初始点上。

如果一般的外墙在冲击波作用下遭到破坏，那么主体框架（或横向剪力墙）作为墙板的支承构件，它所受的水平荷载主要应是墙板传递来的动反力，而冲击波直接作用于主体构件上的压力荷载可能反而有限。对于现浇钢筋混凝土整体墙板，若四周受约束，其破坏前的变形过程将经历拱作用和拉索作用三个阶段，最大拉力要比按通常塑性绞线理论算出的高出许多[5-16][5-17]，按构造配筋的低配筋率钢筋混凝土墙板（跨高比大于 15），因拱作用而增大的峰值抗力可达塑性绞线理论计算值的 3 倍，拉索作用的峰值可达 1.5 倍。作为近似估算，板的理想弹塑性简化抗力曲线中的最大抗力可取塑性绞线理论计算值的 2 倍（图 5-2-4），弹性极限挠度 y_s 取板厚的 0.4 倍，而最终破坏挠度取板厚的 2 倍，根据这种简化的抗力曲线可算出墙板作用于主体结构的反力。四周嵌固受约束的整体钢筋混凝土墙板，即使构造配筋，有可能承受 0.1MPa 超压的入射波而不彻底破坏，如果房屋内部多是这类墙板，则按封闭体系的压力时程曲线来确定结构荷载看来仍是合理的。可是实际的纵向承重墙板多有门窗门洞，有些外墙墙板是挂装的，四周缺乏约束作用，强度要低得多，这时按塑性绞线理论分析得出的最大抗力与实际情况不会相差太多。

一般砖砌外墙在零点零几 MPa 的冲击波压力下就破坏，砖墙四周的位移如受到约束必能因拱作用而提高结构的抗力，甚至会使砖墙变得具有延性[5-18]。美国 ⅡC 发表的砖墙在爆炸激波管中的试验资料表明[5-19]，一般砖墙在 0.02MPa 超压下即告破坏，在砖墙平面内施加预压力（模拟上层砌体重量）只对很低强度的砌体有提高后期承载力（即变形后期）的作用，而且提高的幅度不大。

墙体变形破坏的结果使主体结构承受的荷载有升压时间，峰值也降低了，这些都取决于墙体的动反力。

三、上部结构施加于地下室的作用力

上部结构与地下室连接处的构件内力，可看作是引起地下室倾覆的外加作用力，它可以通过两种不同的方法进行估算：

（1）通过对整个结构进行动力分析，确定上部结构与地下室连接处的内力时程曲线。

可利用现成的结构弹塑性动力分析程序，根据结构物的特点输入冲击波作用下主体结构受到的动载（直接作用的空气冲击波压力或围护构件施加于主体结构的动反力），结构构件的抗力变形关系（抗力函数可取双线性），其中塑性阶段具有少许的正刚度，在得出连接处的内力时程曲线后，再根据这一曲线的特点，与连接构件的实际抗力特性进行比较，近似判定可能存在的实际内力时程，这是因为用于动力分析的抗力函数只是简单的双线性关系，其中并没有给出极限抗力和极限变形的限制，单凭分析程序并不能准确给出破坏阶段的变形过程。

要较为准确的通过分析程序给出连接处的内力时程曲线是相当困难的，这在程序的编制中应至少考虑到下列三个因素：

a）结构构件的抗力函数中需要包括破坏阶段的参数，如极限抗力，变形超过极限抗力后的软化下降段，以及最终丧失抗力时的极限变形等（图 5-2-4）。鉴于引入下降段的负刚度后会造成计算分析中的困难，可采取某种变通办法如用图中的虚线来代替实际抗力曲线。当变形达到极限值后意味着构件破坏退出工作，随之引起的是结构拓扑的改变，变成另一个体系。当然我们也可以假定构件仍具有很少的抗力按原体系继续运算（图 5-2-5 中曲线尾部的点划线）。判定某一构件是否已丧失承载力也可以根据层间位移或塑性转角来定；

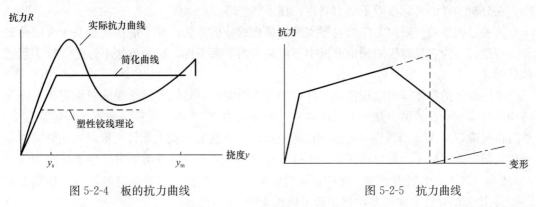

图 5-2-4　板的抗力曲线　　　　　　　图 5-2-5　抗力曲线

b）结构构件的抗力函数中还要考虑变化轴力的影响，这是因为轴力对构件的破坏准则及变形关系起着很重要的作用。

（2）上部结构施加于地下室的倾覆力还可以根据底层连接构件所能承受的极限承载力作出估计。宏观上看，上部主体结构在冲击波作用下以底层受力最为不利。资料［5-10］对高层框架的分析，以及我们对高层剪力墙房屋的近似分析都说明，主体结构最后的倒塌发生于底层的破坏。因此，直接根据底层构件的尺寸与材料强度，算出底层构件可能承受的最大内力作为地下室的作用力，从而省略对上部结构进行复杂而又困难的动力分析，似乎是一种工程近似判断的好方法。不论上部荷载如何，能够使得地下室的作用力反正不能超过连接构件的极限承载力，所以这种处理似乎偏于安全。但是，困难仍在于：

a）如果不清楚外载下的截面内力（M、N、Q）组合，构件的极限承载力依然不能准确定出，比如大偏压构件的截面抗弯能力随着轴力变化，在文献［5-17］与［5-11］中仅按纯弯的计算公式来估计极限弯矩的方法就是不安全的。而更大的问题是如何确定框架结构底层柱一侧受压重、另一侧受压轻（甚至受拉）的轴力，它对地下室倾复起着关键性的作用；

b）即使有了极限内力，但内力变化的时间曲线仍然未知，还需要作各种各样的近似假定和判断。

这里需要强调指出的是：计算构件承载力的设计公式不能直接照搬用来确定极限承载力。设计公式中的各种安全系数包括隐含在材料设计强度中的系数应该去除，材料的计算强度应取材料的实际平均强度并充分考虑混凝土材料后期强度提高。例如 C30 混凝土的抗压强度，施工时为保证材料质量而配置的混凝土强度应为设计强度的 1.1 倍，混凝土后期强度能提高 30%，动载下因快速变形而提高强度的系数为 1.2，混凝土棱柱抗压强度为立方强度的 0.8 倍。这样分析时采用的抗压强度可为 $30 \times 1.1 \times 1.3 \times 1.2 \times 0.8 = 41$MPa，又如 A3 的屈服强度，平均值为 280MPa，在快速变形下能提高 30%，可取 $1.3 \times 280 = 365$MPa 作为计算强度。此外，设计公式往往是根据经验曲线下限或偏下限得出的，所以即使将材料的实际强度代入，有时仍给出过低的承载力，比较典型的是现行规范的抗剪强度公式，当剪跨比较小时，公式给出的计算承载力可比实有能力低 2～3 倍，这时就应该参照试验数据而不能采用设计计算公式。再如，薄膜力或支座约束对平板和受弯构件的影响，在分析构件的实际极限承载力时也往往不能忽略。

这种以构件的极限内力作为地下室外加荷载的分析方法，并不能认为是基于极限荷载分析理论，因为它没有极限理论分析中不可缺少的平衡条件，这种方法不过是一种工程近似处理。

高层住宅的整体剪力墙构件或小开口的剪力墙构件，它们可能承受的极限弯矩可按压弯构件算出，所受的轴力是上部结构自重。根据轴力 N 及截面配筋，先算出压区高度 x，然后得极限弯矩 M。当截面业已达到极限抗弯能力并已发挥较大塑性变形时，能够同时承受的极限剪力大概不会超过压区混凝土这部分材料所能承受的冲剪能力，后者可取为 $Q_1 = 2bxR_a/3$，其中 b 为截面宽度。此外，抗剪强度还应考虑斜截面剪坏时的能力，根据文献 [5-20] 推荐的设计公式经某些修正后可以作为参考，有：

$$Q' = 0.067R_a bh_0 + 0.2N + R_{gk}\frac{A_k}{s}h_0 \qquad 当 \; m = \frac{M}{Q'h} < 1.5$$

$$Q' = \frac{1}{m-0.5}(0.067R_a bh_0 + 0.2N) + R_{gk}\frac{A_k}{s}h_0 \qquad 当 \; m = \frac{M}{Q'h} > 1.5$$

式中，符号 R 为混凝土棱柱抗压强度 R_{gk} 为强度，A_k、s 分别为箍筋的面积和箍距。上式是设计用公式，给出数值低于实测试验值，用于分析时建议取 $Q_2 = 2Q'$。由于 Q' 值事先未知，故 m 不能事先确定，只能通过试算和迭代来得到 Q'。构件的极限剪力 Q 取 Q_1 和 Q_2 中的较小者。

当瞬时施加的动载量级甚大于构件承载力时，有可能出现脆性剪坏的可能性，此时的 m 值可能较低而截面弯矩达不到极限弯矩值。因此，如果按 $m < 1.5$ 的情况来确定 Q，同时又按极限弯矩来确定 M，这种做法大概是保险的。

框架首层柱子的极限内力比剪力墙内力更难确定。框架柱的极限弯矩对倾覆的作用较为有限，关键是轴力和剪力。这里提出粗略估计首层柱的底端截面内力的办法：

a）假定首层各柱中的某一截面首先达到极限抗弯能力时的各柱轴力为 $N'_i + kN''_i$，弯矩为 $M'_i + kM''_i$，其中 N'_i、M'_i 为结构自重产生，N''_i、M''_i 是水平风载产生，k 是待定的大于 1 的比值。这里认为冲击波引起柱子轴力与风载下轴力成正比；

b）根据柱子截面尺寸及材料强度，求出当 $k = k_1$ 时，某一截面首先达到极限值；

c）认为结构破坏时各柱底端截面的抗弯能力均已耗尽，极限弯矩 M_i 根据每一截面的尺寸与材料强度按偏压或偏拉构件公式算出；

d）认为结构破坏时底层柱的反弯点约在柱高的一半处，给出底层截面的总剪力 $\sum Q_i = \dfrac{\sum M_i}{0.5H}$。

四、地基承载力

（1）基底的极限承载力

浅基的静载极限承载力可从一般的手册中查到，计算时以中心竖向荷载作用下的极限承载力公式作为依据并加以修正，后者以著名的三项叠加式表示，为

$$q_0 = cN_c + qN_q + 0.5\gamma BN_\gamma \tag{5-2-1}$$

式中 q_0 是单位面积的极限承载压力；N_c、N_q、N_γ 是与土体内摩擦角 φ 有关的承载力系数；q 是埋深 D 这部分土体产生的压力，$q = \gamma D$，γ 为土壤密度，B 为基础宽度。公式所反映的是基底土体整体剪切破坏时的承载力，根据塑性理论以及根据所假定的不同破坏滑动面形状，Pranfdl、Tergaghi、Hanson 等人分别导出了承载力系数 N 的数值，尽管存在一定差异，但区别并不大。

当荷载有偏心 e 时，Meyerhof 首先指出此时仍可按式（5-2-1）计算，只需将宽度为 B 的基础，当作宽度为（$B-2e$）的中心受压下的基础来分析[5-23]，虽然后人有人对于偏心荷载情况[5-24][5-25]又单独作了滑动面分析以及模型试验，认为 Meyerhof 的简化计算方法在某些情况下（如偏心较大时）有误差，但总的相差不远。

当荷载倾斜作用时，式（5-2-1）中的各项可分别乘以系数 ξ_{ci}、ξ_{qi}、$\xi_{\gamma i}$，这时得出的 q_0 是荷载垂直分力下的极限承载力。由于有水平荷载，使得 q_0 降低很多。Hanson、Cokopobekmm 等均给出过此时的承载力系数 N_c、N_q 和 N_γ，Saran 也单独推演过这些数据[5-23]，但这里存在较大的差异。上述算法都没有考虑基底以上土体的作用，这对于防护工程地下室那样埋入土中并承受很大水平力和倾覆力矩的情况显然是不合适的。相对来说，Meyerhof 提出的计算倾斜荷载下的承载力方法更接近实际情况，图 5-2-6 是其所假定的滑移面，承载力的垂直方向分力为：

$$q_v = cN_{cqi} + \gamma \frac{B}{2} N_{\gamma qi}$$

纯粘性土的 N_{cqi} 值以及纯粒状无粘性土的 $N_{\gamma qi}$ 值可见图 5-2-7 的曲线。具体算法可参见文献 [5-24]、[5-25]。

倾斜荷载下尚存在另外一些经验算法，如英国的规范采取下列经验公式：

$$\frac{Q_V}{Q_{Va}} + \frac{Q_H}{Q_{Ha}} \leqslant 1$$

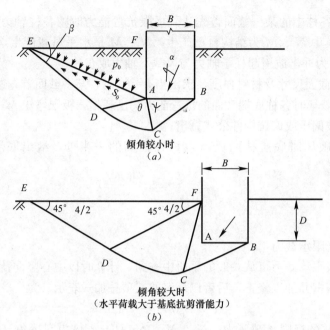

图 5-2-6　基底土体的 Meyerhof 滑移面

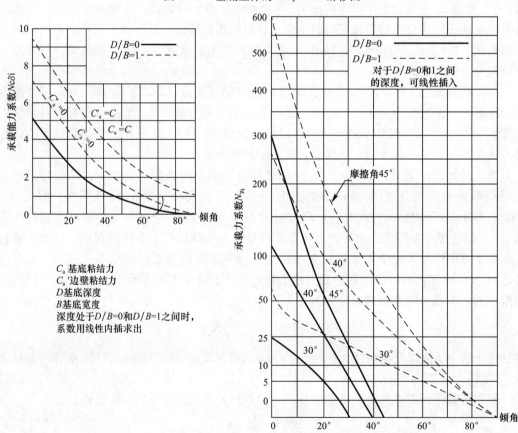

C_a 基底粘结力
C_a' 边壁粘结力
D 基底深度
B 基底宽度
深度处于$D/B=0$和$D/B=1$之间时，
系数用线性内插求出

图 5-2-7　基底滑移面

式中 Q_V 和 Q_H 是垂直与水平荷载分量，Q_{Va} 是单纯竖向荷载作用下的承载力，Q_{Ha} 是单纯水平荷载下的承载力，后者是竖向边壁部分的被动土压与基底的摩擦力及粘结力之和。又文献 [5-26] 介绍的水平分力作用下的地耐力允许值的规定也可作为参考。

从人防地下室的宽度与埋深之比来看，这种基础应属于浅基的范畴，水平荷载对地基承载力应有较大影响。又由于垂直荷载有较大的偏心距，基底有可能处于局部脱离的情况，所以基底土体发生局部冲切剪坏的可能性大概不大。

在文献 [5-12] 对高层建筑人防地下室倾覆问题的分析中，基底的承载力按照纯粘性土壤并假设单侧破坏的圆弧滑移面导出，甚易证明，这是当转动中心处于基底边角上方 $0.43B$ 处时，给出最小的极限承载力 $q_0 = 5.52c$（图 5-2-8a）。若荷载偏心，基底局部脱离（图 8b），则可视基础宽度为 $(B-2e)$，文献 [5-12] 在分析时没有考虑水平分力对基底承载力的削弱作用。另外，对普通土壤（$\varphi \neq 0$）则近似以滑移面的抗剪强度 S_u 代替上式中的 c 值，即 $q_0 = 5.52 S_u$，而 S_u 则按无侧限抗压强度等于 $2S_u$ 的假定导出，有 $S_u = c \tan(45° + \varphi/2)$，这种算法对于 $\varphi \neq 0$ 的土壤，存在较大疑问。

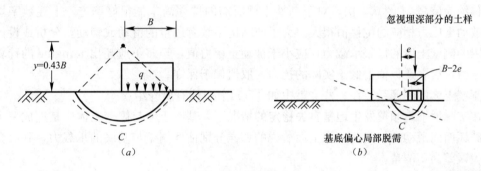

图 5-2-8　基底滑移面

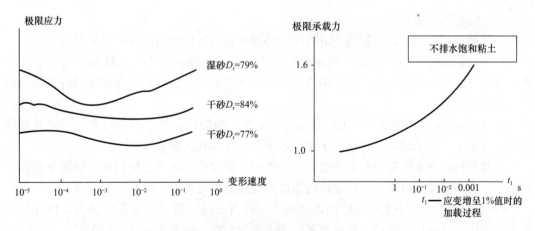

图 5-2-9　变形速度对极限承载力的提高

抗爆结构设计中取用较高的地基承载能力，主要是由于所取的安全系数很低，而在静载设计中，建筑物地基的承载能力通常取极限能力的 $1/3 \sim 1/2$，即安全系数等于 $2 \sim 3$。若基底出现掘起并与局部土体脱离，地表动压对地耐力的提高作用有可能局部消失。

地基基底与侧壁的刚度系数也可从普通的手册或资料中查取，试验表明，动载下的刚度系数比静载时增高，使得沉降量减少，在快速变形下[5-25]，用于设计的粘土地基系数可按静载下的 1.5 倍考虑，粉砂按 1.2 倍，粒状土则不变。当加载速度较快时，粘土的刚度实际可增加一倍以上，而在砂土中的模型试验也说明动载下的沉降量有所降低。但是实际工程（特别如防护工程地下室）的基地面积很大，应该考虑当基底面积增大时，地基刚度系数会随着降低。

（2）侧壁地基的承载力

当地下室受水平力及倾覆力矩作用时，侧壁土体提供的抗力与侧墙挤向土体的位移值有关，并以被动土压力为限制。有资料认为，墙顶位移要达到墙高的 2‰～5‰ 时才能使被动土压力得以实现；如仅考虑转动变形，则倾角超过 3°。据资料 [5-14] 引用的块体基础试验资料中，对于埋入饱和砂土和粉砂中的基础块体，基础达到极限承载力峰值时的倾斜率可达 1/10 左右，相当于 6° 的倾角。有资料认为，当基础平移时产生被动土压力所需的位移对于无黏性的粒状土为墙高 H 的 0.05 倍，但绕底部旋转时产生被动土压力所需的墙顶位移约为墙高 H 的 0.1 倍，对于粘性土壤所需的位移尚未能很好确定。上述数字均说明与被动土压力相应的位移值很大。为了使结构不致有过量的滑动或转动，分析或设计中所取用的侧壁土体的极限承载力，应小于被动土压力值，至多不应超出 Rankine 的计算被动土压力，后者在数值上低于实际的抗力，取值偏于保守。

侧壁土体的刚度系数在一些文献中如 [5-11] 也均有所介绍。

在实际地下室倾覆发生地基丧失稳定的情况下，基底土体与侧壁土体应是连成一个整体的破坏面而滑动的，因此，像上面所说的那样分别估计侧壁与基底的承载力，到底会带来多大误差尚不清楚。

五、倾覆验算分析

（1）倾覆的作用力

空气冲击波作用下，引起地下室倾覆的外加荷载与抵抗倾覆的力可归纳如下：

a）上部结构的冲击波荷载。根据结构的形式及构造特点，上部土体结构可承受的冲击波荷载可以是空气冲击波直接作用产生的，也可以是外墙围护结构在破坏过程中传递给主体结构的反力。

b）结构自重。其作用有利于抵抗倾覆，由于上部结构倒塌需有一过程，所以在倾覆的验算分析中，上部结构的自重应予考虑，至少应计入其大部分。

上部结构的冲击波荷载对地下室倾覆的作用，通常受到底层结构构件的极限承载能力的制约，上部结构的自重对于底层结构构件的承载力也有重大影响。

c）直接作用于地下室顶盖的冲击波压力。冲击波通过底层门窗孔口进入室内作用于地下室顶盖，这一压力有利于抵抗倾覆。为了简化分析，可不考虑其行波作用。

d）前侧墙上的土压力，包括土壤自重及土中压缩波引起的侧压。由于空气冲击波沿地表行进，所以引起的图中压缩波的行进方向与侧墙斜交，从而会在前侧墙上造成斜反射。但另一方面由于整个地下室发生移动或转动，导致反射作用降低或损失。当地下室整体转动时的转动中心处于基底下部时，前侧墙上的土压力是主动土压力。

e）后侧墙上的土压力。其数值及分布取决于外加倾覆力，最大应力不超过土壤自重和冲击波压力引起的被动土压力。地表冲击波压力对提高被动土压力有利，但其有效作用时间相对于倾覆过程来说可能较短，它对抵抗倾覆的作用很难准确估计。

因此，作为近似分析，在前后侧墙上，均不考虑冲击波压力带来的影响，这种简化估计偏于安全。

f）基底土压力。基底土压力需要通过分析来确定，由于倾覆力矩较大，基底土壤大概总是出现局部脱离的。基底最大应力不超过地基极限应力。

g）侧墙和基底上的摩擦力和粘结力。侧墙上的摩擦力与粘结力对抗倾覆有利，这些力的作用方向与地下室的位移及转动中心位置有关。

h）端墙上的摩擦力与粘结力。如地下室在与冲击波作用垂直方向上的长度较短，则土体的承载能力不仅能有较大提高（与按平面问题计算时相比），而且端墙上的摩擦力等也能起到抗倾覆的作用。

（2）最不利的空气冲击波超压

空气冲击波的超压愈大，对防护工程来说就愈危险，但实际就倾覆问题而言，情况有可能不是这样。

超压增大时，地下室顶盖的压力荷载增大，侧墙被动土压力也增强，这些均有利于抵抗倾覆；相反，过大的超压并不能使外加的倾覆力有明显的增长，因为后者主要取决于上部结构底层的极限承载力。如果超压值很高，上部结构有可能迅速脆性破坏，这比起在较低压力下发生延性破坏，就保护地下室的角度来说可能更为有利。

所以，分析倾覆问题所采用的最不利空气冲击波超压，通常不应是与工程防护等级相应的设计超压，最不利超压一般似应是引起上部结构破坏的最低压力。但这个问题有待于进一步的探讨。

（3）分析模型

地下室倾覆的分析模型不外乎有以下几类：

a）有限元分析。将地下室结构（看成刚体）和周围土体连在一起进行分析，并有可能考虑地面冲击波的行波作用，这里需要寻找一种合适的土壤本构关系和破坏准则；

b）集中参数法。将侧壁和基底土体用弹簧模型代替，或同时辅以阻尼比的模型来进行动力分析。这种弹簧只能单向受压并能具有弹塑性性质，这里需要确定一种合适的弹簧刚度系数和最大抗力；

c）假定土体的破坏滑移面作极限荷载分析，可以考虑滑动土体的惯性，这里比较困难的一点是假定的破坏面是否合理，一般都取静载下的破坏面作为动载下的破坏面[5-6][5-20]，但也有试验表明，动载下的滑动土体有缩小的趋势；

d）拟静力简化分析。用大于1的系数来简化考虑动力作用，以基底的最大应力是否超出极限应力来衡量地基会否丧失稳定而形成倾覆的可能性。这里最为简单的一种办法是在给定的倾覆力作用下，光假定侧壁的土压力（不超出被动土压的某一部分）及摩擦力，然后反算基底应该承受的反倾覆力矩与垂直作用反力，后两者可合并为偏心作用的垂直集中力，它引起的基底最大应力不应超出地基的极限应力。

由于无法对地下室的倾覆问题作出实际的试验，所以上述的各种分析模型都是需要的，只有通过相互对比和印证，才能对问题作出比较可靠的判断。

下面，我们采用最简单的方法对高层住宅楼人防地下室的倾覆问题作一粗略估算，在没有更为精确的其他分析模型作出比较之前，这种方法是否可靠不清楚。

算例：北京大模板高层住宅，采用剪力墙横墙抗震结构，按 8 度地震设计。地上共 15 层，宽 10.6m，在 44.3m 长度上设置 13 道剪力墙，并向下插入宽 13.9m、高 5.7m 的防护工程地下室，土体参数为 $c＝400MPa/m^2$，$\varphi＝22.5°$，地下水位很深可不考虑。

假定与分析原则：

a）按拟静力验算，取安全系数 1.5（对基底极限强度而言）；

b）上部结构作用于地下室的倾覆力根据底层构件的实际尺寸及材料强度确定，由于剪力墙孔洞甚小，按整体截面计算承载能力。根据以下两种情况选取较不利的极限内力组合：①受拉钢筋应力达到极限强度，这时的截面承剪力按照压区混凝土所能承受的冲剪强度来定；②受拉钢筋的应力达到屈服强度，这时的截面承剪力按斜截面抗剪确定；

c）地表冲击波（或图中压缩波）对前后侧墙的土压力，在验算倾覆作用时同时予以忽略；

d）地下室的埋深相对于宽度较小，认为地下室的转动中心在基底或以下，因而在前侧墙上主动土压力，后侧墙上为被动土压力；

e）为限制过量位移，被动土压力取 Rankine 计算值的 0.7 倍；

f）土壤动力提高系数取为 1.25；

g）上部结构自重乘折减系数 0.8（考虑部分围护结构被吹走）；

h）倾覆验算时，取地面空气冲击波超压的最不利值为 $0.5kg/cm^2$；

i）考虑后侧墙上的摩擦力与粘聚力对抵抗倾覆的作用，取摩擦系数 $\delta＝0.2$，粘聚力 $c'＝c/2$。

验算（图 5-2-10）：

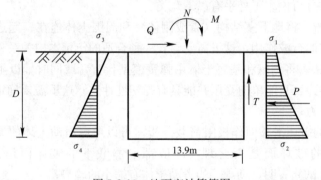

图 5-2-10 地下室计算简图

根据底层结构的截面尺寸与强度，算出外加的倾覆力为：

$N＝0.8×226＋70＝231t/m$ （式中 70 为直接作用于顶盖的冲击波压力，为 5t/m× B≈5×13.9≈70t；226t/m 为结构自重）

$M＝1300t·m/m$ （受拉钢筋取极限强度）

$Q＝115t/m$（取压区混凝土面积乘冲剪强度 $0.6R_a$）

对基底重点取矩，有

$$M_0 = M + QD = 1300 + 115 \times 5.7 = 1950 \text{t} \cdot \text{m/m}$$

侧墙被动土压（后侧墙上）为

$$\sigma_1 = 2c\tan(45° + \varphi/2) = 12 \text{t/m}^2, \quad \sigma_2 = \gamma D \tan^2(45° + \varphi/2) = 23 \text{t/m}^2$$

侧墙主动土压（前侧墙上）为

$$\sigma_3 = 2c\tan(45° - \varphi/2) = 5.3 \text{t/m}^2, \quad \sigma_4 = \gamma D \tan^2(45° - \varphi/2) = 4.6 \text{t/m}^2$$

$\sigma_4 > \sigma_3$，故前墙上的主动压力可不考虑；总的被动土压力合力为 $P = \sigma_1 \cdot D + 0.5\sigma_2 \cdot D = 134$t，取 0.7 倍，$P' = 0.7P = 93.8t< Q$，其差值为基底的摩擦力（和粘着力）所补偿（若 $0.7P > Q$，则与转动中心在基地以下的假定不符）。

侧墙摩擦力及粘聚力为：

$$T = 0.2P' \times c'D = 0.2 \times (0.7P) \times c'D = 30 \text{t} < Q$$

将 P' 及 T 对基底中心取矩，有（图 5-2-10）：

$$M_1 = T \cdot B/2 + P \cdot h = 208 + 319 = 527 \text{t} \cdot \text{m/m}$$

因此，基底应能承受的倾覆力矩为：

$M_2 = M_0 - 1.25M_1 = 1950 - 1.25 \times 527 = 1290 \text{t} \cdot \text{m/m}$，式中的 1.25 为动力提高系数

又作用于基底的竖向力为 $N = 231$t，有偏心距 $e_0 = M_2/N = 1290/231 = 5.59$m（图 5-2-10）

基底的承压面积宽度为

$$B - 2e_0 = 2.7 \text{m} = B_1$$

最大应力为

$$\sigma_\mathrm{m} = N/(B - 2e_0) = 231/2.7 = 85 \text{t/m}^2$$

基底土体的极限强度为

$$q_0 = 1.25(cN_\mathrm{c} + qN_\mathrm{q} + 0.5\gamma BN_\gamma) = 112 \text{t/m}^2$$

式中 1.25 为动力提高系数，$c = 4 \text{t/m}^2$，由于基底大面积局部掘起，此处应取 $q = 0$，据 $\varphi = 22.5°$ 查得 $N_\mathrm{c} = 13.5$，$N_\gamma = 8.2$。

安全系数 $k = q_0/\sigma_\mathrm{m} = 112/85 = 1.32 < 1.5$

根据以上估算，地下室有倾覆的可能性，如土壤较弱，特别是 φ 角较小时（不排水情况下的饱和黏土），地基是肯定抵抗不了这样巨大的倾覆力。

六、小结

为了解决人防地下室的抗倾覆问题，急需在以下几个方面开展研究工作：

（1）在冲击波荷载作用下，上部结构对地下室的倾覆作用力，需要研究不同超压对各类典型高层结构破坏过程的影响，从而明确最不利超压的范围以及倾覆作用力的时程曲线；

（2）采用多种类型的分析模型，包括有限元分析模型、集中参数模型、假定破坏滑移面的极限分析模型，从多个方面来核对分析的可靠程度，并按此提出简化的拟静力的近似验算方法；

（3）通过分析，首先选出在某类土体上的某类结构应无倾覆问题，并对存在疑问的一些情况进行深一步的探讨；

（4）应从结构的平面布置和构造措施上想办法，增加地下室的抗倾覆能力。比如房屋平面不易采取长条形，地下室顶盖挑出墙体，以及使上部结构底层与地下室之间的联系在满足抗震要求的前提下，不要无限制加强；

（5）由于存在倾覆作用，使得地下室结构的荷载图形发生了根本变化，比如底板压力已不是通常设计中所假定的那样均匀分布于整个底面上，而侧墙的土压力也不是通常假定的那样等于自由场超压乘以侧压系数。因此地下室结构的内力需要重新分析，构件的尺寸和配筋需要重新验算，一般来说，这将导致内力的增加和配筋的增强。对于这个问题，有必要作出详细的探讨；

（6）有必要进行模型试验。尽管对土体稳定模型试验的有效性存在疑问，特别是动载作用下模型试验的实际价值尚不能完全肯定，但是除此以外，很难再有其他的检验途径。现有土力学理论基本上也是依靠模型试验来验证的，所以利用某种试验手段，比如利用大型激波管或爆炸坑道，对高层建筑模型作模拟倾覆试验，从中获取试验现象和宏观结果，无论如何是十分有益的。

（7）初步认为，防护工程的附建式地下室，在核爆冲击波作用下不能起到保护人员生命和设备安全。它仅能防护作用时间极为短促的化爆冲击波袭击。

第三节　高层剪力墙结构人防地下室受核爆冲击波作用的倾覆荷载[①]

当前，高层建筑已愈来愈广泛采用剪力墙及筒体等结构形式，由于抗震需要，高层建筑的上部结构与地下部分的连接也越来越牢固。不少工程还利用高层建筑的地下室具有防护功能。但一旦战时遭到核爆炸空气冲击波作用时，就有可能因建筑物较高，上部结构与地下室的连接很强而使地下室遭受水平力过大造成倾覆破坏，或使地基丧失稳定造成整体倾斜、滑移、甚至掘起。

为保证高层建筑附建式防护工程是安全，首先要明确核爆冲击波作用时高层建筑所受倾覆荷载的变化规律。本文利用电算对一个 15 层的剪力墙结构进行了在核爆冲击波作用下的弹塑性动力分析，得到了距核爆中心不同距离处的高层建筑地下室所受倾覆力矩和水平推力的时程曲线，并对其地下室的设计提出了初步建议。

大小提出了初步建议。

一、高层建筑的结构参数

我们的分析对象是北京市建筑设计院设计一个高层建筑系列中的大模板高层住宅。结构长 44.2m，宽 10.6m，地上 15 层，总高 41.4m，其中 1～14 层为标准层，层高 2.7m，每层重 515t，顶层为电梯机房，顶层平面尺寸在四个方向上对称内收成 22.1m×5.3m，层高 3.6m，重 1323t。地下两层，埋深 5.7m。

---

① 本专题由陈肇元、朱宏亮完成。

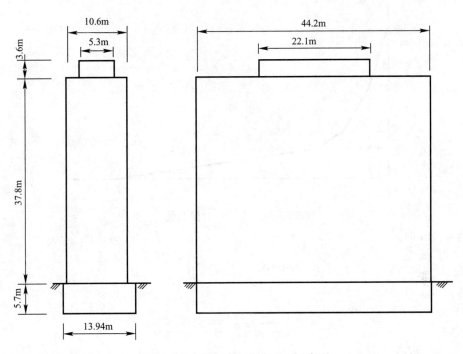

图 5-3-1　大模板高层住宅立面示意图

首先，用电算程序对结构各层的力学性能进行计算，得出各层的抗弯屈服强度、极限抗弯强度及截面屈服前后的抗弯刚度。计算时对各层截面作了如下假定：

a）截面变形符合平截面假定；

b）钢筋应力-应变图形如图 5-3-2 所示；

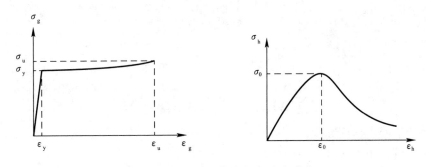

图 5-3-2　钢筋与混凝土应力-应变曲线

c）截面上所有分布筋都参加工作；

d）拉区混凝土不参加工作，压区混凝土则分成若干条带，在每一条带上近似认为应力均匀分布；

e）混凝土考虑下降段作用，其应力-应变图形如图 5-3-3 所示。

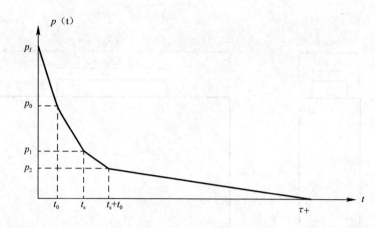

图 5-3-3　压力—时间曲线

当 $\varepsilon_h < \varepsilon_0$ 时

$$\sigma_h = R_a \left[2\frac{\varepsilon_h}{\varepsilon_0} - \left(\frac{\varepsilon_h}{\varepsilon_0}\right)^2 \right] \tag{5-3-1}$$

当 $\varepsilon_h > \varepsilon_0$ 时

$$\sigma_h = R_a \left[\frac{\varepsilon_h/\varepsilon_0}{\alpha\,(\varepsilon_h/\varepsilon_0 - 1)^2 + (\varepsilon_h/\varepsilon_0)} \right] \tag{5-3-2}$$

式中　ε_h——混凝土应变；

$\quad\quad \sigma_h$——相应于应变 ε_h 的混凝土的应力；

$\quad\quad \varepsilon_0$——混凝土峰值应变，计算中取 $\varepsilon_0 = 2.4 \times 10^{-3}$；

$\quad\quad \alpha$——与混凝土及水泥强度有关的系数，计算中取 $\alpha = 4$。

由上述假定即可得公式：

$$\frac{\varepsilon_h}{\varepsilon_g} = \frac{x}{h_0 - x} \tag{5-3-3}$$

$$\phi = \frac{\varepsilon_g + \varepsilon_h}{h_0} \tag{5-3-4}$$

$$\sum_{i=1}^{n} \Delta A_i \sigma_{hi} + \sum_{i=1}^{m} \Delta A_{gi} \sigma_{gi} = N \tag{5-3-5}$$

$$\sum_{i=1}^{n} \Delta A_i \sigma_{hi} y_i + \sum_{i=1}^{m} \Delta A_{gi} \sigma_{gi} z_i = M \tag{5-3-6}$$

式中　x——混凝土压区高度；

$\quad\quad \varepsilon_h$——混凝土受压区边缘应变；

$\quad\quad \varepsilon_g$——边缘受拉钢筋应变；

$\quad\quad h_0$——截面有效高度；

$\quad\quad \phi$——截面曲率；

$\quad\quad \Delta A_i$——压区混凝土第 i 块面积；

$\quad\quad y_i$——ΔA_i 重心到截面重心的距离；

$\quad\quad z_i$——钢筋 A_{gi} 的中心到截面重心的距离；

i——压区混凝土分块数；

m——钢筋的排数；

N——截面上的轴力；

M——截面上的弯矩。

在轴力确定后，不断给出曲率增量 $\Delta\Phi$，即可根据式（5-3-3）至式（5-3-6）用循环迭代法不断求出相应的 ΔM，由此可得相应截面的 $M\text{-}\phi$ 关系曲线，取边缘钢筋应变 $\varepsilon_g=\varepsilon_y$ 时的 M 值为截面的屈服弯矩 M_y，并近似认为此时 M_y 与 ϕ_y 的比值为截面屈服前的抗弯刚度，即：

$$K_y = \frac{M_y}{\phi_y} \tag{5-3-7}$$

$M\text{-}\phi$ 曲线中 M 的最大值即为截面的极限抗弯强度 M_u，而截面屈服后的抗弯刚度，则近似为

$$K_{yu} = \frac{M_u - M_y}{\phi_u - \phi_y} \tag{5-3-8}$$

在算得同一层中各片剪为墙的强度与刚度后，各片墙的强度与刚度之和即为该层结构的强度与刚度。即：

$$M_y = \sum_{i=1}^{n} M_{yi} \tag{5-3-9}$$

$$M_u = \sum_{i=1}^{n} M_{ui} \tag{5-3-10}$$

$$K_y = \sum_{i=1}^{n} K_{yi} \tag{5-3-11}$$

$$K_{yu} = \sum_{i=1}^{n} K_{yui} \tag{5-3-12}$$

底层墙的极限抗剪强度按下列公式计算：

$$m > 1.5 \quad Q_{kh} = \frac{1}{m-0.5}\left(0.05R_a b h_e + 0.2N\frac{A'}{A}\right) + R_{gk}\frac{A_k}{s} \cdot h_e \tag{5-3-13}$$

式中　m——剪跨比，近似取为 $m=\dfrac{H}{2h}$，H 为上部结构总高，h 为剪力墙截面高度；

R_a——混凝土轴心抗压强度，核爆时乘以 1.2 提高系数；

b——剪力堵截面宽度；

h_e——剪力墙截曲有效高度；

N——剪力墙计算截面上所受轴向；

A'——Ⅰ形截面中腹板面积；

A——剪力墙计算截面全面积；

R_{gk}——横向钢筋极限抗拉强度，核爆时乘以 1.2 提高系数；

A_k——配置在同一截面内横向钢筋总面积；

s——横向钢筋间距。

由（5-3-13）式算得的结果为 $Q_{kh}=9468$t。

结构各层强度与刚度的计算结果见表 5-3-1。

结构的层刚度及层强度   表 5.3-1

楼层 \ 参数	M_y (10^4 t·m)	M_u (10^4 t·m)	K_y (10^{10} t·m)	M_u (10^9 t·m)
1	3.88	5.17	1.55	1.72
2	3.70	4.93	1.50	1.59
3	3.56	4.74	1.48	1.53
4	3.37	4.59	1.44	1.49
5	3.24	4.31	1.38	1.46
6	3.08	4.10	1.33	1.40
7	2.61	3.88	1.28	1.33
8	2.60	3.46	1.16	1.24
9	2.42	3.22	1.10	1.12
10	2.23	2.97	1.05	1.01
11	2.06	2.74	0.973	0.946
12	1.88	2.51	0.901	0.917
13	1.69	2.25	0.828	0.852
14	1.49	1.98	0.754	0.784
15	0.17	0.22	0.063	0.062

二、计算荷载

核爆时，结构所受冲击波荷载与核弹当量及距爆心距离有关。假定核爆的 TNT 当量为 50 万吨，结构距爆心的距离分别为 1630m、2500m、3400m 及 6800m，此时，冲击波到达结构所在位置时超压值分别为 1.0×10^5 Pa(1.0 kg/cm²)、0.5×10^5 Pa(0.5 kg/cm²)、0.3×10^5 Pa(0.3 kg/cm²) 及 0.1×10^5 Pa(0.1 kg/cm²)。结构所受静平移荷载及冲击波荷载的有关参数列入表 5-3-2 及表 5-3-3 中。

结构受荷载面取为正立面，各层的受荷面积取上、下楼层正立面的一半，由于顶层结构的长度为标准层长度的 1/2，所以，14、15 两层间受荷面积分别近似取为其他层的 3/4 及 1/4。

结构静平移荷载参数   表 5-3-2

ΔP_d (10^5 Pa)	P_f (10^5 Pa)	P_0 (10^5 Pa)	P_1 (10^5 Pa)	P_2 (10^5 Pa)	t_0 (s)	t_s (s)	t_0+t_s (s)	τ_+ (s)
1.0	2.730	2.569	0.586	0.268	0.023	0.258	0.281	0.886
0.5	1.195	1.127	0.235	0.0792	0.026	0.294	0.320	1.131
0.3	0.672	0.635	0.125	0.0311	0.028	0.312	0.340	1.318
0.1	0.208	0.197	0.0349	0.0038	0.030	0.335	0.365	1.866

冲击波荷载计算参数　　　　　　　　　　　　表 5-3-3

ΔP_d (10^5 Pa)	R m	t_+ (s)	u (m/s)	k_f	q_m (10^5 Pa)	P_s (10^5 Pa)	t_{sa} (s)	P_b (10^5 Pa)
1.0	1630	1.292	460	2.73	0.305	0.925	0.344	0.496
0.5	2500	1.648	404	2.39	0.0839	0.432	0.392	0.289
0.3	3400	1.922	380	2.24	0.0309	0.253	0.417	0.189
0.1	6810	2.720	354	2.08	0.0035	0.085	0.447	0.073

考虑到实际结构外墙开洞面积约占全部面积的 30％，所以各层受荷面积都乘上了 0.7 的折减系教。由于结构距爆心较远，可以认为冲击波是同时作用到结构上的，结构高度的影响可以忽略。

表 5-3-2、表 5-3-3 中符号的意义为：

R——爆心距结构的距离；

t_+——冲击波正压作用时间；

τ_+——等冲量等效正压作用时间；

u——冲击波波阵面速度；

k_f——结构前墙反射系教；

t_s——驱散时间；

q_m——动压峰值；

P_s——滞止压力；

t_{sa}——背墙升压时间；

P_b——背墙压力峰值；

t_0——前墙与背墙开始受荷的时间差；

ΔP_d——空气冲击波超压峰值。

三、计算结果及分析

计算假定结构各层的质量都集中在楼层处，地基土分别取为线弹性模型（弹簧刚度系数取为 4.19×10^7 t·m）和刚性模型，其计算简图如图 5-3-4 所示。

结构层的恢复力模型采用 Nilson 退化型双线性模型（图 5-3-5），刚度退化系数取 0.1，计算时，结构的阻尼比取为 0.05。

（1）结构的动力特性及破坏过程

由程序算得的结构前五阶自振周期列入表 5-3-4 中，可见地基土为线弹性模型时，结构的自振周期要长一些，但随着阶数提高，两种模型自振周期的差别将越来越小。

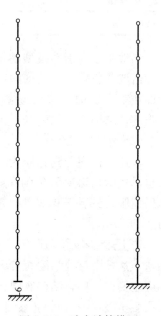

图 5-3-4　动力计算模型

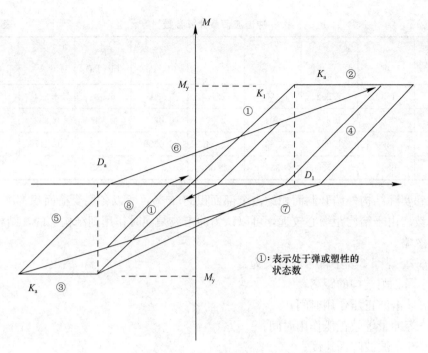

图 5-3-5 退化型双线性恢复力模型

结构的自振周期　　　　　　　　　　表 5-3-4

地基土模型 \ 周期	T_1（s）	T_2（s）	T_3（s）	T_4（s）	T_5（s）
线弹性	1.218	0.206	0.075	0.039	0.024
刚度	1.051	0.184	0.068	0.036	0.022

　　当地基土为刚性模型的结构受超压为 $1.0 \times 10^5 \mathrm{Pa}(1.0\mathrm{kg/cm^2})$ 的冲击波作用时，由于冲击波荷载较大，结构的弯矩与剪力增加很快，在 0.0193s，结构基底截面即告屈服，随即在第 0.0291s，第二层截面也告屈服，至第 0.036s 时，基底截面的剪力值即达极限抗剪强度，结构也因此倒塌，此时，结构基底弯矩亦达 44279（t·m），也较为接近其极限弯曲强度值。

　　上述结构在受到超压为 $0.5 \times 10^5 \mathrm{Pa}(0.5\mathrm{kg/cm^2})$ 的冲击波作用时，结构的弯矩与剪力也迅速增长，在第 0.0416s，0.0557s 及 0.0834s，基底截面、第二层截面和第三层截面先后屈服，最后于 0.102s，基底截面弯矩达极限弯曲强度而遭破坏，此时，基底截面的剪力达 7619（t）。

　　当上述结构受超压为 $0.3 \times 10^5 \mathrm{Pa}(0.3\mathrm{kg/cm^2})$ 的冲击波作用时，结构也是因基底截面弯矩达极限弯曲强度而破坏，但由于冲击波荷载不是很大，结构弯矩与剪力的增长速度相应也要慢一些，结构底层截面屈服的时刻为 0.0759s，而破坏时刻为 0.233s，基底截面由屈服至破坏的时间间隔较长，其他各层吸收的能量不断增多，所以，屈服的楼层数也较多，结构的第二、三、四、五层分别于 0.0963s、0.1494s、0.1836s、0.2056s 先后相继屈服。

上述结构在受超压为 $0.1 \times 10^5 \mathrm{Pa}(0.1\mathrm{kg/cm^2})$ 的冲击波作用时，由于冲击波荷载较小，结构最终未被破坏，只是于 $0.2742\mathrm{s}$ 及 $0.4174\mathrm{s}$，结构的基底截面及第二层截面由于截面弯矩刚好达截面屈服强度而屈服，其他各层则始终处于弹性阶段。

当结构的地基土取线弹性模型时，由于结构自振周期加长，其冲击波作用下的动力反应也变得较为平缓，结构各层屈服时刻及最终破坏时刻都较之地基土为刚性模型时要推迟一些，在受超压为 $0.1 \times 10^5 \mathrm{Pa}$（$0.1\mathrm{kg/cm^2}$）冲击波作用时，结构各层始终处于弹性阶段。（详见表 5-3-5 及表 5-3-6）

结构各层屈服状况及时刻　　　　　　　　　　　　　　　　　　　　表 5-3-5

ΔP_d 楼层	$1.0 \times 10^5 \mathrm{Pa}$		$0.5 \times 10^5 \mathrm{Pa}$		$0.3 \times 10^5 \mathrm{Pa}$		$0.1 \times 10^5 \mathrm{Pa}$	
	刚性	线弹性	刚性	线弹性	刚性	线弹性	刚性	线弹性
1	0.0193	0.0411	0.0416	0.0689	0.0759	0.1101	0.2742	—
2	0.0291	0.0464	0.0557	0.0926	0.0963	0.1600	0.4174	—
3	—	—	0.0834	—	0.1494	0.01837	—	—
4	—	—	—	—	0.1836	0.2112	—	—
5	—	—	—	—	0.2056	0.2352	—	—
6~15	—	—	—	—	—	—	—	—

结构基底截面破坏时刻及破坏原因　　　　　　　　　　　　　　　　　表 5-3-6

ΔP_d	$1.0 \times 10^5 \mathrm{Pa}$		$0.5 \times 10^5 \mathrm{Pa}$		$0.3 \times 10^5 \mathrm{Pa}$		$0.1 \times 10^5 \mathrm{Pa}$	
地基模型	刚性	线弹性	刚性	线弹性	刚性	线弹性	刚性	线弹性
破坏时刻	0.0360	0.0605	0.1020	0.1998	0.2330	0.2882	—	—
破坏原因	剪坏	剪坏	弯坏	弯坏	弯坏	弯坏	—	—

表 5-3-7 中给出了结构在最终破坏时各楼层的内力及位移值。从中，我们可以看出，地基土为线弹性模型时，由于基础的转动而使结构的位移增加不少。同时，当地基土模型相同时，随着冲击波超压值的减小，结构破坏时刻推迟，其位移反应将成倍增加，如考虑 $P\text{-}\Delta$ 效应，结构的最终破坏时刻将比现在计算出的结果提前不少。

（2）地下结构部分所受的荷载

在核冲击波作用下，结构基底截面所承受的内力即为上部结构作用在地下结构顶部的荷载。对于不同的冲击波荷载，结构底层各墙面上的轴力分布将有不同的变化，但所有墙面上的合力必将等于整个上部结构传来的重量。所以，地下结构所受的竖向荷载总为地上结构的自重及冲击波的垂直压力，其受冲击波荷载的影响较小。地下结构所受水平推力（地上结构基底剪力）及力矩（地上结构基底弯矩）则随冲击波的不同而变化较大。

图 5-3-6～图 5-3-9 给出了不同冲击波作用下的地上结构基底弯矩及基底剪力的时程曲线。从中我们可以看到如下一些特点：

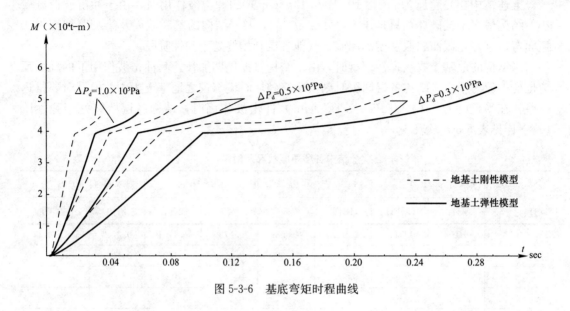

图 5-3-6 基底弯矩时程曲线

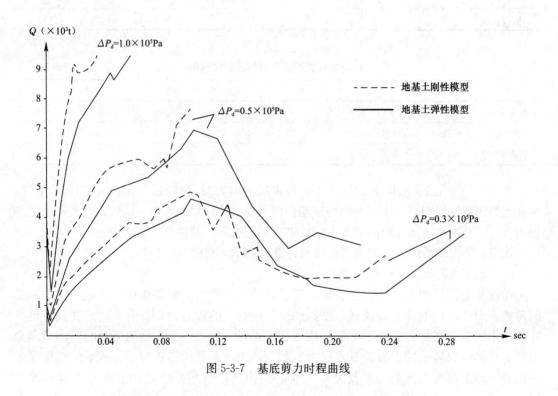

图 5-3-7 基底剪力时程曲线

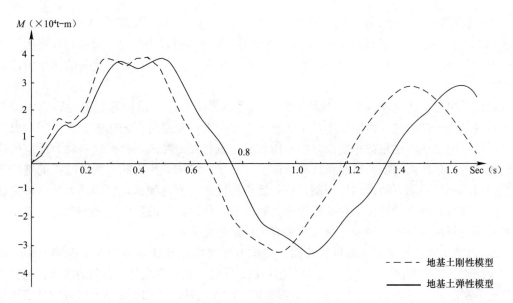

图 5-3-8　基底弯矩时程曲线（$\Delta P_{\mathrm{d}}=0.1\times10^5\,\mathrm{Pa}$）

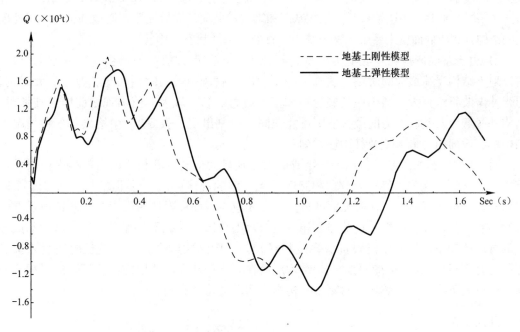

图 5-3-9　基底剪力时程曲线（$\Delta P_{\mathrm{d}}=0.1\times10^5\,\mathrm{Pa}$）

　　a）基底弯矩主要受结构第一振型的影响，它主要按结构的基本周期呈规律性变化（图 5-3-8），在结构开始受荷的前半个周期内，结构第二振型的影响还较为明显，但往后，其影响则越来越小。基底弯矩的变化总的来讲比较平缓，如结构强度足够而未遭破坏，基底弯矩的峰值将出现在也 0.4 倍基本周期附近的时刻。但在冲击波荷载较大时，结构早在基底弯矩峰值出现之前即遭破坏，所以其时程曲线呈一直上升趋势（图 5-3-6）。

b）基底剪力除主要受结构第一振型的影响外，受第二阶振型的影响也很大（图5-3-7、图5-3-9），在冲击波作用的前一段时间内，高阶振型的影响也较为明显，所以，基底剪力的变化也比较剧烈，在较短的时间内，可有多个峰值出现，这一点在结构受荷的初始阶段尤为明显。

之所以出现上述这种高阶振型对结构基底弯矩影响小而对结构基底剪力影响大的现象，主要是由于结构的动力反应中，层次愈高的楼层第一振型所占的比重愈大，层次愈低的楼层第一振型所占比重愈小而高阶振型所占的比重愈大的缘故，有关这一动力反应的规律已为国内外各次结构动力试验及计算所证实。由于力臂的大小不同，所以结构的基底弯矩主要由结构顶部附近的楼层所控制，它的反应特性也主要与顶部几层的动力反应特性相似；而结构基底剪力受各楼层影响的大小大致相等，所以，它的反应特性中明显反映出了靠近底部各层的高振型的影响，呈现出多峰值的剧烈变化形态。

c）当结构地基土采用线弹性模型时，结构基底弯矩和基底剪力中高阶振型的影响要相对少一点，其时程曲线的变化也相对平稳一点，同时，基底弯矩与基底剪力的峰值也较之地基土为刚性模型时要略小一点。这些也都决定了刚性地基的结构更易遭受破坏。从实际计算结果中我们也看到，地基土为刚性模型时，结构各楼层截面的屈服及结构的最终破坏都要比相应的地基土为线弹性模型时要早一些。当结构受超压为 $0.1 \times 10^5 \text{Pa}$（$0.1 \text{kg/cm}^2$）的冲击波作用时，地基土为刚性模型的结构基底和第二层截面都先后屈服，而地基土为线弹性模型的结构其相应截面就未屈服，整个结构一直处于弹性状态之中。

d）由于基底弯矩和基底剪力的变化规律不同，其最大值一般不会在同一时刻出现，所以地下结构受荷最大的时刻一般都有两个，即基底弯矩最大时刻和基底剪力最大时刻。但当冲击波将载很大，结构在基底弯矩和基底剪力的第一较大峰值出现之前即遭破坏时，结构基底弯矩及基底剪力的最大值则可能在同一时刻出现。表5-3-7中给出了各种情况下结构基底截面内力最大值及其出现时刻。

表5-3-9中给出了基底截面的弯矩或剪力出现最大值时，其相应内力与截面极限承载能力间的比值。这些比值较为分散相互间并无一定的规律可循。对照图5-3-6至图5-3-9，我们稍加分析还可看到：基底截面的最大内力还应与截面极限抗弯强度与极限抗剪强度的相对强弱有关。如截面极限抗剪强度相对较弱，则结构在受载不久即被剪坏，这时基底截面的弯矩还较小；如截面极限抗剪强度相对较强，则结构或者在受荷较长时间后才被剪坏，这时弯矩值也增长得较大，或者结构最后在0.4倍基本周期以前被弯坏，这时相应的剪刀则可大可小，这与破坏的时刻及结构本身的动力特性有关。

四、几点结论

（1）在核爆冲击波作用下，结构基底弯矩主要受结构第一振型的影响。第二振型的作用只在受荷的开始阶段稍有体现，高振型的影响则极少；基底弯矩的时程曲线比较平滑，它基本上按结构基本周期呈有规律的变化，其峰值一般出现在0.4倍结构基本周期附近。结构基底剪力则主要受结构前两阶振型的影响，在受荷初始阶段，高振型的影响也较大；其变化比较剧烈，在不太长的一段时间内往往可有多个峰值出现。

表 5-3-7

结构破坏时各层内力及位移

参数 ΔP_d	1.0×10⁵ Pa						0.5×10⁵ Pa						0.3×10⁵ Pa					
	Y(cm)		M(t·m)		Q(t)		Y(cm)		M(t·m)		Q(t)		Y(cm)		M(t·m)		Q(t)	
地基 楼层	刚性	线弹性	刚性	线弹性	刚性	线弹性	刚性	线弹性	刚性	线弹性	刚性	线弹性	刚性	线弹性	刚性	线弹性	刚性	线弹性
1	0.18	0.90	44279	46386	9468	9468	0.32	1.29	51700	51700	7619	3364	0.33	1.31	51700	51700	2538	3287
2	0.61	2.06	38568	38961	7458	7762	1.10	3.08	42997	44121	6802	2902	1.21	3.14	45095	44515	2326	3106
3	1.14	3.30	20413	12521	5738	6176	2.08	5.20	36182	38679	5668	2366	2.48	5.32	39999	39200	2140	2882
4	1.17	4.47	−1698	−13933	4273	4703	3.09	7.51	4626	34241	4349	1856	4.01	7.72	35508	31832	1993	2627
5	2.13	5.52	−13270	−23174	2993	3301	4.05	9.96	−9618	24709	3034	1444	5.72	10.24	32105	23155	1887	2354
6	2.50	6.44	−17380	−23370	1781	1969	4.97	12.54	−9724	22897	1895	1194	7.57	12.87	25606	17226	1813	2067
7	2.76	7.22	−18422	−24240	559	760	5.84	15.26	−6264	24962	1008	1139	9.55	15.57	22349	14225	1751	1761
8	2.91	7.82	−17939	−25857	−623	−240	6.68	18.12	−6047	23888	356	1255	11.64	18.34	18732	10607	1678	1432
9	2.94	8.18	−17603	−25490	−1579	−974	7.45	21.12	−9891	20753	−122	1471	13.83	21.15	15239	6638	1466	1091
10	2.87	8.27	−15089	−24019	−2059	−1437	8.13	24.24	−13515	16406	−468	1681	16.11	23.99	11218	2876	1422	769
11	2.74	8.11	−9349	−20208	−1908	−1667	8.72	27.44	−12680	11803	−683	1779	18.44	26.83	7367	733	1222	501
12	2.58	7.78	−2618	−15063	−1215	−1715	9.24	30.71	−7788	8716	−753	1690	20.80	29.67	4705	542	977	306
13	2.44	7.35	2305	−9037	−344	−1595	9.75	34.04	−2049	6610	−680	1381	23.20	32.53	2994	1169	695	179
14	2.33	6.92	3632	−1120	185	−1285	10.26	37.41	1194	4307	−500	856	25.61	35.39	1726	1346	382	88
15	2.21	6.35	190	847	419	−270	10.97	41.93	115	166	−83	230	28.83	39.23	62	69	97	30

表 5-3-8

地基	刚 性						线 弹 性					
	弯矩最大			剪力最大			弯矩最大			剪力最大		
ΔP_d (10^5Pa)	Mmax (t·m)	Q (t)	T (s)	Qmax (t)	M (t·m)	T (s)	Mmax (t·m)	Q (t)	T (s)	Qmax (t)	M (t·m)	T (s)
1.0	44279	9468	0.0360	9468	44279	0.0360	46386	9468	0.0605	9468	46386	0.0605
0.5	51700	7619	0.1020	7619	51700	0.1020	51700	3364	0.1998	6967	44546	0.1060
0.3	51700	2538	0.2330	4898	41369	0.1030	51700	3287	0.2882	4651	39102	0.1030
0.1	39460	1631	0.4450	1995	38919	0.2780	37833	1730	0.3410	1788	37073	0.3220

基底截面内力与极限承载能力比值　　　　表 5-3-9

地基	刚性				线弹性			
	弯矩最大		剪力最大		弯矩最大		剪力最大	
ΔP_d (10^5Pa)	M_m/M_u	Q/Q_u	Q_m/Q_u	M/M_u	M_m/M_u	Q/Q_u	Q_m/Q_u	M/M_u
1.0	0.856	1.000	1.000	0.856	0.897	1.000	1.000	0.897
0.5	1.000	0.805	0.805	1.000	1.000	0.355	0.736	0.862
0.3	1.000	0.268	0.517	0.800	1.000	0.347	0.491	0.756
0.1	0.763	0.172	0.211	0.753	0.732	0.183	0.189	0.717

（2）结构地基刚度对结构基底弯矩和剪力的变化规律影响不大，它只改变这些内力变化的周期，而对其形状及幅值无甚影响；但它对结构破坏的迟早有较大影响，因而，使得结构在冲击波作用下出现某一内力最大值时，其对应的另一内力值有较大的变化。

（3）如结构经受的冲击波超压较小，通常按抗风和抗震要求设计的建筑上部结构一般都会因剪切破坏而倒塌；此时，其地下结构所受的荷载当地上的结构重力、冲击波垂直压力和大小等于地上结构基底截面极限抗剪强度的水平推力及一个力矩，这个力矩的大小与基底截面极限抗剪强度的高低有关，基底截面极限抗剪强度高的，这一力矩较大，反之则较小。

（4）结构受超压值不是很大的冲击波作用时，其地上结构通常都因截面抗弯强度不足而倒塌，此时作用在地下结构上的荷载除地上结构重量及冲击波垂直压力外，还有一大小等于上部结构基底截面极限抗弯强度的力矩及一个水平推力，这一水平推力的大小与结构极限抗弯强度的高低及结构自身的动力特性有关，因此，事先很难加以确定。

（5）高层建筑地下结构所受倾覆荷载的大小，其影响因素很多，它与地基土的刚度，结构自身的动力特性，结构极限抗弯能力和极限抗剪能力的强弱及所受冲击波的大小等有关，因此是一个较为复杂的问题，目前还很难准确地加以确定。为安全起见，建议在考虑地下结构的倾覆问题时，其荷载应取为：大小等于地土结构自重的竖向荷载和大小分别等于地上结构基底截面极限抗弯程度和极限抗剪强度的力矩及水平推力，且这一力矩与水平推力的作用方向相同。

（6）高层剪力墙建筑在冲击波作用下的安全问题有待进一步的深入研究，据初步估计，除了地上要倒塌破坏外，地下室人员将会在倾覆或被崛起的过程中难以生存。

第四节　核爆冲击波作用下附建式人防地下室整体倾覆的有限元分析[①]

设计附建式人防地下室时，一般都没有考虑核爆冲击波通过上部结构传给地下室的倾覆作用。对于一般的砖混和框架结构，由于上部结构所能传传递到下部地下室的倾覆作用峰有限，忽略其影响是可行的。但对于钢筋混凝土剪力墙的多层或高层抗震结构，由于抗震要求，上部结构与地下室的连接相当牢固。在空气冲击波造成上部结构受力以至破坏的过程中，会传给地下室很大的倾覆作用力，使地下室周围土体发生过大变形或丧失稳定，使地下室发生很大的转动或位移乃至发生倾覆，从而失去防护能力。

在可见到的国外资料中，都明确提出上部结构与人防地下室之间不允许刚性连接。因此要对这一问题做出比较深入的分析，可能还需要使用数值方法。本文利用动力有限元法，考虑了土与结构的脱开和滑移效应、介质的非线性特性以及地表行波和垂直冲击波的影响，并对地下室结构的整体倾覆进行了算例分析，得到了一些初步结论。

一、DNA 动力有限元程序的计算模型与功能

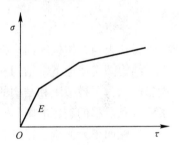

图 5-4-1　混凝土材料的应力应变关系

我们编写了二维动力有限元程 DNA，它除用于分析地下室结构的整体倾覆问题外，同样可用于一般动力问题的分析。下面对程序的计算模型和功能作简单介绍。

（1）土体的弹塑性本构关系

冲击波荷载作用下，土体一般要进入弹塑性状态，表现出非线性状态，因此分析时必须考虑材料非线性。这一程序中，假定混凝土材料应力-应变关系为分段线性的，如图 5-4-1。

钢材的屈服准则选择了常用的四种类型，即：

a）Tresca 条件

$$2\sqrt{J_2}\cos\theta - \sigma_y = 0 \qquad (5\text{-}4\text{-}1)$$

b）VonMises 条件

$$\sqrt{3}\sqrt{J_2} - \sigma_y = 0 \qquad (5\text{-}4\text{-}2)$$

c）Mohr-coulomb 条件

$$\frac{1}{3}I_1\sin\varphi + \sqrt{J_2}\left(\cos\theta - \frac{1}{\sqrt{3}}\sin\theta\sin\varphi\right) - C\cos\varphi = 0 \qquad (5\text{-}4\text{-}3)$$

d）Drucker-Prager 条件

[①]　本项专题由苗启松、陈肇元编写，详尽的分析见苗启松的清华大学博士论文《高层建筑立方地下室倾覆问题研究》（1992 年 7 月）

$$\alpha I_1 + \sqrt{J_2} - k' = 0 \tag{5-4-4}$$

$$\alpha = \frac{2\sin\varphi}{\sqrt{3}\,(3 - \sin\varphi)}, \quad k' = \frac{6C\cos\varphi}{\sqrt{3}\,(3 - \sin\varphi)}$$

上述方程中：

$$\theta = \frac{1}{3}\arcsin\frac{-3\sqrt{3}\,J_3}{2\,(\sqrt{J_2})^3}$$

I_1——第一应力不变量；

J_2、J_3——第二、三应力偏量不变量；

C、φ——土体的内聚力和内摩擦角。

材料的塑性流动准则采用常用的相关联的流动准则。硬化法则采用等向硬化假设。有了屈服准则、流动准则和硬化法则，就可导出应力增量与应变增量间的关系式：

$$d\sigma = D_{ep}d\epsilon \tag{5-4-5}$$

$$D_{ep} = [D] - \frac{[D]\left\{\dfrac{\partial F}{\partial \sigma}\right\}\left\{\dfrac{\partial F}{\partial \sigma}\right\}^T[D]}{H' + \left\{\dfrac{\partial F}{\partial \sigma}\right\}^T[D]\left\{\dfrac{\partial F}{\partial \sigma}\right\}} \tag{5-4-6}$$

式中　　$[D]$——弹性矩阵；

　　　　F——屈服函数，

　　　　H'——硬化参数。

（2）土与结构接触面模拟

结构倾覆使地下室结构和土体发生脱开和滑移，而且这一特点对结构的动力性态有很大影响。为了模拟土和结构的接触面特性，使用了 R. E. Goodman 提出的节理单元并加进了脱开和滑移的破坏准则。

接触面单元的刚度矩阵为：

$$[k] = \frac{l}{6}\begin{bmatrix} 2k_s & & & & & & & \\ 0 & 2k_n & & & & & & \\ k_s & 0 & 2k_s & & \text{对} & \quad\text{称} & & \\ 0 & k_n & 0 & 2k_n & & & & \\ -k_s & 0 & -2k_s & 0 & 2k_s & & & \\ 0 & -k_n & 0 & -2k_n & 0 & 2k_n & & \\ -2k_s & 0 & -k_s & 0 & k_s & 0 & 2k_s & \\ 0 & -2k_n & 0 & -k_n & 0 & k_n & 0 & 2k_n \end{bmatrix} \tag{5-4-7}$$

式中，k_s、k_a 为接触面单元切向和法向刚度系数。

l 为接触面单元的长度。

接触面单元的屈服准则为：

$$\tau = 0, \quad \sigma_n \geqslant 0 \tag{5-4-8}$$

$$\tau = c - \sigma\cos\varphi \quad \sigma_n < 0 \tag{5-4-9}$$

接触面单元的应力-应变关系如图 5-4-2 所示，当 $\sigma_n > 0$ 时，接触面脱开，单元不承受荷载，当 $\sigma_n < 0$ 时按式（5-4-9）判别单元是否屈服，屈服后剪应力不再增加，即不强化。

（3）动力边界条件

动力分析时如使用一般的固定边界条件，当应力波到达边界时会发生反射。反射波会干扰应

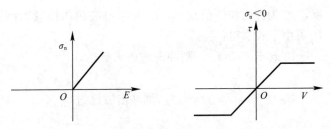

图 5-4-2　接触面单元的应力应变关系

力场，并影响计算结果的准确性。为减小边界上波的反射，程序使用 Lysmer 提出的阻尼边界条件。其边界条件为：

$$\sigma = \rho V_p \dot{W}_n \tag{5-4-10}$$

$$\tau = \rho V_s \dot{W}_s \tag{5-4-11}$$

式中：

$$V_s = \sqrt{\frac{G}{\rho}}$$

$$V_p = V_s \cdot \sqrt{\frac{2(1-\gamma)}{1-2\gamma}}$$

Σ 为边界上的法向应力；

τ 为边界上的切向应力；

$\dot{W}_n$、$\dot{W}_s$——法向、切向速度；

$\qquad V_p$——纵波波速；

$\qquad V_s$——纵波波速；

$\qquad \gamma$——纵波波速。

（4）初始状态计算

由于结构自重是地下室的主要抗倾覆力，所以进行抗倾覆分析必须考虑静载作用。程序在进行动力分析前，可先进行静力计算从而得到初始状态参数。静力计算时使用一般的固定边界条件，以后的动力分析可以自由选择固定边界或阻尼边界。

（5）荷载

a）结点荷载：程序可考虑动、静两类荷载，荷载的变化规律可以任意分段线性变化。

b）行波荷载：程序在假设地表行波为突加衰减荷载的前提下，可以考虑地表行波和竖向冲击波的作用。如图 5-4-3 所示，设冲击波从左向右移动，a_0 为空气冲击波波阵面速

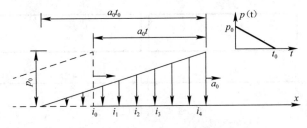

图 5-4-3　地表行波和冲击波压力时变关系

度，p_0 为冲击波峰值超压，t_0 为冲击波超压持续时间。则 t 时刻的结点 i_1 的分布荷载值 P_{ii} 可由下式求得：

如 $x_{ii} - x_{i0} \geqslant a_0 t$，则冲击波还未到达，

$$P_{ii} = 0$$

如 $x_{ii} - x_{i0} \leqslant a_0 (t - t_0)$，则冲击波已过，

$$P_{ii} = 0$$

如 $a_0 (t - t_0) < x_{ii} - X_{i0} < a_0 t$，则：

$$P_{ii} = \frac{a_0 t_0 - [a_0 t - (x_{ii} - x_{i0})]}{a_0 t_0} P_0$$

有了结点分布荷载值，而且结点与结点之间是线性变化，这样可以方便地求得等效结点力为：

$$P_{xj}^{(e)} = -\int_{\Gamma(e)} N_j^{(e)} P_{ii} \frac{\partial y}{\partial \xi} \mathrm{d}\xi \tag{5-4-12}$$

$$P_{yj}^{(e)} = \int_{\Gamma(e)} N_j^{(e)} P_{ii} \frac{\partial x}{\partial \xi} \mathrm{d}\xi \tag{5-4-13}$$

式中：$P_{xj}^{(e)}$、$P_{yj}^{(e)}$ 为 j 结点的单元等效结点力；$\Gamma(e)$ 为受行波作用边界。

二、附建式人防地下室抗倾覆有限元分析模型和参数

本文准备的算例是北京大模板结构，建筑尺寸如图 5-4-4。该结构地上 15 层、地下 2 层为人防地下室。本节先提出地下室抗倾覆有限元分析多的模型和参数。

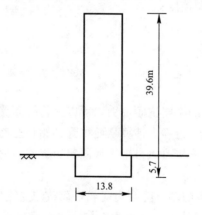

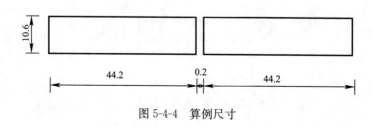

图 5-4-4　算例尺寸

（1）简化分析模型

作用于地下室结构上的倾覆力主要是上部结构传给下部结构的弯矩、剪力和轴力。比较理想的分析方法应该是将上下两部分结构作为一个整体来考虑。但这样要求计算机的速度和内存都比较高。我们采取了将上下结构分开的近似分析方法。计算上部结构在冲击波作用下的动力反应及其传给下部结构的倾覆力时，用集中参数法考虑下部结构和土体的影响。然后再把上部结构的底层内力，即倾覆作用力 $M(t)$，$Q(t)$ 以及上部结构的自重 N 加到下部结构上，同时考虑地表行波荷载和作用于地下室顶盖的竖向冲击波的作用，对下部结构进行细致的分析。这样我们选取了图 5-4-5 所示的简化分析模型。

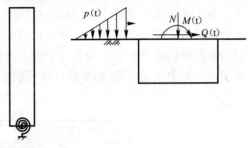

图 5-4-5　简化计算模型

选取这一模型时作了如下个假定：

a）分析下部结构时，上部结构的影响用结构底层内力代替；分析上部结构时，下部结构和土体的影响用集中参数考虑。

b）地基土看成均匀、各向同性的弹塑性介质。

c）由于 $L/B>5$，近似将三维空间问题用平面应变问题代替。

d）将地下室结构看成刚度很大的弹性体。

（2）网格化分和几何尺寸

网格化分和几何尺寸见图 5-4-6。

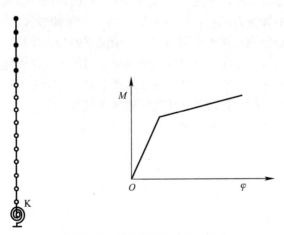

图 5-4-6　简化模型的 M-φ 关系

（3）地下室结构的倾覆作用力

上部结构作用于地下室的倾覆力，在很大程度上取决于底层结构的最大抗力。底层结构愈强，传给地下室的倾覆力也愈大，由于结构构件的最大抗力与内力组合有关（例如截面的极限抗弯能力随轴力而改变），所以单凭构件的尺寸和配筋并不能定出抗力的最大值。此外，动载作用下，结构内力又随时间变化，为了准确分析地下室的倾覆作用，必须求出倾覆的整个时程曲线。

前文曾采用图 5-4-6 所示的简化模型和抗力函数分析高层剪力墙结构在冲击波荷载作用下的动力反应，提出了关于地下室倾覆荷载的建议。结构底层弯矩主要受第一振型影响，其峰值一般出现在 $0.4T_1$ 附近；地基刚度对底层弯矩幅值影响不大，只对结构破坏的时刻有影响；当地面超压较大时，底层发生剪切破坏，当地面超压较小时，底层为弯曲破坏；由于高层建筑下地下室的倾覆荷载影响因素较多，与地基刚度、结构动力特性、底层抗力以及截面破坏形式有关，因此目前无法准确确定。建议倾覆荷载取为大小等于上部结构自重的竖向荷载和大小分别等于地上结构底层截面极限抗弯强度和极限抗剪强度的弯矩和剪力，M 和 Q 随时间的变化规律可取有升压时间的平台形式。

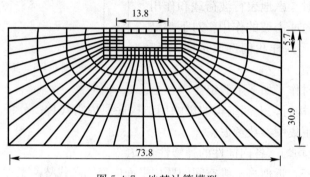

图 5-4-7 地基计算模型

清华大学硕士论文《核爆冲击波对人防地下室倾覆作用》（作者黄少辉，指导教师陈肇元）曾进一步考虑结构构件抗力的下降段特性，编写了框架、剪力墙结和在冲击波作用下直至倒塌的全过程分析程序，认为中、低层结构同高层结构一样具有倾覆的可能性。因为虽然中、低层结构的倾覆力减小，但由于层数减少和埋深较浅，结构自重 N 和土体抗倾覆力均减小；该文还分别计算了不同地面超压情况下的结构反应，结果除了很低的超压外，结构均发生倒塌，且低超压情况对地下室倾覆作用最大，从而提出了最不利荷载的概念，即存在某一个地面超压 ΔP_d，当其作用于结构上时，传给地下室的倾覆作用最大。

本文应用上述两文献的计算结果，作为下部地下室的倾覆荷载。同时还计算如图 5-4-8、图 5-4-9 所示的内力变化规律的荷载。这样本文共选了 3 种类型 5 种变化规律的荷载进行计算，见表 5-4-1。

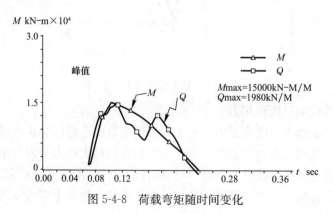

图 5-4-8 荷载弯矩随时间变化

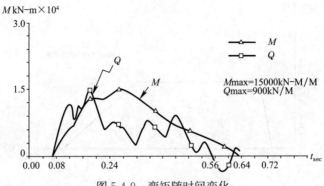

图 5-4-9　弯矩随时间变化

表 **5-4-1**

荷载形式	荷载类别	荷载 P-t 曲线	荷载变化规律示意	备注
一	A	详见图 5-4-7		计算时取地面超压 $\Delta P = 0.1$MPa
	B	详见图 5-4-8		计算时取地面很低超压做比较 $\Delta P = 0.03$MPa
二	C	详见图 5-4-9		
三	D	详见图 5-4-10		
	E	详见图 5-4-11		

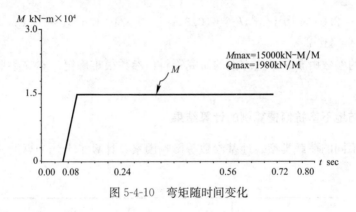

图 5-4-10　弯矩随时间变化

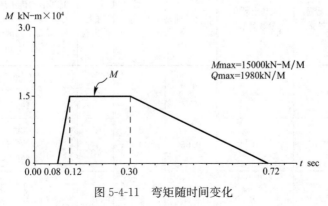

图 5-4-11　弯矩随时间变化

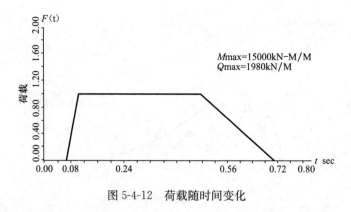

图 5-4-12　荷载随时间变化

（4）材料特性参数和屈服准则

a）地基土参数（已计及应变速率影响）

密度 $\rho = 180 \text{kg} \cdot s^2/\text{m}^4$，弹性模量 $E = (0.3 \sim 3.0) \times 10^4 \text{MPa}$，内聚力 $c = 3.0 \sim 8.25 \text{T/m}^2$，内摩擦角 $\varphi = 37.5° \sim 41.6°$。

硬化参数 $H' = \frac{1}{3} E$，为比较 H' 的影响，也计算了一种 $H' = \frac{1}{10} E$ 的情况。应力-应变关系采用双线性假定，屈服准则选用摩尔-库仑准则。

b）接触单元

$k_n = (1.0 \sim 2.0) \times 10^4 \text{t/m}^2, k_s = (0.3 \sim 1.0) \times 10^4 \text{t/m}^2, c = 3.0 \sim 8.25 \text{tm}^2, \varphi = 37.5° \sim 41.6°$

接触单元的参数由于缺少这方面的研究资料，参数很难确定。本文参照地基土参数选取的。

三、附建式人防地下室抗倾覆算例的计算结果

本文通过不同的荷载类型、地基参数等影响因素，计算了十几个算例见表 5-4-2。

表 5-4-2

荷载形式 见表 5-4-1		地基土无侧限弹性模量 MPa	地基土硬化参数 ×10⁵ MPa	地基土 c MPa	ϕ °	有无冲击波	上部结构传给地下室 Q_{max}　t/m M_{max}　m/m N　t/m	地下室最大转角度
一	A	30	10	0.06	39.6	有	1500 225 198	0.53
		10	3			有	1500 225 198	1.25
		10	3			有	1500 171 198	1.70

续表

荷载形式 见表 5-4-1		地基土无侧限弹性模量 MPa	地基土硬化参数×10⁵ MPa	地基土 c MPa	ϕ°	有无冲击波	上部结构传给地下室 Q_{max} t/m M_{max} m/m N t/m	地下室最大转角度
一	A	10	3	0.0375	41.6	有	1500 171 198	1.72
		5	1.5	0.06	39.6	无	1500 171 198	1.87
		10	3	0.06	39.6	有	1500 171 198	1.76
		10	3	0.06	39.6	有	1500 171 90	1.87
		10	3	0.03	39.6	有	1500 171 90	2.20
	B	3	1	0.03	39.6	有	1500 171 90	5.16
		3	1	0.06	39.6	有	1500 85 90	7.76
二	C	30	10			有	1500 171 198	结果发散，完全倾覆
		10	3			有	1500 171 198	结果发散，完全倾覆
三	D	10	3	0.03	39.6	有	1500 171 198	7.40
		10	1			有	1500 171 198	8.01
	E	10	3			有	1500 171 198	10.27

（1）地下室受倾覆荷载作用的整体倾覆过程

算例的计算结果清楚地反映出地下室结构的整体倾覆过程（图 5-4-13）。根据典型的计算结果画出的结构倾覆过程示意图。图中 a 为结构处于静载状态，土与结构设有脱开和滑移；b 对应于开始阶段，由于一般剪力增长较快，水平位移发展较快，再迭加上转角的影响，使得 AB 边上部（三个单元）土与结构脱开。随后 AB 边全部脱开、BC 左边（二、三个单元），同时脱开；图中 c 对应于水平位移、转角都较大情况下，BC 边只有右边（二、三个单元）没有脱开。以后水平位移发展较慢，甚至回缩，主要是整件转动，随着转角位移的发展，CD 边也有三个单元脱开，而 BC 边只有右边一个单元没有脱开；图中 d 对应于结构倾覆状态，只有一、二个单元没有脱开，且发生了滑移，整个结的近乎翻转。

（2）上部结构倾覆力特性的影响

本文利用同一模型分别计算了三种不同形式的荷载。参考了上述两个提供的倾覆荷载的峰值差别不大，但荷载的变化规律不同，差别比较大。可以看到荷载的变化规律对计算结果影响十分大。例如在其他参数都相同情况下，A 种荷载作用下 $\theta_{max}=1.70°$，B 种荷载作用下 $\theta_{max}=1.87°$，而第 C 种荷载作用下 θ_{max} 已大于 $8°$，呈发散状。这一结果表明上部结构的下降段特性对地下室结构倾覆有较大影响。看来有一个最不利荷载的问题。对应于这个最不利荷载，倾覆荷载必然是下降缓慢、持续时间长

（3）其他因素对地下室倾覆过程的影响

地基弹性模量变化对地下室的转角和位移有明显影响，当 $E=3.0\times10^6\,\mathrm{kg/m^2}$ 时，$\theta_{max}=0.53°$。当 $E=1.0\times10^6\,\mathrm{kg/m^2}$ 时，$\theta_{max}=1.25°$。土体硬化参数 H 的影响，当 $H'=\dfrac{1}{10}E$ 时，$\theta_{max}=8.01°$，而当 $H'=\dfrac{1}{3}E$ 时，$\theta_{max}=7.40$

地基土的 c、φ 值的影响相对要小，这主要是 c、φ 值较大，土体的硬化参数也比较大所至。当 c、φ 值较小，硬化参数也比较小时，影响就要增大。

结构的自重则是主要的抗倾覆力，它的影响较大，当自重 $N=225\mathrm{t}$ 时，$\theta_{max}=1.25°$，当 $N=171\mathrm{t}$ 时，$\theta_{max}=1.62°$，虽然 N 只减少了 24%，但 θ_{max} 却增加了 30%。

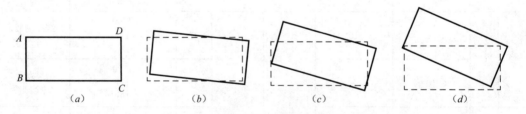

图 5-4-13　地下室倾覆过程

（4）土体破坏形态

计算的结果表明，土体并无文献［5-27］中所假设的剪切滑移面。在倾覆过程中（图 5-4-13），主要是土体与结构脱开，结构并没有带着一个很大的土块一块运动。因此，我们可以推断，土体的惯性不会对倾覆有较大的影响。这为寻找简化计算方法提供了一个有用的结论。这结论同时已为实验所证实。清华大学土木系进行了高层建筑下地下室倾覆过程的静载模型试验，实验土体的破坏试验共进行了 4 次，结果均为地下室整体倾覆，土体在基底只发生了较大变形，没有形成连续滑移面，但在侧壁上部形成了连续的剪切滑移面。

（5）地下室周围土压力的分布形式

在倾覆荷载作用下，地下室周围所受的土压力荷载已发生了本质的变化。图 5-4-14 描述了地下室倾覆过程中，周围土压力的变化情况。从中可以看出，现行的人防设计规范在

这种情况下已不适用，地下室上部结构的影响是不能忽略的。

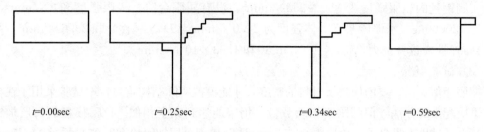

$t=0.00\mathrm{sec}$ $t=0.25\mathrm{sec}$ $t=0.34\mathrm{sec}$ $t=0.59\mathrm{sec}$

图 5-4-14 地下室倾覆中的土压力分布

四、小结

从以上计算分析，我们可以得到以下几点结论：

(1) 核爆冲击波作用下，剪力墙房屋附建式人防地下室的整体转角和位移与上部结构底层内力时程规律有很大关系。因此在分析地下室倾覆作用时，应该考虑上部结构抗力的软化段特性。另外由于较大的地面超压会使地面结构在较短的时间内破坏倒塌，因而它对下部地下室的倾覆作用可能小于地面超压较小的情况，即存在一个最不利荷载。

(2) 地下室倾覆过程中，主要是土与结构的脱开，土与结构的滑移在后期发生。土体并无某些资料假定的破坏滑移面，而只在局部产生较大的变形。土体的惯性对地下室结构的倾覆影响不大。

(3) 地下室倾覆破坏的确切含义应当是当地下室发生的转角或位移超过某一值时，由于使用要求不能满足或结构破坏而丧失防护功能的现象，高层建筑下附建式人防地下室，如果地基较软，则在最不利荷载作用下可能发生倾覆破坏。所以在高层剪力墙建筑下修建防核爆的人防地下室并不是适当。此外在地下室倾覆过程中，内部人员也可能受到较高加速度受到死伤。

(4) 由于倾覆作用影响，地下室所受的土压力荷载及其分布形式，已根本不同于现行设计资料所述。因此，不论地下室是否发生倾覆破坏，现行的设计方法肯定再不能应用。

第五节 冲击波作用下剪力墙房屋倾覆的模拟试验研究[①]

本文拟通过模型试验明确剪力墙在基础固定情况下的抗力，在此基础上提出剪力墙房屋倒塌抗力的简化曲线，分析剪力墙上部结构在冲击波动载作用下的倾覆过程。

一、模型试验

(1) 模型设计

试验模型共有两个，分别编号 DT_1，DT_2，它们是按原型结构 1/20 比例缩小制作的 8 层配筋水泥砂浆剪力墙结构（图 5-5-1）。每个模型的 3 片剪力墙均厚 1.6cm，采用 16 号镀锌钢丝配筋，竖向和横向的配筋率约为 0.28%（略大于规程建议的最小含钢率）。为简便

---

① 本专题由苗启松、王志浩、陈肇元完成。

起见，墙板未开洞，也未设内外纵墙。楼板厚 1.8cm，层高 14cm。

实测钢丝的屈服强度为 $330\sim353\text{N/mm}^2$，没有屈服台阶，极限强度 383N/mm^2，极限应变 $120000\mu\varepsilon$。水泥砂浆立方体强度为 21.0N/mm^2（DT_1 试件）和 23.6N/mm^2（DT_2 试件），弹性模量分别为 $1.73\times10^4\text{N/mm}^2$ 和 $1.93\times10^4\text{N/mm}^2$。

（2）试验概况

按照相似关系，要增加楼层材料的密度，才能模拟实际结构重量，本试验采用了在楼板上加铅块配重的办法，但因限于铅块数量，仍未能达到完全相似。DT_1 模型的每层加铅块 72kg，包括试件本身自重，单层重 96.51kg。DT_2 模型每层加铅块 93kg，单层重 117.5kg。

模型的基座固定在静力试验台上，由四个同步千斤顶加载，通过分配梁使每层都有一个加力点（图 5-5-2），每个点上的力为 P。在模型的各楼层安装位移传感器测各层的绝对位移。在剪力墙底的受压区和受拉区贴有电阻应变片，监测水泥砂浆开裂和受压情况。

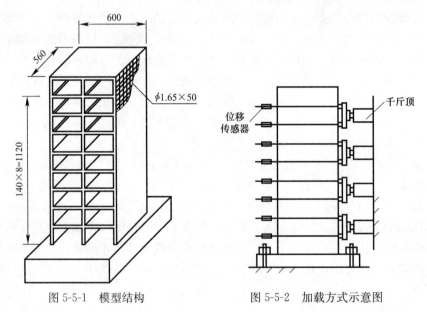

图 5-5-1　模型结构　　　　　图 5-5-2　加载方式示意图

（3）试验结果

模型 DT_1 在 $P=1.72\text{kN}$（P 为在每个楼层上施加的水平力）时，在外墙的根部、中墙与第 1 层楼板的交界处出现开裂。试验中的外墙板、中墙板竖向钢丝不但屈服拉断，而且中墙板与第 1 层楼板的连结钢丝也被剪、拉断，所以这个模型承受的最大荷载要比预计的大不少。尽管模型试验后期的许多数据不能作为为参考依据，但其开裂荷载，抗力曲线形状及最后倒塌形态与第二个模型（DT_2）的很相似。

DT_2 在 $P=1.75\text{kN}$ 时在外墙根部，中墙稍偏上一点处出现可见的弯曲开裂裂缝。在这之前，楼层的位移极小，第 8 层的位移不超过 0.2mm。开裂后楼层的位移才明显增大，当 $P=2.24\text{kN}$ 时荷载达到极限，钢丝沿开裂裂缝逐步拉断，荷载急剧降低，整个上部楼体以混凝土（水泥砂浆）受压区为支点转动，但水平错动量很小（最大约 5mm）。受压区最外层水泥砂浆压碎高度达 $3\sim4\text{cm}$。

图 5-5-3 表示 DT_2 第 8 层水平位移与荷载 P 的试验关系曲线。5-5-4 为 DT_2 在不同荷

载作用下的各层实测位移。

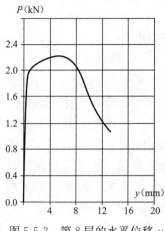

图 5-5-3　第 8 层的水平位移 y

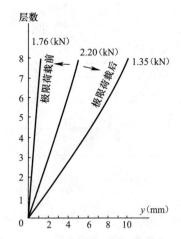

图 5-5-4　不同水平荷载下各层的位移

（4）试验结果讨论与分析

a）开裂荷载与极限荷载

根据实测的水泥砂浆强度按经验关系式换算出砂浆的抗拉强度，然后近似按弹性体计算剪力墙的开裂荷载，求得 DT_2 试件的开裂荷载为 $P_{Lj}=1.67\text{kN}$（试验值 $P_{Ls}=1.75\text{kN}$）。

按照《高层建筑结构设计》建议的单片剪力墙抗弯强度公式，代入实际的材料强度和轴向压力，算得 DT_2 的最大抗弯荷载 $P_{jj}=2.10\text{kN}$（试验值 $P_{js}=2.24\text{kN}$）。计算值与试验值符合良好。

b）倒塌的后期抗力

外加荷载达到最大值后，剪力墙墙肢受拉区内的竖向钢筋从外向里逐根拉断，抗力也随之迅速下降。当受拉筋全部拉断后，整个上部各楼层类似于刚体绕受压区转动（图 5-5-5）。

在上部楼层绕受压区转动时，只有当外加水平力大于砂浆受压区的抗剪能力时楼体才可能产生平移。然而这种情况一般不大可能发生，因为楼体转动小的时候，虽然所需要的外加倾倒力大，但受压区面积此时也较大，它所产生的抗剪切能力也大，楼体倾斜大时，砂浆受压区面积变小，相应的需要外加倾倒力也变小。另外，受压筋和起抗剪作用的横向分布筋也能阻止楼体的平移。在本次试验中，当第 8 层位移已达 16cm 时，楼体还未出现平移。所以，在竖向筋拉断后，楼体的后期抗力曲线可近似按刚体倾倒推算。

图 5-5-5　楼体的倾倒照片

c）塑性铰区长度与轴向压力对抗力曲线的影响

用钢筋混凝土计算程序对模型进行计算，在计算中取混凝土（砂浆）的应力应变本构关系为抛物线上升段和直线下降段形式；钢筋的为两折线加抛物线，即弹性段、屈服段为

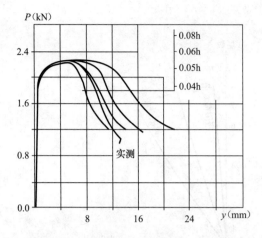

图 5-5-6 不同塑性铰区长度对抗力曲线影响

折线形式，强化段为抛物线形式。代入不同的塑性铰区长度，计算得出的抗力曲线如图 5-5-6 所示。图中纵坐标为施加在楼层上的水平力 P，横坐标为楼顶处的水平位移，h 代表剪力墙的宽度。从图中可以看出，塑性铰区越长，剪力墙的延性越好。当塑性铰区长度为 $0.04 \sim 0.05$ 墙宽时，计算抗力曲线与实测的试验曲线符合较好。

图 5-5-7 表示在模型的其他参数相同、自重（即轴向压力）不同时计算得出的两条抗力曲线。a 线为按照相似关系完全配足楼层自重时的曲线；b 线为试验实际配重的曲线。图中纵横坐标的意义与图 5-5-6 的相同。不管配重足够与否，此模型均属大偏心受压。从图上也可看出，在大偏心受压，轴力增加，剪力墙截面的极限强度也随着提高，但延性没有太大变化。

二、剪力墙结构倒塌过程的简化动力分析

（1）抗力曲线的简化与动力分析模型

工程实际中的剪力墙结构形式多种多样，有带翼缘的、有开洞的、有端部配有集中钢筋的等等。要想给出一个通用的剪力墙抗力曲线，还需要进行深入研究。通过本次的模型试验结果及计算分析，我们认为，可以把这种不带翼缘、开洞较小、无端部集中钢筋且竖向筋配筋率较低的剪力墙的抗力曲线简化为图 5-5-8 所示的折线形式。图中 A 点表示剪力墙墙体开裂时刻，B 点为剪力墙结构达到极限荷载的时刻，C 点为剪力墙受拉竖筋全部拉断，结构开始以刚体绕受压区转动的时刻。A 点的荷载可以按一般钢筋砼构件的公式进行计算。B 点的

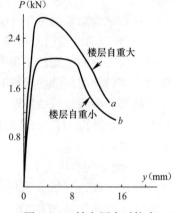

图 5-5-7 轴向压力对抗力
曲线的影响

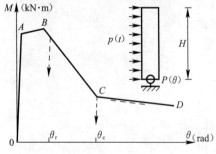

图 5-5-8 简化的抗力曲线和动力分析模型

荷载可以按《高层建筑结构设计》建议的公式进行计算。C 点及其以后的荷载可按下述表达式计算：

$$M = G\left(\frac{h-x}{2}\cos\theta - \frac{H}{2}\sin\theta\right)$$

式中，G——结构自重；h——墙宽；H——剪力墙高；x——剪力墙截面压区高度，$x = G/(bf_c)$；b——剪力墙厚；f_c——剪力墙砂浆（混凝土）的抗压强度。

上面的表达式可近似用一直线代替：

$$M = G\frac{h-x}{2}\left(1 - \frac{\theta}{\theta_1}\right)$$

其中，$\theta_1 = \arctan[(h-x)/H]$，$\theta$ 为剪力墙底面的转角。θ_B、θ_C 可用下面的近似公式确定：

$$\theta_B = \varepsilon_a l_p / \left(h - \frac{x}{2}\right)$$

$$\theta_C = 2.0\theta_B$$

其中　ε_a 为对应于钢筋极限强度的极限应变；l_p 为塑性铰区长度，可取 $l_p = 0.05h$。

由本次的试验结果可知，在水平荷载作用下，低配筋率剪力墙结构的破坏一般先发生在首层，因此，低配筋率剪力墙结构的变形也主要集中在首层。所以，我们可以把这种结构简化为如图 5-5-9 所示的一个由刚体和一集中的旋转弹簧组合的单自由度体系。这一单自由度体系的运动方程为

$$J_0\ddot{\theta} + M(\theta) = p(t) \cdot H^2/2 \tag{5-5-1}$$

式中　J_0 为墙体对底层截面中心的转动惯量；$M(\theta)$ 为弹簧的抵抗弯矩；$p(t)$ 为沿高度均匀分布的动力荷载；H 为墙体的高度。

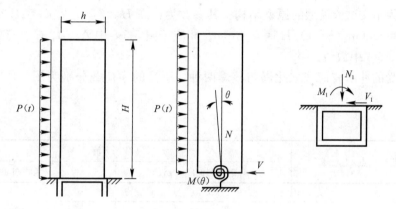

图 5-5-9　动力分析模型

（2）动力方程的解法

公式（5-5-1）为一非线性动力方程，并伴有负刚度出现，这将使方程的解变得不稳定。这里采用 Newmark 显示积分方法，它可以保证在正负刚度条件下积分均为无条件稳定。每一时步的具体算法为：

a）$i = 0$

b）计算预测值

$$\theta_{n+1}^i = \theta_{n+1}^p = \theta_n + \dot{\theta}_n\Delta t + \Delta t^2(1-2\beta)/2$$

$$\dot{\theta}_{n+1}^i = \dot{\theta}_{n+1}^p = \dot{\theta}_n + \Delta t(1-\gamma)\ddot{\theta}_n$$

$$\ddot{\theta}_{n+1}^i = (\theta_{n+1}^i - \theta_{n+1}^p)/(\Delta t^2\beta) = 0.0$$

c）计算不平衡力 ψ^i

$$\psi^i = p(t)H^2/2 - J_0\ddot{\theta}_{n+1} - M(\theta_{n+1})$$

d）计算等效刚度 K^*

当 $K \geqslant 0.0$ 时，$K^* = [J_0/(\Delta t^2\beta)] + K$　（Newmark 法）

当 $K < 0.0$ 时，$K^* = [J_0/(\Delta t^2\beta)]$　（差分法）

e) 解方程

$$K^* \Delta \theta = \psi^i$$

f) 计算修正后 θ 值

$$\theta_{n+1}^{i+1} = \theta_{n+1}^{i} + \Delta \theta$$

$$\ddot{\theta}_{n+1}^{i+1} = (\theta_{n+1}^{i+1} - \theta_{n+1}^{p}) / (\Delta t^2 \beta)$$

$$\dot{\theta}_{n+1}^{i+1} = \dot{\theta}_{n+1}^{p} + \Delta t \gamma \ddot{\theta}_{n+1}^{i+1}$$

以上各式中 γ，β 为积分常数，$\gamma \geqslant \dfrac{1}{2}$、$\beta \geqslant 0.25 (0.5 + \gamma)^2$。

g) 检验是否满足精度，如不满足转到步骤 c。

h) 输出结果

（3）算例及分析

a) 结构参数及荷载

算例取为本文试验模型的原型结构，其参数为：高 $H = 24\text{m}$；宽 $h = 11.2\text{m}$，重 $G = 9670\text{kN}$；$\theta_1 = \arctan[(h-x)/H] = 0.43\text{rad}$。相应于图 5-5-8 中 A、B、C 各点的弯矩和转角分别如表 5-5-1 中数值。

结构所受的冲击波荷载取化爆与核爆两种，所受的净荷载分别为图 5-5-10 中 a 和 b 所示。

表 5-5-1

折　点	数　值	
	弯矩 $M(10^4\text{kN} \cdot \text{m})$	转角 θ（rad）
A	9.40	0.0004
B	10.32	0.0030
C	5.25	0.0130

b) 计算结果及分析

图 5-5-11、5-5-12 分别为冲击波荷载 a、b 分别作用下结构的时程反应图及结构对下部地下室的倾覆弯矩、倾覆剪力的时程曲线，当然，化爆一般不会在每层都能受到同样大小的超压。相应于化爆荷载 a，结构最大转角 $\theta_{max} = 0.54°$，达到最大转角的时间为 220ms。相应于核爆荷载 b，结构的最大转角 $\theta_{max} = 5.74°$，达到最大转角的时间为 1100ms，在结构达到最大转角后，就向相反方向转动，直至回到原来位置。在结构破坏后的刚体运动阶段，底部的剪力都不大于截面的摩擦力，所以没有水平位移发生。

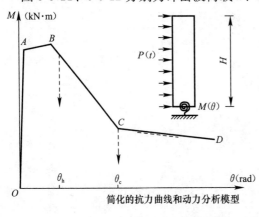

简化的抗力曲线和动力分析模型

图 5-5-10　冲击波荷载

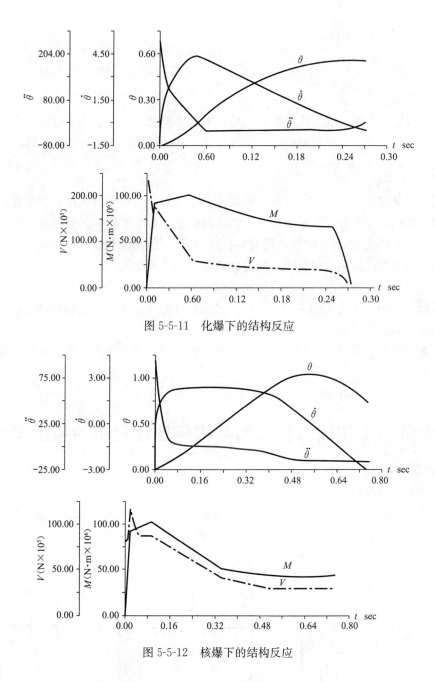

图 5-5-11　化爆下的结构反应

图 5-5-12　核爆下的结构反应

当荷载 b 的峰值增加 33% 时，结构的最大转角将达 $16.9°$（$t=2434\text{ms}$）。假如外荷载使结构的转角 $\theta > \theta_1$（$\theta_1 = 24°$），结构将呈现不稳定运动状态，不再返回到原来位置，而是继续转动，直至结构完全倒塌。

上部结构在破坏及倾覆过程中，传给地下室的倾覆作用力为：

水平剪力 $V_1(t) = V(t)$

轴力 $N_1(t) = G = $ 常值　　$\theta < \theta_c$ 时，θ_c 为纵筋拉断时的转角（参见图 5-5-8）

倾覆弯矩 $M_1(t) = M(t)$

$$V_1(t) = V(t)$$
$$N_1(t) = G\left[1 + \frac{H\ddot{\theta}}{g}\cos(\theta_1 + \theta)\right]$$
$$M_1(t) = N_1(t) \cdot (h - x)/2$$

$\theta > \theta_c$ 时由上式可见,在剪力

由上式可见,在剪力墙的纵筋拉断以后,上部结构仍将继续给地下室以很大的倾覆作用。所以,在研究地下室倾覆问题时,应该考虑上部结构破坏以后的刚体运动。

三、小结

(1)配筋率较小(<0.27%)的无翼缘剪力墙结构,在水平荷载作用下先在一层出现拉开裂缝,裂缝主要在根部,根数很少,结构的变形主要集中在一条裂缝上。因而塑性铰区长度很短,大约为 0.05 倍的剪力墙宽度。这类剪力墙结构的抗力曲线可以简化为折线形式,分别为弹性段,抗力强化段,抗力软化段和刚体转动段。

(2)剪力墙纵向筋拉断后的刚体运动阶段中,上部结构重力产生的抵抗弯矩仍给下部地下室以很大作用。因此无论是分析结构倒塌还是分析附建地下室的倾覆问题,都必须考虑结构破坏后的刚体运动。

(3)本文的分析计算,对初步估计上部剪力墙结构及地下室的倾覆作用可能有一定参考意义。

第六节　土体抗力在上部结构倾覆过程中的模型试验[①]

本项试验的目的是观测静载作用下的土体破坏形态,给出土体抗力(土体抵抗弯矩与转角间的关系)曲线的一般特性。采用的结构模型仍以北京大模板高层住宅为背景,模型的尺寸缩小比例为 1/30。为了简化,上部结构在高度方向上只取局部,包括 3 层剪力墙及其上都简化为的混凝土实心块体,在平面上也只在纵向取一段。模型尺寸及形状见图 5-6-1。

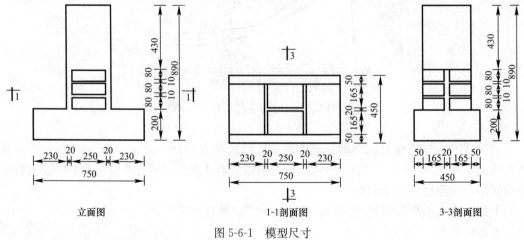

立面图　　　　　　1-1剖面图　　　　　　3-3剖面图

图 5-6-1　模型尺寸

---

① 本专题主要由苗启松、陈肇元完成。

模型的首层剪力墙截面与配筋箍距相似规律确定对模型施加的轴力按地基的初始压力等于原型结构在自重作用下土压力原则定出。

一、试验装置及加载方案

试验装见图 5-6-2。倾覆过程和地下室周围土体性能有很大关系。试验使用装满砂性粘土的箱子（内部尺寸 1.5m×0.9m×0.9m）。为模拟平面应变状态，箱长为模型宽的 3.3 倍，宽与地下室模型相等。用塑料与土体隔开，在薄膜与之间涂有黄油以减小摩擦。箱子有较大刚度，并在四周布置了百分表监控刚度，箱体的一侧用有机玻璃板置代钢板，用来直观地下室模型的倾覆过程和土体破坏形态（图 5-6-2）。

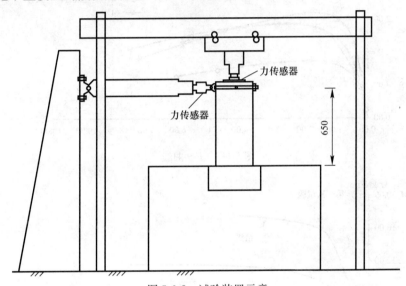

图 5-6-2 试验装置示意

试验量测包括地下室转角，水平和垂直位移、水平和垂直力、剪力墙应变及土压力。

二、试验结果

表 5-6-1

试验次序	竖向力 N kN	土体参数 C kPa ψ 度		最大水平力 P_{max} kN	对应于 P_{max} 的 Θ 度	地基图压缩模量 MPa
1	55.2	15	25.5	11.3	2.4	7.1
2	72.6	15	25.5	11.3	2.0	7.1
3	32.6	15	25.5	6.8	1.5	7.1
4	55，2	15	33.3	12.7	1.6	16.6

我们用同一模型作了 4 次试验，其中 N 等于 55.2kN 与原型结果在自重下的状态相当。每次试验在宏观上都使模型整体倾覆而结构的首层均未破坏。模型的混凝土压区应变最大值约 $500\sim1000\mu$.

（1）土体破坏形态

在竖向荷载作用下，结构的整体下沉量较大，约有 0.9～2.1cm。竖向力达到预定值后，开始施加水平荷载。水平力与地下室转角的关系在开始阶段呈线性土体变形也基本是弹性，但这时地下室的一侧墙边开始和土体脱开，以后基底也脱开，$P\text{-}\theta$ 关系上开始表现非线性（图 5-6-3）。接近试验的最后阶段时，受被动土压力一侧的墙体也和土体脱开，底部产生滑移。最后侧壁土发生剪切破坏，形成连续的滑移面。4 次试验的侧壁滑移面形状如图 5-6-4。基底土在几次试验中均未形成较大的连续滑移面，只在角上很小的区域有小的裂缝，有的也连成微小的滑移面，但这一区域究竟是剪坏还是拉坏尚不能肯定。

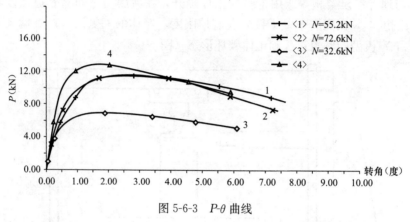

图 5-6-3　$P\text{-}\theta$ 曲线

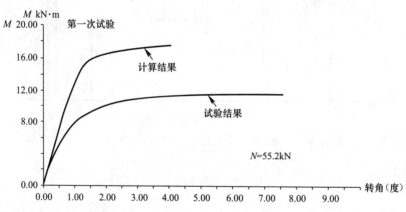

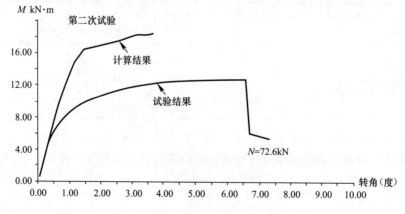

图 5-6-4　有限元分析结果与试验量测结果的比较（一）

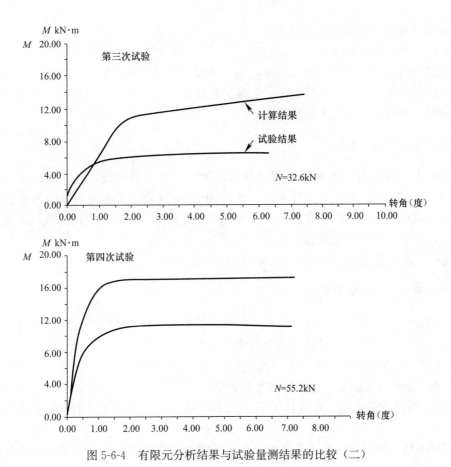

图 5-6-4　有限元分析结果与试验量测结果的比较（二）

（2）*P-Δ* 效应的影响

当水平荷载达到最大时，地下室的转角一般还很小仅约 1.4～1.9 度。随后抗水平力荷载的能力便下降，且下降段很长。水平荷载下降实质上并不是土体抵抗弯矩引起的，图 5-6-4 是地基抵抗弯矩（对地下室形心取矩）和地下室转角之间的关系曲线，可看出地基的抵抗弯矩一直在持续发展而没有下降，所以水平抵抗力的下降是由于竖向力 N 的 *P-Δ* 效应引起，当水平力 *P* 达到最大值后，由竖向力 N 引起的附加弯矩增加速度要大于地基抵抗弯矩的增加速度，从而导致 P 减小。所以分析倾覆时，*P-Δ* 效应是个不可忽略的因素。

（3）自重对地下室倾覆的影响

图 5-6-3 中的曲线 1、2、3，当 N 从 32.6kN 增加到 55.2 时，结构抵抗水平荷载能力提高了约 70%，而当 N 从 55.2kN 增加到 77.6kN 时，结构抵抗水平荷载能力几乎没有增加，这表明竖向力只是在一定范围内对抵抗倾覆有利，超过这一界限就不明显了。

（4）地基土性质对地下室倾覆的影响

图 5-6-3 中的曲线 1、4 是不同地基土的试验结果比较。两次试验的竖向力相同，地基土夯实情况不同，反映不同的地基参数 ϕ 值和压缩模量。第 4 次试验的地基刚度增加了一倍多，图中表明地基土的抵抗弯矩没有增加，但结构抵抗水平荷载的能力增加了，原因是地基刚度增加使得地下室发生很小的转角时地基的抵抗弯矩就已很大，而这时由于转角很

小，竖向力 N 引起的附加弯矩也很小。

（5）地下室的倾覆破坏

几次试验当地下室转角达到 5 度时，地下室倾斜已很严重，似乎已无法正常使用，所以地下室的倾覆破坏不一定仅指发生完全倾覆翻到，其确切含义似应是地下室的转角或者位移超过某一限值，使其丧失防护能力。

三、与有限元分析结果比较

利用我们编制的 DSNA 有限元程序分析结果与试验结果比较，计算结果比实测约大 30%，可能与试验所用的土含杂质较多，实测的土 c、φ 值不够准确有关，不够从土力学理论看，这些误差还是可以接受的。土的强度与重力相关，所以土的抗力难以用模型试验准确模拟，除非在离心机上进行试验。

图 5-6-4 是有限元分析的结果与试验量测数据的比较。

四、有关动载作用下的倾覆问题

限于试验条件，上面分析的只是静力作用下的倾覆过程。实际的建筑物倾覆是在冲击波的动载作用下发生的，这时就有几个因素需要在估计基底土体承载力时考虑。

a）土体的力学参数应取不排水情况下的数值。大于饱和土来说，φ 值将大幅降低。

b）随着变形速度增加，土体的强度发生变化。

c）砂土有液化的可能。有资料（AD712311）认为，核爆下土体的可能液化能对基础造成危害。

图 5-6-4 是根据模型试验结果得出的变形速度对基底土体极限强度的影响。从国外的试验结果和设计的实际角度看，可近似认为变形速度对砂土的极限强度没有影响，但粘土的极限能力提高系数可取 1.5，粉砂 1.2。

抗爆结构设计中的取用较高的承载力，主要是由于删去的安全系数低于静载，而在建筑物的静载设计中，地基的承载能力通常取极限能力的 1/2 到 1/3，即安全系数 2～3。如基底出现摇起并与局部土体脱离，地表的动压力对地耐力的提高有可能局部消失，不过尚未见到有关这个问题的报道

国外有试验表明，动载下地基基底和侧壁的刚度系数比静载下增高，使沉降量减少。当加载速度较快时，粘土的刚度系数实际也可增加一倍以上。可是实际工程的基底面积很大，应当考虑基地面积增大时，刚度系数会随着有所降低。

第七节 核爆冲击波作用下地面砖混房屋倒塌
对人防工程作用[①]

倒塌荷载，一般是指地面建筑物受武器效应后倒塌给附近浅慢单建式人防工程结构所

---

① 本专题由陈肇元、王小虎、王志浩完成。

造成的荷载。它至少包括两方面的作用，一是倒塌碎片积聚形成的堆积荷载，二是碎片撞击形成的撞击荷载，前者是静作用，后者为动作用。对于附建式人防地下室来说，如果上部结构与地下室牢固连接，则上部结构在倒塌过程中还会对地下室施加倾覆力，即倾覆荷载。

目前，一些规程或资料中所说的倒塌荷载是指堆积荷载，它的大小主要取决于堆积高度。房屋倒塌时，碎片或构件从不同高度飞散或下坠，落到地面的时间先后不一，这一相当长的堆积过程发生在冲击波作用之后，所以堆积与冲撞荷载不必与冲击波荷载同时考虑。此外，不同碎片的撞击时间不一致，早期的堆积物对后续的碎片撞击还能起到缓冲作用，所以堆积物就其总体而言不存在撞击动力作用，国外有的文献［5-26］建议将碎片总重量乘以系数 2 作为倒塌荷载的等效值，这种提法过于保守也不符合实际。我们认为，倒塌产生的撞击作用以具有代表性的某一落体的一次撞击来衡量较为合适，这样的落体可以是房屋中的某一大型构件，如预制梁柱，楼板或墙板。对附建式人防地下工程来说，落高可取为地面建筑的首层或二层楼高，一般为 3～6m，对单建式人防工程来说，由于附近地面建筑物倒塌时的碎片飞散距离与原先的高度位置有关，高处的构件可能飞的较远，而早先坠地的碎片堆积层对前者起不到缓冲作用，所以撞击试验时的落体高度需按附近房屋的顶层位置来考虑。

综上所述，单建式人防工程的倒塌荷载可以归纳为两种作用：a）堆积荷载，即由于工事上方碎片堆积物重量所引起的荷载，是静作用。对于工事的墙柱及基础来说，倒塌荷载为堆积物全部重量；对于工事顶盖，由于堆积物本身的起拱作用以及地面残存墙柱的支撑作用，所以工事顶盖的堆积荷载只是堆积物总重的一部分。附建式地下室的墙柱本来在平时就承受上部结构的全部重量，因此不必再验算堆积荷载，需要考虑堆积荷载的只是顶盖。但是外来的碎片堆积物对于单建式人防工事的顶盖和墙柱都有可能造成威胁。b）撞击荷载，为某一下坠构件的撞击，是动力作用，它可能造成工事顶盖的局部破坏或整体破坏。单建式人防工事所受的撞击作用要比附建式地下室更为严重，这是因为需要考虑的落体高度可能大得多。

一、倒塌碎片的堆积图像

核爆冲击波作用下，能够形成大量碎片飞散并堆积的是砖混结构。至于钢筋混凝土框架和剪力墙房屋的碎片主要来自填充墙等非承重构件，其体积重量并不大。当超压峰值超过 0.15～0.2MPa 后，钢筋混凝土框架、剪力墙房屋的主体结构也有可能倒塌，但不致引起大的飞散碎体，这些房屋中的某些预制构件如外墙板等则有可能飞散并形成较大的撞击作用。下面，我们先探讨碎片堆积图像，并以砖混结构为对象。砖混结构缺乏整体连接，即便是地震区内按一般抗震设计的砖混房屋，在爆炸水平荷载下的抗塌能力也是很差的，这是由于一般的圈梁抗震构造措施对于爆炸水平力起不了没有多大作用。

为了探讨砖混结构的碎片堆积情况，王小虎专门研究并编制了房屋倒塌动力分析程序 BUILDC，碎片飞行程序 PROJ 以及碎片堆积分布程序 DEBR，这 3 个程序是前后衔接的，最终给出碎片堆积图形。用这一程序计算西部核试验的一所砖房，给出的碎片堆积图形符合宏观调查结果。

今取华北地区典型的砖混住宅房屋进行分析，房屋平、立面见图 5-7-1，外墙厚37cm，开间宽 3～3.6m，层高 3m。为了比较，取房屋为 1 层到 6 层共 6 种不同情况作计算。房屋处于核爆炸远区，冲击波入射方向取横向和纵向二种。图 5-7-2 是 5 层楼房在不同超压横向入射下的碎片堆积图像，图中的大小方格表示不同大小的碎片堆积于地面上的情况，图中同时标出了房屋倒塌前的平面位置。超压愈大，碎片散布的距离愈远。在 0.05MPa及以上超压横向作用下房屋全部倒塌。图 5-7-3 是不同超压冲击波横向入射下碎片堆积高度离房屋横向距离上的分布。在 0.05MPa 超压纵向作用下，房屋仅部分墙片塌毁，但当超压超过 0.05MPa 是则全部倒塌。图 5-7-4 为纵向入射下碎片离房屋纵向距离上的分布。

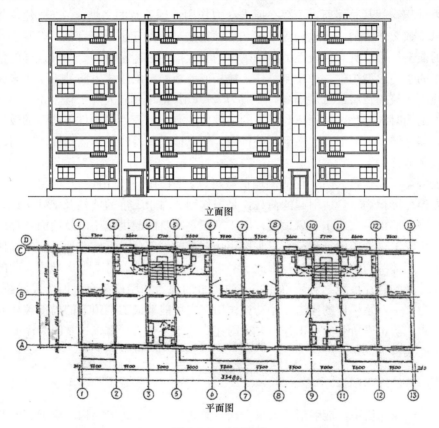

图 5-7-1　6 层砖房

上述每一图中都有 6 条曲线，分别为 1 层到 6 层房屋的碎片堆积分布。这些图中标志的碎片堆积高度是无空隙的密实体积高度，实际的碎片堆积有较大空隙，据美国民航局结合旧房屋爆破拆除的研究结果 [5-29]，认为碎片堆积孔隙率为 50%。在较低超压（0.05MPa）作用下，4 层砖房约有 75% 的碎片仍落在房屋原平面范围内，如按 50% 空隙考虑，最大堆积高度可达 4～5m 左右，相当于每层楼的堆积高度为 1m 或稍多些。

从图 5-7-3 可见，在 500KT 当量冲击波横向入射下，若超压较低（0.05MPa）时，碎片大部落在原平面位置上，离开房屋外墙仅在紧靠背墙处有较厚碎片堆积（图 5-7-3a）；若超压较大（0.3MPa），碎片飞散很大距离，最大的堆积厚度减少（图 5-7-3d）。当核武器当量减小时，碎片堆积图形也有变化（图 5-7-3b、e）。对不同当量、不同超压下的碎片分布图形有详尽的介绍可见清华大学王小虎的博士论文《核爆冲击波作用下房屋倒塌碎片与钢筋混凝土结果动力分析，1990 年 9 月》。

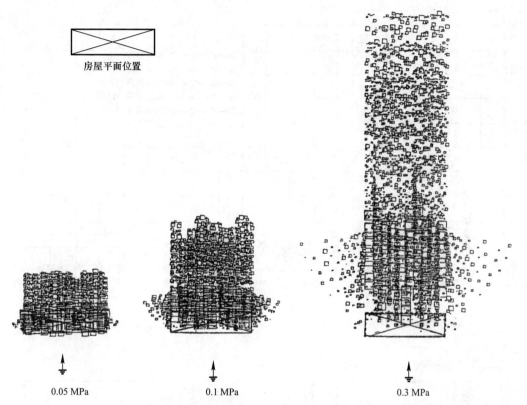

图 5-7-2　冲击波横向入射的房屋碎片堆积地表情况

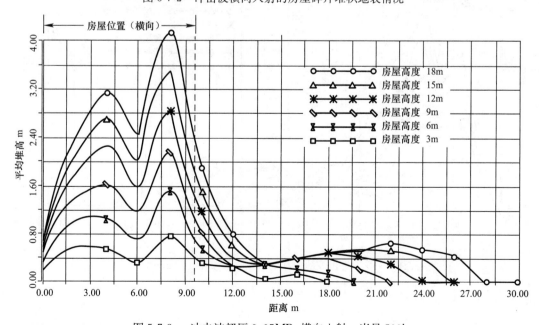

图 5-7-3a　冲击波超压 0.05MPa 横向入射，当量 500kt

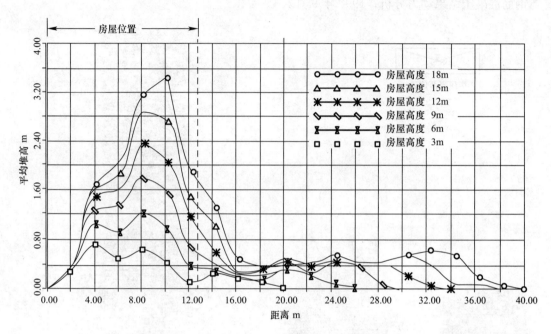

图 5-7-3*b*　冲击波超压 0.075MPa 横向入射，当量 500kt

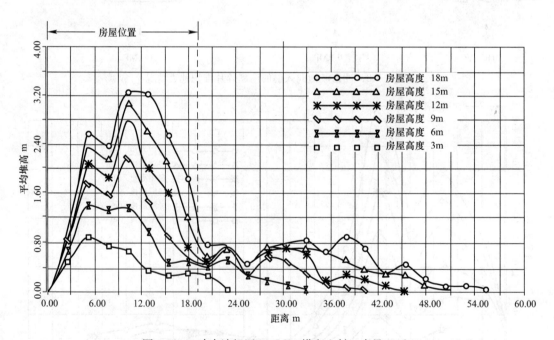

图 5-7-3*c*　冲击波超压 0.1MPa 横向入射，当量 500kt

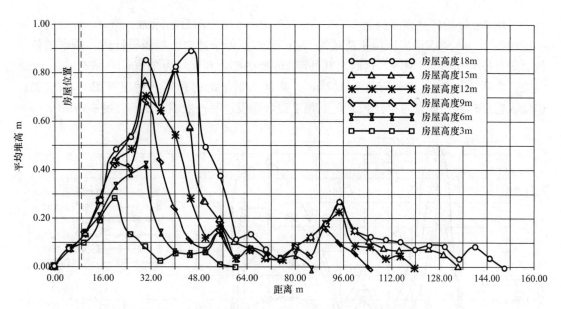

图 5-7-3*d*　冲击波超压 0.3MPa，横向入射，当量 500kt

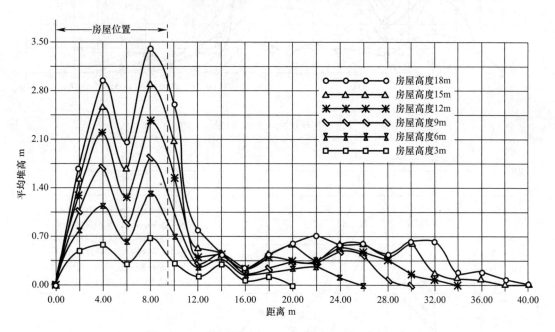

图 5-7-3*e*　冲击波超压 0.1MPa 横向入射，当量 30kt

二、堆积荷载

堆积荷载是静荷载。与冲击波荷载相比，后者对工事顶盖有综合反射及动力作用，但此时的材料设计强度提高而且所取的所取安全系数也较低。因此，0.1MPa 的核爆冲击波超压对工事顶盖的作用，近似于产生地表压力为 0.05Mpa 堆积荷载。

砖混结构的高度一般不会超过 6 层。假定工程的抗力设计标准为超压 0.05MPa，这时离开外墙2m处的碎片高度约为0.8m（图5-7-3a，考虑空隙后实际为1.6m），碎片的质量密度可按2t/m³考虑，所以堆积荷载为1.6t/m²，要低于冲击波超压设计值。假定工程的抗力设计值为超压0.1MPa，这时离开外墙2m处的碎片高度约为2.1m（图5-7-3c），考虑空隙后实际为4.2m，堆积荷载为4.2/m²。纵向入射下的碎片堆积情况（图5-7-4）要比横向入射更轻些。所以对单建式人防工程来说，在设计时一般不需要验算堆积荷载。

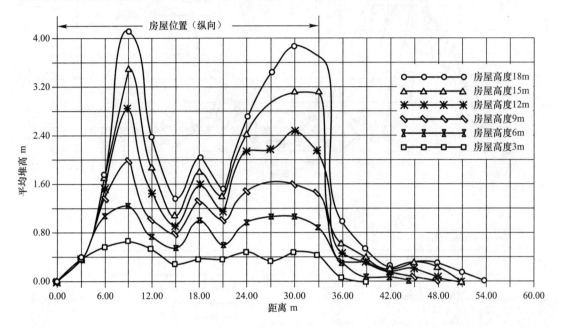

图 5-7-4a 冲击波超压纵向入射 0.1MPa，当量 500kt

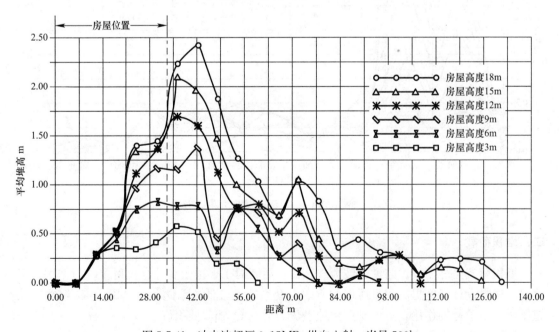

图 5-7-4b 冲击波超压 0.15MPa 纵向入射，当量 500kt

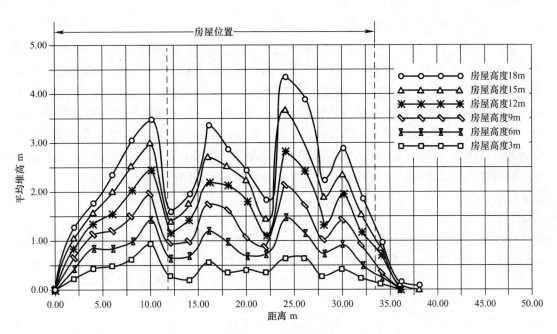

图 5-7-4c　冲击波超压 01MPa 纵向入射，当量 30kt

　　紧靠附近房屋构筑的单建式人防工事，在离开房屋外墙 2～3m 距离以内会遇到很厚的碎片堆积层，比如 6 层房屋在 0.05MPa 超压下达 2m 以上（考虑空隙后超过 4m），其作用可超过六级人防的超压设计值。考虑到单建式工事离开周围房屋的外墙总有一定距离，所以这个问题在实际上似乎并不存在。

　　根据碎片堆积图像，可知低超压冲击波作用下砖混结构倒塌的堆积厚度（考虑空隙后）大体为每层楼 1.1m，这是指开间较小、自重较大的结构而言的，如果开间较大，约为每层楼 0.8m。

　　按照美国对旧房爆破拆除的资料[5-27]，一个典型的 10 层钢筋混凝土结构旅馆所造成的碎土堆积厚为每层楼 0.5m，另一个高层建筑则为每层楼 0.41m 和 0.48m。这些数值比上面所说每层楼 1.1m 小得多，原因是这些房屋为框架结构而不是砖混结构。我国铁道科学研究院铁建所近来也利用旧房爆破拆除对倒塌荷载进行过量测研究，据对一幢 4 层楼的砖混房屋调查，有碎片堆积物高度达 5～6m，也要比上述美国对框架结构拆除所给的数据大得多，每层楼形成的厚度超过了 1m。此外，按照实际量测得出的堆积荷载值非常离散，原因是散落构件的倒向无规律可循，有的为残留墙体支承，但总的来说，堆积荷载数值与下面提到的算式（5-7-1）相当。

　　低超压的冲击波作用下，碎片倒在房屋内的比例与爆破拆除时就地倒塌的情况相近是有可能的，因为背风的外墙或侧墙有时也能往里倒。在 0.5×10^5 Pa 超压下，6 层砖混楼房在原平面上的堆积碎片约占全部碎片的 70%，2 层楼房约占全部的 80%，考虑空隙在内，最大堆积高度分别可达 6.5m 和 2.2m 左右。

　　对于附建式人防工程的倒塌堆积荷载来说，带有空隙的碎片堆积物，其质量密度可以按 0.8t/m³ 考虑。砖混结构每层楼自重约为 1.2～1.5t/m³，如果倒塌形成 1.1m 高的堆积层，再考虑堆积层的平面尺寸要大于原先的楼层平面，所以 0.8t/m³ 的数值估计不会有多大误差，这一数值也大体与50％的空隙相匹配。

附建式人防地下室的墙柱要承受上方全部堆积物的重量。这对墙柱丝毫不成问题，因为墙柱本来就按上部结构的全部重量进行设计的，所以需要验算的只是地下室顶盖。当地下室顶盖受力变形后，由于碎片堆积层的起拱作用，堆积荷载会向支承转移，实际作用在顶盖上的荷载显然与堆积高度及支承跨度有关。当地下室为墙体承重时，可以保守的认为，能对顶盖形成荷载的有效堆积高度 H_e 不超过顶盖跨度（墙体间距）L，超过 H_e 的部分则通过拱作用直接传到支承。如果地下室顶盖是柱子支承，可以假定 $H_e=1.5L$。根据这一原则估算的顶盖堆积荷载大体等于：跨度3m的2层砖混结构为18，3kN/m²，3层及以上层数为25kN/m²；跨度6m的2层砖混结构为14kN/m²，3层22kN/m²，4层29kN/m²，5层36kN/m²，6层43kN/m²。

在地下室设计的一些很早资料中，倒塌荷载是根据建筑物就地塌毁形成堆积物重量估算的，这大概与早期的工程只考虑常规炸弹引起的破坏有关，并不考虑核爆炸冲击波横向入射所造成的倒塌后果。对于普通民用房屋的倒塌，苏联资料中曾提出倒塌荷载 q 的计算公式：

$$q = 0.5q_1 + 0.75q_2 \qquad\qquad (5\text{-}7\text{-}1)$$

其中 q_1 为外墙总重，q_2 为内墙、楼盖及室内设备总重，即认为外墙的一半和房屋其他部分的25％落在建筑物的平面以外。前苏联早期设计规程所采取的倒塌荷载与层数有关，其数值与式（5-7-1）所给的相当，对于2、3、4层取倒塌荷载为15，20和25kN/m²。但当房屋层数增加或房屋平面面积很大时，碎片散落在外面的比例就与上述比值偏离较大，再用式（5-7-1）估计堆积荷载会产生较大误差。

堆积荷载与冲击波荷载相比，后者对工事顶盖有综合反射及动力作用，但此时的材料设计强度提高而且所取的构件安全系数也较低。因此，0.7MPa（100kN/m²）的核爆冲击波超压对工事顶盖的作用，近似于产生地表压力为0.05MPa（50kN/m²）的堆积荷载。

对于单建式人防工程的倒塌堆积荷载，其顶盖及墙柱都要验算附近建筑物倒塌时的积堆荷载。如果单建式人防地下室紧靠砖混房屋构筑，在离开房屋外墙2m距离以内会有很厚的碎片堆积层，比如6层楼房在0.05MPa超压下可达2m以上（考虑空隙后超过4m），但是考虑到单建式工事离开周围房屋的外墙总有一定的距离，一般不会少于2～3m，所以这个问题在实际上似乎并不存在。

所以对单建式人防工事来说，在设计时一般不需要验算堆积荷载

但是，核袭击冲击波造成地面的瓦砾堆积，会严重阻碍交通，妨碍袭击后的救灾活动。我们曾用计算机模拟，输入清华大学校内一个大型居民区内的全部房屋数据，遭到6公里外的2万吨当量原子弹轰炸，描绘灾区内房屋倒塌和瓦砾堆积全貌，发现道路几乎全被堵塞，救灾车辆根部无法在短期内能够恢复通行。在和平时期，这种模拟手段在城市管理中可能更为有用，作为地震后救灾的预防手段。

三、落体的撞击作用

撞击引起的结构反应要比空气冲击波作用下的反应复杂得多，撞体与结构之间的接触应力（撞击力）既与撞体的特征（速度、重量、尺寸、形状以及材料性能等）有关，同时

又取决于靶体的材料与刚度性能，即处于高度耦合的相互作用状态。撞击对结构的破坏作用包括整体作用和局部作用，前者的破坏型式与静载作用下近似，对梁板构件来说表现为整体挠曲下的弯坏，后者则表现为撞击部位的剥落、弹坑、侵彻，背面的震塌，以及穿透等现象（图 5-7-5）。撞击还会造成类似静载作用下的结构局部破坏型式，如加载部位附近的局部弯坏（扇形屈服线）以及局部冲切破坏（图 5-7-6）。

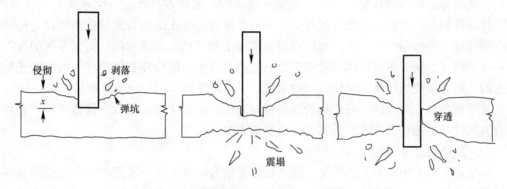

图 5-7-5　撞体的弹坑、震塌和穿透作用

撞击的一般理论在 Goldsmith[5-26]、Johnson[5-27]、Christescu[5-28] 的专著中有专门的叙述。土木工程中有关撞击的大量实验研究过去主要是结合军事的需要进行的，内容多为高速弹体对靶体工事的局部破坏作用。近年来，为了解决重要工程受撞击的安全保障问题，如核反应堆结构受飞机失事撞击以及海洋采油平台受船舶或落体的事故撞击等，国际上对

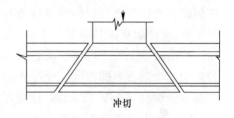

图 5-7-6　冲切破坏

钢筋砼板壳结构受撞击荷载的整体与局部效应进行了许多理论与实验研究。有限元技术的发展也为撞击反应的计算分析提供了新的途径。国际材料与结构试验室联合会（RILEM）在 75 年曾提出过一份报告[5-29]，对房屋建筑中的撞击研究现状做了概括。此后，对撞击的研究取得了很大进展，这方面的最新成果可见有关的国际会议文集（最主要的如 1982 年在柏林召开的 Interassociation Symp. on Concrete Structures Under Impact and Impulsive Loading；1984 年在伦敦召开的 International Conf. on Structural Impact and Crashworthiness；以及每二年召开一次的著名的 International Conf. on Structural Mechanics in Reactor Technology 等）和有关期刊上。根据撞体的速度，可将撞击分为低速撞击（小于每秒几十米），高速撞击（每秒几百米），和超高速撞击（每秒近千米或以上）。在速度很低的撞击中，如速度小于每秒十米时，结构的整体反应是主要的，尽管有时也会出现局部破损。在高速撞击下则主要表现为局部破坏，现有的广泛应用于军事工程设计的撞击局部破坏计算公式大多是经验公式，根据高速坚硬弹体作用于大块靶体的实际试验得出，因而不完全适用于低速撞击。房屋倒塌碎片的水平速度与核爆产生的冲击波超压值有关，在 0.1MPa 峰值超压下可达 20～30m/秒 的量级。倒塌碎片的竖向速度取决于落高，对于附建式人防结构来说，地面只受首层或二层构件坠落的直接撞击，其速度一般不会超过

10m/sec；至于单建式人防工程，有可能遇到邻近高层房屋下坠的破碎构件，其速度就会大一些，如 50m 高的顶层碎片构件，其速度可达 30m/sec，但这些速度比起龙卷风作用下的落体速度还要低许多。

根据撞体动能被吸收的特点，常有所谓软撞体和硬撞体的分类方法。硬撞体撞击时的撞体动能主要为靶体结构所吸收，可将撞体视为刚体，例如高速弹体的动能主要消耗于靶体的局部破坏，所以弹体是硬撞体。软撞体撞击时，撞体本身产生很大永久形变或破碎，而靶体结构则甚少变形，比如飞机外壳、木杆等撞在混凝土结构表面时就是如此。硬撞体和软撞体是二种极端情况，这时可以将复杂的撞击相互作用问题解耦，而大多数的撞击情况则处于两者之间。房屋倒塌碎片如下坠的钢筋混凝土预制构件直接撞在人防混凝土结构表面时，很难是硬撞体或软撞体，相对来说，下坠的砖砌体则可视为软撞体。

房屋倒塌碎片对人防工程结构的撞击带有高度的不确定性，所以对设计来说，合理的工程判断比严格的计算方法似乎具有更重要的意义。

（1）撞体特征对结构反应的影响

房屋倒塌碎片中能对人防结构可能造成撞击危害的主要有房屋构件以及重型设备部件和钢铁管道等。由于情况比较复杂，较难提出一种类似核反应堆设计中的飞机撞击参数那样，可供设计具体应用的倒塌落体参数标准。倒塌落体的撞击效应当然要比航弹的直接命中轻微，所以需要探讨的对象只是那些不按航弹命中设计的、抗力相对较低的人防结构。

a）撞体的重量与速度

撞击效应来源于撞体的动能 $K = MV_0^2/2$，所以撞体的质量 M 与撞速 V_0 是撞击反应分析中二个最重要的参数。设撞体作用于刚体表面后的回弹速度为 νV_0（ν 为回弹系数），于是有动量变化 $MV_0(1+\nu)$，这里可宏观确定撞击力 $P(t)$ 的总冲量 $S = \int F(t)\,dt = MV_0(1+\nu)$，如为理想弹性撞击，$\nu = 1$；如为理想塑性撞击，$\nu = 0$，有 $S = MV_0$。如果撞击的过程相对于结构自振周期来说甚为短促，结构的整体反应即可由冲量 S 确定，并不需要专门求出撞击力 $F(t)$ 的波形及其峰值。但在低速塑性撞击中，撞击过程往往较长，这时，仅靠冲量 S 尚不足以确定结构的整体反应。

硬撞体引起的局部破坏如侵彻深度 x 大体与 M 成正比，并且随速度 V_0 的增长而增大。速度很低的硬撞体对混凝土结构表面损害不大并产生回弹；速度增加后可造成撞击接触面上的混凝土剥落及弹坑，这些局部损害的范围要比撞体截面尺寸大得多（图 5-7-5）；继续增加速度则撞体侵入结构，侵彻的孔径只比撞体直径稍大，而且撞体也再不回弹。更大的速度下造成背面混凝土的震塌，直至贯穿。

b）撞体的偏心角度

落体下坠时可能同时有转动，即使是单纯移动的落体，也只有在通过撞体中心的速度方向与结构的法线重合时，才能产生最严重的撞击效应，这就是通常考虑的正撞击。对于球形或高宽二个方向尺寸比较接近的撞体来说，一般都发生正撞击或可近似为正撞击。但对下坠的房屋构件来说，长度方向上的尺寸很大，落地时刚好处于竖直状态的正撞击机会很少。这种偏心撞击产生的最大撞击力比正撞击时小得多[5-30]（图 5-7-7），这是由于偏心撞击时的撞体变形主要由弯曲刚度决定，要比正撞击时的纵向受压刚度小几个数量级，如果靶体结构的变形又少，则撞击力主要视撞体刚度而定。

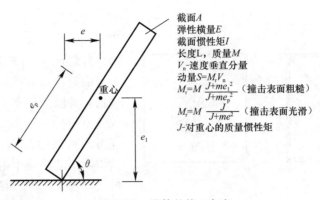

截面A
弹性横量E
截面惯性矩I
长度L，质量M
V_n-速度垂直分量
动量$S=M_rV_n$
$M_r=M\dfrac{J+me_1^2}{J+me_p^2}$（撞击表面粗糙）

$M_r=M\dfrac{J}{J+me^2}$（撞击表面光滑）

J-对重心的质量惯性矩

图 5-7-7　撞体的偏心角度

c）撞体的形状与尺寸

在相同的重量与撞速下，撞体的不同形状对撞击效应也有重大影响，上面所说的偏心撞击实际上也是形状引起的一种反映。

图 5-7-8 是相同重量而长度 L 和截面 A 不同的二个柱形撞体，假定撞体为理想弹体而靶体结构为绝对刚性，设（$t=0$）时，撞击开始，于是撞击面上的撞体质点速度从 V_0 瞬时转变为零，产生撞击应力 $\sigma=\rho CV_0$，并沿着撞体轴线向上传播压缩波，（此处是撞体材料的阻抗，C 为撞体总的波束速），这一压缩波时到达撞击界面，于是撞体脱离靶体回弹。靶体所受的撞击力在长 L_1 的撞体作用下为 $F_1=\rho CV_0A_1$，其作用过程为 $t_1=2L_1/C$，冲量为 $F_1t_1=$

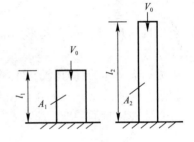

图 5-7-8　理想正撞击

$2V_0L_1\rho A_1=2MV_0$，而在 L_2 大于 L_1 的撞体作用下，尽管冲量相同，但 F_2 小于 F_1。对于有限厚度的靶体结构来说，较大的撞击力为 F_1 对局部冲切更危险。

如果撞体相对于靶体结构来说更为坚硬，则在硬撞体作用下，撞体截面愈小，侵彻阻力愈低，侵彻量增大。但较小的撞击面也意味着撞击力的减少，因而，对结构的整体反应有利。这种情况也表现在撞体头部形状对撞击效应的影响上。

d）撞击材料的力学性能

如撞体相对于靶体结构较软，在弹性情况下，撞击应力与撞体材料的阻抗成正比。但混凝土落体在不大的撞速下即能破碎，所以可能出现的最大撞击应力实际上受到材料强度的限制。美国曾做过模拟龙卷风刮起的物体对于钢筋混凝土板的撞击试验，结果表明不同的撞体如钢管、钢筋以及木材等所造成的撞击力根本不同[5-31～5-36]。用直径 34cm、长 10.7m 重 680kg 的木电杆以 28～133m/秒的速度正向撞击厚度为 30-60cm 的钢筋混凝土板，结果木杆端部解体而混凝土板面无损，背面也无震塌发生[5-32]。木杆端部劈裂时实测的纵向应力约为 8.5MPa 左右[5-31]。撞体的硬度小于靶体时，就不会发生侵彻，但此时，仍可能出现震塌现象。

（2）钢筋混凝土板在撞击荷载下的抗力

a）抗弯能力

撞击荷载作用下，钢筋混凝土板的整体弯曲破坏图形及其延性与静载下并无太大区

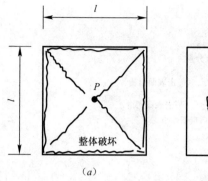

图 5-7-9　整体破坏和局部破坏

别，而且延性有所增长[5-37]，但也有资料［5-35］认为撞击荷载下的延性减少且趋向于出现局部扇形弯坏，后者可能指速度较大的情况。对于落体撞击，可以按静载相似情况确定钢筋混凝土板的抗弯能力，但抗力计算中应考虑材料强度因快速变形而提高，这与冲击波荷载下的计算方法是一致的。以图 5-7-9 所示的四边固定方板为例，设板的抗冲击波设计超压能力为 p，相应的等效静载为 $q=1.2p$，单位长度上截面配筋的正、负抗弯能力为 $=ql^2/24$。当方板中点受到撞击集中力时，可能出现整体弯坏或局部弯坏，前者的屈服线如图 5-7-9，想要离开的最大抗力为：

$$P = 8(m_+ + m_-) = ql^2/3 = 0.4pl^2 \tag{5-7-2}$$

若出现图 5-7-5 所示的扇形局部破坏屈服线，则有：

$$P = 2\pi(m_+ + m_-) \tag{5-7-3}$$

可见局部弯坏的抗力低于整体弯坏，尤其是扇形破坏半径较小，屈服线边缘离开板的支座较远，这时式（5-7-3）中的值只能按跨中顶面的构造筋计算，由此得出的抗力 P 大概仅及整体破坏时的一半，即：

$$P = 0.2pl^2 \tag{5-7-4}$$

对于宽度为 b 的单向板，也可导出：

$$P = 0.6pbl \tag{5-7-5}$$

从以上分析可知：a) 对相同等级（即 P 相同）的人防结构方形顶板，其撞击抗弯能力与板的跨度平方成正比，即板跨愈大愈为有利；b) 抵抗力等级的方形顶板因跨中顶部通常不设受力钢筋，在出现扇形局部弯坏图形时将显著降低抗撞击能力。

作为一种近似的工程估计，利用式（5-7-3）来确定某一等级工事顶盖的撞击抗弯能力看来是适宜的，其中的 l 对各种顶板可取为二个方向跨度的平均值。

b）抗冲切能力

钢筋混凝土板受高速硬撞体作用会遭受侵彻，震塌以致贯穿，但在较重落体的低速撞击下更可能出现局部冲切破坏（图 5-7-10），被冲出的锥体斜面与板面夹角在 30 度左右[5-9]，习惯上取 45 度。撞击作用下混凝土的名义冲切强度要比静载下大得多，资料［5-6］建议取美国 ACI 规程所确定的静载冲切强度的 3 倍，换算到我国标准约有

$$U_u = 1.05f_c^{1/2} \quad (\text{MPa}) \tag{5-7-6}$$

式中 f_c 为混凝土静载下的抗压强度，故板的抗撞击冲切能力可按下式计算：

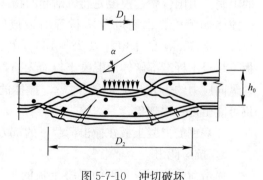

图 5-7-10　冲切破坏

$$P = \pi(D_1 + D_2)/2$$

式中 D_1 为锥体顶面直径，取为撞体直径，对非圆形截面撞体取其外接圆直径；D_2 为锥体底面直径，取 $D_2 = D_1 + 2h_0$，h_0 为截面有效高度。

c）侵彻、震塌和贯穿

只有钢质硬撞体才能在钢筋 h 混凝土板面造成侵彻。但是现行的用于弹体侵彻的计算公式，不论是我国国防规范中的公式，还是西方常用的 NDRC（美国国防研究委员会）修正公式或 CEA—EDF（法国原子能委员会）公式等[5-38][5-39]，都是以不变形的高速坚硬弹体和很大的混凝土靶体为对象得出，如用于可变形的低速撞体以及易挠曲的钢筋混凝土板一般偏于保守，即给出过大的侵彻深度值。日本的能町纯雄等在板的试验基础上提出了低速撞击局部破坏公式[5-40]，其中考虑到板厚对侵彻的影响。

Kennedy 在对比了钢管等对混凝土板的撞击试验（重量在 1000kg 左右，撞速约 30～150m/s），认为用 NDRC 修正式计算震塌的效果更好，具体算式可见资料［5-40］。Fullard 建议在较低撞速（25～300m/s）时的硬撞体侵彻可以用 CEA/EDF 公式预测贯穿，如果不贯穿则用 NDRC 修正式预测震塌值，并认为这一防止震塌的计算与防止锥面破坏等效。Silfer[5-41] 对这些公式用于较低速度下的砼局部破坏也有过讨论并有相似的结论。Kar 曾就龙卷风引起的钢管（可变形硬撞体）撞击砼板的局部破坏计算问题作过比较深入的探讨，并对 NDRC 公式作了修正（撞速为几十米到上百米的量级），并得出比较满意的结果[5-42]。钢管在较高撞速下会出现折皱，所以局部破坏效应比实心钢锤轻。Riera 对实心硬撞体作用下的混凝土震塌和穿透问题也有过专门的讨论[5-43]。

一些实验指出，配置较多的箍筋可使钢筋混凝土板在撞击荷载下的局部冲切破坏转变为整体弯环，但人防结构顶板的箍筋数量甚少，因而对抗冲切不利，此外，混凝土抗压强度在正常范围内的变化对抗贯穿的能力影响不大。强度超过 70MPa 的高强混凝土，防贯穿能力甚至有降低趋势。

表 5-7-1 是一些试验给出的宏观现象，可供参考。

表 5-7-1

板厚 cm	撞体	重 kg	撞速 m/sec	侵彻 cm	震塌与否	贯穿与否
30	30cm 外径钢管	340	30	4	有或无	/
30			45	贯穿	贯穿	是
45			50	4.5	无	/
45			65	7.0	有	/
30	木电杆	510	65	无	无	/
30	20cm 外径钢管	92	42	有	无	/
10	10cm 外径钢管	70	<10	有	无	/
10				3	有	/
10				贯穿	贯穿	是
20				0.9	无	/
20			12	2	有	/
20			20	10	严重	/
20			17	贯穿	贯穿	是
30			21	2.4	无	/
			37			
			42			
			47			

在以下的计算中，我们主要采用下列经验公式来综合估计实心钢锤或钢管撞击下的混凝土局部破坏，

ⅰ）NDRC 修正式，见文献［5-35］ (5-7-7)

ⅱ）能町纯雄公式，见文献［5-40］ (5-7-8)

ⅲ）CEA/EDF 公式，见文献［5-39］ (5-7-9)

为节省篇幅，具体的算式此处不再详细列出。

钢筋混凝土板在混凝土落体撞击下尽管不会出现侵彻，但可能出现震塌，目前尚未见到有这方面的实验数据和经验公式。

（3）结构整体作用的动力分析

如果接触面上的撞击力时程曲线 $F(t)$ 已知，就可以按照这一动载进行动力分析。由于压力时程取决于撞体和结构之间的相互作用而难以准确给定，所以撞击的动力分析就往往从能量平衡的角度作近似估计，或者直接从撞击的冲量来确定结构的动力反应。通常，可以将结构简化成单自由度理想弹塑性体系作动力分析。

a）冲量法

当撞击力 $F(t)$ 的作用过程甚小于结构的自振周期时，结构的动力反应取决于整个冲量 $S=\int F(t)\,\mathrm{d}t$，这时的结构反应是瞬息冲量下获得初速度作自由振动，对于单自由度理想弹塑性体系，可得到撞击作用下所需的结构最大抗力为[5-44]：

$$R_\mathrm{m} = \omega S/(2\beta-1)^{1/2} \tag{5-7-10}$$

式中：R_m——用外加集中力表示的结构抗力；

　　　ω——j 结构自振圆频率；

　　　S——冲量；

　　　β——设计延性比，-对钢筋混凝土板，一般可取 5 到 10。

在上一节中已经提到，结构所受的冲量等于撞体的动量变化，故有：

$$S = MV_\mathrm{u}(1+\nu) \tag{5-7-11}$$

在苏联的人防设计参考资料中就建议用上式来计算冲击波作用下房屋倒塌碎片对人防结构的作用，并取回弹系数 $\nu=0.15$ 砖砌体碎片和 0.1（混凝土碎片）。

实际应用时，至少可将撞击视为塑性，即取 $\nu=0$，这样从式（5-7-10）得：

$$R_\mathrm{m} = \omega MV_\mathrm{u}/(2\beta-1)^{1/2} \tag{5-7-12}$$

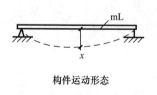

构件运动形态

换算体系

图 5-7-11　单自由度弹簧-质量体系

b）能量法

撞体的动能在撞击过程中一部分消耗于撞体本身的回弹和永久变形，一部分被撞击面上的混凝土结构的破损、侵彻等所吸收，其余的主要引起结构的整体反应。当塑性撞击时，撞击后撞体与结构一起运动并获得的速度为 V_2，则有：$V_2=MV_\mathrm{u}()/(M+M_0)$，其中 M_0 为结构参与运动的有效质量，可以根据结构各部分质量的运动形态（即挠曲线形状）来定（图 5-7-11）。所以撞击后的结构的动能为 $K_1=(M+M_0)\,V_2^2/2$，其与撞体初始速度的差值即消耗于塑性碰撞所消耗的能量也愈大，对结

构愈为有利。单自由度理想弹塑性结构达到最大位移 x_m 时的应变能（图 5-7-12）为 $E_1 = R_m(x_m - x_0/2) = Rm^2(2\beta - 1)/2k$，又撞体 β 与结构一起运动到最大位移时的势能变化为 $E_2 = M_g x_m = M_g R_m/k$，根据 $k_1 = E_1 - E_2$，并代入 $\omega^2 = k/Mm$，可解得：

$$R_m = M_g[\beta/(2\beta - 1)]\{1 + [(2\beta - 1)/\beta^2][(\omega V_0/g)^2]^{1/2}\} \qquad (5\text{-}7\text{-}13)$$

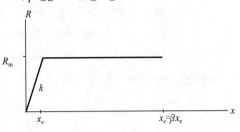

图 5-7-12　单自由度理想弹塑性体系

上面的推导与冲量法实质上是一致的，因为在一开始就将全部动能赋予结构使其作自由振动。上式根号中的第二项远大于 1，经简化后即为式（5-7-12）。

一些实验表明[5-31]，塑性碰撞的假定由于未能充分考虑消耗于侵彻和其他永久变形的能量，因而相当保守。

c）撞击力时程曲线

许多研究者针对不同的撞击情况，提出过种种理论计算方法来确定撞击力时程曲线，其中较主要的如集中参数法，波动法等。就人防结构受撞击的特点而言，比较有借鉴意义的是 Kar 等人就龙卷风作用下落体对钢筋 h 混凝土板的撞击分析[5-35][5-36]。由于因素复杂，在这里采用严格的分析方法看来价值不大。我们建议用下列简化方法来近似确定撞击力的时程曲线。

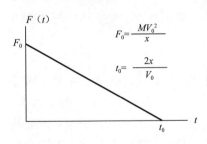

图 5-7-13　突加三角形衰减荷载

ⅰ）钢铁硬撞体

钢铁撞体的硬度大于砼顶板，将在顶板表面形成弹坑或侵彻。设侵彻深度为 x，近似假定撞击力时程曲线为三角形（图 5-7-13），作用过程取为 $x_0 = 2x/V_0$，峰值撞击力为 $F_0 = 2MV_0/t_0 = MV_0^2/x$，$x$ 值据式（5-7-11）或（5-7-12）算出。由于撞体结构与接触面的变形，实际的撞击力存在升压过程，文献［5-30］曾根据试验结果，提出钢管撞击升压过程 $t_1 = 0.00107 (x//V_0^{0.3})$，式中 x 和 V_0 的单位为 cm 和 m/sec。另外取撞击力峰值为 $F = A\sigma_0 = AC\rho$ 式中，A 为撞击面积，ρC 为混凝土阻抗，但应用图 5-7-9 的算法偏于安全。

ⅱ）混凝土撞体

混凝土撞体的材料强度可认为低于结构顶盖混凝土，当撞速超过某一临界速度 V_c 时撞体即告屈服或破碎。在较低撞速下，撞击应力可以由应力波理论确定，由于撞体和结构都是混凝土材料有相同的阻抗 ρC，在结构无整体运动的前提下，接触面上的最大应力为：

$$\sigma_0 = \rho C V_0/2。$$

如近似取撞体破碎时的应力为 $\sigma_0 = 25\text{MPa}$，可得 $V_0 = 6.7\text{m/sec}$。也就是说，在一般的落高下，都会发生破坏。这样，撞击力的时程曲线可以简化为矩形（图 5-7-14），撞击力的数值等于撞体的破坏应力 σ_0 与截面 A 的乘积。

撞体在破坏过程中，破坏材料的部分动量转换为压应

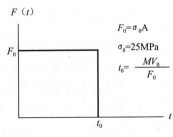

图 5-7-14　矩形荷载

力，其大小不超过单位时间内的动量变化，即 MV^2/AL 或 ρV^2，这一数值与 σ_0 相比通常甚小，故在撞击力的估算中可以忽略。

（4）复土的影响

复土的存在将减轻撞击作用。

在前苏联的人防设计参考文献中，曾提出有复土情况的近似计算方法，认为当复土深度 h_1 不超过 $40\sim50\mathrm{cm}$ 时，碎片速度从地表时的 V_0 降到与结构相遇时为零，从而取撞击力的时程曲线为有升压时间的三角形，其作用过程为 $t_0=2h_1/V_0$。这一资料提出设计时仍可按瞬息冲量计算，但由于此时的 t_0/T 值较大，故将冲量乘一小于 1 的修正系数 χ 即：

$$S = MV_0\chi(1+\nu) \tag{5-7-14}$$

表 5-7-2

$\dfrac{t_0}{T}$	$\leqslant 0.01$	0.2	0.4	0.5	0.6	0.7	0.8	1.0
x	1	0.96	0.84	0.76	0.66	0.57	0.48	0.37

上式在考虑回弹与 t_0 的计算假定之间存在矛盾。此外，修正系数 x 似乎还应与结构的延性比有关。

a）软垫层对撞体的缓冲作用

日本的一些学者就砂垫层对落石撞击的缓冲作用曾做过许多研究，提出了许多计算模型和经验公式[5-47~5-50]，其中比较有借鉴意义的是吉田、佐佐木等人所做的试验结果（图 5-7-15），所用重锤是钢壳圆柱体，端部有平底、球底、锥底等几种，撞体的平均质量密度与石料相近。综合这些试验现象，有：

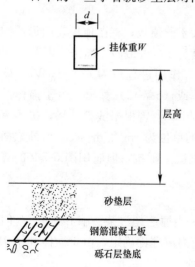

图 5-7-15　有垫层的撞击

ⅰ）重锤的底部形状对于重锤的最大撞击力 F_m（或最大冲击加速度）有很大影响，平底的最大加速度 a_m 值要比锥底或球底高出约一倍，撞击力（或加速度）的波形激烈跳动，而在锥底和球底中则变化较为平缓。图 5-7-16 是重锤最大加速度值，随着 V 增加，a_m 减少。值得注意的是这批试验为模拟落石，重锤的高度与直径相近，因此，在相同的单位面积土压力作用下，作用于重锤上的总合力与重量之比（加速度）大概与锤的直径成反比，这可能是 a_m 随 V 增加而降低的原因之一。

ⅱ）尽管底部形状对重锤的 a_m 有重大影响（相差一倍），但测得的砂垫层底部的土压力合力，即钢筋混凝土底板所受的最大冲击力则大体相同，当垫层为 90cm 时，底板最大冲击力为平底重锤所受最大冲击力的一半，并与球底重锤的最大冲击力接近（图 5-7-17）。1000kg 重锤（$d=90\mathrm{cm}$）作用下底板受到最大撞击力在 $V_0=20\mathrm{cm/sec}$（$h=20\mathrm{m}$）时约为 $45\sim70\mathrm{ton}$，在 $V_0=10\mathrm{cm/sec}$（$h=10\mathrm{m}$）时约为 $20\sim35\mathrm{t}$。

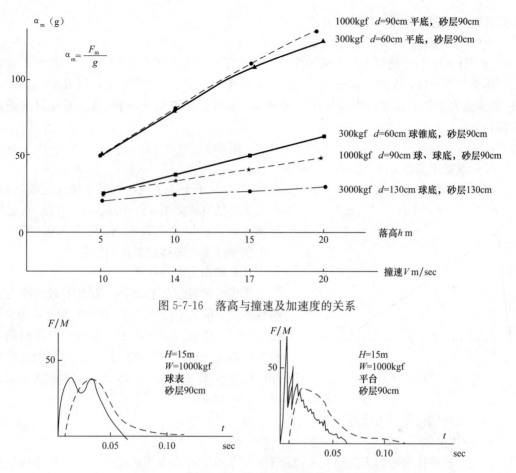

图 5-7-16　落高与撞速及加速度的关系

图 5-7-17　撞击力时程曲线

ⅲ）与上面介绍的吉田的实验结果相反，佐佐木的试验测得砂层较薄时底板土压合力的最大值超过重锤最大冲击力的一倍以上。锤底下部砂层形成土柱构成附加质量一起向下运动。当砂层厚度与撞体直径之比超过 2 时，撞体的加速度与砂层厚度的关系不大。

房屋倒塌落体中的混凝土构件，尽管材料的质量密度与落石相同，但其长度与截面直径之比甚大，与落石模拟实验中的重锤有很大差异。所以落石研究得出的一些经验公式和理论公式[5-23]都不能套用，因为在这些公式中多数没有反映撞体尺寸的影响。由于模拟落石重锤的 M/d^2 值要比杆状落体小得多，所以得出的撞击力在相同重量下无疑要比杆状落体大。如果将这些研究结果直接用于 h 混凝土杆件落体将给出过大撞击力，但从设计角度看偏于安全。

垫层对撞体的缓冲作用是非常显著的，在上述实验数据中，1000kg 撞体产生的最大撞击力不超过 70ton，而且由于垫层吸收能量，使作用于垫层底部砼板上的整个冲量值也明显减少。

b）撞体在土中的侵彻以及地面层的影响

ⅰ）钢质撞体

弹性体在土中的侵彻深度计算在资料［5-51～5-53］中有所介绍，相对来说以 Kar 提出的算法较适合落体撞击特点，有：

土中侵彻深度 x（见资料［5-53］） (5-7-15)

这一算式中的 x 值与土的无侧限静抗压强度有关，所以只适用于粘土。经计算，看来也可用于其他土体，此时可取值为土的地基承载能力，对一般夯实填土，可取 $Y=100kN/m^2$ 如 x 值大于复土厚度，则撞体将以余速 V_1 作用于 h 混凝土顶板，V_1 可近似按下式求得：

$$V_1 = V_0(1-h_1/x)$$

ⅱ）混凝土撞体

混凝土撞体在土中的侵彻未见有试验资料，相对于土体来说，混凝土撞体是硬撞体。

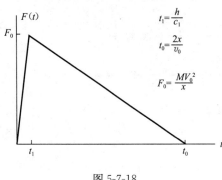

图 5-7-18

在以下的估算中，我们套用式（5-7-15）确定侵彻深度，并取原式中的 E/E_m 值为 1.0，即认为土中侵彻深度与撞体的弹性模量无关。

ⅲ）撞击力时程曲线

作为一种近似估算方法，有复土时的撞击力时程曲线仍可从侵彻值算出，假定时程曲线为有升压时间的三角形（图 5-7-18），这时的升压时间 t_1 可近似取 $t_1=h/C_1$（h 为复土深度，C_1 为土中的塑性波速），作用过程 $t_0=2x/v_0$，最大撞击力为：

$$F_0 = 2MV_0/t_0 = Mv_0^2/x$$

（5）人防结构受撞击验算

a）撞体参数

准确选取撞体参数对人防结构来说是不大可能的，在众多不确定因素中，也不应该挑选各种最不利情况的组合进行验算，比如取最大可能的落体重量同时又是正撞击。此外，撞击的破坏作用比起航弹来更为局部，而出现严重撞击的概率通常甚低，所以在验算中过大选取撞体的重量等参数也是不合适的。

在以下验算中，我们取两种撞体作为典型情况作分析：

ⅰ）外径 30cm、壁厚 1cm、长 4m 的钢管正撞击，撞体重 300kg；

ⅱ 截面 30×30cm，长 4.5m，的钢管混凝土柱的正撞击，撞体重 1000kg。

对附建式人防，取落高 5m，$v_0=10m/秒$，对单建式人防，取落高 45m，$v_0=30m/秒$。

b）附建式人防顶板算例

设顶板厚 25cm，净跨 5.5×5.5m，自振周期 $T=26ms$。计算结果为：

ⅰ）混凝土撞体作用，无复土。验算抗弯及抗冲切，取延性比大等于 5，结果是在 0.1MPa 的设计抗力下局部弯曲破坏。

ⅱ）混凝土撞体作用，如有大于 50cm 复土，顶板安全。

ⅲ）钢管撞体作用，无复土。验算结果是将有局部震塌发生。

ⅳ）钢管撞体作用，有复土，不发生震塌。

c）单建式人防顶板

设顶板尺寸及撞体类型与附建式人防算例中相同，只是落高增加，v_0 比附建式算例中的 10m/sec 增至 30m/sec。计算结果为：

ⅰ）钢管撞体，无复土。此时顶板将贯穿，防贯穿顶板最小厚度需有 46cm，防震塌最小厚度需 62cm。

ⅱ）钢管撞体，有复土 1m。此时的顶板仅能在 0.05MPa 的设计抗力下安全。

ⅲ）混凝土撞体作用，无复土，此时在 0.1MPa 的设计抗力下，抗弯和抗冲切都严重不足。

ⅳ）混凝土撞体作用，有复土 1m。此时在 0.1MPa 的设计抗力下，局部抗弯不足，在 0.05MPa 的设计抗力下，整体或局部抗弯均不足

四、小结

近似估算表明，如果选取外径 30cm、重 300kg 的钢管和截面 30cm × 30cm、重 1000kg 的撞体作为典型撞体，并以正撞击落地，如果没有大于 50cm 覆土，在落高为 5m 的情况下，对于设计抗力 0.1MPa 的顶板也会出现安全问题。在有覆土情况下，附建式人防结构如有大于 50cm 的覆土，在 0.05MPa 设计抗力下一般不会出现问题。这些估算是比较粗糙的，有待进一步探讨与试验验证。

参考文献

[5-1]　M. R. 巴丹斯基等. 掩蔽所结构设计. 蔡益燕译，中国建筑工业出版社，1978

[5-2]　H. H. 波波夫等. 特种建筑物的设计与计算. 中国建筑工业出版社（1978 版）

[5-3]　H. K. Снитко. Дцнамикасооруженцц. 1960

[5-4]　Справочник проектироьщика，Дцнамический расует специалыных инженерных соору жениийиконструкцчий（раэдел7，Г. Ц. глушков）. 1986

[5-5]　民防机构防护设施及医疗设施技术规定（翻译本）. 战士出版社，1982

[5-6]　S. Prakash，A. V. Chummer. Response of Footing to Lateral Loads，Proc. Int. Symp. on Wave Propagation and Dynamic Properties of Earth Materials，pp679-691，1967

[5-7]　Design of structures to resist the effects of atomic weapons. Corps of Engr.，EM1110-345

[5-8]　Air Force Design Manual，Principles and practices for design of hardened structures，AD295408

[5-9]　ASCE-Manual of engineering practice—No. 42，Design of structures to resist nuclear effects

[5-10]　The analylis of the effects of frame response on basement shelters in tall buildings，SSI8146-6，AD A121609，1982

[5-11]　Г. И. Глушкоб. Расчет Сооружений Загрувленыхь Грунме，1977ушкоб. РасуетСоору женцщц Загруъленнхб Грунте，1977

[5-12]　高层抗震结构人防地下室抗倾覆分析. 哈尔滨工程力学所硕士学位论文，赵文方，指导教师熊建国，1984

[5-13]　Masarovi Isami，etc.，Rocking vibration considering up-lift and yield of supporting soil，Proc. of the 4th Japan eaarthquake Engineering Symposium，1975

[5-14]　D. W. Talor，Fundamentals of soil mechanic

[5-15]　潘鼎元. 附建式人防地下室整体稳定性验算的极限设计方法. 人防科技. 1986 第 2 期

[5-16]　W. A. Keenan. Strength and behavior of RC restrained slabs under static and dynamic loadings，AD688421

[5-17] R. Park，W. L. Gamble，Reinforced concrete slabs，1880

[5-18] R. J. Mainstone. The response of Building to accidental explosion，CP24/76，《Building Fail-ure》. BRC Research Searies，Vol. 5，1978

[5-19] C. Wilton，etc.，Shock tunnel tests on wall panels，AD747331

[5-20] L. Zeevaet. Foundation Engineering，1983

[5-21] Z. Wilun，K. Strazenski. Soil Mechanics in Foundation Engineering，1975

[5-22] S. Prakash，S. Saran，Bearing capacity of eccentrically loaded footings，Journal ASCE No. SMI，Vol. 97 1971

[5-23] G. G. Meyerhof. The Bearing Capacity of foundations under eccentric and inclianed Loads. Proc. 3rd Inf. Conf. SMFE，1953

[5-24] A. Myslivec，Z. Kysela. The bearing capacity of building foundations，1978 [25]

[5-25] A study to assess the magnitude of OCD Foundation-Problems pertaining to nuclear weapons，AD 712311

[5-26] W. Goldsmith. Impact-The Theory and physical Behavior of Colliding Bodies. 1960

[5-27] W. Johnson. Impact Strength of Materials. 1972

[5-28] N. Christescn，Dynamic Plasticity，1967

[5-29] The Effect of Impact Loading on Building. State-of-the-Art Report，Materials and Structures，no. 8，vol. 44. 1975

[5-30] G. Szuladzinski. Dynamics of structures-problems and Solutions. 1982

[5-31] P. M. McMehon，etc. Structural Response of R/C Slabs to Tornado Missiles. Jour. ASCE，ST3，1979

[5-32] A. E. Stephenson，G. E. Sliter. Full Scale Tornado-Missile Impact Tests. Trans，4th，Int. Conf. SMIRT，1977，vol J，J10/1

[5-33] A. K. Kar. Barrior Design for Tornado-generated Missiles. Trans.，4th Int. Conf. SMIRT 1977 vol J，J10/1

[5-34] P. M. McMehon，etc. Behavior of RC Barriors Subjected to the Impact of Turbine Missiles. Trans，5th Int. Cont. SMIRT，1979，volJ J7/6

[5-35] A. K. Kar. Impactive Effects of Tornado Missiles and Aircraft. Proc. ASCE，ST11，1979

[5-36] A. K. Kar. Impact Load For Tornado-Generated Missiles. Nuclear Engineering and Design，Vol. 47，1978

[5-37] RILEM-CEB-IABSE-IASS Interassociation Symp. Concrete Structures Under Impact and Impul-sive Loading，Introductory Report. BAM，June，1982

[5-38] R. P. Kenndy. A Review & Procedures for the Analysis and Design of Concrete Structures to Resist Missile Impact Effects，Nuclear Engineering and Design. vol37，1976

[5-39] K. Fullard，P. Barr. Development of Design Guidance for Low Velocity Impacts on Concrete，Trans. 9th Int. Cont. on SMIRT volJ. 1987

[5-40] 能町純雄等. 鐵筋コソフリート平板の剛飛來物衝突による彈塑性応答. 日本大學生產工學部報告 A，1989

[5-41] G. E. Silter. Assessment and Emperial Concrete Impact Formulas. Proc. ASCE，ST5，1980

[5-42] A. K. Kar. Local Effects and Tornado-Generated Missiles. Proc ASCE. ST5，1978

[5-43] J. D. Riera. On Scabbing and Perforation of Concrete Structures Hit by Soild Missiles. Trans，9th SMIRT，volJ. 1987

［5-44］　地下室防护结构. 清华大学等编. 中国建筑工业出版社 1982 年

［5-45］　B. A. Котляревский，иДругие. Убежиша Граиждаискойобороиы. 1989

［5-46］　P. M. McMehon，etc. The Behavior of R/C Barriors Subjected to the Impact of Tornado Gener-
ated Deformable Missiles. Trans，4th Int. Conf. SMIRT 1977 vol J

［5-47］　振动便览. 日本土木学会，1985

［5-48］　三上敬司等. 落石によるエへの衝撃力に関する評価 土木學會 造工學論文集 33A，1987

［5-49］　吉田等. Experimental Study of Impulsive Acceleration and Earth Pressure by Falling Rocks an Sand
Layer

［5-50］　佐佐木等. An Experimental Study on Impact Load to Sand Layer by Falling Rock. 日本土木学会
论文报告集 340 号，1983 年 12 月

［5-51］　D. L. Logen. Evaluation and Projectile Impact on Earth-Cover Structures. 1983，AD-A145087

［5-52］　W. Young. Depth Prediction for Earth-Penetrating Projectiles. Jour，ASCE. SM3，1969

［5-53］　A. K. Kar. Projectile Penetration of Earth Media，Trans. 4th Int，Conf. SMIRT，1977，J9/8

第六章　防护工程的口部构件

第一节　防护门（防护密闭门）及门框墙

口部结构使是防护工程中最重要的部分，修建深埋在岩体中或在土中工程，主要依靠的就是口部结构来阻挡冲击波和压力波的袭击。它包括防护门、防护密闭门、密闭门及门外的通道和用来通风活门以及用来洗消染有放射性微尘人员进入工事内部的洗消间等，但并不是所有工程都要同时设置防护门和防护密闭门，前者只有在冲击波超压较大时才需要。

在一些浅埋的平战结合的人防工事内，往往还设置防爆隔墙、抗爆的层间楼板等。

防护门的常用开启形式有立转门、推拉门、翻转门、升降门等，其结构类型有平板门、圆拱门等。一般的土中浅埋防护工程多采用平板门，平板门的构造简单，受力明确，开启方便，占用地下空间的体积少，跨度一般不超过 8～10m，小跨的平板门多有标准图和现成产品供应，大跨平板门则多为钢-混凝土组合结构。圆拱门能承受较大超压，但相对来说，构造和制作较复杂。单扇圆拱门用于小跨，跨度稍大时宜用左右两个半拱拼成的双扇拱门。要做到拱门在均布压力的作用下能够只受轴力，在各个截面上不出现弯矩和剪力，这样的拱门只能做成三铰拱，在构造上更加复杂。所以中小型的圆拱门一般都在支座处采用平面接触，除了承受轴力外，又能承受少量的弯矩够，成为一种小偏压的构件或超静定的无铰拱。拱门多用于岩体中的防护工程，特别是要求抗力较高、跨度很大的防护门，如修建于靠海的大型艇库。

一、防护门的荷载及其设计原则

最常见的防护门时处于竖直位置的立转门，其主要部件有门扇、闭锁（滑锁式或插销式）、铰页（侧钣式或门轴式），在小门中有时还可带预制门框。实际防护门应做到：a) 满足规定的强度和刚度要求，荷载作用后不能残留过大变形并在门与门框之间出现空隙，破坏密闭功能，b) 启闭灵活可靠，门扇受力后门扇的反力不需直接传至门框而不通过启闭部件。处抗力较低的小型门外，启闭部件的构造应做到不妨碍门扇在正压作用下的自由变形。对大型防护门在满足防早期核辐射前提下，应尽可能减轻其重量。

（1）作用于防护门的核爆冲击波荷载

防护门受到的冲击波压力通常要比工事地面的冲击波超压大得多，两者的差别与工事口部的地形、门前的通道形式、门的位置、冲击波的作用方向及冲击波参数大小等多种因素。根据冲击波进入孔口扩散以及遇到障碍物反射的变化规律，可以近似估出不同情况下通道出入口的门上峰值超压 ΔP_m 与地面峰值超压 ΔP_d 如图 6-1-1 所示。图中数值是工事位于空爆不规则反射区或地爆时情况，对一般山区坑道和平地的直通式斜梯出入口，ΔP_m 与 ΔP_d 的比值在较大的地面超压下可以达到很大的数值。不过 ΔP_d 取值较大的工事，在设计中往往认为是处于爆心投影点附近，能力的地面冲击波气体的分子运动近于滞止状态，这时的 ΔP_m 与 ΔP_d 比值对于各类出入口来说大概不会超过 $1\sim1.65$。

许多因素能使门上的压力荷载减少，例如当入射冲击波反常有升压时间，当门前通道有局部扩大段，当门的位置靠近口部扩散区等等。坑道工事口外的地形及其迎波面大小对出入口超压有获得影响，合理利用山地天然穿廊使冲击波只能从侧面掠过出入口就能有效降低门上荷载。防护门上的压力荷载波形也比较复杂，图 6-1-2 是其一例。

人防地下室的室内防护门上的荷载更不易确定，空气压力从室内底层地面经过楼梯或电梯井进入地下室的门外空间，扩散作用显著，不论在反射或动力作用上都会有很大削弱，尚无适当方法来定量估算其数值。

防护门还受到冲击波负压作用，其数值可取通道口外的地面冲击波负压。

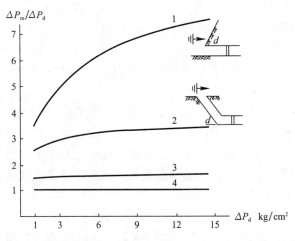

图 6-1-1 通道出入口门上压力与地面压力的比值

1—直通式或穿廊式坑道出入口（$\theta>50$ 度）；2—平地直通式斜梯出入口；（$\theta=45$ 度）；
3—平地竖井出入口及穿廊式斜梯出入口；4—与地面齐平的防护盖板

（2）防护门的设计原则

防护门部件中，闭锁自承受负压的吸力和反弹作用，铰页除承受门扇自重外，在小型防护门中也承受负压和反弹。闭锁与铰页按机械零件设计。负压和反弹式两个不同的概念，核爆的负压一般为 $0.15\sim0.3\text{kg/cm}^2$（相应的冲击波超压 $1\sim6\text{kg/cm}^2$），而反弹的程度与冲击波的波形、峰压大小和门扇的阻力特性以及弹塑性工作状态有关，反弹时门扇的计算图形也有可能改变，有的在设计中采用某一提高了的负压值来综合考虑钢筋混凝土门上的闭锁铰页在核爆冲击波作用下的反弹作用问题。

a）设计荷载

防护门通常只按核爆冲击波荷载设计。炮炸弹的作用则通过建筑方案上的合理布局予以避免。从理论上看，将防护门设置在通道口的一定距离以内（通道直径的 $3\sim5$ 倍距离以内），这里的冲击波由于进入孔口后扩散尚未形成新的突跃波阵面，因而将受到较小反射压力。但为防止炮炸弹命中，通道的防护门一般仍应靠里放置为宜。化爆冲击波的作用时间短，会引起严重的反弹损坏防护门，所以在防护门前再设置一道用厚木板或钢丝网水泥做成的轻型门，并可兼做管理门用，通过轻型门的破损来削弱化爆荷载。

防护门的设计压力一般可取工事地面超压的 2～3 倍，并将压力波形简化为突加平台荷载。这样有助于选用定型标准门。

负压是缓慢增减的，可看成是静载。

工事的第二道防护（密）门只承受第一道防护门缝隙中漏进来的余压，数值低、作用时间长，无明显动力作用。

b）动力分析方法

门扇在动力作用下常简化为单自由度弹塑性体系用等效静载法设计。等效荷载为：

$$q = k_h \Delta P_m$$

式中 ΔP_m 是门上的动载峰值（设计荷载），是弹塑性体系动力分析第五处的荷载系数，与动载形式及设计取用的构件延性比有关，通常可选用以下数值

钢筋混凝土平板防护门，取延性比 $[\beta]=3$，得 $k_h=1.2$；

钢筋混凝土平板防护门，取延性比 $[\beta]=1.5$，得 $k_h=1.5$

钢筋混凝土圆拱门，取取延性比 $[\beta]=1.1\sim1.3$，得 $k_h=1.84\sim1.65$

圆拱门在径向均布荷载作用下接近中心受压状态，因此 $[\beta]$ 值不宜取得过大如混凝土的强度又很高，宜取 $[\beta]=1$。

防护门的自振频率一般较高，动载下变形达到最大值的时间铰短，所以可将动载简化为突加平台形，但大跨门的自振频率较低，且动载曲线在初始阶段急剧衰减，故宜将动载简化为突加三角形荷载，此外还应考虑反弹。另一种情况是冲击波有升压时间，例如从一楼进入地下室的压力其升压过程可为门的自振频率几倍，已接近静载。

c）截面选择与构造要求

门的截面验算并无特别之处。门扇在长、宽两个方向上均应布置里、外两层钢筋，最好焊接成网，每侧配筋率不少于 0.2%。两侧钢筋之间必须用单肢箍筋可靠拉接。保护层厚度应根据当地环境条件确定，但不小于 3cm。

二、钢筋混凝土平板门

钢筋混凝土平板门的塑性性能优良，制作方便，与门框之间容易做到密缝，所以用的普遍。在满足抗剪前提下，可将门扇做成变厚度，即中间厚、四周薄。较大跨度平板门可做成密肋梁式。

单扇平板门至于门框四周，计算图形为 4 边简支板。设板的短跨和长跨分别为 l_1 和 l_2，短跨和长跨单位宽度上的抗弯能力分别为 m_1 和 m_2，按照钣的塑性绞线理论，对于图 6-1-2 的破坏机构，可得出均布荷载下极限荷载 q 以及斜铰线与短边的夹角 α 如下：

$$\alpha = \mathrm{tg}^{-1}\left[(3c_m + c_m^2/c_1^2)^{1/2} - (c_m/c_1)\right] \tag{6-1-1}$$

$$q = (24m_1/l_1^2) \times \left[3 + (c_m/c_1^2) - c_m^{1/2}\right]^{-2} \tag{6-1-2}$$

式中 $c_1=l_2/l_1$，$c_m=m_2/m_1$。从式（6-1-2）可近似得出

$$m_1 = (ql^2/24)(2c_1-1)/(c_m+c_1) \tag{6-1-3}$$

如门扇的尺寸及配筋已知，按以上公式算出 m_1 和 m_2，得 c_m，代入（6-1-3）式，即可得到极限荷载 q。

板在受载后，四角有翘起趋势，如近似假定板的反力沿支座边长呈梯形分布，在角上为零，靠近中间均布（图 6-1-2），以塑性铰分割的各个板块为隔离体取平衡条件，可算出平板沿支承单位长度分布的反力或最大剪力为：

短跨方向 $$V_1 = \nu_1 q l_{01} \tag{6-1-4a}$$

长跨方向 $$V_2 = \nu_2 q l_{01} \tag{6-1-4b}$$

式中系数 ν_1 和 ν_2 见表 6-1-1，l_{01} 为短边净跨。

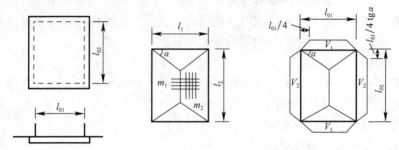

图 6-1-2　四边简支平板门的计算图形

表 6-1-1

边长比 l_2/l_1		1.0	1.2	1.4	1.6	2.0	2.5
ν_1	$\alpha=45°$	0.33	0.37	0.39	0.41	0.43	0.44
	$\alpha=30°$	0.42	0.43	0.44	0.45	0.46	0.47
ν_2	$\alpha=45°$	0.33					
	$\alpha=30°$	0.19					

平板门的内侧面在荷载作用下受拉伸长，使支承承压面产生推力（图 6-1-3）。试验证明，只要门框在推力作用下有足够刚度，这个推力就是摩擦力，等于反力与摩擦系数的乘积。推力使门扇的抗弯能力提高，但在设计中经常忽略推力的影响。

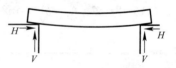

图 6-1-3　门扇的支座推力

三、钢筋混凝土圆拱门

拱门有很大推力，如果拱脚支座在推力作用下容易变位，就必须采用带有拉杆的拱门。跨度较大的拱门还应避免冲击波从侧面掠过的不对称受力状态。拱门的中心线照例采用圆弧形，圆心角 2θ 一般取 $75° \sim 120°$。圆心角过小时拱的弯矩增大，受力性能变坏。而过大的圆心角则使门扇所占的平面位置增加，开启后要求门孔两侧留出较大空间。

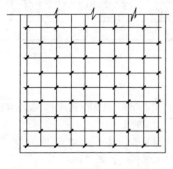

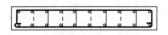

图 6-1-4　平板门的门扇配筋

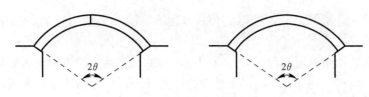

图 6-1-5 双扇拱门和单扇拱门

（1）拱门的计算简图

拱门一般以拱脚作为支承面支于门框侧边上，门框上部挡墙与下部门槛做成圆弧形，但与门扇上下两端的内表面之间留有缝隙并不直接接触，所以是单向受力可取单位宽的拱带按圆拱计算。如果拱的上下两端同时支在门框上，则需按圆柱壳计算图形进行分析。下文中我们只考虑上下端与门框脱开的超静定无铰圆拱。

（2）内力分析

在径向均布荷载作用下，无铰拱的弯矩分布如图 6-1-6b 所示，以拱脚处最大，各个截面的轴力基本相同。拱脚和拱顶的内力为：

拱脚弯矩 $M = \Delta H (f_1 - c)$ （6-1-5a）

拱脚轴力 $N = qR_1 + \Delta H \cos\theta$ （6-1-5b）

拱顶弯矩 $M = -\Delta H c$ （6-1-6a）

拱顶轴力 $N = qR_1 + \Delta H$ （6-1-6b）

式中 q——等效静载；

c——拱的弹性中心到拱顶的距离，有：$c = R_1 (1 - \sin\theta/\theta)$；

ΔH——无铰拱支座推力与三铰拱相比的差距，等于

$$\Delta H = A_p q R_1 [12 A_1 (R_1/h)2 + B_1]^{-1}$$ （6-1-7）

系数 $A_p = 2\sin\theta$，$A_1 = \theta + (\sin2\theta)/2 + 2\sin^2\theta/\theta$，$B_1 = \theta + \sin2\theta/2$，具体见表 6-1-2。

表 6-1-2

系数	中心角 2θ		
	120 度	90 度	75 度
A_p	1.732	1.414	1.218
A_1	0.0478	0.0122	0.0075
B_1	1.480	1.2732	1.1375

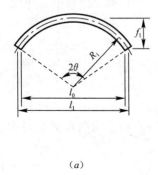

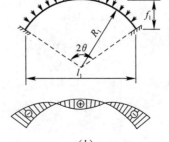

圆心角2θ，拱厚h，两拱脚内缘之间的跨长l_1

计算跨度 $l_1 = l_0 + \sin\theta$

计算拱径 $R_1 = l_1/2\sin\theta = (l_1^2/8f) + f_1/2$

计算矢高 $f_1 = R_1 (1 - \cos\theta)$

（a）   （b）

图 6-1-6 无铰拱的弯矩分布图

拱门门扇的两个端面做成平面同支座接触，即以端面的全厚作为支承面。支承面只能受压，不能受拉，所以不论是单扇或双扇拱门都应看成是单向联系的无铰拱，其支承面上可以承受不均匀分布的压应力，同时承受轴向压力和弯矩。如果接触面上的弯矩过大出现局部拉开，这样的受力状态是不容许的。

拱门的圆心角越小，特别是拱的半径与拱厚之比越小时，按无铰拱计算的弯矩迅速增大，使得承载能力比起同样尺寸的三铰拱来低得多。所以除非是圆心角很大或者拱门厚度很小的可以采用三铰拱的计算图形，否则是不安全的。

拱门门扇支承接触面上的局部缝隙会使拱的内力发生根本变化，多数情况下的受力状态恶化。

（3）配筋及构造要求

拱门按小偏压构件配筋，其构造要求除上面已有提及外，尚应注意：

a）门扇的支承面宜包上槽钢或钢板焊接件，这些铁件要仔细调直平整并焊上锚钩与门扇主体固定。沿拱线方向的主筋端部应与包边铁件顶紧电焊。

b）门扇上下端部的内侧面宜预留槽孔，以便置入橡皮条用来填充门扇内侧与上挡墙和门槛之间的空隙（约 3~5mm）。

c）拱门支承面上的可能缝隙须用环氧水泥砂浆等材料填严。

d）拱门门框墙或其邻接部件应有足够的刚度抵抗拱的推力。在坑道工程中，拱脚部位的覆盖必须紧贴围岩，不容许有松散的回填，拱脚部位的松软围岩应加固处理加强。

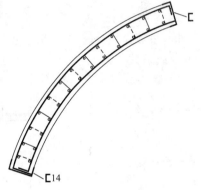

图 6-1-7 拱门配筋示意

四、门框墙设计

（1）门框墙的计算图形与等效静载

门框墙是受弯工作的开孔平板，由于门洞尺寸较大，往往将它分割成侧墙、上挡墙、门槛等几部分独立计算。侧墙宽度与其高度之比甚窄，所以侧墙的计算图形可取为一端固定的牛腿。上档门如在紧挨门洞上方设置一个横向的加强梁（图 6-1-8），就可将它看成是四边支承的板，否则上挡墙的计算图形就比较复杂，可采用极限荷载分析的板带法（或称条带法）作内力分析并配筋。遇到墙面宽不能视为牛腿时，也可用板带法分析。

需要指出的是，如按牛腿计算图形，必须与门框相联的邻接构件能够承受牛腿根部的巨大弯矩，要有较厚的侧墙，否则侧墙荷载的全部或一部分应向上下传到顶板和底板。当门框墙嵌入通道被覆或岩体内并将门槛墙按牛腿计算时，应验算接触面上的挤压强度。

门扇的反力对门框墙来说是动荷载，除非门框的自振频率很高，否则按照门扇等效静载求得的门扇反力直接作为门框墙的等效静载是不够的，应将这个反力适当放大。当准确的分析比较困难，一般情况下建议按下述方法确定门框墙等效静载：

a）承受门扇动反力的门框墙构件，门扇给予的等效静载，取为等效静载反力的 1.2 倍。

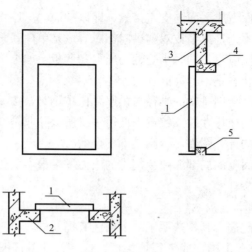

图 6-1-8　门框墙

1—门扇；2—门框侧墙；3—上挡墙；4—加强梁；5—门槛

b）直接作用与门框墙墙面的冲击波等效静载，等于冲击波压力峰值 ΔP 乘门框墙构件的荷载系数 k_h。

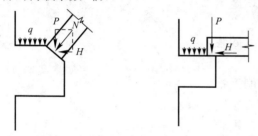

图 6-1-9　拱门和平板门的门框牛腿

c）门框墙构件的荷载系数一般可取与门扇相同，当门框牛腿由于裂缝宽而集中，荷载系数宜取较大数值。

（2）门框墙牛腿设计

牛腿所受荷载入图 6-1-9 所示，其中 q 是直接作用于墙面上的冲击波等效静载，有：

$$q = k_h \Delta P_m$$

荷载系数 k_h 可按延性比 1.5 确定，得 $k_h = 1.5$。

门扇的反力等效静载为：

拱门　　　　　　　　　　　$P = 1.2N\cos\theta, \quad H = 1.2N\sin\theta$　　　　　　　（6-1-8）

平板门　　　　　　　　　　$P = 1.2V, \quad H = V.k_t$　　　　　　　　　　　（6-1-9）

式中　N——拱门在其等效静载作用下的拱脚处轴力，按式（6-1-5）算出，这里忽略了拱脚处剪力以及弯矩的影响。θ 为拱的圆心角之半；

　　　V——平板门在等效静载下的反力，按式（6-1-5）计算；

　　　k_t——平板门支承面上的摩擦系数，如接触承压面上的门扇端部包有角钢或钢板，取 k_t 等于 1/3，如均为混凝土接触，取 k_t 等于 1/2。

平板门施于牛腿的推力 H 就是支座面上的摩擦力，设计时也可忽略这一有利影响。

门框牛腿的强度可根据以下几种情况分别验算：

a）如牛腿悬长较短，且门扇反力与推力的合力作用线处于牛腿的轮廓线内，这时可将牛腿近似看作混凝土偏压构件，当满足下列条件时只需构造配筋（图 6-1-10）：

$$N/2c < f_{cd}$$　　　　　　　　　　　　　（6-1-10）

式中　N——门扇反力与推力的合力；

　　　c——合力作用线与牛腿轮廓线外缘的最小距离；

　　　f_{cd}——混凝土动力抗压强度的设计值。

拱门的门框墙，最好都能满足式（6-1-10）的条件。

b）牛腿悬长较长，或者推力很小不能满足上条要求，则应验算牛腿根部截面的抗弯和抗剪强度。理论和试验都证明，这种门框墙牛腿在绝大多数情况下都是弯坏控制而不是剪坏，建议按下列步骤作强度验算：

ⅰ）抗弯强度验算

最危险截面在牛腿根部，需要的受拉钢筋面积为：

$$A_g = M/(0.85h_0 f_{yd}) = [Pa_1 + 0.5qa_2^2 - H(0.9h_0 - a_3)]/0.85h_0 f_{yd}$$

式中　　　h_0——截面的有效高度，近似认为等于截面的内力臂 $0.85h_0$；

a_1、a_2、a_3——见图 6-1-11 的标注，其中的 a_3 在平板门中等于零。

平板门门框墙设计中如不考虑推力的有利作用，则取 $H=0$。

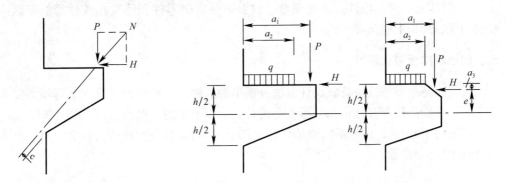

图 6-1-10　门框牛腿按受压构件验算　　　图 6-1-11　门框牛腿按受弯或压弯构件验算

ⅱ）抗剪强度验算

根据试验结果，符合以下条件的牛腿为抗弯控制，不需要验算抗剪：

①—考虑推力的平板门门框墙牛腿，当 $a_1/h \geqslant 0.6$ 且 $\rho f_{yd} < 0.1 f_{cd}$ 时或当 $a_1/h > 1$ 且 $\rho f_{yd} < 0.15 f_{cd}$ 时；

②—不考虑推力的平板门门框墙牛腿，当 $a_1/h \geqslant 0.4$ 且 $\rho f_{yd} < 0.1 f_{cd}$ 时；

ⅲ）—拱门门框墙牛腿，当 $a_1/h \geqslant 1.5$ 且 $\rho f_{yd} < 0.1 f_{cd}$ 时。

上式中 ρ 为抗弯受拉钢筋的配筋率。

不符合上述条件的门框墙有可能发生剪坏，应按下式验算抗剪强度：

$$Q/h_0 \leqslant 0.17(100\rho h_0/c_2)^{1/3} f_{cd}$$

式中　Q——有效剪力，取 $Q = P + 0.5qa_2$；

　　　c_2——换算剪跨，$c_2 = M_2/Q$，$M_2 = Pa_1 + 0.5qa_2^2 - H(0.5h - a_3)$。

如抗剪强度不足，可加大截面高度或增设腹筋。在任何情况下，门框牛腿应设置构造受弯拉筋和受剪箍筋。

（3）门框墙的构造要求

a）为保证门扇与门框墙接触面贴合，宜采用预制钢门框或预制钢筋混凝土门框构件，在浇筑门框墙时将它们埋入墙体并可靠锚固。拱门门扇和预制钢筋混凝土门框应同时制作。较大的门可以先预制门扇，按照就位后在浇筑门框墙，以门扇作为门框墙模板的一个部分，或者反过来先浇筑墙体，以门框墙作为门扇模板的一部分。预制门框要有足够的刚度，否则施工时容易变形。

简易人防工事用配筋砖砌体作为门框墙时，必须采用预制混凝土门框，同时要验算负压作用下预制门框锚固的可靠程度。

b）门框墙牛腿的受力钢筋最小配筋率不低于 0.3%，直径不小于 12mm。拱门门框牛腿当荷载合力作用线处于牛腿轮廓线以内时，配筋量可适当减少。应注意门框墙四周伸入邻接构件的负弯矩钢筋要有足够的锚固长度。

c）门框墙宜内外两侧并在两个方向上都设置钢筋。构造筋可用直径 8～12mm 钢筋，间距不小于每米 5 根。门洞四角应设置斜筋加强，防止角部开裂。

d）与门扇接触门洞部位，要考虑到混凝土有砸角或掉角的可能。门槛处最好包上角钢。拱门门框墙与门扇拱脚的接触面应验算挤压强度，最好采用高强混凝土。

e）应注意各种预埋件入如闭锁盒、铰页钣等启闭零件和管线孔铁件等的安置。门框墙前的通道顶板上应预埋吊钩。

五、门框墙的板带法设计

板带法是平板按极限荷载设计方法分析中的一种，它比塑性铰线方法容易掌握而且偏于安全，特别适用于开孔板和异形板的设计。今以上述的门框墙为例说明其解法。

首先将图 6-1-12（a）的门框墙划分成图（b）的荷载分配板带 Ⅰ、Ⅱ、Ⅲ、Ⅳ、Ⅴ 和图（c）的板带编号。

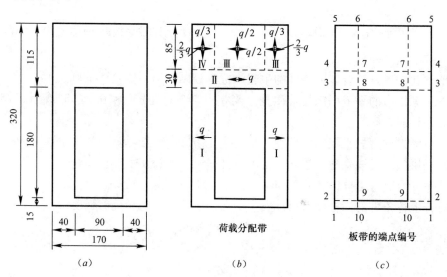

（a）　　　　　　　　（b）　　　　　　　　（c）

图 6-1-12　门框墙按板带法设计

荷载分配板带将这一板带所受的荷载 q 的传递方向加以明确，如看作Ⅰ为悬臂钣，上面的荷载向该处门框墙的支座方向传递；Ⅱ上的荷载向两端方向传递作为两端固定板带；Ⅲ上的荷载各有 1/2 向两端和顶部的固定端传递；Ⅳ上的荷载有 1/3 向顶部固定端传递，2/3 向侧边固定端传递；V 上的荷载向底部固定端传递，就这样将门框墙承受的荷载分配完毕。

下一步就可分析各个板带的内力进行强度验算并配筋。各板带的计算图形如图 6-1-13 所示。

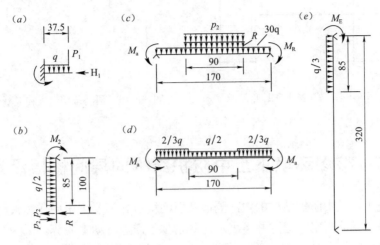

图 6-1-13　板带的内力计算图形

图 6-1-14 是门框墙最终的配筋图，图 6-1-15 是门槛的计算图形，受到的门扇水平和竖向反力，为将其合力处于门槛的轮廓线内（图 6-1-15），可将门槛的宽度加大到 40cm，这样就可避免将门槛嵌入地基中。

图 6-1-16 是预制角钢门框和预制混凝土门框，为的是与门窗之间能保持良好接触。

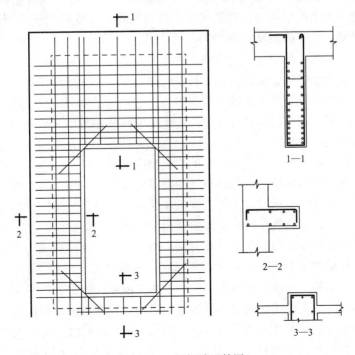

图 6-1-14　门框墙配筋图

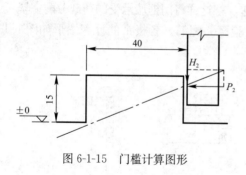

图 6-1-15　门槛计算图形

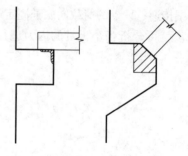

图 6-1-16　预制角钢门框和混凝土门框

第二节　核爆环境下土中防护结构的层间楼板设计方法

　　核爆环境下，土中防护结构的内部隔墙及层间楼板并不受到土中压缩波作用。在设计规定中也未做出具体规定，但这并不表示这些构件不需进行动力验算，因为当结构受力发生整体运动时，隔墙和楼板均将受到惯性力，对楼板来说，主要是垂直运动引起的惯性力。我国已建的一些双重和多层人防地下室，多未做层间楼板的动力计算。

一、自由场的地运动

　　爆炸环境下的自由场地运动取决于爆炸方式、场地离爆心距离以及主体结构性能和地质情况。通常，自由场的地运动由下列两大部分组成：a）当地空气冲击波拍击地面引起的地运动，可称为当地的地冲击。当空气冲击波的波阵面速度甚大于土中压缩波速度时，这一运动主要是垂直向下的运动，在均匀介质中其波形为单一脉冲；b）由上游或爆心方向传来的地运动，包括上游空气冲击波拍击地面造成的运动和触地及近地爆炸时通过成坑效应及能量直接输入土中所造成的运动，合在一起可称为上游地冲击。上游地冲击在土中产生体波（纵波和剪切波）和表面波，其波形为一连串的不规则正弦波的组合，与一般的地震波相似。空气冲击波的传播速度通常要大于土中纵波、剪切波和表面波的速度，在离爆心投影点不很远处的场地内，空气冲击波到达在先，而上游方向传来的各种体波和表面波到达在后。但离爆心愈远，空气冲击波的传播速度愈来愈低，而上游方向传来的波通过下部坚硬地层以及层间界面反射，能以较大的速度传播，并在当地的空气冲击波到达以前先行到达。某处自由场的地运动是上述各种运动的组合，它们之间可能相互重叠，也可能部分分离（图 6-2-1）。准确估计地运动及其参数相当困难，文献［6-1］［6-2］［6-3］对此有扼要的描述并且给出了近似的定量计算方法。对于一般的单建式人防工程来说，其设计抗力通常较低，核爆时工事所处位置相当于运区（马赫区）。在这种条件下，上游地冲击引起的地运动往往超前于当地的地冲击；其中，体波因衰减较快，辐值相对较小，而表面波所引起的土体质点最大速度，其量级可达到与当地空气冲击波所引起的相同，具体的辐值及频率则与地质分层情况及土体特性有很大关系。由于表面波的频率相对较低，所以引起的加速度峰值要低于当地地冲击（假定当地空气冲击波作用于地表时为突加无升压时间，且所考虑的自由场属浅埋土体）。

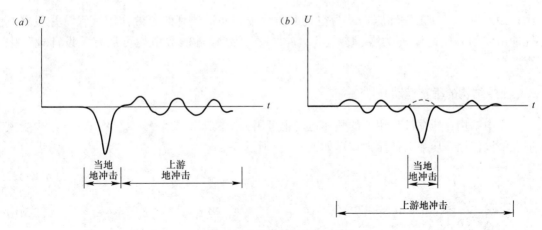

图 6-2-1　核爆环境下的地运动

(a) 当地空气冲击波引起的地冲击先于上游地冲击；(b) 上游地冲击先于当地地冲击

土中防护结构的层间楼板的惯性力主要决定于自由场的垂直加速度运动。既然上游地冲击的加速度相对较弱，又难以准确定量，所以只考虑当地的地冲击影响看来是适宜的。如果核爆炸的方式是工事正上方的顶爆，则仅考虑当地地冲击更为符合实际。需要指出的是，这一计算前提可能不适合岩层地区，也不一定适用于隔墙等主要考虑水平加速度运动的构件设计。

当地空气冲击波引起的垂直地运动比较容易估计，美国曾做过大量的高能炸药模拟核爆炸试验、证实这种地运动可用一维波理论很好描述。假定土中的加载压缩波自上向下传播，其峰值压力为 P_m，波速为 c，土体的质量密度为 ρ，则有土体的质点速度为：

$$v = \frac{P_\mathrm{m}}{\rho c}$$

对于地表，此处压力为空气冲击波峰压 ΔP_s，资料 [6-1] 取一般土体的 ρc 值为 $6.67 \times 10^5 \mathrm{kg/m^2\text{-}sec}$，代入上式给出地表处的土体质点速度峰值为：

$$v_\mathrm{h=0} = 1.5\Delta P_\mathrm{m}/\mathrm{sec}，(\Delta\mathrm{P}\ 单位为\ \mathrm{MPa})$$

如取地面空气冲击波的升压时间为 1 msec，由此得地表运动的最大加速度为：

$$a_\mathrm{h=0} = \frac{v_\mathrm{h=0}}{\Delta t} = 150(\Delta P_\mathrm{s})(单位为\ g，g— 重力加速度)$$

随着深度增加，加速度衰减非常快，原因是压缩波峰值的升压过程随着深度不断增加。

由于对土中压缩波的峰值压力 P_m 及其升压时间 t_1 的研究比较充分，同时也为了能与现行设计规程的有关公式相结合，所以自由场中深度 h 处的加速度峰值 a_m 可以比较方便的用下式表达：

$$a_\mathrm{m} = \frac{v}{t_1} = \frac{P_\mathrm{m}}{\rho c_1 t_1} \tag{6-2-1}$$

$$t_1 = \frac{h}{c_0}(\gamma - 1) \tag{6-2-2}$$

$$P_\mathrm{m} = \left[1 - \frac{h}{c_1 \tau_0}(1-\delta)\right] \cdot \Delta P_\mathrm{s} \tag{6-2-3}$$

式中　c_0 为土体中起始波速；c_1 为峰值波速；γ 为波速比，$\gamma = c_0/c_1$；δ 为土体应变恢复

比；ΔP_s 为空气冲击波峰压，τ_0 为空气冲击波按等冲量计算的等效作用过程，并假定空气冲击波的升压过程 τ_1 为零。参数 c_0、c_1、γ、δ 及 a_0 等的数值均可从有关设计规程中查取。

二、土中结构的垂直运动

土中结构在压缩波作用下的整体运动也可用一维波理论求得[6-4]。设图 6-2-2 结构受入射压缩波作用，压缩波的压力波形如图 6-2-3 所示 有：

$$\sigma(t) = P_m \frac{t}{t_1} \qquad\qquad 当 \; t \leqslant t_1 \qquad\qquad (6\text{-}2\text{-}4a)$$

$$\sigma(t) = P_m \left(1 - \frac{t - t_1}{t_0 - t_1}\right) \qquad 当 \; t_1 < t < t_0 \qquad (6\text{-}2\text{-}4b)$$

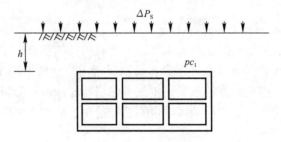

图 6-2-2　土中结构

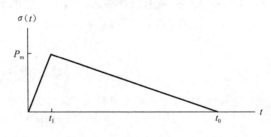

图 6-2-3　压力波形

假定结构为刚体，并视结构上方土体为各不相关的独立土柱，则在加载波作用下当结构的运动速度为 v 时，作用于结构顶部的压力应为：

$$P_1 = 2\sigma(t) - \rho c_1 v \qquad\qquad (6\text{-}2\text{-}5)$$

而基底压力则为：

$$P_2 = \rho' c_1' v \qquad\qquad (6\text{-}2\text{-}6)$$

此处 ρc_1 和 $\rho' c_1'$ 分别覆土和基底土的阻抗。

设结构的单位面积质量 μ，$\mu = M/F$，其中 M 和 F 分别为结构的总质和底面积，则可列出结构的运动方程为：

$$\mu \frac{\mathrm{d}v}{\mathrm{d}t} = P_1 - P_2$$

代入式（6-2-5）、（6-2-6），得：

$$\frac{\mathrm{d}v}{\mathrm{d}t} + \bar{C}v = -\frac{2}{\mu}\sigma(t) \tag{6-2-7}$$

式中 $\bar{C} = 1/\mu\ (\rho c_1 + \rho' c_1')$

上式的解为：$v(t) = \frac{2}{\mu}\int\sigma(t)\cdot e^{-\bar{C}(t-\tau)}\mathrm{d}\tau$ 代入式 (6-2-4) 得：

$$v(t) = \frac{2P_\mathrm{m}}{\bar{C}\mu}\Big[\frac{t}{t_1} - \frac{1}{\bar{C}t_1}(1-e^{-\bar{C}t})\Big] \qquad 0 < t < t_1 \tag{6-2-8a}$$

$$v(t) = \frac{2P_\mathrm{m}}{\bar{C}\mu}\cdot\frac{t_0-t}{t_0-t_1} + \frac{1}{\bar{C}(t_0-t_1)}\Big[\Big(\frac{1}{\bar{C}t_1} + \frac{1}{\bar{C}(t_0-t_1)}\Big)e^{-\bar{C}t_1} - \frac{1}{\bar{C}t_1}\Big]e^{-\bar{C}t} \quad t_1 < t < t_0$$

$$\tag{6-2-8b}$$

对上式微分，得结构的加速度为：

$$a(t) = \frac{2P_\mathrm{m}}{\bar{C}\mu t_1}\big[1-e^{-\bar{C}t}\big] \qquad 0 < t < t_1 \tag{6-2-9a}$$

$$v(t) = \frac{2P_\mathrm{m}}{\bar{C}\mu}\cdot\frac{-1}{t_0-t_1} + \Big[\Big(\frac{1}{t_1} + \frac{1}{t_0-t_1}\Big)e^{-\bar{C}t_1} - \frac{1}{t_1}\Big]e^{-\bar{C}t} \qquad t_1 < t < t_0$$

$$\tag{6-2-9b}$$

加速度峰值发生于 $t = t_1$，有

$$a_\mathrm{m} = \frac{2P_\mathrm{m}}{\bar{C}\mu t_1}(1-e^{-\bar{C}t_1}) \tag{6-2-10}$$

当 $t = t_1$ 时，入射压缩波开始卸载。因此，当 $t > t_1$ 时，式 (6-2-5) 不能成立，故上面求出的式 (6-2-8b) 和 (6-2-9b) 都没有意义。式 (6-2-9b) 表示的是一个缓慢衰减的曲线，作用过程很长。为了确定 $t > t_1$ 时的加速度，必须考虑结构卸载波和地表拉伸波的影响，后者是入射压缩波在结构顶部反射后、产生向上传播的反射波返回地表进一步反射成拉伸波往下传播。这些过程相当复杂，只能用数值方法求解而无具体的解析式。国内曾有专家对这个问题做过深入的研究，给出了结构顶板和底板压力的波形特点与具体参数。图 6-2-4 是顶板压力 $P_1(t)$ 和底板压力 $P_2(t)$ 的典型波形，图中 $t_2 \approx \Big(0.5 + \frac{\gamma}{\gamma-1}\Big)t_1$。由于

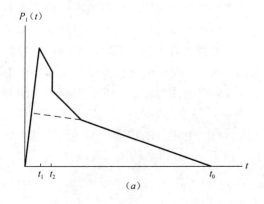

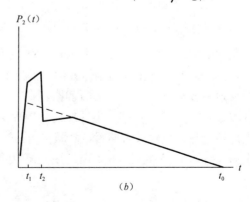

图 6-2-4 顶底板压力波形

一般土体的 γ 在 $2\sim3$ 之间，所以 $t_2/t_1\approx2\sim2.5$。在 $t>t_2$ 以后，顶底板的压力已接近相等。由于结构每一时刻的加速度与该时刻的顶底板压力之差成正比，由此可见加速度在 t_1 的时间内达到峰值，然后大体以相同的时间衰减到接近于零。图 6-2-5 是资料 [6-3] 给出的二个具体算例，其中将地表空气冲击波的波形简化为突加平台荷载，图中表示顶底板压力的二条曲线之间的面积就代表了结构加速度的波形。从这些数据可以近似认为：结构加速度的波形是一个长度为 $2t_1$ 的脉冲。从式（6-2-9a）可知，加速度的增长过程为一指数曲线，当 $\bar{C}t_1$ 甚小于 1 时，近似为一直线，而当 $\bar{C}t_1$ 大于 1 时则更接近于正弦曲线。所以在设计应用时可取加速度脉冲为对称于 t_1 的半周正弦曲线（图 6-2-6），这要比采用对称于 t_1 的等腰三角形脉冲偏于安全。

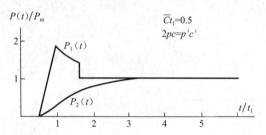
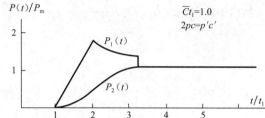

图 6-2-5　顶底板压力波形

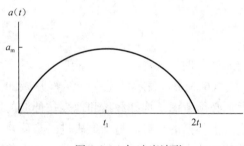

图 6-2-6　加速度波形

在以上的分析中，假定土体为理想弹性、结构为绝对刚性，所以反映在式（6-2-5）中的反射系数为 2。如果考虑到结构混凝土材料的阻抗 ρc 并不是无穷大，则反射系数将小于 2。如取混凝土阻抗为土体阻抗的 20 倍，则土中入射波遇到混凝土界面时的反射系数约为 1.95。此外顶板的柔性对于早期的反射压力虽然不会有明显影响，但也会使反射系教减少。还有，当混凝土顶板受到土中压缩波作用后，压缩波透过界面进入顶板，向下传播到顶板的底部自由面，反射成拉伸波再折回顶板与土体的界面，从而引起界面上的压力减少。顶板底部自由面引起的卸载过程相当短暂，因为当顶板中横向传播的弯曲波到达后，界面压力又会上升，因而对顶板本身的动力反应影响不大，但对于结构早期运动的加速度估计会有一些削弱作用。至于土体的非弹性对于反射系数的影响也比较复杂，例如应变软化土体与刚体界面上的反射系数恒小于 2，而应变硬化土体与刚体界面上的反射系教则可大于 2。为了简化计算、设计时一般均视土体为弹性。综合上面所说的种种因素，对于式（6-2-5）中的反射系数取值稍予折减，并建议取 1.6。此外，考虑到顶板上的覆土在经过较长时期后，其阻挠值 ρc_1 可以达到与底土相仿的程度，为便于计算可假定 $\rho c_1=\rho' c_1'$。代入式（6-2-10）并将式中的系致 2 改为 1.0，得结构加速度峰值为：

$$a_m=\frac{0.8P_m}{\rho c_1 t_1}(1-e^{-\bar{C}t_1}) \qquad (6-2-11)$$

式中　$\bar{C} = \dfrac{2\rho c_1}{\mu}$。

当 $\bar{C}t_1$ 甚小于 1 时，有 $1 - e^{-\bar{C}t_1} \approx \bar{C}t_1$，上式变成：

$$a_{\mathrm{m}} = \frac{1.6 P_{\mathrm{m}}}{\mu}$$

此时的加速度峰值与升压时间 t_1 无关，且结构愈重，加速度愈小。

当 $\bar{C}t_1$ 甚大于 1 时，有 $1 - e^{-\bar{C}t_1} \approx 1$，上式变成

$$a_{\mathrm{m}} = \frac{0.8 P_{\mathrm{m}}}{\rho c_1} \cdot \frac{1}{t_1}$$

此时的加速度峰值与升压时间成反比，与结构重量无关，并接近自由场加速度。

总的来说，t_1 愈小，加速度愈大。而 t_1 又取决于埋深及土中压缩波速度。如果地表空气冲击波有升压时间 τ_1，则 t_1 值也相应增加，即式（6-2-2）的等式右边应再叠加一项 τ_1。对于普通的土中人防工事，如果 τ_1 值超过 50ms，则结构加速度不大可能超过 1g（g 为重力如速度），在层间楼板中所引起的惯性力影响已无关重要。

三、层间楼板的动力反应

层间楼板因支座输入加速度而发生动力反应。如上所述，这个加速度脉冲可看成一个半周正弦脉冲，作用过程为 $2t_1$，故有频率 $\bar{\omega} = \dfrac{\pi}{2t_1}$，其值由式（6-2-11）确定。当 P_{m} 的单位用 MPa，ρ 用 kg/m³，c_1 用 m/秒，t_1 用秒，且将加速度的单位用 g（1g 等于 9.8m/秒²）表示，则式（6-2-11）成为：

$$a_{\mathrm{m}} = \frac{0.82 \times 10^5}{\rho c_1 t_1} \cdot P_{\mathrm{m}} \cdot (1 - \mathrm{e}^{-\bar{C}t_1}) \qquad (6\text{-}2\text{-}12)$$

$$\bar{C} = \frac{2\rho c_1}{\mu}; t_1 = \frac{h}{c_0}(\gamma - 1)$$

对于这样一个动力问题，在分析中并不存在什么难点，但严格的分析方法似无必要。有专家认为，可以将层间楼板看作是一个单自由度体系，按照能量相等的原则即可求出单自由度等效体系的换算质量，换算刚度和换算荷载。列出等效体系的运动方程后，可以用数值积分方法求出最大动位移，并算出最大动位移与弹性极限位移的比值是否满足设计延性比的要求。在作动力分析时并可考虑阻尼的作用，阻尼系数的数值在弹性设计时可取 0.1，弹塑性设计时可取 0.2。这一动力反应还可以更为简单的用等效静载法加以估计，即楼板在支座输入加速度 $a(t)$ 作用下的内力，相当于楼板在均布动载 $m \cdot a(t)$ 作用下的内力（图 6-2-7），或相当于楼板在等效静载 $k \cdot (m \cdot a_{\mathrm{m}})$ 作用下的内力。这里的 k 是动作用系数，弹性设计时是动力系数 k_{d}，弹塑性设计是动荷系数 k_{h}；$m a_{\mathrm{m}}$ 是峰值惯性力。k_{d} 与比值 w/w 或 t_1/T 有关，w 及 T 分别是楼板的自振圆频率和自振周期，而 k_{h} 则尚与设计延性比有关。在惯性力作用下，楼板开始向上运动，然后再向下运动。若忽略阻尼影响，则在弹性工作的前提下，有：

a) 当 $t_1/T > 1/4$ 时，结构的最大动力反应发生于强迫振动阶段，动力系数为

$$k_d = \frac{1}{1 - \frac{T^2}{16t_1^2}}\left(\sin A - \frac{T}{4t_1}\sin B\right) \qquad (6\text{-}2\text{-}13)$$

式中 $A = \dfrac{2\pi}{1 + \dfrac{4t_1}{T}}$；$B = A \cdot \dfrac{4t_1}{T}$。

b) 当 $t_1/T < 1/4$ 时，结构最大动力反应发生在自由振动阶段，有

$$k_d = \frac{\frac{T}{2t_1}}{1 - \frac{T^2}{16t_1^2}}\cos\left(\frac{2t_1}{T} \cdot \pi\right) \qquad (6\text{-}2\text{-}14)$$

反向位移下的动力系数 k_d' 可用式（6-2-14）确定，当 $t/T < 1/4$ 时，$k_d' = k_d$。但考虑到其他不利因素，k_d' 取值不小于 $0.5k_d$。比值 $\eta = k_d'/k_d$ 可见图 6-2-7。

由于阻尼对反向位移有较大影响，在具体设计时，建议 k_d' 按上式算出的数值折半取用。

当结构按弹塑性阶段设计时，动荷系数 k_h 没有解析解，只能用数值积分方法求解。k_d 和 k_h 随 t_1/T 变化呈波动趋势，实际应用时宜取包络线，图 6-2-7 给出的曲线已考虑了这一波动特点并且照顾到输入加速度波形有时可能接近等腰三角形时的某些特点。结构的塑性工作对反向的动力反应有很大影响并使反向动力反应降低，也需通过数值积分方法确定。为简化分析，可取反向时的 $k_h' = \eta \cdot k_h$。这种做法偏于安全，同 k_d' 一样，在具体设计中 k_h' 至少可折半取用。

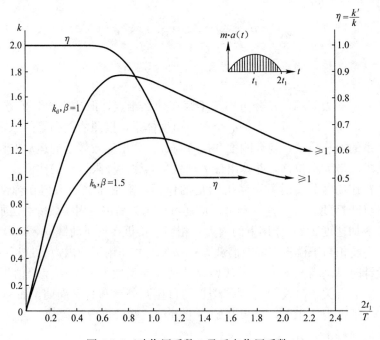

图 6-2-7　动作用系数 k 及反向作用系数 λ

如果 t_1/T 很小，如小于 $1/10$，则可将惯性力视作瞬息冲量，此时的动作用系数可用下式算出：

$$k = \frac{8 \cdot \dfrac{t_1}{T}}{\sqrt{2\beta - 1}} \qquad\qquad (6\text{-}2\text{-}15)$$

按照上述简化分析方法得出的等效静载，在确定结构的剪力时会有较大误差，尤其当 t_1/T 值较小时更是如此，所以抗剪的强度验算宜偏于保守，这是设计时应予注意的。

四、楼板强度验算

楼板强度验算应分二种情况考虑，一是单独的静载作用，按普通的混凝土结构设计规范验算；另一则是静载（自重）和惯性荷载一起作用，按工程设计规范规定作动力验算，下面讨论后一种情况，即动力荷载下的情况。

动力等效静载需分别按向上和向下二种作用计算。设向上等效静载为 q_d，向下等效静载为 $q_d{}'$，则有：

$$q_d = k \cdot ma_m \qquad\qquad (\text{单位}\quad \text{kg/m}^2 \cdot g) \qquad (6\text{-}2\text{-}16)$$

$$q_d' = 0.5k' \cdot ma_m = 0.5\eta k \cdot ma_m \qquad (\text{单位}\quad \text{kg/m}^2 \cdot g) \qquad (6\text{-}2\text{-}17)$$

a_m 按式（6-2-17）计算，弹性设计时，$k=k_d$，弹塑性设计时 $k=k_h$，k 及 η 可按图 6-2-7 取用。

楼板的计算荷载 q 为等效静载 q_d 与楼板自重之和，所以有：

$$q = (ka_m - 1) \cdot mg \qquad\qquad (\text{N/m}^2) \qquad (6\text{-}2\text{-}18)$$

$$q' = (0.5\eta ka_m + 1) \cdot mg \qquad\qquad (\text{N/m}^2) \qquad (6\text{-}2\text{-}19)$$

式中　mg 为楼板的单位面积自重。

有了向上和向下的计算荷载 q 和 q' 后，即可按静力学的方法求得楼板的最大弯矩和剪力进行强度验算。显然，楼板应大体做到上下对称配筋，不宜采取弯起钢筋抗剪。对于无梁楼板来说，如果 q 引起的支座截面剪力很大，冲剪强度难以满足，则在设计时可在支座处设置十字交叉的型钢用来承受冲切剪力，其计算方法可参考美国 ACI 规范。

算例：黄土中二层无梁板人防结构工程，柱网 6.5m×6.5m，初选顶底板各厚 50cm，层间楼板 30cm。工事的设计抗力为 0.1MPa 空气冲击波超压，等效正压时间为 1.2 秒。工事复土厚 1cm。

据估算，结构的单位面积质量 $\mu = 3600\text{kg/m}$，楼板质量 $\text{m} = 720\text{kg/m}^2$。黄土的 $c_0 = 260\text{m/秒}$，波速比 $\tau = 2.5$，密度 $\rho = 1600\text{kg/m}^3$，应变比 $\delta = 0.1$，$c_1 = c_0/T = 110\text{m/秒}$。

据式（6-2-2）、（6-2-3）得：

$$P_m = \left[1 - \frac{h}{c_1 \tau_0}(1 - \delta)\right]\Delta P_m = \left[1 - \frac{1}{110 \times 1.2}(1 - 0.1)\right] \times 0.1 = 0.099\text{MPa}$$

$$t_1 = \frac{h}{c_0}(\tau - 1) = \frac{1}{260}(2.5 - 1) = 0.0058 \text{ 秒}$$

据式（6-2-12）

$$\bar{C} = \frac{2\rho c_1}{\mu} = \frac{2 \times 1600 \times 110}{3600} = 98$$

$$a_m = \frac{0.82 P_m \times 10^5}{\rho c_1 t_1}(1 - e^{-\overline{C}t_1}) = \frac{0.82 \times 0.099 \times 10^5}{1600 \times 110 \times 0.0056}(1 - e^{-98 \times 0.0058})$$

$$= 7.95(1 - 0.566) = 3.45g$$

楼板的自振频率可根据资料［6-7］引述的公式算出，有 $w = 1211$ 秒，或 $T = 2\pi/w = 0.052$ 秒，得 $t_1/T = 0.0058/0.052 = 0.11$。

如弹性设计，$t_1/T = 0.11 < 1/4$，故按式（6-2-15）或图 6-2-7 得：

$$k_d = k_d' = \frac{\dfrac{T}{2t_1}}{1 - \dfrac{T^2}{16t_1^2}}\cos\left(\dfrac{2t_1}{T} \cdot \pi\right) = \frac{\dfrac{1}{2 \times 0.11}}{1 - \dfrac{1}{16 \times 0.11^2}}\cos(2 \times 0.11\pi)$$

$$= 1.091\cos39.6° = 0.84$$

据式（6-2-19）、（6-2-20）

$$q = (ka_m - 1) \cdot mg = (2.9 - 1) \cdot mg = 1.9mg = 13.4\text{kN/m}^2$$

$$q' = (0.5\eta ka_m + 1) \cdot mg = (1.45 + 1) \cdot mg = 2.45mg = 17.3\text{kN/m}^2$$

楼板的自重 $mg = 720 \times 9.8 = 7.06\text{kN/m}^2$。

所以这一工程如不考虑惯性力，仅按自重静载设计楼板，则在核爆下将是不安全的。

如按弹塑性设计，这种楼板不宜取用过大的延性比，建议取 $\beta = 1.5$，从图 6-2-7 得 $k_h = 0.60$，$\eta = 1$，（由于 t_1/T 值较小，也可近似按瞬息冲量计算），式（6-2-15）得 $k_h = 0.62$）。

据式（6-2-19）、（6-2-20）

$$q = (ka_m - 1) \cdot mg = (2.07 - 1) \cdot mg = 1.07mg = 7.55\text{kN/m}^2$$

$$q' = (0.5k_h a_m + 1) \cdot mg = (1.03 + 1) \cdot mg = 2.03mg = 14.3\text{kN/m}^2$$

五、讨论

（1）结构埋深影响

升压时间 t_1 愈小，峰值加速度 a_m 愈大，而 t_1 与埋深 h 成正比，因此随着埋深增加，结构整体运动加速度迅速降低。但埋深较浅时，脉冲作用时间也很短，相应的动作用系数就较小（图 6-2-7），所以等效荷载值因而降低。由此可见，对层间楼板的惯件力作用而言，也有一个最不利的埋深。上例中的结构埋深为 1m，如将埋深改为 1.5m，这时的 t_1 将从 1m 时的 0.0058sec 增至 0.0087sec，a_m 将从 3.45g 降到 3.05g，而 k_d 则从 0.84 培至 1.19，所以 q 从 1.9mg 增至 2.63mg。如埋深进一步增至 2m，有 $t_1 = 0.0116$，$a_m = 2.71g$，$k_d = 1.47$，$q = 2.98mg$。埋深 1.25m，有 $t_1 = 0.0144$，$a_m = 2.41g$，$k_d = 1.6$，$q = 2.85mg$ 趋于减少。埋深 3m，有 $t_1 = 0.0173\text{sec}$，$a_m = 2.17g$，$k_d = 1.74$，$q = 2.77mg$，q 与 a_m 随埋探变化情况如图 6-2-8。

（2）空气冲击波升压时间影响

实际的空气冲击波可能会有一定的升压时间 τ_1，尤其在城市建筑物密集地区更是如此。这就使土中压缩波的升压时间增加，自由场运动的加速度降低。对于土中的单建式人防结构，如果 τ_1 值使升压过程 t_1 成倍增加，则在结构达到峰值压力以前，土中压缩波可在复土层中多次反射、从而削弱反射压力的峰值。在这种情况下、再根据式（6-2-12）来计算结构的加速度峰值就不见得正确，但将偏于安全。在以上的算例中，如果假定 τ_1 值为 25ms，则结构的峰值加速度可降至 1.4g 以下，对于楼板结构的强度已无严重影响。

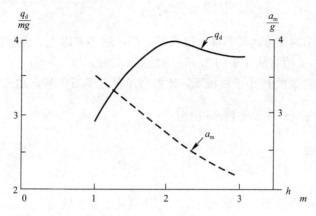

图 6-2-8　等效静载和加速度峰值随埋深变化

（3）附建式人防结构

附建式人防结构的室内地表压力有较长的升压过程，这是冲击波从门窗孔口进入室内扩散的结果，所以在多数情况下不必专门验算附建式人防工程层间楼板的惯性力作用（除非是冲击波超压较高，此时的室内地表压力升压过程较短）。但如附建式人防地下室与上部结构之间有剪力墙牢固连接，则上部结构将对地下室施加很大的倾覆压力，使人防地下室产生很大的加速度，因而这种结构方案是不允许采用的。

（4）行波的影响

行波作用下的土中结构逐步受到压缩波的作用，与上面所分析的情况（图 6-2-2）相比，结构的运动加速度必定减少，但具体的差别不易估计，需针对具体的工程特点用有限元分析方法计算。值得注意的是有限元算法对于加速度来说有时会有较大误差。对于一般的工程设计，采用上面介绍的计算方法，即不考虑行波的影响是偏于安全的。

（5）关于一维波理论

本文介绍计算土中结构运动的方法以一维波理论为基础。对于底板的压力，认为与结构运动的速度成正比，即不考虑基底土弹簧抗力的作用，而后者则与结构位移有关。由于结构的最大加速度发生于结构运动的早期，所以忽略基土弹簧力的作用大概不会对加速度峰值产生较大影响并且偏于安全。同样，上面的分析中也忽略了结构侧墙与土体之间的摩擦力影响，这对加速度峰值来说也是偏于安全的。核爆炸环境下的地运动问题过于复杂，采用一维波理论的方法尽管粗略，但从总体看还是反映了结构运动的基本特点，概念清楚，方法简单。在苏联《民防工事设计指南》中，明确提出层间楼板和隔墙都要考虑结构运动时的惯性力作用，并在附录中给出了加速度峰值的计算公式，其形式与本文介绍的相同，显然也是采用一维波理论得出的，其中取加速度脉冲的波形为等腰三角形，作用过程也为 $2t_1$。

（6）基底土性能的影响

式（6-2-12）的结构加速度峰值 a_m 是假据复土与基底土具有同样阻抗的前提下导出

的，如果基底土的阻挠 $\rho'c_1'$ 远大于复土，例如为不含气的饱和土或为坚硬土体，则应改用下式

$$a_m = \frac{1.64 \times 10^5}{(\rho c_1 + \rho'c_1')} P_m (1 - e^{-\frac{(\rho c_1 + \rho'c_1')t_1}{\mu}})$$

基底土愈硬，结构整体运动的加速度峰值愈小，例如若以上算例中的基底土的 $\rho'c_1'$ 值为复土的 3 倍，则 a_m 值将从原来的 3.45g 降低到 1.28g。

同样，若基底的面积 F' 小于顶板 F，比如为单独柱基或条基，则式（6-2-19）中的 $\rho'c_1'$ 均应修改成 $\rho'c_1'\left(\dfrac{F'}{F}\right)$，使结果使 a_m 值增大。

六、小结及设计建议

（1）小结

本文介绍了用一维波理论计算土中结构整体运动加速度的方法，给出了结构层间楼板由于惯性力作用的等效静载。这些分析方法的原理基本上都是现成的，可以从本文所引的参考文献中查到。由于核爆环境下的地运动问题以及与结构的相互作用非常复杂，采用这样一种简明的方法来解决一般的工程设计问题是适宜的。尽管在分析中只考虑当地的地冲击而没有考虑上游地冲击和空气冲击波的行波作用，但从总体上看，本文介绍的方法是偏于安全的。

土中压缩波的升压时间 t_1 对于层间楼板的惯性力来说最为重要。t_1 愈小，惯性力的峰值愈大，但加速度脉冲也愈短暂。t_1 与结构埋深有关，在某一深度上，层间楼板因惯件力作用产生的内力最大。

（2）设计建议：

第 1 条：多层地下防护结构的层间楼板必须考虑结构整体运动时的惯性力作用。

第 2 条：层间楼板的惯性力等效静载可按下式计算：

a）向上的等效静载

$$q_d = kma_m$$

b）向下的等效静载

$$q_d' = 0.5\eta kma_m$$

式中 m 为楼板的均布质量，单位 kg/m^2；a_m 为结构的峰值加速度，按第 3 条公式确定，单位为 g（重力加速度，$g = 9.8m/$秒^2）；k 为动作用系数，λ 为反向作用系数，k 及 λ 可按图 6-2-7 取用，对于无梁板，设计延性比 β 不大于 1.5。

第 3 条：结构的峰值加速度 a_m 按下式计算

$$a_m = \frac{0.82 P_m \times 10^5}{\rho c_1 t_1}(1 - e^{-\bar{C}t_1}) \qquad \text{（单位：g）}$$

$$\bar{C} = \frac{2\rho c_1}{\mu}$$

式中 P_m，t_1 为结构顶板位置处的压缩波峰值压力与升压时间，按人防工程设计规范公式确定，单位分别为 MPa 和 sec；ρ 为土体的质量密度，单位为 kg/m^3；c_1 为土体的峰值压力波速，单位：m/sec，按规范确定的数值取用，μ 为结构单位面积质量，$\mu = M/F$，M 为

总质量，F 为顶板面积。

如基底土的阻抗 $\rho'c_1'$ 明显大于复土 ρc_1；或结构基础面积 F' 不等于顶板面积，例如为柱基或条基的情况，此时上式中的 ρc_1 值应乘以修正系数 K，

$$K = \frac{1}{2}\left(1 + \frac{\rho'c_1'}{\rho c_1} \cdot \frac{F'}{F}\right)$$

第 4 条：楼板的计算荷载为等效荷载与自重之和，应分别按向上和向下二种作用确定内力，并按人防工程设计规范的计算方法确定截面尺寸或验算截面强度。

第三节　地下防护工程的抗爆隔墙设计[①]

防护工程为适应平时利用的需求，使防护单元的面积有着愈来愈大的趋势，特别在地下商场、地下街以及地下娱乐场所等大型人防工程中，出现了面积很大的室内单元，这种情况显然不利于战时防护。有鉴于此，有的设计文件提出了在防护单元内划分成若干个抗爆单元的要求，其主要目的是为了减少常规武器直接命中后的人员伤亡，并提出抗爆单元的面积不应大于 400m^2。此外在核袭击下，核爆冲击波也有可能进入地下室造成人员死伤。

抗爆单元的具体防护功能应达到哪些要求，划分抗爆单元的抗爆隔墙应如何设计，在有些设计文件中有着相互矛盾的解释和规定。有的认为"抗爆单元是指防护工程中被分割成能限制航弹的爆炸波及碎片的破坏与杀伤范围的一部分，它在防护功能上不要求自成独立体系"，这就是说，抗爆单元具有限制爆炸波和碎片的两种功能，但是在具体设计要求中又明确规定了："抗爆单元隔墙宜按防破片厚度选取"，这里既没有提到限制爆炸波的要求，也没有对破片的具体内容作进一步说明，究竟是航弹的弹片，还是结构遭破坏后的碎片，或者两者都包括在内。还有一些文件明确提出抗爆隔墙"可采用厚度不小于 240mm 的砖砌体（两面抹水泥砂浆）"，并且允许抗爆隔墙上可开设敞开的连通口，并规定，"当墙上开设连通口时，应在门洞一侧设抗爆挡墙，抗爆挡墙的材料厚度同抗爆隔墙"。

设置抗爆单元是为了减少航弹一旦命中工事时的人员伤亡。但是，采取 24 砖墙那样的抗爆隔墙能否完成预定的功能要求是根本不可能的。航弹直接命中工事时会有哪些杀伤破坏效应？隔墙能够承受什么样的爆炸冲击波和碎片？24 砖墙的功能是减少人员伤亡还是增加人员伤亡（砖墙本身可成为次生破坏的碎片源）？这些都是有待认真分析研究的问题。

本文的主要内容是：1）介绍爆炸冲击波荷载作用下抗爆隔墙的抗力和设计计算方法，2）对抗爆隔墙可能遭受的航弹武器效应提出防护措施，3）核爆冲击波进入地下室的防护。

---

① 本项专题由陈肇元、高健、王志浩完成。

一、隔墙抗力的试验研究

在动载作用下，随着时间变化的动载与随着变形变化的结构抗力以及与结构运动引起的惯性力一起处于动力平衡状态。确定结构的抗力特性是进行结构动力分析的前提之一。由于抗力是变形的函数，可以用比较简单的静力试验方法测定，所以可以先通过试验的途径获得结构的抗力函数，而后列出动载作用下的运动微分方程，利用理论分析方法或求助于计算机作数值分析，求出结构的动力反应，这在一定程度上已成为替代复杂动力试验的常用研究方法。

抗爆单元隔墙和防护单元隔墙受侧向动载作用，所以侧向荷载下的墙体抗力是墙体最主要的力学性能指标。

墙体抵抗侧向荷载的能力与墙体中是否存在纵向压力有很大关系。如果纵向力为零，墙体如同单纯受弯的简支梁，则因无筋砖砌体或素混凝土的抗弯强度极低，这种墙体在侧向力作用下不堪一击，其抗力是非常低的。临战时构筑的抗爆隔墙，并不承受上部结构（顶板）传来的任何荷载（包括复土重和结构自重等），其初始的纵向力（轴力）几乎为

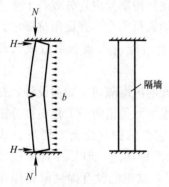

图 6-3-1 隔墙受力状态

零。但当墙体受弯时，墙体的上下两端沿纵向外伸，由于墙体两端分别与顶板和底板相联接，后者有很大的刚性，能够阻止墙端的外伸，从而给墙体以很大的纵向力（图 6-3-1），使墙体成为压弯构件，这样就有可能成倍提高墙体抵抗侧向荷载的能力。由于有了纵向力，墙体端部的联接面上才能出现摩擦力，用来阻挡支座处的水平反力。

国外曾有不少资料介绍端部受约束的梁板（墙板）在横向荷载作用下的性能。影响这类构件工作性能的因素比较复杂，如材料的力学特性、端部受约束的程度、两端支承构件的刚度、连接面上的可能缝隙及灌浆质量等均会对纵向力的数值产生很大影响。所以这些资料给出的结果也不尽相同，有的则不符合我国情况，如国外的砌体构造方法与砖的规格与我国有很大区别。为此，我们专门进行了墙体构件的抗力试验，目的是验证现有的计算方法，并对隔墙抗力特性取得总体了解。

试验在清华大学工程结构试验室的大型拱形台座上进行（图 6-3-2），这一台座的承载力为 2000t，具有很大的刚度。墙体试件取卧位加载，台座的巨大刚度能阻止试件的端部沿纵向外伸。

（1）试件

共进行了 4 个墙体试件的试验，包括素混凝土墙板 S01，配有构造钢筋的混凝土墙板 S02，以及无筋砖砌体 M01 和

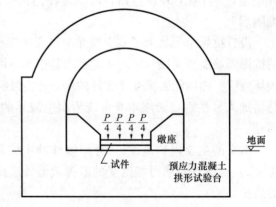

图 6-3-2 抗力试验装置

M02。试件的截面尺寸与材料强度见表 6-3-1，全部试件的长度均为 230cm（试件）。混凝土墙板试件所用原材料为 425♯普通硅酸盐水泥、中砂和卵石，水灰 0.45，所用构造钢筋为 φ6。混凝土墙板试件采用预制，试验前将试件移到试验台上就位，试件端部与试验台的墩座之间有 1cm 左右的空隙用高强度水泥砂浆灌严，待浆体强度超过试件混凝土强度后进行加载试验。砖砌体试件所用的砖为 MU45，用混合砂浆构筑，试验加载前实测砂浆强度为 7.8MPa。砌体试件在试验台座上就地砌成，先在墩座之间设置好水平底模，然后沿水平方向砌筑，砖缝为竖向，在自然养护条件下一个月后拆模。

混凝土的抗压强度用留取的标准立方试件测定；钢筋强度用留取的钢筋短试件测定；砖的强度经抗弯和抗压试验测定，砂浆强度用标准小试件测定，而砌体的抗压强度则用专门砌筑的 3 个砖柱试件（24cm×24cm×72cm）进行轴向受压试验测定。

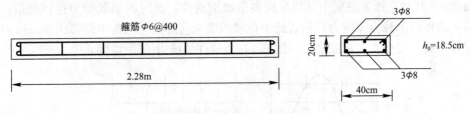

图 6-3-3　试件配筋图

表 6-3-1

试件编号	试件种类	尺寸 cm			材料强度 MPa
		宽	厚	长	
S01	素混凝土板	40	20	230	立方强度 f_{cu}＝33.6
S02	配筋混凝土板*	40	20	230	立方强度 f_{cu}＝33.5，钢筋 f_y＝263
M01	砖砌体	24	24	230	砌体抗压强度 3.1；砂浆强度 7.8
M02	砖砌体	24	24	230	同上

注：" * " S02 板为构造配筋，配筋率 0.2%，顶底面各配 3φ8，箍筋 φ6 间距 40cm。

（2）加载及量测方法

荷载用同一油路相连的二个千斤顶施加，通过分配梁共形成 4 点加载以模拟均布荷载，总荷载值为 P（包括自重及分配梁等重量）。每一千斤顶经过各自的加载架与试验台座的基础相连，千斤顶与分配梁之间置有测力杆。试件的变形量测包括：跨中挠度，支座截面处倾角，支座截面顶部的位移（水平和竖向），混凝土应变（跨中和靠近支座处），钢筋应变（跨中）等（图 6-3-4）。用百分表测量支座处变位，表明支座无任何沉降。千斤顶荷载采用分级施加，直至试件破坏。

（3）试验结果

a）S01 素混凝土板

试件加载后，跨中的下部混凝土受拉，上部受压。由于板的下部伸长受到限制，在板的两个端部的下部混凝土同时受压。当荷载加至 40.1kN 时，跨中开裂；继续加载后裂缝向上发展并出现第 2、3、4 条裂缝，而在试件二端与墩座的连接面上部也相继裂开。当荷

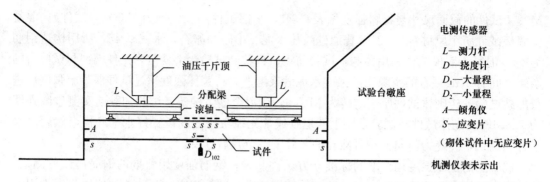

图 6-3-4　加载及量测装置

载 P 达到 385.6kN 时，跨中的压区混凝土应变最大达 4×10^{-3}，端部压区应变达 5.9×10^{-3} 和 2.8×10^{-3}，压区混凝土开始呈现剥落破损现象，此时的承载能力达到峰值。再继续加载，墙板的承载力（抗力）随着跨中位移的增大而降低。当跨中位移达 50mm 时，板出现脆性断裂而完全丧失承载能力。图 6-3-5 为试件的抗力-跨中挠度曲线。

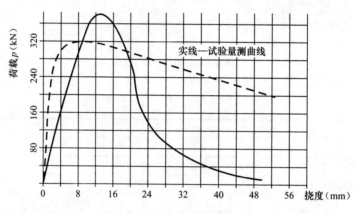

图 6-3-5　S01 试件的抗力曲线

若按简支考虑，不计纵向力的作用，这一试件的极限荷载计算值仅 43.8kN，与试验值的 385.6kN，相差 8.8 倍，由此可见端部约束对于提高抗力的巨大作用

b）S02 构造配筋混凝土板

与试件 S01 的反应相似，加载至 $P = 57.6$kN 时，跨中拉区混凝土开裂，继续加载至 195.6kN 时，拉区钢筋应变值显示已达屈服强度。这一墙板的最大承载力为 395.7kN，此时跨中挠度为 18mm，跨中压区边缘混凝土应变 3.7×10^{-3}，二端的压区边缘混凝土应变分别为 3.4×10^{-3} 和 2.2×10^{-3}。此后，墙板承载力随跨中挠度增加而下降。当跨中挠度超过 50mm 后，由于加载设备倾斜无法再进一步加载，但此时的荷载值已经很低。由于试件配有钢筋，最后没有脆性断开。图 6-3-6 是试件 S02 的抗力-跨中挠度曲线。

如按简支板考虑，不考虑纵向力作用，这一试件的承载力为混凝土弯折（抗拉）强度决定（原因是配筋率很低，混凝土开裂后出钢筋提供的承载力要低于混凝土弯拉强度提供的开裂荷载），其理论计算值为 43.8kN，是试验实测破坏荷载的 1/9。S02 试件的抗力—挠度曲线与素混凝土试件 S01 基本一致，对于端部受约束的混凝土墙板，构造配筋对改善强度和延性几乎都不起作用。

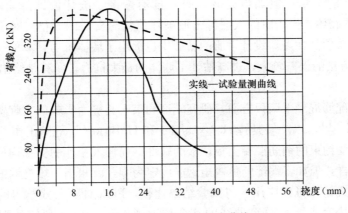

图 6-3-6　S02 试件抗力曲线

c）M01 和 M02 砖砌体

砖砌体试件 M01 的破坏过程与素混凝土板试件 S01 大体相似。试件从跨中开裂，端部与墩座之间的连接面上部脱开，当荷载加至 26.5kN 时试件达最大承载能力，此时跨中压区及端部压区的砌体破损，跨中挠度 23mm。此后，随着位移增大，抗力不断降低。图 6-3-7是 M01 试件的抗力-挠度关系曲线。如按简支计算，不考虑纵向力作用，最大承载力的计算值为 2.88kN，为试验实测值的 1/9.2。

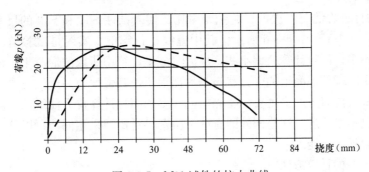

图 6-3-7　M01 试件的抗力曲线

M02 砖砌体由于未在跨中开裂，裂缝出现在离跨中约 45cm 处的左右第二个截面上，导致承载能力明显增加。

（4）隔墙抗力的计算方法

早在 20 世纪 50 年代，E. L. McDowell 就对砌体的拱作用理论作过了详细探讨[6-5]，提出端部伸长受约束条件下的计算方法，并与麻省理工学院的试验结果进行了对比。从总体看，最大抗力的计算值与试验值符合较好，但抗力-挠度曲线除变化趋势相似外，在具体数值上有较大差异，利用这一计算理论，K. E. McKee 提出爆炸荷载下砌体墙的设计方法[6-6]。A. W. Hendry 也用这一理论对燃气事故爆炸下的砌体墙进行过探讨[6-7]。为了确定核爆冲击波荷载下墙体的反应，美国在 20 世纪 70 年代曾利用大型激波管做了大量试验，研究了墙体端部约束条件对其抗力的影响[6-8][6-9]，试验得出 30cm 厚砖墙在填充嵌入（即端部伸长受约束）时，其承受冲击波入射超压的破坏值达到 0.75bar；为同样厚度简支墙体破坏值 0.1bar 的 7 倍；但如填充嵌入时端部有缝隙，破坏值即降至 0.27bar；对于 20cm 厚混凝土块砌体，嵌入时的入射冲击波破坏值为简支时的 5 倍。对于瞬时化爆作用下的填充墙，在抗偶然性爆炸设计手册的新版中也提出了墙体抗力计算的一个简化计算方法[6-10]，但这一方法的误差较大，过高估计了墙体的最大抗力，尤其是给出的抗力-挠度曲线的偏差太大。

在混凝土和配筋混凝土墙板方面，研究端部约束对其抗力影响的文献资料更多。比较重要的如 R. Park[6-11]，以及瑞典的 H. Nylander 和 H. Birke[6-12] 等的工作。Park 的研究对象主要是支座处受约束的钢筋混凝土板，板的端部钢筋伸入相连的支承构件，其情况与填充墙的做法不一样，但如将端部的负弯矩钢筋设定为零，就相当于填充墙的受力状态，所以有关的计算公式仍然可以应用。与试验结果比较，Park 计算公式给出的最大抗力比较接近，但相应的挠度或抗力-挠度曲线的符合程度则较差。Birke 研究的则是无筋混凝土板，以及端部与支座之间无钢筋锚入的配筋板，并详细探讨了支座变形（非绝对刚性）对板的承载能力的影响，给出了系统的计算公式和供设计应用的曲线图表。这一计算方法原则上也可推广于砌体墙。

所有上述计算方法在力学分析上都没有十分困难之处，只是由于构件变形的几何关系复杂，推导过程和算式有的显得相当冗长。更准确的计算现在还可以用有限元方法分析。但对抗爆隔墙这样的构件设计来说，过于复杂和精致的分析看来并无必要。

a）R. Park 的计算方法[6-11]

将 Park 的计算方法与本次的试验结果对比，代入试件 S01 和 S02 的尺寸和材料强度参数，具体如图 6-3-5 和图 6-3-6 所示。其中虚线是计算值，实线是试验值。可见最大抗力的数值相差不多，而且计算值偏小些，原因可能是计算中所取的混凝土抗压强度是单轴抗压强度，而实际端部混凝土的受力状态是局部承压，其强度要高于均匀受压时的单轴强度。计算给出最大抗力下的挠度要比实测值低许多，而且计算抗力曲线的下降过程十分平缓，与实测情况相差甚远，这与国外的有些试验资料对比结果相同。所以这一计算方法不能用来估计板的延性性能。

b）McDowell 的计算方法[6-5]~[6-7]

将 McDowell 的计算方法与本次砖砌体试件 M01 的结果对比，取 $f_c = 3.1MPa$（表 6-3-1）及砌体极限应变为 3×10^{-3}，得抗力-挠度的理论计算曲线如图 6-3-6 虚线。最大抗力值与试验值符合良好，但与最大抗力相应的挠度比试验值大，尤其是抗力下降过于平缓。按这一方法计算，抗力-挠度曲线（计算值）趋于零时即抗力完全施尽时的挠度值均在 $0.8h \sim h$ 左右，这与试验情况完全不符，原因是计算中假定砌体为理想弹塑性，极限应变没有限制，而实际砌体的应变在达到极限值以后，应力很快降到零而破坏。

c）美国三军的设计计算方法[6-10]

美国三军《抗偶然性爆炸设计手册》中采用非常简化的假定，导出砌体填充墙的抗力曲线，当挠度等于砌体厚度时，抗力降为零。这一计算方法给出的数据与试验结果明显不符。

d）H. Birke 的计算方法[6-12]

Birke 对墙板材料应力应变曲线所作的假定与 McDowell 相似，但最大应变有一限值

（3.5×10^{-3}）。材料的极限强度 σ_p 考虑局部挤压作用，对混凝土来说，$\sigma_p > f_c$。图 6-3-8 给出最大抗力值，它是 $\lambda = 1/h$ 的函数，并与 $\sigma_p \cdot h^2$ 成正比。图中 ρ 为跨中拉区钢筋的配筋率，对无筋板取 $\rho = 0$，σ_s 为钢筋的屈服强度，D 为钢筋中的拉力。

将本次试验结果与图 6-3-8 对比：对 S01 试件，$f_c = 0.82 \times 33.6 = 27.6$MPa（0.82 是混凝土棱柱强度与立方强度的比值），$\sigma = 1/h = 230/20 = 11.5$，取 $\sigma_p = 1.35 f_c$[6-11]，从图 6-3-8 的无筋板 $\left(\dfrac{\sigma_s \mu}{\sigma_p} = 0 \right)$ 曲线查得 $4M/(\sigma_p \cdot h^2) = 0.71$。考虑到板宽为 $b = 40$cm，$M = pl/8b$，所以有

$$p = 8Mbl = 2 \times 0.77 \sigma_p \cdot h^2 b/l = 397.9 \text{kN}$$

而试验值为 385.6kN，相差 1.03%，符合良好。

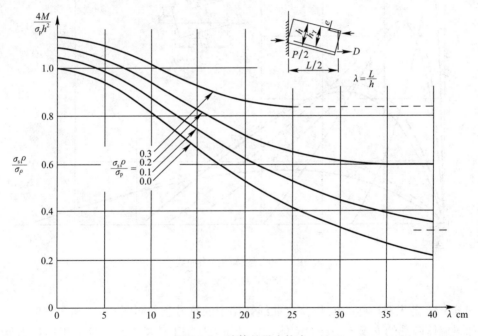

图 6-3-8　墙体的最大抗力

对 S02 试件，$f_c = 0.82 \times 36.5 = 29.9$MPa，$\sigma_p = 1.35 f_c = 40.4$MPa，$\lambda = 11.5$，$\mu = 0.2\%$，$\mu \sigma_s/\sigma_p = 0.013$。从图 6-3-8 可见，这样的小的配筋率对抗力几乎没有作用，查得 $4M/(\sigma_p \cdot h^2) = 0.78$，所以有

$$p = 8Mb/l = 2 \times 0.78 \sigma_p \cdot h^2 b/l = 437.8 \text{kN}$$

而试验值为 395.7kN，相差 10%。

对于砖砌体，取 $\sigma_p = f_c$。试件 M01 的 $\lambda = 1/h = 230/24 = 9.6$，从图 6-3-8 得 $4M/(\sigma_p \cdot h^2) = 0.82$，有

$$p = 8Mb/l = 2 \times 0.82 \sigma_p \cdot h^2 b/l = 30.5 \text{kN}$$

而试验值为 26.5kN，差值为 13%。图 6-3-8 是根据混凝土材料特性导出的，图中抗力相对值 $4M/(\sigma_p h^2)$ 与 λ 的关系仅与 σ_p/E 和最大极限应变值有关，这两个参数在混凝土和砖砌体中比较接近，所以图 6-3-8 曲线看来也可用于砖砌体。

图 6-3-9 是无筋构件的抗力-挠度曲线，图中横坐标为 $\lambda\theta\approx l/h\times w/(l/2)=2w/h$，$w$ 为挠度。实线是考虑了最大应变限值的结果，给出的数据比较符合实际情况，尽管与试验数据对比仍有较大误差。例如对 S01 试件，可查得抗力峰值下的挠度相应于 $\lambda\theta=0.2$ 得 $w=0.2\times20/2=2\text{cm}$，而实测值约为 1.5cm，抗力为零时挠度相应于 $\lambda\theta=0.75$，得 $w=0.75\times20/2=7.5\text{cm}$，而实测值约为 5cm。对于变形数据，这样的精度已是不错的了。

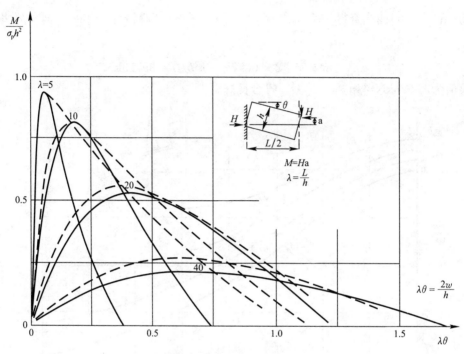

图 6-3-9 墙体的抗力曲线
（w-挠度，对无筋板 $\rho=0$）

图 6-3-11 是无筋构件的抗力-挠度曲线，图中的符号意义同图 6-3-8 和图 6-3-9。

如果墙体两端的支承不是绝对刚体，在纵向力外推下能够变形，这时板的抗力就会下降，抗力-挠度曲线趋于平坦，具体取决于支座刚度 K 与墙体刚度 K_E 的比值 C，$K_E=\dfrac{\sigma_p}{S\lambda}$，

$S=\dfrac{\sigma_p}{E_{red}}=0.0035$，$E_{red}$ 为考虑塑性变形后的材料折减弹性模量。图 6-3-11 和图 6-3-12 为两种无筋板在不同 $C=K/K_E$ 值下的抗力-挠度曲线。

由于支座的弹性变形，板的最大抗力由绝对刚性时的 M_∞ 降到 M_C，比值 M_C/M_∞ 见图 6-3-13。前者是无筋板和 $\sigma_s\rho/\sigma_p=0.05$ 的情况，后者为 $\sigma_s\rho/\sigma_p=0.1$、0.20 和 0.3 的情况。

本文建议按图 6-3-8 到图 6-3-13 的曲线计算墙体的抗力。

e）算例

设有 24cm 厚砖墙，高 350cm，砌体强度为 $f_c=3\text{MPa}$，材料动力强度为 $f_{cd}=1.3f_c=3.9\text{MPa}$，隔墙 $\lambda=350/24=14.6$。考虑顶底板刚度甚大于砌体墙，取 $C=K/K_E=1$，从上

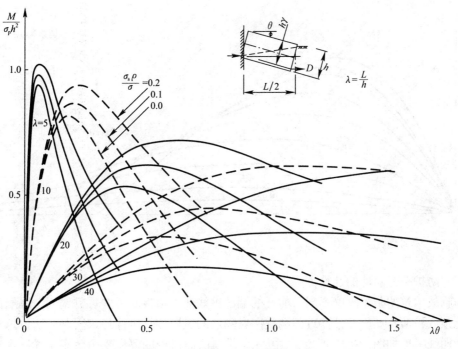

图 6-3-10　配筋下的抗力挠度曲线

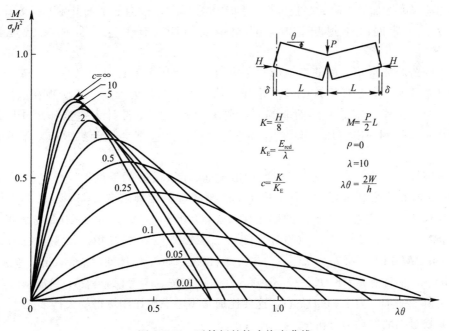

图 6-3-11　无筋板的抗力挠度曲线

面的插图中查得 $M=0.7M_\infty$，有 $\dfrac{4M_\infty}{\sigma_p h^2}=0.66$，代入 $\sigma_p=f_{cd}=3.9\text{MPa}$，得 $M_m=0.7\times0.66\times$

$\sigma_p h^2/4=25.9\text{kN-cm}$，最大抗力 $q=8M_m/l^2=0.17\text{bar}$。

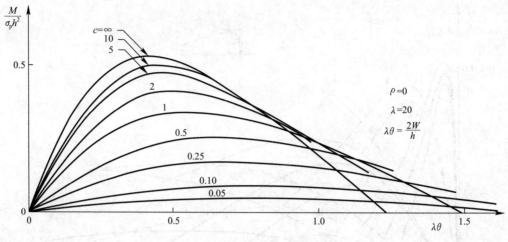

图 6-3-12　无筋板的抗力挠度曲线

（5）防护单元隔墙的计算方法

与临战构筑的防爆隔墙不同，前者的端部钢筋伸入顶板底板并可靠锚固。隔墙的厚度因此比顶底板薄，支座条件接近固端支座对隔墙的纵向伸长也你提供限制。所以这种隔墙的抗力曲线一般如图 6-3-15 所示。图中 Oa 段与前面讨论的隔墙受力状态一样。主要是支承受处产生拱作用，使最大抗力显著增加。在 a 点附近，隔墙跨中和端部混凝土开始破损，抗力随挠度增加而下降；当挠度增加到较大数值时，板内的钢筋开始起拉索作用，抗力又开始回升，混凝土退出工作，直至钢筋拉断。有关这方面的文献资料有很多。[6~8]~[6-11]

墙板的跨厚比愈小、配筋率愈低，考虑拱效应后抗力的提高倍数愈大。对与具体的工程设计对象来说，比较困难的一点是如何估计支承的约束程度。顶底板在墙体推力作用下，也可能发生一定的变形而非绝对刚性，另外当冲击波计入室内作用于隔墙的同时，顶底板也受到冲击波压力会发生向外的变形，这些都会降低拱效应对墙板的有利作用。

按我国规程，防护单元隔墙一般取构造配筋。厚 30cm 的钢筋混凝土防护单元隔墙，墙高按 4m 考虑并按单向板工作，构造配筋。由于配筋率甚低（0.25%～0.30%），可按无筋板估计其最大抗力。按上面的插图代入 $\lambda=400/30=13.3$，查得 $4M/(\sigma_p h^2)=0.7$。对 C30 混凝土，$f_{cd}=22.5\text{MPa}$（设计强度），$\sigma_p=1.35f_{cd}\approx30.4\text{MPa}$，得最大抗力 $q=8M/l^2=2.4\text{bar}$，$M=1/4\times0.7\sigma_p\cdot h^2=1/4\times0.7\times30.4\times30^2=478.8\text{kN-cm/cm}$，考虑到支撑非绝对刚性，估计有 $C=K/K_E=0.3\sim0.5$ 左右；若按 0.3 考虑，得 $M_C/M_\infty\approx0.5$，即最大抗力可降低一半，为 1.2bar 左右，这要比通常不考虑拱作用算得的大得多。

（6）抗爆隔墙的动力分析

在均布动载作用下，假定半跨的隔墙绕支承接触点作刚体转动（图 6-3-15），转角为 θ，挠度为 W，并有 $W=\theta\cdot l/2$。应用达伦培尔动平衡原理，可写出动力方程：

$$\frac{l^2 h\rho}{12}\ddot{W}+M(W)=\frac{l^2}{8}p(t)$$

式中 ρ 为墙体材料质量密度，$p(t)$ 为动载，$M(\theta)$ 和 $M(W)$ 即为拱作用推力所产生的力矩，也就是上面提到的 E. L. McDowell 建议抗力函敫曲线（图 6-3-6 虚线），只是其中的纵坐标用无量纲参数 $M/(\sigma_p h^2)$ 表示，横坐标用无量纲参数 $\lambda\theta = 2W/h$ 表示。上式可以用数值积分方法求出，且抗力函数中有负刚度的下降段，积分过程中容易出现不稳定，对于这一问题可参照文献［6-9］介绍的方法和步骤，完全能够给出正确的解答。

　　如对抗爆隔墙的动力反应作一般的近似估算，看来并不需要采用上述方法。这时可将复杂的抗力曲线简化为理想弹塑性体系，按照能量相等的原则将曲线简化成图 6-3-16 的形

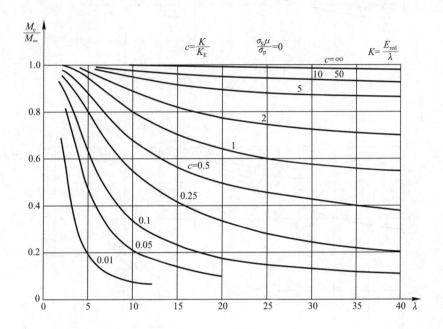

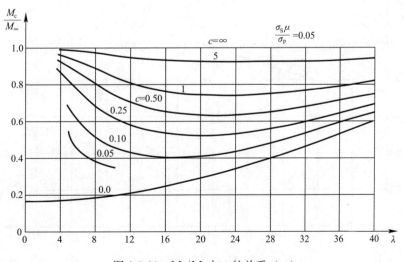

图 6-3-13　M_c/M_∞ 与 λ 的关系（一）

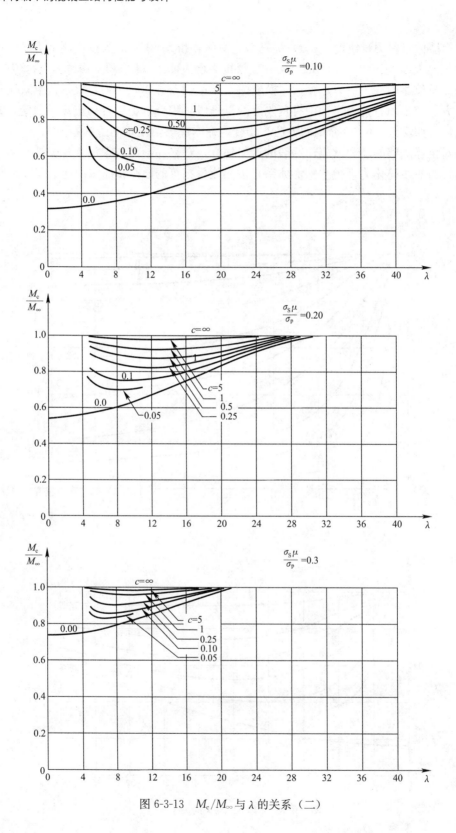

图 6-3-13　M_c/M_∞ 与 λ 的关系（二）

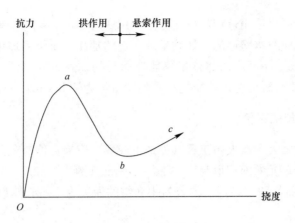

图 6-3-14 拱效应

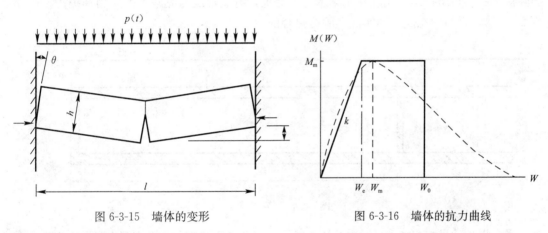

图 6-3-15 墙体的变形   图 6-3-16 墙体的抗力曲线

状。一般的抗爆隔墙的跨厚比在 10 至 15 左右，大体可认为有 $w_0 = 1.6w_j$ 以及 $w_m = 1.25w_e$，这里 w_m 为最大抗力 M_m 下的挠度，w_e 和 w_0 为简化后的理想弹塑性时的弹性极限挠度和塑性极限挠度。由此可见，这种构件的延性比大体为 2。最大抗力 M_m 可按图 6-3-13和图 6-3-16 虚线确定。这样，上述动力方程可写为：

弹性阶段 $h\rho w/12 + kw = l^2 p(t)/8$, $k = w_e = 1.25M_m/w_m$ (6-3-1)

塑性阶段 $h\rho w/12 + M_m = l^2 p(t)/8$ (6-3-2)

自振圆频率 $\omega = [12k/(^{12}h\rho)]^{1/2} = [15M_m/(l^2 h\rho w_m)]^{1/2}$ (6-3-3)

当受化爆瞬息量冲量 $i = \int p(t)dt$ 作用时，相应的等效静为：

$$q = \omega i/(2\beta - 1)^{1/2} = 0.58\omega i \qquad\qquad (6\text{-}3\text{-}4)$$

上式取 $\beta = 2$

（7）小结

由于推力产生的拱作用，抗爆隔墙和防护单元隔墙的承载要比不考虑推力作用时大几倍，所以在估算隔墙承载力时，应考虑推力作用。

本项研究通过试验及对现有几种计算方法的分析和比较，建议采用瑞典 H. Birke 提出的考虑拱作用的计算方法和给出的结果。

隔墙的动力分析可以采用近似的简化方法，用式（6-3-1）到（6-3-4）。

由于推力作用，使原本脆性的砌体墙呈现一定的延性，简化为理想弹塑性体系使的延伸比可取 2。一般 24cm 厚度砖砌体抗爆隔墙能承受的瞬息量冲量约为 8bar-ms 左右，而 30cm 厚度的配筋钢筋混凝土防护隔墙能承受的冲量约为 70bar-ms 左右（延伸比 3）。

二、抗爆隔墙防护功能的评价

我们以土中单建式大中型人防工程（如地下商场）作为具体对象进行分析。结构类型为无梁板体系，抗爆单元的面积取为 $20 \times 20 = 400m^2$（图 6-3-17），顶板厚 50cm，外墙厚 40cm，层高 3.5m，抗爆隔墙按照有的资料中介绍的做法为 24cm 厚砖墙。

（1）武器效应

人防工程需要考虑的常规武器主要是航弹中的普通爆破弹。在 1991 年召开的第五届国际常规武器与防护结构相互作用学术讨论会上，有文章认为应考虑的通用弹级为 250 磅到 2000 磅，这与中东战争的实战经验是符合的。

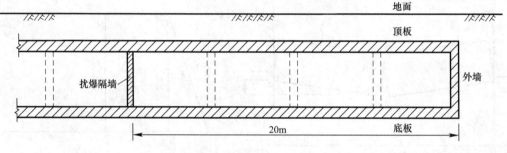

图 6-3-17 分析对象

普通爆破弹直按命中工事时主要依靠爆炸作用来破坏工事和杀伤内部人员，但在爆炸前也可能产生侵彻作用。普通爆破弹由于壁厚甚薄，当撞击速度超过某一临界速度以后，弹体有可能发生屈服变形而严重削弱侵彻能力，我国的一些设计资料在分析普通爆破弹的破坏作用时，多假定这种炸弹的引信为瞬发引信，不考虑炸弹对坚硬目标有侵彻作用。事实上，由于机械引信有一定的爆炸延迟时间，而国外的报道更认为普通爆破弹也装备有延期引信，所以侵彻作用是不能忽视的。曾有资料介绍美军普通爆破弹贯穿混凝土板的能力，对于强度相当于我国 C30 的混凝土，当普通爆破弹从 1500m 高空投下时（落地速度为 180m/sec），能够贯穿混凝土板的厚度约为：弹级 100 磅时 25cm，弹级 250-500 磅时 40cm，弹级 1000 磅时 50cm。表 6-3-2 是用来估计武器破坏效应的几种普通爆破弹的技术参数。

表 6-3-2

弹级	弹径 mm	弹重 82kg	弹长 m	装药 TNT 当量 kg
100 磅	208	82	0.72	38
250	277	131	0.92	84
500	360	268	1.20	173
1000	472	547	1.34	365

注：1 磅＝0.4536 千克。

普通爆破弹对人防工事的爆炸作用大体可分成 3 种情况：

a）侵彻作用

侵彻作用在前文中已经叙述很多，这里不再重复。对于 200m/sec 速度左右的中等撞速，炸弹贯入混凝土顶板的时间仅需几毫秒，所以先侵入后爆炸是完全可能的。据美国资料，普通爆破弹从 1500m 高空投下时，落地速度为 180m/sec，能够贯穿混凝土厚度约为 25cm（100 磅弹级），40cm（250-500 磅弹级），50cm（1000 磅弹级）。

b）爆炸作用

可分三种情况：

ⅰ）炸弹在工事内部爆炸

当复土较薄、又无坚硬的刚性地面，则装有延迟引信的重磅炸弹（如 500 磅或 1000 磅以上）有可能贯穿厚度达 40～50cm 的钢筋混凝土顶板，并进入工事内部爆炸。这种爆炸情况最为严重，工事内部将遭受巨大的空气冲击波超压、弹片、成坑过程中的飞散碎片、震动、有害气体、高温以及由这些杀伤破坏因素继发引起的间接杀伤效应，后者如冲击波造成的破坏物体碎片以及高温引起的火灾等。

ⅱ）炸弹在工事外部爆炸，但工事外壁被炸穿

普通爆破弹一旦直接命中工事，将多数发生这种情况。对于 40～50cm 厚的钢筋混挠土顶板或外墙来说，只需几公斤炸药的接触爆炸就能将其炸穿。而普通爆破弹的装药 TNT 当量有几十到几百公斤，所以爆炸产生的能量远远大于炸穿工事外壁所需的能量，结果是爆炸压力仍会产生强大的空气冲击波。此外，弹着点附近的工事外壁碎片会向工事内部高速飞散；如顶板或外墙同时发生整体破坏，相应的碎片也会飞散。另外还会有震动和有害气体的作用。

工事被炸穿并不限于炸弹接触工事爆炸，非接触的近距离爆炸同样可以炸穿整个墙厚。炸药接触爆炸时所能炸穿的说凝土厚度已有不少计算公式可资参考，所得结果都较接近，例如对于 100、250、500、1000 磅 4 种弹级（装药 TNT 当量分别取为 38、84、173、365kg）的接触爆炸（不考虑侵彻），可以炸穿的混凝土板厚度分别为 1.2、1.5、2.0 和 2.5m。至于近距离爆炸时炸穿外墙的计算公式可参考 S. Kiger 的试验拟合结果[6-8]，对于图 6-3-12 所示的工事外墙（厚 40cm），用普通爆破弹近距爆炸并炸穿墙体时，炸弹离墙面的距离应小于：1000 磅炸弹 4.1m，500 磅炸弹 2.6m，100 磅炸弹 1m。但近距爆炸下不一定会有强大的空气冲击波进入工事内部。

ⅲ）炸弹在工事外部爆炸，工事外壁未被炸穿

当炸弹离开工事一定距离以外爆炸，外墙可仅出现震塌或出现严重的整体变形，二者都产生飞散的混凝土碎片。由于工事未被炸穿，工事内部不会有空气冲击波出现，爆炸的杀伤作用限于碎片的撞击和地震动。

（2）抗爆隔墙和防护单元隔墙的防护能力

a）空气冲击波

当炸弹在工事内部的有限空间（抗爆单元）内爆炸时，入射空气冲击波遇到各个墙面和顶底板引起反射，在入射和多个反射波阵面之间又会相互碰撞反射，所以室内的压力分布及其作用过程十分复杂，压力的峰值及作用时间也要比在半无限空间中爆炸大得多。

图 6-3-18 表示这种限值爆炸条件下，工事墙面各点所受到的平均压力时程曲线。它可看成由二部分组成，即初始阶段的冲量 I 和后续的准静态压力过程。初始冲量由多个反射脉冲组成，有很高的峰值反射压力，而后续的则是缓慢衰减的准静态压力，其峰值为 P_0。炸弹爆炸时离墙愈近，图中的反射峰压 P_r 超过准静态压 P_0 的倍数愈大。但如炸弹爆炸时离墙较远且装药量相对较小时，初始的反射峰值超压 P_r 可能低于 P_0，这时作用于墙上的压力可看成是逐渐升压至 P_0。

当炸弹接触工事外壁爆炸并炸穿顶板或外墙，这时约有多少装药量的爆炸能量转换为向工事内部传播的空气冲击波是很难回答的问题。炸弹的装药量、工事壁厚、填塞程度、复土情况、侵入工事壁厚深度以及命中角等许多因素都会对空气冲击波发生影响。对于图 6-3-19 那样的空间，可参考美国三军抗偶然性爆炸设计手册给出的这种封闭空间内各个墙面的压力数据，其准静态压力也可用 W. E. Baker 的《爆炸危险性与评估》一书（有中译本）中的图表估出；设弹级为 500 磅，炸弹爆炸位置离隔墙 $L/3 = 6.6\text{m}$（$L = 12\text{m}$ 图 6-3-19），且有 $h/H = 0.15$，$b/B = 0.50$，则可得出得到的初始冲量 78bar-ms，作用过程 5ms，所以墙面三的反射超压峰值约有 $2i/t = 31\text{bar}$，准静态压力为 5ms。爆炸位置离墙越近，图 6-3-18 中的反射超压越大，但入离墙远，反射超压峰值可能低于 P，甚至可看成是逐渐升压到 P_0 的动压。表 6-3-3 是不同弹级的炸弹进入室内爆炸时的准静态压力 P_0 以及爆炸位置离墙面为 $R = 4W^{1/3}$ 时的初始反射脉冲 i 和反射峰值压力 P_r。

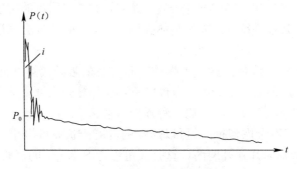

图 6-3-18　隔墙上的平均压力时程曲线

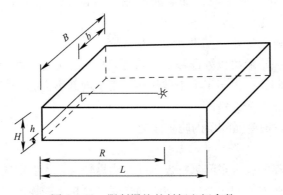

图 6-3-19　限制爆炸的封闭空间参数

为分析方便，我们在这里提出一种估算标准：设炸弹装药量为 W，在填塞情况下能在混凝土介质中造成的破坏半径为 r_p（图 6-3-14），由于工事壁厚 $h < r_p$，所以炸弹装药总量 W 释放的能量中将有部分装药 W_1 转化为向工事内部传播的空气冲击波。我们假定爆心 O（图 6-3-20）在工事壁厚的外表面上，设以 O 为中心，r_p 为 O 为中心的半球 $ABCD$ 的体积，设想这个半球被破坏的事外壁体积 V_2，剩下的半球顶端锥部体积为 $V_3 = V_1 - V_2$，我们进一步假定，当 $h = 0$ 或 $V_3 = V_1$ 时，向室内传播的冲击波能量为 $W_1 = W/2$，当 $h = r_p$ 或 $V_3 = 0$ 时室内不会有冲击波出现即 $W_1 = 0$，而在 $h < r_p$ 的一般情况下，认为有 $W_1 = (W/2)(V_3/V_1)$。显然，这种非常的估算是不准确的，但在缺乏相应试验数据的目前情况下只能勉强使用。

表 6-3-3

弹级（磅）	W（kg）	准静态压力 P_0（bar）	隔墙初始反射压力*			进入工事爆炸的可能性
			R(m)	P_r(bar-ms)	i_r(bar-ms)	
普通爆破弹 1000	365	9.1	11	10.5	70.8	能
500	173	5.3	8.8	8.4	45.7	或有可能
250	84	3.0	6.9	7.4	31.5	不大可能
100	38	1.7	5.3	6	19.3	不可能
低阻爆破弹 250	81	2.4				能
500	117	3.8				能
1000	273	7.1				能
半穿甲弹 500	70	2.6				能
1000	145	4.5				能

注：*爆心到墙面的相对距离为 $R/W^{1/3} = 4$（单位 ft/lb$^{\frac{1}{3}}$）。

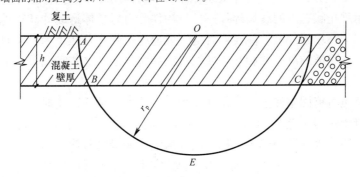

图 6-3-20　半径 r_p 的半圆

抗爆隔墙上的孔口对于初始反射超压和冲量的数值不会有明显的影响。由于孔口面积相对较小，对准静态压力 P_0 的影响也不会太大。

单砖抗爆隔墙的等效静载抗力不大于 0.2bar，即使是最小弹级 100 磅炸弹的接触爆炸，在炸穿工事后引起的空内准静态压力就可到 0.53bar，更不用说尚有初始反射压力的动力效应。这种墙体的抗力实在过于薄弱，不但在各种弹级下都显得毫无用处，而且将成为严重危险的碎片源。

厚 30cm、按构造要求配筋的防护单元钢筋混凝土隔墙，其等效静载抗力约为 1.2bar，考虑到隔墙可能双向工作以及允许发生很大变形，实际的承载力有可能会稍大些；在 250 磅及以下弹级的炸弹接触爆炸时，只要炸穿位置不要太靠近墙体，这种隔墙将是安全的；在 500 磅炸弹的准静态压力 2.2bar 作用下墙体将遭受破坏。一般来说，隔墙的等效静载抗力如低于准静态压力时定将破坏。

b）碎片与抛掷物

爆炸产生的碎片与抛掷物可分为弹片、混凝土碎片、抛掷物三类。弹片由炸弹的外壳产生，后者重量约占炸弹总重的一半，爆炸时成为高速飞散的碎片。国外资料引用现场收集的数据，认为弹片的典型重量为 1 克，也有认为弹片的重量从几分之 1 英两到 2、3 磅（一英两约为 30 克）。弹壳破碎成大小不同的弹片重量分布及其飞散速度可查国外资料[6-11][6-12]引用的方法加以估计。以 500 磅为例，若将弹壳简化成圆筒薄壳，不考虑头部的加厚及锥状部分，则按弹壳的厚度、外径、与装药重，可算得弹片初始速度为 2000m/sec，最大碎片重量不超过 60 克。在几十米的距离内，弹片的飞行速度减小甚微。有资料认为弹片在近距离内的速度可达到 3000m/sec，几乎与冲击波同时作用于障碍物上，弹片侵入钢筋混凝土墙体深度一般为 15～20cm，密集的弹片能使墙体去掉一层厚度达 15～20cm 的外表面，而个别弹片的最大侵彻深度可达 30cm。

混凝土碎片由爆炸对结构的局部震塌作用整体破坏作用和成坑作用引起，都能造成飞散的混凝土碎片。当炸弹接近工事外部爆炸时，产生强烈的压缩波作用于附近的结构顶板或外墙，并沿着这些构件的厚度方向上传播。当压缩波遇到这些构件的内表自由面后就反射成拉伸波，由于混凝土的抗拉强度甚低，靠近内表面的混凝土被拉脱飞出。震塌碎块的厚度和飞散速度可用一般的应力波理论予以估计，它取决于混凝土的抗拉强度和应力波的波长，碎片的速度通常只有每秒几米的量级，碎片的厚度也仅有几厘米。在结构构件的同一厚度上，碎片是分层剥落的，这种低速碎片的杀伤作用并不大，但这里所说的只是结构构件尚处于初始静止状态下的震塌碎片。一旦构件受力后整体运动并获得速度，这一速度就会叠加到后续的震塌碎片上，能使后者的飞散速度达到每秒几十米甚至百米以上。后续的碎片会赶上原先飞散的碎片并相互碰撞，过程相当复杂。这些震塌碎片的飞散方向大体与构件的内表面垂直。

顶板或外墙也可能因整体强度不足在发生巨大变形后破坏。这时，为构件内部纵横钢筋所分隔的混凝土可能成为碎块飞出。这种碎块的重量较大，速度通常不超过每秒几十米，后者主要取决于爆炸荷载能量与构件破坏所消耗能量的差值。

炸弹爆炸在弹着点附近造成弹坑，当炸弹贯穿工事进入室内爆炸就会在成坑作用中产生高速飞散的混凝土碎片。炸弹接触顶板或外墙爆炸并将其炸穿时，部分飞散的碎片也属于这种性质。

由此可见，不同的爆炸方式可产生不同速度和不同重量分布的混凝土碎片。当工事内部出现空气冲击波时，室内自由放置的物体或为冲击波破坏的物体碎片将在冲击波驱动下成为抛掷物体。根据入射空气冲击波的压力时程曲线以及物体的尺寸与重量，就可以预计抛掷物的运动速度。在中等超压（几个 bar 的量级）的化爆冲击波作用下，抛掷物的速度一般在每秒几米的范围内。例如 1m 见方、重 1000kg 的物体，若受到入射峰压为 2bar、冲量为 2.2bar-ms 的冲击波作用，其抛掷速度约为 4.5/sec，这种压力水平相当于 32kg 炸药离开物体 8m 远处爆炸。

对震塌碎片来说，设置抗爆砖隔墙的效果是非常小的，原因是顶板震塌碎片和两侧外墙震塌碎片的飞散方向几乎都与隔墙平行，隔墙与碎片之间并无相互作用可言，只有端部外墙的碎片能与隔墙相交，但二者相距较远，由于重力的作用，端墙震塌碎片在飞行过程中能够到达抗爆隔墙位置的只能是其中的很少一部分。隔墙对于爆炸成坑作用形成的碎片和抛掷碎片是有抵挡作用的，但这种情况下必需有空气冲击波同时存在。

钢筋混凝土防护单元隔墙能比较有效的抵抗高速弹片和混凝土碎片的袭击，这些弹片和碎片难以贯穿 30cm 厚的钢筋混凝土，但撞击的结果可在墙体背面造成震塌。近似估算表明，高速弹片能贯穿单砖墙体，其余速还仍可达每秒几百米。当较重的混凝土碎块撞击隔墙时，隔墙可发生整体和局部破坏，混凝土碎块撞击混凝土墙或砖墙时所产生的撞击应力受到混凝土或砖块强度的限制，撞击力时程曲线可近似简化为矩形，撞击力的峰值等于混凝土或砖块的抗压强度（考虑局部作用和动力作用时的强度提高）乘以碎块的接触面积，时程曲线图的整个矩形面积（即撞击力冲量）等于碎块的动量（即碎块重量与其速度的乘职）。在混凝土碎块撞击下，单砖隔墙一般不会发生整体破坏，但局部有可能被击穿，背面可能有震塌。

c）地震动

当炸药紧靠结构构件表面爆炸时，贴近的构件中可产生很高加速度，一些实测数据说明能到 10^3g 甚至超过 10^4g 的量级。但对离开爆心较远的构件或内部隔墙来说，所受到的加速度主要是结构的整体运动引起的。有试验表明，炸药土中爆炸时，结构底板各处的水平加速度几乎相同，并不因为这些部位离爆心距离不同而出现衰减现象[6-10]。大型工事由于结构的重量和周围土体所能提供的摩擦阻力都很大，而炸弹爆炸施加于结构的荷载作用面积却比较有限，又受到结构局部破坏的限制，所以结构整体运动的水平加速度相当小。初步估算表明，结构的整体运动在隔墙中引起的水平惯性力并不能对隔墙的强度造成威胁。

d）核爆核爆冲击波进入地下室的防护

核爆冲击波进入地下室的防护，原则上同化爆冲击波或爆炸波，两者主要是作用时间的长短不同，所以对抗爆隔墙的延性要求较高，隔墙两边宜采用配筋砂浆涂抹，用细筋穿过墙体与两边的配筋砂浆中的钢筋连接。一般情况下这时最好采用钢筋混凝土隔墙。

e）人员对爆炸压力的允限

本书作者对这个课题没有做过任何试验研究，读者如对人员能承受爆炸压力的允许极限有兴趣，可参考文献 [6-15]。以下摘要其中的简要内容。

i）空气冲击波

人员承受空气冲击波压力的能力并不低，冲击波作用时间越短，能承受压力越高。冲击波对人体组织的伤害主要表现在耳部和肺部，大约在 0.35bar 超压下鼓膜可能发生破裂，在 0.7bar 超压下肺部受到损伤，而人员的致死超压可到 7～8bar 以上 。这些数据是人体单纯受冲击波压力的结果，而实际情况则是在低得多的超压下被冲击波吹倒或抛起，或受到冲击波驱动的碎片袭击所伤害。所以国外有资料认为，人员对冲击波的允限仅为 0.15bar 甚至更低，即使在 0.05bar 的压力下，人员也会暂时失去听力或会受到玻璃碎片的伤害。

ii）碎片撞击

人员对碎片撞击的允限很低。所以任何的飞散碎片都应予以防护。爆炸产生的初始碎片（弹片）由于质量小，速度高，甚至能穿透人体。

iii）抛掷物

室内出现冲击波时，自由放置的室内物体将被抛起，化爆冲击波的抛起速度一般在每秒几米的范围内，相当于 32kg 炸药离开 8m 远处爆炸。

iv）地震动

炸药如紧靠空间外表面爆炸，贴近空间可产生很高的加速度，实测数据表明能到 10^3g 甚至超过 10^4g 的量级。但离爆心较远处的空间或隔墙所受到的加速度主要是紧靠的整体运动引起的。有试验表明，炸药在土中爆炸是，结构各处的水平加速度几乎相同，并不因为这些部位离爆心的距离不同而出现衰减现象。大型工事因化爆的能量有限，整体运动的水平加速度很小，所引起的水平惯性力并不能对隔墙构成危害。

三、抗爆隔墙的防护能力与评估

防爆隔墙的预定功能应是一侧的隔墙遭受遭到直接命中情况下，可为另一侧单元的人员提供防护。在表 6-3-4 中，我们对不同爆炸情况下的防护单元隔墙和淡妆隔墙的能力做一比较。

表 6-3-4

武器效应		单砖抗爆隔墙	10cm 厚钢筋混凝土隔墙
爆炸方式	杀伤效应		
外部爆炸工事未炸穿	震塌碎片与构件破坏碎片	碎片飞行方向多与隔墙平行，起不到作用	碎片飞行方向多与隔墙平行，起不到作用
外部爆炸工事被炸穿	震塌碎片与构件破坏碎片	碎片飞行方向多与隔墙平行，起不到作用	碎片飞行方向多与隔墙平行，起不到作用
	空气冲击波	隔墙倒塌，不能起防护作用。多数情况下，隔墙破坏成碎片飞出，构成次生灾害源	250 磅即以下普通爆破弹离隔墙几米外爆炸时安全，更高弹级下隔墙将破坏
	冲击波抛掷碎片和物	多数情况下能提供防护。较重碎片撞击可能局部击穿	能起到防护作用，墙体在较重碎片撞击下，背面可能震塌
贯穿工事后内部爆炸	空气冲击波	不能提供防护，墙体本身将飞散，构成严重次生灾害源	一般情况下隔墙破坏
	弹片	不能提供防护，弹片可穿透墙体并高速飞出	能提供防护
	有毒爆炸气体	不能提供防护	能提供防护
地震动		隔墙本身安全（但邻近爆炸时隔墙可能倒塌）	隔墙本身安全

对震塌碎片来说，设置抗爆隔墙的效果有时是很小的，原因是结构顶板的震塌碎片飞行方向几乎与隔墙平行。隔墙对爆炸成坑作用形成的碎片是有抵挡作用的，但这种情况必须有空气冲击波存在。单砖隔墙的等效静载抗力不到 0.2bar，即使是最小的 100 磅弹级接触爆炸在炸穿工事引起的室内准静态压力就可到 0.53bar，这种墙体只能加重危害。厚度

10cm 按构造配筋的钢筋混凝土隔墙，等效静载抗力为 1.2bar，单纯承受冲量时可承受抵抗 70bar-ms，考虑到墙体可能双向工作并允许发生较大变形，实际承受能力有可能会更大一些。在 250 磅炸弹接触爆炸，只要爆炸位置不太靠近墙体，隔墙将是安全。但不能承受 500 磅炸弹的爆炸。30cm 厚的钢筋混凝土墙体能有效抵抗高速弹片，但结果会引起背面的震塌。

大面积人防工程存在一个问题，就是一个面积高达几千平方米的浅埋工事内，如果全部用于掩蔽人员是否合理，即使是 400m² 的掩蔽所，也很难满足内部人员的基本生活需要，如果一旦遭到破坏，损失人员将过与惨重。缩小抗爆单元面积，应是提高人员生存概率的途径之一。

四、小结

（1）由于推力产生的拱作用，抗爆隔墙和防护单元隔墙的承载能力要比不考虑推力作用时大几倍，所以在估算隔墙的承载力时，必须考虑推力的作用。本项研究通过少量试验以及主要对现有几种计算方法的比较和分析，建议采用瑞典 H. Birke 提出的考虑拱作用的计算方法和给出的结果。由于推力的作用，可使原来脆性的砌体墙呈现一定程度的延性，简化成理想弹塑性体系时的延性比可为 2；对于钢筋混凝土墙，可取延性比 3 或更大。

（2）抗爆隔墙必须同时考虑空气冲击波的作用。

（3）用单砖砌体墙作为抗爆隔墙的做法应予废弃，这种脆弱的分隔不但无济于事，而且还会反过来变成一种危害，成为高速飞散的碎片，此外抗爆隔墙上也不允许设置敞开的连通口。

（4）核爆冲击波进入地下室的隔墙宜采用钢筋混凝土隔墙，其配筋可根据计算确定。

第四节　人防工程和普通地下室的平战转换技术[①]

充分发挥人防工程的平时效益现在得到了更为普遍的重视。但如何做到平时能利用、临战前能迅速转换到原定防护功能，就有许多课题有待探讨。下面，我们仅对人防工程口部的平战转换和普通建筑物地下室的平战转换这二个问题提供一些看法。

一、人防口部的平战转换

为方便平时使用，人防工程需要设置更多的孔口以解决人员出入、通风和采光等问题。我们认为，应该在工程设计中明确战时使用的孔口和平时使用的孔口，后者在临战前能全部封堵。为此，应该在设计文件中包括今后可能封堵的方案（技术说明，计算书和施工图），在工程的施工中预留出必要的位置和安装必要的预埋件，同时要对封堵材料作出规划，比如封堵所需的土可预先设置在工程附近的绿化土堆内，封堵所需的钢材可与工程内部的吊顶或隔断材料相结合，这些均可在临战前拆出来使用。封堵用的结构构件应以钢材为主。在具备这些条件的前提下，人防工事的平时使用孔口不受限制。

对于战时使用的孔口，应该在工程施工中一次完成全部结构，绝不允许留下不设置门

---

① 本专题由陈肇元、邢秋顺完成

框墙的做法，不能籍口平战转换降低设防的设计要求。

（1）窗井

人防工程平时设置窗井或天井，除了有利通风和采光外，还能使平时的室内人员增加心理上的安全感，万一在平时发生火灾或其他紧急事故时也能发挥逃生作用。从已建的一些窗井使用经验看，存在平时的活动盖板不便启动、机械锈蚀、井内脏物不易清理以及平时防护盖板在墙边堆积凌乱等问题。所以窗井口离开地面的高度应适当增加，防护盖板最好高出地面井壁使用（战前拆下），井口可设置栅条而不必安装活动盖板（图6-4-1）。窗井最好采用能够在战时全部用土封堵的做法，在室外地面的窗间墙之间可以设置花坛，用来堆存封堵所需的土。

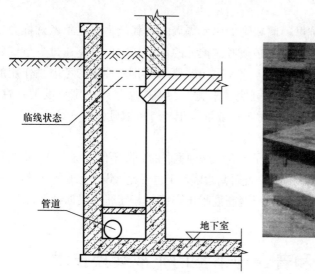

临线状态

管道

地下室

图 6-4-1　窗井口做法举例

大型单建式人防工程在平时作为商场等公共设施使用时，还可以设置天井以增加室内景观。对于大面积的地下空间，设置天井对于平时的人员安全也有可能发挥重大作用。这种天井在结构设计上应该不难解决，在天井顶部可以先施工好钢筋混凝土交叉梁系，同时预制好防护盖板（平时可作为围栏）并在附近堆积封堵所需的土。

（2）出入口

已建的人防工程在平时使用中常感到尺寸过小，如果在开始设计中能增加一、二个平时使用的斜梯式出入口就会方便得多，这种斜梯式出入口在战时很容易封堵（图6-4-2）。

平时用作大型地下商场等公共设施的人防工程必须有大流量的出入口，这种出入口可采取剪力墙作为今后封堵构件的支点，封堵用的受力构件可用拼装钢桁架和钢托梁，外面加挡板，挡板外叠上土袋。在抵挡冲击波的外层封堵构件与密闭壁板之间还可以叠土用来吸收核辐射（图6-4-3）。

（3）地下通道出入口

人防工程建设往往比较着重个体，不够注意在个体地下室之间能够有地下通道相连，这个通道还应有独立的地面出口，这个问题必须引起高度重视。我国城市的地面建筑密度

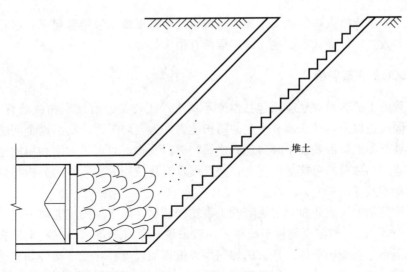

图 6-4-2　出入口做法举例

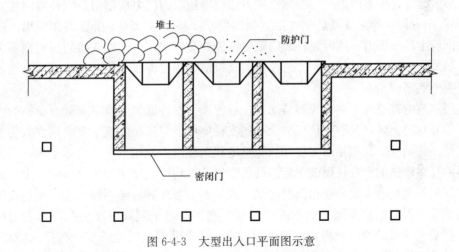

图 6-4-3　大型出入口平面图示意

很大，从地震灾害后果的调查看，地面瓦砾堵塞非常严重，这可能与国内建筑物多用砖石混凝土结构有关。在核袭击之后，地下人防工程中的幸存者和前来的抢险者能否从地面出口进出就是个疑问。在高层建筑附近，这个问题将更为严重。美国的民防研究机构曾根据高层建筑爆破拆除的结果来研究倒塌瓦堆积后果，发现瓦砾的堆积厚度要比原先估计的大，钢筋混凝土高层建筑倒塌后每一层的瓦砾厚度大约为 20 吋（50cm）。其空隙的体积大概为 5%，如果把室内家具什物考虑在内，这个厚度还要增加 24%～62%。这样，18 层的住宅，瓦砾堆积高度能达 10m 以上。当然，核爆炸冲击波作用下的房屋建筑碎片会飞到原有平面位置之外，可是附近的建筑碎片也会飞落下来。国外有些设计规程要求地面出入口离开建筑物距离必须超过建筑物的高度，这在我国许多城市中难以实现。至于设置坚固栅架的可靠性其实不一定可靠，因为这种栅架不可能承受飞落下来的大体积破碎构件撞击，或者会否埋在瓦砾堆里都是疑问。我们认为，地下通道在许多情况下必须设置，如果暂时没有条件，也应该在工程施工时留出孔口先封堵起来。人防管理部门应该做出地下连通道的规划。如果能将人防的地下连通道与城市的一些市政管道结合起来，这对保障战时的人员安全和救护，保障城市的生命线工程都有很大好处。

二、普通建筑物的平战转换

人防工程的平战转换，还应该包括本来不属人防工程的已有建筑物或已有工程设施，但在经过加固改造以后，使它具有一定的防护能力作为人防工程使用。这个问题现在也注意得非常不够。为此，需要在平时对现有建筑物进行普查，对可供加固利用的建筑物建立档案，分别确定临战前的可能加固方案，并开展现有建筑物的实际抗力分析与性能诊断的研究，以及加固技术的研究。

将已有建筑物加固成防核辐射沉降的工事比较容易，但要加固成能防一定冲击波超压（即使低到 0.05MPa）的工事就很不简单，一般来说，只有具备钢筋混凝土顶板的比较坚固的普通地下室才有加固条件。顶板的加固主要依靠加设支柱，受弯构件如在跨长范围内加设三个支柱，承载能力就有可能增加 16 倍以上。此外，顶板的承载能力有很大的潜力，在大变形情况下，平面内的推力与钢筋应力强度能使板的抗力成倍增长。外墙的加固主要依靠支撑（斜撑），如果支撑后仍达不到强度要求，甚至可以考虑听任墙体倒塌，依靠大变形来削弱主动土压力。这时在外墙内侧最好能堆叠土袋，与外墙联接的房间则不再掩蔽人员。如果在临战前有足够时间，可在室内砌筑横隔墙将外墙顶住或在内墙面上增加一层喷射混凝土钢筋网。

高层建筑的普通地下室比较容易加固，它的地下室外墙和底板本来就有很高的承载能力，不需要专门加固，只需对顶板加设一些支柱即可。但高层建筑地下室用作人防工程也存在其他一些问题，首先是前文提到的瓦砾堆积造成出入口堵塞；其次是尘埃，据美国对爆破拆除高层建筑的调查，爆破附近地区的尘埃量平均可达每平方米 2000g 以上。核袭击下的尘埃量预期还会增加，会给战时通讯造成严重危害并有可能堵塞风道。所以美国的研究报告明确指出高层建筑地下室不能作为战时利用。对于钢筋混凝土高层剪力墙抗震建筑，根据我们所做的理论分析和模型试验表明，这些建筑物的地下室（包括人防地下室）在冲击波荷载作用下，还受到上部结构传来的巨大倾覆力，一些狭长平面的高层建筑地下室，存在实际倾覆的危险。在高层建筑内修建人防地下室不宜提倡。当然，这种地下室在地震等灾害袭击下作为人员掩蔽所还是很有用的。

美国在 20 世纪 70 年代中期对民防提出了"危机期疏散"的政策，认为国际关系紧张和危机积累会有一定时间，如有几天到几周的时间能疏散 80％的居民到低危险区，剩下的 20％则是为了从事军工生产，救护以及后勤保障的关键工作人员，仍需留在危险区内，但是不论在非危险区或危险区，都要设足够的掩蔽所。美国民防的三个支柱是：掩蔽所，疏散，以及对那些能为袭击后提供救护工作的工业设施和基础设施（生命线工程）提供防护。这就推动了对已有建筑物加固利用的研究和应急掩蔽所的研究。非危险区的掩蔽所要求承受 2psi（0.4bar）的冲击波压力和相应的核辐射（相当于 18 吋厚复土的辐射衰减），危险区关键工作人员掩蔽所则要承受 40psi（2.8bar）超压及相应的核辐射（91cm 土）。美国为这些研究进行了大量的试验。室内试验包括激波管，模拟器，以及常规加载的原型和模型结构，试验对象有各种墙板，顶板，楼板，支柱，门等，包括木，钢，混凝土砌体结构件；野外试验则在 1981 和 1983 年的二次大型高能炸药爆炸试验中，做了单层建筑物，多种地下室，各种结构型式的顶板，带地下室的 4 层模型建筑，外墙，以及不同类型门的试验，同时还做了应急掩蔽所的试验。所谓应急掩蔽所是指原来埋设在地下的排水管道，市政电气管道，地下罐体等，以及将地面的车厢、容器等埋入地下，并经加固使之成为人员掩蔽所。在初期试验的基础上，于 1980 年和 1981 年分别制订了非危险区掩蔽所加固手册和关键人员掩蔽所（危险区）加固手册。这些手册是科普性的，没有计算原则，只是给出具体加固做法，所有这些研究最终经过修订补充，将统一反映在一套共八卷的手册中。由于美国的建筑结构和我国很不一样，比如大量的房屋是大框架，地下室顶板不少是木结构，所以提出的不少加固方法不完全符合我国国情，但就利用已有建筑物这一基本思想而言，是很值得我们借鉴的。

参考文献

[6-1] 美国土木工程学会. 抗核武器结构设计手册. 总参工程兵第四设计研究所译

[6-2] 美国空军防护结构设计与分析手册. 空后设计研究所译

[6-3] Structures to Resist the Effects of Accidental Explosions. Vol. 1, Ammann and Whitney, Dec. 1987. AD-A187052

[6-4] 地下防护结构. 清华大学主编. 北京：中国建筑工业出版社，1982

[6-5] E. L. McDowell, etal, Jour. Struc. Div. ASCE. March 1956

[6-6] K. E. Mckee, etal, Tran. ASCE. Vol 124, 1959

[6-7] A. W. Hendry, Structural Brickwork, McMillan Press, 1981

[6-8] W. A. Pachufa, 1979, AD-A066998

[6-9] C. Wiltom, etc. The Shock Tunnel-History and Results, 1978, SSI 7618-1, Scietific Service, Inc

[6-10] Structures to Resist the Effects of Accidental Explosions. Vol, 6, 1987, US Army、Navy、Air force

[6-11] R. Park, W. L. Gamble, Reinforced Concrete Slabs, John Wiley & Sons Pub, 1980

[6-12] Hakan Birke, KUPOLEFFEKT VID BETONGPLATTOR, Meddelande 1975, nr108, IBKTH, STOCKHOLM,（瑞典文）(Arch Action in Concrete Slabs)

[6-13] E. H. Bultmann, Full Scale Test of a Blast Resistant Structure, 5th Int Symp. on Interaction of Conventional Weapons with Structures, Apr il 1991

[6-14] S. A. Kiger, G. E. Albritton, Response of Buried Hardened Box Structures to the Effects of Localized Explosions, TR SL-8c-1, AEWES, March 1980.

[6-15] Structures to Resist the Effects of Accidental Explosions, Vol 4, US Army、Navy、Air Force, 1986

[6-16] T. A. Zaker, Fragment and Debris Hazards, 1975, AD-A013634

[6-17] E. H. Bultmann, Full Scale Test of a Blast-Resistant Structure, Proc. of 5th Int. Symp. on Interaction of Conventional Weapons with Structures, April 1991

[6-18] H. Adeli, etc., Damage Prediction of Impacted Concrete Structures, Proc. of 2nd Int. Symp. on Interaction of Conventional Weapons with Structures, 1985

[6-19] W. E. Baker, et. al., Explosive Hazards and Evaluation, 1983（有群众出版社的中译本）

附录　美国的防护结构设计方法*

有关美国的防护结构设计，对于常规武器的防护，可参考美国空军部门编制的陆军的非核武器防护设计手册《Fundamental of Protection Design（Non Nuclear）》以及 S. A. Kiger 等为美国空军的工程与勤务中心（AFESC）提出的钢筋混凝土顶板设计的一种更精确的计算方法；对于核武器的防护，可参考美国土木工程学会编制的防核武器效应的结构设计

在防护核武器效应方面的研究工作，美国一直是做得最为深入的，正式出版了大量的了设计资料。核武器效应除了冲击波外，还包括早期核辐射、剩余核辐射及放射性沉阵、电磁脉冲、热辐射、尘埃以及火灾、倒塌碎块所造成的堵塞等，这些都应在设计中加以考虑。放射性沉降的防护在美国受到高度重视，民防部门出版的有关放射性沉降防护的资料或文件，要比防冲击波多得多。这一点不无道理，因为据美国 20 世纪 80 年代的国防部研究指出，在遭受最坏可能的攻击下，美国也只有约 2‰的国土受到冲击波及热辐射的危害，而放射性沉降辐射的危害则能遍及绝大部分土地。所以防放射性沉降应是最重要的，而且防放射性沉降辐射要比防冲击波简单得多。电磁脉冲能使电子系统失常或造成损坏，低功率半导体与集成电路对电磁脉冲特别敏感，会发生烧毁、性能退化以及暂时性的伤害，后者能使计算机的存贮记忆消失或诱发错误等失常现象。在防护门的设计上，有时要兼防电磁脉冲，防护门需包以金属，并在支承面上放置连续的由金属编织的密封网，必要时加设第二道门，专防电磁脉冲。

在同样大小的空气冲击波超压下，美国给出的建筑物破坏范围，要比我国给出的大些，比过去苏联的要求高得多。为节省篇幅，本文在下面不再具体介绍对核武器各种效应的防护，仅介绍地下防护结构的结构设计方法。

一、土中浅埋结构的防护

在 1974 年空军设计手册出版以前，美国防护结构设计手册均认为土中防护结构顶板不会有明显的反射压力，并保守地忽略压力随深度衰减，且不考虑压力波形随深度的变化，所以顶板的压力即为地面空气冲击波超压。迄今，仍有从事这方面研究的著名美国学者坚持不考虑反射，认为这些反射可能存在，但由于作用时间极为短促，很快就消失了，因而对结构不发生重要作用，并认为这是试验现象所证明了的。对于埋深较大的结构，则引入拱作用的概念。本来，拱作用的概念只适用于静载，因为当压力在土中传播而未触知有结构存在并使结构变形之前，是无法产生拱作用的，除非动压有缓慢的升压过程，才能有拱作用。

1983 年 ASCE 手册草稿对于上中浅埋结构荷载的近似算法提出了一种新的概念，认

＊本附录的量纲除注册外，均沿用英制。

为这种压力荷载的初期要考虑反射，波的反射不仅发生在顶板与土体的界面上，而且发生在顶板底面的自由表面上，后者的作用使得顶板与土体界面上的反射压力迅速消失，此外，对于这种压力荷载的后期要考虑拱作用。提出这一概念的依据主要是 WES 在 DNA 资助下所作的对浅埋结构的试验研究结果，下面，我们先简要介绍这项试验。

(1) FOAM HEST 试验

这项研究的目的是探讨浅埋结构在模拟核爆下的反应，并验证浅埋情况下的动力拱作用。模拟核爆炸是根据美国空军武器实验室 AFWL 发展的一种称之为 HEST（High Explosive Simulation Technigue）的方法，即用高能炸药分布在较大地表上，盖以土堆，以产生作用时间稍长的压力。在本项试验中，用导爆索作炸药，并用泡沫塑料条构筑装药的空腔（附图 1），故称为 FOAM HEST。试验对象为 1/4 比例的钢筋混凝土箱形结构模型，其原形作为指挥所及通讯控制中心使用。模型内部横断面尺寸为 4ft×4ft，长 16 呎，

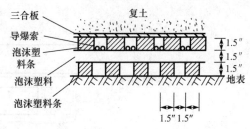

附图 1　装炸药的空腔

墙、板平均为 0.4 呎，钢筋的混凝土保护层 0.5 时，跨高比 $L/d=10$，主筋配筋每边约 1%，箍筋配筋率高达约 1.5%。混凝土圆柱强度均在 60MPa 左右。共进行了 7 次动力试验，3 次在砂中，埋深分别为 $L/2$ 和 $L/5$，2 次在粘土中，埋深为 $L/2$，另一次在砂中，埋深为 $L/5$，但用的是 $L/d=5$ 的厚壁结构，最后一次是在砂中，埋深为 $L/5$，但为三跨连续箱形结构。现选择其中 3 次的典型试验结果如下：

a) FOAM HEST 1——结构埋深 2ft（$L/2$），现场土壤为砂粘土，挖开基坑如附图 1 所示，铺上 0.3m 厚砂，构筑试验模型，模型四侧各留出 2.1m，用砂回填并夯实，模型上方也用砂回填与地表齐平。紧挨地表设装药空腔（附图 2），由三层泡沫塑料构成，底层为塑料条，中层为整体塑料。导爆索置于上层塑料条之间的间隙中，每个间隙放二根，使产生约 130kg/cm² 的地面超压，换算到原型相当于 12KT 当量的核爆。量测内容包括地面冲击波超压、自由场土压、结构表面压力、自由场内与结构的速度和加速度、结构钢筋与混凝土的应变，以及结构挠度等。

爆炸产生的超压峰值约为 13.8MPa，作用时间较短（附图 3），地表没有形成可辨别的弹坑，顶板及底板均开裂但没有破损。顶板上表面沿内墙位置纵向开裂，内表面沿跨中有通长裂缝，最大的永久变形（挠度）为 1.1cm，底板的情况与顶板相同。

b) FOAM HEST 2——结构、埋深及施工开挖回填方法均同上。导爆索数量增为上述的 3 倍，使产生 62MPa 的超压，模拟 250KT 当量的核爆。爆后结构上方地面明显压缩，顶板完全破坏，坍毁落在底板上。顶板沿墙剪坏，主筋除少数于端墙角部附近未断外，均颈缩断掉，但跨中钢筋没有明显受弯现象，内墙及底板大量裂开，底板遗留向上的永久变形 7.6cm。顶板在受力后 1ms 时破坏，报告的作者认为，此时的拱作用来不及发挥，所以早期剪坏时不能考虑拱作用。

c) FOAM HEST 7——为 3 跨箱形结构，置于砂中，试验方法同上。复土深度 24cm（$L/5$）。开始时，跨中与墙顶部位的顶板压力峰值均相近，但跨中压力在不到 1ms 的时间

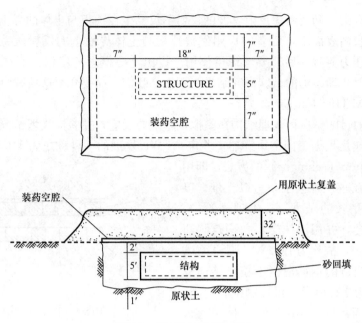

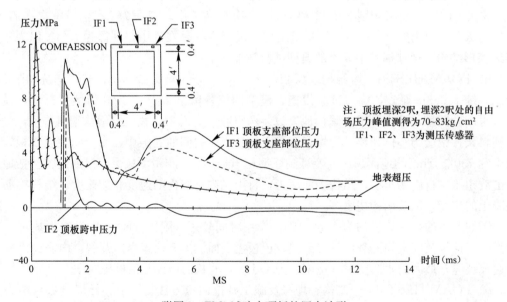

附图 2 FOAM HEST 试验

附图 3 FM1 试验中顶板的压力波形

内降到零，并继续保持在零值左右。这一研究报告的作者认为，压力迅速降为零的原因是顶板底面与空气接触的自由面上反射拉伸波，使顶板上的压力卸载，但继续使顶板压力维持为零的最可能原因是加载后期所产生的拱作用效应。根据计算分析算得的顶板破坏压力为 $28kg/cm^2$，但实际承受了 $138kg/cm^2$ 的超压而只有少许损害。

试验测得跨中与支座处的顶板压力的初始峰值相同，但以后的时程曲线大不相同。跨中的压力迅速减少，20ms 时的跨中压力冲量只有支座处的 30％。报告的作者认为即使埋深仅 L/5，仍有明显的动力作用。这一结构的计算破坏荷载预计在 $14\sim21\mathrm{kg/cm^2}$ 之间，试验的超压达到 160MPa，使顶板跨中及支座处均出现弯曲塑性铰，许多主筋在跨中颈缩并拉断，每跨工作情况与单跨的相似。另据 FOAM HEST 4，超压为 130MPa 时将引起单跨结构严重损坏但不全部破坏。

为了解释 FOAM HEST 的试验现象，美国有许多研究机构在 DNA 的资助下对此进行理论上的探讨。如 NCEL、WES 以及 Weidlinger 公司均分别用不同程序作了非线性有限元分析，伊利诺大学与 Weidlinger 公司协作进行有限元分析，明尼苏达大学作近似简化分析等。

其中 WES 所作的分析包括一维和二维的非线性波动有限元分析，二维计算的结果与实测值比较总体一致。对于跨中压力，二维与一维的结果至少在初期是非常接近的。用一维波程序经计算机分析能很好解释量测结果，反映波在顶板上、下表面的反射作用，给出顶板压力跨中处迅速减少的现象，但它不能反映顶板跨中压力继续维持很低数值的现象，也不能解释顶板支座处继续维持较高的压力。所以，顶板上的荷载受到二个效应，即早期效应与后期效应，前者是由于波在不同阻抗介质中的反射作用，后者是由于拱作用。实测的跨中压力在峰值到达后的 0.7ms 即下降到零（FOAM HEST），这种早期下降不可能是拱作用引起的，因为拱效应与剪应力相联系，回填土中的纵波速度约为 1.6ft/ms，剪切波速度约为纵波的一半，从跨中向二侧传播的时间约为 2.5ms，这个数值要比 0.7ms 大得多。

（2）ASCE 手册草稿的近似计算方法

顶板压力-时间关系如附图 4，为

$$\sigma_\mathrm{r}(t) = \sigma_\mathrm{ff}(t)\left(2 - \frac{t}{t_\mathrm{d}}\right) \qquad 当\ t \leqslant (t_\mathrm{d})$$

$$\sigma_\mathrm{r}(t) = \sigma_\mathrm{ff}(t) \qquad 当\ t > (t_\mathrm{d})$$

式中 $\sigma_\mathrm{ff}(t)$ 为与顶板同深处的自由场入射压力，$t_\mathrm{d} = 12D/C$，其中 D 为顶板厚，C 为顶板混凝土中的波速，上式适用于埋深在 $0.2\sim1.5L$ 之间，L 为净跨。若埋深小于 $0.2L$，则 t 取 $z_\mathrm{s}/C_\mathrm{L}$ 和 $12D/C$ 中之较小者，此处 z 为埋深，C_L 为土中波速。

底板压力为：

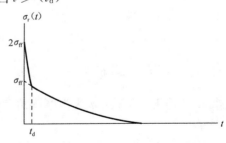

附图 4　压力——时间关系

$\sigma_\mathrm{b}(t) = \rho C_\mathrm{L}v(t)$，近似取 $\sigma_\mathrm{b}(t) = \sigma_\mathrm{ff}(t)$。据作者 W. J. Flathau 解释，$t_\mathrm{d} = 12D/C$ 中的系数 12 是根据经验确定的，大体上可认为波在顶板内来回反射 6 次后使得顶面上的压力降到与自由场中的相同。其实，t_d 的数值非常小，如取 $C = 3000\mathrm{m/sec}$，顶板厚 $D = 40\mathrm{cm}$，则 $t_\mathrm{d} = 1.6\mathrm{ms}$。可见这一反射压力只不过是极为短促的一个脉冲，在一般情况下起不了多大作用，因而顶板所受的压力依然是自由场应力，与不考虑反射时差不多。

为了能给出较合理的顶板设计荷载而不致过分保守，手册还建议在设计中考虑拱效应。根据静力试验，在抗剪强度较高的砂中，拱作用常常显著，埋深等于 $0.2\sim0.5L$ 的砂中结构，其极限承载力可为埋深等于零时的 $3\sim6$ 倍。动载作用下开始时无拱作用，约在 $4\sim10\text{ms}$ 后呈现拱效应，因而减少后期荷载。但如外加压力太大（$80\sim100\text{MPa}$），有可能超出土壤抗剪强度，这时不能形成拱作用。只有压力在 500psi（35kg/cm^2）以下时才能考虑。

若 p_s 及 p_q 分别表示作用于地表上的超压和作用于结构顶面的压力，则二者的比值称为拱作用系数 C_a，可用下式表示，并可见附图 5。

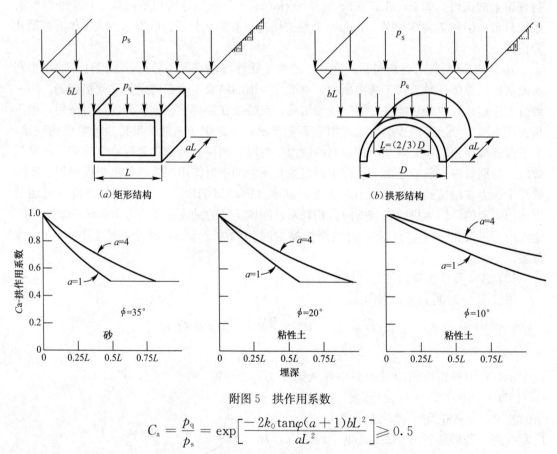

(a) 矩形结构　　　　　　　(b) 拱形结构

附图 5　拱作用系数

$$C_a = \frac{p_q}{p_s} = \exp\left[\frac{-2k_0\tan\varphi(a+1)bL^2}{aL^2}\right] \geqslant 0.5$$

式中 k_0 为静土压系数，φ 为内摩擦角，L 为结构跨度（外边缘间），aL 为纵向长度，bL 为埋深。

考虑拱作用后，上述的顶板压力公式当 $t > t_d$ 时改变为 $\sigma_r(t) = C_a \cdot \sigma_{ff}(t)$，当 $t < t_d$ 时公式仍不变。这样一来，在 $t = t_d$ 处压力出现间断，作为一种修正，原作者认为在 $t < t_d$ 时可以采取超压从 $t = 0$ 时的 $2\sigma_{ff}$ 下降到 $t = t_d$ 时的 $C_a\sigma_{ff}(t)$。

这一近似算式存在一些问题，例如 t_d 数值一般甚小，在这时能否形成拱作用效应；将结构向下运动使顶板压力减少的相互作用现象与拱作用效应混在一起是否合理等等，但是，它至少给出了比以往设计中较低的设计荷载，从宏观看使结构的实际承载力更符合试验结果。这里应该提出，美国对土中结构相互作用的理论分析做得不多，有些不及我国与苏联。在 FOAM HEST 试验以前，美国有关资料很少有资料提到浅埋结构在核爆或模拟核爆下的系统数据。FOAM HEST 在量测手段及数据精度上均比较好，如何从理论上阐明试验结果确实值得深入探讨。

(3) 结构的潜力

与以往的计算方法所得出的结果相比，浅埋矩形结构的破坏荷载要比计算预测的高几倍。动力试验中引起破坏的超压值比静力试验高 2 倍以上。筒形结构的实有能力也比计算预测的大得多。但是对于半埋结构，即使堆土坡度小到 1/4，也必须考虑动压作用，这就增大了作用于结构上的荷载。

我国进行的大量试验结果也说明了同样事实，即浅埋结构的现行设计方法过于保守，设计出来的结构有非常大的潜力。照理，抗爆结构设计中所采取的荷载安全系数与构件安全系数（受弯）都是 1，只有材料的设计强度低于实有的平均强度，对平均强度的安全系数（钢材）也不过是 1.2 左右，而结构的承载力有时竟能达到设计值的 2 倍甚至更多。一般来说，这种潜力来自以下一些原因：

a) 设计中往往忽略顶板内的平面力的作用。板中的轴向力是由于支座横向位移受到约束引起的，即使是简支构件，支座面的摩擦力也能提供相当大的水平推力。四边支承板即使在自由支承的理想情况下，由于板的挠曲变形，也可在板中形成受拉的平面力而增大承载能力。板的配筋率愈低，厚跨比愈大，因支座约束而提高的强度愈多，有时可使强度提高 2、3 倍以上。

b) 对土与结构的相互作用影响估计过低。比如实际的顶板压力沿跨长呈马鞍形分布但按均布进行设计；不考虑反射压力较快衰减而仍按压力保持峰值的平台形时程曲线进行计算；按一维波作用的相互作用理论进行分析，忽略土中剪应力对减少顶板压力的有利影响等。

c) 设计中忽略阻尼力的作用。根据清华大学工程结构试验室的试验资料，钢筋混凝土即使在空气中受爆炸荷载作用，阻尼系数在高应力状态下可达 0.15～0.20。土中结构的阻尼力自然更要高得多，这将显著削弱结构的动力反应。

d) 设计中对结构延性的有利影响估计不足，由于设计荷载的波形简化成平台形，过大的延性（如延性比大于 3）已不能明显提高结构的计算承载能力。受弯构件的实有延性比有时可达十几甚至几十，如同时引入阻尼的作用，则将显著提高结构的实际承载力（如果荷载的波形为连续衰减的三角形）。

e) 钢筋应力超过屈服点以后强化，抗爆构件变弯破坏时的钢筋应力往往接近钢筋的极限强度，这在低配筋构件中特别明显，从而使构件的承载力可提高 30% 左右。

此外，实际的核爆炸冲击波往往有相当的升压时间，设计时按突加考虑，这对自振频率较高的构件如防护门的抗力，能起重要影响。上述各种因素对不同类型的构件或不同场合所起的作用可以差得很远，如何将它们反映在近似计算方法里仍需作进一步的细致研究，尤其是那些易遭剪坏的无腹筋构件，更需要作慎重处理，因为上述因素中，有些只对抗弯有利，所以反而增加了脆性剪坏的可能性。

二、结构与构件的分析计算方法

(1) 结构动力分析程序的研究

利用计算机手段，对防护结构进行精确的动力分析，是防护结构研究领域中发展最快的一个方面，许多已进入了应用阶段，如对坑道头部结梅、导弹发射井的三维非线性有限元分析，上面已提到的对土中结构的有限元分析，以及岩土与结构相互作用的分析等。Weidlinger 公司与 Illinois 大学，以及 WES 与 Minnisota 大学接受 DNA 资助所做深埋结构的动力分析程序，考虑了岩石节理裂隙及锚杆的作用，为了验证程序的可靠性，在试验条件下进行精致的模型试验，附图 6 是其中的一个例子，整个模型用方形断面的柱体拼成，柱体间的接触面当作节理，可排成不同的倾斜角度。每一柱体在纵向受有预压应力以模拟实际岩体的平面应变状态，柱体材料经专门研究具有与岩石完全相似的力学特性，模型中的孔洞用锚杆或喷混凝土加固。

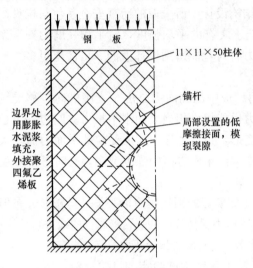

附图 6 模拟岩石中的节理、
裂隙及锚杆的计算模型

（2）构件的设计计算

除了抗剪的计算方法以外，各种基本构件在爆炸动力荷载下的设计计算方法应该说是已经解决了的。过去美国对钢筋混凝土构件的抗剪强度有二种不同的算法，一种是专为抗爆结构的设计而提出的，由 Newmark 及 Merritt 提出，并为空军设计手册及民防准备局手册所采用，这个公式缺乏直接的试验依据，有时偏于不安全，连当年参与制定这一算式的学者也认为不宜继续使用；另一种算式是 ACI 规程公式，本来是用于静载的，对于均布荷载下的抗爆构件过于保守。ASCE 手册草稿采用的仍是 ACI 公式，由于 FOAM HEST 试验中出现了几起剪坏的实例，对动载下剪坏机理的研究又引起了重视。这里值得一提的有二项静力试验成果，一项是美军工程兵委托 Illinois（UIUC）大学在 70-77 年间所作的三跨地下厚壁框架的模型试验，试件截面高度 30cm 为原型的 1/3.3，共作了 8 榀三跨框架，并提出了抗剪能力的计算公式。另一项是美国混凝土管道协会专为地下埋道管道抗剪能力所作研究，提出了较为合理的计算公式，适用于均布荷载下的构件。这两项研究均针对无腹筋构件，但对无腹筋构件来说，不仅有抗剪强度问题，而且更重要的是屈服后剪坏的问题，后者在上述研究中均没有顾及。根据清华大学多年来对构件抗剪所作的研究表明，屈服后剪坏是抗爆设计中必须考虑的。当支座截面有负弯矩时多数无腹筋构件的延性实际上是屈服后剪坏控制的。

（3）钢板混凝土组合结构

钢板混凝土组合结构具有强度大、延性好、不易破碎的特点，适用于高抗力的防护结构构件，从 20 世纪 60 年代开始，美国 Illinois 大学与美军工程兵协作就开始作这方面的研究，即用厚板组合构件作导弹井的井盖。从 1970～1974 年，美军 WES 陆续发表了 9 份关于这类井盖的研究报告，以后又有人继续这一研究。WES 的试验包括 85 个厚板模型的静、动力试验，模型比例 1/2～1/14 多数为 1/7，有素混凝土板、钢筋混凝板，多数是底板与四周包以钢板、内部布钢筋混凝土的圆形组合板。动载试验包括击波管试验和野外化爆模拟试验。支承条件有三种，一种是将厚板置于整体的钢支承环上，一种是置于分割成块的环上以减少摩擦推力作用，还有一种是置于发射井井筒的模型上。组合板的钢板内侧用喷砂打毛，使与混凝土的粘着得到改善，圆板的跨高比从 1.9 至 4.1。试验表明，这些厚板中的混凝土首先剪坏，出现约 55°的斜向破坏面而形成漏斗形，在此以后钢板能继续受力并进一步提高承载力（附图 7），但这时的变形已过大（达跨度的 10% 左右），不符合使用功能要求，所以可以出现混凝土破坏面时的强度（图中②点）作为计算标准，因此将板的抗力与圆板距支座边为二分之一厚度处的名义剪应力相联系，得出板的最大抗力为

$$p_{s0} = v_u \frac{\pi t(L-t)}{\pi/4(T-t)^2} = k\sqrt{f_c'}\frac{4t}{L+t} \qquad (L \text{ 为净垮}; t \text{ 为板厚}; f_c' \text{ 为混凝土圆柱抗压强度,psi})$$

式中 $\pi t(L\text{-}t)$ 为破坏截面的面积，$\pi/4(L\text{-}t)^2$ 为外加均布压力作用面积；v_u 为名义剪应力，用 $k\sqrt{f_c'}$ 表示，k 是试验确定的经验系数。对于普通钢筋混凝土板 k 值在 15 左右，素混凝土板与配筋板的抗力几乎相同，这是由于支座处产生摩擦推力的缘故，但素混凝土板的延性很差。对于组合板，上式中的厚度 t 需要用等效厚度，即 $t=t_c+t_bE/E_c$（t_c 为混凝土厚，t_b 为底部钢板厚，E 及 E_c 分别为混凝土和钢板的弹模），另外对组合板来说，上式中的系数 $k=27-\left(\dfrac{2L}{t_b+t_c}\right)$。这个公式适用于跨厚比 $3.5<\dfrac{L}{t_b+t_c}<7$ 以及钢板厚度 $t_b>\dfrac{L}{100}$ 的情况。更薄的钢板使约束作用显著削弱，并且形成剪坏锥面的荷载大为降低。将铜板厚度从跨度的 1% 增至 2%，作为设计计算标准的剪坏面形成时的荷载只增加 20%，但是最终破坏时的荷载（图中④）是按比例线性增长的，因为破坏是由于钢板拉断。

当跨厚比较小时，圆板有可能发生承压面（支座处）破坏，按承压能力确定的板的抗力为

$$p = f_c^1\left\{k\frac{R_it_b}{R_0R_0} + \frac{R^2+R_i^2}{R_0^2}\left[1+k\frac{t_s}{R}N_\varphi\right] + 2\mu_s k\frac{t_s}{R_0^2}\left[t_b+t_c-(R-R_i)N_\varphi\right]\right\}$$

式中 $k=f_s/f_c^1$，f_s 为钢板屈服强度；R_i 为净跨半径；$R_i=L/2$，R 为圆板外跨半径，$R=R_0-t_s$，t_s 为圆板周边的钢板厚度；$N_\varphi=\tan^2(45°+\varphi/2)$，$\varphi$ 为混凝土内摩擦角取 $45°$；μ_s 是钢板与混凝土之间的摩擦系数，取 0.6。上式中的第一项是底部钢板的承剪能力；第二项是支座处混凝土的承压能力，考虑了混凝土受侧板约束，取承压强度为 $f_b=f_c+\sigma_cN_\varphi$，其中 σ_c 为约束力，由侧板强度决定；第三项是未裂开的混凝土与侧板间的摩擦力。三者共同承受向上的支座反力。

钢板组合结构也有用于工事头部结构。根据芙因空军杂志 1984 年一期介绍美军为研究超级防护能力的导弹发射井，用里外钢板、内部为高配筋率（8% 以上）混凝土的组合结构作井筒，并作了模型试验，据说这种发射井即使位于弹坑区也有可能存活，能承受上千超压。

国内关于组合结构用于防护工程构件的研究最早有北京地铁与清华大学及建材院等协作进行钢管凝土柱的试验，20 世纪 80 年代清华大学也曾与国内军事研究部门作过钢板混凝土高抗力防护门的试验，到本世纪清华大学更有聂建国教授对钢板混凝土结构进行系统深入的研究。这一结构形式确实具有非常高的抗力和出色的延性。

除组合结构这种类型的构件外，美国还研究用钢纤堆混凝土构筑开洞的隧道工事，供运输的 MX 导弹发射用。

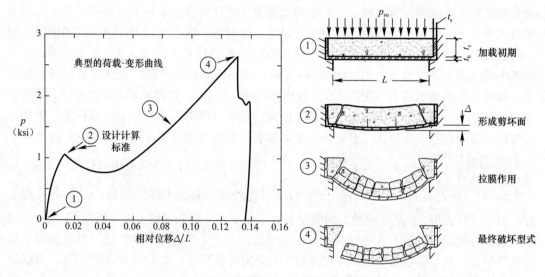

附图 7　钢板混凝土组合门的荷载位移曲线

三、防护结构作为普通建筑物的利用

从 1968~1976 年，联邦应急处理署及其前身的民防准备署支持执行了一套研究计划，旨在加强普通建筑物地下室的利用并系统分析估计现有建筑物的防护能力，包括：a）在拟建新的建筑物地下室时，以不增加造价或只增加少量造价，不影响原定的正常使用功能，使地下室能具有抵抗一种或多种核武器效应的能力，这就是所谓的 "slanting"，有兼顾的含义。slanting 一词原是海军局最早在 20 世纪 50 年代提出的，其用意是指兼顾放射性沉降的防护，但后来扩大到全面的防护。这些地下室要求承受从 5psi 到 30psi 的超压，重点是 15psi 超压及其相应的核辐射，武器当量是一百万吨。b）对现有房屋包括地上地下，确定其核爆下的防护能力，进行系统分析预测其破坏时的超压值，即所谓的 "Evaluation"。预测手段包括试验，单自由度模型计算，有限元分析计算等。预测给出的抗力是平均值，反映的破坏概率是 50%，而 slanting 则按 1%~5% 的破坏概率进行设计。研究结果认为，用单自由度模型作梁板分析要比有限元方法好，但在分析地表拱形结构、土中箱形结构时的精度则不如有限元。c）提高现有结构的防护能力，即所谓的 "Upgrading"。这项工作是 1976 年开始的，目的是改善现有普遍地下室的防冲击波及防辐射的能力，并提出相应的加固方法。有的加固措施可以在临战前几天实施，早期研究是使地下室能承受 8~15psi 的超压，办法是增设内柱；近期研究则为适应新的民防计划的要求，使能承受 2~50psi 的超压。以上的研究工作主要是斯坦福研究所（SRI）、联合研究服务公司（URS）等单位完成的，研究报告多已收入 AD（如 AD-A023237，AD-A030762，AD-A039499，AD-A085024，AD-A001387，AD-A100490，AD-A100511，AD-A097915 等）。有许多试验是在隧道击波管内进行的，包括墙板、接板等构件试验，冲击波从孔口进入室内空间的扩散试验，还用这一击波管作过通风设备、物资的抗冲击波试验，物体（如家具）遭受冲击破作用时的运动形态试验，冲击波对城市火灾影响（如冲击波对已着火物体的作用）的试验，冲击波作用下房屋碎片、街道树木碎片的试验等。这个击波管是利用旧

金山海湾废弃的海防炮阵地隧道改建的，共运行了 7 年，进行了约一千次试验，据说试验费用很低。

　　显然，这些研究成果及其指导思想是值得借鉴的，对于民防工程来说，应该考虑平时作为一般建筑物的利用。

　　美国的研究成果有不少很值得我们进一步思考，例如：认为地下防护结构的顶板表面的反射压力虽然很大，但这一反射压力波传到顶板底面时又会反射回来，使得顶板表面的反射压力迅速消失；又如钢板-混凝土组合结构在防护工程中的应用，我国过去因钢材缺乏，提出要"千方百计节约钢材"，大力推广钢筋混凝土结构。这种局面现在已经彻底改变了。

四、美国防常规武器爆炸的浅埋结构设计

　　下文主要根据美国陆军的非核武器防护设计手册《Fundamental of Protection Design (Non Nuclear)》1985 年版摘要编写，此外参考了 S. A. Kiger 等为美国空军的工程与勤务中心（AFESC）提出的钢筋混凝土顶板设计的一种更精确的计算方法。

　　(1) 美国陆军的 TM-855-1 修订后的设计方法

　　今通过实例说明设计过程。设结构的平面如附图 8，覆土深 7 呎，上有 3 呎厚的混凝土遮弹层，按照 500 磅普通爆破弹直接命中设计。对结构顶板最不利的炸弹直接在房间的中心上方爆炸。这里只列出初步试算后的最终分析，选定的结构尺寸参数（附图 8 的房间 A 顶板）为：长跨=87ft，短跨=33ft，顶板厚度 h=48in，有效厚度 h_0=45.5in，受拉钢筋配筋率 ρ=0.4%，抗拉强度 f_y=60ksi，混凝土抗压强度 f_c'=4ksi（为直径 6in，高的圆

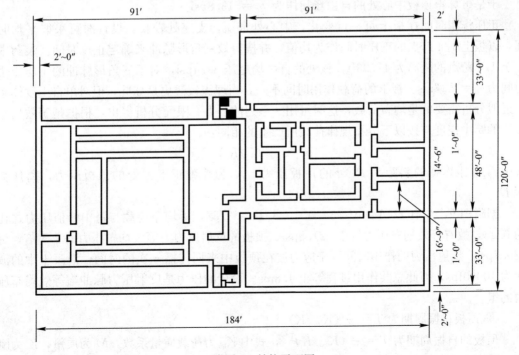

附图 8　结构平面图

417

柱强度）。根据手册数据，500 磅普通爆破弹重 520lb，长 45in，装药比 51%，以及算得侵入遮弹层深度为 $x=24$in.

　　a）顶板荷载

　　b）原始数据

　　介质中的自由场超压及冲量用下式算出：

$$p_0 = f(\rho c)\,160(R/w^{1/3})^{-n} \qquad \text{psi}$$

$$I_0/W^{1/3} = f(\rho_0)1.1(R/w^{1/3})^{(-n+1)} \qquad \text{psi-sec/lb}^{1/3}$$

$$\rho_0 = 144(\rho c/c)$$

式中 f 为耦合系数反映爆炸能量传输到介质的份额，与相对爆深及爆炸四周围介质种类有关，ρ_c 为介质阻抗，c 为地震波速（ft/s），n 为衰减系数，W 为装药重（lb），R 为弹体重心到顶板的距离（lb）。

　　与前苏联使用的超压算式和冲量算式相比，美国算式给出的超压要大 1 倍多，冲量要大 60%。

　　在干砂中，查得 $c=1000$fps，$\rho c=22$psi/fpt；$n=2.75$，又 $W=51\%\times520=265$lb. 今弹头爆炸时彻入深 24in，其装药重心位置接近遮弹层上表面，相当于距离为零，且为空气和混凝土两种介质中爆炸，这时用下式计算耦合系数：

$$f = f_a(W_a/W) + f_c(W_c/W)$$

式中 f_a 及 f_c 分别为空气和混凝土中爆炸时的耦合系数，当 $d/W=0$ 时分别为 0.14 和 0.85，W_a/W 和 W_c/W 分别为与空气和混凝土接触的装药份额，为各占一半大于 0.5；代入上式，得 $f=0.495$。

　　于是可算得顶板中心处的自由场超压为 $p_c=515.8$psi。

　　正压作用时间在板上每一点变化，中心处最短，支座处较长，设计时可采取平均时间，以板上 1/4 跨点的正压时间作为均值，并按等效三角形脉冲来确定正压时间。装药中心至 1/4 跨点的距离为 12.96ft，该处的自由场超压 3.24psi，对于三角形脉冲的正压作用时间为 $t_d=25.6$ms。板上的荷载作用时间不一，当埋深较浅更是如此，但对单自由度体系的近似分析需要的是均布荷载，这时可用一系列的静力有限元分析得出，根据是等效均布载下的跨中挠度与按以下分布规律荷载所产生的相同：

$$p_R = p_{0r}(D/R_s)^3$$

式中，p_R 距炸弹的斜距为 R_s 处的顶板压力，p_{0r} 为炸弹正下方处的顶板压力，离炸弹深 D。

　　据附图 9，今有 $D/A=10/33=0.3$，$A/B=33/87$，得均布荷载与跨中峰值压力之比为 0.43，故有等效均布压力等于 221.8psi。顶板的反射压力为等效均布压力的 1.5 倍，为 330.7psi。反射压力的作用时间等于应力波在顶板中来回传播 6 次的时间，混凝土中的波速为 10000fps，因此总共作用过程等于 4.8ms。设计的压力是反射压力脉冲与等效均布压力的组合。

　　c）顶板自振周期为 $T=2\pi(K_{lm}/K)^{1/2}$

　　顶板的自振周期为 $T=2\pi(K_{lm}/K)^{1/2}$，式中 K_{lm} 为荷载质量系数，M 为质量，K 为刚度。均布载下的单向钢板在弹塑性阶段的有效刚度及荷载质量系数为：$K=307EI/L^3$，

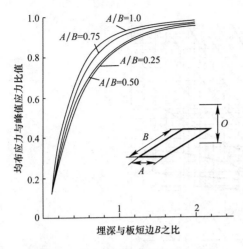

附图 9　固端受弯板受等效均布荷载

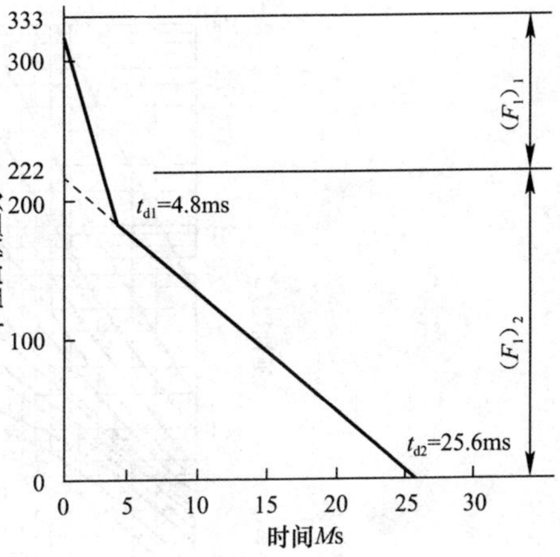

附图 10　顶板的均布荷载时程

$K_{lm}=0.78$；弹性 $E=57000f'_c\times10^6=3.12$psi，惯性矩 I 取开裂前和开裂后的平均值，得两端固定板的自振周期 T_{fix} 为 42ms。因为板的实际边界条件介于固端与简支之间，今取其平均值为 $T=1.5T_{fix}=65$ms。

美国空军设计手册建议，对板的自振周期不作质量修正，因此计算式取 65ms。

d）等效静载

对于附图 10 那样的双折线无升压时间的衰减荷载。可以保守的用下式求得等效静载（或板的最大抗力 R_m）：

$$(F1)_1c_1\ (\mu)/R_m+(F1)_2c_2\ (\mu)=1$$

式中 $c_1\ (\mu)$ 和 $c_2\ (\mu)$ 是延性比为 μ 时，三角形荷载的作用时间 td_1 和 td_2 时的 R_m/F 值。从附图 10，有 $(F1)_1=332.7-221.8=110.9$，$(F1)_2=221.8$，$td_1/T=0.048/0.065=0.076$，$td_2/T=0.0256/0.065=0.040$，据附图 11 当延性比取 $\mu=10$ 时，有 $R_m/(F1)_2=0.24$，即 $c_2(\mu)=0.24$

$(F1)_1$ 是一个冲量，对时程呈三角形冲量荷载，有：

$$R_m/(F1)_1=(\pi td_1/T)/(2\mu-1)^{1/2}=(\pi\times0.076)/(2\times10-1)^{1/2}=0.055$$

得 $R_m=0.055\times110.9+221.8\times0.24=59.3$psi

美国空军设计手册建议所需的等效静载处以 1.5，用来考虑在上述分析过程中未曾计入的许多保守因素，这样的等效静载为 59.3/1.5=39.6psi

这个等效静载应该再加上自重静载，包括 7ft 的覆土，4ft 的顶板，3 遮弹层，加在一起为 12.4psi，所以总设计荷载为 52psi。

e）顶板抗弯验算

截面抗弯能力为 $M_p=\rho f_y bh_0^2\ (1-0.59\rho f_y/f'_c)$

用于动载时考虑材料强度提高，钢材提高 10%，混凝土提高 20%，由此得

$M_p=0.4\%\times1.1\times60\times12\times45.5^2\ (1-0.59\times0.4\%\times60)/(1.2\times4)=523$ft-kips/ft

板的承载能力为 $R_m=8\ (M_p$ 和 $M_s)/L$，分别为支座与跨中的抗弯能力，有 $M_p=M_s$。所以得 $R_m=8\ (523+523)/33=254$kips/ft=53.4psi>52psi，满足要求。

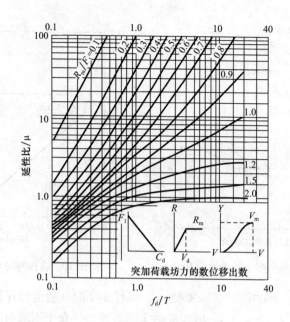

附图 11　突加三角形荷载反应曲线

f）顶板抗剪验算

验算的临界截面为离支座 h_0 处的截面。对于均布载下的单向板，该处的名义剪应力为：

$$v=[(L-2h_0)/L]\times(0.5L)\times(R_m/h_0)=179\text{psi}$$

因为顶板实际并非完全单向工作，荷载也并非完全均布，所以采用 ACI 的公式过于保守，为此将抗剪能力取为规范规定的上限值：

$$v_c=3.5f_c'=3.5\times3000^{1/2}=192\text{psi}>179\text{psi}，满足要求。$$

上式是无腹筋公式，由此不需配置腹筋。但空军设计手册建议应该设置构造箍筋，相当于增加抗剪能力 50psi。

g）确定支座反力

两端固定板的支座反力等于：

$$V=0.38R_m+0.12P$$

式中 V 时动反力，上式自适用完全塑性阶段，P 是动荷载，R_m 是板的极限承载力。动反力的峰值发生在顶板变形到达极限承载力之时，这时的动载 P 应在等效均布动载出现之时，因为反射压力作用时间很短促，当顶板达到极限承载力时早已消失。公式保守的取等效均布动载：

$$V_{max}=(0.38\times53.4+0.12\times221.8)\times33\times12\times1=18575\text{lb/in}=223\text{kips/ft}$$

（2）外墙设计

外墙应按照侵入土体并对着墙体爆炸设计，空军设计手册列出了具体方法。确定外墙荷载的方法同顶板完全相似。通常情况下，等效均布动载的系数将几乎等于 1，因为这时的压力实际几乎均匀分布。

反射压力仍等于入射压力的 1.5 倍，当作用时间还要考虑稀疏波卸载的影响，这一卸载时间为：

$$Tr=(Z_f-D)/c_L+Xf/c_u$$

式中 Z_f 为炸弹位置到外墙自由边缘的斜距，D 为炸弹到外墙中心的距离，c_L 为加载波速，c_u 卸载波速。反射压力的作用时间最后取 t_r 与 t_{dl} 中的较小一个，t_{dl} 是在应力波外墙厚度方向来回 6 次反射传播的时间，其计算方法与顶板设计中一样。

如墙高与其厚度之比小于 5，按深梁设计。墙体所需的抗弯能力有可能是顶板传递过来的弯矩所控制。如出现这种情况。应该使炸弹在较近的距离处爆炸，即将爆心位置定得近些，这时应校核结构内部的震动情况。

TM5-855-1 修订版对埋设结构的设计方法作了较大改变，主要有：ⅰ）由于常规武器荷载的局部作用，即使是单向配筋的板，也考虑其能在两个方向上起作用；ⅱ）考虑荷载不均布的特点；ⅲ）考虑了板的拱作用和拉索作用。但整个分析仍用单自由度体系，得到的结果与试验量测值比较一致，

a）动载分布

爆心确定后，面对爆心的结构墙（板）面上任一点的压力近似有：

$$p(t)=p_0(t)(D/r)^3$$

式中 $p(t)$ 为离爆心 r 处的墙（板）面上压力，r 为斜距；$p_0(t)$ 为离爆心最近处的墙上压力，距离为 D。

防护结构外墙板的长度通常甚大于其高度。所以通常可按单向板考虑，但因荷载局部作用，实际仍有双向工作的性质。作为一种近似的计算，板起作用的面积取为爆炸压力大于 $0.1p_0$ 处的面积，但不大于板的实有面积。

b）板的抗力

板的抗力以屈服线理论分析为基础并考虑拱作用以及在大变形下的拉索作用（附图 12），当用单自由度体系作动力分析，板的抗力是以作用于板上的外载（静载）形式表示，需要抗力到荷载不均匀分布的特点，由此在确定板的最大抗力 R_m 时可用能量方程来解，R_m 是作用于板上的总静载 F_t，其分布同动载。令外载所作的功 W_e 与内力功 M_i 相等，即可求得最大抗力，由于荷载分布不均，计算 F_t 和 W_e 时需要将板分成压力相等的环域（附图 12），假定屈服线形状如附图 14，算出每一环域上的平均荷载，在计算 W_e 时，需进一步划分每一环域。在计算 M_i 时，需求出屈服线上截面拉筋的伸长量和压区混凝土及压筋的压缩量，这些变形量与最大抗力时板的挠度有关，计算 R_m 时假定跨中挠度为 $h/2$（h 为板厚），抗力曲线取附图 12 形式，认为挠度在 $0.25h$ 和 $0.5h$ 之间最大抗力值不变，超过 $0.5h$ 后压区混凝土破损，抗力下降，到挠度超过 h 后开始拉索作用。有了以上的数据，就能列出单自由度运动方程应用 Newmark β 法求解板的挠度 $y(t)$。

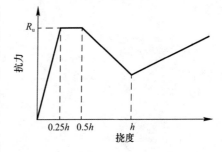

附图 12 抗力-挠度函数

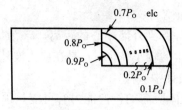

附图 13　等压环

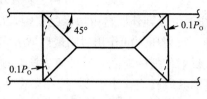

附图 14　屈服线图形